奶产品霉菌毒素

风险评估理论与实践

◎ 郑 楠 王加启 编著

中国农业科学技术出版社

图书在版编目（CIP）数据

奶产品霉菌毒素风险评估理论与实践 / 郑楠，王加启编著．—北京：中国农业科学技术出版社，2020.12

ISBN 978-7-5116-5091-7

Ⅰ.①奶… Ⅱ.①郑…②王… Ⅲ.①乳制品-真菌毒素-风险管理 Ⅳ.①TS252.4

中国版本图书馆 CIP 数据核字（2020）第 247687 号

责任编辑 金 迪 崔改泵
责任校对 马广洋

出 版 者 中国农业科学技术出版社
北京市中关村南大街 12 号 邮编：100081
电　　话 （010）82109194（编辑室） （010）82109702（发行部）
（010）82109709（读者服务部）
传　　真 （010）82109698
网　　址 http://www.castp.cn
经 销 者 各地新华书店
印 刷 者 北京建宏印刷有限公司
开　　本 787mm×1 092mm 1/16
印　　张 30.25
字　　数 699 千字
版　　次 2020 年 12 月第 1 版 2020 年 12 月第 1 次印刷
定　　价 158.00 元

《奶产品霉菌毒素风险评估理论与实践》

编著委员会

主 编 著：	郑　楠	王加启			
副主编著：	张养东	刘慧敏	高亚男	孟　璐	赵圣国
编著人员：	郭晓东	陈　璐	张　勇	黄良策	毛建霏
	韩荣伟	郭利亚	李慧颖	王海微	张　捷
	武晨清	黄　鑫	包晓宇	程建波	黄　帅
	王　倩	黄胜楠	杨　雪	王子微	苏传友
	杜兵耀	董　蕾	胡海燕	张瑞瑞	刘凯珍
	黄国欣	王　杰	罗润博	陈美庆	唐文浩

前　　言

奶被誉为最接近完善的食物，有“白色血液”之称，它是任何哺乳动物（包括人类）与生俱来的生命营养物质。霉菌毒素对奶产品的污染是威胁人类健康的重要安全风险。因此，对奶产品中霉菌毒素进行风险评估至关重要。

《奶产品霉菌毒素风险评估理论与实践》是奶业创新团队在奶产品中霉菌毒素检测技术、暴露评估、毒理学研究及风险防控等领域近 10 年研究积累取得的系统科研成果，尤其是霉菌毒素时空分布、高效同步检测技术、多种霉菌毒素共存评价模型和交互作用机理等研究已经成为该领域国际学术前沿的重要组成部分，希望本书能为从事奶产品风险评估研究的人员提供一些新思路。

本书的研究成果得到国家自然科学基金（31501399）、国家公益性行业（农业）科研专项（201403071）、国家奶产品质量安全风险评估专项（GJFP2019026、GJFP20190262019027）、中国农业科学院科技创新工程（ASTIP-IAS12）、中国农业科学院农业科技创新工程重大产出科研选题（CAAS-ZDXT2019004）和现代农业产业技术体系专项（CARS-36）等项目的资助，在此表示衷心感谢！同时对为本书提出指导意见的专家和老师表示诚挚的谢意！

由于时间仓促，且写作水平有限，书中的不足之处恳请读者批评指正。

编著者

2020 年 10 月

前言

目　　录

第一章　霉菌毒素相关研究进展

牛奶质量安全主要风险因子分析……………………………………………………………… (3)
牛奶中霉菌毒素风险排序………………………………………………………………………… (16)
牛奶中霉菌毒素检测方法的研究进展………………………………………………………… (21)
牛奶中主要霉菌毒素毒性的研究进展………………………………………………………… (28)
牛奶中霉菌毒素来源、转化及危害研究进展………………………………………………… (34)
乳及乳制品中黄曲霉毒素 M_1 研究进展…………………………………………………… (44)
饲料中主要霉菌毒素的种类、含量及其对奶牛生理功能的影响…………………………… (54)
霉菌毒素影响肠道黏膜屏障功能的研究进展………………………………………………… (59)
霉菌毒素对肠道黏蛋白的影响及其作用机制………………………………………………… (66)

第二章　霉菌毒素危害评价技术

检测黄曲霉毒素 B_1 超灵敏适配体传感器的开发…………………………………………… (77)
基于适配体荧光传感器的方法检测婴幼儿米粉中的黄曲霉毒素 B_1 ……………………… (87)
一种灵敏检测黄曲霉毒素 M_1 的 qPCR 适配体传感器………………………………………… (97)
一种新型用于扩增荧光检测奶粉中黄曲霉毒素 M_1 的基于氧化石墨烯的适配体
　　传感器…………………………………………………………………………………………… (110)
适配体传感器结合便携式血糖仪定量检测赭曲霉毒素 A 的方法研究……………………… (120)
UHPLC-MS/MS 同时测定牛奶中的黄曲霉毒素 M_1、赭曲霉毒素 A、玉米赤霉
　　烯酮和 α-玉米赤霉烯醇含量……………………………………………………………… (130)
超高液相色谱-四极杆轨道质谱联用分析生乳中的多种霉菌毒素………………………… (143)
青贮玉米中 10 种霉菌毒素 LC-MS/MS 检测方法的建立和应用…………………………… (158)

第三章　霉菌毒素的暴露评估

饲料中黄曲霉毒素暴露水平…………（169）
中国生乳中黄曲霉毒素含量调研…………（177）
中国 5 个省份生乳中黄曲霉毒素 M_1 的调查…………（182）
2012—2014 年唐山地区生乳中黄曲霉毒素 M_1 的季节变化调查…………（190）
2013—2015 年 4 个季度对中国生乳中黄曲霉毒素 M_1 的调查…………（202）
2016 年 4 个季度中国主要产奶区生乳中的黄曲霉毒素 M_1 污染…………（214）
中国厂家生产婴幼儿配方奶粉所用生乳中黄曲霉毒素 M_1 的含量…………（224）
中国市场超高温灭菌牛奶和巴氏杀菌牛奶中黄曲霉毒素 M_1 的污染情况…………（231）
2014—2015 年中国巴氏杀菌牛奶和 UHT 牛奶中黄曲霉毒素 M_1 的发生情况…………（237）

第四章　毒理学研究

黄曲霉毒素 B_1 和黄曲霉毒素 M_1 通过调节 L-脯氨酸代谢和下游细胞凋亡对肾脏产生毒性作用…………（249）
赭曲霉毒素 A、玉米赤霉烯酮和 α-玉米赤霉烯醇的单独和联合细胞毒性研究…（263）
黄曲霉毒素 B_1 和黄曲霉毒素 M_1 诱导分化和未分化的 Caco-2 细胞的细胞毒性和 DNA 损伤…………（281）
存在其他霉菌毒素的情况下黄曲霉毒素 M_1 对人肠道Caco-2细胞的细胞毒性增强…………（294）
单独或混合的暴露于黄曲霉毒素 M_1 和赭曲霉毒素 A 对分化Caco-2细胞中肠上皮通透性的调节…………（311）
全因子设计评估单独及联合的玉米赤霉烯酮与赭曲霉毒素 A 或 α-玉米赤霉烯醇的细胞毒性…………（330）
单独和混合的黄曲霉毒素 M_1、赭曲霉毒素 A、玉米赤霉烯酮对Caco-2/HT29-MTX 共培养细胞模型的肠上皮细胞通透性和黏蛋白基因表达及分泌的影响…………（340）

单独及联合的霉菌毒素黄曲霉毒素 M_1 和赭曲霉毒素 A 对Caco-2/HT29-MTX 共培养体中黏蛋白（MUC2，MUC5AC 和 MUC5B）mRNA 的表达和蛋白丰度的影响…………（355）
黄曲霉毒素 M_1 阻滞分化Caco-2细胞周期的转录组分析…………（376）
黄曲霉毒素 M_1 与赭曲霉毒素 A 联合作用损伤肠道屏障完整性的联合组学分析……（392）

第五章　霉菌毒素风险防控措施

代谢组学分析暴露于黄曲霉毒素 B_1 的奶山羊体内脂质氧化、碳水化合物和氨基酸代谢的变化…………（417）
黄曲霉毒素 B_1 与赭曲霉毒素 A 和玉米赤霉烯酮联合对奶山羊代谢、免疫功能与抗氧化能力的影响…………（425）
用多种生物体液中代谢组学变化揭示黄曲霉毒素 B_1 暴露对奶牛的生物系统反应…………（438）

附　录

附录 1　全株玉米青贮霉菌毒素控制技术规范…………（463）
附录 2　生乳中黄曲霉毒素 M_1 控制技术规范…………（466）

第一章

霉菌毒素相关研究进展

牛奶质量安全主要风险因子分析

霉菌毒素的污染是牛奶质量安全的重要问题。作者对牛奶中主要存在的霉菌毒素种类、各国及组织制定的限量值及风险评估等方面的研究进行了综述。以期为中国进行牛奶质量安全风险监测、风险评估，完善中国牛奶质量安全监测体系提供参考。

关键词：牛奶；霉菌毒素；限量；风险评估

霉菌毒素（Mycotoxin）是丝状真菌（Filamentous fungi）或霉菌（Mould）在生长繁殖过程中通过不同的代谢途径，如多聚乙酰途径（黄曲霉毒素）、氨基酸途径（黄曲霉毒素）等，产生的低分子质量、无抗原性的次级代谢产物（IFST，2009）。霉菌毒素对食品和饲料的污染、藻类毒素对水产品的污染及植物毒素对食用植物的污染，被世界卫生组织（World Health Organization，WHO）列为食源性疾病的重要根源（WHO，2002a）；其中霉菌毒素最受关注，在很多国家已构成严重的食品安全问题，据联合国粮农组织（Food and Agriculture Organisation，FAO）估计，全球约25%的粮食作物被霉菌毒素污染（WHO，1991；FAO，2004）。

对霉菌毒素的关注始于20世纪60年代，当时在英格兰10万只火鸡突然发病死亡，究其原因是由黄曲霉（*Aspergillus flavus*）产生的有毒代谢物质黄曲霉毒素所致（Sargeant等，1961）。人们很快发现奶牛采食被黄曲霉毒素污染的饲料后可在牛奶中产生有毒的代谢产物。人类摄入霉菌毒素主要是食用了被霉菌毒素污染的植物食品和动物食品，如牛奶和奶制品等。牛奶中富含优质蛋白质、钙等，作为人类营养摄入的重要来源，尤其是对于儿童而言，牛奶被霉菌毒素污染的程度关系到人类的健康，因此，牛奶中的霉菌毒素残留受到政府的重视及学者的关注。很多国家依据本国国情制定牛奶中霉菌毒素的限量及开展霉菌毒素检测方法、致毒机理、代谢规律等研究，并对牛奶中的霉菌毒素进行风险监测，掌握霉菌毒素的污染状况，制定相应的法规、政策以保证国民的健康。作者将从牛奶中霉菌毒素的种类、限量、风险评估等方面阐述牛奶中霉菌毒素的研究现状。

一、牛奶中霉菌毒素的种类

奶牛食用被霉菌毒素污染的饲料是导致牛奶中含有霉菌毒素的主要原因，因此牛奶中常见的霉菌毒素种类与污染水平主要由饲料被霉菌毒素污染的程度决定。饲料由于生产和贮存不当，如谷物在生长、收获及后期的贮存过程中发霉，而遭霉菌毒素污染时有发生（Smith等，1991；IFST，2009）。目前已发现了300多种霉菌毒素，约20种在饲料和食品中含量达到显著水平（Smith 等，1994），依据毒性的大小，黄曲霉毒素、赭曲霉素、伏马菌素、T-2 毒素、玉米赤霉烯酮、脱氧雪腐镰刀菌烯醇等备受各国及相关组织关注（FAO，2004；IFST，2009）。

奶牛在采食了被黄曲霉毒素、赭曲霉素、伏马菌素、T-2 毒素、玉米赤霉烯酮、脱氧雪腐镰刀菌烯醇等霉菌毒素污染的饲料后，在乳汁中均可检测到相应的霉菌毒素（Diekman 等，1992；Sorensen 等，2005；Monaci 等，2004；Cavret 等，2006）。此外，除伏马菌素 B_1 外，其他霉菌毒素可经牛机体代谢而转化，如黄曲霉毒素 B_1 转化为黄曲霉毒素 M_1、赭曲霉素 A 转化为赭曲霉素-α、玉米赤霉烯酮转化为 α-玉米赤霉烯醇、脱氧雪腐镰刀菌烯醇转化为环氧-脱氧雪腐镰刀菌烯醇，T-2 毒素转化为 HT-2 毒素等多种代谢产物，代谢产物也一并分泌到乳汁中（Fink-Gremmels，2008）。因此，牛奶中常见的霉菌毒素种类包括饲料中的原毒素及其经牛体的代谢产物。

二、牛奶中霉菌毒素的限量

1. 牛奶中有限量的霉菌毒素

自 20 世纪 60 年代末，第一个霉菌毒素限量标准——黄曲霉毒素限量标准制定以来，截至 2003 年年底，约有 100 个国家已经为食品和饲料中的黄曲霉毒素、赭曲霉素 A、伏马菌素、T-2 毒素、玉米赤霉烯酮、脱氧雪腐镰刀菌烯醇等霉菌毒素制定了限量标准，且该数目还在继续增加中。对牛奶而言，各国仅对黄曲霉毒素 B_1 在牛奶中的代谢产物黄曲霉毒素 M_1 进行限量，这与黄曲霉毒素 B_1 向 M_1 转化率高及 M_1 的毒性强有关。尽管多种毒素具有致癌性，但目前国际癌症研究机构（International Agency for Research on Cancer，IARC，1993）仅将黄曲霉毒素 B_1 和 M_1 归为人类致癌物，其中 B_1 为 1 类致癌物，M_1 为 2 类致癌物。

受国际食品法典委员会（Codex Alimentarius Commission，CAC）委托，荷兰通过其驻各国使馆进行全球调查，截至 2003 年年底，已有 60 个国家制定了牛奶中黄曲霉毒素 M_1 的限量，比 1995 年增加了 3 倍多。由图 1 可知，采用 0. 05μg/kg 限量值的国家数目最多，有 34 个国家占 56. 7%，主要是欧盟成员国及与欧盟有贸易的非洲、亚洲、拉丁美洲部分国家；另一个较多国家采用的限量为 0. 5μg/kg，有 22 个国家，占 36. 7%，主要为美国、中国、日本等若干亚洲和欧洲国家所采用；另外还有 4 个国家分别采用 15μg/kg、5μg/kg、0. 2μg/kg 及不得检出。南方共同市场包括阿根廷、巴西、巴拉圭和乌拉圭等和东南亚国家联盟包括印度尼西亚、缅甸、菲律宾等均采用统一的 0. 5μg/kg 限量值（FAO，2004；张宗城，2010）。

两个最主要的黄曲霉毒素 M_1 限量，即 0. 05μg/kg 和 0. 5μg/kg 相差 10 倍，而且已经共存许多年，因该限量值涉及食品安全、政治经济利益，因此，数十年未能统一，并导致 CAC 内部多次争论，至今风险评估仍在深入进行，各国经济和贸易仍在协商。2000 年联合国食品添加剂及污染物法典委员会（Codex Committee on Food Additives and Contaminants，CCFAC）对黄曲霉毒素 M_1 进行暴露分析，研究表明在相同条件下，食用拟定最大限量的黄曲霉毒素 M_1 即 0. 05μg/kg 和 0. 5μg/kg 导致肝癌的风险极小，且

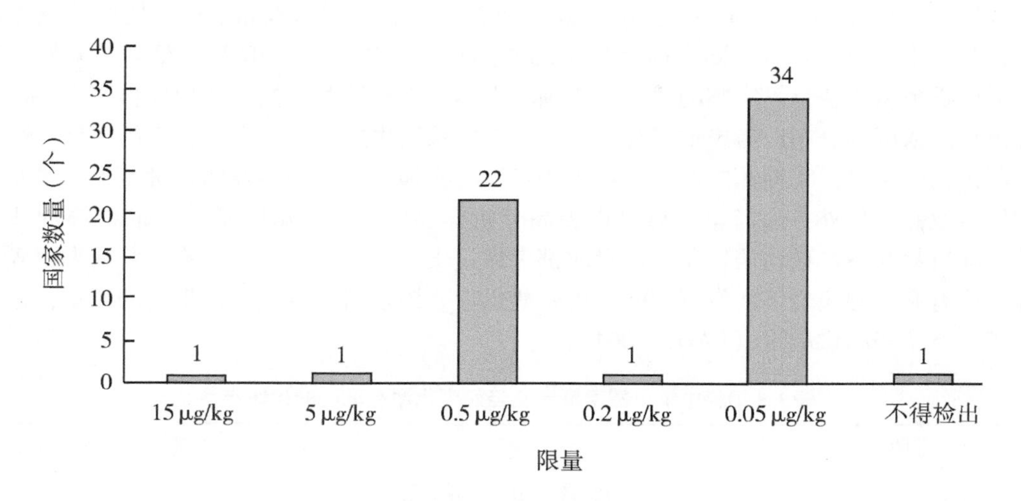

图 1　全球对牛奶中黄曲霉毒素 M_1 的限量标准

限量从 0. 5μg/kg 减少至 0. 05μg/kg 时，肝癌发病率无明显降低，对健康的影响并不显著（FAO，2004；张宗城，2010）。

2. 牛奶中霉菌毒素限量的发展趋势

一般而言，反刍动物比单胃动物能够抵制霉菌毒素的危害，因为反刍动物通过瘤胃微生物可以代谢转化部分霉菌毒素，使霉菌毒素的毒性降级。由表 1 可知，赭曲霉素 A、脱氧雪腐镰刀菌烯醇、T-2 毒素在牛奶中的代谢产物的毒性显著降低，但玉米赤霉烯酮的代谢产物 α-玉米赤霉烯醇比原毒素的毒性高 10 倍。同时，并不是所有的霉菌毒素均被代谢转化为代谢产物，仍有不同比例的未被转化的毒素分泌到乳中，这与霉菌毒素的种类、奶牛摄入的剂量等有关（Diekman 等，1992；Sorensen 等，2005；Monaci 等，2004；Cavret 等，2006）。虽然目前全球仅对牛奶中黄曲霉毒素 M_1 进行限量，但这并不表示当前形势下牛奶中的其他霉菌毒素不会对人类健康造成危害。牛奶中霉菌毒素的来源很单一，基本来源于饲料，而当前饲料被霉菌毒素污染十分严重，发展中国家比发达国家更严重（IFST，2009），暗示了牛奶被霉菌毒素污染的可能性很大。Skaug（1999）对挪威牛奶中赫曲毒素 A 的监测表明，10%～15%的牛奶中检测到赫曲毒素 A，含量在 10～50ng/kg，已经超出婴幼儿 5ng/kg bw 的每日允许摄入量，这至少表明赫曲毒素 A 存在危害婴幼儿的可能性，为了防范危害的发生应该考虑是否设立限量值。

牛奶中霉菌毒素限量的制定取决于科学、社会和经济方面的诸多因素，这些因素不仅在各国国内相互制约，在不同历史时期有不同内容，而且与其他国家有着不可分割的联系。这些因素主要包括：①霉菌毒素的毒理学数据，即风险评估中的危害确定和危害分析，这是限量制定的依据。食品添加剂联合专家委员会（Joint Expert Committee for Food Additives and Contaminants，JEFCA）提出了霉菌毒素的评估机制，目前对黄曲霉毒素、赭曲霉素 A、伏马菌素、T-2 毒素、玉米赤霉烯酮、脱氧雪腐镰刀菌烯醇重新进行了评估，根据霉菌毒素对人类健康危害的描述及危害分析的定性和定量结果制定出“暂定每周耐受摄入量”（Provisional tolerated weekly intake，PTWI）或“暂定每日耐受摄入量”（Provisional tolerated daily intake，PTDI）。②不同国家和地区牛奶中霉菌毒素的含量及牛奶的摄入量，即风险评估中的暴露评估。JECFA 指出来自发达国家的污染水平分析数据往往是不完整的，发展中国家根本就没有这些数据。③抽样程序。牛奶中霉菌毒素浓度的分布应考虑抽样程序，这直接关系到牛奶中霉菌毒素含量的统计，影响暴露评估的结果。④检测方法。方法可靠可以真实地反映霉菌毒素的含量，保证暴露评估的有效性，另外方法简单易行可以提高分析样品的数量，影响最终采取措施的适用性。⑤贸易联系。任何国家制定限量时都考虑进出口现状和未来，在维护消费者健康的同时应有利于国民经济的发展。⑥国内牛奶供应。限量值决定了合格牛奶的质量，也决定了合格牛奶的供应量（FAO，2004）。

表 1　饲料中常见霉菌毒素及经奶牛代谢在乳中的代谢产物

产毒霉菌	霉菌毒素	毒性	奶中代谢产物	产物毒性变化
黄曲霉菌 寄生曲霉	黄曲霉毒素 B_1	致癌、肝毒性、遗传毒性	黄曲霉毒素 M_1	略微降低
疣孢青霉菌	赭曲霉毒素 A	致癌、肾毒性、肝毒性、遗传毒性	赭曲霉毒素-α	显著降低
禾谷镰刀菌	玉米赤霉烯酮	致癌、免疫毒性、生殖毒性	α-玉米赤霉烯醇	升高
禾谷镰刀菌	脱氧雪腐镰刀菌烯醇	免疫毒性、神经毒性	环氧-脱氧雪腐镰刀菌烯醇	显著降低
拟枝孢镰刀菌	T-2 毒素	免疫毒性、神经毒性	HT-2 毒素等	显著降低
轮孢镰刀菌	伏马菌素 B_1	致癌、肾毒性	伏马菌素 B_1	没有变化

因此应在参考 JEFCA 对霉菌毒素危害评估的基础上，对其他霉菌毒素如赫曲毒素 A 等进行风险监测，掌握牛奶中霉菌毒素的污染状况，通过协调各国贸易及本国对牛奶的需求，制定牛奶中其他霉菌毒素如赫曲毒素 A 等的限量，消除消费者面临的潜在健康危害。

三、牛奶中霉菌毒素的风险评估

风险评估包括危害评估、暴露评估及风险描述 3 个部分。牛奶中霉菌毒素的危害评估是对牛奶中可引起人类不良健康后果的霉菌毒素的识别和鉴定，并对与霉菌毒素有关的不良健康后果的本质进行定性或定量的评价，这部分主要包括找出牛奶中主要产生危害的霉菌毒素及这些毒素的毒理学评价。牛奶中霉菌毒素的暴露评估是对通过牛奶摄入霉菌毒素的可能性做定性或定量的评估。风险描述是根据危害评估和暴露评估，对某一给定人群的已知或潜在健康不良效果的发生可能性和严重程度进行定性或定量的估计，是对风险评估的总结。

牛奶中的霉菌毒素来源比较单一，基本来源于被霉菌毒素污染的饲料。Coffey 等（2009）提出饲料中霉菌毒素向牛奶中转化的模型结构：饲料原料受到霉菌的污染程度 → 奶牛的暴露量（饲料中霉菌毒素的含量）→饲料中霉菌毒素向牛奶中的转移、转化率→牛奶中霉菌毒素的含量（监测）→人类消费牛奶的量→暴露评估→风险管理（法规、政策）。目前，各国仅对饲料中的个别毒素进行限量，难以直接通过限制饲料中毒素含量，达到控制牛奶中毒素的目的。因此，掌握每种霉菌毒素从饲料向牛奶转移、转化的规律，通过人体对每种毒素的耐受量及毒素通过饲料向牛奶的转化率等信息，反推到饲料中霉菌毒素的安全剂量，可以达到控制牛奶霉菌毒素安全的目的。此外，监测牛奶中霉菌毒素的含量是判断人们暴露霉菌毒素危害最直接的方式，也是暴露评估的重要内容。因此，霉菌毒素从饲料向牛奶中转移转化及牛奶中霉菌毒素的监测等构成牛奶中霉菌毒素风险评估的重要研究内容。

1. 霉菌毒素从饲料向牛奶中的转移转化

反刍动物具有瘤胃，瘤胃微生物可代谢一定数量的毒素，起到解毒的作用。瘤胃微生物生态系统中原生动物比细菌对代谢霉菌毒素更有效，Kiessling 等（1984）指出，瘤胃中 90%以上的霉菌毒素代谢都由原生动物完成，细菌只代谢很少的一部分，但原生动物对毒素比较敏感（Westlake 等，1989）。瘤胃中部分细菌也可代谢霉菌产生的毒素，体外研究结果表明，从瘤胃分离的溶纤维丁酸弧菌（*B. fibrisolvens*）菌株可以转化赭曲霉毒素 A、玉米赤霉烯酮、脱氧雪腐镰刀菌烯醇等毒素，降低其毒性（Kiessling 等，1984；Westlake 等，1989）。

霉菌毒素在奶牛肠上皮、肝脏及肾脏内也发生生物转化，主要包括两个阶段的反应。第一阶段包括还原、氧化及水解反应。微粒体的细胞色素 P450 和单加氧酶类包括黄素、前列腺素类合成酶、氨基氧化酶、醇脱氢酶是参与氧化反应的主要酶类。而参与还原反应的主要酶类是环氧水解酶类、乙醛脱氢酶类、酮脱氢酶类。此外，哺乳动物的组织和体液中含有的大量非特异性酯酶和水解外来分子的酰胺酶类都参与了第一阶段的反应（Galtier，1999）。第二阶段是第一阶段产生的分子的结合反应，可降低毒素的毒性、提高毒素的水溶性、促进毒素分泌到奶、尿中，对动物起到保护的作用（Dominguez-Bello，1996），参与反应的聚合酶主要是微粒体葡糖醛酸基转移酶类、细胞溶质磺基转移酶类、甲基转移酶类、氨酰转移酶类、S-谷胱甘肽转移酶类、N-乙酰基转移酶类（Galtier，1999）。此外，还有部分未经转化的毒素也会分泌到奶中，毒素及其代谢物主要通过分泌囊泡以细胞滤过、被动跨膜扩散或主动运输等形式进入奶中（Yiannikouris 等，2002）。

（1）黄曲霉毒素

奶牛摄入被黄曲霉毒素 B_1 污染的饲料后，只有很少一部分的黄曲霉毒素 B_1 被瘤胃微生物代谢，形成代谢产物羟基化黄曲霉毒素（Aflatoxicol）。黄曲霉毒素 B_1 的浓度为 1.0~10.0μg/mL 时，低于 10%的黄曲霉毒素 B_1 可被瘤胃微生物代谢。在黄曲霉毒素 B_1 浓度低于 10.0μg/mL 时，很多瘤胃细菌被抑制，影响瘤胃微生物的生长和代谢活性（Yiannikouris 等，2002）。没有被瘤胃微生物代谢的毒素通过被动扩散进入消化道，在肝脏羟基化形成黄曲霉毒素 M_1（Kuilman 等，2000）。黄曲霉毒素 M_1 既可与葡糖醛酸结合，也可进入全身的循环系统，分泌到尿和乳中（Fink-Gremmels，2008）。

奶牛摄入黄曲霉毒素 B_1 48h 后，牛奶中检测到的黄曲霉毒素 M_1 含量达到最大值，奶牛停止摄入黄曲霉毒素 B_1 96h 后，奶中检测不到黄曲霉毒素 M_1（Whitlow 等，2000）。一般认为黄曲霉毒素 B_1 向 M_1 转化的比例很高，但转化程度受多种营养和生理因素影响，如饲养模式、摄入率、消化率、牛体健康状况、肝脏生物转化能力、牛奶产量等。因此，黄曲霉毒素的吸收率及黄曲霉毒素 M_1 向乳中的分泌在不同个体间、不同的时期、不同挤奶时间都存在差异。最初研究结果表明，饲料中黄曲霉毒素 B_1 向牛奶中黄曲霉毒素 M_1 的转化率为 1%~2%（Van Egmond，1989）；对于高产奶牛转化率可达到 6.2%（Veldman 等，1992）。

（2）赭曲霉毒素 A

奶牛摄入赭曲霉毒素 A 后，瘤胃微生物很快将其转化为低毒性的赭曲霉毒素 α，只有小部分的赭曲霉毒素 A 吸收到奶牛体内。体外研究结果表明，赭曲霉毒素 A 主要被瘤胃中原生动物代谢转化。健康奶牛每摄入 1kg 饲料可代谢 12mg 的赭曲霉毒素 A（Hult 等，1976；Pettersson 等，1982）。也有报道，赭曲霉毒素 A 可酯化为赭曲霉毒素 C，赭曲霉毒素 C 与赭曲霉毒素 A 具有相同的毒性（Chu，1974；Galtier 等，1976）。另外在肝脏微粒体的细胞色素 P450 可将赭曲霉毒素 A 转化为羟基-赭曲霉毒素 A，该转化物与赭曲霉毒素 A 一样具有免疫抑制特性（Dirheimer，1983）。当奶牛摄入的赭曲霉毒素 A 达到 1.66mg/kg bw，赭曲霉毒素 A 及其代谢产物赭曲霉毒素 α 在牛奶中可被检测到（Prelusky，1987）。

（3）玉米赤霉烯酮

90%的玉米赤霉烯酮经瘤胃微生物转化为羟基代谢产物 α-玉米赤霉烯醇，雌激素毒性比玉米赤霉烯酮高 10 倍。一部分 α-玉米赤霉烯醇可以进一步转化为毒性较低的 β-玉米赤霉烯醇。玉米赤霉烯酮和 α-玉米赤霉烯醇在牛的瘤胃内氢化生成赤霉烯酮，一种可以刺激动物生长的雌激素（Kiessling 等，1984；Kennedy 等，1998；Yiannikouris 等，2002）。玉米赤霉烯酮在动物肝脏内在酮还原酶的作用下生成 α-玉米赤霉烯醇和 β-玉米赤霉烯醇（Galtier，1999）。Danicke 等（2002）报道，胆汁中检测到玉米赤霉烯酮、α-玉米赤霉烯醇、β-玉米赤霉烯醇的比例分别为 8%、24%、68%。在牛奶中可以检测到玉米赤霉烯酮及其代谢产物（Shreeve 等，1979；Prelusky 等，1990；Cavret 等，2006）。连续 21d 让奶牛每天摄入 544.5mg 的玉米赤霉烯酮，在奶中可以检测到玉米赤霉烯酮和 α-玉米赤霉烯醇，转化率为 0.06%（Yiannikouris 等，2002），转化率由奶牛摄入毒素的剂量决定。当奶牛停止摄入玉米赤霉烯酮后，牛奶中检测到毒素的量很快下降。奶牛摄入玉米赤霉烯酮的剂量为 1.8~6.0g，向奶中的转化率为 0.008%~0.016%；奶中还检测到 β-玉米赤霉烯醇（Prelusky 等，1990）。

（4）脱氧雪腐镰刀菌烯醇

早期报道指出，脱氧雪腐镰刀菌烯醇在奶牛瘤胃中转化为环氧-脱氧雪腐镰刀菌烯醇的量很少（Kiessling 等，1984；Swanson 等，1987）。但 Fink-Gremmels（2008）研究结果表明，反刍动物对脱氧雪腐镰刀菌烯醇的敏感性很低，在瘤胃微生物的作用下几乎全部转化为环氧-脱氧雪腐镰刀菌烯醇；部分的脱氧雪腐镰刀菌烯醇吸收进入奶牛体内也可转化为环氧-脱氧雪腐镰刀菌烯醇，随后在肝脏中可以检测到环氧-脱氧雪腐镰刀菌烯醇与葡萄糖酸醛结合物，有利于毒素的排泄（Charmley 等，1993；Yiannikouris 等，2002；Larsen 等，2004）。环氧-脱氧雪腐镰刀菌烯醇基本没有毒性，且亲水性很强，有利于从机体中排泄。即使奶牛摄入大量脱氧雪腐镰刀菌烯醇，脱氧雪腐镰刀菌烯醇及其代谢产物环氧-脱氧雪腐镰刀菌烯醇转移到奶中的量很少（Beasley 等，1986；Cote 等，1986；D'Mello 等，1997）。奶牛摄入剂量为 920mg 的脱氧雪腐镰刀菌烯醇，在奶中没有检测到原毒素，可检测到 4μg/L 的脱氧雪腐镰刀菌烯醇结合物（Prelusky 等，1986）。

（5）T-2 毒素

当 T-2 毒素的浓度达到 10μg/mL 时可在瘤胃内容物中代谢（Prelusky 等，1986）。T-2 毒素在奶牛瘤胃转化为 HT-2 毒素和新茄镰孢菌醇，HT-2 毒素为主要代谢产物，两个代谢产物的毒性均是原毒素的 1/10（Cote 等，1986）。另外，如溶纤维丁酸弧菌（*Butyrivibrio fibrisolvens*）、反刍兽新月单胞菌（*Selenomonas ruminantium*）、解脂厌氧弧菌（*Anaerovibrio lioplytica*）等瘤胃细菌通过两种酶系统将 T-2 毒素作为能量来源，代谢 T-2 毒素（Westlake，1987）。吸收进入奶牛机体内的 T-2 毒素通过肠道和肝脏内的 CYP450 酯酶类羟基化（Kobayashi 等，1987），随后羟基化的 T-2 毒素与葡糖醛酸结合，结合物使得毒素在胆汁的排泄变得容易（Bauer 等，1985）。另外，在血液中检测到 HT-2 毒素，表明肠道细胞可以代谢 T-2 毒素（JECFA，2001）。在牛奶中可以检测到 T-2 毒素，饲料到牛奶中的转化率为 0.05%~2%（Yiannikouris 等，2002；Cavret 等，2006）。

（6）伏马菌素

伏马菌素在机体内被代谢的研究鲜有报道，但肝脏水解酶类和肠道酶类可以将伏马菌素 B_1 水解为单酯和氨基苯酚后通过粪便排泄（Prelusky 等，1995；Shepard 等，1995；Galtier，1999）。给奶牛静脉注射伏马菌素 B_1 0.05mg/kg bw 或 0.2mg/kg bw，伏马菌素 B_1 在奶牛机体器官的分配和消除不受剂量影响（Prelusky 等，1995）。关于伏马菌素向牛奶中转化的报道很少（JECFA，2001）。Spahr 等（2000）引用 Hammer 等（1996）的研究结果指出，奶牛摄入 3mg/kg 饲料的伏马菌素 B_1 后，向牛奶中的转化率为 0.05%。24h 后牛奶中检测不到伏马菌素 B_1。也有研究结果表明，在牛奶中检测不到伏马菌素 B_1（Scott 等，1994；Richard 等，1996）。

2. 牛奶中霉菌毒素的风险监测

为了解牛奶中霉菌毒素的污染状况，掌握消费者通过牛奶摄入的霉菌毒素的剂量，确保人们的健康，很多国家政府及科研机构对牛奶中的霉菌毒素进行监测，就目前来看，主要监测的仍是具有限量值的且对人类有致癌性的黄曲霉毒素 M_1，以及在牛奶中常见且对人类可能有致癌性的赭曲霉毒素 A。

（1）黄曲霉毒素 M_1

近年来，亚洲的阿联酋、伊朗、科威特、日本、泰国、印度尼西亚、中国，欧洲的法国、葡萄牙、意大利、英国、阿尔巴尼亚，美洲的阿根廷、巴西及大洋洲的新西兰都有在生乳中监测到黄曲霉毒素 M_1 的报道，主要采用的检测方法为 HPLC 法和 ELISA 法（Kriengsag，1997；Martins 等，2000；Panariti，2001；Srivastava 等，2001；UKFSA，2001；Lopez 等，2003；Sassahara 等，2005；Boudra 等，2007；Decastelli 等，2007；Tajkarimi 等，

2008；Sugiyama 等，2008；Pei 等，2009；NZFSA，2010）。各国的限量有所不同，其中亚洲以 0.5μg/L 为主，欧洲以 0.05μg/L 为主。就监测结果来看，除意大利和新西兰没有检测到阳性样品外，其他各国的生乳中均有不同程度黄曲霉毒素 M_1 的检出，以两个代表限量为界限对各国阳性样品中黄曲霉毒素 M_1 的含量进行比较分析，日本、英国、法国、葡萄牙、阿根廷的阳性样品中黄曲霉毒素 M_1 的含量均在 0.05μg/L 之内；伊朗、阿联酋、科威特、中国的阳性样品超 0.05μg/L，但在 0.5μg/L 之内；而泰国、印度尼西亚、阿尔巴尼亚及巴西的阳性样品甚至超出 0.5μg/L 的限量。就全球范围来看，中国生乳中黄曲霉毒素 M_1 的污染属于中等水平（表 2）。

表 2　不同国家牛奶中黄曲霉毒素 M_1（AFM_1）的监测结果

地区	国家	样本量（个）	阳性样品量（率）	>50ng/L 样品量（率）	>500ng/L 样品量（率）	AFM_1 含量（ng/L）
亚洲	伊朗	319	172（54%）	73（23%）	0	10±119
	阿联酋	59	—	33（56%）	0	<50~310
	科威特	16	10（62.5%）	—	—	10~210
	日本	101	—	0	0	11±3.5
	泰国	67	66（98.5%）	—	17（25.4%）	—
	印度尼西亚	342	199（58.2%）	—	73（21%）	310~5 400
	中国	12	12（100%）	12（100%）	0	160~500
欧洲	法国	264	9（3.4%）	0	0	5~26
	葡萄牙	31	25（80.6%）	0	0	5~50
	意大利	45	0	0	0	—
	英国	100	3（3%）	0	0	10~21
	阿尔巴尼亚	60	60（100%）	60（100%）	10（16.7%）	<50~650
美洲	巴西	42	10（23.8%）	—	3（7%）	295~1 975
	阿根廷	56	6（10.7%）	0	0	16±7
大洋洲	新西兰	273	0	0	0	—

资料来源：Kriengsag，1997；Martins 和 Martins，2000；Panariti，2001；Srivastava 等，2001；UKFSA，2001；Lopez 等，2003；Sassahara 等，2005；Boudra 等，2007；Decastelli 等，2007；Sugiyama 等，2008；Tajkarimi 等，2008；Pei 等，2009；NZFSA，2010

（2）赭曲霉毒素 A

目前对牛奶中赭曲霉毒素 A 的监测主要集中在欧洲的法国、挪威、英国、意大利、丹麦、西班牙、德国、瑞典等国家，主要采用的方法为 HPLC、LC-MS、LC-FLD 等（表 3）（Valenta 等，1996；Skaug，1999；UKFSA，2001；Scoop，2002；Sofensen 等，2005；Boudra 等，2007；Gonzalez-Osnaya 等，2008；Pattono 等，2011）。从各国监测结果来看，法国、挪威、意大利、瑞典均有阳性样品检出。因目前牛奶中没有对赭曲霉毒素 A 进行限量，人们主要参考 JECFA 制定的耐受量评估其危害水平。Skaug（1999）对挪威牛奶中赭曲毒素 A 的监测表明，牛奶中含量在 10~50ng/kg，可能超出小孩

5ng/kg bw的每日允许摄入量。2002 年欧盟对膳食摄入赭曲霉毒素 A 进行评估后，牛奶中赭曲霉毒素 A 的污染更加受到人们的关注（Scoop，2002）。瘤胃原生动物对赭曲霉毒素 A 的代谢转化起到重要的作用，Pattono 等（2011）指出，有机牧场饲喂的饲料种类改变了瘤胃 pH 值，降低了瘤胃内的原生动物数量，有机牛奶被赭曲霉毒素 A 污染的风险更大。对意大利的 63 批次有机生乳及 20 批次普通生乳中的赭曲霉毒素 A 进行监测。63 批次的有机生乳有 3 批次的赭曲霉毒素 A 呈阳性，20 批次普通生乳未检出赭曲霉毒素 A。饲料的类型对牛奶中赭曲霉毒素 A 的污染有重要影响。

表 3　不同国家牛奶中赭曲霉毒素 A（OTA）的监测结果

地区	国家	样本量	阳性样品量（百分率）	OTA 含量（μg/L）
欧洲	法国	264	3（1.1%）	0.005~0.008
	挪威	87	11（12.5%）	0.011~0.028
	英国	100	0	<0.1
	意大利	83	3（3.6%）	0.07~0.11
	丹麦	42	0	—
	西班牙	61	0	<0.01
	德国	121	0	<0.03
	瑞典	36	5（13.8%）	—

资料来源：Valenta 和 Goll，1996；Skaug，1999；UKFSA，2001；Scoop 2002；Sofensen 和 Elboek，2005；Boudra 等，2007；Gonzalez-Osnaya 等，2008；Pattono 等，2011

（3）其他霉菌毒素

就目前来看，牛奶中有关其他霉菌毒素监测的报道很少。20 个生乳样品，20%的样品检出玉米赤霉烯酮，含量为 2.9~10.1μg/L（El-Hoshy，1999）。Gazzotti 等（2009）检测的 10 批次牛奶中 8 批次检出伏马菌素 B_1，含量为 0.26~0.43μg/L。此外，由于发现牛奶有多种霉菌毒素同时存在的可能性，毒素间的交互作用及对人类健康威胁引起高度重视，以及串联质谱技术的发展（Krska 等，2008），出现关于牛奶中多种霉菌毒素监测的报道。Sofensen 等（2005）采用 LC-MS/MS 法对丹麦的 42 批次生乳样品中黄曲霉毒素 M_1、赭曲毒素 A、玉米赤霉烯酮、α-玉米赤霉烯醇、β-玉米赤霉烯醇、脱氧雪腐镰刀菌烯醇、伏马菌素 B_1、T-2 毒素、HT-2 毒素等进行监测，样品中未检出任何毒素。Boudra 等（2007）对法国 264 批次生乳样品中的黄曲霉毒素 M_1 和赭曲霉毒素 A 进行监测，9（3.4%）批次样品检出黄曲霉毒素 M_1，含量为 0.005~0.026μg/L，3 批次（1.1%）样品检出赭曲霉毒素 A，含量 0.005~0.008μg/L。Beltran 等（2011）采用 UHPLC-MS/MS 方法对 11 批次婴幼儿配方奶粉、生乳等乳基样品中的黄曲霉素 M_1 和赭曲霉毒素 A 进行检测，其中 1 批次的婴幼儿配方奶粉中检出黄曲霉毒素 M_1，含量为 0.006μg/L。以上结果表明牛奶中确实存在多种毒素同时存在的可能性，多种毒素同时监测对于牛奶的质量安全更有保证。

四、总结

从20世纪60年代以来，人们对牛奶中霉菌毒素展开了全面的研究，包括霉菌毒素从饲料向牛奶中的转化、牛奶中霉菌毒素的风险监测等。而中国在该领域的研究较少，牛奶中霉菌毒素种类、转化等受到饲料、地区的影响，简单的引用国外的数据，不能代表中国的实际情况，不利于对牛奶中霉菌毒素的控制。尽管中国制定了牛奶中黄曲霉毒素 M_1 的限量，但对全国范围内牛奶中黄曲霉毒素 M_1 的监测不多。目前，中国国民对牛奶的消费量越来越大，牛奶的安全与国民的健康密切相关。应根据中国地域特点、奶牛饲养的实际情况等客观因素，对中国常见的污染饲料的霉菌毒素展开饲料向牛奶中转化的研究等。同时要进行全国范围内牛奶中 M_1 的风险监测，掌握牛奶中 M_1 的污染状况，从源头控制霉菌毒素的污染，保证牛奶及其制品的安全。

参考文献

张宗城，2010. 乳与乳制品中黄曲霉毒素 M_1 的限量确定及测定方法［J］. 农产品质量与安全（6）：36-40.

郑楠，王加启，韩荣伟，等，2012. 牛奶质量安全主要风险因子分析Ⅱ. 霉菌毒素［J］. 中国畜牧兽医，39：1-9.

Bauer J，Bollwahn W，Gareis M，et al，1985. Kinetic profiles of diacetoxyscirpenol and two of its metabolites in blood serum of pigs［J］. Applied and Environmental Microbiology，49：842-845.

Beasley V R，Swanson S P，Corley R A，et al，1986. Pharmacokinetics of the trichothecene mycotoxin，T-2 toxin，in swine and cattle［J］. Toxicon，20：13-23.

Beltran E，Lbanez M，Sancho J V，et al，2011. UHPLC-MS/MS highly sensitive determination of aflatoxins，the aflatoxin metabolite M_1 and ochratoxin A in baby food and milk［J］. Food Chemistry，126：737-744.

Boudra H，Barnouin J，Dragacci S，et al，2007. Aflatoxin M_1 and Ochratoxin A in raw bulk milk from french dairy herds［J］. Journal of Dairy Science，90：3197-3201.

Cavret S，Lecoeur S，2006. Fusariotoxin transfer in animal［J］. Food and Chemical Toxicology，44：444-453.

Charmley E，Trenholm H L，Thompson B K，et al，1993. Influence of level of deoxynivalenol in the diet of dairy cows on feed intake，milk production，and its composition［J］. Journal of Dairy Science，76：3580-3587.

Chu F S，1974. Studies in ochratoxin［J］，CRC Crit Rev Toxicol，2：499.

Coffey R，Cummins E，Ward S，2009. Exposure assessment of mycotoxins in dairy milk［J］. Food Control，20：239-249.

Coté L M，Dalhem A M，Yoshizawa T，et al，1986. Excretion of deoxynivalenol and its metabolite in milk，urine，and feces of lactating dairy cows［J］. Journal of Dairy Science，69：2416-2423.

D' Mello J P F，Macdonald A M C，1997. Mycotoxins［J］. Animal Feed Science and Technology，69：155-166.

Danicke S，Ueberschar K H，Halle I，et al，2002. Effect of a detoxifying agent to laying hen diets containing uncontaminated or Fusarium toxin-contaminated maize on performance of hens and carryover of zearalenone［J］. Poultry Science，81：1671-1680.

Decastelli L，Lai J，Gramaglia M，et al，2007. Aflatoxins occurrence in milk and feed in Northern Italy during 2004-2005［J］. Food Control. 18：1263-1266.

Diekman M A，Green M L，1992. Mycotoxins and reproduction in domestic livestock［J］. Journal of Animal Science，70：1615-1627.

El-Hoshy S M，1999. Occurrence of zearalenone in milk，meat and their products with emphasis on influence of heat treatments on its level［J］. Archiv fur Lebensmittelhygiene，50：140-143.

Fink-Gremmels J，2008. Mycotoxins in cattle feeds and carry-over to dairy milk：A review［J］. Food Additives and

Contaminants: Part A, 22: 172-180.

Food and Agriculture Organization (FAO), 2004.Worldwide regulations for mycotoxins in food and feed in 2003 [R]. FAO Food and Nutrition Paper 81. 2004. Rome: Food and Agriculture Organization.

Galtier P, Alvinerie M, 1976. *In vitro* transformation of ochratoxinA by animalmicrobial floras [J]. Ann Rech Vé, 7: 91-98.

Galtier P, 1999. Biotransformation and fate of mycotoxins [J]. Journal of Toxicology-toxin Reviews, 18: 295-312.

Gazzotti T, Lugoboni B, Zironi E, et al, 2009. Determination of fumonisin B_1 in bovine milk by LC-MS/MS [J]. Food Control, 20: 1171-1174.

Gonzalez-Osnaya L, Soriano J M, Molto J C, et al, 2008. Simple liquid chromatography assay for analyzing ochratoxin A in bovine milk [J]. Food Chemistry, 108: 272-276.

Hammer P, Blüthgen A, Walte H G, 1999. Carry-over of fumonisin B_1 into the milk of lactating cows [J]. Milchwissenschaft, 51: 691-695.

Hult K, Teiling A, Gatenbeck S, 1976. Degradation of ochratoxin A by a ruminant [J]. Applied and Environmental Microbiology, 32: 443-444.

IARC, 1993. Monographs on the evaluation of the carcinogenic risk of chemicals to humans: some naturally occurring substances [R]. Food items and constituents, heterocyclic aromatic amines and mycotoxins. Lyon, France: 56: 397-444.

Institute of Food Science and Technology (IFST), 2009. Mycotoxin [R]. United kingdom: Institute of Food Science and Technology information statement.

Joint Expert Committee for Food Additives and Contaminants (JECFA), 2001. Fumonisins [R]. 47.

Joint Expert Committee for Food Additives and Contaminants (JECFA), 2001. T-2 and HT-2 toxins [R]. 47.

Kennedy D G, Hewitt S A, McEvoy J D, et al, 1998. Zeranol is formed from Fusarium sp. toxins in cattle in vivo [J]. Food Additives and Contaminants, 15: 393-400.

Kiessling K H, Pettersson H, Sandholm K, et al, 1984. Metabolism of aflatoxin, ochratoxin, zearalenone, and three trichothecenes by intact rumen fluid, rumen protozoa, and rumen bacteria [J]. Applied and Environmental Microbiology, 47: 1070-1073.

Kobayashi T, Horikoshi T, Ryu J C, et al, 1987. The cytochrome P450-dependent hydroxylation of T-2 toxin in various animal species [J]. Food and Chemical Toxicology, 25: 539-544.

Kriengsag S, 1997.Incidence of aflatoxin M_1 in Thai milk products [J]. Journal of Food Protection, 60: 1010-1012.

Krska R, Schubert-ullrich P, Molinelli A, et al, 2008. Mycotoxin analysis: An update [J]. Food Additives and Contaminants, 25: 152-163.

Kuilman M E, Maas R F, Fink-Gremmels J, 2000. Cytochrome P450 mediated metabolism and cytotoxicity of aflatoxin B (1) in bovine hepatocytes [J]. Toxicology in Vitro, 14: 321-327.

Larsen J C, Hunt J, Perrin I, et al, 2004. Workshop on trichothecenes with a focus on DON: summary report [J]. Toxicology Letters, 153: 1-22.

Lopez C E, Ramos L L, Ramad S S, et al, 2003. Presence of aflatoxin M_1 in milk for human consumption in Argentina [J]. Food Control, 14: 31-34.

Pei S C, Zhang Y Y, Eremin S A, et al, 2009. Detection of aflatoxin M_1 in milk products from China by ELISA using monoclonal antibodies [J]. Food Control, 20 (12): 0-1085.

Martins M L, Martins H M, 2000. Aflatoxin M_1 in raw and ultra high temperature-treated milk commercialized in Portugal [J]. Food Ad ditives and Contaminants, 17: 871-874.

Monaci L, Palmisano F, 2004. Determination of ochratoxin A in foods: state-of-the-art andanalytical challenges [J]. Analytical and Bioanalytical Chemistry, 378: 96-103.

New Zealand Food Safety Authority (NZFSA), 2011. Dairy National Chemical Contaminants Programme 2009/10 Full Year Results [EB/OL]. NZFSA: www. foodsafety. govt. nz/elibrary/in dustry/nccp-results-2009-10.

Panariti E, 2001. Seasonal variations of aflatoxin M_1 in the farm milk in Albania [J]. Arh Hig Rada Toksikol, 52 (1): 37-41.

Pattono D, Gallo P F, Civera T, 2011. Detection and quantification of ochratoxin A in milk produced in organic farms [J]. Food Chemistry, 127: 374-377.

Pei S C, Zhang Y Y, Eremin S A, et al, 2009. Detection of aflatoxin M_1 in milk products from China by ELISA using monoclonal antibodies [J]. Food Control, 20: 1080-1085.

Pettersson H, Kiessling K H, Ciszuk P, 1982. Degradation of ochratoxin A in rumen [C]. Proceedings of the International IUPAC Symposium Mycotoxins and Phycotoxins. Vienna (Austria): Austrian Chemical Society.

Prelusky D B, Scott P M, Trenholm H L, et al, 1990. Minimal transmission of zearalenone to milk of dairy cows [J]. Journal of Environ mental Science and Health B, 25: 87-103.

Prelusky D B, Veira D M, Trenholm H L, et al, 1986. Excretion profiles of the mycotoxin deoxynivalenol, following oral and intravenous administration to sheep [J], Fundamental and Applied Toxicology, 6: 356.

Prelusky D B, Savard M E, Trenholm H L, 1995. Pilot study on the plasma pharmacokinetics of fumonisin B_1 cows following a single dose by oral gavage or intravenous administration [J]. Journal of Natural Toxins, 3: 389-394.

Prelusky D B, Veira D M, Trenholm H L, et al, 1987. Metabolic fate and elimination in milk, urine and bile of deoxynivalenol following administration to lactating sheep [J]. Journal of Environmental Science and Health B, 22: 125-148.

Richard J L, Meerding G, Maragos C M, et al, 1996. Absence of detectable fumonisins in the milk of cows fed with Fusarium proliferatum (Matsushima) Nirenberg culture material [J]. Mycopatholoia, 133: 123-126.

Sargeant K, Ann Sheridan J, O' Kelly J, et al, 1961. Toxicity associated with certain samples of groundnuts [J]. Nature, 192: 1096-1097.

Sassahara M, Pontes N D, Yanak E K, 2005. Aflatoxin occurrence in foodstuff supplied to dairy cattle and aflatoxin M_1 in raw milk in the North of Parana state [J]. Food and Chemical Toxicology, 43: 981-984.

Scott P M, Delgado T, Prelusky D B, et al, 1994. Determination of fumonisins in milk [J]. Journal of Environmental Science and HealthB, 29: 989-998.

Shepard G S, Thiel P G, Sydenham E W, et al. Toxicokinetics of mycotoxin fumonisin B_2 in rats [J]. Food and Chemical Toxicology, 1995, 33: 591-595.

Shreeve B J, Patterson D S P, Roberts B A, 1979. The carry-over of aflatoxin, ochratoxin and zearalenone from naturally contaminated feed to tissues, urine and milk of dairy cows [J]. Food and Cosmetics Toxicology, 17: 151-152.

Skaug M A, 1999. Analysis of Norwegian milk and infant formulas for ochratoxin A [J]. Food Additives and Contaminants, 16 (2): 75-78.

Smith J E, Henderson R S, 1991. Mycotoxins and Animal Foods [M]. Boca Raton, Florida: CRC Press.

Spahr U, Walther B, Sieber R, et al, 2000. Carry over of mycotoxins into milk: a review [J]. Agrarforschung, 7: 68-73.

Srivastava V P, Bu-Abbas A, Al-Johar W, et al, 2001. Aflatoxin M_1 contamination in commercial samples of milk and dairy products in Kuwait [J]. Food Additives and Contaminants, 18: 993-997.

Sugiyama K, Hiraoka H, Sugita-Konishi Y, 2008. Aflatoxin M_1 contamination in raw bulk milk and the presence of sflatoxin B_1 in corn supplied to dairy cattle in Japan [J]. Journal of the Food Hygienic Society of Japan, 49: 352-355.

Swanson S P, Nicoletti J, Rood H D J, et al, 1987. Metabolism of three trichothecene mycotoxins, T-2 toxin, diacetoxyscirpenol and deoxynivalenol, by bovine rumen microorganisms [J]. J Chromatogr, 414: 335-342.

Tajkarimi M, Aliabadi-Sh F, Salah N A, et al, 2008. Aflatoxin M_1 contamination in winter and summer milk in 14states in Iran Metabolism of three trichothecene mycotoxins, T-2 toxin, diacetoxyscirpenol and deoxynivalenol, by bovine rumen microorganisms [J]. Food Control, 19: 1033-1036.

United Kingdom Food Standards Agency (UKFSA), 2001. Survey of milk for mycotoxins (Number 17/01) [EB/OL]. UKFSA: http: //www. food. gov. uk/science/surveillance/fsis2001/milk-myco) in September 14th.

Valenta H, Goll M, 1996. Determination of ochratoxin A in regional samples of cow's milk from Germany [J]. Food Additives and Contaminants, 13 (6): 669-676.

Van Egmond H P, 1989. Aflatoxin M_1: occurrence, toxicity, regulation [C]. Van Egmond HP, editor. Mycotoxins in dairy products, London (UK): Elsevier Applied Science.

Westlake K, Mackie R I, Dutton M F, 1987. T-2toxin metabolism by ruminal bacteria and its effect on their growth [J], Applied and Environmental Microbiology, 53: 587-592.

Westlake K, Mackie R I, Dutton M F, 1989. In vitro metabolism of mycotoxins by bacterial, protozoal and ovine ruminal fluid preparations [J], Animal Feed Science and Technology, 25: 169-178.

Whitlow L W, Diaz D E, Hopkins B A, et al, 2000. Mycotoxins and milk safety: the potential to block transfer to milk [C]. Lyons T P, Jacques K A, Proceedings of Alltech's 16th Annual Symposium. Nottingham, UK: Nottingham University Press, 391–408.

WHO, 2002. WHO Global Strategy for Food Safety: safer food for better health [R]. Food Safety Programme: Geneva, Switzerland: World Health Organization (WHO).

World Health Organisation (WHO), 1991. Mycotoxins [R]. Fact Sheet No. 5. Basic Food Safety for Health Workers.

Yiannikouris A, Jouany J, 2002. Mycotoxins in feeds and their fate in animals: a review [J]. Animal Research, 51: 81–99.

牛奶中霉菌毒素风险排序

霉菌毒素污染是牛奶质量安全的重要问题。作者在对牛奶中主要存在的霉菌毒素种类、毒性、限量等分析的基础上，对中国牛奶中霉菌毒素进行风险排序，为对中国进行牛奶质量安全风险监测、风险评估提供参考。

关键词：牛奶；霉菌毒素；风险排序

霉菌毒素对食品和饲料的污染是食源性疾病的重要根源，对人类的健康构成严重的威胁（WHO，2002；FAO，2004）。目前已发现了 300 多种霉菌毒素，约 20 种在饲料和食品中含量达到显著水平（Smith 等，1994），依据毒性的大小，黄曲霉毒素、赭曲霉毒素、玉米赤霉烯酮、伏马菌素、T-2 毒素、脱氧雪腐镰刀菌烯醇等备受各国及组织关注（FAO，2004；IFST，2009）。在牛奶中我们应该重点关注哪些霉菌毒素主要从以下几个方面考虑。

一、牛奶中霉菌毒素的种类

奶牛在采食了霉菌毒素污染的饲料后，在乳汁中可检测到相应的霉菌毒素（Diekman 等，1992；Sorensen 等，2005；Monaci 等，2004；Cavret 等，2006）。此外，经牛体代谢后，黄曲霉毒素 B_1 可转化为黄曲霉毒素 M_1、赭曲霉毒素 A 转化为赭曲霉毒素-α、玉米赤霉烯酮转化为 α-玉米赤霉烯醇、脱氧雪腐镰刀菌烯醇转化为环氧-脱氧雪腐镰刀菌烯醇、T-2 毒素转化为 HT-2 毒素等多种代谢产物，代谢产物也一并分泌到乳汁中（Fink-Gremmels，2008）。因此，牛奶中常见的霉菌毒素种类包括饲料中的原毒素及其经牛体的代谢产物。

二、牛奶中霉菌毒素的毒性

人们对霉菌毒素的关注是因为其高毒性，如致癌性，会对人类、动物造成严重的伤害。1993 年 IARC 评估后认为黄曲霉毒素 M_1、赭曲霉毒素 A、玉米赤霉烯酮、α-玉米赤霉烯醇及伏马菌素具有潜在的致癌性。其中黄曲霉毒素被归为 1 类对人类致癌物，赭曲霉毒素 A 和伏马菌素被归为 2 类可能对人类致癌物，玉米赤霉烯酮、α-玉米赤霉烯醇为 3 类致癌物，但不是对人类的致癌物。T-2 毒素、脱氧雪腐镰刀菌烯醇等虽没有致癌性的报道，但具有神经毒性（Creppy，2002）。黄曲霉毒素、赭曲霉毒素 A、玉米赤霉烯酮不但毒性强，而且在牛奶中检出率高。

三、牛奶和饲料中霉菌毒素的限量

1. 牛奶中限量的霉菌毒素

目前全球在牛奶中仅限量了黄曲霉毒素 M_1，其中以欧盟为代表的0.05μg/L和以美国为代表的0.5μg/L 2个限量被广泛采纳。中国采用0.5μg/L作为牛奶中黄曲霉毒素 M_1 的限量。

2. 饲料中限量的霉菌毒素

奶牛食用被霉菌毒素污染的饲料是导致牛奶中含有霉菌毒素的原因，牛奶中常见的霉菌毒素种类与污染水平主要由饲料被霉菌毒素污染的程度决定。在奶牛饲料中制定限量的霉菌毒素如果可以转化到牛奶中，也需要我们重点关注。表1比较了中国、美国、欧盟对饲料中霉菌毒素的限量，各国对饲料中霉菌毒素的限量有所不同，各国均对黄曲霉毒素做了限量规定，此外，中国还限量了赭曲霉毒素A和玉米赤霉烯酮，美国和欧盟限量脱氧雪腐镰刀菌烯醇和伏马菌素，欧盟也限量了玉米赤霉烯酮。限量是以本国实际生产情况为基础，并在一定的风险评估基础上制定的。据报道，中国的奶牛饲料除了黄曲霉毒素污染外，赭曲霉毒素A和玉米赤霉烯酮的超标现象更为严重，且多种霉菌毒素共存的现象很普遍（吕明斌等，2004；张丞等，2008，2010）。赭曲霉毒素A和玉米赤霉烯酮经奶牛代谢均可在牛奶中检出，此外，玉米赤霉烯酮经牛体转化代谢的产物α-玉米赤霉烯醇也一并分泌到奶中，α-玉米赤霉烯醇的毒性是玉米赤霉烯酮的10倍（Prelusk等，1987）。因此，中国饲料中特别限量的赭曲霉毒素A和玉米赤霉烯酮及其代谢产物也要重点关注。

表1　部分国家和地区饲料中霉菌毒素的限量（μg/kg）

霉菌毒素	中国	美国	欧盟
黄曲霉毒素	10~50	20	5
脱氧雪腐镰刀菌烯醇	N	5 000~10 000	1 250~1 750
伏马菌素	N	5~100	2 000
赫曲毒素A	100	良好农业与生产操作推荐	N
玉米赤霉烯酮	500	N	100~200
T-2和HT-2毒素	N	N	N

N：未限量；

参考资料：GB 13078—2001；GB 13078.2—2006；Barug，2004；EC No 1881/2006

四、各国关注的牛奶中霉菌毒素

通过查阅公开发表的科技文献和权威资料可知，目前各国牛奶中最受关注的霉菌毒素仍是黄曲霉毒素 M_1，奶业发展中国家如巴西、伊朗、阿根廷等表现得尤为明显

（Kriengsag，1997；Martins 等，2000；Panariti，2001；Srivastava 等，2001；UKFSA，2001；Lopez 等，2003；Sassahara 等，2005；Boudra 等，2006；Decastelli 等，2007；Sugiyama 等，2008；Tajkarimi 等，2008；Pei 等，2009；NZFSA，2011）。与此同时，奶业发达国家也越来越关注除黄曲霉毒素 M_1 以外的其他霉菌毒素，英国、德国、瑞典、挪威等欧洲国家已经开展了牛奶中赭曲霉毒素 A 的风险监测（Valenta 等，1996；Skaug，1999；UKFSA，2001；Scoop，2002；Sofensen 等，2005；Boudra 等，2006；Gonzalez-Osnaya 等，2008；Pattono 等，2011）。Skaug（1999）对挪威牛奶中赫曲毒素 A 监测后表明，牛奶中赭曲霉毒素 A 的含量偏高，可能对小孩的健康存在风险。2002 年欧盟对膳食摄入赭曲霉毒素 A 进行评估后，牛奶中赭曲霉毒素 A 的污染更加受到人们的关注（Scoop，2002）。同时，也有资料表明英国、加拿大监测了牛奶中玉米赤霉烯酮、α-玉米赤霉烯醇，但笔者没有查到监测结果（UKFSA，2001；FAO，2004）

五、其他

2011 年欧盟食品安全局分析了 22 个欧盟成员国 2005—2010 年的20 519份食品、饲料等中 T-2 和 HT-2 毒素，表明食品中 T-2 和 HT-2 毒素也开始被关注。牛奶中也有检出 T-2 和 HT-2 毒素（Yiannikouris 等，2002；Cavret 等，2006），也要开始被关注。

根据以上分析，对牛奶中常见霉菌毒素关注度的排序如下：黄曲霉毒素 M_1 为必须关注指标；赭曲霉毒素 A、玉米赤霉烯酮和 α-玉米赤霉烯醇为重点关注指标；T-2、HT-2 毒素、脱氧雪腐镰刀菌烯醇为一般关注指标；伏马菌素因在牛奶中转化率很低，暂时可不予关注（表 2）。

表 2　牛奶中霉菌毒素风险排序

序号	霉菌毒素	关注程度
1	黄曲霉毒素 M_1（Aflatoxin M_1）	必须关注★★★
2	赭曲霉毒素 A（Ochratoxin A）	重点关注★★☆
3	玉米赤霉烯酮（Zearalenone）	重点关注★★☆
4	α-玉米赤霉烯醇（α-zearalenol）	重点关注★★☆
5	T-2 毒素（T-2 toxin）	一般关注★☆☆
6	HT-2 毒素（HT-2 toxin）	一般关注★☆☆
7	脱氧雪腐镰刀菌烯醇（Deoxynivalenol）	一般关注★☆☆
8	伏马菌素（Fumonisin）	暂不关注☆☆☆

参考文献

吕明斌，陈刚，汪尧春，等，2004. 北方地区饲料原料霉菌毒素污染状况［J］. 中国饲料，9：32-34.

张丞，刘颖莉，2008. 2007 年中国饲料和原料中霉菌毒素污染情况调查报告［J］. 新参考，4：28-32.

张丞，刘颖莉，2010. 2009 年中国饲料和原料中霉菌毒素污染情况调查［J］. 中国家禽，32：67-69.

郑楠，李松励，许晓敏，等，2013. 牛奶中霉菌毒素风险排序［J］. 中国畜牧兽医，40：9-11.

Decastelli L，Lai J，Gramaglia M，et al，2007. Aflatoxins occurrence in milk and feed in Northern Italy during 2004—2005［J］. Food Control，18：1263-1266.

Diekman M A，Green M L，1992. Mycotoxins and reproduction in domestic livestock［J］. Journal of Animal Science，70：1615-1627.

Fink-Gremmels J，2008. Mycotoxins in cattle feeds and carry-over to dairy milk：A review［J］. Food Additives&Contaminants：PartA，25（2）：172-180.

Food and Agriculture Organization（FAO），2004. Worldwide regulations for mycotoxins in food and feed in 2003［R］. FAO Food and Nutrition Paper 81. Rome：Food and Agriculture Organization.

Gonzalez-Osnaya L，Soriano J M，Molto J C，et al，2008. Simple liquid chromatography assay for analyzing ochratoxin A in bovine milk［J］. Food Chemistry，108：272-276.

Institute of Food Science and Technology（IFST），2009. Mycotoxin［R］. Institute of food science and technology information statement. United kingdom：IFST.

Lopez C E，Ramos L L，Ramad S S，et al，2003. Presence of aflatoxin M_1 in milk for human consumption in Argentina［J］. Food Control，14：31-34.

Monaci L，Palmisano F，2004. Determination of ochratoxin A in foods：State-of-the-art and analytical challenges［J］. Analytical and Bioanalytical Chemistry，378：96-103.

New Zealand Food Safety Authority（NZFSA），2011. Dairy National Chemical Contaminants Programme 2009/10 Full Year Results［J/OL］. NZFSA：www. foodsafety. govt. nz/elibrary/in dustry/nccp-results-2009-10. pdf.

Pattono D，Gallo P F，Civera T，2011. Detection and quantification of ochratoxin A in milk produced in organic farms［J］. Food Chemistry，127：374-377.

Pei S C，Zhang Y Y，Eremin S A，et al，2009. Detection of aflatoxin M_1 in milk products from China by ELISA using monoclonal antibodies［J］. Food Control，20：1080-1085.

Prelusky D B，Veira D M，Trenholm H L，et al，1987. Metabolic fate and elimination in milk，urine and bile of deoxynivalenol following administration to lactating sheep［J］. J Environ Sci Health B，22：125-148.

Sassahara M，Pontes N D，Yanak E K，2005. Aflatoxin occurrence in foodstuff supplied to dairy cattle and aflatoxin M_1 in raw milk in the north of Parana state［J］. Food and Chemical Toxicology，43：981-984.

Skaug M A，1999. Analysis of Norwegian milk and infant formulas for ochratoxin A［J］. Food Additives and Contaminants，16（2）：75-78.

Sorensen L K，Elbak T H，2005. Determination of mycotoxins in bovine milk by liquid chromatography tandem mass spectrometry. Journal of Chromatography B，820：183-196.

Srivastava V P，Bu-Abbas A，Al-Johar W，et al，2001. Aflatoxin M_1 contamination in commercial samples of milk and dairy products in Kuwait［J］. Food Additives and Contaminants，18：993-997.

Tajkarimi M，Aliabadi-Sh F，Salah N A，et al，2008. Aflatoxin M_1 contamination in winter and summer milk in 14states in Iran［J］. Food Control，19：1033-1036.

WHO，2002. WHO Global Strategy for Food Safety：Safer food for better health. Food Safety Programme 2002［R］. Geneva，Switzerland：World Health Organization（WHO）.

Yiannikouris A，Jouany J，2002. Mycotoxins in feeds and their fate in animals：A review［J］. Animal Research，51：81-99.

Smith J E，Henderson R S，1994. Mycotoxins and animal foods［R］. Boca Raton，Florida：CRC Press.

Valenta H，Goll M，1996. Determination of ochratoxin A in regionalsamples of cow's milk from Germany［J］. Food Additives and Contaminants，13（6）：669-676.

United Kingdom Food Standards Agency（UKFSA），2001，［2001-09-14］. Survey of milk for mycotoxins（Number

17/01）[J/OL]. UKFSA：http：//www. food. gov. uk/science/surveillance/fsis2001/milk-myco.

Cavret S，Lecoeur S，2006. Fusariotoxin transfer in animal [J]. Food and Chemical Toxicology，44：444-453.

Coffey R，Cummins E，Ward S，2009. Exposure assessment of mycotoxins in dairy milk [J]. Food Control，20：239-249.

EU，2002，126：737-744：[2018-03-10]. Report of Experts participating in Task 3. 2. 7. Assessment of dietary intake of Ochratoxin A by the population of EU Member States [J/OL]. EU：//ec. europa. eu/food/fs/scoop /3. 2. 7_en. pdf>.

Boudra H，Barnouin J，Dragacci S，et al，2006. Aflatoxin M_1 and ochratoxin A in raw bulk milk from French dairy Herbs [J]. Journal of Dairy Science，90：3197-3201.

Kriengsag，S，1997. Incidence of aflatoxin M_1 in Thai milk products [J]. Journal of Food Protection，60：1010-1012.

Martins M L，Martins H M，2000. Afloxin M_1 in raw and ultra high temperature-treated milk commercialized in Portugal [J]. Food Additives and Contaminants，17：871-874.

Panariti E，2001. Seasonal variations of aflatoxin M_1 in the farm milk in Albania [J]. Arh Hig Rada Toksikol，52：37-41.

Sugiyama K，Hiraoka H，Sugita-Konishi Y，2008. Aflatoxin M_1 contamination in raw bulk milk and the presence of aflatoxin B_1 in corn supplied to dairy cattle in Japan [J]. Journal of the Food Hygienic Society of Japan，49：352-355.

牛奶中霉菌毒素检测方法的研究进展

牛奶中霉菌毒素含量的定性或定量测定对于牛奶中霉菌毒素的研究具有重要的作用。本文综述了 TLC 法、HPLC 法、LC-MS 法、ELISA 法等牛奶中霉菌毒素常用检测方法的原理、优缺点及其发展，为牛奶中霉菌毒素的研究提供参考。

关键词：牛奶；霉菌毒素；检测方法

高效准确的检测牛奶中霉菌毒素的含量对于研究牛奶中的霉菌毒素及对牛奶中霉菌毒素进行风险监测具有重要的作用。牛奶中霉菌毒素的检测过程包括：样品制备、霉菌毒素的提取、提取物的净化及最终的定性、定量测定。定性、定量分析方法主要有薄层色谱分析法（Thin layer chromatography，TLC）、高效液相色谱法（High performance liquidchromatography，HPLC）、液相色谱-质谱法（Liquid chromatography with mass spectrometry，LC－MS）、酶联免疫吸附测定法（Enzyme linked immunosorbent assay，ELISA）等。从原理划分：TLC 法、HPLC 法、LC-MS 法属于色谱法；ELISA 法属于免疫法。从检测条件划分：HPLC 法、LC-MS 法属于仪器法，TLC 法、ELISA 法属于非仪器法。其中，TLC 法为定性或半定量，ELISA 法、HPLC 法、LC-MS 法可定量。

中国及国际组织，如国际乳品业联合会（International Dairy Federation，IDF）、国际标准化组织（International Organization for Standardization，ISO）、官方分析化学家协会（The Scientific Association Dedicated to Excellence in Analytical Methods，AOAC）指定了牛奶中霉菌毒素的官方检测方法，但目前仅规定了牛奶中黄曲霉毒素 M_1 的检测方法，包括 TLC 法、HPLC 法、LC-MS 法、ELISA 法等，见表 1。

每种检测方法具有各自的优缺点，在实际应用过程中可根据检测目的及检测毒素的特性选择适合的方法。作者依次对牛奶中霉菌毒素的检测方法进行了阐述。

表 1　我国及国际组织规定牛奶中黄曲霉毒素的检测方法

方法	原理	定量水平	国际及组织标准		
			中国	ISO 或 IDF	AOAC
免疫亲和柱净化-高效液相色谱法	试样经离心、过滤后，当样品通过免疫亲和柱时，黄曲霉毒素特异性抗体选择性地与存在抗原结合，吸附，洗脱后，液相色谱分离，检测	定量	GB/T 23212—2008 牛奶和奶粉中黄曲霉毒素 B_1、B_2、G_1、G_2、M_1 和 M_2 的测定和 GB 5413.37—2010 乳和乳制品中黄曲霉毒素 M_1 的测定（第一、第二法）	ISO 14501:2007 (IDF 171:2007) 牛奶和奶粉中黄曲霉毒素 M_1 含量的测定	AOAC 986.16 液态奶黄曲霉毒素 M_1、M_2 含量的测定和 AOAC 2000.08 液态奶黄曲霉毒素 M_1 含量的测定

（续表）

方法	原理	定量水平	国际及组织标准		
			中国	ISO 或 IDF	AOAC
免疫亲和柱净化-分子荧光分光光度法	试样经离心、过滤后，当样品通过免疫亲和柱时，黄曲霉毒素特异性抗体选择性地与存在抗原结合，吸附，洗脱后，直接用分子荧光仪检测	定量	GB 5413.37—2010 乳和乳制品中黄曲霉毒素 M_1 的测定（第三法）	无	无
薄层色谱法	利用黄曲霉毒素具有荧光性的特点，提取和浓缩样品中的黄曲霉毒素，双向展开在薄层上分离，紫外光照射下产生蓝紫色荧光，肉眼比较定量	半定量	GB 5009.24—2010 食品中黄曲霉毒素 M_1 和 B_1 的测定	ISO 14674：2005（IDF 190：2005）牛奶和奶粉中黄曲霉毒素 M_1 的测定	AOAC 974.17 乳制品中黄曲霉毒素 M_1 的测定和 AOAC980.21 牛奶和奶酪中黄曲霉毒素 M_1 的测定
酶联免疫法	将抗体吸附于固相载体上，加入酶标记的抗原与样品中的待测物混合物进行特异性的免疫反应，然后再加入底物显色，通过颜色的深浅检测 AF 的含量	定量	DB33/T 556—2005 乳和乳粉中黄曲霉毒素 M_1 的测定 酶联免疫吸附法	ISO 14675：2003（IDF 186：2003）牛奶和牛奶制品竞争酶联免疫分析的标准化描述指南，黄曲霉毒 M_1 含量的测定	无
双流向酶联免疫吸附法	利用酶联免疫竞争原理，样品中残留的黄曲霉毒素 M_1 与定量特异性酶标抗体反应，多余的游离酶标抗体则与酶标板内的包被抗原结合，通过流动洗涤，加入酶显色底物显色后，与标准点比较定性	定性	GB 5413.37—2010 乳和乳制品中黄曲霉毒素 M_1 的测定（第四法）和 NY 1664—2008 牛乳中黄曲霉毒素 M_1 的测定	无	无

一、TLC 法

TLC 法是通过肉眼比较定性或半定量的检测方法（Lin 等，1998；Krska 等，2008；Cigic 等，2009）。TLC 法具有适合粗提物的分析、固定相和流动相选择面广、成本低、操作简单快速等优势（Cigic 等，2009）。在没有 HPLC 和 LC-MS 等仪器的时期，TLC 法在霉菌毒素的检测方面发挥了重要的作用。TLC 法是牛奶中黄曲霉毒素 M_1 测定的官方规定方法之一，GB 5009.24—2010 食品中黄曲霉毒素 M_1 和 B_1 的测定、ISO 14674：

2005（IDF 190：2005）牛奶和奶粉中黄曲霉毒素 M_1 的测定、AOAC 974.17 乳制品中黄曲霉毒素 M_1 的测定和 AOAC 980.21 牛奶和奶酪中黄曲霉毒素 M_1 的测定就是 TLC 法（表 1）。利用黄曲霉毒素具有荧光性的特点，提取和浓缩样品中的黄曲霉毒素，双向展开在薄层上分离，紫外光照射下产生蓝紫色荧光，肉眼比较定量。随着 HPLC 和 LC-MS 的发展，TLC 应用程度有所下降，但由于其不依赖特殊仪器、成本低、操作简单快速，仍被用于大规模的筛查研究中。Panariti（2001）用 TLC 法对阿尔巴尼亚的 100 批次生乳样品中的黄曲霉毒素 M_1 进行筛查。

二、HPLC 法

免疫亲和柱或 C18 净化后，HPLC 串联不同检测器，如荧光（Fluorescencedetection，FLD）、紫外（Ultraviolet，UV）、质谱（Mass spectrometry，MS）等的定量测定被广泛用于牛奶中不同种类霉菌毒素的检测（Krska 等，2008）。由于检测方法和霉菌毒素结构的不同，使用的流动相也不同，常用的流动相为乙腈、甲醇、水等，有时也添加甲酸、乙酸或缓冲液（Koppen 等，2010）。

1. HPLC-FLD

HPLC-FLD 法需要被检测物质具有荧光特性，对于荧光敏感度较低的物质经过衍生化处理后荧光特性增强，仍可用于 HPLC-FLD 测定。目前 HPLC-FLD 由于灵敏性高、选择性强、价格经济、易于操作而被广泛使用（Cigic 等，2009）。

牛奶中常见的霉菌毒素中，黄曲霉毒素 M_1 具有较强的发射荧光特性，适合用 HPLC-FLD 法检测。我国 GB 5413.37—2010 乳和乳制品中黄曲霉毒素 M_1 的测定（第 2 法免疫亲和层析净化高效液相色谱法）、GB/T 23212—2008 牛奶和奶粉中黄曲霉毒素 B_1、B_2、G_1、G_2、M_1 和 M_2 的测定及 AOAC 2000.08 液态奶中黄曲霉毒素 M_1 含量的测定采用的就是 LC-FLD 或 HPLC-FLD 法（表 1）。大规模进行牛奶中黄曲霉毒素 M_1 的风险监测时也多采用 HPLC-FLD 法（Martins 等，2000；UKFSA，2001；Srivastava 等，2001；Boudra 等，2007；Sugiyama 等，2008；Tajkarim 等，2008；NZFSA，2010）。

赭曲霉素 A 也具有很好的荧光特性，也常用 FLD 检测器。Bascaran 等（2007）建立了牛奶中赭曲霉素 A 的 HPLC-FLD 检测法，在 5~100ng/L 内回收率可达 89.9%，RSD 为 5.8%，检出限为 0.5ng/L，定量限为 5ng/L；该法样品无须液-液提取，浓缩后直接过免疫亲和柱，再进行检测，避免了有机氯等有毒试剂的使用。Gonzalez-Osnaya 等（2008）用甲醇对牛奶中赭曲霉素 A 进行液-液提取，过滤浓缩后，用 LC-FLD 进行检测，回收率为 93.0%±7.4%，定量 0.01ng/L，该法提取步骤简单。Pattono 等（2011）参考了 Sofensen 等（2005）用乙烷将牛奶脱脂，乙腈提取赭曲霉素 A 作为前处理条件，用 HPLC-FLD 法检测了牛奶中赭曲霉素 A，1μg/L 以下回收率为 87%，RSD<10%，定量限为 0.05ng/L。同样，HPLC-FLD 法也是牛奶中赭曲霉素 A 风险监测常用的方法（Valenta 等，1996；Skaug，1999；UKFSA，2001；Gonzalez-Osnaya 等，2008；Pattono 等，2011）。

玉米赤霉烯酮、玉米赤霉烯醇也具有荧光特性，也可直接采用 HPLC-FLD 方法。伏马菌素、脱氧雪腐镰刀菌烯醇和 T-2 毒素不具有发射荧光的特性，经柱前或柱后衍生后可用 HPLC-FLD 法检测（Cigic 等，2009）。目前牛奶中这几种毒素的检测没有采用 HPLC-FLD 法检测的报道。

2. HPLC-UV

对于霉菌毒素的检测，UV 检测器较 FLD 与 MS 检测器应用较少，可能是因为检出限较高及对于某些霉菌毒素不具有专一特定性。Nielsen 等（2003）综述了 474 种不同霉菌毒素和其他霉菌代谢产物的 UV 特性，对于常见的霉菌毒素，如伏马菌素没有 UV 吸收峰，脱氧雪腐镰刀菌烯醇、赭曲霉素 A、玉米赤霉烯酮等在 λ 为 200~225nm 处有不特定的吸收峰。脱氧雪腐镰刀菌烯醇（λ 为 218nm）、玉米赤霉烯酮（λ 为 236nm）、赭曲霉素 A（λ 为 333nm）等使用 UV 检测器进行检测的也有报道（Cahill 等，1999；Soleas 等，2001；Mateo 等，2002；Klozel 等，2005；Abdel-Aal 等，2007）。Herzallah（2009）采用 HPLC-UV（λ 为 365nm）检测了牛奶中黄曲霉毒素 M_1，回收率大于 83%，检出限为 0.1μg/L，当改用 FLD 检测器后检出限可降低至 0.05μg/L。

三、LC-MS 法

近 10 年内，LC-MS 被广泛用在霉菌毒素的检测中，是因为主要霉菌毒素的分离和检测条件较为一致；这一突破发生在 20 世纪中期，主要因为电喷射（Efficient electrospray，ESI）、大气压化学电离（Atmospheric pressure chemical ionization，APCI）技术等应用于 LC-MS 及质谱分析器领域的发展等。与传统的 UV 和 FLD 检测器相比，MS 检测器具有更高的选择性和灵敏度（但对于黄曲霉毒素等，FLD 更为灵敏）、对分析物分子标识的确证、可用同位素标记作为内标等优势，而且该方法不需要衍生化及净化，省时高效；但是由于不能重现及不可预知的复合洗脱组分对分析毒素信号强度的影响，导致此方法的准确度相对较低（Cigic 等，2009）。ISO 14501：2007（IDF 171：2007）牛奶和奶粉中黄曲霉毒素 M_1 含量的测定和我国 GB 5413.37—2010 乳和乳制品中黄曲霉毒素 M_1 的测定（第 1 法免疫亲和层析净化液相色谱-串联质谱法）采用的就 LC-MS 法。此外，伏马菌素由于没有荧光特性和紫外特征吸收峰，适合采用 LC-MS 法进行测定。Gazzotti 等（2009）将牛奶脱脂，经免疫亲和柱分离后用 LC-MS/MS 检测伏马菌素 B_1，定量限为 0.1μg/L，在 0.1~10.0μg/L 内决定系数 R^2>0.99，回收率为 84%，相对偏差为 7%。

四、ELISA 法

ELISA 法用于霉菌毒素的检测已经有 10 年以上的历史；该技术具有特异性抗体识别不同霉菌毒素特定三维结构的能力。ELISA 法与 TLC、HPLC、LC-MS 法比较，具有前处理简单、样品用量少等特点，特别适合大规模的检测。此外，该方法检测灵敏度高、易定量、操作简单、携带方便，可以用于现场检测（Trucksess，2001）。尽管抗体具有高度专一性和灵敏度，但目标物是霉菌毒素，不是抗原，与目标物化学结构相似的化合物也可以和抗体结合，即所谓的基体效应或基体干扰，导致出现检测值过高或过低

（Trucksess 等，1995）。因此，在进行牛奶中黄曲霉毒素风险监测时，ELISA 法常作为大规模样品的筛选方法，而对于检出呈阳性或超标样品，会根据需要采用仪器法，HPLC 法、LC-MS 法、甚至 TLC 法等进一步确证（Kriengsag，1997；Lopez 等，2003；Sassahara 等，2005；Decastelli 等，2007；Pei 等，2009）。

针对 ELISA 法存在基体效应的问题，Guan 等（2011）通过半固体 HAT 培养液筛选出对黄曲霉毒素 M_1 灵敏度高、特异性强的单克隆抗体 2C9，该抗体对黄曲霉毒素 M_1 亲和度达 1.74×10^9mol/L，对黄曲霉毒素 B_1、B_2、G_1、G_2 没有交叉反应，并建立了超灵敏的 ELISA 法检测牛奶中的黄曲霉毒素 M_1，检出限为 3ng/L。

五、检测方法的发展趋势

1. 多毒素同时检测

近年来，由于多级质谱（Multi-stage mass spectrometry，MS^n）的发展，LC-MS/MS 和 HPLC-MS/MS 法可对牛奶中多种霉菌毒素同时进行检测，且无须衍生化。尽管 MS/MS具有高度的选择性和多组分分析的能力，但是由于不同种类霉菌毒素化学特性如酸碱性、极性等的差异，实现毒素检测还是存在困难的。因此，特定基质、特定毒素的检测需对浸提液、流动相、检测条件进行选择优化（Krska 等，2008）。Sofensen 等（2005）采用 LC-MS/MS 法建立了牛奶中黄曲霉毒素 M_1、赭曲毒素 A、玉米赤霉烯酮、α-玉米赤霉烯醇、β-玉米赤霉烯醇、脱氧雪腐镰刀菌烯醇、伏马菌素 B_1、T-2 毒素、HT-2 毒素等多种毒素同时检测的方法。牛奶经脱脂、pH 值调整、SPE 萃取柱处理后，信号抑制/升高被最小化，回收率大于 76%；但该法主要的问题是采用不同的色谱柱和洗脱液运行两次色谱操作。Beltran 等（2011）将牛奶用乙腈提取、沉淀蛋白、离心、上清液过 AflaOchra HPLC 柱，利用 UHPLC-MS/MS 检测黄曲霉毒素 M_1、赭曲毒素 A，回收率为 80%～110%，RSD<15%，检出限为 2ng/L，定量限为 7ng/L。

2. 快速现场检测

由于牛奶不宜长时间运输和贮存，进行现场快速检测对于质量安全监管具有重要的意义。胶体金试纸条、双流向酶联免疫法等半定量技术无须对牛奶进行前处理，检测时间短、操作方法简单且不依赖于任何仪器被广泛应用于牛奶尤其是生乳的检测中。我国 GB 5413.37—2010 乳和乳制品中黄曲霉毒素 M_1 的测定（第 4 法双流向酶联免疫法），检出限为 0.5μg/L，可用于牛奶中黄曲霉毒素 M_1 的快速现场检测。

参考文献

郑楠，王加启，韩荣伟，等，2012. 牛奶中霉菌毒素检测方法的研究进展［J］. 中国畜牧兽医，39：14-18.

Abdel-Aal E S M，Miah K，Young J C，et al，2007. Comparison of four c18columns for the liquid chromatographic determination of deoxynivalenol in naturally contaminated wheat［J］. Journal of AOAC International，90：995-999.

Bascaran V，de Rojas A H，Choucino P，et al，2007. Analysis of ochratoxin A in milk after direct immunoaffinity column clean up by high-performance liquid chromatography with fluorescence detection［J］. Journal of Chromatography A，1167：95-101.

Beltran E, Lbanez M, Sancho J V, et al, 2011. UHPLC-MS/MS highly sensitive determination of aflatoxins, the aflatoxin metabolite M_1 and ochratoxin A in baby food and milk [J]. Food Chemistry, 126: 737-744.

Boudra H, Barnouin J, Dragacci S, et al, 2007. Aflatoxin M_1 and ochratoxin a in raw bulk milk from french dairy herds [J]. Journal of Dairy Science, 90: 3197-3201.

Cahill L M, Kruger S C, McAlice B T, et al, 1999. Quantification of de oxynivalenol in wheat using an immunoaffinity column and liquid chromatography [J]. Journal of Chromatography A, 859: 23-28.

Cigic I K, Prosen H, 2009. An Overview of Conventional and emerging analytical methods for the determination of mycotoxins [J]. International Journal of Molecular Sciences, 10: 62-115.

Decastelli L, Lai J, Gramaglia M, et al, 2007. Aflatoxins occurrence in milk and feed in Northern Italy during 2004-2005 [J]. Food Control, 18: 1263-1266.

Gazzotti T, Lugoboni B, Zironi E, et al, 2009. Determination of fumonisin B_1 in bovine milk by LC-MS/MS [J]. Food Control, 20: 1171-1174.

Gonzalez-Osnaya L, Soriano J M, Molto J C, et al, 2008. Simple liquid chromatography assay for analyzing ochratoxin A in bovine milk [J]. Food Chemistry, 108: 272-276.

Guan D, Li P W, Zhang Q, et al, 2011. An ultra - sensitive monoclonal antibody - based competitiveenzyme immunoassay for aflatoxin M_1 in milk and infant milk products [J]. Food Chemistry, 125: 1359-1364.

Herzallah S M, 2009. Determination of aflatoxins in eggs, milk, meat and meat products using HPLC fluorescent and UV detectors [J]. Food Chemistry, 114: 1141-1146.

Klotzel M, Schmidt S, Lauber U, et al, 2005. Comparison of different clean-up procedures for the analysis of deoxynivalenol in cereal-based food and validation of a reliable HPLC method [J]. Chromatographia, 62: 41-48.

Koppen R, Koch M, Siegel D, et al, 2010. Determination of mycotoxins in foods: current state of analytical methods and limitations [J]. Applied Microbiology and Biotechnology, 86: 1595-1612.

Kriengsag, 1997. Incidence of Aflatoxin M_1 in tha milk products [J]. Journal of food protection, 60: 1010-1012.

Krska R, Schuber-ullrich P, Molinelli A, et al, 2008. Mycotoxin analysis: An update [J]. Food Additives and Contaminants, 25: 152-163.

Lin L, Zhang J, Wang P, et al, 1998. Thin-layer chromatography of mycotoxins and comparison with other chromatographic methods [J]. Journal of Chromatography A, 815: 3-20.

Lopez C E, Ramos L, Ramad S S, et al, 2003. Presence of aflatoxin M_1 in milk for human consumption in Argentina [J]. Food Control, 14: 31-34.

Martins M L, Martins H M, 2000. Aflatoxin M_1 in raw and ultra high temperature-treated milk commercialized in Portugal [J]. Food Additives and Contaminants, 17: 871-874.

Mateo J J, Mateo R, Hinojo M J, et al, 2002. Liquid chromatographic detemination of toxigenic secondary metabolites produced by fusarium strains [J]. Journal of Chromatography A, 955: 245-256.

Nelson J O, Karu A E, Wong R B, 1995. Immunoanalysis of agrochemicals: emerging technologies [M], Washington DC: American Chemical Society.

New Zealand Food Safety Authority (NZFSA), 2011. Dairy National Chemical Contaminants Programme 2009/10 Full Year Results [J/OL]. NZFSA: www. foodsafety. govt. nz/elibrary/in dustry/nccp-results-2009-10.

Nielsen K F, Smedsgaard J, 2003. Fungal metabolite screening: Database of 474mycotoxins and fungal metabolites for dereplication by standardised liquid chromatography-UV-mass spectrometry methodology [J]. Journal of Chromatography A, 1002: 111-136.

Panariti E, 2001. Seasonal variations of aflatoxin M_1 in the farm milk in Albania [J]. Arh Hig Rada Toksikol, 52 (1): 37-41.

Pattono D, Gallo P F, Civera T, 2011. Detection and quantification of ochratoxin A in milk produced in organic farms [J]. Food Chemistry, 127: 374-377.

Pei S C, Zhang Y Y, Eremin S A, et al, 2009. Detection of aflatoxin M_1 min milk products from China by ELISA using monoclonal antibodies [J]. Food Control, 20: 1080-1085.

Pittet A, 2002. Mycotoxins and Phycotoxins in Perspective at the Turn of the Millennium [J]. Chemistry International Newsmagazine for Iupac, 24 (1): 23-23.

Sassahara M, Pontes N D, Yanak E K, 2005. Aflatoxin occurrence in foodstuff supplied to dairy cattle and aflatoxin M_1 in raw milk in the North of Parana state [J]. Food and Chemical Toxicology, 43: 981-984.

Skaug M A, 1999. Analysis of Norwegian milk and infant formulas for ochratoxin A [J]. Food Additives and Contaminants, 16 (2): 75–78.

Soleas G J, Yan J, Goldberg D M, 2001. Assay of ochratoxin A in wine and beer by high–pressure liquid chromatography photodiode array and gas chromatography mass selective detection [J]. Journal of Agricultural and Food Chemistry, 49: 2733–2740.

Sorensen L K, Elbak T H, 2005. Determination of mycotoxins in bovine milk by liquid chromatography tandem mass spectrometry [J]. Journal of Chromatography B, 820: 183–196.

Srivastava V P, Bu–Abbas A, Al–Johar W, et al, 2001. Aflatoxin M_1 contamination in commercial samples of milk and dairy products in Kuwait [J]. Food Additives and Contaminants, 18: 993–997.

Sugiyama K, Hiraoka H, Sugita–Konishi Y, 2008. Aflatoxin M_1 contamination in raw bulk milk and the presence of aflatoxin B_1 corn supplied to dairy cattle in Japan [J]. Journal of the Food Hygienic Society of Japan, 49: 352–355.

Tajkarimi M, Aliabadi–Sh F, Salah N A, et al, 2008. Aflatoxin M_1 contamination in winter and summer milk in 14states in Iran [J]. Food Control, 19: 1033–036.

Trucksess M W, Koeltzow D E, 1995. Evaluation and application of immunochemical methods for mycotoxins in food [J]. ACS Symposium Series, 326–334.

Trucksess M W, 2001. Rapid analysis (thin layer chromatographic and immunochemical methods) for mycotoxins in foods and feeds. In: de Koe WJ, Samson RA, van Egmond HP, Gilbert J, Sabino M [M]. Mycotoxins and Phycotoxins in Perspective at the Turn of the Millennium: W. J. de Koe, Wageningen, The Netherlands: 29–40.

United Kingdom Food Standards Agency (UKFSA), 2001, [2001–09–14]. Survey of milk for mycotoxins [J/OL]. UKFSA. http: //www. food. gov. uk/science/surveillance/fsis2001/milk–myco.

Valenta H, Goll M, 1996. Determination of ochratoxin A in regional samples of cow's milk from Germany [J]. Food Additives and Contaminants, 13 (6): 669–676.

牛奶中主要霉菌毒素毒性的研究进展

牛奶中主要的霉菌毒素包括黄曲霉毒素、赭曲霉毒素、玉米赤霉烯酮、脱氧雪腐镰刀菌烯醇、T-2 毒素、伏马菌素等。作者对霉菌毒素的毒性研究现状进行了综述，以期为开展牛奶中霉菌毒素的风险分析提供毒理学数据参考。

关键词：牛奶；霉菌毒素；毒性

霉菌毒素一直都是牛奶质量安全重点关注的危害因子。牛奶中主要的霉菌毒素包括黄曲霉毒素、赭曲霉毒素、玉米赤霉烯酮、脱氧雪腐镰刀菌烯醇、T-2、HT-2 毒素、伏马菌素等，这些霉菌毒素对人类产生不同的生物危害，如免疫毒性、肾毒性、肝毒性等，其中黄曲霉毒素 B_1、M_1，赭曲霉素 A 甚至可致癌、诱发突变、导致畸形等，对人类的健康产生严重的危害（Smith 等，1994）。20 世纪 60 年代以来，人们对霉菌毒素的毒性展开了大量的研究。通过体外、体内毒理试验了解霉菌毒素的危害及致毒的机制，为霉菌毒素的风险评估及相关组织机构制定限量和人体耐受水平提供了科学的依据。国际组织如世界卫生组织（World Health Organization，WHO）、食品添加剂联合专家委员会（Codex Alimentarius Joint Expert Committee for Food Additives and Contaminants，JECFA）、欧盟食品安全局（The European Food Safety Authority，EFSA）等定期对霉菌毒素进行风险评估，并给出减少消费者对霉菌毒素暴露的建议（IFST，2009）。因此，毒性研究是构成牛奶中霉菌毒素风险评估的基本内容，对维护消费者健康具有重要意义。作者将牛奶中常见的霉菌毒素毒性的研究现状进行了综述，以期为牛奶霉菌毒素的风险分析提供毒理学参考。

一、黄曲霉毒素

黄曲霉毒素由黄曲霉菌（*Aspergillus flavus*）和寄生曲霉（*Aspergillus parasiticus*）产生。黄曲霉毒素具有强致癌性，其中黄曲霉毒素 B_1 致癌性最强，1993 年被国际癌症研究机构（International Agency for Research on Cancer，IARC）归为 1 类致癌物，黄曲霉毒素 M_1 为 2 类致癌物，且二者均为人类致癌物。此外，黄曲霉毒素还具有遗传毒性等。

1. 急性毒性

新生鸭对黄曲霉毒素 B_1 和 M_1 都很敏感，半数致死量（Median lethal dose，LD_{50}）为 12~16μg/只，组织病理学结果表明，黄曲霉毒素 M_1 与 B_1 对肝脏的损伤作用相似，会造成肾小管坏死。自然受到黄曲霉毒素 M_1 污染的牛奶比人为添加黄曲霉毒素 M_1 对肝脏、肾脏损伤轻，说明机体对天然和人为添加黄曲霉毒素 M_1 的生物利用率不同。此外，黄曲霉毒素 B_1 和 M_1 对新生鸭急性毒性的机制是相似的，如改变肝组织细胞、糙面内质网核糖体的解离和光面内质网增生等（Van Egmond，1994；JECFA，2001）。

2. 致癌性

饲喂虹鳟含有 0μg/kg、5. 9μg/kg、27. 3μg/kg 黄曲霉毒素 M_1、5. 8μg/kg 黄曲霉毒素 B_1 的饲料 16 个月；在第 5 个月、8 个月、12 个月时有鱼死亡；3 个处理组及黄曲霉毒素 B_1 组都观察到肝脏损伤，但没有发现肿瘤及癌前变化；第 5 个月时，饲喂 5. 8μg/kg 黄曲霉毒素 B_1 的处理组肝癌细胞发生率为 13%，增生结节发生率为 23%；饲喂 27. 3μg/kg 黄曲霉毒素 M_1 的处理组肝癌细胞发生率为 2%，增生结节发生率为 6%，可见黄曲霉毒素 M_1 的致癌性低于黄曲霉毒素 B_1（Canton 等，1975；Van Egmond，1994；JECFA，2001）。给刚断奶的 Fischer 小鼠每天饲喂 25μg 合成的黄曲霉毒素 M_1，每周 5d，持续 8 周；另一组以相同频率、相同条件饲喂天然黄曲霉毒素 B_1，结果表明，M_1 处理组中 3%的小鼠形成肝细胞癌、28%肝脏损伤（瘤前病变）；B_1 处理组全部小鼠形成肿瘤；无黄曲霉毒素添加的对照组没有显著的肝脏损伤。因此，黄曲霉毒素 M_1 比黄曲霉毒素 B_1 的致癌性低（Van Egmond，1994；JECFA，2001）。

3. 遗传毒性

果蝇体内试验结果表明，黄曲霉毒素 M_1 和 B_1 可诱导 DAN 损伤，并具有基因毒性（Shibahara 等，1995；JECFA，2001）。

二、赭曲霉毒素 A

赭曲霉毒素 A 是疣孢青霉菌（*Penicillium verrucosum*）的次生代谢产物。在非反刍动物体内有较长的半衰期（大鼠 24～39h、小鼠 55～120h、猪 72～120h、黑长尾猴 456～504h、猕猴 510h、人 840h）（Stander 等，2001）。赭曲霉毒素 A 具有肾毒性、致癌性、遗传毒性等，暂定每周耐受摄入量（Provisional tolerable weekly intake，PTWI）为 0. 1μg/kg bw。

1. 肾毒性

赭曲霉毒素 A 对所有单胃动物具有肾毒性（Kuiper-Goodman 等，1989）。对 10 只雌性和雄性 Fischer 344/N 小鼠灌胃赭曲霉毒素 A，剂量为每天 0mg/kg bw、0. 06mg/kg bw、0. 12mg/kg bw、0. 25mg/kg bw、0. 5mg/kg bw、1mg/kg bw，试验期共 91d。2 个高剂量的雄性组出现生长迟缓，肾脏的相对重量降低。基于本研究制定肾小管坏死，无可见作用剂量水平（No observed effect level，NOEL）为每天 0. 062mg/kg bw（National Toxicology Program，1989）。

2. 致癌性

IARC（1993）将赭曲霉毒素 A 列为 2 类可能对人类致癌物。Kanisawa 等（1978）每天饲喂 10 只成年雄性 ddY 大鼠 0mg/kg bw、5. 6mg/kg bw 的赭曲霉毒素 A，44 周后，9 只存活的处理组大鼠中 5 只检测出肝细胞肿瘤，9 只有肾腺囊瘤，2 只有肾细胞肿瘤，没有检测到肝脏肿瘤和肾脏肿瘤。Kanisawa（1984）再次对 20 只 6 周龄的雄性 DDD 大鼠每天饲喂 0mg/kg bw、25mg/kg bw 的赭曲霉毒素 A，70 周后，所有存活的 20 只处理组大鼠检测到肾腺囊瘤、6 只有肾细胞肿瘤、8 只有肝细胞肿瘤、17 只对照组 1 只检测到肝细胞肿瘤。Kanisawa（1984）第 3 次对 16 只成年雄性 ddY 大鼠每天饲喂 0mg/kg bw、7mg/kg bw 的赭曲霉毒素 A，5~30 周后，撤除赭曲霉毒素 A 正常饲喂 40~65 周。饲喂 10 周的赭曲霉毒素 A，处理组和对照组均没有观察到肾脏或肝脏肿瘤。在饲喂 15 周、20 周、25 周、30 周赭曲霉毒素 A 后，肾细胞肿瘤的发生率分别为 2.0%、7.1%、13.3%、23.5%，均没有检测到肾腺囊瘤。肝肿瘤的发生率在 25 周或 30 周显著提高，表明肾脏、肝脏肿瘤延续到后期的控制饲喂阶段。

3. 遗传毒性

赭曲霉毒素 A 的遗传毒性主要表现为诱导 DNA-加合物生成、破坏 DNA 结构、引起基因突变及染色体异常（JECFA，2001）。

三、玉米赤霉烯酮

玉米赤霉烯酮是禾谷镰刀菌（*Fusarium graminearum*）的代谢产物。在哺乳动物体内玉米赤霉烯酮可转化为 α-玉米赤霉烯醇、β-玉米赤霉烯醇两种代谢产物，同时霉菌也可产生 α-玉米赤霉烯醇、β-玉米赤霉烯醇，但量要远低于玉米赤霉烯酮（CCFAC，2000）。玉米赤霉烯酮毒性表现为致癌性、遗传毒性、免疫毒性、生殖毒性等。基于对猪的研究得出，最低观察反应剂量（Lowest observed effect level，LOEL）为每天饲喂 40μg/kg bw，玉米赤霉烯酮的暂定每日允许摄入量（Provisional maximum tolerable daily intake，PMTDI）为每天 0.5μg/kg bw（Creppy，2002）。

1. 急性毒性

饲喂小鼠、大鼠、豚鼠的试验结果表明，玉米赤霉烯酮表现为低的急性毒性，口服 LD_{50}值为 4 000~20 000mg/kg bw。注射处理毒性增强，猪的 NOEL 为每天 40μg/kg bw，小鼠的 NOEL 为每天 100μg/kg bw（Kuiper-Goodman 等，1987；JECFA，2000）。

2. 致癌性

玉米赤霉烯酮被 IARC 列为 3 类致癌物，但没有列入人类致癌物（IARC，1993）。给 B6C3F1 大鼠饲喂含玉米赤霉烯酮的饲料 103 周（雄性：每天 0mg/kg bw、8mg/kg bw、17mg/kg bw；雌性：每天 0mg/kg bw、9mg/kg bw、18mg/kg bw），分别有 8%，6%，14%的雄性大鼠和 0，4%，14%的雌性大鼠检测到肝癌良性上皮细胞瘤，高剂量可显著增加雌性大鼠肝癌良性上皮细胞瘤的数量；但垂体腺癌在处理组与对照组中的发病率没有显著的差异（NTP，1982）。

3. 遗传毒性

体外试验结果表明，玉米赤霉烯酮可诱导中国仓鼠卵巢细胞姐妹染色单体交换、染色体异常、多倍体；还可诱导细菌 SOS 修复（Ghedira-Chekir 等，1998，1999）。玉米赤霉烯酮可诱导 DAN-加合物的形成，以单一剂量 2mg/kg bw 处理 BALBC 大鼠，在肾脏和肝脏中发现 12~15 个不同的 DAN-加合物（Grosse 等，1997）。

4. 免疫毒性

体外试验结果表明，玉米赤霉烯酮可抑制淋巴细胞增殖，提高 IL-2 和 IL-5 的水平等，改变免疫指标（Eriksen 等，1998；JECFA，2000）。

5. 生殖毒性

玉米赤霉烯酮可损伤试验动物，如大鼠、小鼠、豚鼠、仓鼠、兔子和家养动物的生殖系统，具有雌激素的作用，如生殖力减弱、胚胎致死、改变肾上腺、甲状腺、脑下垂体等腺体的重量、改变血清中孕酮和雌二醇的水平，但没有致畸性（Kuiper-Goodman 等，1987；Bacha 等，1993；Maaroufi 等，1996；JECFA，2000）。猪和羊比啮齿类动物对玉米赤霉烯酮更为敏感；基于此项研究建立了每天 40μg/kg bw 的NOEL。

Tomaszewski 等（1998）在 49 位妇女子宫内膜组织中检出玉米赤霉烯酮；其中 27 例患子宫内膜腺癌，玉米赤霉烯酮含量为 47. 8ng/mL±6. 5ng/mL；11 例子宫内膜增生，玉米赤霉烯酮含量为 167ng/mL±17. 7ng/mL；11 例子宫内膜正常增生，玉米赤霉烯酮含量低于检出限；另外 8 例内膜增生和 5 例肿瘤性子宫内膜组织没有检测到玉米赤霉烯酮。

四、脱氧雪腐镰刀菌烯醇

脱氧雪腐镰刀菌烯醇亦称呕吐毒素，属于 B 型单端孢霉烯类，由禾谷镰刀菌（*Fusarium graminearum*）产生。脱氧雪腐镰刀菌烯醇对健康的影响分为急性、短期、长期的毒性；急性中毒表现为采食量下降及呕吐，NOEL 为每天 0. 1mg/kg bw。研究结果表明，脱氧雪腐镰刀菌烯醇可以抑制小鼠对单核细胞增生利斯特菌（*Listeria monocytogenes*）和肠炎沙门菌（*Salmonella enteritidis*）寄主抗性，NOEL 为每天 0. 25mg/kg bw，LOEL 为每天 0. 12mg/kg bw。脱氧雪腐镰刀菌烯醇也影响抗体反应，对于小鼠的 NOEL 为每天 1mg/kg bw，猪的 NOEL 为每天 0. 08mg/kg bw。此外，人类很多急性中毒症状（如恶心、呕吐、肠胃不适、头晕、腹泻、头疼等）都与食用了脱氧雪腐镰刀菌烯醇污染的食物有关。研究结果表明，食用脱氧雪腐镰刀菌烯醇含量在 0. 02~3. 5mg/kg 的食物，不会对健康造成影响。2 年的饲喂试验结果表明，脱氧雪腐镰刀菌烯醇对小鼠没有致癌性（Creppy，2002）。

五、T-2 毒素和 HT-2 毒素

T-2 和 HT-2 毒素属于 A 型单端孢霉烯类，由拟枝孢镰刀菌（*Fusarium sporotrichiodes*）产生。T-2 毒素在体内很快代谢成多种代谢产物，HT-2 毒素是重要的代谢物。体内、体外试验结果显示，T-2 毒素抑制蛋白质合成，免疫系统也是 T-2 毒素的靶器官，引起白细胞数量的变化、迟发型超敏反应、抑制抗压反应、同种异体移植排斥等。急性中毒主要表现为恶心、呕吐、咽喉刺激、腹痛、腹胀、腹泻、血性腹泻、眩晕、打冷颤等（Creppy，2002）。

欧盟食品安全局在分析22个欧盟成员国2005—2010年采集的食品、饲料等20 519份样品中的T-2和HT-2毒素的总量后，给出T-2和HT-2毒素总量每天为100ng/kg bw的PTDI（EFSA，2011）。

六、伏马菌素

伏马菌素B_1是轮孢镰刀菌（*Fusarium verticilloides*）的次生代谢产物。长期的饲喂研究结果表明，伏马菌素B_1可引起啮齿类动物肝脏、肾脏肿瘤。伏马菌素B_1对Fisher 344N大鼠肾癌的NOEL剂量为每天0. 67mg/kg bw，肾毒性的NOEL剂量为每天0. 2mg/kg bw；对雄性BD-IX大鼠肝癌NOEL剂量为每天0. 2mg/kg bw；对限量饲喂的雌性B6C3F1小鼠癌NOEL剂量为每天1. 9mg/kg bw（Creppy，2002）。伏马菌素B_1与曲霉毒素A一样被IARC（1993）列为2类可能对人类致癌物。

基于每天0. 2mg/kg bw的NOEL和100的安全系数，伏马菌素B_1、B_2、B_3单体或混合物PMTDI为每天0. 2mg/kg bw。所有基于国民消费量数据进行伏马菌素B_1摄入的评估要低于PMTDI值（Creppy，2002）。

七、小结

牛奶中的霉菌毒素多数均可以致癌，其中黄曲霉毒素、赭曲霉毒素A、玉米赤霉烯酮及伏马菌素具有潜在的致癌性。黄曲霉毒素为对人类致癌物；赭曲霉毒素A和伏马菌素为2类可能对人类致癌物；玉米赤霉烯酮为3类致癌物，但不属于对人类致癌物。因此，牛奶中的霉菌毒素的污染应该得到进一步的关注，开展大规模的风险监测，掌握牛奶中霉菌毒素的污染状况。

参考文献

郑楠，王加启，韩荣伟，等，2002. 牛奶中主要霉菌毒素毒性的研究进展［J］. 中国畜牧兽医，39：10-13.

Bacha H，Hadidane R，Ellouz F，et al，1993. Effects of zearalenone on fertilisation and gestation in rats［C］. Scudamore K A（Ed）. Occurrence and Significance of Mycotoxins，London：Central Science Laboratory，The University of West London，258-262.

Canton J H，Kroes R，van Logten M J，et al，1975. The carcinogenicity of aflatoxin M_1 in rainbow trout［J］. Food and Cosmetics Toxicology，13：441-442.

Creppy E E，2002. Update of survey，regulation and toxic effects ofmycotoxins in Europe［J］. Toxicology Letters，127：19-28.

Egmond H P van，Eaton D L，Groopman J D，1993. The Toxicology of Aflatoxin：Human Health，Veterinary and Agricultural Significance：Aflatoxins in milk［M］. San Diego：CA，Academic Press.

Eriksen G S，Alexander J，1998. Fusarium toxins in cereals-a risk assessment［C］. Tema Nord Copenhagen：Nordic Council of Ministers，502：7-58.

European Food Safety Authority（EFSA），2011. Scientific opinion onthe risks for animal and public health related to the presence of T-2and HT-2 toxin in food and feed［J］. EFSA Journal，9（12）：2481.

Ghedira-Chekir L，Zakhama A，Ellouz F，et al，1998. Induction of SOS repair system in lysogenic bacteria by zearalenone and its prevention by vitamin E [J]. Chemico-Biological Interactions, 113: 15-25.

Ghedira-Chekir L, Maaroufi K, Creppy E E, et al, 1999. Cytotoxicity and genotoxicity of zearalenone: prevention by vitamin E [J]. Journal of Toxicology-toxin Reviews, 18: 355-368.

Grosse Y, Ghedira-Chekir L, Huc A, et al, 1997. Retinol, ascorbic acid and alpha tocopherol prevent DNA adduct formation in mice treated with the mycotoxins ochratoxin A and zearalenone [J]. Cancer Letters, 114: 225-229.

IARC, 1993. Monographs on the evaluation of the carcinogenic risk of chemicals to humans: some naturally occurring substances. Food items and constituents, heterocyclic aromatic amines and mycotoxins [R]. Lyon France, 56: 397-444.

Institute of Food Science and Technology, 2009. Mycotoxin [R]. Institute of Food Science and Technology Information Statement. United Kingdom: IFST.

JECFA Joint FAO/WHO Expert Committee on Food Additives. 53rd Report. Safety evaluation of certain food additives [R]. WHO Food Additives Series: 44, 2000.

Joint Expert Committee for Food Additives and Contaminants (JECFA), 2001. Aflatoxins [R]. 47.

Joint Expert Committee for Food Additives and Contaminants (JECFA), 2001. Ochratoxin [R]. 47.

Kanisawa M, Suzuki S, 1978. Induction of renal and hepatic tumors in mice by ochratoxin A; a mycotoxin [J]. Gann, 69: 599-600.

Kanisawa M, 1984. Synergistic effect of citrinin on hepatorenal carcinogenesis of Ochratoxin A in mice [J]. Developments in Food Science, 7 (5 Pt 1): 245-254.

Kuiper-Goodman T, Scott P M, Watanabe H, 1987. Risk assessment of the mycotoxin zearalenone [J]. Regulatory Toxicology and Pharmacology, 7: 253-306.

Kuiper-Goodman T, Scott P M, 1989. Risk assessment of the mycotoxin ochratoxin A [J]. Biomedical and Environmental Sciences, 2: 179-248.

Maaroufi K, Chekir L, Creppy E E, et al, 1996. Zearalenone induces modifications of haematological and biochemical parameters in rats [J]. Toxicon, 34: 534-540.

National Institutes of Health, 1993. National Toxicology Program Technical Report on the Toxicology and Carcinogenesis Studies of Ochratoxin A (CAS No. 303-479) in F344Rats (Gavage Studies) [M]. NIH Publication No. 89-2813. Research Triangle Park, NC: US Department of Healthand Human Services, National Institutes of Health.

NTP, 1982. Carcinogenicity bioassay of zearalenone in F344/N rats and F6C3F1 mice [R]. National Toxicology Program Technical Report Series 235, NC: Research Triangle Park.

Shibahara T, Ogawa H I, Ryo H, et al, 1995. DNA-damaging potency and genotoxicity of aflatoxin M_1 in somatic cells *in vivo* of Drosophila melanogaster [J]. Mutagenesis, 10: 161-164.

Smith J E, Lewis C W, Anderson J G, et al, 1994. Mycotoxins in Human Nutrition and Health [C]. Directorate-GeneralⅫ Science. EUR: Research and Development.

Stander M A, Nieuwoudt T W, Sreyn P S, et al, 2001. Toxicokinetics of ochratoxin A in vervet monkeys (Cercopithecus aethiops) [J]. Archives of Toxicology, 75: 262-269.

Tomaszewski J, Miturski R, Semczuk A, et al, 1998. Tissue zearalenone concentration in normal, hyperplastic and neoplastic human endometrium Ginekol [J]. Pol, 69: 363-366.

牛奶中霉菌毒素来源、转化及危害研究进展

霉菌毒素污染是牛奶质量安全的主要风险之一，其种类主要包括黄曲霉毒素（AFs）、赭曲霉毒素（OT）、玉米赤霉烯酮（ZEA）、伏马菌素（FUM）、脱氧雪腐镰刀菌烯醇（DON）、T-2 毒素（T-2）等。牛奶中的霉菌毒素主要来源于动物饲料，本文在国内外已有文献报道的基础上，对牛奶中霉菌毒素来源、转化以及危害、限量进行综述。

关键词：霉菌毒素；牛奶；来源；危害

据联合国粮农组织（FAO）报道，全球受到不同程度霉菌毒素污染的谷物约占25%，而在我国，霉菌毒素污染谷物的现象尤为突出，污染率在 90%以上（Iheshiulor 等，2011；尹青岗等，2009）。其中，黄曲霉毒素（Aflatoxins，AFs）、赭曲霉毒素（Ochratoxins，OT）、玉米赤霉烯酮（Zearalenone，ZEA）、脱氧雪腐镰刀菌烯醇（亦称呕吐毒素 Deoxynivaleno，DON）、T-2 毒素（T-2）及伏马菌素（Fumonisin，FUM）等是常见于饲料且毒性较高，受人关注的主要霉菌毒素（Hussein 和 Jeffrey，2001）。奶牛采食由霉菌毒素污染的饲料后，可在牛奶中检测到相应的霉菌毒素及其代谢物（Cavret 和 Lecoeur，2006）。因此，饲料中本身存在的原毒素及经过牛体内代谢产生的代谢物，便构成了牛奶中霉菌毒素的主要种类。本文就牛奶中霉菌毒素来源、转化及危害、限量的研究进展进行综述，为今后在此领域开展更深入的研究提供参考。

一、牛奶中霉菌毒素种类及来源

Huang 等（2014）对牛奶中霉菌毒素进行检测时发现，牛奶中存在霉菌毒素 AFM_1、OTA、ZEA 及 α-玉米赤霉烯醇（α-zearalenol，α-ZEL），其中 15%含有 2 种毒素，45%含 3 种毒素，22%含有 4 种毒素，表明牛奶中存在多种霉菌毒素共存的现象。

饲料中存在的霉菌毒素是牛奶中霉菌毒素的主要来源，因此，饲料中霉菌毒素的污染程度决定了牛奶中霉菌毒素的种类及水平（郑楠等，2012）。通常认为，相对于单胃动物，反刍动物对霉菌毒素具有更强的耐受力。这是由于瘤胃液内的微生物对一些霉菌毒素如 OTA、ZEA、T-2、DON 具有脱毒和屏蔽效果，对奶牛起到一定的保护作用（刘丹等，2009）。但对于某些霉菌毒素具有相反的作用，它们在瘤胃微生物的作用下并不会发生降解及失活，反而代谢成具有更高活性的代谢物，如 ZEA 被转化为活性更高的 α-ZEL（EFSA，2005）。经过体内的代谢消化，饲料中的霉菌毒素就可能会转化到乳汁中，从而对人类健康造成威胁。

1. AFs

AFs 主要由仓贮性霉菌——曲霉菌产生，其最适生长温度为 25~30℃，相对湿度为 80%~90%（杨丽梅和申光荣，2003）。由此可见，在高温高湿的环境下，曲霉菌更易生长，从而分泌 AFs 污染饲料。AFs 主要污染的饲料种类为：生豆粕、玉米、棉籽粕和青饲料等（Ding 等，2012；Keller 等，2013）。AFs 污染与否与所处的地理位置有密切关系，有研究表明，四川绵阳市饲料中 AFB_1 检出率为 100%，总体超标率为 3.9%（苟双，2013）。而上海市浦东地区饲料中 AFB_1 检出率和平均含量均较低（王政等，2013）。

研究表明，当奶牛摄入浓度为 1.0~10μg/mL 的 AFB_1 时，其体内的瘤胃微生物只能代谢降解不到 10%的 AFB_1（Yiannikouris 和 Jouany，2002），其余 90%没有被瘤胃微生物代谢的 AFB_1 可在肝脏中经羟基化转化为毒性较低的 AFM_1（Kuilman 等，2000），AFM_1 不仅可以与体内的葡糖酸结合，也可以通过全身循环系统，代谢到尿和乳中（Fink-Gremmels，2008）。Valenta 等（1996）研究表明，饲料中 AFB_1 向牛奶中 AFM_1 的转化率为 1%~2%，高产奶牛转化率可达到 6.2%（Veldman 等，2010）。因此，我们可以认为，AFM_1 在乳汁中的转移率介于 0.1%~6%（Coffey 等，2009），公认平均值为 1.7%。如果按照 1.7%的转化率计算，那么当日粮干物质中 AFB_1 含量超过 30μg/kg 时，乳汁中 AFM_1 的含量就会达到美国等国家的 0.5μg/kg 安全限量。同样，当日粮干物质中含有超过 3μg/kg AFB_1 时，乳汁中 AFM_1 的含量就会达到欧盟等的 0.05μg/kg 安全限量。因此，我们需要严格控制饲料中 AFB_1 的含量，从源头上防止牛奶中 AFM_1 含量超标，保护人类健康安全。

2. OT

OT 是一种有毒的次生代谢产物，是由曲霉属中的赭曲霉和青霉属中的纯绿青霉分泌产生的，在温带地区具有优势，赭曲霉在 8~37℃ 均能生长，最佳生长温度为 24~31℃，生长繁殖所需的最适湿度 95%~99%，在 pH 值 3~10 时生长良好。OT 主要污染物为小麦、大麦、玉米、燕麦、干豆等农产品（王守经等，2012）。欧盟和我国的调查结果显示，谷物和饲料受到 OT 污染的程度较低，其含量在 5.2~80μg/kg（Richard，2007；Binder 等，2007）。然而，上海市浦东地区饲料及饲料原料中霉菌毒素污染状况的调查结果表明，该地区饲料及饲料原料霉菌毒素污染以 DON、OT、ZEA 为主，其中 OT 检出率为 46.81%（王政等，2013）。以上研究结果表明，OT 污染在不同国家、地区间分布不均匀，具有地域性。

反刍动物摄入的 OT 经瘤胃微生物转化成为低毒的 OTα，因此，OT 只会对瘤胃未完全发育的犊牛产生影响（Whitlow 和 Hagler，2005）。健康奶牛对 OT 的代谢率约为 0.01%，即每摄入 1kg 饲料可代谢 12mg OT（Hult 等，1976）。并且，研究表明，只有当牛体摄入的 OT 含量达到 1.66mg/kg bw 时，才可在乳中检测到 OT 及其代谢产物 OTα 的存在（Prelusky 等，1987）。因此，牛奶中 OT 的主要来源可能并不是饲料，而是在其他过程中污染的。近些年来有报道表明，奶及奶制品可在储存和运输的过程中被 OT 污染（Coffey 等，2009；Pattono 等，2011；Elzupir 等，2009）。以上研究结果表明，对于牛奶中存在的 OT，不仅要关注由饲料中代谢产生，还要关注储存和运输过程的影响。

3. ZEA

ZEA（F-2 毒素）是一种雌激素类真菌毒素，主要由田间霉菌镰刀菌分泌产生，其最适生长环境为高温低湿状态，ZEA 的主要污染物为玉米、小麦、大米、大麦、小米和燕麦等谷物（于淼和王秋霞，2013）。Rodrigues 和 Naehrer（2012）对来自美国、欧洲和亚洲的饲料样品进行分析研究，其结果表明，ZEA 检出率为 45%，含量平均值为 233μg/kg。对来自全球的17 316份饲料及饲料原料样品进行分析，结果表明，ZEA 阳性检出率为 36%，含量平均值为 101μg/kg（Streit 等，2013）。上述分析结果表明，饲料及饲料原料中 ZEA 污染较为严重，应加强监测。

ZEA 在瘤胃微生物降解产生的代谢产物至少有 5 种：玉米赤霉酮（Zearalanone，ZAN），α-玉米赤霉醇（α-zearalanol，α-ZAL）或 β-玉米赤霉醇（β-zearalanol，β-ZAL）、α-玉米赤霉烯醇（α-zearalenol，α-ZEL）或 β-玉米赤霉烯醇（β-zearalenol，β-ZEL）。Kiessling 等（1984）研究发现，ZEA 代谢产物 α-ZEL 的含量大约是 β-ZEL 的 2 倍。奶牛连续 21d 摄入 544. 5mg/d 的 ZEA 后，乳中可检测出 ZEA 和 α-ZEL 的存在，转化率为 0. 06%（Yiannikouris 和 Jouany，2002）。研究表明，ZEA 在牛体内的转化率具有剂量效应，当奶牛摄入 ZEA 的剂量分别为 1. 8～6g 不等时，其转化率随之变化，范围为 0. 008%～0. 016%（Prelusky 等，1987）。以上研究结果表明，ZEA 很少在组织中沉积，并且转化到牛奶中的效率也很低。

4. FB_1

伏马毒素（FUM）是由串珠镰刀菌产生的水溶性次级代谢产物，最适宜生长温度为 25℃左右。到目前为止，已鉴定出的伏马毒素及其类似物共计 28 种，其中以毒性最强的 FB_1 为主。FUM 对饲料的污染在世界范围内普遍存在，主要污染对象为玉米、小麦等原料。Silva 等（2007）对葡萄牙玉米中 FUM 含量进行调查统计，结果显示约有 22%样品被 FUM 污染，其中部分样品中 FUM 含量较高，超过了欧盟的限量标准。并且，对全球各大洲玉米及其制品总伏马菌素的污染情况进行调查，结果显示各大洲被 FUM 污染趋势为：大洋洲>非洲>拉丁美洲>亚洲>北美洲>欧洲（张艺兵等，2006）。

饲料中 FUM 向牛奶中转化的报道较少。有研究表明，即使以 5mg/kg bw 剂量口服 FB_1，牛奶中也没有检测到 FB_1 的存在（Richard，2007；Scott 等，1994）。体外研究表明，FB_1 在瘤胃中具有很低的转化率，在乳中可以检测到 FB_1 的存在。Hammer 等（1996）报道，静脉注射 0. 046～0. 067mg/kg bw 的 FB_1，在牛奶中也有 FB_1 的检出。欧洲食品安全局（European Food Safety Authority，EFSA）（2005）研究表明只有少量的 FB_1 可以转化到牛奶中，对人体并无明显伤害。

5. DON

DON 又名呕吐毒素，由一种田间霉菌——镰刀菌属霉菌产生，其最适生长温度为 5～25℃。通常作物在生长期间会被镰刀菌属霉菌污染，并且，当作物被收割储存后，该霉菌仍可以以无性繁殖的形式存活。DON 一般在大麦、小麦、玉米中浓度较高，在黑麦、高粱、大米中的浓度较低。同时，其发生也具有一定的地域性，黄俊恒等（2016）对不同地区 DON 污染情况的分析结果表明，在 481 份华东地区饲料及饲料原料中，DON 在小麦及麸皮中超标率为 67%；在华南地区的 185 份样品中，DON 超标率为

48%；在华北地区的 96 份样品中，DON 超标率为 33%。

通常情况下，反刍动物对 DON 具有较强的降解能力，因此 DON 不会对反刍动物产生负面影响。但当反刍动物摄入极高浓度的 DON，超过其自身代谢清除能力时，会对机体造成伤害。在健康的反刍动物中，机体摄入的 DON 可以很快被瘤胃内微生物转化为 DOM-1，DOM-1 是毒性只有 DON 1/54 的低毒脱环氧化物形式。有研究表明，当奶牛日粮中添加 1.9mg/kg bw 的 DON 时，只有不到 1% 的 DON 被机体吸收（Pestka，2007）。当以更高浓度 2 933～5 867 μg/kg bw 的 DON 饲喂奶牛时，结果发现，只有 27ng/mL 的 DOM-1 在牛奶中检测出来（Cote 等，1986）。结合其他研究结果表明，DON 不仅可以在反刍动物中代谢降解，在非反刍动物中也可以，并且不会在机体中发生生物累积作用。因此，动物肉蛋奶中 DON 残留污染问题，并不是威胁公共健康的安全风险因子。

6. T-2

T-2 毒素广泛分布于自然界，其产生受环境的影响很大，低温、变温、高水分含量、中性和酸性条件均有利于镰刀菌菌株产生 T-2 毒素。T-2 容易污染玉米、小麦、大麦及燕麦等粮食和饲料原料，动物通过饲料摄入之后会引起各种中毒症状和疾病。陈心仪（2011）检测了中国 18 个省份的 176 份饲料样品，结果发现 T-2 检出率为 100%。单安山（2013）对东北地区 116 份饲料原料样品进行分析，结果表明，T-2 检出率为 100%，但无样品超标。以上分析结果表明，T-2 对中国饲料及饲料原料污染状况并不严重，污染程度较轻，但其高检出率表明要加强对其防控。

T-2 毒素作为一种污染我国饲料的主要霉菌毒素，主要作用于动物的造血组织和免疫器官，对其造成伤害。所有物种均对 T-2 毒素敏感，其中以猪最为敏感。对于反刍动物而言，由于其体内瘤胃微生物的降解作用，因此对 T-2 毒素的耐受性较强。有研究表明，饲料中 T-2 毒素到奶中的转化率为 0.05%～2%（Cavret 和 Lecoeur，2006）。

二、牛奶中霉菌毒素的危害及限量

由于霉菌毒素对人类具有免疫毒性、肾毒性、肝毒性等负面影响，霉菌毒素被认为是在牛奶质量安全中应重点关注的危害因子，其中 AFM_1 和 OT 甚至具有致癌、诱发突变和导致畸形等生物危害，严重威胁人类健康，OT 可能对婴幼儿危害更大。但是，目前全球仅对牛奶中 AFM_1 进行限量，对其他霉菌毒素只设定每周容许摄入量（Provisional tolerable weekly intake，PTWI）等制度。为更好保护人类健康，应制定更为详细具体的限量标准。

1. 牛奶中 AFM_1 危害及限量

AFM_1 于 2002 年被 IARC 确定为 1 类致癌物，其靶器官为肝脏，并伴有严重的血管通透性破坏和中枢神经损伤。研究表明，AFs 的毒性主要通过两方面发挥作用：①通过干扰 RNA 和 DNA 的合成，从而干扰蛋白质的合成，进而影响细胞代谢，对动物机体造成全身性伤害（王晓晓，2011）；②与 DNA 结合，抑制 DNA 的甲基化，从而改变基因表达和细胞分化，激活动物体内致癌基因的转化形成，降低机体的抗病力（谢广洪等，

2007）。不同国家及地区对 AFM_1 的限量标准如表 1 所示。

在取自全球 22189 份奶样中，亚洲有 1709 份样品超过欧盟限量标准，占全球总样品 7.7%，其次为非洲（1.1%）、欧洲和美国（0.5%）（Flores-Flores，2015）。欧洲牛奶中 AFM_1 水平较低，可能与其饲料中 AFs 含量较低相关。Sadia 等（2012）研究结果表明，巴基斯坦牛奶中 AFM_1 平均含量为 0.252μg/L。同时，印度牛奶中 AFM_1 含量水平为 0.1~3.8μg/L（Siddappa 等，2012），对人体健康造成严重威胁。然而，Fallah 等（2011）研究结果表明，伊朗牛奶样品中 AFM_1 含量为 0.013~0.25μg/L，含量较低。同时，Heshmati 和 Milani（2010）检测结果表明，UHT 牛奶样品中 AFM_1 含量范围为 0.021~0.087μg/L。不同地区样品中 AFM_1 含量不同，可能是受当地气候及地理环境，以及饲养、管理方式和检测方法的影响（Asi 等，2012）。

表 1 不同国家和地区奶及奶制品中 AFM_1 限量规定（Iqbal 等，2015）

国家和地区	牛奶（μg/kg）	奶制品（μg/kg）
美国	0.50	0.50
欧盟	0.05	0.05
澳大利亚	0.05，0.01（巴氏杀菌婴幼儿牛奶）	0.02（黄油） 0.25（奶酪） 0.40（奶粉）
法国	0.05，0.03（<3 岁儿童）	—
瑞士	0.05	0.025（乳清） 0.25（奶酪） 0.02（黄油）
保加利亚	0.50	0.10（奶粉）
巴西	—	0.50（液态奶） 5.0（奶粉）
捷克共和国	0.05	—
罗马尼亚	0	0
土耳其	0.05	0.25（奶酪）
阿根廷	0.05	0.50（奶制品）
洪都拉斯	0.05	0.25（奶酪）
埃及	0	0
尼日利亚	1.00	—
伊朗	0.50	—

2. 牛奶中 OT 的危害及限量

根据已发现的真菌毒素的重要性和危害性排序，OT 仅次于 AFs，被 IARC 列为 2B 人类致癌物。其主要靶器官是肾脏，可导致肾小管变性和机能损伤，并且具有极强的肾毒性、肝毒性、神经毒性和免疫毒性，可致畸、致癌、致突变，严重威胁人类健康。OT 主要从 3 个方面发挥其毒性作用：①抑制动物机体中的线粒体呼吸途径，导致 ATP 耗竭，无法正常供能；②通过抑制 DNA 及 RNA 的合成以及苯丙氨酸-TRNAL 连接酶的活性，从而抑制蛋白质的合成；③造成机体细胞内氧化损伤，增加细胞中的脂质过氧化物含量（Holer，1998）。

由于 OT 对人类健康具有严重的危害性，并且其分布十分广泛，因此，世界卫生组织/粮农组织食品添加剂联合专家委员会（Joint FAO/WHO Expert Committee on Food Additives，JECFA）将 OT 的 PTWI 设定为 100ng/kg bw。对意大利、挪威、法国、瑞典、中国牛奶样品分析结果表明，其 OT 含量范围为 5～84.1ng/L（Breitholta-Emanuelesson 等，1993；Skaug，1999；Boudra 等，2007），对于一个成年人而言，其 OT 摄入量不足以达到 PTWI 水平。但是，对于 OT 每日允许摄入量（Tolerably Daily Intake，TDI）为 5ng/kg bw 的婴幼儿来说，牛奶中 5～84.1ng/L 的 OT 含量可能会对其造成危害，这是由于婴幼儿每天需摄入大量牛奶。并且，对苏丹牛奶样品进行分析时发现，OT 含量为 2 730ng/L（Elzupir 等，2009），会对成年人健康造成威胁。这可能是由于饲料组分的突然改变或者是饲料中蛋白质饲料的比例过高，导致牛体内瘤胃对 OT 降解能力降低。但是，世界各国并未设置奶及奶制品中的 OT 限量标准。

3. 牛奶中 ZEA 危害及限量

为保护消费者健康，IARC（1993）将 ZEA 列为 3 类可能致癌物，具有类雌激素作用，主要作用于生殖系统。结构上，ZEA 与内源性雌激素相似，因此，ZEA 可以如同雌激素一样，在机体内与雌激素受体（ER）竞争性结合，从而激活雌激素反应元件，发生一系列拟雌激素效应，造成动物机体发生雌性激素综合征（邓友田等，2007）。如果动物（包括人）在妊娠期间食用了被 ZEA 污染的饲料或食物，可能会导致流产、死胎和畸胎的发生。研究结果表明，机体本身无法将 ZEA 完全代谢清除，因此，ZEA 在体内会有一定的残留和蓄积。所以，在饲料或食物中做好 ZEA 的检测具有重要意义。

JECFA 推荐 ZEA 及其代谢物的 PMTDI 为 0.5μg/kg bw。对埃及、英国及中国 400 批次牛奶样品进行 ZEA、ZAN 及 α-ZAL 检测时发现，检出的最大水平为 ZEA 12.5μg/kg（Xia 等，2009；El-Hoshy，1999；Scoop，2003）。假设正常成年人（体重 50～70kg），在摄入报道最大 ZEA 水平（12.5μg/kg）情况下，需每天饮用 2～2.8L 的牛奶，才会超过 PMTDI 的设定。因此，可以认为牛奶中 ZEA 的暴露并不是一种危害因子。但是，ZEA 的代谢物需要引起注意，例如，α-ZEL 的毒性是 ZEA 的 3 倍，但在中国牛奶样品中已有 73.5ng/kg 的检出（Huang 等，2014）。

4. 牛奶中 FB_1 危害及限量

FB_1 被 IARC 列为 2B 类人类致癌物，目前对伏马菌素的毒性作用机理尚不清楚，根据其结构与人及其他动物机体内的神经鞘氨醇极为相似的特点，推测这类毒素在人及动物机体内的靶器官是大脑，产生神经毒性。

欧盟委员会推荐单独及混合 FB_1、FB_2、FB_3 的每日最大允许摄入量（Provisional maximum tolerable daily intake，PMTDI）为 2μg/kg bw。Maragos 和 Richard（1994）研究报道，在 155 批次样品中，有 1 批次的样品检测到含量为 1 290ng/L 的

FB_1。Gazzotti 等（2009）研究报道，在 10 批次检测的牛奶样品中，有 8 批次含有 FB_1，最大值为 430ng/kg。即使成年人摄入最大报道的牛奶中 FB_1 水平（1 290ng/L），也很难超过设定的 PMTDI，对人体健康不会造成很大的威胁。但目前对牛奶中 FB_1 检测的报道并不是很多，因此，可以在以后的工作中加强对 FB_1 的检测。

5. 牛奶中 DON、T-2 危害及限量

DON、T-2 毒素均属于 Ts，目前大约有 170 种单端孢霉菌毒素，根据特征功能集团，分为 A 型（包含 HT-2 毒素、T-2 毒素）和 B 型（包含 DON、3-ADON、15-ADON）。DON 主要由胃肠道吸收进入血液，造成胃肠道黏膜损伤。T-2 毒素可以经由血液进入免疫器官，如胸腺、骨髓、肝、脾等，通过其特有的倍半萜烯结构来抑制 DNA 和 RNA 的转录、翻译过程，从而抑制蛋白质的合成，对免疫器官造成伤害，影响机体免疫性能和繁育功能（靳露和董国忠，2012）。除了上述危害，T-2 毒素还可以导致淋巴细胞中 DNA 单链断裂，造成淋巴细胞的损伤；并且，可作用于氧化磷酸化过程的多个环节，从而抑制线粒体呼吸途径，导致机体供能不足（邹广迅等，2011）。

欧盟委员会设定 HT-2 和 T-2 毒素的 PMTDI 为 60ng/kg bw，DON 为 1μg/kg bw。DON 与 T-2 毒素在牛奶中检出情况较少，只有在丹麦的 20 批次牛奶样品中发现，其中 5 批次样品中含有 0.3ng/mL 的 DON 代谢物——DOM-1（Sorensen 和 Elbaek，2005）。在 DON 代谢解毒过程中，机体中的胃肠道和瘤胃中微生物区系发挥了重要作用。通过总结前人研究可以发现，无论是反刍动物还是非反刍动物对 DON 都具有较强的降解能力，将其转化为低毒物质，且无生物累积作用。因此，DON 可不作为一类危害因子，应降低对其关注度。

三、小结

牛奶中霉菌毒素的存在，严重威胁着人类和动物的健康。当奶牛摄食由霉菌毒素污染的饲料后，可能会导致牛奶产量的下降以及乳成分的改变，并且，乳中也可能就会含有霉菌毒素。目前牛奶中霉菌毒素的研究集中于 AFM_1，全球牛奶样品中均有 AFM_1 的检出。然而，牛奶中还存在有 OTA、ZEA、FB_1、α-ZEL、DOM-1 等霉菌毒素，因此，我们要全面关注牛奶中霉菌毒素存在的情况。为严格防控牛奶中的霉菌毒素的产生，在源头上，要降低霉菌毒素污染饲料的情况。不使用发霉变质的饲料；保持饲料加工和贮藏环境的干燥、通风和卫生清洁；不要过多、过久地储存饲料和饲料原料；可在饲料中使用脱霉剂。为掌握牛奶中霉菌毒素污染状况，应进行风险监测任务及开展牛奶中多霉菌毒素检测技术的研究。目前，霉菌毒素检测方法主要包括薄层色谱分析法、高效液相色谱法、液相色谱-质谱法、酶联免疫吸附测定法。未来研究重点应放于开发应用更加高效、简单的方法同时检测牛奶中多种霉菌毒素的共存，并根据乳及乳制品摄入量及霉菌毒素污染情况，设定相应的毒素限量，更好地保护人类健康。

参考文献

陈心仪，2011. 2009—1010 年中国部分省市饲料原料及配合饲料的霉菌毒素污染概况［J］. 浙江畜牧兽医，2：

7-10.
单安山，2013. 东北地区不同饲料原料中霉菌毒素含量的测定［J］. 东北农业大学学报，44（6）：96-100.
邓友田，袁慧，2007. 玉米赤霉烯酮毒性机理研究进展［J］. 动物医学进展，28（2）：89-92.
高亚男，王加启，郑 楠，2017. 牛奶中霉菌毒素来源、转化及危害［J］. 动物营养学报，29（1）：34-41.
苟双，2013. 绵阳市饲料黄曲霉毒素 B_1 污染情况调查［J］. 饲料广角，12：30-32.
黄俊恒，黄广明，李婉华，2016. 2015 年 19 省区饲料及饲料原料霉菌毒素污染状况分析［J］. 养猪，2：14-16.
靳露，董国忠，2012. 呕吐毒素对动物免疫及繁殖性能的影响［J］. 饲料研究（3）：18-21.
刘丹，易洪琴，徐国忠，等，2009. 饲料霉菌毒素对奶牛的毒害作用［J］. 上海畜牧兽医通讯，4：65-67.
王守经，胡鹏，汝医，等，2012. 谷物真菌毒素污染及其控制技术［J］. 中国食物与营养，18（3）：13-16.
王晓晓，王宝维，王鑫，2011. 黄曲霉毒素对畜禽的危害、检测及去毒方法［J］. 中国饲料（13）：33-35.
王政，严敏鸣，倪卫忠，等，2013. 海市浦东地区规模养殖场中饲料及饲料原料中霉菌毒素污染状况调查［J］. 畜牧与兽医，45（10）：85-87.
谢广洪，陈承，徐闯，等，2007. 黄曲霉毒素检测方法的研究［J］. 饲料工业，28（6）：53-56.
杨丽梅，申光荣，2003. 饲料中霉菌毒素的危害及其预防［J］. 饲料工业（12）：38-40.
尹青岗，王峰，赵国华，等，2009. 粮食与饲料中玉米赤霉烯酮控制技术研究进展［J］. 饲料研究，6：32-35.
于淼，王秋霞，2013. 饲料中霉菌毒素研究进展［J］. 饲料广角，12：21-24.
张艺兵，鲍蕾，褚庆华，2006. 农产品中真菌毒素的监测分析［M］. 北京：化学工业出版社：51-78.
郑楠，王加启，韩荣伟，等，2012. 牛奶质量安全主要风险因子分析 II. 霉菌毒素［J］. 中国畜牧兽医，39（3）：1-9.
邹广迅，张红霞，花日茂，2011. T-2 毒素的毒性效应及致毒机制研究进展［J］. 生态毒理学报，6（2）：121-128.
Asi M R，Iqbal S Z，Ari O A，et al，2012. Effect of seasonal variations and lactation times on aflatoxin M_1 contamination in milk of different species from Punjab，Pakistan［J］. Food Control，25（1）：34-38.
BinderI E M，Tan L M，Chin L J，et al，2007. Worldwide occurrence of mycotoxins in commodities，feeds and feed ingredients［J］. Animal Feed Science and Technology，137（3-4）：265-282.
Boudra H，Barnouin J，Dragacci S，et al，2007. Aflatoxin M_1 and ochratoxin A in raw bulk milk from French dairy herds［J］. Journal of Dairy Science，90（7）：3197-3201.
Breitholtz-Emanuelesson A，Palminger-Hallen I，Wohlin P O，et al，1993. Transfer of ochratoxin A from lactating rats to their offspring：a short-term study［J］. Natural Toxins，1（6）：347-352.
Cavret S，Lecoeur S，2006. Fusariotoxin transfer in animal［J］. Food and Chemical Toxicology，44（3）：444-453.
Coffey R，Cummins E，Ward S，2009. Exposure assessment of mycotoxins in dairy milk［J］. Food Control，20（3）：239-249.
Cote L M，Dahlem A M，Yoshizawa T，et al，1986. Excretion of Deoxynivalenol and Its Metabolite in Milk，Urine，and Feces of Lactating Dairy Cows［J］. Dairy Science，69：2416-2423.
Ding X，Li P，Bai Y，et al，2012. Aflatoxin B_1 in post-harvest peanuts and dietary risk in China［J］. Food Control，23（1）：143-148.
El-Hoshy S M，1999. Occurrence of zearalenone in milk，meat and their products with emphasis on influence of heat treatments on its level［J］. Archiv Für Lebensmittelhygiene，50：140-143.
Elzupir A O，Makawi S Z，Elhussein A M，2009. Determination of anatoxins and ochratoxin a in dairy cattle feed and milk in wad medani，sudan［J］. Journal of Animal and Veterinary Advances，8（12）：2508-2511.
Fallah A A，Rahnama M，Jafari T，et al，2011. Seasonal variation of aflatoxin M_1 contamination in industrial and traditional Iranian dairy products［J］. Food Control，22（10）：1653-1656.
Fink-Gremmels J，2008. Mycotoxins in cattle feeds and carry-over to dairy milk：a review［J］. Food additives & contaminants Part A，Chemistry，analysis，control，exposure & risk assessment，25（2）：172-180.
Flores-Flores M E，Lizarraga E，Lpez DE CERAIN A，et al，2015. Presence of mycotoxins in animal milk：A review［J］. Food Control，53：163-176.
Gazzotti T，Lugoboni B，Zironi E，et al，2009. Determination of fumonisin B_1 in bovine milk by LC-MS/MS［J］. Food Control，20（12）：1171-1174.

Hammer P, Bluthgen A, Walte H G, 1996. Carry-over of fumonisin B_1 into the milk of lactating cows [J]. Milk Science International, 51 (12): 691-695.

Heshmati A, Milani J M, 2010. Contamination of UHT milk by aflatoxin M_1 in Iran [J]. Food Control, 21 (1): 19-22.

Hohler D, 1998. Ochratoxin A in food and feed: occurrence, legislation and mode of action [J]. Z Ernährungswiss, 37 (1): 1-12.

Huang L C, Zheng N, Zheng B Q, et al, 2014. Simultaneous determination of aflatoxin M_1, ochratoxin A, zearalenone and alpha-zearalenol in milk by UHPLC-MS/MS [J]. Food Chemistry, 146: 242-249.

Hult K, Teiling A, Gatenbeck S, 1976. Degradation of ochratoxin A by a ruminant [J]. Applied and Environmental Microbiology, 32: 443-444.

Hussein S H, Jeffrey M B, 2001. Toxicity metabolism and impact of mycotoxins on humans and animals [J]. Toxicology, 167 (2): 101-134.

Iheshiulor O O M, Esonu B O, Chuwuka O K, et al, 2011. Effects of mycotoxins in animal nutrition: A review [J]. Asian Journal of Animal Sciences, 5 (1): 19-33.

Iqbal S Z, Jinap S, Pirouz A A, et al, 2015. Aflatoxin M_1 in milk and dairy products, occurrence and recent challenges: A review [J]. Trends in Food Science & Technology, 46 (1): 110-119.

Keller L A M, Gonz L E Z, Pereyra M L, et al, 2013. Fungal and mycotoxins contamination in corn silage: Monitoring risk before and after fermentation [J]. Journal of Stored Products Research, 52: 42-47.

Kiessling K, Pettersson H, Sandholm K, et al, 1984. Metabolism of aflatoxin, ochratoxin, zearalenone, and three trichothecenes by intact rumen fluid, rumen protozoa and rumen bacteria [J]. Applied and Environmental Microbiology, 47: 1070-1073.

Kuilman M E S, Mass R F, Fink-Gremmels J, 2000. Cytochrome P450-mediated metabolism and cytotoxicity of aflatoxin B (1) in bovine hepatocytes [J]. Toxicology In Vitro, 14: 321-327.

Maragos C M, Richard J L, 1994. Quantitation and stability of fumonisins B_1 and B_2 in milk [J]. Journal of AOAC International, 77 (5): 1162-1167.

Pattono D, Gallo P F, Civera T, 2011. Detection and quantification of Ochratoxin A in milk produced in organic farms [J]. Food chemistry, 127 (1): 374-377.

Pestka J J, 2007. Deoxynivalenol: Toxicity, mechanisms and animal health risks [J]. Animal Feed Science and Technology, 137 (3-4): 283-298.

Prelusky D B, Veira D M, Trenholm H L, et al, 1987. Metabolic fate and elimination in milk, urine and bile of deoxynivalenol following administration to lactating sheep [J]. Journal of Environmental Science and Health, Part B, 22 (2): 125-148.

Richard J L, 2007. Some major mycotoxins and their mycotoxicoses—an overview [J]. International journal of food microbiology, 119 (1-2): 3-10.

Rodrigues I, Naehrer K, 2012. A three-year survey on the worldwide occurrence of mycotoxins in feedstuffs and feed [J]. Toxins, 4 (9): 663-675.

Sadia A, Jabbar M A, Deng Y, et al, 2012. A survey of aflatoxin M_1 in milk and sweets of Punjab, Pakistan [J]. Food Control, 26 (2): 235-240.

European Commission, 2003. Collection of occurrence data of Fusarium toxins in food and assessment of dietary intake by the population of EU member states. Subtask II: Zearalenone [C]. Scientific Cooperation on Questions Relating to Food. European Commission: Directorate-General Health and Consumer Protection: 239-482

Scott P M, Delgado T, Prelusky D B, et al, 1994. Determination of fumonisins in milk [J]. Journal of environmental science and health Part B, Pesticides, food contaminants, and agricultural wastes, 29 (5): 989-998.

Siddappa V, Nanjegowda D K, Viswanath P, 2012. Occurrence of aflatoxin M (1) in some samples of UHT, raw & pasteurized milk from Indian states of Karnataka and Tamilnadu [J]. Food and Chemical Toxicology, 50 (11): 4158-4162.

Silva L J, Lino C M, Pena A, et al, 2007. Occurrence of fumonisins B_1 and B_2 in Portuguese maize and maize-based foods intended for human consumption [J]. Food Additives and Contaminants, 24 (4): 381-390.

Skaug M A, 1999. Analysis of Norwegian milk and infant formulas for ochratoxin A [J]. Food Additives and Contaminants, 16 (2): 75-78.

Sorensen L K, Elbaek T H, 2005. Determination of mycotoxins in bovine milk by liquid chromatography tandem mass spectrometry [J]. Journal of Chromatography B, Analytical technologies in the biomedical and life sciences, 820 (2): 183-196.

Streit E, Naehrer K, Rodrigues I, et al, 2013. Mycotoxin occurrence in feed and feed raw materials worldwide: long-term analysis with special focus on Europe and Asia [J]. Journal of the science of food and agriculture, 93 (12): 2892-2899.

The European Food Safety Authority, 2005. Opinion of the scientific panel on contaminants in food chain on a request from the commission related to Fusarium as undesirable substances in animal feed [J]. The European Food Safety Authority, 235: 1-32.

The European Food Safety Authority, 2005. Opinion of the scientific panel on contaminants in food chain on a request from the commission related to Fusarium as undesirable substances in animal feed [J]. The European Food Safety Authority, 235: 1-32.

Valenta H, Goll M, 1996. Determination of ochratoxin A in regional samples of cow's milk from Germany [J]. Food Additives and Contaminants, 13 (6): 669-676.

Veldman A, Meijs J A C, Borggreve G J, et al, 2010. Carry-over of aflatoxin from cows' food to milk [J]. Animal Production, 55 (2): 163-168.

Whitlow L W, Hagler W M, 2005. Mycotoxins: A review of dairy concerns Mid-Soutl [C]. Raleigh: North Carolina State University: 47-58.

Xia X, Li X, Ding S, et al, 2009. Ultra-high-pressure liquid chromatography-tandem mass spectrometry for the analysis of six resorcylic acid lactones in bovine milk. Journal of Chromatography A, 1216 (12): 2587-2591.

Yiannikouris A, Jouany J-P, 2002. Mycotoxins in feeds and their fate in animals: a review [J]. Animal Research, 51 (2): 81-99.

乳及乳制品中黄曲霉毒素 M_1 研究进展

随着我国经济的发展与人民生活水平的提高，具有丰富营养价值的乳及乳制品逐渐成为人民日常生活的必需消费品。与此同时，人们对乳制品的期待不再局限于量的提高，而是对乳制品质量和安全提出更高要求。由于2011年发生的牛奶中黄曲霉毒素 M_1（Aflatoxin M_1，AFM_1）含量超标事件，以及婴幼儿相比于成人更易受到牛奶中 AFM_1 的损害，人们开始更加重视乳及乳制品中存在的 AFM_1 污染问题。本文在国内外已有文献报道的基础上，对牛奶中 AFM_1 的来源及生物学性质、污染及限定标准、检测及防控技术进行综述。

关键词：黄曲霉毒素 M_1；乳及乳制品；存在现状

近年来，各种牛奶安全问题，尤其是 AFM_1 污染问题的不断出现，给消费者健康带来危害（Prandini 等，2009）。AFM_1 主要存在于牛奶中，这主要是由于奶牛摄取了被黄曲霉毒素 B_1（Aflatoxin B_1，AFB_1）污染的饲料而产生的。AFM_1 性质稳定，常见的3种牛奶加工方式——巴氏杀菌法（LTLT，63℃保持30min），高温快速巴氏杀菌（HTST，72℃保持15s）和超高温灭菌（UHT，135℃保持1～2s）均无法破坏其结构，因此控制饲料及生乳中黄曲霉毒素的含量显得尤其重要。由于乳及乳制品是人类（尤其是婴幼儿）的主要食品之一，因此各国对乳及乳制品中 AFM_1 限量的要求非常严格，我国及许多国家的限量为0.5μg/kg；欧盟的规定更加严格，为0.05μg/kg。并且在 AFM_1 检测方法方面也进行了大量工作，主要检测方法有薄层色谱分析法、荧光分光光度法、高效液相色谱法、液相色谱-串联质谱法和酶联免疫吸附法等。由于乳制品中的 AFM_1 主要来源于饲料中的 AFB_1，因此，控制乳制品中 AFM_1 含量主要需防控饲料中 AFB_1 的含量，并对牛奶中 AFM_1 降解脱毒技术进行掌握。以期对我国奶业生产者和政府监管部门起到一定借鉴作用，切实保证我国乳制品中的 AFM_1 安全。

一、AFM_1 来源及生物学性质

1. AFM_1 理化性质及产生

至今，已发现自然界中存在的黄曲霉毒素及其衍生物有20多种，其中10余种的化学结构已明确。各种黄曲霉毒素在化学结构上十分相似，均含C、H和O三种元素，是二氢呋喃氧杂萘邻酮的衍生物。即含有一个双呋喃环和一个氧杂萘邻酮（香豆素），前者为基本毒性结构，后者与霉菌毒素致癌性相关（王蕾，2008）。AFM_1 的化学结构如图1所示。

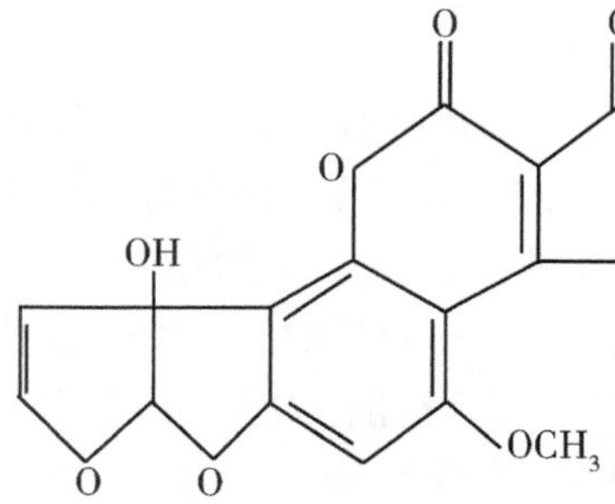

图 1 AFM_1 化学结构式（王蕾，2008）

AFM_1 的分子式为 $C_{17}H_{12}O_7$，分子量为 328，熔点 299℃，是长方形片状的无色晶体，在 365nm 的紫外光下产生蓝紫色荧光（王蕾，2008）。AFM_1 可以溶于多种有机溶剂，例如甲醇、丙酮、乙腈和氯仿，但不溶于正己烷、乙醚和石油醚等非极性溶剂。AFM_1 一般在中性及酸性溶液中较稳定，在强酸溶液中稍有分解。在强碱溶液中能够迅速地分解为基本无毒的盐，但是由于是可逆反应，在酸性条件下又能够恢复到原来的结构。AFM_1 化学结构稳定，在巴氏杀菌加工及超高温灭菌过程中均不能使之失活（Fallah，2010a；Fallah，2010b；Boudra 等，2007）。

AFM_1 是 1963 年被 Alleroft 首先发现，直到 1965 年才被命名，属于黄曲霉毒素中的一种。黄曲霉毒素主要是由黄曲霉菌（*Aspergillus flavus*）和寄生曲霉（*Aspergillus parasiticus*）分泌的二级代谢产物代谢产生的有毒物质（Sargean 等，1961；Allcroft 和 Carnaghan，1963）。AFM_1 是哺乳动物摄入被 AFB_1 污染的食品或饲料之后，在体内肝微粒体单氧化酶的催化下，通过细胞色素 P450 的调节作用，末端呋喃环 C-10 被羟基化而生成（Wang 等，1998），存在于动物的乳汁和尿液中（Oveisi 等，2007）。AFM_1 在乳中最为常见，研究发现，人类和奶牛摄入 AFB_1 后，在其乳汁中转化成 AFM_1 的转化率为 0.3%～6.1%（聂晶和刘兴玠，1992；Rastogi 等，2004）。并且有研究表明，人体摄入被 AFB_1 污染的食品后，大约有 3.45%～11.39%的 AFB_1 转化为 AFM_1，主要分布于哺乳期妇女的乳汁中，一般情况下排出量与摄入的 AFB_1 的量呈正相关（聂晶和刘兴玠，1992）。转化反应式如图 2 所示。

图 2 AFB_1 转化为 AFM_1（王蕾，2008）

AFM_1 也可以由黄曲霉菌和寄生曲霉直接产生，但相比于 AFB_1、AFB_2、AFG_1 和

AFG_2，比例相当低（王蕾，2008）。

2. AFM_1 毒性作用

机体摄入黄曲霉毒素后，AFs 经肠道吸收，分布到机体各个部位，主要在肝脏进行代谢（Szakacs 等，2008）。肝脏是 AFs 的首要作用靶器官，因此，黄曲霉毒素可以被认为是一种肝毒素，使肝脏部位出现硬化、肿大等症状。

黄曲霉毒素是剧毒物质，而 AFM_1 作为其中的一种，也具有较强的致病性。它的致病性主要包括毒性和致癌性两种。关于毒性，AFB_1 是已经发现的黄曲霉毒素中毒性最强的。虽然 AFM_1 的毒性比 AFB_1 的毒性小一个数量级（Shyu 等，2002；Sun 等，2006），但相较于砒霜来说，毒性是它的 40 倍；相较于氰化钾，毒性是它的 5 倍，仍属剧毒物质（IARC，2002）。关于致癌性，AFM_1 具有强致癌性，它的致癌性与 AFB_1 大致相同，国际癌症研究机构将 AFM_1 的致癌等级从二类致癌物质提升为一类致癌物（IARC，2002；1993）。生理学致癌机制的研究表明：AFM_1 远端呋喃环氧结构与体内 DNA 嘌呤残基共价结合，从而造成 DNA 的损伤，引起 DNA 结构和功能改变，从而产生癌变（Lutz 等，1980）。并且，AFM_1 可引起实验动物发生肿瘤，50μg/kg bw 的 AFM_1 可致大鼠患肝癌及结肠腺癌，此外尚有 AFM_1 引起牙原性肿瘤的报道（孙兴荣，2011）。亚洲疾病研究机构经过调研认为，食物中黄曲霉毒素含量与肝细胞癌变呈正相关性（杨其名，2004）。孙桂菊等（2002）、钱耕荪等（2002）进行的流行病学研究表明，肝癌高发区的发病率与 AFB_1 的摄入以及转化为尿中的 AFM_1 的转化率有密切关系。但随着饮食结构的调整，人类直接摄入 AFB_1 的机会越来越少，而动物乳及乳制品中 AFM_1 的污染则严重威胁着人类健康。

二、乳及乳制品中 AFM_1 污染和限定标准

1. AFM_1 污染概况

为预防乳中 AFM_1 中毒事件的发生，维护消费者的身体健康及饮食安全，国内外都对牛奶等乳制品中的 AFM_1 含量进行了检测。对于欧洲地区，Tsakiris 等（2013）利用酶联免疫吸附法（ELISA）对希腊 2010 年 196 批次牛奶样品进行检测，发现 91 批次（46.5%）为 AFM_1 阳性样品，其中有 2 批次样品（1%）的 AFM_1 含量超过欧盟限量（50ng/L）。Santini 等（2013）利用荧光分光光度法（FL）对意大利共 49 批次牛奶、山羊奶和绵羊奶样品检测发现，27 批次（55.1%）样品呈现 AFM_1 阳性，最高含量为 20ng/L（绵羊奶），均未超过欧盟限量。对于非洲地区，2010 年埃及利用 ELISA 法对 125 批次奶粉样品进行检测发现 54 批次（43.2%）样品呈现 AFM_1 阳性结果，含量为 0.3~21.8ng/L（El-Tras 等，2011）。然而，2009 年苏丹利用 FL 法测定 4 批次牛奶样品发现 95.5% 样品为 AFM_1 阳性，含量为 220.0~6 900.0ng/L，均超过欧盟限量（Elzipir 和 Elhussein，2010）。对于美洲地区，Alonso 等（2010）对阿根廷 2007 年 94 批次生乳利用 LC-MS/MS 法检测发现，11%的样品中 AFM_1 含量（10.0~70.0ng/L）超过欧盟限量。Iha 等（2013）利用液相色谱（LC）法对巴西 12 批次奶粉样品进行检测发

现，100%的样品中含有 AFM_1（20.0~760.0ng/L）。对于亚洲地区，2010 年我国利用 ELISA 方法对 200 批次生乳进行检测发现，32.5%的样品含有 AFM_1，最高含量为 60.0ng/L，均未超过中国标准限量（500ng/L）（Han 等，2013）。利用液相色谱–串联质谱（LC–MS/MS）法检测 72 批次我国长三角地区牛奶样品，结果发现 43 份样品（59.7%）含有 10.0~420.0ng/L AFM_1，均未超过中国标准限量（500ng/L）（Xiong 等，2013）。最近，利用高效液相色谱–串联质谱（HPLC–MS/MS）法对我国唐山地区 2012—2014 年生鲜牛奶中 AFM_1 进行检测发现，2012 年 AFM_1 检出率为 87.8%（含量 10.0~160 ng/L），2013 年检出率为 29.9%（含量 10.0~190.0ng/L），2014 年检出率为 36.7%（含量 12.0~111.0ng/L），均未超过中国标准限量（500ng/L），显示出在 2012 年之后，唐山地区 AFM_1 污染率显著下降（Guo 等，2016）。由此可见，近年来我国牛奶样品中虽然仍有 AFM_1 的检出，但检出量均未超过中国标准限量，并不会对人体造成伤害。

一些研究表明，乳中 AFM_1 含量与季节相关，在较冷季节 AFM_1 含量较高。Asi 等（2012）研究发现，巴基斯坦的所有泌乳期物种，例如，奶牛、水牛、山羊、绵羊以及骆驼，它们分泌的乳中 AFM_1 含量在冬季明显高于夏季。Golge（2014）研究表明，土耳其阿达纳市 40.4%冬季牛奶样品中 AFM_1 含量超过欧盟标准，其中最高含量为 1 101ng/L。并且，Skrbic 等（2014）发现牛奶中高含量的 AFM_1（540.0~1 440.0ng/L）是在 2 月检出。

2. AFM_1 限量标准

根据危害分析、暴露分析结果、分析方法、贸易协调、抽样方案与方法、国内食品供应 6 个因素（黄良策，2012），国内外都对乳及乳制品中的 AFM_1 的含量做出了严格限量要求。一些主要国家 AFM_1 限量标准如表 1 所示。然而，也有许多国家并未制定乳及乳制品中 AFM_1 的最大限量。

表 1　不同国家和地区乳及乳制品中 AFM_1 限量规定

国家和地区	牛奶/奶制品	限量标准（μg/kg）
中国	牛奶/奶制品	0.50
	婴幼儿配方奶粉	0
美国	牛奶/奶制品	0.50
欧盟	牛奶	0.05
	婴幼儿配方奶粉	0.025
澳大利亚	婴幼儿配方奶粉	0.01
法国	牛奶	0.05，0.03（<3 岁儿童）
瑞士	婴幼儿配方奶粉	0.01
日本	牛奶/奶制品	0.50
巴西	液态奶	0.50
	奶粉	5
叙利亚	液态奶	0.2
	奶粉	0.05
罗马尼亚	牛奶	0

（续表）

国家和地区	牛奶/奶制品	限量标准（μg/kg）
土耳其	牛奶	0.05
埃及	牛奶/奶制品	0
尼日利亚	牛奶	1.0
伊朗	牛奶	0.50

三、乳及乳制品 AFM_1 检测及防控技术

1. AFM_1 检测技术

目前，对乳及乳制品中 AFM_1 的检测方法分为两大类，一类是以色谱技术为基础的物理化学分析方法，包括薄层层析法（TLC）、高效液相色谱法（HPLC）、气相色谱法（GC）等；另一类是可快速检测的免疫化学方法，包括荧光分光光度计法（FL）和酶联免疫法（ELISA）。检测方法的检测原理及优缺点如表 2 所示。

2. AFM_1 防控技术

乳及乳制品营养丰富，不仅是婴幼儿的主要食品，而且在人们日常膳食中具有重要比例。因此，做好乳及乳制品中 AFM_1 的防控工作十分重要。乳及乳制品中的 AFM_1 污染主要来源于饲料中的 AFB_1，因此对饲料的严格控制成为控制 AFM_1 污染的关键。首先，要做好饲料的防霉和脱毒两个环节的工作，防霉的关键在于保持饲料加工和贮藏环境的干燥、通风和卫生清洁，破坏霉菌的生长条件，从而抑制霉菌生长（李鹏和王文杰，2009）。如果饲料已发生霉变，可采取措施进行脱毒。姜淼等（2013）研究发现，物理法中的物理过筛可有效去除含霉菌毒素多的破碎粒和杂质，从而降低玉米原料中脱氧雪腐镰刀菌烯醇（DON）、玉米赤霉烯酮（ZEN）和 AFB_1 的含量。虽然该方法能够很大程度去除杂质，但是实际操作步骤繁琐，不利于在大规模的动物饲料加工中应用。研究发现，可利用化学物质，例如氢氧化钙、单乙胺、臭氧或氨，来破坏饲料中的霉菌毒素，但化学物质会在饲料中残留，影响饲料适口性和安全性，可能对动物产生不良影响（房祥军和邹晓庭，2006），并且存在污染环境、处理成本高和耗时长等不利方面，因此，化学法在实际生产中也难以大规模推广。就目前而言最实用、研究最广泛的脱毒技术就是在日粮中添加非营养性霉菌毒素吸附剂（纪少丽等，2012）。在饲料日粮中添加霉菌毒素吸附剂，可以防止或限制毒素在动物肠道的吸收，从而使霉菌毒素与吸附剂形成螯合物，直接排出体外。并且吸附剂不会被奶牛吸收，不产生有害物质，也不会对牛奶造成污染（田维荣等，2013）。目前生产中应用较多的霉菌毒素 AFs 脱毒剂主要包括水合铝硅酸钠钙（HSCAS），酯化葡甘露聚糖（EGM）以及蒙脱石。HSCAS 来自天然沸石，是目前研究最广泛有效的一种霉菌毒素吸附剂。体外筛选试验证明，HSCAS 对 AFB_1 具有很强的亲和力，可以与 AFB_1 形成稳定的复合物，从而阻止胃肠道对 AFB_1 的吸收（Phillips 等，1987）。Kutz 等（2009）在日粮中添加 HSCAS 吸附剂，发现牛奶中 AFM_1 的浓度降低了 50%。EGM 是从酿酒酵母中提取的功能性碳水化合物，被认为是

表 2　乳及乳制品中 AFM_1 的主要检测方法

检测方法	检测原理	优点	不足	检出限（μg/L）	回收率（%）	参考文献
薄层色谱分析法（TLC）	利用各成分对同一种吸附剂的吸附能力各不相同，所以其从移动相（溶剂）流向固定相（吸附剂）的过程中，会产生连续的吸附、解吸附、再吸附、再解吸附等现象使得各成分能够互相分离	所需设备简单，具有较好的分离和专一性	操作人员需要接触 AFM_1，存在安全隐患，测定时间长，准确度较差，只能定性不能定量	0.0125（乳）	87.5~90.5	Fallah 等（2011）
荧光分光光度法（FL）	根据黄曲霉毒素在紫外光照射下能够发出荧光，并用荧光分光光度计检测定量	设备要求不高，实验易于操作，检测费用较低，常用于快筛农产品和食品中的污染情况	存在交叉反应干扰，精确性相对较低，不能满足更低水平（<0.05μg/L）的检测要求，为半定量法	1.0（猪肝） 0.1（乳和乳粉）	76.7 —	Chiavaro 等（2005）；MoH（2010）
高效液相色谱法（HPLC）	反复运用萃取和洗脱这两项技术，加以不同的萃取液和洗脱液，最终将所检物质分离出来，然后再采用带有荧光的检测色谱仪测定分离物质的含量	检测线低，测定准确，敏感性和选择性强，重复性变异系数小于 14%。易于自动化操作，为全定量方法	所需仪器昂贵，样品前处理繁琐，对检测人员技能要求高，需要柱后衍生，衍生试剂毒性较大	0.004（乳） 0.04（乳）	92~97 71.5~83.5	Asi 等（2012）；丁俭（2013）；
液相色谱-串联质谱法（LC-MS/MS）	通过对被测样品离子的质荷比的测定来进行分析的一种分析方法。被分析的样品首先要离子化，然后利用不同离子在电场或磁场的运动行为的不同，把离子按质荷比（m/z）分开而得到质谱，通过样品的质谱和相关信息，可以得到样品的定性定量结果	准确性高和超高灵敏性，重复性变异系数小于 10%，为全定量方法	设备昂贵，检测费用很高，要求具备很高的专业素质，操作十分复杂	0.15	98~105.7	董彬等（2011）

（续表）

检测方法	检测原理	优点	不足	检出限（μg/L）	回收率（%）	参考文献
酶联免疫吸附法（ELISA）	把抗原抗体的免疫反应和酶的高效催化作用原理有机地结合起来。第一，抗原（抗体）能结合到固相载体的表面仍具有其免疫活性；第二，抗体（抗原）与酶结合所形成的结合物仍保持免疫活性和酶的活性；第三，结合物与相应的抗原（抗体）反应后，结合的酶仍能催化底物生成有色物质，而颜色的深浅可定量抗体（抗原）的含量	快速简便、特异性高、敏感性强、无须昂贵的仪器设备且对样品纯度要求不高。特别适用于大批样品的检测	灵敏性低，易产生假阳性现象，受外界环境影响较大	0.25（奶酪）	80~120	Anfossi 等（2012）
胶体金免疫层析法（GICT）	利用胶体金本身的显色特点结合免疫层析技术诊断特异性的待测物	无须对样品进行分离纯化，也无须对样品检测溶剂做前处理，方便、快捷	胶体金免疫层析试纸条和试剂盒保存时间有限，在常温下不能长久保存	0.028（乳及乳制品）		Wang 等（2011）

霉菌毒素吸附剂的活性成分。Diaz 等（2004）在 55μg/kg AFB_1 的日粮中添加 0.05% EGM，牛奶中 AFM_1 浓度降低 59%。然而，一些研究表明，EGM 并未降低牛奶或羊奶中 AFM_1 浓度（Kutz 等，2009；Firmind 等，2011），这可能由于试验日粮中 AFB_1 浓度与吸附剂使用量相关。蒙脱石是膨润土的主要成分，为一种层状结构片状结晶的硅酸盐粘土矿。Queiroz 等（2012）在 75μg/kg AFB_1 的日粮中添加 1%改性蒙脱石使牛奶中 AFM_1 浓度降低 19.3%。

不仅需要降低饲料中 AFB_1 污染的可能性，近年来，国内外都在大力研究采用多种方法处理牛奶，从而降低牛奶中 AFM_1 含量及毒性。Khoury 等（2011）报道黎巴嫩传统工业中的乳酸菌（*L. bulgaricus* 和 *S. thermophilus*）可降低液体培养物的游离 AFM_1 含量。Elsanhoty 等（2014）利用不同的乳酸菌菌株降低酸奶中 AFM_1 含量，结果显示，在 50%酸奶培养基（*S. thermophilus* 和 *L. bulgaricus*）和 50% *L. plantrium* 培养基中，AFM_1 含量降低最为明显。关于牛奶中 AFM_1 的脱毒方法研究还不多，值得进一步开展研究。

四、小结

AFM_1 具有较强的致病性，毒性仅次于 AFB_1，而致癌性与 AFB_1 大致相同，肝脏是其主要作用对象，易导致肝癌的发生。因此，世界各国和国际组织都非常重视对乳及乳制品中 AFM_1 的监测。本篇综述表明，世界各国乳及乳制品中均发现不同程度的 AFM_1 污染问题。加强对 AFM_1 的监测，可以对相关食品安全法规的提出与修订提供理论基础。目前，对乳及乳制品中 AFM_1 检测方法主要包括 TLC 法、HPLC 法、LC-MS/MS 法、ELISA 法、FL 法和 GICT 法等，其中应用最为广泛的是 HPLC 法。乳及乳制品中 AFM_1 的污染问题严重威胁着人类健康，其大部分来源于动物摄入了被 AFB_1 污染的饲料，因此，防控 AFM_1 的关键在于对饲料的严格控制，做好饲料的防霉与脱毒两个环节工作。由于饲料的脱毒技术在实际生产中投入成本较高，并存在各种问题，因此，应做好饲料日常的收贮工作，注意防霉，倡导绿色饲料。未来研究重点应放在开发应用具有低检出限与定量限、可以同时检测乳及乳制品中霉菌毒素的方法，并根据实际牛奶摄入量及霉菌毒素污染情况，设定相应的毒素限量，更好地保护人类健康。

参考文献

丁俭，李培武，李光明，等，2013. 在线固相萃取富集-高效液相色谱法快速测定牛奶中黄曲霉毒素 M_1 [J]. 食品科学，34（10）：289-293.

董彬，杨立新，李斌，等，2011. 多功能柱净化液相色谱-质谱-质谱法测定牛奶中 AFM_1 [J]. 现代农药（4）：38-40.

房祥军，邹晓庭，2006. 饲料霉菌毒素污染的危害及其防治 [J]. 中国饲料（11）：34-36.

高亚男，王加启，郑楠，2017. 乳及乳制品中黄曲霉毒素 M_1 研究进展 [J]. 动物营养学报，29（7）：2228-2236.

黄良策，郑楠，韩荣伟，等，2012. 牛奶中黄曲霉毒素 M_1 检测方法研究进展 [J]. 食品安全导刊（3）：39-41.

纪少丽，Damian Moore，金立志，2012. 牛奶中黄曲霉毒素的残留与控制措施［J］. 中国奶牛，24：36-40.
姜淼，邬本成，王改琴，等，2013. 物理过筛对玉米中霉菌毒素的去除效果［J］. 饲料工业，34（6）：45-48.
李鹏，王文杰，2009. 饲料中常见的霉菌毒素及防制［J］. 饲料研究（4）：13-17.
聂晶，刘兴玠，1992. 黄曲霉毒素 M_1 研究进展［J］. 国外医学卫生学分册（3）：159-161.
钱耕荪，2002. 黄曲霉毒素与人肝癌关系的最新研究进展［J］. 中国肿瘤，11（11）：633-636.
孙桂菊，钱耕荪，金锡鹏，等，2002. 肝癌高发地区人群黄曲霉毒素暴露水平的评估［J］. 东南大学学报（医学版），21（1）：118-122.
孙兴荣，2011. 黄曲霉毒素 M_1 免疫亲和层析柱的研制［D］. 大庆：黑龙江八一农垦大学.
田维荣，代兴红，胡萍，2013. 牛奶中黄曲霉毒素的危害及质量控制［J］. 畜牧与饲料科学，34（2）：36-37.
王蕾，2008. 牛奶中黄曲霉毒素 M_1 检测方法的建立及饲料中黄曲霉毒素对牛奶品质的影响［D］. 郑州：河南农业大学.
杨其名，2004. 泔水猪肝脏、肾脏和瘦肉中黄曲霉毒素 B_1、M_1 含量的检测［D］. 兰州：甘肃农业大学.
Allcroft R，Carnaghan R B A，1963. Groundnut Toxicity：An examination for toxin in human food products from animals fed toxic groundnut meal［J］. Veterinary Record，75：259-263.
Alonso V A，Monge M P，Larriestra A，et al，2010. Naturally occurring aflatoxin m（1）in raw bulk milk from farm cooling tanks in argentina［J］. Food Additives And Contaminants Part A，27（3）：373-379.
Anfossi L，Baggiani C，Giovannoli C，et al，2012. Occurrence of aflatoxin M_1 in italian cheese：results of a survey conducted in 2010 and correlation with manufacturing，production season，milking animals，and maturation of cheese［J］. Food Control，25（1）：125-130.
Asi M R，Iqbal S Z，Arino A，et al，2012. Effect of seasonal variations and lactation times on aflatoxin M_1 contamination in milk of different species from punjab，pakistan［J］. Food Control，25（1）：34-38.
Boudra H，Barnouin J，Dragacci S，et al，2007. Aflatoxin M1 and ochratoxin a in raw bulk milk from french dairy herds［J］. Journal of Dairy Science，90（7）：3197-3201.
Chiavaro E，Cacchioli C，Berni E，et al，2005. Immunoaffinity clean-up and direct fluorescence measurement of aflatoxins B_1 and M_1 in pig liver：comparison with high-performance liquid chromatography determination［J］. Food Additives And Contaminants，22（11）：1154-1161.
Diaz D E，Hagler Jr W M，Blackwelder J T，et al，2004. Aflatoxin binders Ⅱ：reduction of aflatoxin M_1 in milk by sequestering agents oof cows consuming aflatoxin in feed［J］. Mycopathologia，157：233-241.
EL Khoury A，Atoui A，Yaghi J，2011. Analysis of aflatoxin M_1 in milk and yogurt and AFM_1 reduction by lactic acid bacteria used in lebanese industry［J］. Food Control，22（10）：1695-1699.
Elsanhoty R M，Salam S A，Ramadan M F，et al，2014. Detoxification of aflatoxin M_1 in yoghurt using probiotics and lactic acid bacteria［J］. Food Control，43：129-134.
EL-Tras W F，EL-Kady N N，Tayel A A，2011. Infants exposure to aflatoxin M（1）as a novel foodborne zoonosis［J］. Food Chemical Toxicology，49（11）：2816-2819.
Elzupir A O，Elhussein A M，2010. Determination of aflatoxin M_1 in dairy cattle milk in khartoum state，sudan［J］. Food Control，21（6）：945-946.
Fallah A A，Rahnama M，Jafari T，et al，2011. Seasonal variation of aflatoxin M_1 contamination in industrial and traditional iranian dairy products［J］. Food Control，22（10）：1653-1656.
Fallah A A，2010. Aflatoxin M_1 contamination in dairy products marketed in iran during winter and summer［J］. Food Control，21（11）：1478-1481.
Fallah A A，2010. Assessment Of Aflatoxin M_1 Contamination in pasteurized and uht milk marketed in central part of iran［J］. Food Chemical Toxicology，48（3）：988-991.
Firmin S，Morgavi D P，Yiannikouris A，et al，2011. Effectiveness of modified yeast cell wall extracts to reduce aflatoxinn B1 absorption in dairy ewes［J］. Journal of Dairy Science，94：5611-5619.
Galvano F，Galofaro V，Ritieni A，et al，2001. Survey of the occurrence of aflatoxin M_1 in dairy products marketed in italy：second year of observation［J］. Food Additives And Contaminants，18（7）：644-646.
Golge O，2014. A Survey on the occurrence of aflatoxin M_1 in raw milk produced in adana province of turkey［J］. Food Control，45：150-155.
Guo L Y，Zheng N，Zhang Y D，et al，2016. A survey of seasonal variations of aflatoxin M_1 in raw milk in tangshan region of china during 2012—2014［J］. Food Control，69：30-35.

Han R W, Zheng N, Wang J Q, et al, 2013. Survey of aflatoxin in dairy cow feed and raw milk in china [J]. Food Control, 34 (1): 35-39.

Iha M H, Barbosa C B, Okada I A, et al, 2013. Aflatoxin M_1 in milk and distribution and stability of aflatoxin M_1 during production and storage of yoghurt and cheese [J]. Food Control, 29 (1): 1-6.

International Agency For Research On Cancer, 2002. IARC monographs on the evaluation of cancinogenic risk to humans [R]. Lyon: World Health Oranisation: 53-64.

International Agency For Research On Caneer, 1993. IARC monographs on the evaluation of carcinogenic risk to humans [R]. Lyon: World Health Organization: 56.

Iqbal S Z, Paterson R R, Bhatti I A, et al, 2010. Survey of aflatoxins in chillies from pakistan produced in rural, semi-rural and urban environments [J]. Food Additives And Contaminants Part B Surveill, 3 (4): 268-274.

Kutz R E, Sampson J D, Pompeu L B, et al, 2009. Efficacy of solis, novasil plus, and mtb-100 to reduce aflatoxin M_1 levels in milk of early to mid lactation dairy cows fed aflatoxin B_1 [J]. Journal of Dairy Science, 92: 3959-3963.

Lutz W, Jaggi W, Luthy J, et al, 1980. In vivo covalent binding of aflatoxin B_1 and aflatoxin M_1 toliver dna of rat, mouse and pig [J]. Chemico-Biological Interactions, 32: 249-256.

Moh, 2010. National food safety standard determination of aflatoxin M_1 in milk and milk products [S]. National Standard No. 5413. 37-2010.

Oveisi M R, Jannat B, SadeghI N, et al, 2007. Presence of aflatoxin M_1 in milk and infant milk products in tehran, iran [J]. Food Control, 18 (10): 1216-1218.

Phillips T D, Kubena L F, Harvey R B, et al, 1987. Mycotoxin hazards in agriculture: new approach to control [J]. Javma-Journal Of The American Veterinary Medical Association, 12: 1617.

Prandini A, Tansini G, Sigolo S, et al, 2009. On the occurrence of aflatoxin M_1 in milk and dairy products [J]. Food Chemical Toxicology, 47 (5): 984-991.

Queiroz O C M, Han J H, Staples C R, et al, 2012. Effect of adding a mycotoxinsequestering agent on milk aflatoxin M_1 concentration and the performance and immune response of dairy cattle fed an aflatoxin B_1-contaminated diet [J]. Journal Of Dairy Science, 95: 5901-5908.

Rastogi S, Dwivedi P D, Khanna S K, et al, 2004. Detection of aflatoxin M_1 contamination in milk and infant milk products from indian markets by elisa [J]. Food Control, 15 (4): 287-290.

Santini A, Raiola A, Ferrantelli V, et al, 2013. Aflatoxin M (1) in raw, uht milk and dairy products in sicily (italy) [J]. Food Additives And Contaminants Part B Surveill, 6 (3): 181-186.

Sargeant K, Sheridan A, Carnaghan R B A. 1961. Toxicity ass ociated with certain samples of groundn uts [J]. Nature, 192: 1095.

Shyu R H, Shyu H F, Liu H, et al, 2002. Colloidal gold-based immunochromatographic assay for detection of ricin [J]. Toxicon, 40: 255-258.

Škrbic B, Živancev J, Antic I, et al, 2014. Levels of aflatoxin M_1 in different types of milk collected in serbia: assessment of human and animal exposure [J]. Food Control, 40: 113-119.

Sun X L, Zhao X L, Tang J, et al, 2006. Development of an immunochromatographic assay for detection of aflatoxin B_1 in foods [J]. Food Control, 17: 256-262.

Szakacs G, Varadi A, Ozvegy-Laczka C, et al, 2008. The role of abc transporters in drug absorption, distribution, metabolism, excretion and toxicity (adme-tox) [J]. Drug Discov Ery Today, 13 (9-10): 379-393.

Tsakiris I N, Tzatzarakis M N, Alegakis A K, et al, 2013. Risk assessment scenarios of children's exposure to aflatoxin M_1 residues in different milk types from the greek market [J]. Food Chemical Toxicology, 56: 261-265.

Wang H F, Dick R, Yin H, et al, 1998. Structure-function relationships of human liver cytochromes p450 3a: aflatoxin B_1 metabolism as a probe [J]. Biochemistry, 37 (36): 12536-12545.

Wang J J, Liu B H, Hsu Y T, et al, 2011. Sensitive competitive direct enzyme-linked immunosorbent assay and gold nanoparticle immunochromatographic strip for detecting aflatoxin M_1 in milk [J]. Food Control, 22 (6): 964-969.

Xiong J L, Wang Y M, Ma M R, et al, 2013. Seasonal variation of aflatoxin M_1 in raw milk from the yangtze river delta region of china [J]. Food Control, 34 (2): 703-706.

饲料中主要霉菌毒素的种类、含量及其对奶牛生理功能的影响

饲料中的霉菌毒素会影响奶牛健康和生乳质量安全。本文综述了饲料中主要霉菌毒素的种类及含量，以及霉菌毒素对奶牛生理功能影响的研究进展，以期为更好地防控奶牛饲料中霉菌毒素提供基础资料。

关键词：奶牛；霉菌毒素；生理功能

霉菌（Mould）和霉菌毒素（Mycotoxin）普遍存在于奶牛粗饲料和精料补充料中。霉菌的生长不仅会破坏饲料的营养成分，还会产生对奶牛和人体有害的次级代谢产物——霉菌毒素。霉菌毒素能够降低奶牛采食量和产奶量，影响饲料中的营养成分含量及其吸收代谢，抑制奶牛机体免疫功能的发挥。Signorini 等（2012）研究发现，青贮玉米和精饲料中的霉菌毒素含量与牛奶中霉菌毒素的含量有很大的关系。Alonso 等（2012）报道，霉菌污染不仅会造成动物疾病和经济损失，还会影响人类健康，尤其是婴儿健康。为此，笔者就饲料中主要霉菌毒素的种类及含量，以及霉菌毒素对奶牛生理功能的影响进行综述，以期为更好地防控奶牛饲料中霉菌毒素提供基础资料。

一、霉菌毒素的定义

霉菌毒素是霉菌在生长代谢过程中产生的有毒次生代谢产物。例如黄曲霉毒素（Aflatoxin，AF）是黄曲霉菌在外界环境氧化应激胁迫下的次生代谢产物（Huang 等，2009），玉米赤霉烯酮（Zearalenone，ZEA）是镰刀菌产生的次生代谢产物。在谷物及饲料中常见的产毒素霉菌主要有曲霉菌属（黄曲霉菌、寄生曲霉菌等）、镰刀菌属（禾谷镰刀菌、雪腐镰刀菌等）。一种霉菌毒素可能来自多种霉菌，例如禾谷镰刀菌可以产生呕吐毒素（Vomitoxin）、又称脱氧雪腐镰刀菌烯醇（Deoxynivalenol，DON），粉红镰刀菌、雪腐镰刀菌、表球镰刀菌也可产生 DON。

二、奶牛常用饲料中主要霉菌毒素的种类和含量

不同地区、不同饲料和饲料原料中所含的霉菌和霉菌毒素种类并不一样。在青贮饲料及原料中主要以镰刀菌属产生的 ZEA、DON、T-2 毒素、伏马毒素和曲霉菌属产生的赭曲霉毒素、AF 为主。从国内外的研究结果看，青贮饲料中 ZEA、DON 的含量较高。黄谢江（2012）通过分析 8 份青贮玉米发现，其 AF 含量为 5.364~32.472μg/kg，ZEA

含量为 2.745～55.375μg/kg，DON 含量为 0.250～0.484mg/kg，T-2 毒素含量为 0～91.156μg/kg。郭福存等（2007）通过分析 7 份青贮玉米样品发现，AF 平均含量为 8.29μg/kg，T-2 毒素平均含量为 40.42μg/kg，ZEA 平均含量为 478.16μg/kg，赭曲霉毒素平均含量为 76.80μg/kg，烟曲霉毒素平均含量为 30μg/kg，DON 平均含量为 410μg/kg。Eckard 等（2011）分析 20 个青贮玉米样品中的镰刀菌及其毒素发现，在分离出的 12 种镰刀菌中，较常见的是拟枝孢镰刀菌、轮枝镰孢菌和禾谷镰刀菌；20 个样本中都存在 DON（含量为 780～2 990μg/kg），其他毒素含量由高到低依次为 ZEA、单端孢霉烯类毒素和伏马毒素。Rashedi 等（2012）于 2010 年春季和夏季收集了 12 个青贮饲料样本，检测发现 1/6 的青贮饲料样本中含有 ZEA。Roigé 等（2009）发现 38%青贮样品中含有 DON，16%青贮样品中含有 ZEA。Storm 等（2014）对丹麦 99 个全株玉米样品（包括青贮和没有青贮的样品）进行检测，发现全株玉米中霉菌毒素含量最多的是 ZEA，其次是恩镰孢菌素 B_1、雪腐镰刀菌醇，分别占总样本的 34%、28%、16%，不过所有霉菌毒素含量均未超过欧盟最高限量标准。Shimshoni 等（2013）测定了以色列的 30 个青贮饲料（小麦和玉米）样品，结果在青贮玉米中发现了 23 种霉菌毒素，青贮小麦中发现了 AFB_1、赭曲霉毒素等 20 种霉菌毒素；青贮玉米中的镰刀菌属毒素（镰刀菌酸、伏马毒素、白僵菌素、ZEA 等）含量较高。Cavallarin 等（2011）测定后发现，青贮玉米中的 AFB_1 和 AFG_1 含量为 0.1～0.5g/L，AFB_2 和 AFG_2 的含量为 0.025～0.125g/L。Mansfield 等（2007）对宾夕法尼亚州奶牛场采集的 30～40 个青贮饲料样品进行测定，结果发现伏马毒素 B_1 的平均浓度和含量范围分别为 2.02μg/kg 和 0.20～10.10μg/kg，伏马毒素 B_2 平均浓度和含量范围分别为 0.98μg/kg 和 0.20～20.30μg/kg。

在配合饲料、精料补充料及饲料原料中，存在的霉菌毒素主要有曲霉菌属的 AF 和镰刀菌属的 ZEA、DON 等。田昕等（2013）研究发现，在密闭缺氧的环境中，灰绿曲霉菌危害含水量 12%的花生粕，同时危害含水量 14%和 17%的花生粕及豆粕，禾谷镰刀菌同时危害含水量 17%的花生粕及豆粕；与豆粕相比，花生粕基质更易滋生青霉菌、局限曲霉菌和黄曲霉菌；青霉菌和局限曲霉菌适宜在 12%含水量花生粕中生长，黄曲霉适宜在 17%含水量花生粕中生长。王金勇等（2013）通过检测 2012 年秋季我国不同地区饲料和原料中的霉菌毒素发现，小麦中主要发生 DON 污染；奶牛精料中以 DON、烟曲霉毒素和 ZEA 的出现频率最高，棉粕和花生粕中 AF 污染较重，霉菌毒素超标对于牛奶有最直接的影响。程传民等（2015）于 2013 年对 711 个饼粕类样品的检测发现，花生粕和棉粕受 AFB_1 污染程度最严重，全年超标率在 10%以上，豆粕受 AFB_1 污染程度最轻，全年无样品超标。季海霞等（2015）发现，2014 年饲料中 AF 的污染相对而言并不突出，ZEA、DON 污染严重；玉米副产物霉菌毒素污染最严重；玉米和配合饲料的 ZEA 和 DON 污染严重；小麦、麸皮的主要污染物为 DON；饼粕类特别是花生粕的 AF 污染较严重。

三、霉菌毒素对奶牛生理功能的影响

饲料原料在生长、收割以及加工、存放和运输过程中都容易感染霉菌进而产生霉菌毒素。虽然奶牛瘤胃中的微生物可以降解一部分霉菌毒素，同时奶牛肝脏内的细胞色素P-450酶等酶类可以分解霉菌毒素降低其毒性，但是，长期小剂量摄入或是短期大剂量摄入霉菌毒素仍然会对奶牛的健康和生产性能产生负面影响。

1. 霉菌毒素对奶牛生长性能的影响

霉菌毒素可通过破坏奶牛消化道的正常生理功能，影响奶牛胃肠道对营养物质的消化和吸收，从而影响奶牛的生长速度。原因可能是：①霉菌和霉菌毒素进入奶牛的瘤胃、网胃、瓣胃和皱胃后，对瘤胃内的微生物平衡产生影响，引起奶牛瘤胃等的代谢紊乱；②霉菌毒素具有强烈的毒性作用，能够破坏奶牛胃肠道黏膜的完整，引起胃肠道出血、肠黏膜脱落、肝脏中毒等病理性变化。Dänicke 等（2014）研究发现，ZEA 及其代谢物能够改变奶牛瘤胃发酵特性，同时影响胆汁的形成。车玉媛等（2014）解剖采食羊草（AFB_1含量为 213.6μg/kg）后死亡的奶牛发现，真胃内有较明显的出血点，胃壁内损伤较严重，肝脏肿大，遍布出血点，肠黏膜出现不同程度的粘连，小肠出现溃烂。王安福等（1996）报道，饲槽精料中的 AFB_1含量为 10g/kg、AFB_2 含量为 5g/kg 时，易引起奶牛猝死，病死奶牛皱胃和小肠内充满血凝块，胴体苍白。

2. 霉菌毒素对奶牛生产性能的影响

泌乳期奶牛采食含有一定水平霉菌毒素的日粮后，会引起消化道、肝脏系统病变，导致乳中霉菌毒素含量升高，产奶量和牛奶品质下降。奶牛采食含有 AFB_1 的饲料后，AFB_1在奶牛体内经过羟基化作用转化为 AFM_1，其对奶牛的肝脏具有破坏性，并对人类具有致癌性和致突变性。研究表明，牛奶中 AFM_1 的含量与奶牛日粮中的 AFB_1含量具有正相关性（Sugiyama 等，2008）。齐琪（2012）研究发现，随着 AFB_1添加量的增加，牛奶中 AFM_1含量随之显著上升，但是 AF 转化到乳中的效率较低，为 1.69%~1.28%。Winkler 等（2015）发现，ZEA 及其代谢产物在牛奶中的转化率为 0~0.75%，DON 在牛奶中的转化率为 0~0.17%，研究者认为只要低于或接近目前的霉菌毒素指导标准，牛奶中霉菌毒素含量就在安全范围内。Charmley 等（1993）研究发现，荷斯坦牛日粮中 DON 含量达到 6mg/kg 干物质时会导致奶牛乳脂率下降。Keese 等（2008）给荷斯坦牛饲喂 DON 含量分别为 4.4mg/kg、4.6mg/kg 的日粮（干物质基础），结果发现，4.4mg/kg DON 处理组的牛奶中乳脂含量显著上升，4.6mg/kg DON 处理组产奶量显著上升，但牛奶中乳脂含量显著降低。

3. 霉菌毒素对奶牛繁殖性能的影响

一些霉菌毒素能够对奶牛的卵巢等生殖系统产生危害，造成奶牛繁殖机能障碍。如 ZEA 具有雌激素样作用，能够引起怀孕母牛流产、产奶量下降、小母牛乳腺增大等症状。Coppock 等（1990）给小母牛饲喂含有 1.5mg/kg ZEA 和 1.0mg/kg DON 的玉米后，小母牛每 2~5d 出现一次假发情，母牛在怀孕后 2~3 个月内出现发情征兆。

4. 霉菌毒素对奶牛免疫功能的影响

霉菌毒素对奶牛免疫细胞具有毒性，能够从分子水平上对其免疫细胞的繁殖和功能产生影响，导致奶牛细胞免疫和体液免疫功能下降，降低奶牛对病毒、寄生虫的抵抗力。Mehrzad 等（2011）将牛血液中中性粒细胞暴露于 0.5ng/mL AFB_1中 3h，结果发现，AFB_1能够降低牛血液中中性粒细胞对大肠杆菌、葡萄球菌的吞噬和杀死功能，并认为 AFB_1能够抑制牛的非特异性免疫功能。Mehrzad 等（2013）研究发现 AF 能够上调牛外周血单核细胞 Toll 样受体 4（参与非特异性免疫的一类重要蛋白质分子）mRNA 表达。Korosteleva 等（2009）给荷斯坦牛（平均产奶量 36kg/d）饲喂 DON 水平为 3.5mg/kg 干物质的日粮，试验期 63d，结果发现奶牛血液中嗜中性粒细胞的吞噬作用受到抑制。

四、小结

饲料霉菌毒素污染已经成为我国奶牛养殖业中的重大危害。如果饲料中含有大量霉菌毒素，奶牛所产牛奶中的霉菌毒素则有可能超标，短期或长期饮用此类牛奶会威胁人体健康。但是近期的研究没有完全反映出生产实践中霉菌毒素对奶牛身体健康及生产性能的负面影响。未来的研究热点可能集中在霉菌毒素对奶牛造成严重危害（生长性能、产奶量下降等）的限制剂量，霉菌毒素在奶牛体内的吸收、代谢机制，以及采取多种措施降低饲料中的霉菌和霉菌毒素含量方面。

参考文献

车玉媛，曹有才，2014. 一起奶牛霉菌毒素慢性中毒的诊断和治疗 [J]. 养殖技术顾问（4）：207.

程传民，柏凡，李云，等，2015. 2013 年饼粕类饲料原料中霉菌毒素污染情况调查 [J]. 饲料研究（4）：1-11.

郭福存，苗朝华，刘瑞娜，等，2007. 饲料和全混合日粮中的霉菌毒素及其对奶牛的危害 [J]. 中国奶牛（9）：13-15.

黄谢江，2012. 奶牛专用霉菌毒素吸附剂的研究 [D]. 西安：西北大学.

季海霞，钱英，黄萃茹，等，2015. 饲料及原料霉菌毒素分析与探讨（2014 年）[J]. 饲料工业，36（1）：26-28.

齐琪，2012. 黄曲霉毒素 B_1 对荷斯坦奶牛乳中黄曲霉毒素 M_1 含量、生产性能及血液生化指标的影响 [D]. 泰安：山东农业大学.

田昕，赵红月，蔡凤英，等，2013. 不同含水量花生粕与豆粕霉菌生长规律的比较研究 [J]. 饲料工业，34（10）：43-47.

王安福，曹光荣，1996. 急性黄曲霉毒素 B 中毒引起奶牛猝死 [J]. 国外兽医学-畜禽疾病，17（1）：21-22.

王金勇，刘颖莉，关舒，2013. 2012 年中国饲料和原料霉菌毒素检测报告 [J]. 中国畜牧杂志，49（4）：29-34.

张养东，杨军香，王宗伟，等，2016. 饲料中主要霉菌毒素的种类、含量及其对奶牛生理功能的影响 [J]. 中国奶牛（7）：1-4.

Alonso V A，Pereyra C M，Keller L A，et al，2013. Fungi and mycotoxins in silage：An overview [J]. J Appl Microbiol，115（3）：637-643.

Cavallarin L，Tabacco E，Antoniazzi S，et al，2011. Aflatoxin accumulation in whole crop maize silage as a result of aerobic exposure [J]. J Sci Food Agric，91（13）：2419-2425.

Charmley E，Trenholm H L，Thompson B K，et al，1993. Influence of level of deoxynivalenol in the diet of dairy cows on feed intake，milk production，and its composition [J]. J Dairy Sci，76（11）：3580-3587.

Coppock R W，Mostrom M S，Sparling C G，et al，1990. Apparent zearalenone intoxication in a dairy herd from feeding spoiled acid-treated corn [J]. Vet Hum Toxicol，32（3）：246-248.

Dänicke S，Keese C，Meyer U，et al，2014. Zearalenone（ZEN）metabolism and residue concentrations in physiological specimens of dairy cows exposed long-term to ZEN-contaminated diets differing in concentrate feed proportions [J]. Arch Anim Nutr，68（6）：492-506.

Eckard S，Wettstein F E，Forrer H R，et al，2011. Incidence of Fusarium species and mycotoxins in silage maize [J].

Toxins (Basel), 3 (8): 949-967.

Huang J Q, Jiang H F, Zhou Y Q, et al, 2009. Ethylene inhibited aflatoxin biosynthesis is due to oxidative stress alleviation and related to glutathione redox state changes in Aspergillus flavus [J]. International Journal of Food Microbiology, 130: 17-21.

Keese C, Meyer U, Rehage J, et al. 2008. On the effects of the concentrate proportion of dairy cow rations in the presence and absence of a fusarium toxin-contaminated triticale on cow performance [J]. Arch Anim Nutr, 62 (3): 241-262.

Korosteleva S N, Smith T K, Boermans H J. 2009. Effects of feed naturally contaminated with Fusarium mycotoxins on metabolism and immunity of dairy cows [J]. J Dairy Sci, 92 (4): 1585-1593.

Mansfield M A, Archibald D D, Jones A D, et al, 2007. Relationship of sphinganine analog mycotoxin contamination in maize silage to seasonal weather conditions and to agronomic and ensiling practices [J]. Phytopathology, 97 (4): 504-511.

Mehrzad J, Klein G, Kamphues J, et al, 2011. *In vitro* effects of very low levels of aflatoxin B_1 on free radicals production and bactericidal activity of bovine blood neutrophils [J]. Vet Immunol Immunopathol, 141 (1-2): 16-25.

Mehrzad J, Milani M, Mahmoudi M. 2013. Naturally occurring level of mixed aflatoxins B and G stimulate toll-like receptor-4 in bovine mononuclear cells [J]. Vet Q, 33 (4): 186-190.

Rashedi M, Sohrabi H R, Ashjaazadeh M A, et al, 2012. Zearalenone contamination in barley, corn, silage and wheat bran [J]. Toxicol Ind Health, 28 (9): 779-782.

Roigé M B, Aranguren S M, Riccio M B, et al. 2009. Mycobiota and mycotoxins in fermented feed, wheat grains and corn grains in Southeastern Buenos Aires Province, Argentina [J]. Revista Iberoamericana de Micología, 26 (4): 233-237.

Shimshoni J A, Cuneah O, Sulyok M, et al. 2013. Mycotoxins in corn and wheat silage in Israel [J]. Food Addit Contam Part A Chem Anal Control Expo Risk Assess, 30 (9): 1614-1625.

Signorini M L, Gaggiotti M, Molineri A, et al, 2012. Exposure assessment of mycotoxins in cow's milk in Argentina [J]. Food Chem Toxicol, 50 (2): 250-257.

Storm I M, Rasmussen R R, Rasmussen P H. 2014. Occurrence of pre-and post-harvest mycotoxins and other secondary metabolites in Danish maize silage [J]. Toxins, 6 (8): 2256-2269.

Sugiyama K, Hiraoka H, Sugita-Konishi Y. 2008. Aflatoxin M_1 contamination in raw bulk milk and the presence of aflatoxin B_1 in corn supplied to dairy cattle in Japan [J]. Shokuhin Eiseigaku Zasshi, 49 (5): 352-355.

Winkler J, Kersten S, Valenta H, et al. 2015. Development of a multitoxin method for investigating the carryover of zearalenone, deoxynivalenol and their metabolites into milk of dairy cows [J]. Food Addit Contam Part A Chem Anal Control Expo Risk Assess, 32 (3): 371-380.

霉菌毒素影响肠道黏膜屏障功能的研究进展

霉菌毒素在饲料原料及人类食品中广泛存在，不仅造成严重的经济损失，更是对动物以及人类健康造成严重威胁。在分子水平上，霉菌毒素影响真核细胞的 DNA、RNA 以及蛋白质的合成，使细胞内活性氧含量增加，造成氧化应激，从而损伤细胞。作为具有较强细胞再生能力的肠道黏膜，其对霉菌毒素的毒性有较强的敏感性。并且随着对肠道屏障的深入研究，目前认为，正常肠道黏膜屏障是由机械屏障、化学屏障、免疫屏障与生物屏障共同构成。其中，最重要的是肠道黏膜机械屏障，但免疫屏障已逐渐成为关注的焦点。因此，本文将围绕霉菌毒素对肠道黏膜机械屏障、化学屏障、免疫屏障与生物屏障产生的影响及其作用机制进行综述。

关键词：霉菌毒素；肠道黏膜；肠道屏障

霉菌毒素是由曲霉菌、青霉菌以及镰刀菌等不同类型真菌产生的有毒次生代谢产物，广泛存在于饲料与食物中（Jestoi 等，2004；Meca 等，2010；Malachova 等，2011），对动物以及人类健康造成严重危害（Tatay 等，2014）。作为机体抵御外来污染物的第一道屏障（肠屏障）（Oswald 等，2005；Wan 等，2014），肠道负责了机体 70% 的免疫防御。而霉菌毒素主要通过肠道进行吸收，因此，肠道上皮细胞会首先与高浓度的霉菌毒素接触，损伤肠道功能（Bouhet 和 Oswald，2005）。脱氧雪腐镰刀菌烯醇（Deoxynivalenol，DON）、赭曲霉毒素 A（Ochratoxin A，OTA）、T-2 毒素（T-2）等霉菌毒素具有强烈的肠道致病性，引起胃肠道功能紊乱、腹泻、呕吐和营养不良等症状（Maresca 等，2008；计成，2014）。近年来的研究表明，霉菌毒素能够破坏细胞间紧密连接，诱导肠道病变，调节肠道免疫应答，改变肠道免疫屏障功能，破坏肠道微生物菌群稳定性，引起肠道炎症。本文将就霉菌毒素对肠道黏膜屏障产生的影响及作用机制进行综述。

一、霉菌毒素对肠道机械屏障功能的影响

肠道黏膜机械屏障，又称为物理屏障，主要由肠上皮细胞及其间的紧密连接蛋白构成，能有效阻止肠腔内细菌、毒素及炎性介质等有害物质透过肠黏膜进入血液，维持肠黏膜上皮屏障功能的完整（朱翠等，2012；胡红莲和高民，2012）。

为维持肠道屏障机械屏障功能，肠道上皮细胞具有快速增殖再生能力（Booth 和 Potten，2000）。Goossens 等（2012）发现，DON、T-2 处理猪肠上皮细胞 IPEC-J2 后，以剂量依赖的方式使肠上皮细胞存活率显著降低，但在低浓度下，DON 和 T-2 并没有

使细胞存活率产生明显变化。Ivanova 等（2012）研究表明恩镰孢菌素 B（Enniatins，ENs，ENB）在高浓度下（25μM）使人结肠癌细胞 Caco-2 细胞周期停滞在 G_2/M 时期，细胞发生坏死。动物体内试验表明，与饲喂正常饲料的对照组相比，小鼠或仔猪口服 DON 后，上皮细胞区的绒毛高度发生显著降低（Akbari 等，2014；Pinton 等，2012）。利用离体试验，Kolf-Clauw 等（2009）表明，暴露于 DON 4h 后，4~5 周龄和 9~13 周龄猪空肠外植体的绒毛长度有所缩短，并呈现出显著性差异，但在低浓度（0.3mg/kg）情况下，4~5 周龄猪空肠外植体的绒毛长度无明显变化。该结果表明，在短期饲养条件下，动物年龄是机体对于霉菌毒素做出不同反应的主要因素之一，并且动物机体对低剂量的霉菌毒素具有一定的耐受力。

肠上皮细胞间的紧密连接是相邻细胞间的松散连接，具有维持肠黏膜机械屏障完整性的功能。Diesing 等（2011）研究表明，高浓度（2 000ng/mL）DON 作用于猪肠道上皮 IPEC-1 和 IPEC-J2 细胞后，紧密连接蛋白 ZO-1 表达量减少，肠道屏障完整性破坏。但低浓度（200ng/mL）DON 不仅没有表现出毒性作用，反而促进细胞的增殖。该结果提示，破坏肠道屏障完整性可能是霉菌毒素发挥毒性的途径之一，并且，不同剂量的霉菌毒素对肠道存在不同的作用机制。Pinton 等（2010）发现，DON 作用于 IPEC-1 细胞能够抑制紧密连接蛋白 claudin-4 蛋白合成，破坏肠道屏障完整性的作用机制，激活丝裂原活化蛋白激酶（Mitogen-activated protein kinase，MAPK）信号通路中的细胞外调节蛋白激酶（Extracellular regulated protein kinases，ERK）途径。霉菌毒素对紧密连接蛋白的破坏作用在动物体内试验中也得到证实。6~7 周龄的雄性 B6C3F_1 小鼠口服 DON 后，肠道中紧密连接蛋白 claudins 的 mRNA 表达量升高并且在小肠远端中的分布发生改变（Akbari 等，2014）。5 周龄仔猪连续摄食低剂量（3mg/kg）DON 或者是低剂量（6mg/kg）伏马菌素 B_1（Fumonisin B_1，FB_1）共同污染的饲料 5 周后，小肠中紧密连接蛋白 occludin 的表达量显著降低（Bracarense 等，2012）。

以上研究结果表明，当肠道黏膜受到短期、低浓度霉菌毒素伤害时，可以依靠其自身调节能力维持肠黏膜机械屏障的完整性。但当肠道黏膜屏障受到的损害超过其自身调节能力时，肠上皮细胞发生病变，紧密连接蛋白表达量下降，肠道机械屏障受到损伤。值得注意的是，动物长期暴露于低剂量霉菌毒素时也会对机体内肠道产生不良影响。因此，设计动物饲料霉菌毒素最低检测量时，不仅要考虑毒素剂量的影响，还要考虑到动物的饲养期。

二、霉菌毒素对肠道化学屏障功能的影响

肠黏膜上皮细胞分泌的黏液、消化液及肠腔内正常菌群产生的抑菌物质等化学物质，也具有屏障功能，称之为化学屏障（胡红莲和高民，2012）。黏液层位于上皮细胞腔的表面，主要由杯状细胞产生和分泌的糖基化的黏蛋白（Mucins，MUC）组成，对于肠道屏障阻止外来污染物进入深层组织发挥了重要作用（Wan 等，2014）。Bae 等（2008）利用人组织细胞淋巴癌细胞（U937 细胞）和小鼠单核巨噬细胞（RAW264.7 细胞）研究表明，DON 可诱导 MUC 等蛋白合成量降低。Wan 等（2014）利用人肠道

上皮细胞证明，DON、玉米赤霉烯酮（Zearalenone，ZEA）、雪腐镰刀菌烯醇（Nivalenol，NIV）和 FB_1 单独与混合作用后，能够显著改变 *MUC5AC*、*MUC5B* mRNA 的表达量。基于 *MUC5AC*，*MUC5B* 基因对于霉菌毒素做出的类似转录反应，霉菌毒素对于 *MUC5AC*，*MUC5B* 可能存在一个共同的调节机制。Pinton 等（2015）研究表明，MUC 表达量的降低依赖于 ERK 以及 MAPK 激酶 p38 的活化途径。

哺乳动物肠道上皮产生大量的抗菌肽（Antimicrobial peptides，AMPs）以应对肠道复杂的微生物环境，其中，产生最多的是防御素（任曼，2014）。Wan 等（2013）利用 IPEC-J2 细胞作为猪肠道上皮细胞模型，研究发现，单独与混合作用的镰刀菌毒素（DON，NIV，ZEA，FB_1）显著提高猪 β-防御素 1（pBD-1）和 pBD-2 mRNA 水平，但未观察到其分泌蛋白水平的显著变化。mRNA 表达量与蛋白丰度之间的差异可以解释为：①可能受到防御素分子转录后或翻译后调控机制以及蛋白降解途径的影响（Ganz，2007）；②应用于蛋白定量实验技术的灵敏度没有转录水平测定 mRNA 含量的灵敏度高（Greenbaum 等，2003）。体内试验证明，在添加 DON 的饲料中补充复合抗菌肽（Composite antimicrobial peptides，CAP）能显著提高仔猪外周血淋巴细胞增殖，同时使仔猪血小板数目显著增多，血清中过氧化氢酶浓度增大，丙二醛浓度降低。这表明 CAP 可以改善肠道形态，提高免疫功能和抗氧化能力，减轻器官损伤，从而修复 DON 诱发的肠道损伤（Xiao 等，2013）。

以上利用不同物种（鼠、猪、人）进行不同模型（细胞培养、体内试验）得到的数据结果表明，霉菌毒素可以激活机体内肠道化学屏障发挥防御机制保护机体。然而，其确切的作用机制尚不清楚。今后的研究应进一步利用分子生物学等方法，将转录组学与蛋白组学有机结合，阐述其中的作用机制。

三、霉菌毒素对肠道免疫屏障功能的影响

肠道黏膜选择性的允许肠腔内容物中的食物、药物等进入，从而阻止细菌等外源危害物的进入，这不仅与肠道黏膜机械屏障有关，还与肠道黏膜免疫屏障有关（吴国豪，2004）。目前，肠道黏膜免疫屏障已逐步成为研究焦点。肠道黏膜免疫屏障主要由肠道相关淋巴组织（Gut-associated lymphatic tissue，GALT）和肠系膜淋巴结等肠道组织及肠道浆细胞分泌的分泌型免疫球蛋白 A（Secretory Immunoglobulin A，S-IgA）构成（戈娜和袁慧，2008；徐凯进和李兰娟，2005）。GALT 主要是由派伊氏结（Peyer' patch，PP）、肠系膜淋巴结和肠上皮中大量淋巴细胞组成（余锐萍等，2002）。S-IgA 不仅具有中和内毒素、与细菌上的特异性抗原结合，形成抗原抗体复合物，刺激肠道黏液分泌，加速黏液在黏液表面流动，抵御病原菌在黏膜上皮粘附的能力（蔡元坤和秦新裕，2004；Corthesy，2007；于晓明等，2006），还具有免疫调节、免疫排斥、调节肠道微生物和促进抗菌因子生成等多种功能（Woof 和 Kerr，2006）。He 等（2014）研究表明，与对照组相比，添加 0.3mg/kg AFB_1 处理组中雄性肉鸡肠道中的 IgA+细胞数量以及 S-IgA、IgA、IgG 和 IgM 的含量都有所降低。S-IgA 含量的减少增加了肠道细菌和内毒素与黏膜上皮细胞相互作用的机会，促进了细菌易位和内毒素的吸收，这可能是肠道免

疫功能下降的根源之一（罗治彬等，2000）。Li 等（2012）研究发现，与饲喂基础日粮的对照组相比，饲喂含霉菌毒素的饲料处理组肉鸡中的 IgA 浓度水平显著降低。肠黏膜免疫反应是由 IgA 介导的，IgA 能使病毒等抗原在细胞内被中和，并可将其产物返回肠腔，防止上皮细胞因细胞裂解而受损。IgA 浓度水平的降低可导致肠黏膜免疫反应的缺失。该研究证实，霉菌毒素可通过降低免疫球蛋白的表达损伤肠道黏膜免疫屏障。Grenier 等（2011）发现，DON 和 FB_1 降低仔猪血清中的 IgG 水平以及淋巴细胞的增殖。IgG 提供了炎症反应的第二道防线（Cerutti，2010）。IgG 水平的降低可导致肠道免疫反应的失衡，从而破坏肠道黏膜免疫屏障。然而，Swamy 等（2002）研究表明，雄性肉鸡饲喂含高水平镰刀菌毒素（8. 2mg/kg DON，0. 56mg/kg ZEA）谷物 56d 后，血清中的免疫球蛋白含量并未出现明显变化。这可能是由于霉菌毒素种类、浓度的不同，以及暴露时间的长短，试验动物的种类、年龄、性别的不同，都可能会导致血清中免疫球蛋白对霉菌毒素的反应不同。

大量的淋巴细胞分泌许多细胞因子及炎症介质，通过发挥抗感染的体液免疫和降低细胞毒性的细胞免疫来刺激与调控肠道的免疫功能，以防止致病性抗原对肠道的伤害。Mahmoodi 等（2012）研究表明，在胃上皮 AGS 细胞系和人结肠腺癌 SW742 细胞系中，FB_1 以剂量依赖性方式显著地促进巨噬细胞趋化因子和促炎细胞因子的表达。Kadota 等（2013）在 Caco-2 细胞中的研究表明，DON 刺激白介素-8（IL-8）的分泌。在 IPEC-1 细胞中，ZEA 增加 IL-8 和 IL-10 的合成。Taranu 等（2015）发现，ZEA 单独作用于 IPEC-1 细胞时，与对照组相比，细胞因子的表达量并无明显变化，但当 ZEA 与大肠杆菌混合作用后，干扰素-γ（IFN-γ）、IL-10 和肿瘤坏死因子-α（TNF-α）的分泌量显著增加。以上研究结果表明，霉菌毒素不仅对肠道具有直接促炎作用，并且可以通过肠道功能的改变，间接引起肠道炎症（郭佳怡等，2015）。霉菌毒素促使促炎性细胞因子分泌量增多，从而导致肠道紧密连接降低，肠道通透性增加，使肠腔内的危害因子更加容易通过肠道进入血液（Cano 等，2013）。

四、霉菌毒素对肠道生物屏障功能的影响

肠道菌群是肠黏膜重要的生物型屏障，主要是以肠道专性厌氧菌为优势菌群，对病原体的入侵起屏障作用，具有抵抗其他致病菌粘附或定植的能力。如果肠道中厌氧菌数量减少、微生物菌群稳定性遭到破坏、定植抵抗力下降，外源病原菌就会粘附于肠黏膜，导致腹泻、肠炎等一系列肠道疾病（蔡元坤和秦新裕，2004）。Niderkorn 等（2006）研究表明，胃肠道内的发酵菌群可以与 ZEA、FB_1 结合，有效降低其毒性。Young 等（2007）利用液相色谱-紫外质谱监测表明，肠道菌群通过脱乙酰方式降解单端孢霉菌毒素。Wache 等（2009）利用毛细管电泳单链构象多样性（CE-SSCP）方法观察到暴露于 DON 的动物体内肠道菌群发生动态变化。

五、小结

肠道是机体抵御外来污染物入侵的第一道屏障，包括机械屏障、化学屏障、免疫屏障和生物屏障四个部分，这四个部分是一个相互联系的整体，任何一部分的损伤均可导致肠道屏障功能的损伤。许多研究表明，霉菌毒素可破坏肠道上皮细胞屏障功能，诱导动物和人类肠道病变。为保护动物和人体健康，实际生产中应注意控制霉菌毒素的产生，做好防霉和脱毒两个环节。然而，这些研究主要集中于人类和单胃动物，对反刍动物的研究较少，今后可以多以反刍动物作为研究模型。并且，目前对于霉菌毒素介导的肠道屏障损伤的具体作用机制如免疫屏障中免疫球蛋白表达调控机制仍然了解甚少，至今未有一套完整的肠道屏障损伤的理论基础。因此，在今后的研究中，可以结合分子生物学和毒理基因组学等技术方法，从分子水平上解析霉菌毒素对肠道屏障的损伤作用机理，形成完整的理论基础。

参考文献

蔡元坤，秦新裕，2004. D-乳酸与肠道屏障功能［J］. 国外医学外科学分册，31（6）：331-335.

高亚男，王加启，李松励，等，2016. 霉菌毒素影响肠道黏膜屏障功能［J］. 动物营养学报，28（3）：674-679.

戈娜，袁慧，2008. 肠道免疫屏障功能损伤的研究进展［J］. 广东畜牧兽医科技，33（1）：9-11.

郭佳怡，陈洁，何润霞，等，2015. 呕吐毒素和其他B型单端孢霉烯族毒素对肠道影响研究进展［J］. 畜牧与兽医，47（5）：147-150.

胡红莲，高民，2012. 肠道屏障功能及其评价指标的研究进展［J］. 中国畜牧杂志，48（17）：78-82.

计成，2014. 霉菌毒素对家禽的危害及降解技术［J］. 中国家禽，36（2）：40-41.

罗治彬，吴嘉惠，徐采朴，2000. 中毒剂量锌对大鼠小肠黏膜抗体产生的影响［J］. 世界华人消化杂志，8（3）：363.

任曼，2014. 支链氨基酸调控仔猪肠道防御素表达和免疫屏障功能的研究［D］. 北京：中国农业大学.

佘锐萍，高齐瑜，王彩虹，2002. 肠相关性淋巴样组织研究概括［J］. 动物医学进展，23（4）：29-33.

吴国豪，2004. 肠道屏障功能［J］. 肠外与肠内营养，11（1）：44-47.

徐凯进，李兰娟，2005. 肠道正常菌群与肠道免疫［J］. 国外医学·流行病学传染病学分册，32（3）：181-183.

于晓明，金宏，縻漫天，2006. 肠屏障功能损伤与营养素防护［J］. 解放军预防医学杂志，24（1）：68-70.

朱翠，师子彪，蒋宗勇，等，2012. 乳酸杆菌在调节肠道屏障功能中的作用［J］. 中国畜牧兽医，39（9）：118-122.

Akbari P，Braber S，Gremmels H，et al，2014. Deoxynivalenol：a trigger for intestinal integrity breakdown［J］. FASEB Journal，28（6）：2414-2429.

Bae H K，Pestka J J，2008. Deoxynivalenol induces p38 interaction with the ribosome in monocytes and macrophages［J］. Toxicological Sciences，105（1）：59-66.

Booth C，Potten C S，2000. Gut instincts：thoughts on intestinal epithelial stem cells［J］. Journal of Clinical Investigation，105（11）：1493-1499.

Bouhet S，Oswald I P，2005. The effects of mycotoxins，fungal food contaminants，on the intestinal epithelial cell-derived innate immune response［J］. Veterinary Immunology and Immunopathology，108（1-2）：199-209.

Bracarense A P，Lucioli J，Grenier B，et al，2012. Chronic ingestion of deoxynivalenol and fumonisin，alone or in interaction，induces morphological and immunological changes in the intestine of piglets［J］. The British Journal of Nutrition，107（12）：1776-1786.

Cano P M, Seeboth J, Meurens F, et al, 2013. Deoxynivalenol as a new factor in the persistence of intestinal inflammatory diseases: An emerging hypothesis through possible modulation of Th17-mediated response [J]. PloS One, 8: e53647.

Cerutti A, 2010. IgA changes the rules of memory [J]. Science, 328: 1646-1647.

Corthesy B, 2007. Roundtrip ticket for secretory IgA: Role in mucosal homeostasis [J]. Journal of Immunology, 178 (1): 27-32.

Diesing A-K, Nossol C, Panther P, et al, 2011. Mycotoxin deoxynivalenol (DON) mediates biphasic cellular response in intestinal porcine epithelial cell lines IPEC-1 and IPEC-J2 [J]. Toxicology Letters, 200 (1): 8-18.

Ganz T, 2007. Biosynthesis of defensins and other antimicrobial peptides [C]. Antimicrobial Peptides: Ciba Foundation Symposium: 186: 62-71.

Goossens J, Pasmans F, Verbrugghe E, et al, 2012. Porcine intestinal epithelial barrier disruption by the Fusarium mycotoxins deoxynivalenol and T-2 toxin promotes transepithelial passage of doxycycline and paromomycin [J]. BMC Veterinary Research, 8: 245.

Greenbaum D, Colangelo C, Williams K, et al, 2003. Comparing protein abundance and mRNA expression levels on a genomic scale [J]. Genome Biology, 4 (9): 117.

Grenier B, Loureiro-Bracarense A P, Lucioli J, et al, 2011. Individual and combined effects of subclinical doses of deoxynivalenol and fumonisins in piglets [J]. Molecular Nutrition and Food Research, 55 (5): 761-771.

He Y, Fang J, PENG X, et al, 2014. Effects of sodium selenite on aflatoxin B_1-induced decrease of ileal IgA+cell numbers and immunoglobulin contents in broilers [J]. Biological Trace Element Research, 160 (1): 49-55.

Ivanova L, Egge-JAcobsen W, Solhaug A, et al, 2012. Lysosomes as a possible target of enniatin B-induced toxicity in Caco-2 cells [J]. Chemical Research in Toxicology, 25 (8): 1662-1674.

Jestoi M, Rokka M, YLI-Mattila T, et al, 2004. Presence and concentrations of the Fusarium-related mycotoxins beauvericin, enniatins and moniliformin in finish grain samples [J]. Food Additives and Contaminants, 21 (8): 794-802.

Kadota T, Furusawa H, Hirano S, et al, 2013. Comparative study of deoxynivalenol, 3-acetyldeoxynivalenol, and 15-acetyldeoxynivalenol on intestinal transport and IL-8 secretion in the human cell line Caco-2 [J]. Toxicology in Vitro, 27 (6): 1888-1895.

Kolf-Clauw M, Castellote J, Joly B, et al, 2009. Development of a pig jejunal explant culture for studying the gastrointestinal toxicity of the mycotoxin deoxynivalenol: histopathological analysis [J]. Toxicology in Vitro, 23 (8): 1580-1584.

Li Z, Yang Z B, Yang W R, et al, 2012. Effects of feed-borne Fusarium mycotoxins with or without yeast cell wall adsorbent on organ weight, serum biochemistry, and immunological parameters of broiler chickens [J]. Poultry Science, 91 (10): 2487-2495.

Mahmoodi M, Alizadeh A M, Sohanaki H, et al, 2012. Impact of Fumonisin B_1 on the Production of Inflammatory Cytokines by Gastric and Colon Cell Lines [J]. Iranian Journal of Allergy, Asthma and Immunology, 11 (2): 165-173.

Malachova A, Dzuman Z, Veprikova Z, et al, 2011. Deoxynivalenol, deoxynivalenol-3-glucoside, and enniatins: the major mycotoxins found in cereal-based products on the Czech market [J]. Journal of Agricultural and Food Chemistry, 59 (24): 12990-12997.

Maresca M, Yahi N, Youn S-Sakr L, et al, 2008. Both direct and indirect effects account for the pro-inflammatory activity of enteropathogenic mycotoxins on the human intestinal epithelium: Stimulation of interleukin-8 secretion, potentiation of interleukin-1β effect and increase in the transepithelial passage of commensal bacteria [J]. Toxicology and Applied Pharmacology, 228 (1): 84-92.

Marin D E, Motiu M, Taranu I, 2015. Food contaminant zearalenone and its metabolites affect cytokine synthesis and intestinal epithelial integrity of porcine cells [J]. Toxins, 7 (6): 1979-1988.

Meca G, Ruiz M J, Soriano J M, et al, 2010. Isolation and purification of enniatins A, A (1), B, B (1), produced by Fusarium tricinctum in solid culture, and cytotoxicity effects on Caco-2 cells [J]. Toxicon, 56 (3): 418-424.

Niderkorn V, Boudra H, Morgavi D P, et al, 2006. Binding of Fusarium mycotoxins by fermentative bacteria *in vitro* [J]. Journal of Applied Microbiology, 101 (4): 849-856.

Oswald I, Marin D, Bouhet S, et al, 2005. Immunotoxicological risk of mycotoxins for domestic animal [J]. Food Additives and Contaminants, 22 (4): 354-360.

Pinton P, Braicu C, Nougayrede J P, et al, 2010. Deoxynivalenol impairs porcine intestinal barrier function and decreases the protein expression of claudin-4 through a mitogen-activated protein kinase-dependent mechanism [J]. The Journal of Nutrition, 140 (11): 1956-1962.

Pinton P, Graziani F, Pujol A, et al, 2015. Deoxynivalenol inhibits the expression by goblet cells of intestinal mucins through a PKR and MAP kinase dependent repression of the resistin-like molecule beta [J]. Molecular Nutrition and Food Research, 59 (6): 1076-1087.

Pinton P, Tsybulskyy D, Lucioli J, et al, 2012. Toxicity of deoxynivalenol and its acetylated derivatives on the intestine: differential effects on morphology, barrier function, tight junctions proteins and MAPKinases [J]. Toxicological Sciences, 130 (1): 180-190.

Swamy H V L N, Smith T K, Cotter P F, et al, 2002. Effects of Feeding Blends of Grains Naturally Contaminated with Fusarium Mycotoxins on Production and Metabolism in Broilers [J]. Poultry Science, 81: 966-975.

Taranu I, Marin D E, Pistol G C, et al, 2015. Induction of pro-inflammatory gene expression by Escherichia coli and mycotoxin zearalenone contamination and protection by a Lactobacillus mixture in porcine IPEC-1 cells [J]. Toxicon, 97: 53-63.

Tatay E, Meca G, Font G, et al, 2014. Interactive effects of zearalenone and its metabolites on cytotoxicity and metabolization in ovarian CHO-K1 cells [J]. Toxicology in Vitro, 28 (1): 95-103.

Wache Y J, Valat C, Postollec C, et al, 2009. Impact of deoxynivalenol on the intestinal microflora of pigs [J]. International Journal of Molecular Sciences, 10 (1): 1-17.

Wan L Y, Allen K J, Turner P C, et al, 2014. Modulation of mucin mRNA (MUC5AC and MUC5B) expression and protein production and secretion in Caco-2/HT29-MTX co-cultures following exposure to individual and combined Fusarium mycotoxins [J]. Toxicological Sciences, 139 (1): 83-98.

Wan M L, Woo C S, Allen K J, et al, 2013. Modulation of porcine beta-defensins 1 and 2 upon individual and combined Fusarium toxin exposure in a swine jejunal epithelial cell line [J]. Applied and Environmental Microbiology, 79 (7): 2225-2232.

Woof J M, Kerr M A, 2006. The function of immunoglobulin A in immunity [J]. Journal of Pathology, 208 (2): 270-282.

Xiao H, Wu M M, Tan B E, et al, 2013. Effects of composite antimicrobial peptides in weanling piglets challenged with deoxynivalenol: I. Growth performance, immune function, and antioxidation capacity [J]. Journal of Animal Science, 91 (10): 4772-4780.

Young J C, Zhou T, Yu H, et al, 2007. Degradation of trichothecene mycotoxins by chicken intestinal microbes [J]. Food and Chemical Toxicology, 45 (1): 136-143.

霉菌毒素对肠道黏蛋白的影响及其作用机制

霉菌毒素是霉菌在谷物的田间生长阶段、收获和储藏或加工过程中产生的次生代谢产物，其广泛存在于饲料原料和人类食品中。霉菌毒素不仅会使饲料品质大大降低，而且严重损害动物的健康、降低动物生产性能，其在畜产品中的残留会给人类健康带来严重威胁。大量研究表明霉菌毒素会破坏肠道黏膜屏障、影响肠道菌群组成、改变肠道免疫应答、诱导肠道病变、引起肠道炎症等。而由肠道杯状细胞分泌的黏蛋白是肠道固有免疫第1道防线——黏液层的主要组成部分。肠道黏蛋白对维持肠黏膜动态平衡、调控微生物-宿主免疫反应起重要作用。本文结合国内外的研究，就霉菌毒素对肠道黏蛋白产生的影响及其作用机制进行综述，为今后在此领域开展更深入的研究提供理论基础。

关键词：霉菌毒素；肠道黏蛋白；肠道黏膜损伤；调控机制

霉菌毒素是一类主要由丝状真菌或霉菌次生代谢产生的天然生物性污染物（Iqbal等，2011）。常见的霉菌毒素有黄曲霉毒素（Aflatoxin，AF）、赭曲霉毒素（Ochratoxin，OTA）、脱氧雪腐镰刀菌烯醇（Deoxynivalenol，DON）、伏马菌素（Fumonisin，FBs）、玉米赤霉烯酮（Zearalenone，ZEA）、雪腐镰刀菌烯醇（Nivalenol，NIV）等（李晓晗，2016）。霉菌毒素会污染饲料和动物性食品（肉、蛋、奶等），对动物生产性能和人类健康造成极大的危害（龙定彪，2015）。值得关注的是，在大多数情况下，霉菌毒素对饲料和食物的污染是混合型污染。通常饲喂自然污染的霉菌毒素饲料产生的中毒症状往往比饲喂纯化霉菌毒素的毒性效应要大，这是由于2种或2种以上的霉菌毒素存在互作效应导致的，多种霉菌毒素同时存在时的毒性可能表现为加性效应、亚加性效应、协同效应、增效效应或拮抗作用（易中华和吴兴利，2009）。食物中残留的霉菌毒素在被吸收时会首先引起机体先天性免疫反应（包括促炎和抗炎细胞因子的分泌），但先天性免疫反应往往不足以完全消除危害因子（Zielonka等，2010；Gajecka等，2009）。而肠道作为抵抗外来污染物的首要器官，承担了机体70%的免疫防御。当肠道的第1道生物屏障——肠道黏膜屏障发生功能障碍时，不仅会引起肠道炎症的发生，还会大大增加机体暴露于外源性化学物质和病原菌的几率（Gill等，2011）。高浓度的霉菌毒素会通过影响肠道黏蛋白的mRNA表达水平、形成、分泌以及单糖组成等，导致肠道黏膜屏障功能受损，从而引起肠道功能的改变和肠道炎症等疾病的发生。基于肠道黏蛋白对于肠黏膜屏障防护作用的重要意义，本文就霉菌毒素对肠道黏蛋白产生的影响及作用机制进行综述。

一、肠道黏蛋白概述

肠道黏膜屏障主要由肠道黏液层、肠道上皮细胞及共生的微生物群落共同构成。肠道黏液层的失常会导致整个机体的机能紊乱，如免疫功能受损、体重减轻、食物转化率降低等（Tarabova 等，2016）。由肠道杯状细胞分泌的黏蛋白是构成肠道黏液层的主要成分，其与水结合形成黏液层覆盖在上皮游离面，发挥润滑和拮抗致病菌的肠道黏附和侵袭的作用（Van klinken 等，1998；Antonissen 等，2015）。肠道黏蛋白是一类相对分子质量较高的糖蛋白（Ho 等，1993）。其分子由肽核心和糖链组成，肽核心富含苏氨酸、丝氨酸和脯氨酸残基，糖链多以 O-型糖苷键与肽核心的苏氨酸、丝氨酸残基连接，占黏蛋白分子质量的 50%~70%（于秀文等，2003）（图 1）。肠道黏蛋白的显著特点为高度糖基化，在很大程度上黏蛋白的糖基化程度也决定着其对黏膜的保护程度（Lindn 等，2008）。

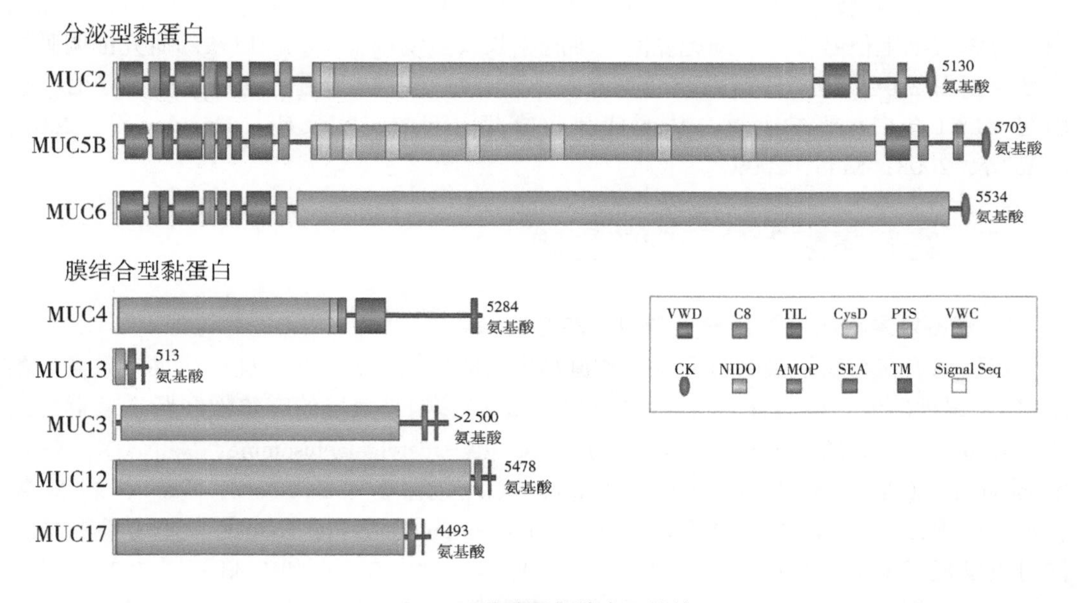

图 1　肠道黏蛋白的主要结构

VWD：Von Willebrand factor type D domain，血管性血友病因子 D 型结构域；C8：Conserved 8 cysteines domain，保守的 8 个半胱氨酸域；TIL：Trypsin Inhibitor-Like cysteine rich domain，胰蛋白酶抑制剂样半胱氨酸富集区；CysD：Cysteine amino acids domain，半胱氨酸氨基酸形成的紧密结构；PTS：The Proline，Threonine and Serine domains，脯氨酸、苏氨酸和丝氨酸结构域；VWC：Von Willebrand factor type C domain，血管性血友病因子 C 型结构域；CK：Cysteine Knot domain，半胱氨酸结域；NIDO：巢蛋白域；AMOP：黏附相关域；SEA：Sea urchin sperm protein，Enterokinase，and Agrin domain，海胆精子蛋白，肠激酶和聚集蛋白结构域；TM：Transmembrane domain，跨膜区；Signal Seq：Signal Sequence domain，信号序列域

肠道黏蛋白主要分为膜结合型黏蛋白和分泌型黏蛋白 2 种，其中膜结合型黏蛋白

（细胞表面黏蛋白）主要包括 MUC1、MUC3A、MUC3B、MUC4、MUC12、MUC17 等。分泌型黏蛋白主要包括寡聚体黏蛋白 MUC2、MUC5AC、MUC5B、MUC6 等（Versantvoort 等，2005；Mehrotra 等，1998）。不同类型的肠道黏蛋白其表达部位也不尽相同。迄今为止发现的 21 种黏蛋白基因中，就有 15 种表达于胃肠道的不同区域（Sheng 等，2012；Dekke 等，2002）。通常在正常人体的整个消化道均能发现分泌型黏蛋白，而膜结合型黏蛋白则高表达于肠上皮细胞，如在小肠主要表达的黏蛋白是 MUC3（Bartman 等，1998），MUC12 主要表达于结肠（Williams 等，1999），MUC17 主要表达于小肠且高表达于十二指肠，但在横结肠中也有表达等（Gum 等，2002）。分泌型黏蛋白主要在呼吸道、消化道上皮表面及实质性脏器的管道形成凝胶状的物理屏障，提供重要的物理、化学保护作用，并能捕捉上皮细胞表面的外来物质，维持上皮细胞表面生长因子浓度；而膜结合型黏蛋白的功能一般认为是形成立体位阻为易受损的上皮细胞提供保护，免于外界因子的攻击，同时也参与形成保护性的细胞外黏蛋白凝胶（Carraway 等，2007）。在正常情况下，在人类结直肠中的 MUC2 主要在肠腔的上皮表面形成保护屏障，以抵抗霉菌毒素等有害物质对黏膜的损伤（Velcich 等，2002）。而膜结合型黏蛋白主要参与细胞信号传导、细胞黏附、细胞生长及免疫调节等。但以往的研究证明膜结合型黏蛋白 MUC1 也是肠道黏膜屏障的一个重要成分，当肠道受到病原菌感染时，会引起 MUC1 蛋白水平的上调，从而抑制病原菌引起的炎症反应（Mcauley 等，2007；Ueno 等，2008；Kufe，2009）。

二、霉菌毒素对黏蛋白的影响

1. 霉菌毒素对肠道黏蛋白单糖组成的影响

霉菌毒素在与肠道接触时会使得肠道黏蛋白的单糖组成发生变化，进而导致肠道黏蛋白 O-聚糖的低聚糖成分、结构发生改变，最终影响黏液层的完整性和肠道菌群的组成。黏蛋白中常见的单糖有 N-乙酰半乳糖胺（N-acetylgalactosamine，GalNac）、N-乙酰葡糖胺（N-acetylglucosamine，GlcNac）、半乳糖（Galactose，Gal）、岩藻糖（Fucose，Fuc）、N-乙酰神经氨酸（N-acetylneuraminic acid，NeuAC，又称唾液酸），同时也发现了少量的 N-甘露糖（Mannose，MAN）类（Strous 和 Dekker，1992）。其中 α-和 β-连接的 GalNac、GlcNac、Gal 是肠道黏蛋白 O-聚糖结构的主要组成部分。而 O-聚糖的核心结构会被 Fuc 及 NeuAC 糖基进一步拉长和不断修饰。

Antonissen 等（2015）研究表明，与对照组相比，饲喂 FB_2（25.4mg/kg 日粮）污染或 DON（4.3mg/kg 日粮）与 FBs（22.9mg/kg 日粮）混合污染的日粮后，肉仔鸡十二指肠的黏蛋白单糖侧链中 GalNac 的比例在 FBs 或 DON+FBs 组中显著上升，而半乳糖的比例则显著下降；而在所有霉菌毒素组中，N-乙酰神经氨酸的比例均显著上升；甘露糖比例在 FBs 组呈下降趋势，海藻糖比例在 DON 组呈下降趋势。该结果提示霉菌毒素 DON 和 FBs 会通过改变黏蛋白的单糖组成对肉仔鸡的十二指肠黏液层产生影响。Applegate 等（2009）研究表明，分别给蛋鸡饲喂含 0mg/kg、0.6mg/kg、1.2mg/kg、2.5mg/kg 黄曲霉毒素 B_1（Aflatoxin B_1，AFB_1）的霉菌毒素污染日粮 2 周后，观察到蛋鸡体重、采食量、产蛋量、杯状细胞数量、密度、粗黏蛋白分泌量等指标无显著变化；但随着 AFB_1浓度的升高，肠道隐窝深度呈线性增长，且 AFB_1浓度从 0.6mg/kg 升高到 1.2mg/kg 后唾液酸的分泌量显著增加 12%。这表明低浓度的霉菌毒素也会引起蛋鸡肠道形态及肠道黏蛋白单糖组成的改变，而这些相应的改变可能有助于增强肠道对霉菌毒素的抵御作用。

2. 霉菌毒素对肠道黏蛋白表达水平的影响

一些针对人、小猪、小鼠体内或体外的研究表明，霉菌毒素（甚至较低浓度）可能会对肠道杯状细胞数量、黏蛋白 mRNA 表达水平及蛋白表达水平产生影响，从而导致肠道黏液层受损及肠道炎症的发生。

Bracarense 等（2012）证明，饲喂仔猪较低浓度的 DON（3mg/kg）或 DON（3mg/kg）+FBs（6mg/kg）混合污染的日粮 5 周后，观察到仔猪空肠及回肠内产生黏蛋白的杯状细胞数量减少，提示霉菌毒素可能会通过影响肠道杯状细胞数量进而对肠道黏蛋白的分泌水平产生影响。Wan 等（2016）研究表明，DON 和 ZEA 混合毒素显著导致杯状细胞数量增加（杯状细胞增生），而杯状细胞特异性蛋白 MUC2 的 mRNA 表达水平也分别高出对照组和 PF 组（该组饲喂前 1d 霉菌毒素组的食物摄入量的平均值）约 100%和 118%。单独或混合的霉菌毒素 DON、ZEA、NIV、FB_1 对不同比例的肠上皮细胞黏蛋白的影响表明霉菌毒素能够显著改变 MUC5AC、MUC5B 的 mRNA 表达水平和蛋白表达水平，但 MUC5AC、MUC5B 蛋白表达水平的变化程度相似且均小于转录水平的变化程度（Wan 等，2014）。这表明至少转录后或翻译后的部分调控机制与霉菌毒素影响黏蛋白的分子合成和分泌密切相关。另外，Pinton 等（2015）研究表明人类杯状细胞（HT29-16E）和猪小肠外植体在暴露于霉菌毒素 DON 48h 后，MUC1、MUC2 和 MUC3 mRNA 表达水平及蛋白表达水平呈剂量依赖性下调，其中浓度为 1μmol/L 时影响已达显著水平。这些研究表明霉菌毒素会对肠道黏蛋白的 mRNA 表达水平及蛋白表达水平产生影响，进而影响肠道黏膜屏障。上述报道中霉菌毒素所导致的肠道杯状细胞减少和增生、肠道黏蛋白表达水平上调和下调看似矛盾的现象可能是由于霉菌毒素激发了肠道黏膜屏障的不同机制（保护和损伤机制）引起的，这需要进一步的研究才能得以阐明。而霉菌毒素对肠道黏蛋白的调控作用也并非绝对的上调或下调，也可能因为霉菌毒素种类、剂量、时间、试验对象等相关试验条件的不同造成不同的结果。

3. 霉菌毒素影响肠道黏蛋白的相关机制

霉菌毒素主要以 2 种方式对肠道黏蛋白产生影响：①直接通过激活细胞信号通路影响肠道黏蛋白的表达；②通过破坏黏液层及紧密连接后使病原菌等有害物质的入侵直接激活细胞信号通路或间接影响细胞因子的水平进而引起肠道黏蛋白的改变（图 2）。已有的一些研究表明，丝裂原活化蛋白激酶（Mitogen-activated protein kinase，MAPK）、蛋白激酶（Protein kinase，PKR）、c-Jun 氨基末端激酶（c-Jun N-terminal kinase，JNK）、核转录因子-κB（Nuclear factor-κB，NF-κB）等细胞信号转导通路及细胞因子白细胞介素（IL）-1、IL-4、IL-6、IL-8、肿瘤坏死因子（TNF）-α、干扰素（IFN）-γ 等可能会影响霉菌毒素对肠道黏蛋白表达水平的调节。

大量研究表明霉菌毒素 DON 会激活多种信号通路。Pinton 等（2015）对 DON 对肠

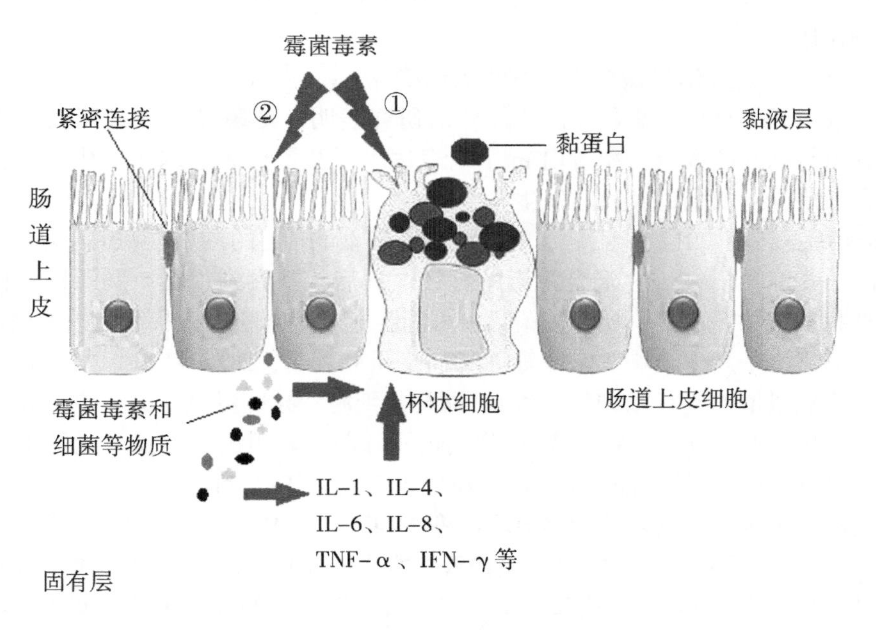

图 2　霉菌毒素影响肠道黏蛋白示意

IL-1：白细胞介素-1，interleukin-1；IL-4：白细胞介素-4，interleukin-4；IL-6：白细胞介素-6，interleukin-6；IL-8：白细胞介素-8，interleukin-8；TNF-α：肿瘤坏死因子-α，tumor necrosis factor-α；IFN-γ：干扰素-γ，terferon-γ

道黏蛋白的作用机理的研究表明，DON 主要依靠 PKR 和 MAPKp38 的活化，最后通过抑制抵抗性样分子 β（RELMβ，为黏蛋白表达的正调控因子）的表达对黏蛋白的mRNA表达水平和蛋白表达水平产生影响。研究表明 DON 在最初结合核糖体后会激活 PKR 途径进而导致 MAPK p38 和 ERK1/2 通路的活化，最终会诱导 NF-κB 通路的激活（Pestka 等，2010；Arunachalam 和 Doohan，2013；Maresca 和 Fantini，2010）。而 NF-κB 通路的活化是胃肠道炎症过程中的常见现象，且已证明在 MUC2 中含有 NF-κB 结合位点的启动子。Nagashima（2015）研究也提示 NF-κB 是 NIV 发挥毒性中的重要因素。以上证据表明由霉菌毒素激活的 PKR、MAPK 和 NF-κB 等细胞信号通路可能是影响肠道黏蛋白的重要细胞信号转导通路，尤其是 NF-κB 通路，可能与霉菌毒素调控 MUC2 蛋白的表达水平存在密切的联系。

不仅如此，霉菌毒素还会间接通过影响细胞因子的分泌对肠道黏蛋白表达水平产生影响。Wan 等（2013）研究表明，4 种单独的或组合的霉菌毒素（DON、NIV、ZEA、FB_1）在具有细胞毒性的浓度下会上调猪空肠上皮细胞（IPEC-J2）中促炎性细胞因子 IL-1α、IL-1β、IL-6、IL-8、TNF-α 等 mRNA 的表达水平。DON 会通过 PKR、p38、NF-κB 等信号通路调节肠上皮细胞 IL-1 和 IL-8 的表达（Maresca 等，2008），细胞因子对肠道黏蛋白的表达水平具有调控作用。如 Ahn 等（2005）证明 TNF-α 会激活 NF-κB 途径上调 MUC2 的转录，同时 TNF-α 会通过激活 JNK 通路抑制 MUC2 的转录。同样 MUC3 的表达会受到 IL-4、IL-6、TNF-α、IFN-γ 等的调控，IL-4、IL-9、TNF-α、IFN-γ 等会促进 MUC4 的表达（Ahn 等，2005；Perrais 等，2007；Shekels 等，2003）。这提示细胞信号转导通路可能贯穿了霉菌毒素影响细胞因子进而调控肠道黏蛋白表达水平的整个过程。

除上述影响因子外，还存在其他可能与霉菌毒素调节黏蛋白分泌相关的重要因素——瘦素（Leptin）。瘦素是胃和或局部在炎症期间释放的对黏蛋白基因有重要影响的激素，也是 IL-6 家族的成员之一。Otero 等（2005）研究瘦素在体内（大鼠结肠灌注模型）和体外模型（大鼠黏膜细胞 DHE 和人类杯状细胞 HT29-MTX）中的作用时发现，瘦素能显著刺激黏蛋白的表达，但黏蛋白的分泌和表达不依赖于内源性分泌瘦素。在大鼠黏膜细胞 DHE 中，瘦素刺激呈剂量依赖性（0.01～10.00nmol/L，60min）地增加肠道黏蛋白 MUC2、MUC3、MUC4 的 mRNA 表达水平。在大鼠结肠灌注模型中，瘦素同样会上调 MUC2、MUC3、MUC4 的 mRNA 表达水平。在人类杯状细胞 HT29-MTX 中，瘦素呈剂量依赖性地提高 MUC2、MUC5AC、MUC4 的 mRNA 表达水平。通常瘦素结合瘦素受体（Ob-R）后可能会触发多个信号通路，既包括酪氨酸激酶（Janus kinase，JAK）信号转导子和转录激活子（Signal transducer and activator of transcription，STAT）和 MAPK 通路，也包括磷脂酰肌醇-3-激酶（Phosphatidylinositol 3-kinase，PI3K）和蛋白激酶 C（Protein kinase C，PKC）通路。但瘦素增加黏蛋白的表达水平主要通过激活 PKC、PI3K 和 MAPK 通路而不是 JAK/STAT 通路来实现的（Otero 等，2005）。另外，冯光德（2011）研究表明，肉鸭采食自然霉变玉米日粮（AFB_1 超标）后，导致死亡率升高，采食量、增重和料重比降低，日粮养分表观消化率提高；进一步分析发现，自然霉变玉米导致的增重下降主要通过降低肉鸭的采食量所致，其机制与血清中瘦素含量的提高和神经肽（Neuropeptide Y，NPY）含量的降低有关，证明肉鸭可能通过提高血清中瘦素的含量并降低血清中神经肽的含量来缓解霉菌毒素的危害。综上所述，瘦素可能在结肠黏膜屏障在防御毒素的过程中扮演重要角色，其可能参与肠道黏蛋白的调制，从而对暴露在霉菌毒素下的肠道黏膜屏障起一定的保护作用。

三、小结

肠道与高浓度的霉菌毒素接触时会引起肠道黏膜损伤，进而导致肠道炎症及癌症等疾病的发生。而肠道黏膜屏障的主要组分——肠道黏蛋白在霉菌毒素导致的肠道炎症及癌症的作用机制中具有重要意义。当肠道遭受到霉菌毒素的入侵时，会发生肠道杯状细胞的改变（包括增生）、肠道黏蛋白分泌的失调以及肠道黏蛋白 O-聚糖结构的改变等现象。而肠道黏蛋白 O-聚糖结构的改变与肠道炎症及相关癌症的进程密切相关。通常肠道黏蛋白 O-聚糖结构的缺陷会大大增加自发性结肠炎的发病率。不仅如此，肠道黏蛋白还与其他器官中肿瘤的发生、发展及预后密切相关。但就目前来说，霉菌毒素对肠道黏膜屏障损伤机制如对肠道黏蛋白的调节机制的相关研究还比较少。在今后的研究中，可以将霉菌毒素、细胞信号通路、细胞因子、肠道黏蛋白联合起来，进一步阐明霉菌毒素对肠道黏膜屏障的影响机制，从而为减少和修复霉菌毒素引起的肠道损伤提供理论依据，在从根本上减少生产中由霉菌毒素引起的动物肠道炎症、癌症及其他相关疾病发生率的同时，也能最大程度保障人类的食品安全。

参考文献

冯光德，2011. 自然霉变玉米对肉鸭生产性能和消化生理的影响及机制研究［D］. 雅安：四川农业大学.

黄 鑫，高亚男，王加启，等，2018. 霉菌毒素对肠道黏蛋白的影响及其作用机制［J］. 动物营养学报，30（2）：476-483.

李晓晗，2016. 浅谈饲料中霉菌毒素的危害［J］. 甘肃畜牧兽医，46（16）：51.

龙定彪，罗敏，肖融，等，2015. 霉菌毒素及其毒性效应的研究进展［J］. 黑龙江畜牧兽医（6）：77-79.

易中华，吴兴利，2009. 饲料中常见霉菌毒素间的毒性互作效应［J］. 饲料研究（1）：15-18.

于秀文，安锦丹，王静芬，2003. 黏蛋白 MRC1 及 MUC2 与胃肠道肿瘤的相关性研究进展［J］. 医学研究杂志，32（11）：30-32.

Ahn D H, Crawley S C, Hokari R, et al, 2005. TNF-alpha activates MUC2 transcription via NF-kappaB but inhibits via JNK activation［J］. Cellular Physiology and Biochemistry, 15（1/2/3/4）: 29-40.

Antonissen G, Martel A, Pasmans F, et al, 2014. The impact of Fusarium mycotoxins on human and animal host susceptibility to infectious diseases［J］. Toxins, 6（2）: 430-452.

Antonissen G, Van immerseel F, Pasmans F, et al, 2015. Mycotoxins deoxynivalenol and fumonisins alter the extrinsic component of intestinal barrier in broiler chickens［J］. Journal of Agricultural and Food Chemistry, 63（50）: 10846-10855.

Applegate T J, Schatzmayr G, Prickel K, et al, 2009. Effect of aflatoxin culture on intestinal function and nutrient loss in laying hens［J］. Poultry Science, 88（6）: 1235-1241.

Arunachalam C, Doohan F M, 2013. Trichothecene toxicity in eukaryotes: cellular and molecular mechanisms in plants and animals［J］. Toxicology Letters, 217（2）: 149-158.

Bartman A E, Buisine M P, Aubert J P, et al, 1998. The MUC6 secretory mucin gene is expressed in a wide variety of epithelial tissues［J］. The Journal of Pathology, 186（4）: 398-405.

Bracarense A P F L, Lucioli J, Grenier B, et al, 2012. Chronic ingestion of deoxynivalenol and fumonisin, alone or in interaction, induces morphological and immunological changes in the intestine of piglets［J］. British Journal of Nutrition, 107（12）: 1776-1786.

Carraway K L, Funes M, Workman H C, et al, 2007. Contribution of membrane mucins to tumor progression through modulation of cellular growth signaling pathways［J］. Current Topics in Developmental Biology, 78: 1-22.

Dekke R J, ROssen J W A, BIler H A, et al, 2002. The MUC family: an obituary［J］. Trends in Biochemical Sciences, 27（3）: 126-131.

EL Homsi M, DucRoc R, ClaustRe J, et al, 2007. Leptin modulates the expression of secreted and membrane-associated mucins in colonic epithelial cells by targeting PKC, PI3K and MAPK pathways［J］. Amer-ican Journal of Physiology, 293（1）: G365-G373.

Gajecka M, Jakimiuk E, Zielonka L, et al, 2009. The biotransformation of chosen mycotoxins［J］. Polish Journal of Veterinary Sciences, 12（2）: 293-303.

Gill N, Wlodarska M, Finlay B B, 2011. Road-blocks in the gut: barriers to enteric infection［J］. Cellular Microbiology, 13（5）: 660-669.

Gum J R, Crawley S C, Hicks J W, et al, 2002. MUC17, a novel membrane-tethered mucin［J］. Biochemical and Biophysical Research Communications, 291（3）: 466-475.

Ho S B, Niehans G A, Lyftogt C, et al, 1993. Heterogeneity of mucin gene expression in normal and neoplastic tissues［J］. Cancer Research, 53（3）: 641-651.

Iqbal S Z, Asi M R, Arino A, 2011. Aflatoxin M_1 contamination in cow and buffalo milk samples from the North West Frontier Province（NWFP）and Punjab provinces of Pakistan［J］. Food Additives and Contaminants Part B: Surveillance, 4 (4): 282-288.

Johansson M E V, Hansson G C, 2016. Immunological aspects of intestinal mucus and mucins [J]. Nature Reviews Immunology, 16 (10): 639-649.

Kufe D W, 2009. Mucins in cancer: function, prognosis and therapy [J]. Nature Reviews Cancer, 9 (12): 874-885.

Lindn S K, Florin T H J, Mcguckin M A, 2008. Mucin dynamics in intestinal bacterial infection [J]. PLoS One, 3 (12): e3952.

Maresca M, Fantini J, 2010. Some food-associated mycotoxins as potential risk factors in humans predisposed to chronic intestinal inflammatory diseases [J]. Toxicon, 56 (3): 282-294.

Maresca M, Yahi N, Younes-Sakr L, et al, 2008. Both direct and indirect effects account for the pro-inflammatory activity of enteropathogenic mycotoxins on the human intestinal epithelium: stimulation of interleukin-8 secretion, potentiation of interleukin-1β effect and increase in the transepithelial passage of commensal bacteria [J]. Toxicology and Applied Pharmacology, 228 (1): 84-92.

Mcauley J L, Linden S K, Png C W, et al, 2007. MUC1 cell surface mucin is a critical element of the mucosal barrier to infection. Journal of Clinical Investigation, 117 (8): 2313-2324.

Mehrotra R, Thornton D J, Sheehan J K, 1998. Isolation and physical characterization of the MUC7 (MG2) mucin from saliva: evidence for self-association [J]. Biochemical Journal, 334 (2): 415-422.

Nagashima H, 2015. Toxicity of trichothecene mycotoxin nivalenol in human leukemia cell line HL60 [J]. JSM Mycotoxins, 65 (1): 11-17.

Otero M, Lago R, Lago F, et al, 2005. Leptin, from fatto inflammation: old questions and new insights [J]. FEBS Letters, 579 (2): 295-301.

Perrais M, Pigny P, Ducourouble M P, et al, 2001. Characterization of human mucin gene MUC4 pro-moter: importance of growth factors and proinflammatory cytokines for its regulation in pancreatic cancer cells [J]. Journal of Biological Chemistry, 276 (33): 30923-30933.

Pestka J J, 2010. Deoxynivalenol: mechanisms of action, human exposure, and toxicological relevance [J]. Archives of Toxicology, 84 (9): 663-679.

Pinton P, Graziani F, Pujol A, et al, 2015. Deoxynivalenol inhibits the expression by goblet cells of intestinal mucins through a PKR and MAP kinase dependent repression of the resistin-like molecule β [J]. Molecular Nutrition & Food Research, 59 (6): 1076-1087.

Pinton P, Oswald I P, 2014. Effect of deoxynivalenol and other Type B trichothecenes on the intestine: a review [J]. Toxins, 6 (5): 1615-1643.

Shekels L L, Ho S B, 2003. Characterization of the mouse MUC3 membrane bound intestinal mucin 5′coding and promoter regions: regulation by inflammatory cytokines [J]. Biochimica et Biophysica Acta: Gene Structure and Expression, 1627 (2/3): 90-100.

Sheng Y H, Hasnain S Z, Florin T H, et al, 2012. Mucins in inflammatory bowel diseases and colorectal cancer [J]. Journal of Gastroenterology and Hepatology, 27 (1): 28-38.

Strous G J, Dekker J, 1992. Mucin-type glycoproteins [J]. Critical Reviews in Biochemistry and Molecular Biology, 27 (1/2): 57-92.

Tarabova L, Makova Z, Piesova E, et al, 2016. Intestinal mucus layer and mucins (a review) [J]. Folia Veterinaria, 60 (1): 21-25.

Ueno K, Koga T, Kato K, et al, 2008. MUC1 mucin is a negative regulator of Toll-like receptor signaling [J]. American Journal of Respiratory Cell and Molecular Biology, 38 (3): 263-268.

Van klinken B J W, Dekker J, Van gool S A, et al, 1998. MUC5B is the prominent mucin in human gallbladder and is also expressed in a subset of colonic goblet cells [J]. American Journal of Physiology, 274 (5): G871-G878.

Velcich A, Yang W C, Heyer J, et al, 2002. Colorectal cancer in mice genetically deficient in the mucin MUC2 [J]. Science, 295 (5560): 1726-1729.

Versantvoort C H, Oomen A G, Van D, etal, 2005. Applicability of an in vitro digestion model in assessing the bioaccessibility of mycotoxins from food [J]. Food and Chemical Toxicology, 43 (1): 31-40.

Wan L Y M, Allen K J, Turner P C, et al, 2014. Modulation of Mucin mRNA (MUC5AC and MUC5B) expression and protein production and secretion in Caco-2/HT29-MTX co-cultures following exposure to individual and combined

Fusarium mycotoxins [J]. Toxicological Sciences, 139 (1): 83-98.

Wan L Y M, Woo C S J, Turner P C, et al, 2013. Individual and combined effects of Fusarium toxins on the mRNA expression of pro-inflammatory cytokines in swine jejunal epithelial cells [J]. Toxicology Letters, 220 (3): 238-246.

Wan M L Y, Turner P C, Allen K J, et al, 2016. Lactobacillus rhamnosus GG modulates intestinal mucosal barrier and inflammation in mice following combined dietary exposure to deoxynivalenol and zearalenone [J]. Journal of Functional Foods, 22: 34-43.

Williams S J, Mcguckin M A, Gotley D C, et al, 1999. Two novel mucin genes down-regulated in colorectal cancer identified by differential display [J]. Cancer Research, 59 (16): 4083-4089.

Zielonka L, Zwierzchowski W, Obremski K, et al, 2010. Evaluation of selected indicators of immune response (IL-1, IL-4, IL-6, SAA and Hp) in pigs fed diets containing deoxynivalenol, T-2 toxin, and zearalenone [J]. Bulletin-Veterinary Institute in Pulawy, 54 (4): 631-635.

第二章

霉菌毒素危害评价技术

检测黄曲霉毒素 B_1 超灵敏适配体传感器的开发

黄曲霉毒素 B_1（AFB_1）是毒性最强的霉菌毒素之一，在饲料和食品安全领域引起了全球的关注。为了阻止污染的饲料和食品带来的安全恐慌和经济损失，开发 AFB_1 快速、灵敏和特异性的检测方法显得极其重要。本研究开发了一种简单、超灵敏和可靠的适配体传感器用于检测 AFB_1。该方法利用 AFB_1 的适配体作为分子识别探针，与适配体互补的 DNA 作为实时定量聚合酶链式反应（RT-qPCR）的模板产生信号。在最优条件下，该方法的检测范围为 $5.0\times10^{-5}\sim5.0$ng/mL，极高的灵敏度为 25fg/mL。本研究选择其他 8 种霉菌毒素作为干扰物检测后 Ct 值没有明显的改变，表明适配体传感器对 AFB_1 有极好的特异性。同时该传感器也可以应用于羊草和婴幼儿米粉中 AFB_1 的检测，获得了较高的回收率，分别为 88%～127%和 94%～119%。该方法在定量和高通量检测饲料和食品中的霉菌毒素方面具有很大的潜力。

关键词：黄曲霉毒素 B_1；适配体传感器；RT-qPCR；饲料及食品安全

一、简介

由于霉菌毒素对动物和人类具有毒性作用，被霉菌毒素污染的饲料和食品引起了全球关注（Jolly 等，2007；Pattono 等，2011；Williams 等，2004）。黄曲霉毒素是主要由霉菌产生的有毒代谢物，包括黄曲霉和寄生曲霉。在几种类型的黄曲霉毒素（B_1、B_2、G_1、G_2、M_1 和 M_2）中，黄曲霉毒素 B_1（AFB_1）毒性最高，已被国际癌症研究机构（IARC）和世界卫生组织（WHO）指定为主要致癌化合物（Bakirci，2001）。为了防止食品安全引起的恐慌以及因召回受污染的饲料和食品而造成的后续经济损失，许多国家为黄曲霉毒素设定了最高安全水平。通常将不同食品中 AFB_1 的限量设定在 0.05～20ng/mL（Babu 和 Muriana，2011）。由于限量低，再加上 AFB_1 污染的频繁发生和高毒性，因此需要快速、灵敏和特异性强的分析方法。

薄层色谱（TLC）（Var 等，2007）、高效液相色谱（HPLC）和 LC 结合质谱（MS）的方法已经被开发用于定量测定 AFB_1（Corcuera 等，2011；Njumbe Ediage 等，2011；Souheib 等，2012）。同时，快速筛选方法包括酶联免疫吸附测定（ELISA）、免疫传感器和表面等离振子共振（SPR）技术也已经被开发用于检测黄曲霉毒素（Liu 等，2006，2013a；Jae Hong Parka 等，2013；Piermarini 等，2007）。尽管基于抗体的快速筛选方法被广泛使用，但是在运输和储存过程中抗体稳定性的问题限制了该技术的发展。适配体具有与抗体相似的功能，并且成本低、稳定性高，易于修饰、合成，不需要活体动物或细胞，可重复使用及长期保存。此外，适配体可以作为实时定量聚合酶链反应（RT-qPCR）的模板以指数方式扩增，以大大提高检测灵敏度（Kubista 等，2006；Mestdagh 等，2008；Schmittgen 和 Livak，2008）。

以前，由于霉菌毒素可用的适配体数量有限，因此针对霉菌毒素的适配体传感器的研究主要集中在赭曲霉毒素 A（OTA）和伏马毒素 B_1（FB_1）上（Hayat 等，2013；Ma 等，2012；McKeague 等，2010；Sheng 等，2011；Vidal 等，2013；Zhang 等，2012）。Neoventures Biotechnology Inc.（Canada）已获得 AFB_1 和玉米赤霉烯酮的特定适配体专利（专利：PCT/CA2010/001292）。据我们所知，以前尚未报道过用于 AFB_1 检测的适配体传感器。

因此，本实验室开发了一种基于 AFB_1 特异性适配体的生物传感器检测 AFB_1 的方法。利用适配体作为分子识别探针，实时定量 PCR 扩增其互补 DNA 作为信号输出。通过生物素-链霉亲和素相互作用固定适配体，然后于 PCR 管的表面与其互补链杂交结合成双链 DNA。AFB_1 存在时，AFB_1 与适配体的结合诱导了互补 DNA 的释放，导致 PCR 模板的减少。因此 PCR 扩增信号与 AFB_1 的浓度紧密相关。整个检测过程都在一个 PCR 管中进行。该适配体传感器检测 AFB_1 具有反应快速、低成本、高灵敏度和稳定性强的优点。据我们所知，这是首次开发的一种新的基于适配体的传感器，可检测 AFB_1 并达到极低的检出限 25fg/mL。

二、材料方法

1. 材料和试剂

黄曲霉毒素 B_1（AFB_1）购自国家标准物质研究中心（北京，中国）。赭曲霉毒素 A（OTA），玉米赤霉烯酮（ZEN），α-玉米赤霉烯醇和黄曲霉毒素 M_1（AFM_1）购自 Sigma-Aldrich（USA）。黄曲霉毒素 B_2（AFB_2）、黄曲霉毒素 G_1（AFG_1）、黄曲霉毒素 G_2（AFG_2）和伏马毒素（FB_1）购自 Pribolab Co. Ltd（Singapore）。链霉亲和素购自生工生物工程（上海）股份有限公司（上海，中国）。其他化学品，例如氯化钠（NaCl），氯化钾（KCl），2-氨基-2-(羟甲基)-1,3-丙二醇（Tris），无水氯化钙（$CaCl_2$），碳酸钠（Na_2CO_3），乙烯-矿物四乙酸（EDTA），碳酸氢钠（$NaHCO_3$）和柠檬酸钠（$C_6H_5Na_3O_7$）购自上海化学试剂有限公司（上海，中国）。水使用 Milli-Q 纯化系统进行纯化。

SYBR® Premix Ex Taq™ II［包括 2×SYBR® Premix Ex Taqs（2×），SYBRs® Premix Ex Taq™ II（Perfect Real Time）和 ROX Reference Dye II（50×）］购自 Takara Bio Co. Ltd.（大连，中国）。

适配体的 3′端修饰生物素并通过 HPLC 纯化，购自生工生物工程（上海）股份有限公司，其序列如下。

AFB_1 适配体（专利：PCT/CA2010/001292）：5′-GTTGGGCACGTGTTGTCTCTCT-GTGTCTCGTGCCCTTCGCTAGGCCC-biotin-3′；

互补 DNA（AFB_1 DNA）：5′-ACACGTGCCCAACAATCTGGTTTAGCTACGCCTTCC-

CCGTGGCGATGTTTCTTAGCGCCTTAC-3′；

上游引物：5′-AATCTGGTTTAGCTACGCCTTC-3′；

下游引物：5′-GTAAGGCGCTAAGAAACATCG-3′。

2. 适配体的固定

所述适配体的固定根据 Ma 等人（2012）的方法进行，同时进行了一些修改。为提高 PCR 管的吸附能力，在使用之前于 37℃条件下用 50μL 0.8%戊二醛溶液处理 PCR 管 5h。超纯水清洗 3 次之后，添加 0.01M 碳酸盐缓冲液溶解的链霉亲和素 50μL 孵育 2h（37℃），PBST 缓冲液洗 2 次之后，适配体和互补 DNA 链在杂交缓冲液中 1∶1（V/V）充分混合，吸取 50μL 的混合物添加到每个管中孵育 1h（37℃）。之后适配体与互补 DNA 结合成 DNA 双链固定在 PCR 管的表面，为了除去未结合的 DNA 片段，用杂交缓冲液清洗 PCR 管 3 次，使适配体与已结合的 DNA 留在 PCR 管的表面。

3. RT-qPCR 方法检测 AFB_1

整个检测过程在上述 PCR 管中完成，检测之前将 AFB_1 标准品配成不同浓度的溶液，在 Tris 缓冲液中孵育，分别添加 50μL 到 PCR 管中于 45℃处理 1h，每个浓度设置 3 个平行样品，并设置空白对照。所有的 PCR 管均用 Tris 缓冲液清洗 3 次除去未反应的 AFB_1 和已释放的互补 DNA。最后，利用 ABI 7500实时 PCR 系统进行检测，50μL PCR 反应体系由以下部分组成：10μM 上、下游引物分别添加 2μL，25μL SYBR® Premix Ex Taq®（2×），1μL ROX Reference Dye II（50×）和 20μL 水。实时 PCR 循环参数设置如下：95℃预变性 30s，95℃变性 5s，40 个循环，60℃退火 34s。每一次退火后进行荧光检测。根据熔解曲线分析从 60~95℃检测是否有引物二聚体和非特异性产物产生，条件设置如下：95℃预变性 15s，60℃变性 1min，进行 40 个循环，95℃退火 15s。通过公式 $E=10^{(-1/slope)}-1$ 计算扩增效率和评估 RT-qPCR 的定量效果（Babu 和 Muriana，2011）。

4. 特异性检测

为了评估和鉴定本方法对 AFB_1 的选择性，本实验选择 8 种主要的霉菌毒素，包括 OTA、ZEN、α-ZOL、FB_1、AFM_1、AFB_2、AFG_1 和 AFG_2 作为参照物进行检测，同时检测了多种霉菌毒素同时存在对本实验的影响。所有的霉菌毒素的浓度均为 5ng/mL，添加量为 50μL。试验方法与 AFB_1 的检测过程相同，比较其他毒素检测结果 Ct 值的变化。

5. 方法验证

通过检测羊草样品和婴幼儿米粉样品对本试验做了方法验证。羊草样品中 AFB_1 的添加浓度分别为 5×10^{-5}ng/mL、1×10^{-4}ng/mL、0.01ng/mL 和 0.1ng/mL。样品处理过程如下：将每份烘干后的样品准确称取 0.5g 于 10mL 离心管中，添加 2.5mL 70%的甲醇水溶液提取样品中的 AFB_1，利用 Vortex-Genie 2（Scientific Industries，USA）涡旋上述整个混合物 5min，然后在 10 000×*g* 条件下离心 10min。收集上清液氮吹浓缩至 0.5mL。最后，剩余的溶液用 2mL 5%的甲醇水溶液复溶，利用 RT-qPCR 方法进行检测。除此之外，婴幼儿米粉样品中 AFB_1 的添加浓度分别为 5×10^{-4} ng/mL、1×10^{-3} ng/mL、0.005ng/mL 和 0.01ng/mL，前处理方法与羊草样品相同。通过样品的回收率反映本方法的准确性。

三、结果和讨论

本方法检测 AFB_1 的原理图如图 1 所示。该传感器的原理是基于 AFB_1/适配体复合体形成后适配体构象的变化和 RT-qPCR 检测中的信号扩增效应。首先，通过生物素-链霉亲和素之间强烈的特异性结合（离解常数 KD 为 10^{-15} M）（Waner 和 Mascotti，2008），使生物素修饰的适配体固定在链霉亲和素修饰的 PCR 管的表面，部分杂交结合的互补单链 DNA 适配体于 PCR 管的表面形成双链 DNA。AFB_1 存在时，适配体与 AFB_1 的结合诱导了适配体结构的变化，AFB_1/适配体复合体形成后，互补单链 DNA 被释放出来（Yang 等，2012），通过洗去释放的互补单链 DNA，可导致 RT-qPCR 扩增模板互补单链 DNA 的减少。因此 AFB_1 的浓度与 PCR 反应后产生的荧光强度的变化有着正相关的关系，利用这种关系定量 AFB_1 的水平。

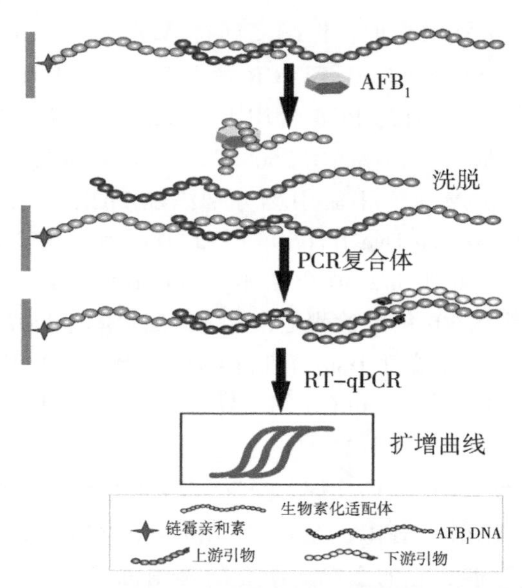

图 1　检测黄曲霉毒素 B_1 的适配体传感器示意

互补单链 DNA 作为 PCR 扩增的模板，其浓度和 PCR 引物的特异性非常重要并需要优化。如图 2 所示，扩增曲线表明互补单链 DNA 浓度与循环数的相互关系，DNA 浓度降低，循环数升高。与扩增曲线对应的标准曲线如图 2 所示，Ct 值与互补 DNA 浓度的相互关系表明 RT-qPCR 方法检测互补 DNA 具有灵敏度高、可定量检测和高扩增效率（98.2%）的优点。结果显示互补 DNA 在 1.0×10^{-4}~10nM 浓度范围内显示了很好的线性关系，并具有很高的相关系数（$R^2=0.996$），线性回归方程为 $Ct=-3.3661\lg C+38.127$，Ct 表示循环数，C 表示 AFB_1 DNA 的浓度。优化后的互补 DNA 的浓度为 10nM，缘于该浓度下检测到最低水平的 Ct 值。图 3 的熔解曲线在 80℃显示出单峰，表明 PCR 扩增进程是专一的，引物的特异性很高，整个反应过程中没有引物二聚体和其他的非特异性 DNA 片段产生。

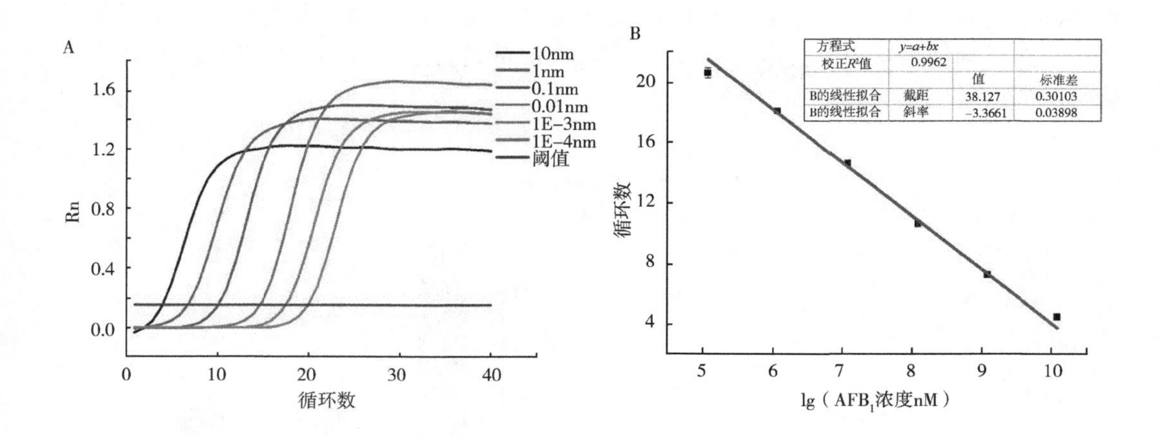

图 2　（A）互补单链 DNA 在不同浓度下的扩增曲线；
（B）在 1×10^{-4}～10nM 范围内，互补单链 DNA 浓度和 Ct 值的标准曲线

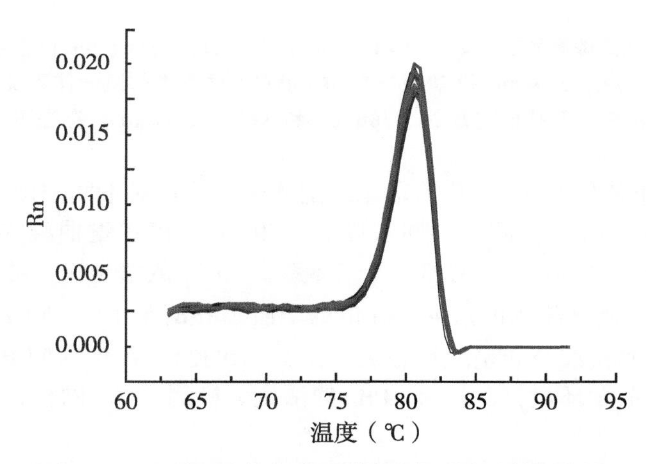

图 3　AFB_1 检测中与每个扩增曲线相对应的熔解曲线
在 80℃出现一个明显的单峰

链霉亲和素和生物素修饰的适配体以及互补 DNA 的浓度很大程度上会影响适配体传感器的检测效果，因此其浓度优化起到很关键的作用。设置互补 DNA 的浓度为 10nM，通过分析 PCR 扩增信号的变化，优化链霉亲和素和适配体的浓度。首先，添加不同的链霉亲和素的浓度以评估链霉亲和素修饰的 PCR 管对适配体的吸附能力。图 4 显示链霉亲和素修饰与未修饰的 PCR 管检测后的 Ct 值有明显的差异，表明链霉亲和素修饰的 PCR 管与生物素化的适配体有很强的结合能力。因为生物素-链霉亲和素之间强烈的特异性结合使生物素修饰的适配体固定在链霉亲和素修饰的 PCR 管的表面。比较不同浓度的链霉亲和素检测出的 Ct 值，发现链霉亲和素浓度为 2. 5ng/mL 时 Ct 值达到最低水平。当适配体的浓度低于 5. 0nM 时，适配体的浓度升高，Ct 值相应降低。当适配体的浓度高于5.0nM时，适配体的浓度升高，Ct值相应升高，可能是由于空间位阻产生了这样的结果。因此，本试验选择2.5ng/mL的链霉亲和素和5.0nM的适配体作为优化后的浓度用于RT-qPCR检测。

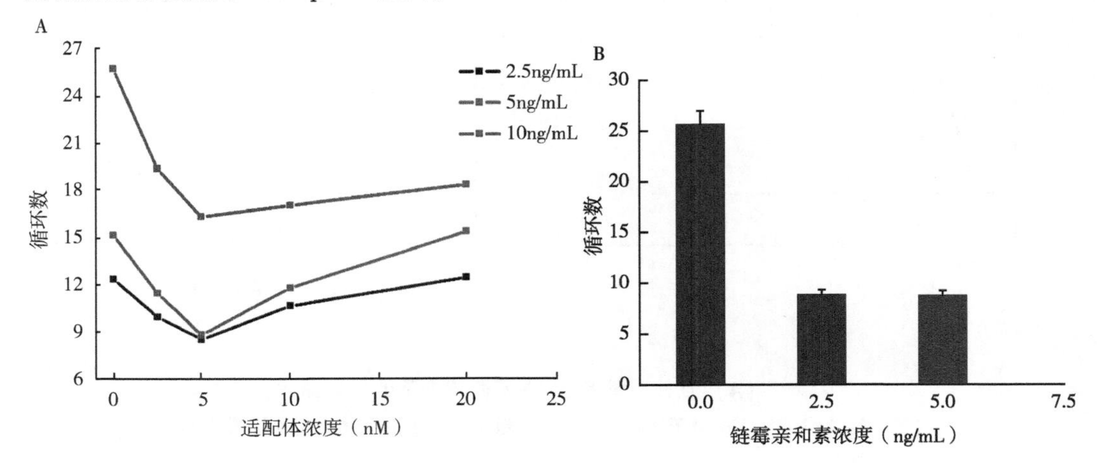

图4　（A）在固定浓度的互补单链DNA（10nM）和AFB_1（5ng/mL）存在的情况下，链霉亲和素的浓度为2.5ng/mL、5ng/mL和10ng/mL，Ct值在不同浓度的适配体下发生变化；（B）在固定浓度的适配体（5nM）、互补单链DNA（10nM）和AFB_1（5ng/mL）存在下，链霉亲和素在不同浓度下Ct值的变化

在最佳条件下使用RT-qPCR测定该适配体传感器针对不同浓度AFB_1的典型扩增曲线（图5）。RT-qPCR检测出不同浓度的AFB_1对应的扩增曲线如图5（A）所示，AFB_1的浓度增加，循环数相应增加。反应体系中AFB_1的量越大，释放的互补DNA的量越大，从而导致PCR模板的减少，Ct值的增加。AFB_1 5×10^{-5}～5ng/mL的浓度范围与对应的Ct值之间的校准曲线呈线性相关（$R^2=0.9932$），线性回归方程为$Ct=3.816\lg C+24.622$，Ct表示循环数，C表示AFB_1的浓度。检测AFB_1的检出限（S/N=3）为

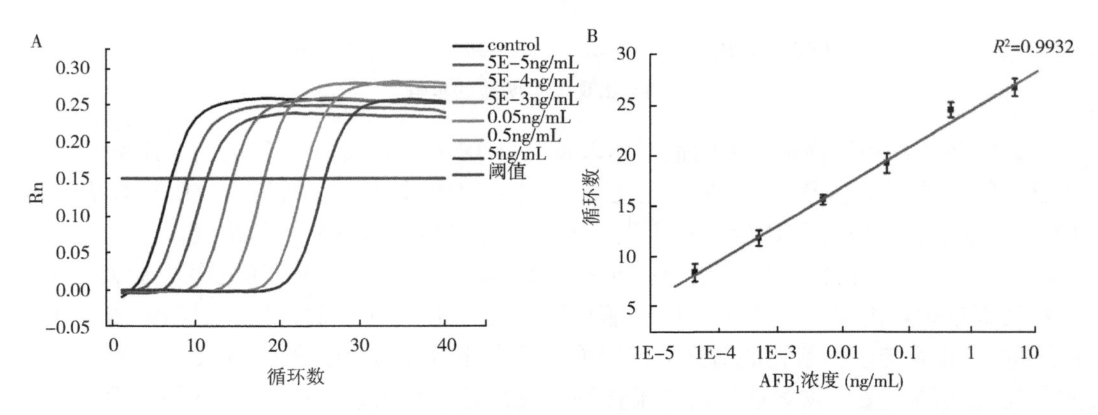

图5　（A）不同浓度AFB_1（5×10^{-5}～5ng/mL）条件下，互补单链DNA下的扩增曲线；（B）不同浓度AFB_1（5×10^{-5}～5ng/mL）互补单链DNA与Ct值之间的标准曲线

25fg/mL，是已经报道的 AFB_1 检测方法中的检出限的 1/400。与当前实用的仪器法和快速筛选方法相比，本试验的结果有力地证明了检测 AFB_1 的高灵敏度（表 1）。

表 1　当前 AFB_1 实用检测方法的灵敏度的比较

编号	方法	检出限	参考文献
1	免疫色谱法	2. 5ng/mL	Xiulan 等（2006）
2	间接竞争免疫法	0. 3ng/mL	Sapsford 等（2006）
3	净化柱串联免疫法	5ng/mL	Goryacheva 等（2007）
4	电化学免疫传感器	0. 03ng/mL	Piermarini 等（2007）
5	酶免疫分析法	2ng/mL	Saha 等（2007）
6	压电免疫传感器	0. 01ng/mL	Jin 等（2009）
7	实时定量 PCR	0. 1ng/mL	Babu and Muriana（2011）
8	超高效液相色谱荧光检测法	2ng/mL	Corcuera 等（2011）
9	表面等离子体共振传感器	0. 94ng/mL	Puiu 等（2012）
10	液相色谱电喷射串联质谱	0. 02ng/mL	Liu 等（2013b）
11	基于实时定量 PCR 的传感器	25fg/mL	本研究

为了检测本方法的特异性，选择 8 种主要的霉菌毒素（OTA、ZEN、α-ZOL、FB_1、AFM_1、AFB_2、AFG_1 和 AFG_2）作为参照对象，同时检测了多种毒素同时存在对本试验的影响。如图 6 所示，当检测这 8 种霉菌毒素时，浓度均为 5ng/mL，Ct 值没有明显变化。除此之外，与不含任何霉菌毒素的对照组的结果也没有显著差异。试验结果表明适配体传感器检测 AFB_1具有较强的选择性，这是因为生物素修饰的适配体基本不识别其他的霉菌毒素。此外，由于作为 AFB_1 检测方法的实际应用的需要，重复性的检测也至关重要。本文在不同的时间检测同一样品（5.0×10^{-4}ng/mL AFB_1）7 次，通过检测结果 Ct 值的变化评估本方法的重复性。如图 7 所示，不同时间的检测结果无明显差异，相对标准偏差为 2. 0%，表明重复性很好，该方法具有实际应用的价值。

为了评估本方法的实用性和准确性，对羊草样品和婴幼儿米粉样品中 AFB_1 的检测进行了验证。羊草样品中 AFB_1 加标回收的浓度分别为 5×10^{-5}ng/mL、1×10^{-4}ng/mL、0. 01ng/mL 和 0. 1ng/mL，婴幼儿米粉中 AFB_1 加标回收的浓度分别为 5×10^{-4}ng/mL、1×10^{-3}ng/mL，0. 005ng/mL 和 0. 01ng/mL。表 2 显示检测出的回收率范围分别为 88%～127%和 94%～119%，试验结果表明该超灵敏的适配体传感器可用于饲料和食品中的 AFB_1 的快速检测。

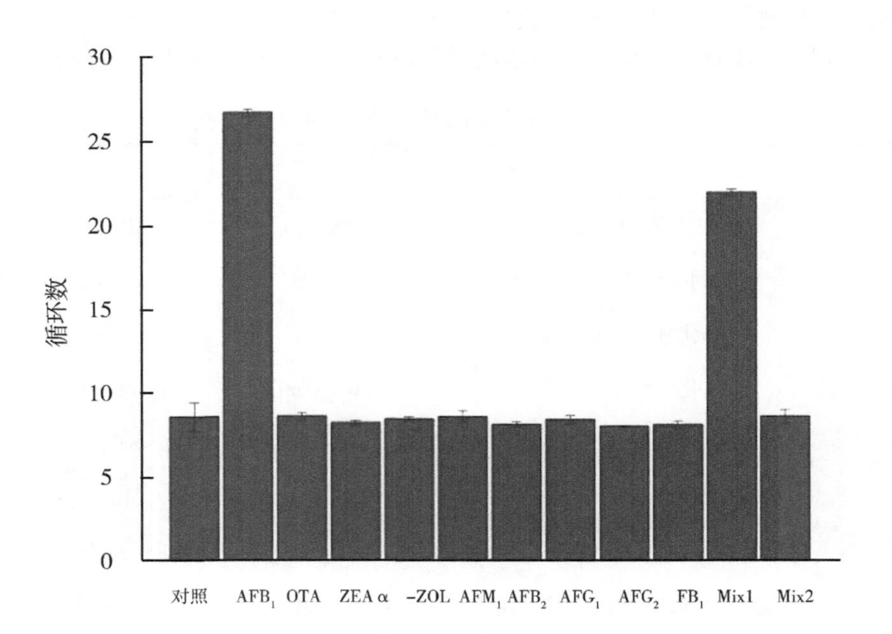

图 6　不存在和存在 5ng/mL 真菌毒素

包括 AFB_1，OTA，ZEA，α-ZOL，AFM_1，AFB_2，AFG_1，AFG_2，FB_1，Mix1（AFB_1，OTA，ZEA，α-ZOL，AFM_1，AFB_2，AFG_1，AFG_2 和 FB_1）和 Mix2（OTA，ZEA，α-ZOL，AFM_1，AFB_2，AFG_1，AFG_2 和 FB_1）时的 Ct 值。试验条件如下：互补单链 DNA 10nM，适配体 5nM 和链霉亲和素 2.5ng/mL

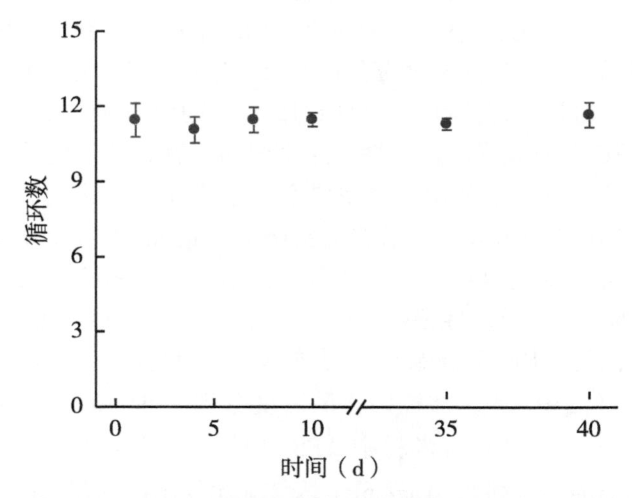

图 7　利用所提出的适体传感器检测 AFB_1 的可重复性

试验条件如下：AFB_1 5.0×10^{-4} ng/mL，互补单链 DNA 10nM，适配体 5nM 和链霉亲和素 2.5ng/mL

表 2　AFB_1 在婴幼儿米粉和羊草样品中的加标回收率的测定

样品	添加浓度（pg/mL）	检测值平均值±标准偏差（pg/mL）	回收率（%）
婴幼儿米粉	10. 0	9. 4±1. 1	94
	5. 0	5. 7±0. 5	114
	1. 0	1. 19±0. 21	119
	0. 5	0. 57±0. 07	114
羊草	100. 0	105. 0±0. 9	105
	10. 0	12. 7±1. 2	127
	0. 10	0. 107±0. 034	107
	0. 05	0. 044±0. 009	88

参考文献

Bakirci I, 2001. A study on the occurrence of aflatoxin M_1 in milk and milk products produced in Van province of Turkey [J]. Food Control, 12 (1): 0-51.

Corcuera L A, Ibanez-Vea M, Vettorazzi A, et al, 2011. Validation of a UHPLC-FLD analytical method for the simultaneous quantification of aflatoxin B_1 and ochratoxin a in rat plasma, liver and kidney [J]. Journal of Chromatography B, 879 (26): 2733-2740.

Decastelli L, Lai J, Gramaglia M, et al, 2007. Aflatoxins occurrence in milk and feed in Northern Italy during 2004-2005 [J]. Food Control, 18 (10): 0-1266.

Diaz G J, Espitia E, 2006. Occurrence of aflatoxin M_1 in retail milk samples from Bogotá, Colombia [J]. Food Additives and Contaminants, 23: 811-815.

Goryacheva I Y, Saeger S D, Delmulle B, et al, 2007. Simultaneous non-instrumental detection of aflatoxin B_1 and ochratoxin A using a clean-up tandem immunoassay column [J]. Analytica Chimica Acta, 590 (1): 118-124.

Guo X D, Wen F, Zheng N, et al, 2014. Development of an ultrasensitive aptasensor for the detection of aflatoxin B_1 [J]. Biosensors & Bioelectronics, 56: 340-344.

Hayat A, Sassolas A, Marty J L, et al, 2013. Highly sensitive ochratoxin A impedimetric aptasensor based on the immobilization of azido-aptamer onto electrografted binary film via click chemistry [J]. Talanta, 103: 14-19.

Jae Hong Park, Young-Pil Kim, In-Ho Kim, et al, 2014. Rapid detection of aflatoxin B_1 by a bifunctional protein crosslinker-based surface plasmon resonance biosensor [J]. Food Control, 36 (1): 183-190.

Jin XY, Jin X F, Chen L G, et al, 2009. Piezoelectric immunosensor with gold nanoparticles enhanced competitive immunoreaction technique for quantification of aflatoxin B_1 [J]. Biosensors & Bioelectronics, 24 (8): 2580-2585.

Jolly P E, Jiang Y, Ellis W O, et al, 2007. Association between aflatoxin exposure and health characteristics, liver function, hepatitis and malaria infections in Ghanaians [J]. Journal of Nutritional & Environmental Medicine, 16 (3-4): 242-257.

Kubista M, José Manuel Andrade, Bengtsson M, et al, 2006. The real-time polymerase chain reaction [J]. Molecular Aspects of Medicine, 27 (2-3): 95-125.

Liu B H, Hsu Y T, Lu C C, et al, 2013. Detecting aflatoxin B_1 in foods and feeds by using sensitive rapid enzyme-linked immunosorbent assay and gold nanoparticle immunochromatographic strip [J]. Food Control, 30 (1): 184-189.

Liu S, Qiu F, Kong W, et al, 2013. Development and validation of an accurate and rapid LC-ESI-MS/MS method for the simultaneous quantification of aflatoxin B_1, B_2, G_1 and G_2 in lotus seeds [J]. Food Control, 29 (1): 156-161.

Liu Y, Qin Z, Wu X, et al, 2006. Immune - biosensor for aflatoxin B_1 based bio - electrocatalytic reaction on micro-comb electrode [J]. Biochemical Engineering Journal, 32 (3): 211-217.

Ma W, Yin H, Xu L, et al, 2013. Femtogram ultrasensitive aptasensor for the detection of OchratoxinA [J]. Biosensors and Bioelectronics, 42: 545-549.

McKeague M, Bradley C R, De Girolamo A, et al, 2010. Screening and Initial Binding Assessment of Fumonisin B_1 Aptamers [J]. Int J Mol Sci, 11 (12): 4864-4881.

Mestdagh P, Feys T, Bernard N, et al, 2008. High-throughput stem-loop RT-qPCR miRNA expression profiling using minute amounts of input RNA [J]. Nucleic Acids Res, 36 (21): e143.

Ediage E N, Jose Diana Di Mavungu, Monbaliu S, et al, 2011. A Validated Multianalyte LC-MS/MS Method for Quantification of 25 Mycotoxins in Cassava Flour, Peanut Cake and Maize Samples [J]. Journal of Agricultural & Food Chemistry, 59 (10): 5173-5180.

Linda Chryseis Pociecha, Jorge Andres Cruz-Aguado, Gregory Allen Penner, 2011. DNA Ligands for Aflatoxin and Zearalenone [P]. US 2011.

Pattono D, Gallo P F, Civera T, et al, 2011. Detection and quantification of ochratoxin A in milk produced in organic farm [J]. Food Chemistry, 127 (1): 374-377.

Piermarini S, Micheli L, Ammida N H S, et al, 2007. Electrochemical immunosensor array using a 96-well screen-printed microplate for aflatoxin B_1 detection [J]. Biosensors and Bioelectronics, 22 (7): 1434-1440.

Puiu M, Istrate O, Rotariu L, et al, 2012. Kinetic approach of aflatoxin B_1-acetylcholinesterase interaction: A tool for developing surface plasmon resonance biosensors [J]. Anal Biochem, 421 (2): 587-594.

Saha D, Acharya D, Roy D, et al, 2007. Simultaneous enzyme immunoassay for the screening of aflatoxin B_1 and ochratoxin A in chili samples [J]. Analytica Chimica Acta, 584 (2): 343-349.

Sapsford K E, Taitt C R, Fertig S, et al, 2006. Indirect competitive immunoassay for detection of aflatoxin B_1 in corn and nut products using the array biosensor [J]. Biosensors & Bioelectronics, 21 (12): 2298-2305.

Schmittgen T D, Livak K J, 2008. Analyzing real-time PCR data by the comparative CT method [J]. Nature Protocols, 3 (6): 1101-1108.

Sheng L, Ren J, Miao Y, et al, 2011. PVP-coated graphene oxide for selective determination of ochratoxin A via quenching fluorescence of free aptamer [J]. Biosensors & Bioelectronics, 26 (8): 3494-3499.

Oueslati S, Roberto Romero-Gonzάlez, Lasram S, et al, 2012. Multi-mycotoxin determination in cereals and derived products marketed in Tunisia using ultra-high performance liquid chromatography coupled to triple quadrupole mass spectrometry [J]. Food and chemical toxicology: an international journal published for the British Industrial Biological Research Association, 50 (7): 2376-2381.

Var I, Kabak B, Gök F, 2007. Survey of aflatoxin B_1 in helva, a traditional Turkish food, by TLC [J]. Food Control, 2007, 18 (1): 0-62.

Vidal J C, Bonel L, Ezquerra A, et al, 2013. Electrochemical affinity biosensors for detection of mycotoxins: A review [J]. Biosensors & Bioelectronics, 49: 146-158.

Waner M J, Mascotti D P, 2008. A simple spectrophotometric streptavidin-biotin binding assay utilizing biotin-4-fluorescein [J]. Journal of Biochemical & Biophysical Methods, 70 (6): 873-877.

Williams J H, Phillips T D, Jolly P E, et al, 2004. Human aflatoxicosis in developing countries: a review of toxicology, exposure, potential health consequences, and interventions [J]. American Journal of Clinical Nutrition, 80 (5): 1106-1122.

Xiulan S, Xiaolian Z, Jian T, et al, 2006. Development of an immunochromatographic assay for detection of aflatoxin B_1 in foods [J]. Food Control, 17 (4): 256-262.

Yang C, Lates V, Beatriz Prieto-Simón, et al, 2012. Aptamer-DNAzyme hairpins for biosensing of Ochratoxin A [J]. Biosensors & Bioelectronics, 32 (1): 208-212.

基于适配体荧光传感器的方法检测婴幼儿米粉中的黄曲霉毒素 B_1

在这项研究中开发了一种用于快速、灵敏和特异性检测黄曲霉毒素 B_1（AFB_1）的荧光测定法。最初，DNA 双链体是在荧光素标记的 AFB_1 适配体与其部分互补 DNA 链之间形成的，由于荧光团和淬灭剂的邻近，导致荧光淬灭。加入 AFB_1 后，生成了适配体/AFB_1 复合物以释放淬灭剂修饰的 DNA 链，从而恢复了荧光素的荧光，并通过监测荧光增强来定量检测 AFB_1。在最佳条件下，该测定法对 AFB_1 的线性响应范围为 5~100ng/mL，检出限低至 1.6ng/mL。利用该测定方法对婴幼儿米粉中 AFB_1 进行检测，回收率为 93.0%~106.8%，表明该测定方法在检测食品中的 AFB_1 具有很大的潜力。

关键词：黄曲霉毒素 B_1；适配体；荧光性；淬灭；婴幼儿米粉

一、简介

霉菌毒素是由各种霉菌产生的有毒的次生代谢产物，它们能够通过污染各种食品和动物饲料而对人类健康造成严重威胁（Atar 等，2015；Mata 等，2015；Zhu 等，2015）。近年来，黄曲霉毒素是最主要、毒性最大的霉菌毒素，常存在于农产品中并造成大量的经济损失，引起了全球关注（Pietri 等，2016；Zhang 等，2016）。国际癌症研究机构指出在几种类型的黄曲霉毒素（B_1、B_2、G_1、G_2、M_1 和 M_2）中，黄曲霉毒素 B_1 是一类致癌物（Lee 等，2015）。某些农产品，例如花生、玉米和谷类，尤为容易受到 AFB_1 的污染（Chen 等，2014；Iqbal 等，2014；Zhang 等，2016）。因此，欧盟委员会规定所有谷物和谷物衍生产品中 AFB_1 的最大限量为 2μg/kg，总黄曲霉毒素最大限量为 4μg/kg，以保护消费者的健康和预防食品安全问题（Commission，2010）。由于 AFB_1 的限量较低且具有严重毒性，因此，快速、灵敏和特异的分析方法对 AFB_1 的测定至关重要。

基于薄层色谱（TLC）（Var 等，2007）、高效液相色谱（HPLC）（Herzallah，2009；Yazdanpanah 等，2013）和液相色谱-质谱联用的分析方法光谱法（LC-MS）（Abia 等，2013；Warth 等，2013）等用于检测 AFB_1 的方法已经逐渐成熟。但以上方法所需仪器的使用通常需要特殊的设备和专业人员，以及样品预处理方法较为繁琐（Shim 等，2007）。同时，基于免疫分析法的快速检测方法已广泛用于食品和农产品中的 AFB_1 定量（Mozaffari 等，2014；Sheng 等，2014；Xu 等，2014）。这些基于抗体的检测方法虽然有较高的选择性，但往往受高成本和易变性的限制，使它们难以进行实时和现场检测（Huang 等，2012）。作为小分子识别抗体的另一种方法，适配体是一种单链DNA或RNA寡核苷酸，可与靶标结合，具有较高的亲和力和特异性。基于核酸适配体的生物传感器具有价格便宜、合成方便、易于修改、在非生理条件下稳定性高等优点（Jayasena，1999），并已被用于检测真菌毒素，如赭曲霉毒素A（OTA）和伏马菌素B_1（FB_1）（Guo等，2011；Kuang等，2010；Wu等，2012，2013；Yang等，2013）。2012年，针对新的AFB_1的适配体获得了Neoventures Biotechnology Inc.（Canada）的专利（专利：PCT/CA2010/001292），此后，用于AFB_1定量的适配体传感器的研究成功用于农产品（Castillo等，2015；Evtugyn等，2014；Seok等，2015；Shim等，2014；Wang等，2016）。例如，最近开发了一种基于适配体的试纸法以检测AFB_1，该法利用了适配体和cy5修饰的DNA探针的生物素化形式的竞争反应，检出限为0.32nM（Shim等，2014）。为对AFB_1进行灵敏检测，将荧光氮掺杂碳点（N点，C点）结合到适配体修饰的金纳米颗粒上（Aptamer/AuNPs）（Wang等，2016）。之前，我们的小组开发了一种超灵敏的适配体传感器，其基于固定在PCR管中的AFB_1的适配体的构型变化（Guo等，2014）。但是，已报道的基于实时定量聚合酶链反应（RT-qPCR）的AFB_1适配体测定非常耗时，需要复杂的样品制备以及在严格条件下的长时间培养。因此，开发简单、快速和低成本的方法来定量检测食品和动物饲料中的AFB_1水平仍然具有挑战性。

在此，我们介绍了一种新型的荧光检测方法，用于使用荧光团标记的AFB_1适配体及其通过淬灭剂共价修饰的部分互补DNA链（表示为cDNA）检测AFB_1。在缺少AFB_1的情况下，适配体会自然地与cDNA结合，从而使荧光团和淬灭剂紧密结合，进而诱导出高效的荧光淬灭。引入AFB_1后，适配体更易于形成适配体/AFB_1复合体，而不是DNA/DNA双链体，从而导致了cDNA的释放，并伴随有荧光的增加。整个检测过程简单、快速，并且对AFB_1具有很高的特异性，因此具有继续分析的潜力。同时还测定了加标的婴幼儿米粉样品中AFB_1的含量，证明该方法的实用性。

二、试验设计

1. 材料和试剂

从国家标准物质研究中心（北京，中国）购买黄曲霉毒素B_1（AFB_1）、赭曲霉毒素A（OTA）、黄曲霉毒素M_1（AFM_1）、黄曲霉毒素B_2（AFB_2）、黄曲霉毒素G_1（AFG_1）、黄曲霉毒素G_2（AFG_2）、玉米赤霉烯酮（ZEA）和伏马菌素B_1（FB_1）。从上海化学试剂公司（上海，中国）购买其他化学试剂：氯化钠（NaCl），氯化钾（KCl），2-amino-2-(hydroxymethyl)-1,3-propanediol（TRIS），无水氯化钙（$CaCl_2$）。婴幼儿米粉样品（雀巢和海因茨）从当地超市购买。用MilliQ净化系统净化水。Tris-HCl缓冲液（10mM Tris，120mM氯化钠，5mM氯化钾，20mM氯化钙，pH值7.0）用于荧光测定。

本试验所用的寡核苷酸由上海生工生物科技有限公司合成，并采用高效液相色谱法进行纯化。AFB_1适配体的序列按照专利：PCT/CA2010/001292（Guo等，2014）。序列如下。

AFB_1适配体：5′-GT TGG GCA CGT GTT GTC TCT CTG TGT CTC GTG CCC TTC

GCT AGG CCC-FAM-3′。

部分互补 DNA（cDNA）：cDNA1，5′-TAMRA-GGG CCT AG-3′；cDNA2，5′-TAMRA-GGG CCT AGC G-3′；cDNA4，5′-TAMRA-GGG CCT AGC G-3′；cDNA5，5′-TAMRA-GGG CCT AG-3′。

2. 基于适配体荧光传感器的方法检测 AFB_1

将 AFB_1 适配体和 cDNA 用 Tris-HCl 缓冲液溶解稀释。然后，将 500μL 的 AFB_1 适配体溶液（10nM）与 500μL cDNA 以 1∶1、1∶2、1∶3、1∶4 和 1∶5 的摩尔比混合（除非另有说明，1∶2 的摩尔比用于 AFB_1 的分析）。在 88℃将混合物加热 5min，在室温下孵化 30min，然后将 500μL 不同浓度的 AFB_1 标准溶液添加到混合物中，最终反应体积为 1.5mL。涡旋后，用 F-7000 荧光光度计（Hitachi，Japan）检测激发/发射波长为 495/520nm 的荧光强度，每个浓度测量 5 次。考虑到黄曲霉毒素是一种高荧光物质（AFB_1 激发/发射波长为 360/420nm），AFB_1 的背景荧光信号可能与 FAM 修饰的适配体的荧光信号重叠。为避免黄曲霉毒素的背景荧光信号的影响，我们通过测量包含 AFB_1 和缓冲液但不含 FAM 修饰的 AFB_1 适配体和 cDNA 的对照的荧光作为背景值进行校正。

3. 特异性分析

为验证该方法对 AFB_1 的高选择性检测能力，在与 AFB_1 相同的条件下，检测了 40ng/mL 的 OTA、ZEA、FB_1、AFM_1、AFB_2、AFG_1 和 AFG_2。

4. 对加标的婴幼儿米粉样品进行 AFB_1 分析

通过定量检测两个品牌的已知 AFB_1 浓度的婴幼儿米粉样品中的 AFB_1 含量，验证了该测定方法的实用性。每个样品分别以 5μg/kg、10μg/kg、20μg/kg 的浓度掺入 AFB_1。精确称量每个样品（2.00g±0.05g），然后添加 10mL 萃取溶液（甲醇∶水，6∶4）从样品中萃取 AFB_1。使用 Vortex-Genie 2（Scientific Industries，USA）将整个混合物涡旋 5min，然后以 10 000×*g* 转速离心 10min。收集上清液，通过 0.45μm 过滤器过滤，并用 Tris 缓冲液（1∶5，V∶V）稀释进行回收试验。每个样本重复测量 5 次，以评估测定结果的准确性。

三、结果讨论

1. 基于荧光适配体传感器的设计

在图 1A 中展示用于检测 AFB_1 荧光测定的设计示意图。在该传感系统中，AFB_1 适配体由羧基荧光素（FAM）标记，其部分互补 DNA 由羧基-乙基罗丹明（TAMRA）淬灭基团修饰。在不引入 AFB_1 的情况下，AFB_1 适配体与 cDNA 的杂交使得 FAM 和 TAMRA 的淬灭基团非常接近。在这种情况下，FAM 的荧光得到了有效的淬灭。添加 AFB_1 后，诱导了 AFB_1 适配体的结构转换，导致 AFB_1/适配体复合物的形成（Seok 等，2015）。因此，从 AFB_1 适配体中分离出 cDNA，恢复 FAM 的荧光。为了确认 AFB_1 的存在可导致适配体 cDNA 双链体的去杂交和荧光增强，在含有 10nM AFB_1 核酸适配体和 20nM 的 cDNA 的 Tris-HCl 缓冲液添加 150ng/mL 的 AFB_1。如图 1B 所示，15min 后观察到 14 倍以上的荧光增强，表明 AFB_1 适配体复合物形成。此外，这意味着共价标记的荧光团（FAM）没有影响 AFB_1 适配体的原始识别能力。

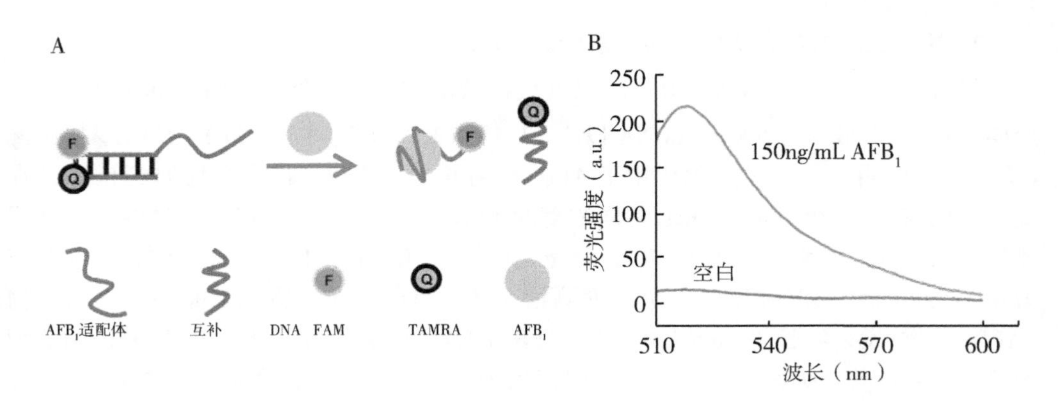

图 1 （A）检测 AFB_1 的适配体传感器示意图；（B）在没有（空白）和存在 150ng/mL AFB_1 的情况下，基于适配体传感系统的荧光发射光谱。

激发和发射波长在 λex/λem = 495/520nm 处。条件：含有 10nM AFB_1 适配体、20nM cDNA 的 Tris-hcl 缓冲液（10mM Tris，120mM NaCl，5mM KCl，20mM $CaCl_2$，pH 值 7.0）

2. cDNA 序列的优化

cDNA 序列的优化对于增强适配体/cDNA 双链体的稳定性，在缺乏 AFB_1 的情况下实现低背景荧光，以及促进目标诱导的 AFB_1 适配体和 cDNA 的去杂化（在添加 AFB_1 时实现更高的荧光性）是十分关键的步骤。因此，设计了一系列不同长度的 cDNA 优化荧光检测的传感性能。如图 2A 所示，深灰色柱表示不含 AFB_1 的样品的荧光强度，而浅灰色柱表示存在 150ng/mL AFB_1 样品的荧光强度。结果表明 cDNA2、cDNA3、cDNA4 和 cDNA5 均可在没有 AFB_1 的情况下，有效消除 FAM 的荧光并减少背景信号。然而，由于 cDNA1 的长度短，因此产生了很强的背景荧光，这会削弱与 AFB_1 适配体的杂交。加入 AFB_1 后，将 cDNA2 作为部分互补 DNA 时，观察到显著的荧光增强（F/F0），而较长的 cDNA 序列（cDNA3、cDNA4 和 cDNA5）导致较弱的荧光增强（图 2B）。这可能是因为具有更多核苷酸的 cDNA 可以促进 cDNA/适配体双链体的形成，这限制了靶标诱导的 AFB_1 适配体的结构转换。因此，具有与 AFB_1 适配体互补的 9 个核苷酸序列的 cDNA2 被选择为优化的序列。

3. cDNA2 浓度的优化

为了优化传感能力，研究了 cDNA2 在不同浓度时的效果。在该实验中，将 150ng/mL 的 AFB_1 添加到含有 10nM AFB_1 适配体的溶液中，并改变 cDNA2 的浓度。如图 2C 所示，当 cDNA2 的浓度为 20nM 时，达到了最大荧光增强（F/F0），这表明，即使是较高的 cDNA2 浓度也可以通过形成稳定的 cDNA2/适配体双链体提供较低的背景荧光。如果 cDNA2 的浓度高于 20nM（2 当量的 AFB_1 适配体浓度），它将影响 AFB_1 及其适配体之间的相互作用，从而限制 cDNA 增强荧光。该情况下，将 cDNA2 的最佳浓度确定为 20nM，以进行进一步的传感试验。

4. 优化反应时间

为了获得稳定的检测结果，进一步研究了反应时间对目标诱导荧光增强的影响。如图 2D 所示，AFB_1 加入 15min 后荧光强度急剧增强，并在结合时间大于 15min 时荧光强度达到稳定状态。因此，加入 AFB_1 15min 后，开始所有荧光的测定。

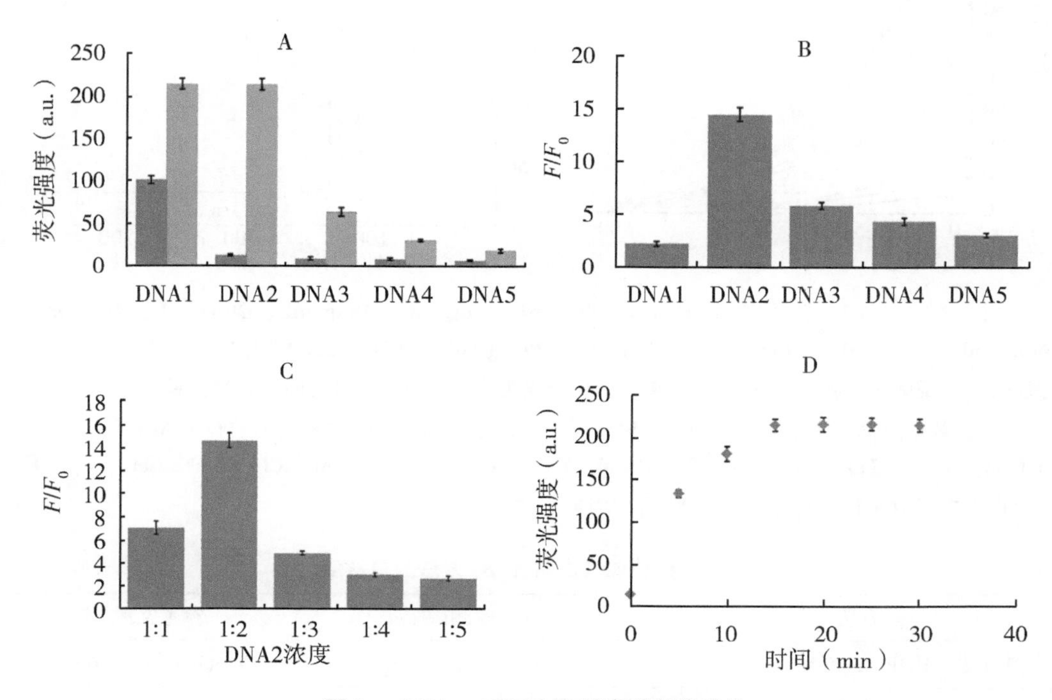

图 2　cDNA、cDNA2 和反应时间的优化

（A）不同核苷酸（cDNA1、cDNA2、cDNA3、cDNA4、cDNA5）cDNA 的优化。深灰色表示添加 AFB_1 之前的荧光强度，浅灰色表示添加了 150ng/mL AFB_1 的样品。（B）加入 150ng/mL AFB_1 后的荧光增强（F/F0）。（C）优化 cDNA2 的浓度，深灰色表示加入 15ng/mL AFB_1 后的荧光增强（F/F0）。（D）反应时间优化。AFB_1 浓度为 15ng/mL。每个数据点是 3 个测量值的平均值。误差线是标准差。激发和发射波长在 λex/λem = 495/520nm 处。条件：含有 10nM AFB_1 适配体、20nM cDNA的 Tris-HCl 缓冲液（10mM Tris，120mM NaCl，5mM KCl，20mM $CaCl_2$，pH 值 7.0）

5. AFB_1 的定量测定

在最佳条件下，利用荧光分析法在激发和发射波长分别为 495nm 和 520nm 处检测 AFB_1 的荧光强度，从而实现对 AFB_1 的定量检测。如图 3A 所示，荧光强度随着 AFB_1 浓度的增大而增强，并且当 AFB_1 浓度达到 150ng/mL 时达到最大荧光增强。如图 3B 所示，荧光强度对 AFB_1 浓度的校准曲线在 5~100ng/mL 浓度范围内呈线性变化，线性方程为 $F=1.384\ C+24.964$（$R^2=0.9979$），其中 F 为荧光强度，C 为 AFB_1 的浓度。用 3σb/斜率（σb，空白样品的标准偏差）计算该方法的检出限为 1.6ng/mL。如表 1 所示，与其他仪器和快速筛选方法相比，该方法具有一定的灵敏性。

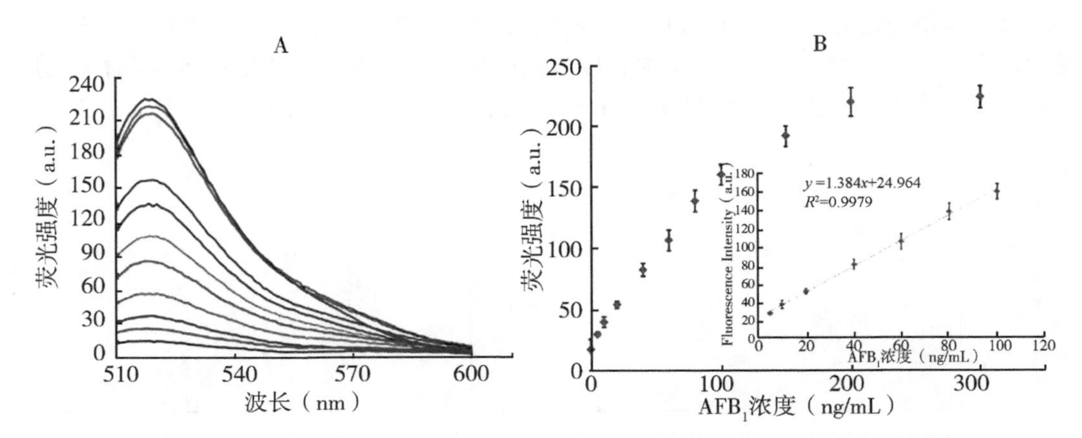

图 3 （A）在添加不同浓度 0ng/mL、5ng/mL、10ng/mL、20ng/mL、40ng/mL、60ng/mL、80ng/mL、100ng/mL、150ng/mL、200ng/mL、300ng/mL AFB_1 的条件下（从底部到顶部），适配体传感器的荧光发射光谱；（B）荧光强度与 AFB_1 浓度之间的线性关系

每个数据点都是 3 个测量值的平均值。误差线是标准偏差。激发和发射波长为 λex/λem = 495/520nm。条件：Tris - HCl 缓冲液（10mM Tris，120mM NaCl，5mM KCl，20mM $CaCl_2$，pH 值 7.0）中含有 10nM AFB_1 适配体，20nM cDNA

表 1 比较现有检测 AFB_1 方法的灵敏度

	方法	检测限	参考文献
仪器方法	UHPLC-FLD	2ng/mL（6.4nM）	Corcuera 等（2011）
基于抗体的方法	免疫层析法测定	2.5ng/mL（8nM）	Xiulan 等（2005）
	串联免疫亲和柱的清洗	5ng/mL（16nM）	Goryacheva 等（2007）
	酶联免疫分析法	2ng/mL（6.4nM）	Saha 等（2007）
基于适配体的方法	RT-qPCR	25fg/mL（80fM）	Guo 等（2014）
	基于电聚合中性红的电化学适配体传感器	0.0016ng/mL（0.05nM）	Evtugyn 等（2014）
	基于的电化学适体传感器半胱氨酸-PAMAM 树状聚合物	0.12ng/mL（0.4nM）	Castillo 等（2015）
	适配体试纸法	0.1ng/mL（0.32nM）	Shim 等（2014）
	基于核酸适体/分裂 dna 酶的比色传感器	0.1ng/mL（0.3nM）	Seok 等（2015）
	基于 ache 抑制的酶法	10ng/mL（32nM）	Moscone 等（2011）
	核酸适配体荧光分析	1.6ng/mL（5.1nM）	本研究

6. 测定的选择性

为确定该方法的特异性，在与 AFB_1 相同的试验条件下，测定了 40ng/mL 的真菌毒素（OTA、AFB_2、AFM_1、AFG_1、AFG_2、ZEA、FB_1）。如图 4 所示，只有 AFB_1 诱导荧光显著增加，而其他真菌毒素检测未见明显的荧光强度变化。这可能是由两个原因引起的，首先，如专利（PCT/CA2010/001292）所述，缩短配体可能会改变结合亲和力和选择性。在本研究和我们之前的研究（Guo 等，2014）中，缩短后的 AFB_1 适配体仍具有良好的结合亲和力，对 AFB_1 与其他毒素如 AFB_2 具有良好的选择性。其次，虽然两种方法使用了相同的 AFB_1 特异性适配体，但由于两种方法的性能和检测方法不同，导致交叉反应性检测结果的差异也是合理的。如前所述（Shim 等，2014），基于生物受体（如适配体或抗体）的分析方法的交叉反应性可能不同，即使这些方法是用相同的生物受体开发的。Shim 等开发的试纸法被证实对 AFB_1 具有高度特异性，未观察到对其他霉菌毒素的交叉反应。此外，他们在以前的研究报道中使用了化学发光法，并在微量滴定板的孔上进行，该化学发光法是基于与经 DNAzyme 修饰的 AFB_1 相同的适配体（Shim 等，2014），虽然基于相同的适配体，但化学发光分析研究显示对 AFG_1 和玉米烯酮存在交叉反应。本结果表明，该适配体与除 AFB_1 外的其他霉菌毒素均无反应，表明该方法对 AFB_1 的检测具有较高的特异性。

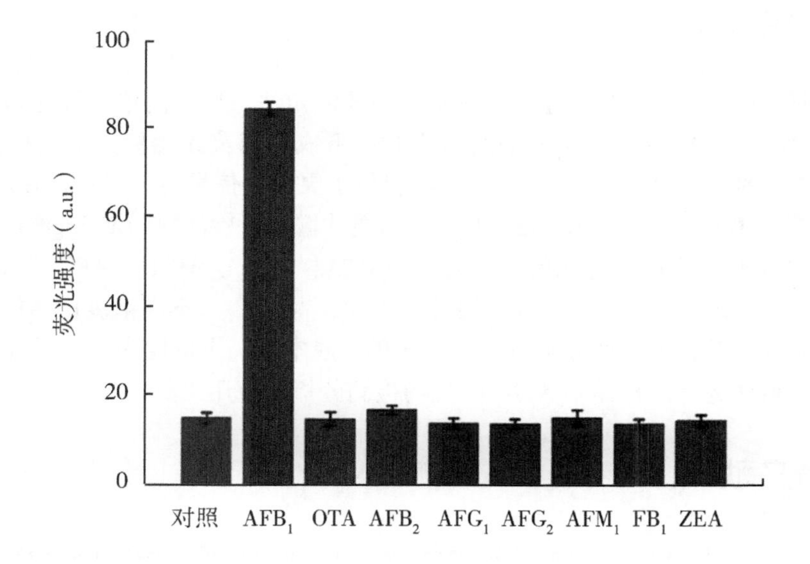

图 4 空白对照组以及 AFB_1、OTA、AFB_2、AFG_1、AFG_2、AFM_1、ZEA、FB_1 在浓度为 40ng/mL 时的荧光强度

试验条件为：激发、发射波长 λex/λem = 495/520nm 处。含有 10nM AFB_1 适配体、20nM cDNA2 的 Tris-hcl 缓冲液（10mM Tris，120mM NaCl，5mM KCl，20mM $CaCl_2$，pH 值 7.0），每个数据点是 3 个测量值的平均值，误差线是标准差

7. 婴幼儿米粉样品中 AFB_1 的检测

为了评价该方法的实用性和可靠性，应用本方法检测加标的婴幼儿米粉样品中的

AFB_1 含量。本试验选择了两个品牌的婴幼儿米粉，分别以 5μg/kg、10μg/kg 和 20μg/kg 的浓度添加 AFB_1。如表 2 所示，回收率分别为 96.3% ~ 106.8% 和 93% ~ 101.2%。这些结果表明，本研究开发的方法可作为 AFB_1 在真实样品中的定量检测方法。

表 2　测定加标的婴幼儿米粉样品中 AFB_1 含量（n=5）[a]

品牌	添加浓度（ng/mL）	检出浓度（ng/mL）	相对标准偏差（%）	回收率（%）
A	5	5.3	2.8	106.8
	10	9.8	3.5	98.4
	20	19.3	3.2	96.3
B	5	5.1	5	101.2
	10	9.3	2.9	93.0
	20	19.2	2.2	95.8

[a]表示 5 次试验

四、结论

在本研究中，成功开发了基于适配体的荧光测定法，用于简单、快速和选择性地检测 AFB_1。添加 AFB_1 后，AFB_1 适配体复合物的形成引起荧光团标记的适配体和淬灭剂标记的 cDNA 的去杂化，从而为 AFB_1 检测提供了灵敏的信号传感平台。在最佳条件下，荧光强度随 AFB_1 浓度在 5~100ng/mL 范围内线性增加，检出限为 1.6ng/mL。该测定法还显示出相对于其他经过检测的霉菌毒素（OTA、AFB_2、AFM_1、AFG_1、AFG_2、ZEA、FB_1），对 AFB_1 具有很强的选择性。婴幼儿米粉样品中掺入不同浓度的 AFB_1 样品，回收率结果达到试验预期。此方法具有设计简单、成本低、灵敏度高、选择性好和检测迅速等优点，可作为食品样品中 AFB_1 的现场检测分析的有用工具。

参考文献

Abia W A, Warth B, Sulyok M, et al, 2013. Determination of multi-mycotoxin occurrence in cereals, nuts and their products in Cameroon by liquid chromatography tandem mass spectrometry (LC-MS/MS) [J]. Food Control, 31 (2): 438-453.

Atar N, Eren T, Yola M L, 2015. A molecular imprinted SPR biosensor for sensitive determination of citrinin in red yeast rice [J]. Food Chemistry, 184: 7-11.

Castillo G, Spinella K, Poturnayova A, et al, 2015. Detection of aflatoxin B_1 by aptamer-based biosensor using PAMAM dendrimers as immobilization platform [J]. Food Control, 52: 9-18.

Chen L, Wen F, Li M, et al, 2017. A simple aptamer-based fluorescent assay for the detection of Aflatoxin B_1 in infant rice cerea [J]. Food Chemistry, 215: 377-382.

Chen R, Ma F, Li P W, et al, 2014. Effect of ozone on aflatoxins detoxification and nutritional quality of peanuts [J]. Food Chemistry, 146: 284-288.

Commission T E, 2010. Commission Regulation (EU) No 165/2010 of 26 February2010 amending Regulation (EC) No 1881/2006 setting maximum levels for certain contaminants in foodstuffs as regards aflatoxins [R]. Official Journal of the European Union. L50/58-L50/12.

Corcuera L A, Ibanez-Vea M, Vettorazzi A, et al, 2011. Validation of a UHPLC-FLD analytical method for the simultaneous quantification of aflatoxin B_1 and ochratoxin a in rat plasma, liver and kidney [J]. Journal of Chromatography B-Analytical Technologies in the Biomedical and Life Sciences, 879 (26): 2733-2740.

Evtugyn G, Porfireva A, Stepanova V, et al, 2014. Electrochemical aptasensor based on polycarboxylic macrocycle modified with neutral red for aflatoxin B_1 detection [J]. Electroanalysis, 26 (10): 2100-2109.

Goryacheva I Y, De Saeger S, Delmulle B, et al, 2007. Simultaneous non-instrumental detection of aflatoxin B_1 and ochratoxin A using a clean-up tandem immunoassay column [J]. Analytica Chimica Acta, 590 (1): 118-124.

Guo X D, Wen F, Zheng N, et al, 2014. Development of an ultrasensitive aptasensor for the detection of aflatoxin B-1 [J]. Biosensors & Bioelectronics, 56: 340-344.

Guo Z, Ren J, Wang J, et al, 2011. Single-walled carbon nanotubes based quenching of free FAM-aptamer for selective determination of ochratoxin A [J]. Talanta, 85 (5): 2517-2521.

Herzallah S M, 2009. Determination of aflatoxins in eggs, milk, meat and meat products using HPLC fluorescent and UV detectors [J]. Food Chemistry, 114 (3): 1141-1146.

Huang Y, Zhao S, Chen Z F, et al, 2012. Amplified fluorescence polarization aptasensors based on structure-switching-triggered nanoparticles enhancement for bioassays [J]. Chemical Communications, 48 (60): 7480-7482.

Iqbal S Z, Rabbani T, Asi M R, et al, 2014. Assessment of aflatoxins, ochratoxin A and zearalenone in breakfast cereals [J]. Food Chemistry, 157: 257-262.

Jayasena S D, 1999. Aptamers: An emerging class of molecules that rival antibodies in diagnostics [J]. Clinical Chemistry, 45 (9): 1628-1650.

Kuang H, Chen W, Xu D, et al, 2010. Fabricated aptamer-based electrochemical "signal-off" sensor of ochratoxin A [J]. Biosensors and Bioelectronics, 26 (2): 710-716.

Lee J, Her J Y, Lee K G, 2015. Reduction of aflatoxins (B (1), B (2), G (1), and G (2)) in soybean-based model systems [J]. Food Chemistry, 189: 45-51.

Mata A T, Ferreira J P, Oliveira B R, et al, 2015. Bottled water: analysis of mycotoxins by LC-MS/MS [J]. Food Chemistry, 176: 455-464.

Moscone D, Arduini F, Amine A, 2011. A rapid enzymatic method for aflatoxin B detection [J]. Methods in Molecular Biology, 739: 217-235.

Mozaffari Nejad A S, Sabouri Ghannad M, Kamkar A, 2014. Determination of aflatoxin B_1 levels in Iranian and Indian spices by ELISA method [J]. Toxin Reviews, 33 (4): 151-154.

Pietri A, Fortunati P, Mulazzi A, et al, 2016. Enzyme-assisted extraction for the HPLC determination of aflatoxin M_1 in cheese [J]. Food Chemistry, 192: 235-241.

Saha D, Acharya D, Roy D, et al, 2007. Simultaneous enzyme immunoassay for the screening of aflatoxin B_1 and ochratoxin A in chili samples [J]. Analytica Chimica Acta, 584 (2): 343-349.

Seok Y, Byun J Y, Shim W B, et al, 2015. A structure-switchable aptasensor for aflatoxin B_1 detection based on assembly of an aptamer/split DNAzyme [J]. Analytica Chimica Acta, 886: 182-187.

Sheng Y J, Eremin S, Mi T J, et al, 2014. The development of a fluorescence polarization immunoassay for aflatoxin detection [J]. Biomedical and Environmental Sciences, 27 (2): 126-129.

Shim W B, Kim M J, Mun H, et al, 2014a. An aptamer-based dipstick assay for the rapid and simple detection of aflatoxin B_1 [J]. Biosensors & Bioelectronics, 62: 288-294.

Shim W B, Mun H, Joung H A, et al, 2014b. Chemiluminescence competitive aptamer assay for the detection of aflatoxin B_1 in corn samples [J]. Food Control, 36 (1): 30-35.

Shim W B, Yang Z Y, Kim J S, et al, 2007. Development of immunochromatography strip-test using nanocolloidal gold-antibody probe for the rapid detection of aflatoxin B_1 in grain and feed samples [J]. Journal of Microbiology and Biotechnology, 17 (10): 1629-1637.

Var I, Kabak B, Go K F, 2007. Survey of aflatoxin B_1 in helva, a traditional Turkish food, by TLC [J]. Food Control, 18 (1): 59-62.

Wang B, Chen Y, Wu Y, et al, 2016. Aptamer induced assembly of fluorescent nitrogen-doped carbon dots on gold nanoparticles for sensitive detection of AFB_1 [J]. Biosensors & Bioelectronics, 78: 23-30.

Warth B, Sulyok M, Krska R, 2013. LC-MS/MS-based multibiomarker approaches for the assessment of human exposure to mycotoxins [J]. Analytical and Bioanalytical Chemistry, 405 (17): 5687-5695.

Wu S, Duan N, Li X, et al, 2013. Homogenous detection of fumonisin B_1 with a molecular beacon based on fluorescence resonance energy transfer between NaYF4: Yb, Ho upconversion nanoparticles and gold nanoparticles [J]. Talanta, 116: 611-618.

Wu S, Duan N, Ma X, et al, 2012. Multiplexed fluorescence resonance energy transfer aptasensor between upconversion nanoparticles and graphene oxide for the simultaneous determination of mycotoxins [J]. Analytical Chemistry, 84 (14): 6263-6270.

Xiulan S, Xiaolian Z, Jian T, et al, 2005. Preparation of gold-labeled antibody probe and its use in immunochromatography assay for detection of aflatoxin B_1 [J]. International Journal of Food Microbiology, 99 (2): 185-194.

Xu W, Xiong Y, Lai W, et al, 2014. A homogeneous immunosensor for AFB_1 detection based on FRET between different-sized quantum dots [J]. Biosensors and Bioelectronics, 56: 144-150.

Yang C, Lates V, Prieto-Simo N B, et al, 2013. Rapid high-throughput analysis of ochratoxin A by the self-assembly of DNAzyme-aptamer conjugates in wine [J]. Talanta, 116: 520-526.

Yazdanpanah H, Zarghi A, Shafaati A R, et al, 2013. Analysis of aflatoxin B_1 in Iranian foods using HPLC and a monolithic column and estimation of its dietary intake [J]. Iranian Journal of Pharmaceutical Research, 12: 81-87.

Zhang X, Li C R, Wang W C, et al, 2016. A novel electrochemical immunosensor for highly sensitive detection of aflatoxin B_1 in corn using single-walled carbon nanotubes/chitosan [J]. Food Chemistry, 192: 197-202.

Zhu R, Feussner K, Wu T, et al, 2015. Detoxification of mycotoxin patulin by the yeast Rhodosporidium paludigenum [J]. Food Chemistry, 179: 1-5.

一种灵敏检测黄曲霉毒素 M_1 的 qPCR 适配体传感器

黄曲霉毒素 M_1（AFM_1）是毒性最强的真菌毒素之一，具有严重的健康危害。AFM_1 以前被世界卫生组织（WHO）的国际癌症研究机构（IARC）归类为 2B 类致癌物（IARC，1993），现在被归类为第 1 类致癌物（IARC，2002）。AFM_1 的检测对食品安全的质量控制起着重要的作用。本研究开发了一种灵敏可靠的用于 AFM_1 检测的适配体传感器。通过与生物素-链霉亲和素的强相互作用固定适配体作为分子识别元件，并以其互补的单链 DNA 作为模板进行实时定量聚合酶链反应（RT-qPCR）扩增。在优化的测定条件下，线性范围为 $1.0\times10^{-4}\sim1.0\mu g/L$，检出限低至 0.03ng/L。此外，与其他霉菌毒素相比，本研究开发的 AFM_1 适配体传感器对 AFM_1 具有较高的选择性，与结构类似物的交叉反应效应小。该方法已成功地应用于婴幼儿米粉和婴幼儿奶粉样品中 AFM_1 的定量测定。结果表明，该方法对食品安全分析具有潜在价值，并可以扩展到许多目标物。

关键词：黄曲霉毒素 M_1；适配体；RT-qPCR；食品安全

一、简介

黄曲霉毒素 M_1（AFM_1）是乳制品中毒性最大的污染物之一，是由奶牛摄入被黄曲霉毒素 B_1（AFB_1）污染的饲料而产生的代谢物（Pei 等，2009；Anfossi 等，2013；Liu 等，2015）。存在于乳制品中的 AFM_1 将对食用它们的人类（尤其是婴儿）构成健康威胁（Mao 等，2015）。因此，许多国家对 AFM_1 设定了最大限量，并制定了各种法规（FAO，2004；Hoyos Ossa 等，2015）。欧盟设定的成人食品中 AFM_1 的最大耐受水平为 0.050μg/kg，对婴幼儿和儿童食品的限制更严格，为 0.025μg/kg（EC，2006）。在中国和美国，牛奶中 AFM_1 的最大限量是 0.5μg/kg（Mao 等，2015；Busman 等，2015）。因此，开发简单、灵敏和有选择性的方法来确定 AFM_1 的存在和水平是食品安全组织实施监管要求的迫切需要。

近年来很多定量检测 AFM_1 的方法已被开发，包括高效液相色谱（HPLC）-荧光检测（FLD）（Mao 等，2015；Wang 等，2012；Lee 等，2015；Pietri 等，2016）和高效液相色谱（HPLC）串联质谱（MS）（Hoyos 等，2015；Beltrán 等，2011；Wang 等，2015a）。然而，这些定量方法需要复杂的预处理、专业的操作人员和昂贵的仪器。一些免疫学方法，如酶联免疫吸附试验（ELISA）（Li 等，2009；Kav 等，2011；Anfossi

等，2015）和免疫传感器（Parker 等，2009；Bacher 等，2012；Vdovenko 等，2014）也被报道用于 AFM_1 检测。由于抗体的制备和稳定性都存在不足，限制了其在该领域的应用。近年来，以适配体为基础的霉菌毒素生物传感器具有成本低、稳定性高、易于合成以及与抗体相比易于修饰等优点，在霉菌毒素方面的应用已显示出巨大的潜力。自从 2008 年报道赭曲霉毒素 A（OTA）的适配体以来（Cruz-Aguado 等，2008），已经开发了许多应用于饲料和食品安全检测的 OTA 和 AFB_1 的适配体（Barthelmebs 等，2011；Bonel 等，2010；Guo 等，2014；Shim 等，2014；Wang 等，2015b；Zhao 等，2013；De Girolamo 等，2012）。在我们以前的研究中（Guo 等，2014），我们成功地设计了一种基于 qPCR 的适配体传感器，用于高灵敏度地测定 AFB_1。已有报道表明，使用电化学方法和阻抗谱技术开发了用于检测 AFM_1 的适配体传感器（Nguyen 等，2013；Istamboulie 等，2016）。然而，因为仅选择了不相关的 OTA 作为干扰物来研究交叉反应，该适配体对 AFM_1 的选择性尚不清楚。应进行其他毒素（AFB_1、AFB_2、AFG_1 和 AFG_2）之间的交叉反应试验，以证明适配体传感器是否适合于量化真实样品中的 AFM_1 浓度（Nguyen 等，2013）。最近，已经报道了 AFM_1 特有的适配体，其解离常数（Kd）值为 35nM（Malhotra 等，2014）。据我们所知，以这种适配体为基础的核酸适配体传感器用于 AFM_1 检测尚未见报道。

在本研究中，结合适配体对 AFM_1 的强大识别能力和 RT-qPCR 技术的优异扩增效率的优点，开发了一种新的基于适配体的生物传感器，用于敏感和选择性地检测 AFM_1，以提高灵敏度。本研究设计了 6 个互补的单链 DNA 片段用于探索特异性适配体与 AFM_1 之间的结合位点。AFM_1 的存在诱导了互补的单链 DNA 的释放，因为形成适配体/AFM_1 复合物，导致 PCR 模板数量的减少和循环次数的增加。根据 PCR 扩增信号的变化与 AFM_1 水平之间的线性关系，实现了 AFM_1 的定量测定。

二、材料方法

1. 方法

本工作的目的是开发一种检测 AFM_1 的适配体传感器。该传感方法的原理如图 1 所示。适配体传感器主要研究了 AFM_1/适配体复合物的形成、互补单链 DNA 的释放以及 RT-qPCR 信号的扩增等因素对适配体构象变化的影响。首先，生物素-链霉亲和素的强相互作用（图 1A）导致适配体固定在链霉亲和素包被的 PCR 管表面。作为 PCR 扩增模板的互补单链 DNA 部分与单链适配体杂交形成双链 DNA，在 AFM_1 缺失的情况下，双链 DNA 稳定，作为 RT-qPCR 扩增模板的互补单链 DNA 的量没有明显变化。当添加 AFM_1 时，AFM_1 会结合到适配体上（图 1B）诱导适配体构象改变，导致互补的单链 DNA 释放，从而引起模板量减少（图 1C）。因此，适配体传感器在 PCR 扩增中会出现较强的信号变化，可用于 AFM_1 浓度的定量检测。

2. 材料与试剂

黄曲霉毒素 M_1（AFM_1）购自 Sigma-Aldrich（USA）。黄曲霉毒素 B_1（AFB_1）购自国家标准物质研究中心（北京，中国）。赭曲霉毒素 A（OTA）、玉米赤霉烯酮

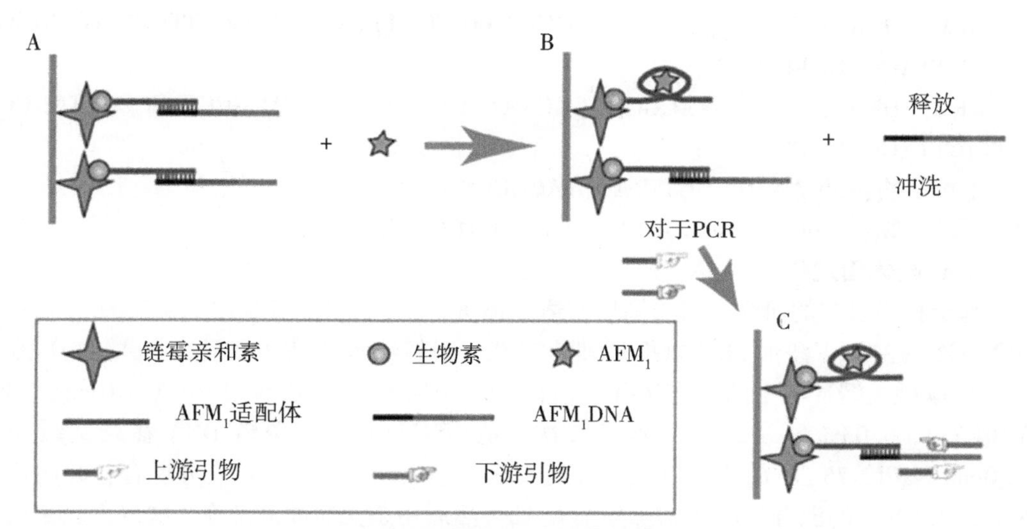

图 1 检测黄曲霉毒素 M_1 的适配体传感器示意

(ZEN)、黄曲霉毒素 B_2(AFB$_2$)和伏马菌素(FB$_1$)购自 Pribolab Co. Ltd (Singapore)。链霉亲和素购自 Sangon Biotechnology Co. Ltd.(上海,中国)。其他化学品如碳酸氢钠($NaHCO_3$)、无水氯化钙($CaCl_2$)、碳酸钠(Na_2CO_3)、乙二胺四乙酸(EDTA)、氯化钠(NaCl)、氯化钾(KCl)、2-氨基-2-(羟甲基)-1,3-丙二醇(Tris)和柠檬酸钠($C_6H_5Na_3O_7$)购自上海化学试剂公司(上海,中国)。Milli-Q 净化系统净化水。

The SYBR® PreMix Ex Taq™ II [包括 SYBR® PreMix Ex Taq® (2×)(SYBR® PreMix Ex Taq™ II)和 ROX 参考染料 II (50×)] 购自 Takara Bio Co. Ltd.(大连,中国)。为了探索特定适配体与 AFM$_1$ 之间的结合位点,本研究设计了 6 个备选序列的适配体互补 DNA 片段。3′-末端生物素基团的适配体由 Genecreate Biological Co. Ltd.(武汉,中国)化学合成,互补 DNA 片段由 Sangon Biotechnology Co. Ltd.(上海,中国)化学合成,用高效液相色谱(HPLC)纯化。它们的序列如下。

AFM$_1$ 适配体:5′-ATCCGTCACACCTGCTCTGACGCTGGGGTCGACCCGGAGAAATG-CA TTCCCCTGTGGTGTTGGCTCCCGTA T-3′;

互补 DNA(AFM$_1$ DNA):

AFM$_1$ DNA1:5′ - GGTGTGACGGATAATCTGGTTTAGCTACGCCTTCCCCGTGGCGA TGTTTCTTAGCGCCTTAC-3′;

AFM$_1$ DNA2:5′ - AGCGTCAGAGCAAATCTGGTTTAGCTACGCCTTCCCCGTGGCGA TGTTTCTTAGCGCCTTAC-3′;

AFM$_1$ DNA3:5′ - CGGGTCGACCCCAATCTGGTTTAGCTACGCCTTCCCCGTGGCGA TGTTTCTTAGCGCCTTAC-3′;

AFM$_1$ DNA4:5′ - AATGCATTTCTCAATCTGGTTTAGCTACGCCTTCCCCGTGGCGA

TGTTTCTTAGCGCCTTAC-3′;

AFM$_1$ DNA5：5′ - ACACCACAGGGGAATCTGGTTTAGCTACGCCTTCCCCGTGGCGA TGTTTCTTAGCGCCTTAC-3′;

AFM$_1$ DNA6：5′ - ATACGGGAGCCAAATCTGGTTTAGCTACGCCTTCCCCGTGGCGA TGTTTCTTAGCGCCTTAC-3′;

上游引物：5′-AA TCTGGTTTAGCTACGCCTTC-3′;

下游引物：5′-GTAAGGCGCTAAGAAACA TCG-3′。

3. 适配体固定化

基于我们以前的研究，对修饰后的适配体进行了固定化。PCR 管用 50μL 0.8% 戊二醛溶液在 37℃下浸泡 5h，以提高其稳定性。用超纯水洗涤 3 次后，加入 50μL 溶于 0.01 M 碳酸盐缓冲液中的链霉亲和素，在 37℃下孵育 2h，然后用 PBST（10mM PBS，pH 值 7.2，0.05% Tween-20）洗涤 2 次。适配体及其互补单链 DNA 在杂交缓冲液（750mM NaCl，75mM $C_6H_5Na_3O_7$，pH 值 8.0）中以 1∶1（V/V）充分混合，并向每个管中加入 50μL 的混合物后在 37℃下孵育 1h，然后用杂交缓冲液洗涤 3 次以去除未结合的 DNA 片段。

4. AFM$_1$ 的 RT-qPCR 检测

加入 50μL AFM$_1$ 标准溶液，并与 Tris 缓冲液（10mM Tris，120mM NaCl，5mM KCl，20mM $CaCl_2$，pH 值 7.0）于 45℃共同孵育 1h。用 Tris 缓冲液将 PCR 试管洗涤 3 次，以除去未相互作用的 AFM$_1$ 和释放互补单链 DNA。

然后使用 ABI 7500 RT-PCR System（USA）进行 RT-qPCR。50μL PCR 体系分别由 2μL 的 10μM 上游引物和下游引物，25μL 的 SYBR® Premix Ex Taq®（2×），1μL ROX Reference Dye II（50×）和 20μL 水组成。实时定量 PCR 的反应条件如下：95℃初始变性 30s，然后进行 40 个循环，即 95℃变性 5s，60℃退火 34s。RT-qPCR 的扩增效率（E）使用以下公式确定，$E=10^{(-1/\text{斜率})}-1$，其中斜率根据标准曲线（Guo 等，2014；Babu 等，2011）估算。在每个退火步骤之后进行荧光测量。从 60~95℃进行熔解曲线分析以检测潜在的非特异性产物，条件如下：95℃初始变性 15s，然后 60℃变性 1min，并进行 40 个循环，最后 95℃退火 15s。

5. 特异性分析

为了评估这种适配体传感器的选择性并测定其他霉菌毒素的存在是否会干扰 AFM$_1$ 的检测，利用适配体传感器对以下霉菌毒素进行检测，包括 OTA、ZEN、FB$_1$、AFB$_1$ 和 AFB$_2$。这些霉菌毒素在相同浓度下使用，浓度为 1ng/mL。所有其他试验条件与 AFM$_1$ 测定相同，比较这些霉菌毒素之间循环次数的变化。

6. 方法验证

将该方法应用于婴幼儿米粉和婴幼儿奶粉样品，验证了 AFM$_1$ 测定的有效性。将 2.5mL 的 5×10^{-4}ng/mL、5×10^{-3}ng/mL 和 0.05ng/mL（每个处理 3 个重复）AFM$_1$ 标准溶液加入 0.5g 婴幼儿米粉样品中，制成 AFM$_1$ 最终浓度为 0.0025μg/kg、0.025μg/kg 和 0.25μg/kg 的加标婴幼儿米粉样品。将 2.5mL 的 5×10^{-4} ng/mL、5×10^{-2} ng/mL 和

0.1ng/mL（每个处理 3 个重复）的 AFM_1 标准溶液加入 0.5g 婴幼儿奶粉样品中，制成 AFM 最终浓度为 0.0025μg/kg、0.25μg/kg 和 0.50μg/kg 的加标婴幼儿奶粉样品。然后，加入 2.5mL 70%的甲醇从样品中提取 AFM_1。使用 Vortex-Genie 2（Scientific Industries，USA）将整个混合物涡旋 5min，然后在10 000×*g* 下离心 10min。收集上清液并在氮气气流下浓缩至 0.5mL。最后，将每个管中的残留物重新溶解在 2mL 甲醇水溶液（5%）中并进行 RT-qPCR。

7. 统计分析

每次分析（黄曲霉毒素校准曲线标准和测试样品）重复 3 次。用 Origin 8.0 软件（Origin Lab Corporation，Northampton，MA，USA）绘制 AFM_1 的扩增曲线。使用 Microsoft Excel 对 AFM_1 浓度和循环阈值（Ct）的对数进行了简单的线性回归分析。从 3 个重复获得 Ct 值的标准偏差（SD）和平均值。

（三）结果讨论

1. 互补单链 DNA 扩增条件的优化

将互补的单链 DNA 用作随后的 PCR 模板。该步骤中的熔解曲线是影响扩增效率和引物特异性的关键因素。因此，应优化互补单链 DNA 的浓度和引物的特异性。扩增曲线如图 2A 所示。在 1×10^{-3}～10nM 范围内，随着互补单链 DNA 浓度的降低，循环数（Ct）增加。对应于扩增曲线，在 1×10^{-3}～10nM 范围内与循环阈值（Ct）和互补单链 DNA 相关的标准曲线如图 2B 所示，证明了互补单链 DNA 的灵敏性好、扩增效率高（103.1%）、线性关系强、相关系数高（0.995）。线性回归方程为 $Ct=-3.2495\lg C+36.363$，其中 Ct 为循环阈值数，C 为互补 DNA 浓度。互补单链 DNA 的最佳浓度为 10nM，此时 Ct 值最低。PCR 熔解曲线如图 3 所示，因为在 80℃观察到明显的单峰，证明了 PCR 扩增的特异性，没有出现引物二聚体或其他非特异性 DNA 产物。

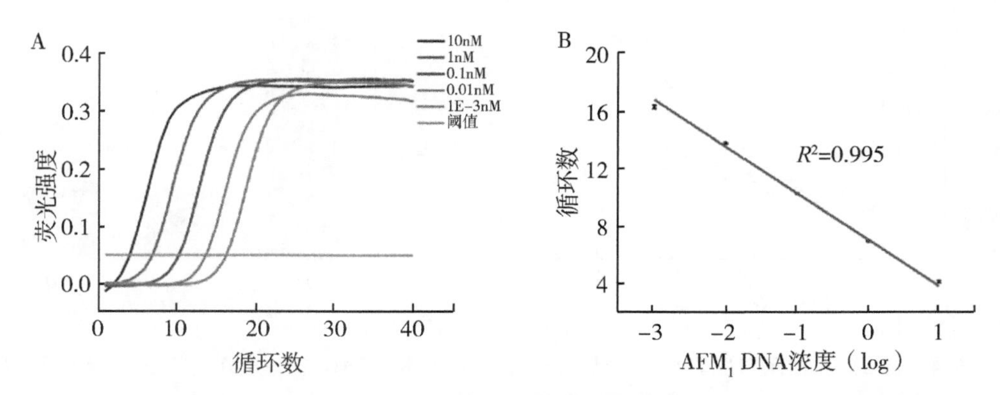

图 2 （A）互补单链 DNA 在 1×10^{-3}～10nM 范围内不同浓度下的扩增曲线；（B）与互补单链 DNA 浓度和 Ct 值有关的标准曲线

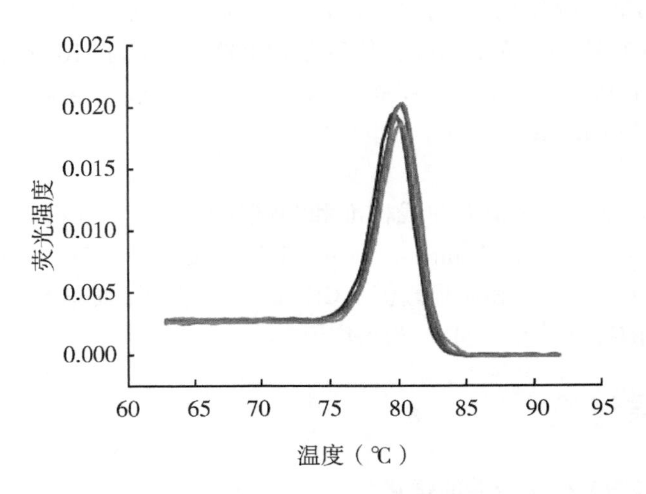

图 3　对应于图 2 中用于检测 AFM_1 扩增曲线的 5 条熔解曲线在 80℃出现明显的单峰

2. 链霉亲和素和生物素化适配体的优化

其他因素也会影响这种方法的性能，包括链霉亲和素的浓度、生物素化适配体和互补的单链 DNA，因此这些条件也都需要优化。将互补单链 DNA 固定在 10nM 处，分析链霉亲和素和生物素化适配体的浓度与 PCR 扩增信号的变化规律（图 4）。使用

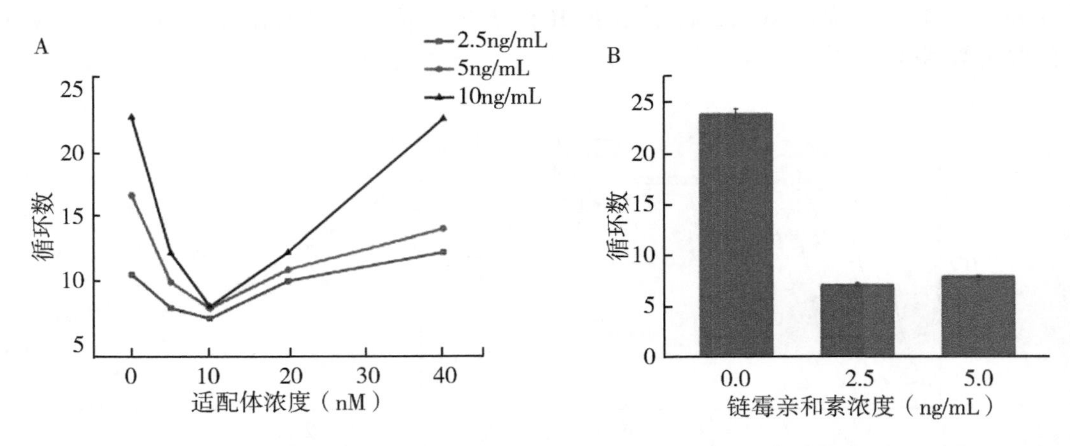

图 4　（A）在固定浓度的互补单链 DNA（10nM）和 AFM_1（1ng/mL）存在的情况下，Ct 值随适配体浓度的不同而变化，链霉亲和素的浓度为 2.5ng/mL、5ng/mL 和 10ng/mL；（B）在固定浓度的适体（10nM）、互补单链 DNA（10nM）和 AFM_1（1ng/mL）存在下，链霉亲和素在不同浓度下 Ct 值的变化。显示的值是 3 次分析的平均值±标准偏差

不同浓度的链霉亲和素初步检测链霉亲和素对 **PCR** 管的吸附能力和链霉亲和素涂层管与生物素化适配体的结合能力（图 4）。结果表明对照组和链霉亲和素包被管之间的 Ct 值有明显差异，这表明生物素化适配体和链霉亲和素包被管之间具有强烈的吸附能力。在分析不同浓度的链霉亲和素的 Ct 值时，结果表明，链霉亲和素浓度为 2. 5ng/mL 时，Ct 值最低。该曲线图还表明，当适配体水平低于 10. 0nM 时，Ct 值随适配体浓度的增加而降低，而在 10. 0nM 以上时，Ct 值随着适配体浓度的增加而增加，这主要是由于空间位阻所致。因此，2. 5ng/mL 链霉亲和素和 10nM 适配体是 RT-qPCR 扩增的最佳条件。

3. AFM_1 测定

在最佳条件下，通过 RT－qPCR 测定该适配体传感器对 0. 1ng/L、1ng/L、0. 01μg/L、0. 1μg/L、1μg/L 不同浓度下 AFM_1 的扩增曲线和校准曲线（图 5）。如图 5A 所示，循环次数随着 AFM_1 的增加而增加。当反应体系中存在更多 AFM_1 时，会释放出更多的互补单链 DNA，从而导致 PCR 模板数量的减少和循环次数的增加。线性回归方程为 $Ct=3.703\lg C+20.736$（$R^2=0.998$），其中 Ct 为循环阈值数，C 为 AFM_1 浓度。如图 5B 所示，AFM_1 在缓冲液中浓度为 $1\times10^{-4}\sim1$μg/L 时，Ct 值与 AFM_1 水平之间存在良好线性关系，检测限为 0. 03ng/L（S/N＝3）。其他 5 个 AFM_1 DNA 所有检测条件与 AFM_1 DNA1 试验步骤中使用的条件相同，对它们的扩增曲线进行比较（图 6）。结果表明，AFM_1 DNA1 测定结果最好，扩增效率极高，表明特异适配体与 AFM_1 之间的结合位点主要存在于适配体 5′末端附近。此外，与目前的其他方法相比，本研究中的适配体传感器在 AFM_1 测定中显示出较高的灵敏度（表 1）。

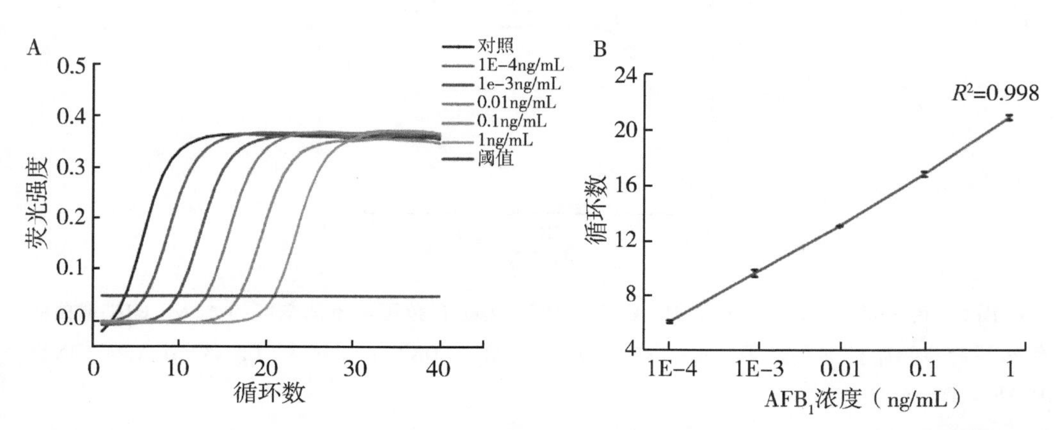

图 5　（A）用于测定 AFM_1 DNA1 在 $1\times10^{-4}\sim1$μg/L 范围内的不同浓度 AFM_1 的扩增曲线，包括不含 AFM_1 的阴性对照；（B）在 $1\times10^{-4}\sim1$μg/L 范围内的 AFM_1 浓度与 Ct 值的标准曲线

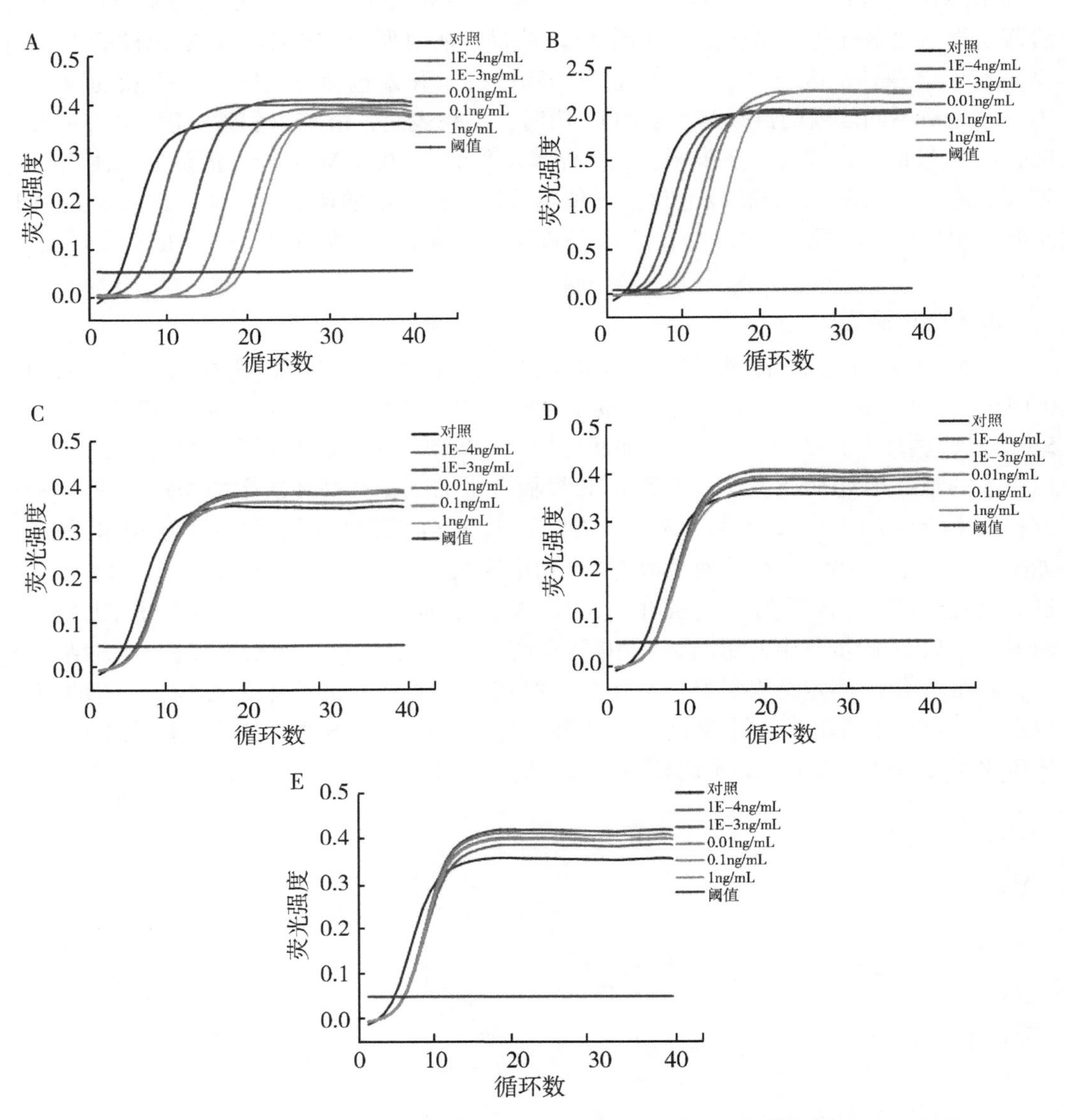

图 6　用于测定不同的 AFM_1 DNA 在 $1\times10^{-4}\sim1\mu g/L$ 范围内不同浓度的 AFM_1 的扩增曲线，包括不含 AFM_1 的阴性对照。 A. AFM_1 DNA2；B. AFM_1 DNA3；C. AFM_1 DNA4；D. AFM_1 DNA5；E. AFM_1 DNA6

4. 特异性分析

适配体传感器的特异性对该方法的发展和实用性起着重要的作用。为了评价该适配体传感器的特异性，本研究测定了其他 5 种霉菌毒素（包括 OTA、ZEN、FB_1、AFB_1 和 AFB_2）产生的 PCR 扩增的变化。如图 7 所示，在 1ng/mL 浓度下，OTA、ZEN、FB_1 以及对照组没有明显的 Ct 值变化。而 AFM_1 的结构类似物 AFB_1 和 AFB_2 导致 Ct 值略有增

表 1　比较当前可用的检测 AFM_1 方法的灵敏度

序号	方法	检出限	参考文献
1	液相色谱二级质谱联用	6ng/L	Cavaliere 等（2006）
2	荧光传感器	50ng/L	Cucci 等（2007）
3	电化学免疫传感器	1ng/L	Neagu 等（2009）
4	间接竞争酶联免疫吸附试验	0. 04μg/L	Pei 等（2009）
5	阻抗式生物传感器	1μg/L	Dinckaya 等（2011）
6	高效液相色谱	6ng/L	Wang 等（2012）
7	细胞生物传感器	5ng/L	Larou 等（2013）
8	直接化学发光酶联免疫吸附试验	1ng/L	Vdovenko 等（2014）
9	实时直接分析质谱	0. 1μg/L	Busman 等（2015）
10	固相萃取联合净化-超高效液相色谱-串联质谱法	0. 25ng/L	Wang 等（2015a）
11	基于适配体传感器的实时荧光定量 PCR	0. 03ng/L	本研究

加，但无显著性差异（$P>0.05$）。此外，使用这 5 种不含 AFM_1（Mix1）的霉菌毒素混合物检测出相似的结果。在这 5 种霉菌毒素加入 AFM_1 形成的混合物（Mix2）中，Mix2 对应的 Ct 值略低于单独的 AFM_1 的 Ct 值，但 Mix2 和 AFM_1 之间无显著性差异。由于生物素标记的适配体对靶标的高识别能力，并且适配体无法识别其他霉菌毒素，因此该传感系统对 AFM_1 的检测具有高度特异性。

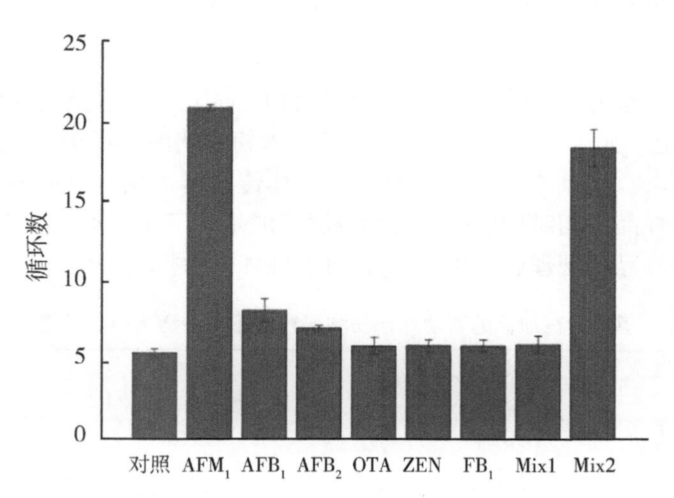

图 7　不同处理组包括 AFM_1、OTA、ZEA、AFB_1、AFB_2、FB_1、Mix1（OTA、ZEA、AFB_1、AFB_2、FB_1）和 Mix2（OTA、ZEA，AFB_1、AFB_2、FB_1 和 AFM_1）Ct 值的变化

试验条件如下：互补单链 DNA 10nM、适配体 10nM、链霉亲和素 2. 5ng/mL。每个处理包含 3 个重复，用平均值和标准差表示

5. 重复性分析

该方法的可重复性对于 AFM_1 检测的开发和实际实施来说是一个重要的问题，本研究通过对同一样品（1.0ng/mL AFM_1）的 Ct 值进行 5 次分析来评估该方法的重复性。如图 8 所示，结果显示该方法具有良好的可重复性，相对标准偏差（RSD）为 5.0%。

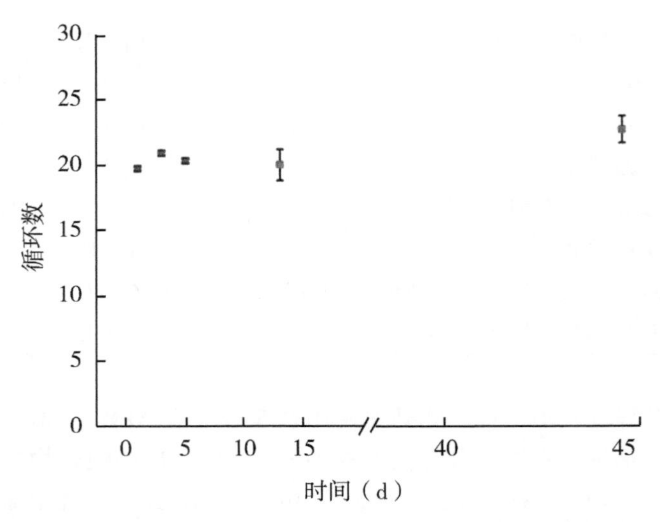

图 8　利用本研究提出的适体传感器进行 AFM_1 检测可重复性的测定

试验条件如下：AFM_1 1.0ng/mL、互补单链 DNA 10nM、适配体 10nM、链霉亲和素 2.5ng/mL。每次试验 3 次重复，数据表示为平均值±标准差

6. 方法验证

为了评价该方法的可行性和可靠性，我们将其应用于婴幼儿米粉和奶粉样品中不同浓度 AFM_1 的测定。如表 2 所示，加标的婴幼儿米粉和奶粉样品的回收率分别在 84%~106%和 68%~80%，表明本研究所提出的适配体传感器适用于食品样品中霉菌毒素的定量测定。奶粉样品中相对较低的回收率推测可能是由于样品预处理造成的，今后的工作将集中在改进样品预处理以适用食品安全的 AFM_1 检测需求。

表 2　在加标的婴幼儿米粉和奶粉样品中检测 AFM_1 含量

样品	加标量（ng/L）	检测浓度 均值[a]±标准差（ng/L）	回收率（%）
婴幼儿米粉	50	45±6	90
	5.0	5.3±0.3	106
	0.50	0.42±0.02	84
婴幼儿奶粉	100	80±6	80
	50	37±2	74
	0.50	0.34±0.02	68

[a]3 个重复的平均值

四、结论

在本研究中，我们开发了一种可靠、灵敏的核酸适配体生物传感器用于 AFM_1 的检测，同时结合适配体对 AFM_1 的高识别能力和 RT-qPCR 技术的优异扩增效率的优点用于提高灵敏度。在最佳条件下，Ct 值与 AFM_1 水平在 $1\times10^{-4}\sim1\mu g/L$ 范围内呈良好的线性关系，且灵敏度高（检出限为 0.03ng/L）。该方法检出其他 5 种霉菌毒素的能力较低，但可能与 AFB_1 有较低的交叉反应。这表明其对食品中 AFM_1 的检测具有较强的选择性。重要的是，该方法可用于婴幼儿米粉和婴幼儿奶粉样品中 AFM_1 的检测，回收率较高。因此，该适配体传感器对于检测生物小分子具有高度的潜在应用价值。

参考文献

Anfossi L, Baggiani C, Giovannoli C, et al, 2013. Optimization of a lateral flow immunoassay for the ultrasensitive detection of aflatoxin M_1 in milk [J]. Anal Chim Acta, 772: 75-80.

Anfossi L, Di Nardo F, Giovannoli C, et al, 2015. Enzyme immunoassay for monitoring aflatoxins in eggs [J]. Food Control, 57: 115-121.

Babu D, Muriana PM, 2011. Immunomagnetic bead-based recovery and real time quantitative PCR (RTiq-PCR) for sensitive quantification of aflatoxin B_1 [J]. J Microbiol Methods, 86 (2): 188-194.

Bacher G, Pal S, Kanungo L, et al, 2012. A label-free silver wire based impedimetric immunosensor for detection of aflatoxin M_1 in milk [J]. Sensors Actuators B, 168: 223-230.

Barthelmebs L, Hayat A, Limiadi AW, et al, 2011. Electrochemical DNA aptamer-based biosensor for OTA detection, using superparamagnetic nanoparticles [J]. Sensors Actuators B, 156 (2): 932-937.

Beltrán E, Ibáñez M, Sancho JV, et al, 2011. UHPLC-MS/MS highly sensitive determination of aflatoxins, the aflatoxin metabolite M_1 and ochratoxin a in baby food and milk [J]. Food Chem, 126 (2): 737-744.

Bonel L, Vidal JC, Duato P, et al, 2011. An electrochemical competitive biosensor for ochratoxin a based on a DNA biotinylated aptamer [J]. Biosens Bioelectron, 26 (7): 3254-3259.

Busman M, Bobell JR, Maragos CM, 2015. Determination of the aflatoxin M_1 (AFM_1) from milk by direct analysis in real time-masss pectrometry (DART-MS) [J]. Food Control, 47: 592-598.

Cavaliere C, Foglia P, Pastorini E, et al, 2006. Liquid chromatography/tandem mass spectrometric confirmatory method for determining aflatoxin M_1 in cow milk: comparison between electrospray and atmospheric pressure photoionization sources [J]. J Chromatogr A, 1101 (1-2): 69-78.

Commission Recommendation (EC), 2006. Setting maximum levels for certain contaminants in foodstuffs [R]. Off J Eur Union, 364: 5-24.

Cruz-Aguado JA, Penner G, 2008. Determination of ochratoxin a with a DNA aptamer [J]. J Agric Food Chem, 56 (22): 10456-10461.

Cucci C, Mignani AG, Dall'Asta C, et al, 2007. A portable fluorometer for the rapid screening of M_1 aflatoxin [J]. Sensors Actuators B, 126 (2): 467-472.

De Girolamo A, Le L, Penner G, et al, 2012. Analytical performances ofa DNA-ligandsystemusing time-resolved fluorescence for the determination of ochratoxin A in wheat [J]. Anal Bioanal Chem, 403 (9): 2627-2634.

Dinckaya E, Kinik O, Sezginturk MK, et al, 2011. Development of an impedimetric aflatoxin M_1 biosensor based on a

DNA probe and gold nanoparticles [J]. Biosens Bioelectron, 26 (9): 3806-3811.

Food and Agriculture Organization of the United Nations, 2004. Worldwide regulations for mycotoxins in food and feed in 2003 [R]. Food and Nutrition Paper, 81: Rome: FAO.

Guo X, Wen F, Zheng N, et al, 2014. Development of an ultrasensitive aptasensor for the detection of aflatoxin B_1 [J]. Biosens Bioelectron, 56: 340-344.

Guo X, Wen F, Zheng N, et al, 2016. A qPCR aptasensor for sensitive detection of aflatoxin M_1 [J]. Anal Bioanal Chem, 408: 5577-5584.

Hoyos Ossa DE, Hincapié DA, Peñuela GA, 2015. Determination of aflatoxin M_1 in ice cream samples using immune affinity columns and ultra-high performance liquid chromatography coupled to tandem mass spectrometry [J]. Food Control, 56: 34-40.

International Agency for Research on Cancer (IARC), 1993. Some naturally occurring substances: Food items and constituents heterocyclic aromatic amines and mycotoxins [R]. IARC monographs on the evaluation of carcinogenic risk to humans, 56: 489-51.

International Agency for Research on Cancer (IARC), 2002. Some traditional herbal medicines, some mycotoxins, naphthalene and styrene [R]. IARC Monographs on the Evaluation of Carcinogenic Risks to Humans, 82: 171-176.

Istamboulie G, Paniel N, Zara L, et al, 2016. Development of an impedimetric aptasensor for the determination of aflatoxin M_1 in milk [J]. Talanta, 146: 464-469.

Kav K, Col R, Kaan TK, 2011. Detection of aflatoxin M_1 levels by ELISA in white-brined Urfa cheese consumed in Turkey [J]. Food Control, 22 (12): 1883-1886.

Larou E, Yiakoumettis I, Kaltsas G, et al, 2013. High throughput cellular biosensor for the ultra-sensitive, ultra-rapid detection of aflatoxin M_1 [J]. Food Control, 29 (1): 208-212.

Lee D, Lee K G, 2015. Analysis of aflatoxin M_1 and M_2 in commercial dairy products using high-performance liquid chromatography with a fluorescence detector [J]. Food Control, 50: 467-471.

Li P, Zhang Q, Zhang W, et al, 2009. Development of a class-specific monoclonal antibody-based ELISA for aflatoxins in peanut [J]. Food Chem, 115 (1): 313-317.

Liu D, Huang Y, Wang S, et al, 2015. A modified lateral flow immunoassay for the detection of trace aflatoxin M_1 based on immunomagnetic nanobeads with different antibody concentrations [J]. Food Control, 51: 218-224.

Malhotra S, Pandey AK, Rajput YS, et al, 2014. Selection of aptamers for aflatoxin M_1 and their characterization [J]. J Mol Recognit, 27 (8): 493-500.

Mao J, Lei S, Liu Y, et al, 2015. Quantification of aflatoxin M_1 in raw milk by a core-shell column on a conventional HPLC with large volume injection and step gradient elution [J]. Food Control, 51: 156-162.

Neagu D, Perrino S, Micheli L, et al, 2009. Aflatoxin M_1 determination and stability study in milk samples using a screen-printed 96-well electrochemical microplate [J]. Int Dairy J, 19 (12): 753-758.

Nguyen B H, Tran L D, Do Q P, et al, 2013. Label-free detection of aflatoxin M_1 with electrochemical Fe_3O_4/polyaniline-based aptasensor [J]. Mater Sci Eng C Mater Biol Appl, 33 (4): 2229-2234.

Parker C O, Tothill I E, 2009. Development of an electrochemical immunosensor for aflatoxin M_1 in milk with focus on matrix interference [J]. Biosens Bioelectron, 24 (8): 2452-2457.

Pei S C, Zhang Y Y, Eremin S A, et al, 2009. Detection of aflatoxin M_1 in milk products from China by ELISA using monoclonal antibodies [J]. Food Control, 20 (12): 1080-1085.

Pietri A, Fortunati P, Mulazzi A, et al, 2016. Enzyme-assisted extraction for the HPLC determination of aflatoxin M_1 in cheese [J]. Food Chem, 192: 235-241.

Shim W B, Kim M J, Mun H, et al, 2014. An aptamer-based dipstick assay for the rapid and simple detection of aflatoxin B_1 [J]. Biosens Bioelectron, 62: 288-294.

Vdovenko M M, Lu C C, Yu F Y, et al, 2014. Development of ultrasensitive direct chemiluminescent enzyme immune assay for determination of aflatoxin M_1 in milk [J]. Food Chem, 158: 310-314.

Wang R, Xiang Y, Zhou X, et al, 2015b. A reusable aptamer based evanescent wave all-fiber biosensor for highly sensitive detection of ochratoxin A [J]. Biosens Bioelectron, 66: 11-18.

Wang X, Li P, 2015a. Rapid screening of mycotoxins in liquid milk and milk powder by automated size-exclusion SPE-UPLC-MS/MS and quantification of matrix effects over the whole chromatographic run [J]. Food Chem, 173: 897-904.

Wang Y, Liu X, Xiao C, et al, 2012. HPLC determination of aflatoxin M_1 in liquid milk and milk powder using solid phase extraction on OASIS HLB [J]. Food Control, 28 (1): 131-134.

Zhao Q, Geng X, Wang H, 2013. Fluorescent sensing ochratoxin A with single fluorophore-labeled aptamer [J]. Anal Bioanal Chem, 405 (19): 6281-6286.

一种新型用于扩增荧光检测奶粉中黄曲霉毒素 M_1 的基于氧化石墨烯的适配体传感器

本研究开发了一种快速灵敏的荧光适配体传感器，用于检测奶粉中的黄曲霉毒素 M_1（AFM_1）含量。使用氧化石墨烯（GO）来淬灭羧基荧光素标记的适配体的荧光，并保护该适配体免于核酸酶裂解。添加 AFM_1 后，AFM_1/适配体复合物的形成导致适配体从 GO 表面脱离，随后适配体被 DNA 酶 I 裂解，并释放靶 AFM_1 进行新的循环，从而导致信号放大和灵敏度提高。在最佳条件下，基于 GO 的适配体传感器对 AFM_1 的检测在 0.2~10μg/kg 动态范围内呈现出线性响应，检出限（LOD）为 0.05μg/kg。此外，本研究开发的适配体传感器显示出对 AFM_1 的高度特异性，不受其他霉菌毒素的干扰。并且，该技术已成功应用于婴幼儿配方奶粉样品中 AFM_1 的检测。本研究提出的适配体传感器为食品安全监控提供了一种潜在的可用技术，并且可以扩展到各种检测目标。

关键词：黄曲霉毒素 M_1；适配体；氧化石墨烯；DNA 酶 Ⅰ；食品安全

一、简介

黄曲霉毒素 M_1（AFM_1）是毒性最强的霉菌毒素之一，已由世界卫生组织（WHO）的国际癌症研究机构（IARC）从 2B 类转至 1 类致癌物（IARC，1993；IARC，2002）。AFM_1 可以作为一种羟基化代谢物出现在乳制品中，AFM_1 是由奶牛摄入被黄曲霉毒素 B_1 污染的饲料引起的（Pei 等，2009；Anfossi 等，2013；Liu 等，2015）。由于乳制品是人类尤其是婴儿的重要营养物质，因此乳制品中 AFM_1 的存在是对食品安全的严重危害之一（Mao 等，2015）。为了保护人类免受这种健康威胁，许多监管机构已经在乳制品中制定了 AFM_1 的最大限量（MRLs）（Van Egmond 等，2019；Hoyos Ossa 等，2015）。巴西、中国和美国规定牛奶中 AFM_1 的 MRL 为 0.5μg/kg（Busman 等，2015；Istamboulie 等，2016）。欧盟委员会的要求更为严格，成年人食用的乳制品限量为 0.05μg/kg，婴幼儿乳制品限量为 0.025μg/kg（EU，2006）。考虑到 AFM_1 毒副作用严重，且最高限量低，为保证食品安全，需要一种简单、快速、廉价、具有高敏感性和特异性检测 AFM_1 的方法。

目前，高效液相色谱法（Wang 等，2012；Lee 等，2015；Pietri 等，2016）和高效液相色谱-质谱联用法（Beltrán 等，2011；Wang 等，2015a）均可实现 AFM_1 的定量检测。这些方法都依赖于昂贵的仪器、熟练的工作人员和复杂耗时的预处理。同时，由于具有快速、低成本、高通量等优点，酶联免疫吸附法（ELISA）（Li 等，2009；Kav 等，

2011；Anfossi 等，2015）在 AFM_1 分析中得到了广泛的应用。然而，昂贵、耗时费力的抗体生产和抗体储存期间的不稳定性限制了 ELISA 法的实际应用。因此，设计一种简单、廉价和灵敏快速地检测 AFM_1 的方法成为研究热点。

核酸适配体，即单链 DNA 或 RNA 寡核苷酸，已被广泛应用于识别目标蛋白、核酸、细胞、组织和小分子等，具有较强的亲和力和特异性，与抗体相似甚至优于抗体（Zhang 等，2016；Lv 等，2017）。到目前为止，一系列基于适配体的生物传感器已用于几种霉菌毒素的检测，包括赭曲霉毒素 A（OTA）、黄曲霉毒素 B_1（AFB_1）和 AFM_1（Barthelmebs 等，2011；Bonel 等，2011；Guo 等，2014；Shim 等，2014；Wang 等，2015b；Guo 等，2014）。在这些方法中，适配体与靶标之间的识别反应是基于单个位点结合的，这可能会限制方法的灵敏度。因此，开发一种放大信号的适配体技术是检测 AFM_1 过程中巨大的挑战。我们之前的研究已经建立了一种基于实时定量聚合酶链反应（RT-qPCR）检测 AFM_1 的灵敏生物传感器（Guo 等，2016）。然而，由于 qPCR 的适配体传感器制备过程繁琐且耗时，且在严格的条件下有较长的孵育期，因此，需要开发一种能够应用于快速、实时检测 AFM_1 的适配体传感器。

氧化石墨烯（GO）是一种二维纳米材料，由于具有很强的电、热和机械性能，因此，它被认为是一种潜在的生物传感器材料（Li 等，2008；Rao 等，2009；Chen 等，2012；Cheng 等，2014）。主要取决于距离的荧光淬灭能力使 GO 成为高效的荧光淬灭剂（Zhang 等，2014；Tang 等，2015；Pei 等，2012）。此外，以往的研究表明，通过 DNA 碱基与 GO 六角形结构单元的 π 堆积，使单链 DNA 和 GO 之间存在显著的相互作用（He 等，2010）。重要的是，由于核酸碱基与 GO 之间疏水堆积相互作用，使得 GO 可以保护 DNA 适配体免受核酸酶裂解（Lu 等，2010；Pu 等，2011；Tang 等，2011）。据我们所知，基于 GO 的核酸酶信号扩增传感器在 AFM_1 测定方面尚未见报道。

在这项研究中，我们开发了一种新的基于 GO 的适配体传感器，用于 AFM_1 的特异性检测，该传感器结合了 GO 保护适配体免受核酸酶裂解的能力和 DNA 酶 I 裂解适配体以进行目标循环信号扩增的能力。由于 AFM_1/适配体复合物的形成，AFM 的存在诱导了适配体从 GO 表面的释放，从而导致 DNA 酶 I 裂解适配体，并在新的循环中释放了 AFM_1。因此，通过循环信号放大来提高检测灵敏度。荧光强度信号的变化与 AFM_1 水平之间存在良好的线性关系。

二、试验设计

1. 材料和试剂

AFM_1 购自 Sigma-Aldrich（USA）。AFB_1 购自国家标准物质研究中心（北京，中国）。OTA、玉米烯酮（ZEA）和 α-zearalenin（α-ZOL）购自 Pribolab Co. Ltd（Singapore）。氧化石墨烯购自生工生物科技有限公司（上海，中国）。DNase I（RNase-free）购自 Takara Bio Co. Ltd（大连，中国）。无水氯化钙（$CaCl_2$）、氯化钠（NaCl）、氯化钾（KCl）、2-氨基-2-羟甲基-1,3-丙二醇（Tris）等化学试剂购自上海化学试剂公司（上海，中国）。所有其他化学物质均为分析级，均为无须进一步纯化即可使用。

DNA 寡核苷酸由上海生工生物科技有限公司（上海，中国）化学合成，采用高效液相色谱法纯化。AFM_1 适配体的序列根据我们之前的研究（Guo 等，2016）进行了优化，并经 FAM（羧基荧光素）修饰。FAM 标记的 AFM_1 适配体序列如下：

5′-FAM-ATCCGTCACACCTGCTCTGACGCTGGGGTCGACCCG-3′

2. 扩增适配体传感器对 AFM_1 的荧光响应

在这种扩增策略中，利用 200nM 的 Tris 缓冲液（10mM Tris，120mM NaCl，5mM KCl，20mM $CaCl_2$，pH 值 7.0）稀释 FAM 标记的 AFM_1 适配体，之后添加 20μg/mL 的 GO 室温孵育 15min，形成适配体/GO 复合物从而淬灭荧光。随后，将不同浓度的 AFM_1 和 DNA 酶 I（200 U）溶液同时添加到适配体/GO 溶液中，并将混合物在室温下孵育 1h。然后，使用 F-7000 荧光光度计（Hitachi，Tokyo，Japan）记录混合物的荧光强度。在激发波长为 480nm 的情况下，在 510~630nm 的范围内测量发射光谱，并且将激发和发射的狭缝宽度均设置为 10nm。

3. 特异性分析

为了评估该适配体传感器相对于其他霉菌毒素对 AFM_1 的特异性，在相同的浓度下（4ng/mL）对 4 种不同的霉菌毒素（AFB_1、OTA、ZEA 和α-ZOL）进行了检测。其他试验步骤与 AFM_1 测定相同，并比较了这些霉菌毒素的荧光强度变化。

4. 方法验证

通过对婴幼儿配方奶粉样品中 AFM_1 的定量检测，验证了该适配体传感器的可行性和实用性。在婴幼儿配方奶粉样本中分别掺入 0μg/kg、1. 5μg/kg、2. 5μg/kg 和 5μg/kg 的 AFM_1（每个处理组重复 3 次）。每个样品均准确称重 0. 5g 到 10mL 离心管中。然后加入 2. 5mL 萃取液（70%甲醇水溶液）从样品中提取 AFM_1。使用 Vortex-Genie 2（Scientific Industries，Bohemia，NY，USA）对整个混合物进行 5min 的涡旋处理，然后以 10 000×*g* 离心 10min。将获得的上清液在氮气流下浓缩至 0. 5mL。随后，将每个浓缩后的物质重新溶解在 2mL 的甲醇水溶液中（5%的甲醇在水中）。最后，通过荧光信号扩增试验对提取物进行了测定。

5. 统计分析

使用 Origin 8. 0 软件（OriginLab Corporation，Northampton，MA，USA）绘制 AFM_1 的荧光发射光谱曲线。荧光强度随 AFM_1 浓度的变化采用 Microsoft Excel 进行线性回归分析。每项分析（包括 AFM_1 校准曲线标准和测试样品）都进行了 3 次重复。从 3 个重复中得到荧光强度的平均值和标准偏差（SDs）。

三、结果讨论

1. 基于氧化石墨烯生物传感器的 AFM_1 检测设计策略

GO 由于其独特的特性而具有许多优势，包括其通过核碱基与 GO 纳米片之间的 π 堆叠相互作用，产生的与单链 DNA（如适配体）的强大结合能力，以及其显著的距离依赖性荧光淬灭性能（He 等，2010；Chen 等，2015）。利用上述特性，开发了基于 GO

的适配体传感器以用于 AFM_1 的检测。该适配体传感器原理示意如图 1 所示。在这种检测方法中，当 FAM 修饰的适配体与 GO 溶液一起孵育时，荧光信号急剧淬灭，表明适配体与 GO 之间具有很强的结合力，淬灭效率很高。加入 AFM_1 后，形成了 AFM_1/适配体复合物。这种相互作用可导致适配体的构象变化，从而使缀合的适配体与 GO 表面分离。由于 GO 不可以远距离地有效淬灭荧光，因此，荧光信号强度恢复。为了确认 AFM_1 的存在可以导致 AFM_1/适体复合物的形成并随后恢复荧光，将 10ng/mL 的 AFM_1 添加到含有 200nM AFM_1 适配体和 20μg/mL GO 的 Tris 缓冲溶液中。如图 1 所示，观察到显著的荧光增强，表明形成了 AFM_1/适配体复合物。更重要的是，共价修饰的 FAM 对 AFM_1 适配体的识别能力没有影响。

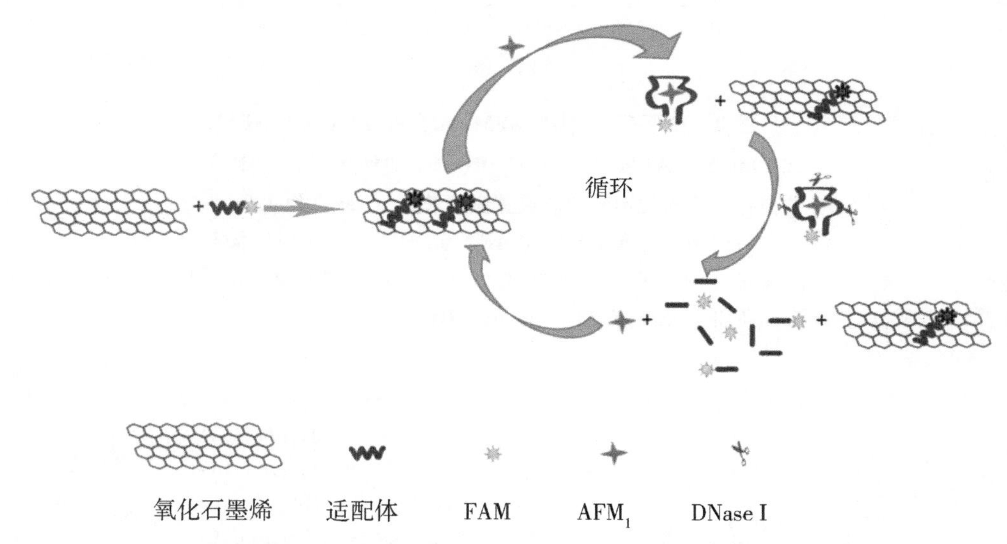

图 1　用于检测黄曲霉毒素 M_1（AFM_1）的适配体传感器示意

FAM：羧基荧光素

DNase I 被用作信号扩增策略以提高适配体传感器的灵敏度。如图 2 所示，添加 AFM_1 和 DNase I 后，AFM_1/适配体复合物的形成导致适配体偶联物从 GO 上解离，随后适配体被 DNase I 消化。一旦 AFM_1 从 AFM_1/适配体复合物中释放出来，它可再次与另一个适配体结合，从而诱导荧光信号的循环扩增。由此，可以实现荧光信号的增强扩增，从而定量 AFM_1。

2. 优化试验条件

GO 的浓度将影响荧光淬灭效率。因此，为了优化传感器，研究了 GO 浓度对荧光信号变化的影响。将各种浓度的 GO 添加到含有 200nM AFM_1 适配体的溶液中。如图 3 所示，荧光强度随着 GO 浓度的增加而降低，并且在 GO 浓度为 20μg/mL 时达到最低水平。因此，将 20μg/mL 的 GO 溶液用于进一步的试验中。

为了提高信号扩增效率，优化 DNA 酶 I 的浓度至关重要。在本试验中，我们测定了含有 10ng/mL AFM_1 复合物的荧光强度。将不同浓度的 DNA 酶 I 加入含有 200nM

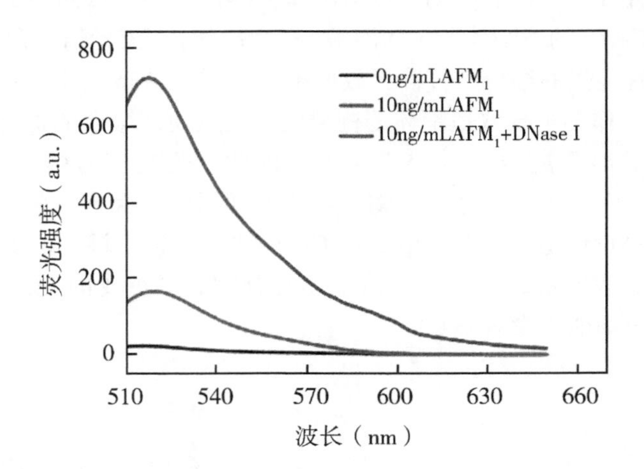

图 2　在不存在（0）AFM_1 和存在 10ng/mL AFM_1 或 10ng/mL AFM_1 和 200 U DNase I 的情况下，适配体传感器的荧光发射光谱。设置激发波长（λex）为 480nm

试验条件：含有 200nM AFM_1 适配体、20μg/mL 氧化石墨烯（GO）的 Tris 缓冲液（10mM Tris、120mM NaCl、5mM KCl、20mM $CaCl_2$、pH 值 7.0）

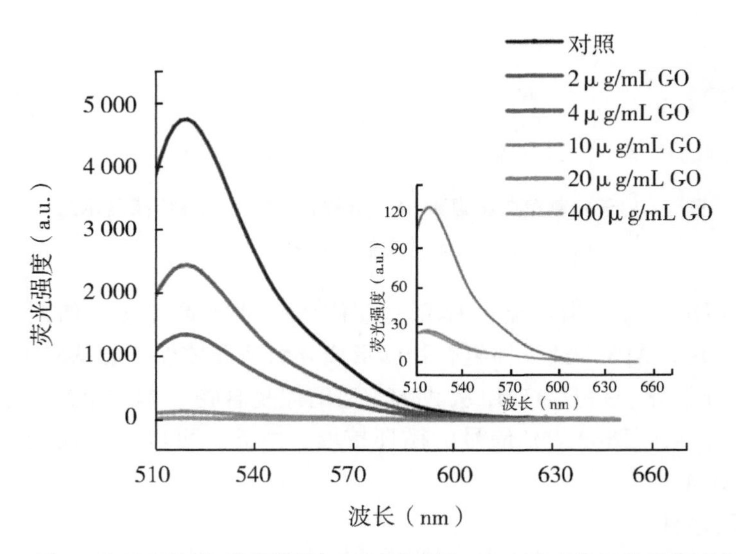

图 3　在适配体传感器中添加不同浓度的 GO，荧光发射光谱的变化

试验条件如下：激发波长 λex＝480nm，200nM AFM_1 适配体

AFM_1 适配体和 20μg/mL GO 的适配体/GO 溶液中。如图 4 所示，随着 DNA 酶 I 浓度从 0 增加到 200U，荧光强度逐渐增加，在 DNA 酶 I 浓度为 200 U 时荧光强度最高。在这种情况下，确定 DNA 酶 I 的最佳浓度确定为 200 U。

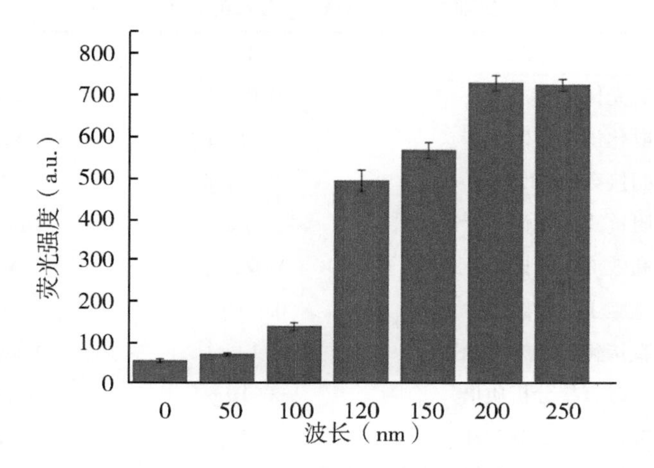

图 4　加入不同浓度的 DNA 酶 I 的荧光强度

试验条件如下：激发和发射波长为 λex/λem = 480/520nm，200nM AFM_1 适配体，20μg/mL GO，10μg/mL AFM_1

3. 适配体的分析性能

在最佳条件下，利用 DNA 酶 I 诱导的靶标循环扩增系统测定基于 GO 的适配体传感器对不同浓度 AFM_1 的信号响应。AFM_1 测定的激发波长和发射波长分别为 480nm 和 520nm。如图 5 所示，随着 AFM_1 浓度从 0.2μg/kg 增加到 10μg/kg，荧光强度逐渐增加。荧光强度对 AFM_1 浓度的校准曲线为线性关系，线性回归方程为 $F = 65.77C + 46.334$（$R^2 = 0.9939$），其中 F 为荧光强度，C 为 AFM_1 浓度。以信噪比为 3 计算得出扩增适配体传感器的检出限为 0.05μg/kg。如表 1 所示，该适配体传感器对 AFM_1 检测的灵敏性可与之前报道的其他仪器和快速筛选方法相媲美。

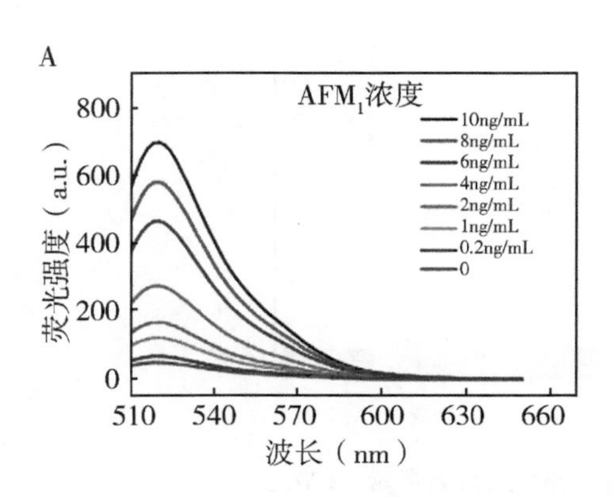

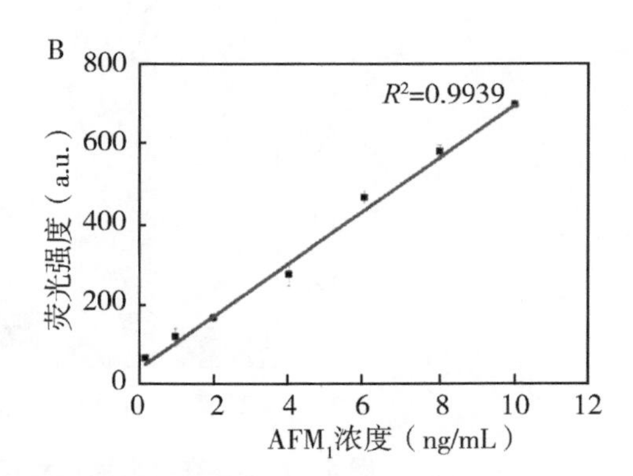

图 5　（A）添加了不同浓度 AFM_1 的适配体传感器的荧光发射光谱；（B）在 0.2～10ng/mL 的范围内，荧光强度与 AFM_1 浓度之间的线性关系

表1　目前用于检测 AFM_1 方法的灵敏度比较

序号	方法	LOD	参考文献
1	荧光传感器	0.05μg/L	Cucci 等（2007）
2	电化学免疫传感器	0.001μg/L	Neagu 等（2009）
3	间接竞争 ELISA	0.04μg/L	Pei 等（2009）
4	阻抗式生物传感器	1μg/L	Dinckaya 等（2011）
5	高效液相色谱	0.026μg/kg	Wang 等（2012）
6	细胞生物传感器	0.005μg/L	Larou 等（2013）
7	直接化学发光 ELISA	1ng/L	Vdovenko 等（2014）
8	实时直接分析质谱	0.1μg/L	Busman 等（2015）
9	SPE-UPLC-MS/MS	1.5ng/L	Wang 等（2015）
10	阻抗式自适应传感器	1.15ng/L	Istamboulie 等（2006）
11	氧化石墨烯传感器	0.05μg/L	本研究

4. 传感器的特异性

此外，还研究了该传感器的特异性，以评估其他霉菌毒素的影响。在所有毒素浓度均为 4μg/mL 时，在相同的试验条件下，检测其他四种霉菌毒素（AFB_1、OTA、ZEA 和α-ZOL）与 AFM_1 荧光强度的变化。相比于空白对照组和其他霉菌毒素处理组，AFM_1 处理组的荧光强度显著增加（图6），这表明该扩增传感系统对 AFM_1 测定的特异性很高。

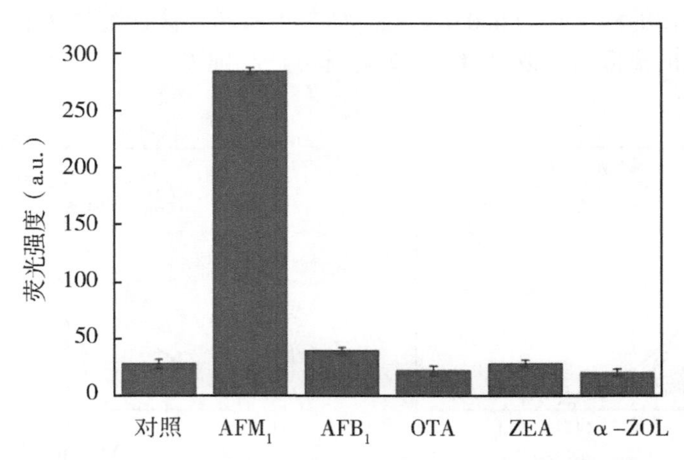

图6　在不存在（对照）和存在 4μg/mL 的霉菌毒素 AFM_1、AFB_1、OTA、ZEA 和α-ZOL时的荧光强度

试验条件如下：激发波长（λex）在 480nm，200nM 的 AFM_1 适配体，20μg/mL 的 GO，200 U 的 DNA 酶 I。每个处理组进行 3 次重复

5. 方法验证

最终，通过检测加标婴幼儿配方奶粉中不同浓度的 AFM_1 来评估荧光适配体传感器的适用性和可靠性。如表 2 所示，加标的婴幼儿配方奶粉样品的回收率范围为 92%~126%，这表明在该研究开发的方法可以作为定量分析真实食品中 AFM_1 的定量方法，以确保食品安全。

表 2　加标婴幼儿配方奶粉样品中 AFM_1 的测定

样品	加标浓度（μg/kg）	检测浓度均值[a]±SD[b]（μg/kg）	回收率（%）
婴幼儿配方奶粉	0	ND[c]	—
	1.5	1.48±0.06	98
	2.5	2.3±0.42	92
	5.0	6.3±0.06	126

[a]3 个重复的平均值；[b]SD＝标准差；[c] ND＝未检测到

四、结论

本研究开发了一种新型的基于氧化石墨烯的适配体传感器，用于高灵敏度和特异性检测 AFM_1。这项技术利用 GO 的特性来防止核酸酶裂解，使 DNA 酶 I 裂解适配体，从而实现靶标循环信号扩增。在最佳条件下，荧光强度与 AFM_1 水平之间的线性关系良好，检测范围为 0.2~10μg/kg，检出限为 0.05μg/kg。在加有不同浓度的 AFM_1 的婴幼儿配方奶粉样品中测得的回收率结果较好。此外，与先前报道的其他方法相比，本研究提出的适配体传感器具有快速、简单和低成本的特点。因此，这项研究可以为分析乳制品中的 AFM_1 含量提供一个可靠的依据。更重要的是，该核酸适配体传感器可以通过替换核酸适配体序列，用于检测其他食品安全因子。

参考文献

Anfossi L，Baggiani C，Giovannoli C，et al，2013. Optimization of a lateral flow immunoassay for the ultrasensitive detection of aflatoxin M_1 in milk [J]. Anal Chim Acta，772：75-80.

Anfossi L，Di Nardo F，Giovannoli C，et al，2015. Enzyme immunoassay for monitoring aflatoxins in eggs [J]. Food Control，57：115-121.

Barthelmebs L，Hayat A，Limiadi A W，et al，2011. Electrochemical DNA aptamer-based biosensorforOTAdetection，using superparamagnetic nanoparticles [J]. Sens Actuator B Chem，156：932-937.

Beltr á n E，Ib á ñez M，Sancho J V，et al，2011. UHPLC-MS/MS highly sensitive determination of aflatoxins，the aflatoxin metabolite M_1 and ochratoxin A in baby food and milk [J]. Food Chem，126：737-744.

Bonel L，Vidal J C，Duato P，et al，2011. An electrochemical competitive biosensor for ochratoxin A based on a DNA biotinylated aptamer [J]. Biosens. Bioelectron，26：3254-3259.

Busman M，Bobell J R，Maragos C M，et al，2015. Determination of the aflatoxin M_1（AFM_1）from milk by direct analysis in real time-mass spectrometry（DART-MS）[J]. Food Control，47：592-598.

Chen D，Feng H，Li J，2012. Graphene oxide：Preparation，functionalization，and electrochemical applications [J]. Chem Rev，112：6027-6053.

Chen S，Li F，Fan C，et al，2015. Graphene-based nanoprobes for molecular diagnostics [J]. Analyst，140：6439-6451.

Cheng F F，Zhang J J，He T T，et al，2014. Bimetallic Pd-Pt supported grapheme promoted enzymatic redox cycling for ultrasensitive electrochemical quantification of microRNA from cell lysates [J]. Analyst，139：3860-3865.

Cucci C，Mignani A G，Dall'Asta C，et al，2007. A portable fluorometer for the rapid screening of M_1 aflatoxin [J]. Sens Actuator B Chem，126：467-472.

Dinckaya E，Kinik O，Sezginturk M K，et al，2011. Development of an impedimetric aflatoxin M_1 biosensor based on a DNA probe and gold nanoparticles [J]. Biosens. Bioelectron，26：3806-3811.

Guo X，Wen F，Zheng N，et al，2016. A qPCR aptasensor for sensitive detection of aflatoxin M_1 [J]. Anal Bioanal Chem，408：5577-5584.

Guo X，Wen F，Zheng N，et al，2014. Development of an ultrasensitive aptasensor for the detection of aflatoxin B_1 [J]. Biosens & Bioelectron，56：340-344.

Guo X D，Wen F，Qiao Q Q，et al，2019. A Novel Graphene Oxide-Based Aptasensor for Amplified Fluorescent Detection of Aflatoxin M_1 in Milk Powder [J]. Sensors，19：3840.

He S，Song B，Li D，2010. A graphene nanoprobe for rapid，sensitive，and multicolor fluorescent DNA analysis [J]. Adv Funct Mater，20：453-459.

Hoyos Ossa D E，Hincapi é D A，Peñuela G A，2015. Determination of aflatoxin M_1 in ice cream samples using immunoaffinity columns and ultra-high performance liquid chromatography coupled to tandem mass spectrometry [J]. Food Control，56：34-40.

International Agency for Research on Cancer (IARC)，2002. Some traditional herbal medicines，some mycotoxins，naphthalene and styren [R]. In IARC Monographs on the Evaluation of Carcinogenic Risks to Humans；International Agency for Research on Cancer：Lyon，France，82：171-230.

International Agency for Research on Cancer，1993. IARC Monographs on the Evaluation of Carcinogenic Risk to Humans [R]；International Agency for Research on Cancer：Lyon，France，489-551.

Istamboulie G，Paniel N，Zara L，et al，2016. Development of an impedimetric aptasensor for the determination of aflatoxin M_1 in milk [J]. Talanta，146：464-469.

Kav K，Col R，Kaan Tekinsen K，2011. Detection of aflatoxin M_1 levels by ELISA in white-brined Urfa cheese consumed in Turkey [J]. Food Control，22：1883-1886.

Larou E，Yiakoumettis I，Kaltsas G，et al，2013. High throughput cellular biosensor for the ultra-sensitive，ultra-rapid detection of aflatoxin M_1 [J]. Food Control，29：208-212.

Lee D，Lee K G，2015. Analysis of aflatoxin M_1 and M_2 in commercial dairy products using high-performance liquid chromatography with a fluorescence detector [J]. Food Control，50：467-471.

Li D，Müller M B，Gilje S，et al，2008. Processable aqueous dispersions of grapheme nanosheets [J]. Nat Nanotechnol，3：101-105.

Li P，Zhang Q，Zhang W，et al，2009. Development of a class-specific monoclonal antibody-based ELISA for aflatoxins in peanut [J]. Food Chem，115：313-317.

Liu D，Huang Y，Wang S，et al，2015. A modified lateral flow immunoassay for the detection of trace aflatoxin M_1 based on immunomagnetic nanobeads with different antibody concentrations [J]. Food Control，51：218-224.

Lu C H，Lim J，Lin M. H，et al，2010. Amplified Aptamer-Based Assay through Catalytic Recycling of the Analyte [J]. Angew Chem Int Ed，122：8632-8635.

Lv L，Li D，Cui C，et al，2017. Nuclease-aided target recycling signal amplification strategy for ochratoxin A monitoring [J]. Biosens. Bioelectron，87：136-141.

Mao J，Lei S，Liu Y，et al，2015. Quantification of aflatoxin M_1 in raw milk by a core-shell column on a conventional HPLC with large volume injection and step gradient elution [J]. Food Control，51：156-162.

Neagu D，Perrino S，Micheli L，et al，2009. Aflatoxin M_1 determination and stability study in milk samples using a screen-printed 96-well electrochemical microplate [J]. Int Dairy J，19：753-758.

Pei H，Li J，Lv M，et al，2012. A graphene-based sensor array for high-precision and adaptive target identification with ensemble aptamers [J]. J Am Chem Soc，134：13843-13849.

Pei SC, Zhang Y Y, Eremin S A, et al, 2009. Detection of aflatoxin M_1 in milk products from China by ELISA using monoclonal antibodies [J]. Food Control, 20: 1080-1085.

Pietri A, Fortunati P, Mulazzi A, et al, 2016. Enzyme-assisted extraction for the HPLC determination of aflatoxin M_1 in cheese [J]. Food Chem, 192: 235-241.

Pu Y, Zhu Z, Han D, et al, 2011. Insulin-binding aptamer-conjugated graphene oxide for insulin detection [J]. Analyst, 136: 4138-4140.

Rao C EE, Sood A E, Subrahmanyam K E, et al, 2009. Graphene: The new two-dimensional nanomaterial [J]. Angew Chem Int Ed, 48: 7752-7777.

Shim WB, Kim M J, Mun H, et al, 2014. An aptamer-based dipstick assay for the rapid and simple detection of aflatoxin B_1 [J]. Biosens & Bioelectron, 62: 288-294.

Tang D, Tang J, Li Q, et al, 2011. Ultrasensitive aptamer-based multiplexed electrochemical detection by coupling distinguishable signal tags with catalytic recycling of DNase I [J]. Anal Chem, 83: 7255-7259.

Tang L, Wang Y, Li J, 2015. The graphene/nucleic acid nanobiointerface [J]. Chem Soc Rev, 44: 6954-6980.

The Commission of the European Communities, 2006. Setting maximum levels for certain contaminants in foodstuffs [R]. Off J Eur Union, 364: 5-24.

Van Egmond H P, Jonker, M A, 2019. Worldwide Regulations for Mycotoxins in Food and Feed in 2003 [J/OL]. Available online: https: //www. rivm. nl/bibliotheek/digitaaldepot/23661ADC. pdf (accessed on 29 August 2019).

Vdovenko M M, Lu C C, Yu F Y, et al, 2014. Development of ultrasensitive direct chemiluminescent enzyme immunoassay for determination of aflatoxin M_1 in milk [J]. Food Chem, 158: 310-314.

Wang R, Xiang Y, Zhou X, et al, 2015. A reusable aptamer-based evanescent wave all-fiber biosensor for highly sensitive detection of Ochratoxin A [J]. Biosens & Bioelectron, 66: 11-18.

Wang X, Li P, 2015. Rapid screening of mycotoxins in liquid milk and milk powder by automated size-exclusion SPE-UPLC-MS/MS and quantification of matrix effects over the whole chromatographic run [J]. Food Chem, 173: 897-904.

Wang Y, Liu X, Xiao C, et al, 2012. HPLC determination of aflatoxin M_1 in liquid milk and milk powder using solid phase extraction on OASIS HLB [J]. Food Control, 28: 131-134.

Zhang H, Jia S, Lv M, et al, 2014. Size-dependent programming of the dynamic range of graphene oxide-DNA interaction-based ion sensors [J]. Anal Chem, 86: 4047-4051.

Zhang J, Li Z, Zhao S, et al, 2016. Size-dependent modulation of graphene oxide-aptamer interactions for an amplified fluorescence-based detection of aflatoxin B_1 with a tunable dynamic range [J]. Analyst, 141: 4029-4034.

适配体传感器结合便携式血糖仪定量检测赭曲霉毒素 A 的方法研究

目前大多数小分子毒素的定量检测方法仍需以实验室为基础或者定制设备，不能被公众广泛应用。本研究开发了一种便携式适配体生物传感器，结合血糖仪用于赭曲霉毒素 A（OTA）的定量检测。所开发的适配体生物传感器的线性范围是 $1\times10^{-8}\sim4\times10^{-6}$mol/L，检出限 6.7×10^{-9}mol/L（2.69μg/kg）；适配体生物传感器被成功地应用于婴幼儿米粉和羊草样品检测，回收率达 84%~122%，所开发的适配体生物传感器为 OTA 的定量检测提供了一种新的方法，展现出良好的应用前景。

关键词：适配体生物传感器；赭曲霉毒素 A；血糖仪

一、简介

霉菌毒素（Mycotoxins）是霉菌或真菌在其所污染的食品中产生的有毒代谢产物，它们可通过饲料或食品进入人和动物体内，引起急性或慢性中毒，损害机体的肝脏、肾脏、神经组织、造血组织及皮肤组织等。常见的霉菌毒素有黄曲霉毒素、赭曲霉毒素、玉米赤霉烯酮、脱氧雪腐镰刀菌烯醇、T-2、HT-2 毒素、伏马菌素等（郑楠等，2012）。其中赭曲霉毒素 A（Ochratoxin A，OTA）是由多种生长在粮食（小麦、玉米、大麦、燕麦、黑麦、大米和黍类等）、花生、豆类等农作物上的赭曲霉（*Asperillus ochraceus*）、纯绿霉（*Penicillium verrucosum*）产生的一种无色结晶化合物（孙玲等，1991）。OTA 可溶于极性有机溶剂和稀碳酸氢钠溶液，微溶于水（高璟瑜等，2011），有很高的化学稳定性和热稳定性。谷物产品中的 OTA 经过 3h 的高温处理仍能保持 35% 的毒性（龚燕波等，2001）。动物摄入霉变的饲料后，这种毒素也可能出现在动物的体内。OTA 能侵害动物肝脏与肾脏，主要是引起肾脏损伤，大量的 OTA 也可能引起动物的肠黏膜炎症和坏死（Matissek 等，2010；Sava 等，2006）。OTA 的肾毒性被怀疑是引起巴尔干地方性肾病（Balkan endemic nephropathy）和相关的泌尿肿瘤的主要病因。国际癌症研究机构（International Agency Research on Cancer，IARC）将 OTA 列为 2B 类致癌物（Annie 等，2007）。目前，检测 OTA 的方法主要有薄层层析法（Thin-layer chromatography，TLC）、高压液相色谱-荧光检测法（High pressure liquid chromatography-fluorescence detection，HPLC-FD）、毛细管电泳技术（Capillary electrophoresis，CE）、高压液相色谱-质谱联用技术（High pressure liquid chromatography-mass spectrum，HPLC-MS）、酶联免疫吸附法（Enzyme-linked immunosorbentassay，ELISA）、时间分辨荧光免疫分析法（Time resolved fluorescence immunoassay，TRFIA）、胶体金免疫层析分析法（Colloidal gold immune chromatography analysis，GICA）和放射免疫法（Radio immunoassa，RIA）等（章英和许杨，2006）。目前应用较多的快速筛选方法是 ELISA 和 GICA，两者都是基于抗原-抗体反应。但是抗体易受外界温度影响，保存条件苛刻，生产成本高，繁琐费时。

适配体与抗体的性质相似，但适配体特异性更强，对目标靶分子具有更高的亲和力，更容易获得，在体外可以大量快速地合成，制备方法也更为简单，可以针对不同种类的目标物进行筛选（Thomas and Kenneth，2008；Guo 等，2014）。目前，基于适配体检测 OTA 的方法已有报道，比如，利用新型高性能的免疫传感器检测葡萄酒中的 OTA（Beatriz 等，2008）；基于适配体和环介导等温扩增的电化学方法检测 OTA（Xie 等，2014）；以可重复使用的适配体为基础的隐失波全光纤生物传感器高灵敏地检测 OTA（Wang 等，2015）；使用无标记荧光适配体传感器简单、敏感地检测 OTA（Lv 等，2014）；以核酸外切酶催化的目标回收扩增为基础的适配体传感器灵敏检测 OTA（Yang 等，2014）；通过优化与血红素共价螯合序列高度稳定的比色适配体传感器检测 OTA（Jayeon 等，2014）等。很多检测方法存在所需试剂多、操作繁琐、检测周期长、重现性差、设备昂贵和前处理复杂等缺点，不利于现场检测。

血糖仪是一种测量血糖水平的电子仪器，由于其体积小、成本低、操作简单，能够得到准确的定量结果，在生活中已经得到了广泛应用，改善了糖尿病患者的生活质量（Leland 等，1962；Montagnana 等，2009）。然而，血糖仪只能检测葡萄糖这一种物质，并且检测范围是 0.6~33mmol/L（10~600mg/dL）（Montagnana 等，2009）。目前利用血糖仪结合抗体或 DNA 定量检测非葡萄糖物质的方法已有报道，如运用血糖仪结合功能性 DNA 传感器定量检测多种目标分子（Xiang 等，2011），使用商业化的个人血糖仪便携式定量 DNA 分子（Xiang 等，2012a），采用侵入式 DNA 方法结合血糖仪便携式定量检测金属离子（Xiang 等，2013）。本研究采用应用广泛的便携式血糖仪结合适配体构建生物传感器，旨在为快速、定量检测 OTA 提供一种新的方法。

二、材料方法

1. 试剂与仪器

三（2-羧乙基）膦盐酸盐［tris（2-carbox-yethyl）phosphine hydrochloride，TCEP］、蔗糖酶（invertase）、蔗糖（sucrose）均购自 Sigma 公司；超滤管（Amicon-3K、Amicon-100K）购自 Millipore 公司；sulfosuccinimidyl-4-（N-maleimidomethyl）cyclohexane-1-carboxylate（sulfo-SMCC）购自 Thermofisher 公司；链霉亲和素修饰的磁球（MBs，直径 1μm）、磁分离器购自 Bangs Laboratories 公司；赭曲霉毒素 A（OTA）标准品、黄曲霉毒素 B_1（AFB_1）、黄曲霉毒素 M_1（AFM_1）、黄曲霉毒素 G_1（AFG_1）、玉米赤霉烯酮（ZEA）均购自国家标准物质中心；血糖仪及试纸条，型号 ACCU-CHEK Active，购自罗氏公司；超纯水，采用 Millipore Advantage A10 纯水系统；恒温混匀仪，型号 Thermo-mixer comfort，购自艾本德公司；基因漩涡混匀器购自德国 IKA；落地高速冷冻离心机，

型号 CR22G111，购自日本 HITACHI；水浴氮吹仪，型号 WD-12，购自杭州汇尔公司；OTA 适配体（GATCGGGTGTGGGTGGCGTAAAGGGAGCATCG-GAAAAAAAAAAAA）及互补 DNA（CCCACACCCGATCAAAAAAAAAAAA）由生工生物工程（上海）有限公司合成；buffer A（0.1mol/L NaCl，0.1mol/L Na_3PO_4，pH 值 7.3）；buffer B（0.1mol/L NaCl，0.1mol/L Na_3PO_4，pH 值 7.3，0.05% Tween-20）。

2. DNA-蔗糖酶聚合物的合成

（1）蔗糖酶分子的活化

取 400μL 20mg/mL 的蔗糖酶（溶解在 buffer B 中）与 1mg sulfo-SMCC 混合，涡旋震荡 5min，放置恒温混匀仪上，室温反应 2h。

（2）DNA 分子的活化

取 100μL 100μmol/L 的互补 DNA（thiol-DNA），2μL 0.1mol/L 的 buffer B，2μL 30mmol/L 的 TCEP（超纯水）加入到 1.5mL 离心管中，涡旋混匀，放置在恒温混匀仪上，室温反应 1h。其中，互补 DNA 的处理：将合成的固体 DNA（4℃，12 000 r/min，5min）离心，按要求加入 345μL 超纯水，轻微涡旋混匀，得到 345μL 100μmol/L 的 DNA 溶液。TCEP 的配制：TCEP 分子量 286.65，称量 8.59mg，溶于 1mL 的超纯水，得到 1mL 30mmol/L 的 TCEP［三（2-羧乙基）膦盐酸盐溶液］。

（3）DNA-蔗糖酶聚合物的合成

将蔗糖酶-SMCC 和 thiol-DNA 的反应溶液离心（25℃、12 000r/min、5min），吸取上清液，分别加入滤管中（蔗糖酶-SMCC 用 Amicon-100K；thiol-DNA 用 Amicon-3K），离心（25℃、12 000r/min、10min），用 1mL buffer A 洗涤 8 次；将 8 次离心洗涤后的 thiol-DNA 和蔗糖酶-SMCC 分别从超滤管中吸出，转移到 1.5mL 的离心管中，涡旋混匀，室温放置在恒温混匀仪上反应 48h。

3. DNA-蔗糖酶在磁球上的固定

（1）磁球和 OTA aptamer 的链接

取 1mL 1mg/mL 的链霉亲和素修饰的磁球放置在磁分离器上至完全澄清，吸除上清液，用 1mL buffer B 洗涤 2 次；取 60μL 0.1mmol/L 的 OTA aptamer（超纯水）加入到磁球溶液中，轻微涡旋混匀，放置恒温混匀仪上，室温反应 1h，用 1mL buffer B 洗涤 3 次。

（2）DNA-蔗糖酶的洗涤

将反应 48h 后的 DNA-蔗糖酶用超过滤器 Amicon-100K（25℃、12 000 r/min、10min）离心，用 1mL buffer A 洗涤 8 次。

（3）DNA-蔗糖酶在磁球上的固定

将洗涤后的 DNA-蔗糖酶溶液转移到磁球-aptamer 溶液中，涡旋混匀，放置恒温混匀仪上，室温反应 1h，用 buffer B 洗涤 3~4 次；得到 DNA-磁球-蔗糖酶聚合物（Invertase-DNA-apt-MBs），即合成的适配体生物传感器系统。将合成的 Invertase-DNA-apt-MBs 均匀分散在 1mL buffer B 中，每份取 60μL 用于下一步的检测。

4. 反应条件的优化

（1）孵育时间的优化

将上述开发的适配体生物传感器与含有 50μmol/L 和 100μmol/L 的 OTA 溶液反应，

分别在孵育 0min、5min、15min、30min、60min、100min 时进行磁性分离。然后吸取 10μL 上清液，加入装有 5μL 2mol/L 的蔗糖溶液（buffer B）的离心管中，涡旋混匀，室温反应 30min。取 5μL 反应后溶液用血糖仪检测。

（2）反应时间的优化

将上述开发的适配体生物传感器与含有 50μmol/L 和 100μmol/L 的 OTA 的溶液反应，1h 以后利用磁分离器进行磁性分离，然后吸取 10μL 上清液，加入装有 5μL 2mol/L Sucrose（buffer B）的离心管中，涡旋混匀，室温条件下，分别在反应 0min、5min、15min、30min、45min 的时候，吸取 5μL 反应后溶液用血糖仪检测。

（3）适配体传感器存储时间的优化

为了适配体生物传感器能够更好地被开发利用，试验对其存储时间进行了研究。将合成的适配体生物传感器系统在 4℃ 条件下分别保存 1 d、3 d、7 d、10 d，按照上述试验步骤与蔗糖溶液反应，通过血糖仪进行检测。

5. 适配体传感器结合血糖仪定量检测缓冲液中的 OTA

取 20μL 不同浓度（0μmol/L、1μmol/L、2μmol/L、4μmol/L、6.25μmol/L、12.5μmol/L、25μmol/L、50μmol/L、100μmol/L 和 200μmol/L）的 OTA（buffer B）溶液加入到一份 Invertase-DNA-apt-MBs 溶液中（用磁分离器去除 buffer），轻微涡旋混匀，充分反应 1h（MBs 的浓度约为 3mg/mL）；将上述反应后的 MBs 溶液用磁分离器分离，吸取 10μL 上清液，加入装有 5μL 2mol/L Sucrose（buffer B）的离心管中，涡旋混匀，室温反应 30min；取 5μL 反应后溶液用血糖仪检测。

6. 检出限的测定

试验步骤采用优化后的反应条件。用 buffer B 将 OTA 的浓度稀释为 0μmol/L、0.01μmol/L、0.05μmol/L、0.1μmol/L、0.5μmol/L、1μmol/L、2μmol/L 和 4μmol/L，分别与 1 份 Invertase-DNA-apt-MBs 反应（磁分离器去除 buffer），轻微涡旋混匀，充分反应 1h。将上述反应后的 MBs 溶液用磁分离器分离，吸取 10μL 上清液，加入 5μL 2mol/L Sucrose（buffer B）离心管中，涡旋混匀，室温反应 30min。取 5μL 反应后溶液用血糖仪检测。

7. 特异性分析

为了研究所开发的生物传感器的特异性，试验选择了 4 种毒素（AFB_1、AFG_1、AFM_1 和 ZEA）作为干扰因子。所有添加浓度为 1μg/mL。对照组：没有霉菌毒素；MIX1 组：AFB_1、AFG_1、AFM_1 和 ZEA 的混合毒素；MIX2 组：AFB_1、AFG_1、AFM_1、OTA 和 ZEA 的混合毒素。通过 3 次平行样品的检测获得误差线。检测步骤与上述缓冲液中 OTA 的检测步骤相同。

8. 样品处理

将所开发的方法应用于中国羊草样品（天津今日健康乳业有限公司提供）和婴幼儿配方米粉（购自超市）中 OTA 的检测。称取 2 份羊草，每份 0.5g，分别添加 500μL（20μg/L、100μg/L）OTA 溶液，再加入 2.5mL 甲醇溶液（甲醇含量为 70%）。将整个混合物进行涡旋震荡 5min，然后离心（10 000r/min、10min、4℃）。取上清液，进行氮吹浓缩至 0.5mL，最后将残留物用 2.5mL 甲醇溶液（甲醇 5%）进行重新溶解后检测。

婴幼儿配方米粉的前处理方法与羊草一致。

9. 数据分析

采用 Excel 法进行试验数据标准化处理，采用 Adobe Illustrator CS5 和 Origin 8.0 作图分析。

三、结果与分析

1. 适配体生物传感器的设计

适配体生物传感器的原理如图 1 所示。链霉亲和素包被的磁球与生物素修饰的适配体相结合，蔗糖酶和互补 DNA 相结合；将 DNA-蔗糖酶聚合物通过互补 DNA 与适配体碱基互补配对的原则固定到磁球表面；当溶液中含有所需检测目标分子时，目标分子与适配体特异性结合，从而将 DNA-蔗糖酶聚合物从磁球上释放到溶液中；用磁分离器分离溶液，释放到溶液中的 DNA-蔗糖酶聚合物能够高效水解蔗糖为葡萄糖，从而通过血糖仪进行定量检测。由于被释放到溶液中的 DNA-蔗糖酶的量能够通过葡萄糖的量来表示，并且蔗糖酶的量与样品中目标分子的量存在一定的比例关系。因此，血糖仪的读数能够被用来定量目标分子的浓度（Montagnana 等，2009）。

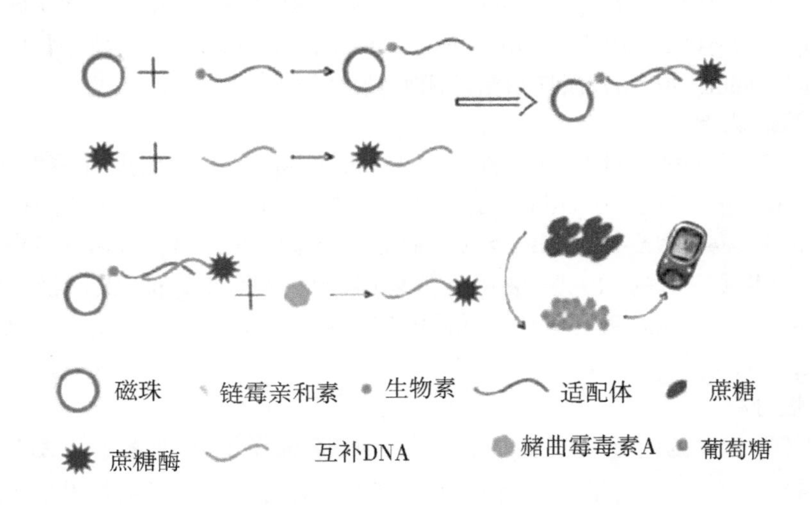

图 1　适配体生物传感器的设计原理

2. 孵育时间的选择

室温条件下，选择 50μmol/L 和 100μmol/L 的 OTA 溶液与合成的适配体生物传感器系统结合，相隔不同的时间采用磁分离器分离，取上清液与蔗糖溶液反应，采用血糖仪检测（Xiang 等，2011）。当孵育时间在 5min 时，血糖仪读数迅速增加，当孵育时间达到 60min 时，血糖仪读数基本稳定（图 2）。结果显示，传感器与 OTA 分子的孵育时间在 60min 时，蔗糖酶已经基本全部释放，为了保证蔗糖酶完全释放，选择 60min 作为孵育时间。

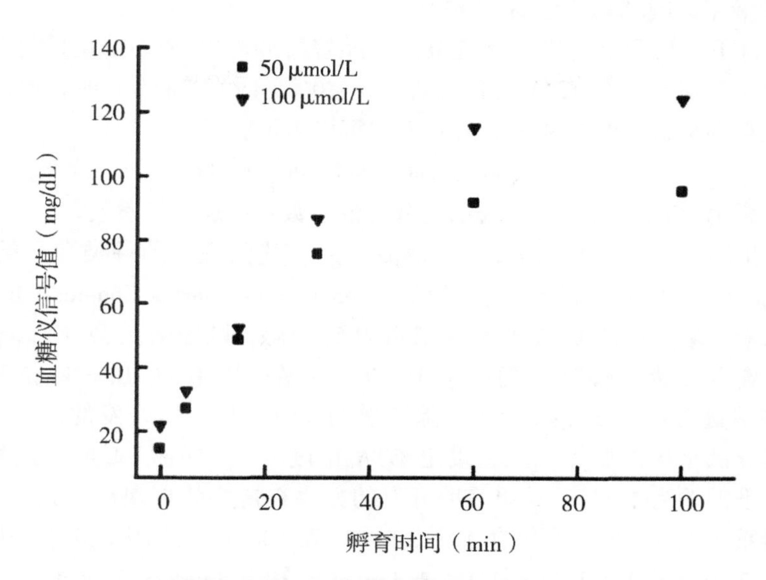

图 2 DNA-蔗糖酶固定的磁球与赭曲霉毒素 A 的孵育时间

3. 反应时间的选择

室温条件下，选择 50μmol/L 和 100μmol/L 的 OTA 溶液与合成的适配体生物传感器系统结合，孵育时间为 60min，采用磁分离器分离溶液，取上清液与蔗糖溶液反应，相隔不同的时间用血糖仪检测。如图 3 所示，反应所产生的葡萄糖浓度与反应时间呈线性关系，为了保证血糖仪有明显的检测信号，试验采用反应时间为 30min。

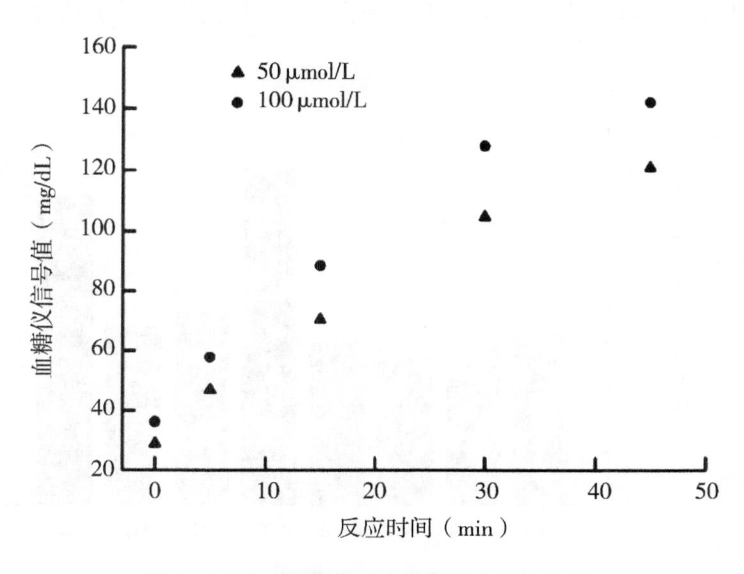

图 3 DNA-蔗糖酶与蔗糖溶液的反应时间

4. 缓冲液中的赭曲霉毒素 A 的检测

室温条件下，按照上述优化反应条件，随着缓冲液中 OTA 浓度的增加，血糖仪的读数显著增加，缓冲液中 OTA 的浓度在 $1\times10^{-8}\sim4\times10^{-6}$mol/L 时，血糖仪的读数与 OTA 的浓度存在良好的线性关系。回归方程可以表示如下：

$$y=0.4412x+0.1411,\ R^2=0.9924$$

其中 x 表示 OTA 的浓度；y 表示血糖仪的示数；R 是回归系数。

最低检出限为 6.7×10^{-9}mol/L（2.69μg/kg）。我国规定的谷类和豆类中 OTA 的最高限量为 5μg/kg，国际食品法典委员会（Codex Acimentarius Commission，CAC）规定的小麦、大麦、黑麦中的 OTA 的最高限量为 5μg/kg，欧盟委员会（Europeam Commission，EC）规定的速溶咖啡和葡萄干中 OTA 的最高限量为 10μg/kg，婴幼儿食品中 OTA 的最高限量为 0.5μg/kg。因此，除了婴幼儿食品外，所开发的适配体生物传感的检出限基本能满足检测要求。试验设定 OTA 浓度为 12.5μmol/L 时，进行 5 次重复实验，相对标准偏差为 1.5%。结果表明开发的方法有良好的再现性。此外，合成后的适配体传感器系统在 4℃条件下保存 1d、3d、7d 和 10d 时，运用上述方法检测，血糖仪示数分别为 2.4mmol/L、2.4mmol/L、2.3mmol/L 和 2.2mmol/L，与刚合成的适配体传感器的反应示数基本一致。

5. 特异性分析

结果如图 4 所示，对照组与 AFB_1、AFG_1、AFM_1、ZEA 和 MIX1 组的血糖仪读数基本一致，明显低于 OTA 组的血糖仪读数；MIX2 组的血糖仪读数略低于 OTA 组，说明其他毒素分子不能和 OTA 的适配体特异性结合，几种毒素分子混合存在可能会影响 OTA 与其适配体的特异性结合，从而导致 MIX2 组的血糖仪读数略低于 OTA 组。试验结果表明 OTA 适配体能特异性识别 OTA 分子，不与其他干扰因子结合，说明合成的适

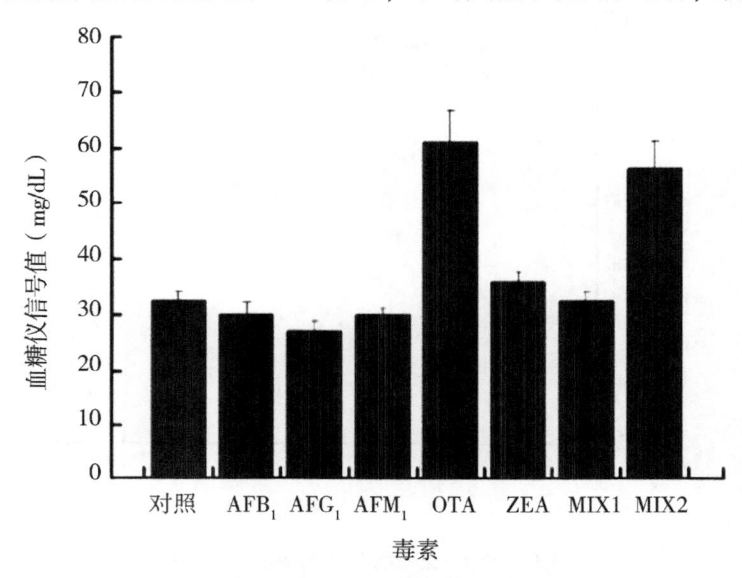

图 4　不同类型的霉菌毒素血糖仪检测试验

配体生物传感器具有很好的特异性。

6. 实际样品的检测

所开发的方法应用于婴幼儿米粉和羊草中 OTA 的检测。将 20μg/kg（0.05μmol/L）、100μg/kg（0.25μmol/L）OTA 标准溶液分别加入到婴幼儿米粉和羊草中，通过上述方法进行检测，结果如表 1 所示，回收率分别为 84%~98%和 94%~122%。试验结果表明所开发的适配体生物传感器可用于食品和饲料中赭曲霉毒素 A 的检测。

表 1　生物传感器结合血糖仪检测婴幼儿米粉和羊草中的赭曲霉毒素 A

样品	添加量（μg/kg）	添加量（μg/kg）	回收率（%）	相对标准偏差（%）
婴幼儿米粉 1	20	19.6	98	2.3
婴幼儿米粉 2	100	83.8	84	2.7
羊草 1	20	24.5	122	3.1
羊草 2	100	94.3	94	2.9

注：婴幼儿米粉和羊草样品稀释 10 倍后进行检测

四、讨论

Sibanda 等（2002）建立了检测烘焙咖啡中 OTA 含量的 HPLC 方法，回收率为 72%~84%，检测下限为 1μg/kg。赖卫华等（2005）研制了一种快速检测 OTA 的胶体金试纸条，检测限为 10μg/L。Xiang 等（2012b）用血糖仪和功能性 DNA 结合检测多种目标物，其中可卡因的检出限是 3.4μmol/L，腺苷的检出限是 18μmol/L，有毒的金属离子铀的检出限是 9.1nmol/L，利用抗体和便携式血糖仪结合定量检测蛋白标记物和小分子毒素，其中针对前列腺特异抗原的检出限是 0.4ng/mL，针对 OTA 的检出限是 6.8μg/kg。目前很多检测方法仍然存在操作繁琐、检测周期长、重现性差、设备笨重昂贵和检测限比较高等缺点，不利于进行现场定量检测。本试验利用适配体传感器和便携式血糖仪结合，通过特异性识别目标分子，释放合成的 DNA-蔗糖酶聚合物到溶液中，蔗糖酶高效水解蔗糖为葡萄糖，通过血糖仪进行检测从而得到可视化的血糖仪信号值。由于被释放到溶液中的 DNA-蔗糖酶聚合物的浓度能够通过葡萄糖的浓度来表示，又和样品中目标分子的浓度存在一定的比例关系，因此，血糖仪的读数能够被用来定量目标分子的浓度。试验中适配体生物传感器的检测赭曲霉毒素 A 的线性范围是1×10^{-8}~4×10^{-6}mol/L，最低检出限是 6.7×10^{-9}mol/L（2.69μg/kg）。通过与多种霉菌毒素的反应，该传感器表现出良好的选择性。所开发的生物传感器被成功地应用于婴幼儿米粉和羊草的检测，回收率保持在 84%~122%。本研究合成的适配体生物传感器在 4℃条件下能有效保存 10d 以上，并且检测所用的血糖仪具有体积小、成本低、易于操作和使用广泛等优点，所开发的生物传感器为食品和饲料中 OTA 的定量检测提供了一种新的方法，展现出良好的应用前景。

参考文献

高璟瑜，杨扬，张红星，等，2011. 抗赭曲霉毒素A多克隆抗体的制备［J］. 现代食品科技，3：324-327.

龚燕波，方崇波，邵青，2001. 海地瓜多糖的抗衰老生物活性研究［J］. 基层中药杂志，15（5）：17-18.

赖卫华，熊勇华，陈高明，等，2005. 应用胶体金试纸条快速检测赭曲霉毒素A的研究［J］. 食品科学，26（5）：204-205.

孙玲，徐迎辉，许华林，1991. 刺参酸性粘多糖对细胞免疫的增强作用［J］. 生物化学与生物物理进展，18（5）：394-395.

张勇，郑楠，文芳，等，2016. 适配体传感器结合便携式血糖仪定量检测赭曲霉毒素A的方法研究［J］. 中国农业科技导报，18（1）：182-188.

章英，许杨，2006. 谷物类食品中赭曲霉毒素A分析方法的研究进展［J］. 食品科学，12：767-769.

郑楠，王加启，韩荣伟，等，2012. 牛奶中主要霉菌毒素毒性的研究进展［J］. 中国畜牧兽医，39（3）：10-13.

中华人民共和国卫生部，2005. 中国国家标准化管理委员会 . GB 2715—2005 粮食卫生标准［S］. 北京：中国标准出版社 .

Annie P L，Richard A M，2007. Ochratoxin A：An overview on toxicity and carcinogenicity in animals and humans［J］. Mol Nutr Food Res，51：61-99.

Beatriz P S，Monica C，Jean L M，et al，2008. Novel highly performing immune osensor-based strategy for ochratoxin A detection in wine samples［J］. Biosens & Bioelectron，23：995-1002.

Chen J H，Fang Z Y，Liu J，et al，2012. A simple and rapid biosensor for ochratoxin A based on a structure-switching signaling aptamer［J］. Food Control，25：555-560.

Cruz-Aguado J A，Penner G，2008. Determination of ochratoxin A with a DNA aptamer［J］. J Agric Food Chem，56（22）：10456-10461.

Cruz- Aguado J A，Penner G，2008. Fluorescence polarization based displacement assay for the determination of small molecules with aptamers［J］. Anal Chem，80（22）：8853-8855.

Guo X D，Wen F，Zheng N，et al，2014. Development of an ultrasensitive aptasensor for the detection of afiatoxin B_1［J］. Biosens & Bioelectron，56：340-344.

Jayeon L，Chang H J，Sang J A，et al，2014. Highly stable colorimetric aptamer sensors for detection of ochratoxin A through optimizing the sequence with the covalent conjugation of hemin［J］. Analyst，139：1622-1625.

Leland C，Clark J，Champ L，1962. Electrode systems for continuous monitoring in cardiovascular surgery［J］. Annals of the New York Academy of ences，102（1）：29-45.

Lv Z Z，Chen A L，Liu J C，et al，2014. A simple and sensitive approach for ochratoxin A detection using a label-free fluorescent aptasensor［J］. PLoS ONE，9（1）：85-89.

Matissek R，Ratbrs M，Harem W，et al，2010. Determination of ochtatoxin A in liquorice products using HPLC based analytical methods［J］. Mycotoxin Res，26（2）：93-99.

Montagnana M，Caputo M，Giavarina D，et al，2009. Overview on self-monitoring of blood glucose［J］. Clin Chim Acta，402：7-13.

Sava V，Reunova O，Vslasuez A，et al，2006. Acute neurotoxic effects of the fungal metabolite ochratoxin A［J］. Neuro Toxic，27：82-92.

Sibanda L，De Saeger S，Var Peteghem C，2002. Optimization of solid-phase clean-up prior to liquid chromatographic analysis of ochratoxin A in roasted coffee［J］. J Chrom A，959：327-330.

Thomas D S，Kenneth J L，2008. Analyzing real-time PCR data by the comparative CT method［J］. Nat Protoc，3：1101-1105.

Wang R Y，Xiang Y，Zhou X H，et al，2015. A reusable aptamer-based evanescent wave all-fiber biosensor for highly sensitive detection of ochratoxin A［J］. Biosens & Bioelectron，66：11-18.

Xiang Y，Lu Y，2013. An invasive DNA approach toward a general methodfor portable quantification of metal ions using apersonal glucose meter［J］. Chem Commun，49：585-587.

Xiang Y，Lu Y，2012. Portable and quantitative detection of protein biomarkers and small molecular toxins using antibodies and ubiquitous personal glucose meters [J]. Anal Chem, 84 (9): 4174-4178.

Xiang Y, Lu Y, 2012. Using commercially available personal glucose meters for portable quantification of DNA [J]. Anal Chem, 84: 1975-1980.

Xiang Y, Lu Y, 2011. Using personal glucose meters and functional DNA sensors to quantify a variety of analytical targets [J]. Nat Chem, 3: 697-703.

Xie S B, Chai Y Q, Yuan Y L, et al, 2014. Development of an electrochemical method for ochratoxin A detection based on aptamer and loop-mediated isothermal amplification [J]. Biosens & Bioelectron, 55: 324-329.

Yang M L, Jiang B Y, Xie J Q, et al, 2014. Electrochemi-luminescence recovery-based aptasensor for sensitive ochratoxin A detection via exonuclease-catalyzed target recycling amplification [J]. Talanta, 125: 45-50.

Zheng N, Wang J Q, Han R W, et al, 2012. Toxicity of mycotoxins in milk: A review [J]. Chin Anim Husband Vet Med, 39 (3): 10-13.

UHPLC-MS/MS 同时测定牛奶中的黄曲霉毒素 M_1、赭曲霉毒素 A、玉米赤霉烯酮和 α-玉米赤霉烯醇含量

在这项研究中，我们开发了一种利用超高效液相色谱-电喷雾电离三重串联四极杆串联质谱法（UHPLC-ESI-MS/MS）同时灵敏而快速测定牛奶中的黄曲霉毒素 M_1、赭曲霉毒素 A、玉米赤霉烯酮和 α-玉米赤霉烯醇的方法。牛奶样品使用 Oasis HLB 柱进行纯化。通过确定信号抑制增强（SSE）评估基质效应，并通过外部基质匹配校准进行校正。霉菌毒素的定量限（LOQ）为 0.003～0.015μg/kg。在检测浓度范围为 0.01～1.00μg/kg 的霉菌毒素时，具有高的相关系数（$R^2 \geq 0.996$）以及良好的回收率（87.0%～109%）。霉菌毒素浓度为 0.025μg/kg、0.1μg/kg 和 0.5μg/kg 时，实验室内和实验室间的可重复性分别为 3.4%～9.9% 和 4.0%～9.9%。从北京牧场和超市收集的样本中，生乳、液态奶和奶粉中霉菌毒素的检出率范围为 16.7%～96.7%。本研究建立的方法适用于同时测定黄曲霉毒素 M_1、赭曲霉毒素 A、玉米赤霉烯酮和 α-玉米赤霉烯醇，以及可用于分析牛奶中的霉菌毒素。

关键词：牛奶；霉菌毒素；基质效应；基质标曲；UHPLC-MS/MS

一、简介

霉菌毒素污染（尤其是牛奶中的霉菌毒素）已引起全球关注。霉菌毒素对动物和人类的毒性影响已引起人们对饲料和食品安全的关注（Blount，1961；De Iongh 和 Van，1964；Jolly 等，2007；Pattono 等，2011；Strosnider 等，2006；Williams 等，2004）。霉菌毒素，是由一系列霉菌产生的次级代谢产物，主要来自田间或在干燥和储存过程中被污染的饲料。为确保动物源产品的质量和安全，黄曲霉毒素 B_1（AFB_1）、赭曲霉毒素 A（OTA）和玉米赤霉烯酮（ZEA）在中国饲料中的限量分别为 10μg/kg、100μg/kg 和 500μg/kg（GB 13078—2001；GB 13078.2—2006），美国对总的黄曲霉毒素限量为 20μg/kg（Ren 等，2007），欧盟 AFB_1 限量为 5μg/kg（EC，2006，2007）。这些霉菌毒素可以以 AFM_1、OTA、ZEA 和 α-玉米赤霉烯醇（α-ZOL）的形式代谢或转移到生乳中，并且在整个乳制品加工过程中十分稳定，可存在于液态奶和奶粉中（Bullerman 和 Bianchini，2007）。

霉菌毒素的毒性作用包括致突变、致畸、致癌和免疫抑制作用。国际癌症研究机构（IARC）已定义 AFM_1 和 OTA 作为潜在的致癌物，被归入 2B 类致癌物（IARC，1993a，

1993b)。尽管ZEA被认为非致癌性，但可引起其他不利影响，特别是它具有和雌激素类似的作用，可能影响哺乳动物的繁殖。α-ZOL的雌激素活性是母体化合物ZEA的3~4倍（Minervini等，2005）。为了维护公共健康，国际组织及各国设立了霉菌毒素的最大残留水平（MRL）（EC，2006，2007）。牛奶中的AFM_1在中国和美国的最大残留限量为0.5μg/kg，在欧盟（EU）为0.05μg/kg。欧盟为婴儿食品设定了更严格的限制水平，AFM_1限量为0.025μg/kg，OTA限量为0.5μg/kg，ZEA限量为20μg/kg。因此，为了对牛奶中的霉菌毒素含量执行严格的监测，需要一种快速、灵敏和精确的检测方法。

目前，酶联免疫法（ELISA）已广泛用于霉菌毒素检测（Kav等，2011；Rastogi等，2004；Turner等，2009）。但是，ELISA有时会出现假阳性和结果不准确的缺点，限制其进一步应用（Beltrán等，2011；Ren等，2007；Sforza等，2005）。因此，研究者们开发了一些可用于确证及定量的方法，这些方法是基于气相色谱（GC）（Valle-Algarra等，2005），高效液相色谱（HPLC）（Liu等，2012；Solfrizzo等，2008），以及LC或GC与质谱（MS）联合使用（Nielsen和Thrane，2001；Njumbe Ediage等，2011；Oueslati等，2012）。曾有研究报道用LC-MS/MS检测牛奶中18种霉菌毒素（EC，2002）。该方法根据电喷雾电离模式需要两种不同的霉菌毒素色谱柱，导致准备工作复杂费时。最近由于超高效液相色谱串联质谱（UHPLC-MS/MS）具有高选择性和灵敏性的特点，其已用于霉菌毒素分析（Xia等，2009）。UHPLC-MS/MS还可用于测定食品和饲料（Beltrán等，2009；Beltrán等，2011；Liu等，2012；Ren等，2007；Sørensen和Elbæk，2005）、血浆（Mathias等，2012）和尿液样本（Desalegn等，2011）中的多种霉菌毒素。牛奶中的霉菌毒素污染引起了极大关注，用UHPLC-MS/MS方法检测牛奶中的多种霉菌毒素目前正在开发中。Beltrán等（2011）使用UHPLC-MS/MS测定婴儿食品和牛奶中的黄曲霉毒素（AFM_1和OTA）。但是，此方法由于纯化困难，无法测生乳和奶粉中OTA的限量水平（0.025μg/kg）。在本研究中，我们旨在建立一种灵敏和快速的UHPLC-MS/MS方法同时分析生乳、液态奶和奶粉样品中的AFM_1、OTA、ZEA和α-ZOL，用于调查中国牛奶中的实际污染物状况。在纯化过程中，利用全析因试验和多因素试验设计优化固相萃取（SPE）条件。矩阵效应通过信号抑制增强（SSE）进行评估，并通过矩阵匹配的标准校准进行补偿。该方法已在3种不同的样本（生乳、液态奶和奶粉）中进行验证，结果表明，回收率（87.0%~109%）、重复性相对标准偏差（3.4%~9.9%）和再现性相对标准偏差（4.0%~9.9%）良好。

二、材料方法

1. 试剂与仪器

AFM_1、OTA、ZEA和α-ZOL的标准品购自Sigma-Aldrich（BioReliance，USA）。所有标准品均在-20℃避光贮存。HPLC级甲醇（MeOH），乙腈（ACN）和氨水购自Merck（USA），Fisher Scientific（USA）和Sigma（USA）。磷酸盐pH值2和10的缓冲溶液（PBS）购自Hanna（USA）。在整个试验过程中，使用了Milli-Q去离子水（Millipore，USA）。

在 MeOH 中制备 AFM_1、OTA、ZEA 和 α-ZOL 标准储备液。混合的标准溶液（500μg/kg）配制如下：转移 1mL 单标储备液（50mg/L）倒入容量瓶中，然后用 MeOH 稀释，最终体积为 100mL。随后用 MeOH/水（50/50，V/V）溶液稀释至最终浓度为 5μg/L 和 1μg/L 作为工作溶液。储备液和混合的标准溶液均存储在-20℃，而工作溶液则在使用前在 4℃保存。

将未污染的牛奶掺入混合的霉菌毒素标准溶液，用于霉菌毒素标准品校准。每种霉菌毒素的最终浓度分别设置为 0.01μg/kg、0.025μg/kg、0.05μg/kg、0.1μg/kg、0.5μg/kg 和 1μg/kg，均在分析范围 0.04~4μg/kg 以内。

2. 仪器

UHPLC 系统由 Acquity UHPLC（UHPLC™，Waters，USA）组成。在 UHPLC 上 LC 分离用 BEH C_{18}色谱柱（1.7μm，50mm，2.1mm，Waters，USA），溶剂 A（MeOH）和溶剂 B［0.1%（V/V）氨水］流速为 0.4mL/min。使用以下梯度程序：90% B（初始），90%~10% B（2.0min），10%~90% B（0.1min）。在下一次注射之前，需要再平衡（1.9min）。此外，色谱柱和样品温度分别保持在 40℃和 25℃。

LC 色谱柱与 TQS™ 微型三重四极质谱仪相连，配备电喷雾离子源（Micromass，Manchester，UK）和 MassLynx V MS4.1 软件。氮气用作脱溶剂气体和锥气体，氩气作为碰撞气体。

3. 样品收集与制备

2012 年 4 月，从北京的牧场和超市收集了 50 个样本。其中，有 30 个样本是从 30 个不同的牧场收集的生乳，从超市采集 12 个液态奶和 8 个奶粉样本。在分析之前，所有样品都存储在-20℃下。

奶粉按照生产商说明书重新配制液体。每个均质的牛奶样品均准确称重（2.0g，精度：0.1mg）后放入 15mL 离心管中。然后，加入 8mL 乙腈从中提取霉菌毒素并同时沉淀蛋白质。使用 Vortex-Genie 2（Scientific Industries，USA）将整个混合物涡旋 2min，然后放入超声仪浴（KQ-500 DE，中国）30min，最后将提取物以 12 100×*g* 在 4℃下离心 10min，并收集上清液。

将上清液在氮气流下 50℃蒸发浓缩至 2mL。浓缩液与 4mL 水混合，并用 PBS 将 pH 值调节至 5.0±0.2。将该溶液应用于 Oasis HLB 柱（60mg，$3cm^3$，Waters，USA），流速为 0.5mL/min。预先用 2mL 的 MeOH 和 2mL 的水调节柱。用 2mL 水洗涤后，用 4mL MeOH 将霉菌毒素洗脱，并将洗脱液在 50℃蒸发至干。将另一等份上清液直接上样到 Mycosep 226（Romer Labs，USA），洗脱液在 50℃下用氮气蒸发干燥。将每种残余物重新溶解在 500μL 的 MeOH 水溶液（50：50，V/V）中。之后将溶液通过聚四氟乙烯（PTFE）过滤器过滤，将 5μL 的最终提取液注入 UHPLC-ESI-MS/MS 系统。

回收率 *R*（%）根据下式计算，其中标准溶液的浓度等于样品中加标的浓度（Maragou 等，2008）：

$$R\,(\%)=\frac{\text{加标样品信号}-\text{样品信号}}{\text{标准溶液信号}}\times 100$$

4. 方法验证

根据欧盟委员会第 2002/657 号决定（EC，2002）指南验证了本文建立的检测生乳、液态奶和奶粉中霉菌毒素方法。通过以下参数评估方法：在 0.01～1μg/kg 的范围内，通过基质匹配校准曲线对线性进行评估；以样品加入 0.025μg/kg 霉菌毒素获得的色谱图，分别在信噪比（S/N）≥3 和≥ 10 的条件下，用 MassLynx V4.1 软件对添加 0.025μg/kg 霉菌毒素样品的色谱图进行分析，计算得出检出限和定量限；对牛奶中加标 0.025μg/kg、0.1μg/kg 和 0.5μg/kg 霉菌毒素进行检测，测定 6 个重复，从而获得重复性相对标准偏差和再现性相对标准偏差；再现性相对标准偏差在不同时间由不同的操作者测定。

三、结果讨论

1. MS/MS 条件优化

根据注入模式下正负电喷雾电离（ESI^+和 ESI^-）下的最高相对强度，选择电离模式和前体离子通过注射泵的溶液（表 1）。在本研究中尽管 OTA 也可以在 ESI^+模式被检测，但由于它在负模式下具有更高的灵敏度和稳定性，因此，选择了 ESI^-模式用于 OTA 分析。ZEA 和α-ZOL也都在 ESI^-模式下进行了分析；而 AFM_1 在 ESI^+的电离效率更高，因此在 ESI^+模式下进行了分析。通过在单个色谱图中进行正/负极性切换，正/负离子模式自动切换。

对于每种化合物，碰撞能量和锥电压在多反应监测（MRM）模式下进行了优化，查找前体离子和两个最密集的产物离子分别用于定量和定性研究（表 1）。由于 ZON 和α-ZOL的结构和前体离子相似，因此在色谱分离系统中未完全分离。但是，考虑到在 MRM 模式下，ZEA 和α-ZOL定量和定性的特征产物分别为 316.8>174.8、316.8>130.8 和 318.8>275.0、318.8>160.0，因此可以成功实现 ZON 和α-ZOL无干扰地分离（图 1）。

2. 霉菌毒素的提取

评估了样品 pH 值和萃取溶剂对萃取效率的影响。用乙酸将样品的 pH 值调节至 2～5。乙酸处理过的样品中，4 种霉菌毒素回收率没有显著差异。使用乙腈和甲醇两种溶剂作为萃取溶剂。乙腈溶液中 AFM_1、OTA、ZEA 和α-ZOL的回收率分别为 92.8%、92.3%、94.5%和 90.4%，高于 MeOH（对于 AFM_1，OTA，ZEA 和α-ZOL分别为 82.3%、64.3%、78.5%和 61.5%）。结果与之前的报道相符（Beltránet 等，2009；Wang 等，2011）。

3. 纯化条件优化

本研究选择了 Oasis HLB 和 Mycosep 226 两种柱，用来纯化牛奶样品中的霉菌毒素。结果表明未经纯化处理直接注射提取物会因基质效应而引起信号抑制（图 2a）；在 Mycosep 226 柱纯化后 OTA 和α-ZOL获得的信号非常微弱，以致于无法准确定量 OTA 和α-ZOL（图 2c）。当上清液经 Oasis HLB 柱纯化后，纯化效率明显提高并去除了许多杂质（图 2b）。因此，Oasis HLB 柱比 Mycosep 226 柱更适合用于纯化。

表 1　生乳、液态奶和奶粉测定中 MS/MS 参数、SSE 和差异

化合物	前体离子 (m/z)	产物[1] (m/z)	CE[1] (eV)	CV[1] (V)	TR[1] (min)	电离模式	SSE (%)			方差[2]		
							生乳	液态奶	奶粉	生乳	液态奶	奶粉
AFM_1	329.0	273.0* 259.0	5	33	1.48	ESI^+	65	66	68	307 375.0[a]	313 271.0[a,b]	322 342.0[b]
OTA	402.0	357.9* 166.8	21	20	0.99	ESI^-	177	175	173	7 349.0	7 244.5	7 032.7
ZON	316.8	174.8* 130.9	21	20	1.45	ESI^-	74	53	77	15 053.3[a]	10 323.0[b]	15 779.0[a]
a-ZOL	318.8	275.0* 160.0	21	20	1.50	ESI^-	81	57	63	6 321.0[a]	4 221.7[b]	5 053.4[b]

注：每种化合物具有相同的上标字母（a，b 或 c）表示差异不显著。[1]CE，碰撞能量；CV，锥电压；TR，保留时间；*表示定量离子。[2]方差是 3 个不同牛奶基质中每种霉菌毒素曲线的斜率之间的差异

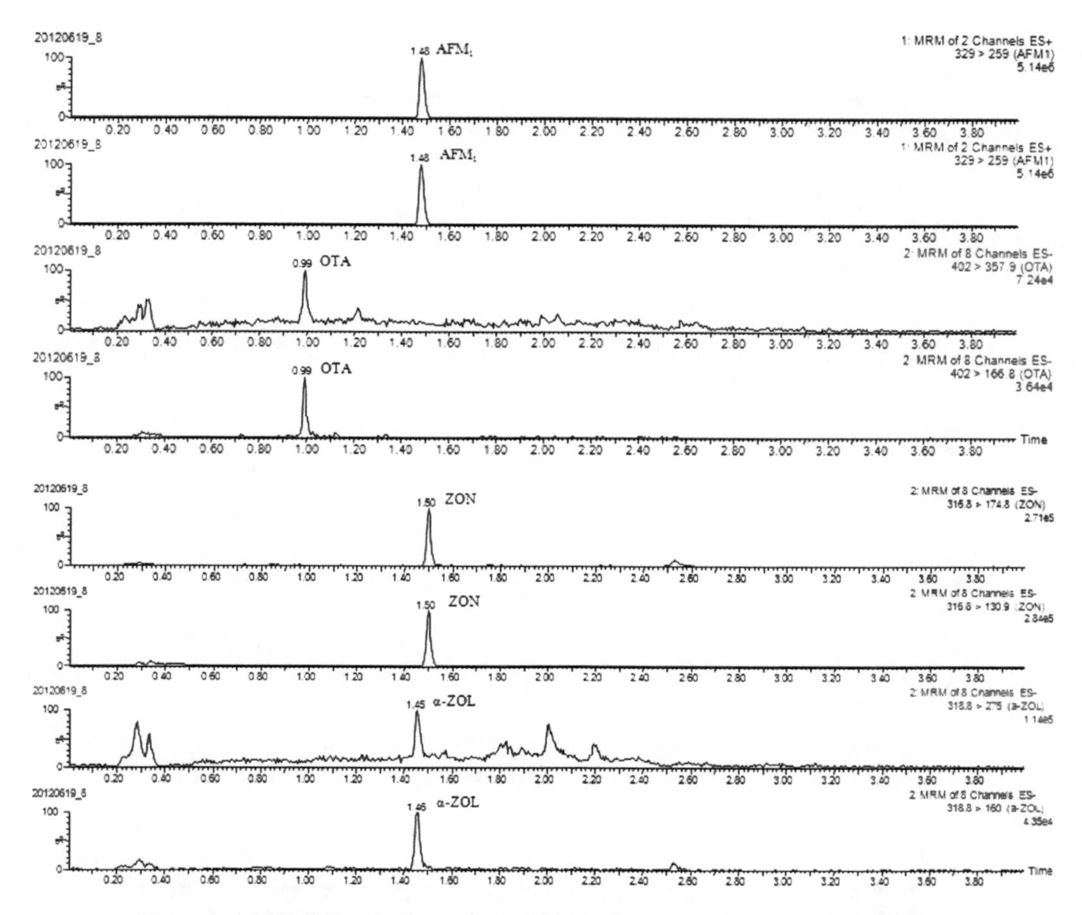

图 1　在牛奶基质中制备的 0.025μg/kg 标准溶液中 MRM 的选定离子色谱图

使用 Oasis HLB 柱在两个指定水平上对粗提液的 SPE pH 值（5~8.5）、SPE 流速（0.5~1.5mL/min）、水量（2~6mL）和洗脱液（0~100% ACN-MeOH 溶液）进行测定以优化 SPE。AFM_1、OTA、ZEA 和α-ZOL在浓度为 0.025μg/kg 条件下，采用全析因试验设计 2^4+1 中心点方法测试优化条件（Maragou 等，2008）。数据使用 SAS 8.0 软件处理。在这 4 种因素中，发现关键的影响因素是粗提液和洗脱液各自的 SPE pH 值，并在 AFM_1 标准化帕累托图中表示出来（图 3a）。用来代表估计效果的每个柱子的长度除以其标准误差与标准效果成正比。将一阶模型拟合到数据，相应的响应面如图 3b 所示。当粗提液的 SPE pH 值从 5.0 增加到 8.5 时，信号抑制随着峰面积的减小而增加。结果表明 100%MeOH 作为洗脱液、粗提液 pH 值 5.0 时可获得最佳信号。

当样品加标 AFM_1、OTA、ZEA 和α-ZOL为 0.025μg/kg 时，进行了三级 SPE 流速（0.5mL/min、1.0mL/min 和 1.5mL/min）和三级洗涤水量（2mL、4mL 和 6mL）的多级析因设计。当流速为 1.5mL/min 和水量为 2mL 时的信号较好。因此，HLB 柱的最佳 SPE 条件是 pH 值 5.0 的粗提液，100%MeOH 的洗脱溶液，1.5mL/min 的流速和 2mL 的洗涤用水。

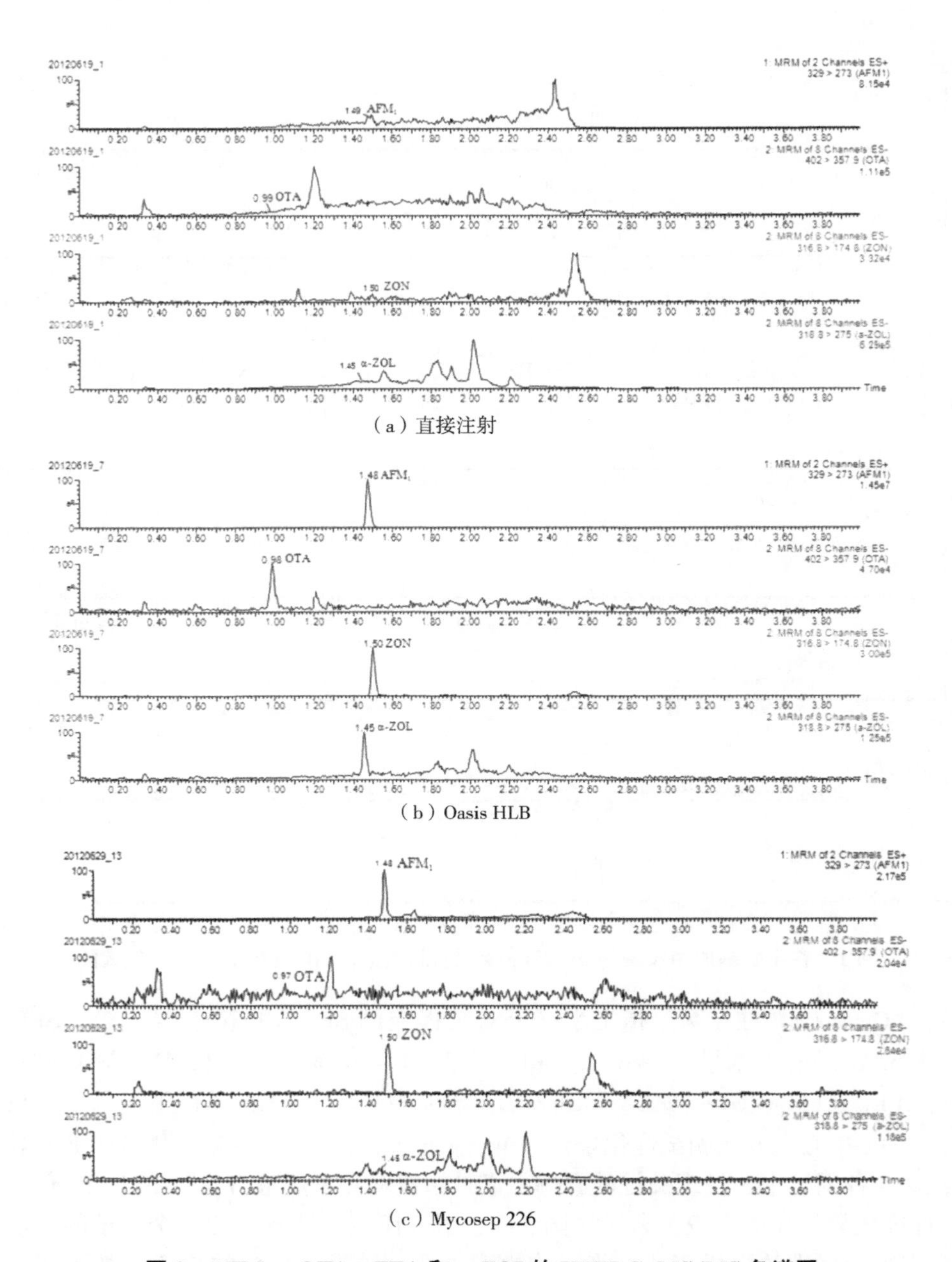

（a）直接注射

（b）Oasis HLB

（c）Mycosep 226

图2　AFM_1、OTA、ZEA和α-ZOL的UHPLC-MS/MS色谱图

（a）直接注射生乳基质后加标至0.025μg/kg；（b）聚合物Oasis HLB SPE柱；（c）Mycosep 226柱

4. 基质效应

基质效应是由基质组分的共洗脱引起的，会影响分析物的电离效率（Gilar等，2001；King等，2000；Taylor，2005）。应用SSE评估4种霉菌毒素在生乳、液态奶和

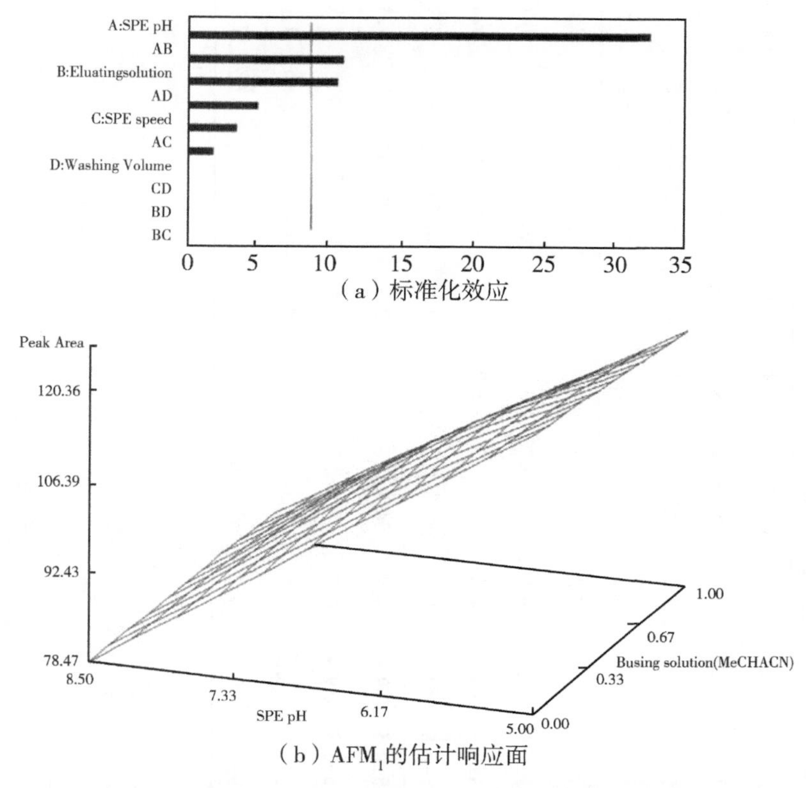

（a）标准化效应

（b）AFM_1的估计响应面

图 3 （a）标准化帕累托图；（b）AFM_1 的估计响应面

水：2mL；SPE 流速：0.5mL/min

奶粉中信号的基质效应。计算每种基质中每种分析物的 SSE，并将其定义为基质匹配的校准斜率除以标准校准斜率的百分比（Rubert 等，2011；Spanjer 等，2008；Sulyok 等，2007）：

$$SSE（\%）=\frac{基质匹配的校准斜率}{标准校准斜率}\times100$$

$SSE>100\%$，信号增强；$SSE=100\%$，无绝对基质效应；$SSE<100\%$，信号抑制

结果表明，在牛奶中 AFM_1、ZEA 和α-ZOL发生了明显的信号抑制，而 OTA 的信号明显增强（表 2）。3 种牛奶基质中对于 AFM_1 和 OTA 具有相似的基质效应，而对于 ZEA 和α-ZOL基质效应完全不同。因此，基质标曲对于确保分析结果的准确性是必不可少的（Beltrán 等，2009；EC，2002；Wang 等，2011）。

通过 SAS 8.0 软件分析 3 种不同牛奶基质中每种霉菌毒素曲线的斜率之间的差异（表 2）。如果每种霉菌毒素曲线的斜率在 3 种牛奶基质中均在 95%或更高的置信度下，并且没有统计学差异，那么一条校正曲线可能同时适用于生乳、液态奶和奶粉。OTA 在这 3 种基质都具有统计上相同斜率的曲线，而 AFM_1、ZEA 和α-ZOL显示出明显不同的斜率。为了避免对霉菌毒素的含量有任何高估或低估，本文绘制了在生乳、液态奶和奶粉每种基质中 4 种霉菌毒素匹配的标准校正曲线（表 2）。

表 2　校正曲线相对重复性标准偏差（RSDr）和实验室内可重复性标准偏差（RSD_R）

牛奶	霉菌毒素	校正曲线（μg/kg）	系数（R^2）	LOD（μg/kg）	LOQ（μg/kg）	0.025μg/kg（%）[b]			0.1μg/kg（%）[b]			0.5μg/kg（%）[b]		
						R±SD[a]	RSDr	RSD_R	R±SD[a]	RSDr	RSD_R	R±SD[a]	RSDr	RSD_R
生乳	AFM_1	$y=308\ 295x+115.1$	0.999	0.001	0.003	99.5±9.5	9.5	9.5	100.3±7.9	7.9	8.0	97.7±8.1	8.3	8.4
	OTA	$y=7\ 198.3x+38.7$	0.998	0.004	0.012	99.7±9.5	9.5	9.6	98.4±8.2	8.3	8.5	95.9±7.1	7.4	7.8
	ZEA	$y=1\ 5094x-125.9$	0.999	0.001	0.003	99.5±3.4	3.4	4.0	94.8±5.9	6.2	6.2	95.2±5.7	6.0	7.0
	α-ZOL	$y=6\ 330.1x-10.5$	0.999	0.003	0.009	98.8±8.0	8.1	8.1	97.4±7.7	7.9	8.4	99.9±9.8	9.8	9.5
液态奶	AFM_1	$y=313\ 267x-518.2$	0.999	0.002	0.006	109.0±7.3	6.7	7.8	98.3±8.3	8.4	9.0	97.2±9.3	9.6	9.6
	OTA	$y=7\ 096.8x-98.8$	0.999	0.003	0.009	99.9±9.4	9.4	9.5	97.6±6.1	6.3	6.7	93.9±7.2	7.7	7.9
	ZEA	$y=10\ 940x+23.6$	0.999	0.002	0.006	99.4±9.4	9.5	9.6	95.4±7.6	8.0	8.3	96.5±8.9	9.2	9.2
	α-ZOL	$y=4\ 466.4x+38.2$	0.998	0.005	0.015	88.8±8.8	9.9	9.2	90.7±6.1	6.7	7.8	87.0±7.2	8.3	8.9
奶粉	AFM_1	$y=322\ 342x+1\ 206.3$	0.996	0.001	0.003	90.8±8.5	9.4	9.7	94.5±7.6	8.0	8.5	101.9±8.4	8.2	8.3
	OTA	$y=7\ 032.7x+82.0$	0.999	0.003	0.009	93.3±8.8	9.4	9.9	95.6±8.7	9.1	9.6	101.2±7.9	7.8	7.9
	ZEA	$y=15\ 779x+84.8$	0.999	0.001	0.003	91.3±7.8	8.5	8.8	96.4±6.6	6.8	6.0	101.2±6.7	6.6	7.1
	α-ZOL	$y=4\ 947.7x+65.3$	0.999	0.004	0.012	89.9±8.5	9.5	9.5	92.9±7.9	8.5	8.9	100.7±7.7	7.6	7.7

[a] R±SD 代表回收率±标准差；

[b] 6 个重复数

5. 方法验证

所有霉菌毒素在 0.01～1μg/kg 的范围有良好的线性关系，相关系数（R^2）高于 0.996（表 2）。牛奶中 4 种霉菌毒素的检出限和定量限分别为 0.001～0.005μg/kg 和 0.003～0.015μg/kg（表 2），表明该方法具有很高的灵敏度，足以满足欧盟法规对牛奶中霉菌毒素的相应最大值水平的要求。该方法定量限低于已报道的结果（EC，2002；Xia 等，2009），并与通过使用免疫亲和净化预处理结果相当（Beltrán 等，2011）。获得了良好的回收率（87.0%～109.0%）、相对重复性标准偏差（3.4%～9.9%）和实验室内可重复性标准偏差（4.0%～9.9%）（表 2）。

6. 北京牧场生乳和市场牛奶中霉菌毒素检出情况

对来自北京牧场及超市的生乳、液态奶和奶粉样品中的 AFM_1、OTA、ZEA 和 α-ZOL含量进行检测（表 3）。液态奶和奶粉样品中 AFM_1 没有超过中国的最大残留限量，也未超过欧盟最大残留限量。所有样本中被两种霉菌毒素污染的样本百分比为 15%，被 3 种霉菌毒素污染的百分比为 45%，被 4 种霉菌毒素污染的样本占 22%，与中国的奶牛饲料中关于霉菌毒素污染的结果一致（Chen，2011）。

表 3　北京牧场牛奶中霉菌毒素残留

样品（N[1]）	霉菌毒素	平均值±标准差（ng/kg）	检出率（%）	最大值（ng/kg）
生乳（30）	AFM_1	80.4±87.7	80.0	237.4
	OTA	56.7±23.1	96.7	84.1
	ZEA	14.9±6.0	23.3	45.8
	α-ZOL	24.3±16.1	93.3	73.5
液态奶（12）	AFM_1	32.3±16.5	33.3	46.0
	OTA	26.8±14.9	91.7	57.9
	ZEA	20.5±11.1	16.7	28.3
	α-ZOL	36.7±7.9	41.7	45.1
奶粉（8）	AFM_1	16.0±8.2	25.0	21.8
	OTA	27.0±16.4	62.5	49.4
	ZEA	11.6±1.1	25.0	12.4
	α-ZOL	43.1±18.5	37.5	64.3

[1]分析的样品数量

四、结论

本研究开发了一种在 MRM 模式下使用 ESI^+ 和 ESI^-，利用 UHPLC-MS/MS 同时灵敏检测生乳、液态奶和奶粉中 AFM_1、OTA、ZEA 和α-ZOL的方法。用 Oasis HLB 柱提供最佳的纯化条件。使用 UPLC BEH C_{18}色谱柱在 2min 内分离出 4 种真菌毒素，并用氨水（0.1%）和 MeOH 作为流动相进行梯度分离。

参考文献

Beltrán E，Ibáñez M，Sancho J V，et al，2011. UHPLC-MS/MS highly sensitive determination of aflatoxins，the aflatoxin metabolite M_1 and ochratoxin A in baby food and milk［J］. Food Chemistry，126（2）：737-744.

Beltrán E，Ibáñez M，Sancho J V. et al，2009. Determination of mycotoxins in different food commodities by ultra-high-pressure liquid chromatography coupled to triple quadrupole mass spectrometry［J］. Rapid Communications in Mass Spectrometry，23（12）：1801-1809.

Blount W，1961. Turkey "X" disease［J］. Turkeys，9（2）：52-55.

Bullerman L B，Bianchini A，2007. Stability of mycotoxins during food processing［J］. International Journal of Food Microbiology，119（1）：140-146.

Chen X Y，2011. Mycotoxin contamination of feed raw materials and compound feed in some provinces and cities of China in 2009-2010［J］. Zhejiang Journal Animal Science and Veterinary Medicine，2：7-9.

De Iongh H，Vles R，Van Pelt J，1964. Milk of mammals fed an aflatoxin-containing diet［J］. Nature，202：466-467.

Desalegn B，Nanayakkara S，Harada K H，et al，2011. Mycotoxin detection in urine samples from patients with chronic kidney disease of uncertain etiology in Sri Lanka［J］. Bulletin of Environmental Contamination and Toxicology，87（1）：6-10.

EC，2002［R］. Commission Decision 2002/657/EC of 12 August 2002 implementing Council Directive 96/23/EC concerning the performance of analytical methods and the interpretation of results，as amended by Decision 2003/181/EC（4）.

EC，2006. Commission Regulation（EC）No. 1881/2006 of 19 December 2006 setting maximum levels for certain contaminants in foodstuffs［R］. Official Journal of the European Union L，364，5-24.

EC，2007. Commission Regulation（EC）No. 1126/2007 of 28 September 2007 amending Regulation（EC）No. 1881/2006 setting maximum levels for certain contaminants in foodstuffs as regards Fusarium toxins in maize and maize products［R］. Official Journal of the European Union L，255，14-17.

GB 13078-2001. Hygienical standard for feed［S］. National Standards of the People's Republic of China.

GB 13078. 2-2006. Hygienical standard for feeds toleration of ochratoxin A and zearalenone in feed［S］. National Standards of the People's Republic of China.

Gilar M，Bouvier E S P，Compton B J，2001. Advances in sample preparation in electromigration，chromatographic and mass spectrometric separation methods［J］. Journal of Chromatography A，909（2）：111-135.

Huang L C，Zheng N，Zheng B Q，2014. Simultaneous determination of aflatoxin M_1，ochratoxin A，zearalenone and a-zearalenol in milk by UHPLC-MS/MS［J］. Food Chemistry，146：242-249.

IARC，1993a. Some naturally occurring substances：Food items and constituents，heterocyclic aromatic amines and mycotoxins［R］. Aflatoxins. WHO IARC Monographs on the Evaluation of Carcinogenic Risks to Humans，56，245-395.

IARC，1993b. Some naturally occurring substances：Food items and constituents，heterocyclic aromatic amines and mycotoxins. Ochratoxin A［R］. WHO IARC Monographs on the Evaluation of Carcinogenic Risks to Humans，56，489-521.

Jolly P E，Jiang Y，Ellis W O，et al，2007. Association between aflatoxin exposure and health characteristics，liver function，hepatitis and malaria infections in Ghanaians［J］. Journal of Nutritional and Environmental Medicine，16（3-4）：242-257.

Kav K，Col R，Kaan Tekinsen K，2011. Detection of aflatoxin M_1 levels by ELISA in white-brined Urfa cheese consumed in Turkey［J］. Food Control，22（12）：1883-1886.

King R，Bonfiglio R，Fernandez-Metzler C，et al，2000. Mechanistic investigation of ionization suppression in electrospray ionization［J］. Journal of the American Society for Mass Spectrometry，11（11）：942-950.

Liu G, Zhu Z, Cheng J, et al, 2012. Immunoaffinity column cleanup with liquid chromatography using post column bromination for the determination of aflatoxins in black and white sesame seed: Single-laboratory validation [J]. Journal of AOAC International, 95 (1): 122-128.

Maragou N C, Rosenberg E, Thomaidis N S, et al, 2008. Direct determination of the estrogenic compounds 8-prenylnaringenin, zearalenone, a-and b-zearalenol in beer by liquid chromatography-mass spectrometry [J]. Journal of Chromatography A, 1202 (1): 47-57.

Mathias D, Siegrid D B, Patrick D B, et al, 2012. Quantitative determination of several toxicological important mycotoxins in pig plasma using multi - mycotoxin and analyte - specific high performance liquid chromatography - tandem mass spectrometric methods [J]. Journal of Chromatography A, 1257, 74-80.

Minervini F, Giannoccaro A, Cavallini A, et al, 2005. Investigations on cellular proliferation induced by zearalenone and its derivatives in relation to the estrogenic parameters [J]. Toxicology Letters, 159 (3): 272-283.

Nielsen K F, Thrane U, 2001. Fast methods for screening of trichothecenes in fungal cultures using gas chromatography-tandem mass spectrometry [J]. Journal of Chromatography A, 929 (1): 75-87.

Njumbe Ediage E, Diana Di Mavungu J, Monbaliu S, et al, 2011. A validated multianalyte LC-MS/MS method for quantification of 25 mycotoxins in cassava flour, peanut cake and maize samples [J]. Journal of Agricultural and Food Chemistry, 59 (10): 5173-5180.

Oueslati S, Romero-Gonzάlez R, Lasram S, et al, 2012. Multi-mycotoxin determination in cereals and derived products marketed in Tunisia using ultra-high performance liquid chromatography coupled to triple quadrupole mass spectrometry [J]. Food and Chemical Toxicology, 50 (7): 2376-2381.

Pattono D, Gallo P, Civera T, 2011. Detection and quantification of ochratoxin A in milk produced in organic farms [J]. Food Chemistry, 127 (1): 374-377.

Rastogi S, Dwivedi P D, Khanna S K, et al, 2004. Detection of aflatoxin M_1 contamination in milk and infant milk products from Indian markets by ELISA [J]. Food Control, 15 (4): 287-290.

Ren Y, Zhang Y, Shao S, et al, 2007. Simultaneous determination of multi-component mycotoxin contaminants in foods and feeds by ultra-performance liquid chromatography tandem mass spectrometry [J]. Journal of Chromatography A, 1143 (1): 48-64.

Rubert J, Soler C, Mañes J, 2011. Application of an HPLC-MS/MS method for mycotoxin analysis in commercial baby foods [J]. Food Chemistry, 133 (1): 176-183.

Sforza S, Dall'Asta C, Marchelli R, 2005. Recent advances in mycotoxin determination in food and feed by hyphenated chromatographic techniques/mass spectrometry [J]. Mass Spectrometry Reviews, 25 (1): 54-76.

Solfrizzo M, Panzarini G, Visconti A, 2008. Determination of ochratoxin A in grapes, dried vine fruits, and winery byproducts by high-performance liquid chromatography with fluorometric detection (HPLC-FLD) and immunoaffinity-cleanup [J]. Journal of Agricultural and Food Chemistry, 56 (23): 11081-11086.

Sørensen L, Elbæk T, 2005. Determination of mycotoxins in bovine milk by liquid chromatography tandem mass spectrometry [J]. Journal of Chromatography B, 820 (2): 183-196.

Spanjer M C, Rensen P M, Scholten J M, 2008. LC-MS/MS multi-method for mycotoxins after single extraction, with validation data for peanut, pistachio, wheat, maize, cornflakes, raisins and figs [J]. Food Additives and Contaminants, 25 (4): 472-489.

Strosnider H, Azziz-Baumgartner E, Banziger M, et al, 2006. Workgroup report: Public health strategies for reducing aflatoxin exposure in developing countries [J]. Environmental Health Perspectives, 114 (12): 1898.

Sulyok M, Krska R, Schuhmacher R, 2007. A liquid chromatography/tandem mass spectrometric multi-mycotoxin method for the quantification of 87 analytes and its application to semi-quantitative screening of moldy food samples [J]. Analytical and Bioanalytical Chemistry, 389 (5): 1505-1523.

Taylor P J, 2005. Matrix effects: The Achilles heel of quantitative high-performance liquid chromatography-electrospray-tandem mass spectrometry [J]. Clinical Biochemistry, 38 (4): 328-334.

Turner N W, Subrahmanyam S, Piletsky S A, 2009. Analytical methods for determination of mycotoxins: A review [J]. Analytica Chimica Acta, 632 (2): 168-180.

Valle-Algarra F M, Medina A, Gimeno-Adelantado J V, et al, 2005. Comparative assessment of solid-phase extraction clean-up procedures, GC columns and perfluoro acylation reagents for determination of type B trichothecenes in wheat by GC-ECD [J]. Talanta, 66 (1): 194-201.

Wang H, Zhou X J, Liu Y Q, et al, 2011. Simultaneous determination of chloramphenicol and aflatoxin M_1 residues in milk by triple quadrupole liquid chromatography? tandem mass spectrometry [J]. Journal of Agricultural and Food Chemistry, 59 (8): 3532-3538.

Williams J H, Phillips T D, Jolly P E, et al, 2004. Human aflatoxicosis in developing countries: A review of toxicology, exposure, potential health consequences, and interventions [J]. The American Journal of Clinical Nutrition, 80 (5): 1106-1122.

Xia X, Li X, Ding S, et al, 2009. Ultra-high-pressure liquid chromatography-tandem mass spectrometry for the analysis of six resorcylic acid lactones in bovine milk [J]. Journal of Chromatography A, 1216 (12): 2587-2591.

超高液相色谱-四极杆轨道质谱联用分析生乳中的多种霉菌毒素

本研究使用超高效液相色谱四极杆轨道质谱仪（UHPLC/Q-Orbitrap）开发了一种分析生乳中多种霉菌毒素的灵敏且特异的方法。这项研究检测的霉菌毒素共有 14 种，包括黄曲霉毒素 B_1、黄曲霉毒素 B_2、黄曲霉毒素 G_1、黄曲霉毒素 G_2、黄曲霉毒素 M_1、黄曲霉毒素 M_2、赭曲霉毒素 A、赭曲霉毒素 B、玉米赤霉烯酮、玉米赤霉酮，α-玉米赤霉醇、β-玉米赤霉醇、α-玉米赤霉烯醇、β-玉米赤霉烯醇。用 AOZ 免疫亲和柱进行萃取和纯化，可一次性提取牛奶中的多种霉菌毒素，从而可使基质效应忽略不计。研究发现添加少量乙腈有利于从复杂的牛奶基质中提取霉菌毒素，特别是对于玉米赤霉烯酮及其衍生物。最终重构的提取物使用超高效液相色谱与四极杆轨道质谱仪（UHPLC Q-Orbitrap 质谱仪）联用进行分析。提取回收率在 60%～106%范围内，变异系数<15%。分析物的检出限为 0.0003～0.008μg/kg。与 MRM 模式下的三重四极杆质谱相比，Q-orbitrap分析仪可提供前体离子和产物离子的精确质量，因此在不降低分析性能的情况下，对分析物的识别具有更高的可信度。该方法已成功应用于调查中国 5 个不同省份收集的总共 250 份生乳样品中的 14 种霉菌毒素。

关键词：超高液相色谱法；四极杆轨道质谱；UHPLC/Q-Orbitrap；牛奶；霉菌毒素；免疫亲和柱

一、简介

牛奶是人类最重要的营养来源之一，对婴儿尤为重要。当奶牛摄入受污染的饲料时，霉菌毒素可能会代谢并转移到牛奶中，从而对人类健康构成威胁（Becker-Algeri 等，2016；Flores-Flores 等，2015；Ketney 等，2017）。霉菌毒素是某些真菌产生的有毒的次级代谢产物，食物和饲料在生产、加工和储存的所有阶段都可能感染（Pico，2016；Selvaraj Wang 等，2015）。黄曲霉毒素（AFs）由几种曲霉属的真菌产生，已被国际癌症研究机构（IARC）定为 1 类致癌物（IARC，2002）。黄曲霉毒素 M_1（AFM_1）和黄曲霉毒素 M_2（AFM_2）是黄曲霉毒素 B_1（AFB_1）和黄曲霉毒素 B_2（AFB_2）的主要羟基衍生物，通过 P450 细胞色素酶在肝脏中形成，并通过乳腺的乳腺分泌到奶牛乳汁中（Flores-Flores 等，2015；Mao 等，2015）。牛奶中的 AFM_1 一直是全球研究的重点（De Roma 等，2017；Farah 等，2017；Iqbal 等，2017；Shuib 等，2017）。最近据报道，瘤胃内的微生物生态系统，能够产生 AFB_1 和 AFB_2，这表明监测和管理奶牛饲料中的 AFB_1 不足以确保牛奶中不存在 AFM_1（Nidhina 等，2017）。尽管没有像 AFM_1 那样得到广泛研究，牛奶和乳制品中也鉴定出赭曲霉毒素和玉米赤霉烯酮的存在（Becker-Algeri 等，2016；Pico，2016）。赭曲霉毒素是由曲霉属和青霉属的几种真菌产生的有毒代谢产物，常见于食品和饲料中（Mao 等，2013；Zhu 等，2017）。赭曲霉毒素 A 被认为具有致畸性、胚胎毒性、基因毒性、免疫抑制性、致癌性（IARC 2B 类致癌物）和肾毒性（WHO，2001）。玉米赤霉烯酮是一种真菌毒素，主要由镰刀菌属的真菌产生（Xing 等，2017）。尽管玉米赤霉烯酮及其衍生物（玉米赤霉酮、α-玉米赤霉醇、β-玉米赤霉醇、α-玉米赤霉烯醇、β-玉米赤霉烯醇）具有非致癌性，但是它们可引起其他不利作用，特别是类雌激素作用。α-玉米赤霉烯醇的雌激素活性甚至比母体化合物玉米赤霉烯酮的雌激素活性高 3~4 倍（Huang 等，2014）。

近年来，关于牛奶被多种霉菌毒素污染的报道数量有所增加，令人担忧的是，这些并存的霉菌毒素的协同作用是否会影响公共卫生（Becker-Algeri 等，2016；Flores-Flores 等，2015；Huang 等，2014；Pico，2016）。因此，可以同时准确定量多种霉菌毒素的方法将提高分析效率和提高对牛奶中多种霉菌毒素污染发生率的了解（Berthiller 等，2017）。要评估牛奶中多种霉菌毒素的存在，将几种单一或单一类别的霉菌毒素分析方法用作常规做法会很费力。因此，越来越多的实验室现在使用 LC-MS 进行多霉菌毒素分析，其性能优于现有的基于荧光和紫外的检测方法（De Girolamo 等，2017；Miro-Abella 等，2017；Selvaraj Zhou 等，2015；Wang 等，2016；Zhang 等，2016；Zhang 等，2016）。同样在近年来，除了基于三重四极杆的方法学之外，人们还越来越有兴趣使用高分辨率质谱（HRMS）进行多霉菌毒素分析（Anumol 等，2017；Berthiller 等，2017；Dzuman 等，2015；Perez-Ortega 等，2016；Pesek 等，2017）。HRMS 方法不仅提供准确的质量信息，还提供互补的结构信息，例如串联 MS（MS/MS）数据（Anumol 等，2017；Berthiller 等，2016；Knolhoff 和 Croley，2016；Pesek 等，2017；Pico，2016；Shephard，2016）。四极杆轨道离子阱（Q-orbitrap）分析仪尤其可用于对霉菌毒素进行筛选和定量，并基于 MS/MS 中的高分辨率和高精度质量分析结果，协助化学物质的结构鉴定和表征，提高了分析数据的方法性能（Jia 等，2014；Li 等，2016；Liao 等，2015；Martinez-Dominguez 等，2016；Wang 等，2015）。

在此，开发了一种使用超高效液相色谱/四级杆-静电场轨道阱联用仪（UHPLC/Q-Orbitrap）分析生乳中多种霉菌毒素的方法。由于牛奶呈现出具有多种成分的复杂基质，因此霉菌毒素与基质之间可能存在复杂的相互作用（Chavarría 等，2017；Poor 等，2017）。使用 AOZ 免疫亲和柱提取和纯化霉菌毒素（共 14 种），包括黄曲霉毒素 B_1、黄曲霉毒素 B_2、黄曲霉毒素 G_1、黄曲霉毒素 G_2、黄曲霉毒素 M_1、黄曲霉毒素 M_2、赭曲霉毒素 A、赭曲霉毒素 B、玉米赤霉烯酮、玉米赤霉酮，α-玉米赤霉醇、β-玉米赤霉醇、α-玉米赤霉烯醇、β-玉米赤霉烯醇。本研究所开发的方法在基质效应、总回收率和准确度等方面经过验证，已成功应用于生乳样品中霉菌毒素的定量分析。

二、材料方法

1. 材料

2016年，从中国5个不同省份（四川、上海、内蒙古、河北和山东）的牧场中总共采集了250份生乳样品。在牧场采集后，将这些样品保存在恒温箱中，温度保持在0℃。到达实验室后，将样品以其原始包装在-20℃冷冻直至进行分析。

黄曲霉毒素的混合标准溶液（黄曲霉毒素B_1、黄曲霉毒素B_2、黄曲霉毒素G_1和黄曲霉毒素G_2溶于1.0mL甲醇中，浓度分别为1.0μg/mL、0.3μg/mL、1.0μg/mL和0.3μg/mL）购自Supelco（Bellefonte，PA，USA）。赭曲霉毒素A、赭曲霉毒素B、黄曲霉毒素M_1、黄曲霉毒素M_2和玉米赤霉烯酮标准品（在乙腈或甲醇中的浓度为10μg/mL）购自Pribolab（Pribolab Pte. Ltd. Singapore）。黄曲霉毒素B_1、黄曲霉毒素B_2、黄曲霉毒素G_1和黄曲霉毒素G_2在甲醇中的单一标准溶液为10μg/mL，购自Clover（中国Clover技术集团）。将由Sigma-Aldrich（Sigma-Aldrich Co., MO，USA）提供的固体纯净形式的玉米赤霉酮、α-玉米赤霉醇、β-玉米赤霉醇、α-玉米赤霉烯醇、β-玉米赤霉烯醇溶解于甲醇中。通过将相应的标准溶液混合至10mL，可获得浓度为100ng/mL的甲醇中的霉菌毒素标准储备液（AFB_2和AFG_2的含量为其他霉菌毒素的1/3）。通过用甲醇：水（1：9，V/V）稀释储备标准液，可以制备出0.01~20μg/L霉菌毒素的工作标准溶液。（注意：由于霉菌毒素的毒性极高，在整个试验过程中都必须采取必要的保护措施。在整个试验过程中，应使用安全护目镜、呼吸面罩和实验室工作服。所有被黄曲霉毒素污染的实验室玻璃器皿和消耗品必须在指定的容器中使用10%次氯酸钠浸泡至少24h）。

多霉菌毒素AOZ免疫亲和柱由Clover（中国Clover技术集团）提供。这些色谱柱对黄曲霉毒素、赭霉毒素A和玉米赤霉烯酮的亲和力（可以与色谱柱凝胶结合的抗体总量）分别为100ng、100ng和1 000ng，回收率至少为84%。LC-MS级乙腈和甲醇，HPLC级甲酸铵和甲酸由Sigma-Aldrich（Sigma-Aldrich Co., MO，USA）提供。从Milli Q净水系统（Millipore，Billerica，MA，USA）获得纯净水。

2. 分析步骤

（1）样品制备

简单来说，将30g生乳在4 500r/min下离心10min。然后，用滤纸过滤，将20g上清液与20mL含有5%（V/V）乙腈的水混合。然后将稀释的样品通过AOZ免疫亲和柱以每秒1~2滴的流速清洗。用20mL纯水以每秒1~2滴的流速洗涤色谱柱。用3mL甲醇以每滴2~3s的流速洗脱霉菌毒素，并收集洗脱液，并在45℃下用温和的氮气流蒸发至干。将残余物用1.0mL的10%甲醇的水溶液（V/V）复溶，并将获得的溶液通过PTFE针筒式过滤器（孔径0.22mm）。

（2）牛奶加标

离心和过滤后，将20g上清液转移至50mL离心管中，并加标准溶液。在漩涡混合后将加标样品在室温下静置1h，然后进行净化。对于浓度为0.025μg/kg、0.1μg/kg和

0.5μg/kg 的霉菌毒素（AFB_2 和 AFG_2 的含量是其他霉菌毒素的 1/3），分别添加 50μL 10ng/mL，200μL 10ng/mL 和 100μL 100ng/mL 的标准溶液。为了研究 LOQ 小于 0.025μg/kg 的霉菌毒素在 LOQ 上的准确度，根据霉菌毒素敏感性，用 100μL 制备的另一种标准溶液进行加标，每种标准霉菌毒素储液均含有 0.67ng/mL AFB_1、AFB_2、AFG_1 和 AFG_2；0.2ng/mL 的 AFM_1、AFM_2、OTA 和 OTB；2.0ng/mL 的玉米赤霉酮、α-玉米赤霉烯醇、β-玉米赤霉烯醇。在不同的 3 天内对每个级别进行了 5 次重复分析。

（3）校正曲线和基质效应

要构建校正曲线，至少要定量 5 个水平的标准溶液。斜率和截距可直接从 Xcalibur 4.0 软件获得。对于 AFM_1、AFM_2、OTA 和 OTB，用于建立校正曲线的浓度为 0.02ng/mL、0.1ng/mL、0.5ng/mL、1ng/mL、2ng/mL、10ng/mL 和 20ng/mL。对于 AFB_1 和 AFB_2，用于建立校正曲线的浓度为 0.067ng/mL、0.1ng/mL、0.5ng/mL、1ng/mL、2ng/mL、10ng/mL 和 20ng/mL。对于 AFG_1 和 AFG_2，用于建立校正曲线的浓度为 0.067ng/mL、0.167ng/mL、0.333ng/mL、0.667ng/mL、3.333ng/mL 和 16.7ng/mL。对于玉米赤霉烯酮、α-玉米赤霉醇和 β-玉米赤霉醇，以 0.5ng/mL、1ng/mL、2ng/mL、10ng/mL 和 20ng/mL 的浓度建立了校准曲线。

为了评估基质的影响，按照建议的方法提取了 3 种不同的空白乳，并加入了所有测试霉菌毒素的纯标准品，浓度为 10ng/mL。将霉菌毒素的反应与纯标准溶液进行了比较。每个样品的基质效应（ME）值计算如下：

$$ME\ (\%) = \frac{B-A}{B} \times 100$$

其中 A 是无基质溶液中的霉菌毒素峰面积，B 是基质匹配溶液中的霉菌毒素峰面积。

（4）仪器和分析条件

UHPLC/Q-Orbitrap 系统由 U3000 UHPLC 系统和 Q-Exactive Focus 质谱仪（ThermoFisher Scientific，Germany）组成。仪器控制和数据处理通过 Xcalibur 4.0 软件（Thermo Fisher Scientific）进行。UHPLC 流动相 A 和 B 分别由 0.1mM 甲酸铵、0.01% 甲酸、5% 甲醇的水溶液（V/V）和甲醇组成。所用的 UHPLC 柱是购自 Phenomenex（Torrance，CA，USA）的 Kinetex C18 核-壳柱（100mm×2.1mm，1.7μm）。流速为 0.3mL/min。进样量为 10μL，总运行时间 12min。适用于 UHPLC/Q-Orbitrap HRMS 分析的梯度洗脱程序如下：0～0.2min：10%B，0.2～4min：10%～45%B，4～4.5min：45%～55%B，4.5～10min：55%～60%B，10～10.2min：60%～100%B，10.2～11min：100%B，11～11.1min：100%～10%B，11.1～12min：10%B。柱温设定为 45℃，自动进样器温度设定为 20℃。离子源装有加热的电喷雾电离（HESI）探针，并且每周使用一次正负校准溶液对 Q-Orbitrap 进行调谐和校准。

HESI MS 的一般参数如下：喷涂电压 4.0 kV，毛细管温度 250℃，加热器温度 350℃，鞘气流速 45a.u，辅助气流速 10a.u，S 透镜液位 50.0。在整个研究过程中，所有定量数据均以 SIM/dd-MS2 阳性模式获得。表 1 中提供的物质列表包括 SIM 扫描和目标识别感兴趣的前体离子。在 SIM 扫描中，Q-Orbitrap 在没有 HCD（高能碰撞解离）碎片的情况下进行扫描定量。对于 SIM 扫描，质量分辨率设置为 200m/s 和 70 000 FWHM。将 AGC（自动增加控制）目标或填充 C Trap 的离子数设置为 1. 0E6，最大注入时间（IT）为 250ms。若存在目标霉菌毒素，如果在 10mg/kg 质量误差范围内检测到目标化合物并达到指定的强度阈值（例如，设置为 1. 7E5）。则包含列表提供的其前体离子扫描会触发数据依赖的 MS^2（$ddMS^2$）扫描。然后通过四极杆将物质列表中的前体离子分离，并通过 C-阱将其发送至 HCD 碰撞池进行破碎。前体离子通过逐步归一化碰撞能量（NCE）进行碎裂，以生成最终的 dd-MS^2产物离子光谱。在此阶段，orbitrap 分析仪的质量分辨率设定为70 000 FWHM，AGC 目标设定为 2E5，最大 IT 设定为 120ms，隔离窗口设定为 1. 0m/z，NCE 为 40。

三、结果讨论

1. UHPLC/Q-Orbitrap 条件的优化

研究了色谱条件以实现化合物的最佳分离和保留。首先，用不同的流动相（包括乙腈或甲醇作为有机相，水作为极性相）和不同浓度的甲酸（0. 01%～0. 1%）和甲酸铵（0. 1～10mM）进行了几次试验。选择甲酸甲醇作为有机相是因为它比乙腈具有更高的灵敏度（Jia 等，2014）。其次，甲酸-甲酸铵的添加提供了比乙酸-乙酸铵更好的结果，并且用于提高电离效率和实现更好的色谱分离。最后，使用含有甲酸（0. 01%）-甲酸铵（0. 1mM）和 5%甲醇（V/V）的水溶液以及甲醇作为有机相的水溶液可获得最理想的结果。将 Kinetex C18 核-壳色谱柱（100mm×2. 1mm，1. 7μm）用于 14 种霉菌毒素的分离。填充有核-壳颗粒的色谱柱显示出更高的效率，因为其扩散距离更短，传质更佳，内部孔隙率更低，粒径分布颗粒更窄且填料更佳（Mao 等，2015；2013）。

对几种梯度曲线进行了研究，使用上述步骤中所述的梯度在 12min 内获得了良好的分离。在此条件下，分析物的保留时间是恒定的，范围从 3. 44（AFM_2）至 9. 82（OTA）min（表 1）。对于具有相同分子量的霉菌毒素，基线分离仍然是必不可少的。在方法开发的最初阶段，将具有相同分子量的霉菌毒素分别注射到 UHPLC 色谱柱上，以确定每种霉菌毒素的保留时间。对于共洗脱的霉菌毒素（AFM_1 和 AFG_2），耦合质谱仪可以通过不同的 m/z 值很好地区分和定量这些霉菌毒素。

对该仪器进行了调整，以实现最大的离子通量。通过分别在正和负电离全扫描模式下通过流动注射分析对化合物进行分析后，获得了最丰富的离子。将甲酸和甲酸铵添加到流动相中，以促进与 H^+而不是 Na^+形成加合物。经过全扫描分析后，质谱图中用于量化分析的最主要离子的精确质量在包含物列表（目标精确质量列表）中列出，其中包含 SIM 扫描和目标识别所需的前体离子（dd-MS^2）。在优化的试验条件下，所有霉菌毒素均显示出强 H^+加合物种类，这些均被用作目标前体离子。当在 SIM/dd-MS^2 模式下运行时，根据包含列表自动获得具有精确质量测量值的产物离子光谱。在 SIM/$ddMS^2$ 模式下运行的 Q 轨道阱可提供两种质量的精确质量数（δM<5mg/kg）。前驱物和产物离子提供了可能的产物离子分子式，因此与 MRM 模式下的三重四极杆质量分析仪相比，在分析物识别方面提供了更高的可信度。测试了质量提取窗口对牛奶中分析物选择性的

影响。当采用 5ng/kg 的质量提取窗口时，可获得最佳结果。表 1 总结了上述霉菌毒素的 UHPLC/Q-Orbitrap 最佳参数。

表 1　14 种霉菌毒素的超高效液相色谱/四级杆-静电场轨道阱联用仪仪器参数

霉菌毒素	保留时间（min）	元素组成	电离模式	理论质荷比（m/z）
黄曲霉毒素 M_2	3.44	$C_{17}H_{14}O_7$	$[M+H]^+$	331.08123
黄曲霉毒素 M_1	3.94	$C_{17}H_{12}O_7$	$[M+H]^+$	329.06558
黄曲霉毒素 G_2	3.89	$C_{17}H_{14}O_7$	$[M+H]^+$	331.08123
黄曲霉毒素 G_1	4.30	$C_{17}H_{12}O_7$	$[M+H]^+$	329.06558
黄曲霉毒素 B_2	4.83	$C_{17}H_{14}O_6$	$[M+H]^+$	315.08631
黄曲霉毒素 B_1	5.27	$C_{17}H_{12}O_6$	$[M+H]^+$	313.07066
β-玉米赤霉醇	6.73	$C_{18}H_{26}O_5$	$[M+H]^+$	323.18530
β-玉米赤霉烯醇	7.05	$C_{18}H_{24}O_5$	$[M+H]^+$	321.16965
α-玉米赤霉醇	7.87	$C_{18}H_{26}O_5$	$[M+H]^+$	323.18530
α-玉米赤霉烯醇	8.19	$C_{18}H_{24}O_5$	$[M+H]^+$	321.16965
玉米赤霉酮	8.37	$C_{18}H_{24}O_5$	$[M+H]^+$	321.16965
玉米赤霉烯酮	8.69	$C_{18}H_{22}O_5$	$[M+H]^+$	319.15400
赭曲霉毒素 B	7.45	$C_{20}H_{19}NO_6$	$[M+H]^+$	370.12851
赭曲霉毒素 A	9.82	$C_{20}H_{18}NO_6Cl$	$[M+H]^+$	404.08954

2. 样品制备步骤的优化

尽管已经报道了多种低费用的 QuEChERS 和固相萃取（SPE）等不同的样品制备方法可用于多种霉菌毒素分析（Afzali 等，2012；Desmarchelier 等，2014；Flores-Flores 和 Gonzalez-Penas，2017；Hu 等，2016；Iqbal 等，2014；Lattanzio 等，2014；Rahmani 等，2010；Rubert 等，2012；Senyuva 等，2012；Wang 等，2016；Wang 和 Li，2015；Wilcox 等，2015），IAC clear-up 对于霉菌毒素定量监管机构来说仍很重要（Berthiller 等，2017；Chauhan 等，2016；Pico，2016；Shephard，2016；Zhang 等，2016）。IAC clear-up 产生的提取物没有背景基质干扰，并且可以通过选择性纯化目标霉菌毒素并消除基质干扰来减轻基质效应（Wilcox 等，2015；Zhang 等，2016）。由于牛奶用于化学分析会呈现出复杂的基质，尽管多种商业抗体会增加分析成本，但仍需通过多霉菌毒素 AOZ 免疫亲和柱进行样品净化（Hu 等，2016；Lattanzio 等，2014；Rahmani 等 2010；Wilcox 等，2015）。

除去脂肪并过滤后，可以将生乳直接用于 IAC 净化以便进行提取和纯化，但是，如图 1 所示，α-玉米赤霉烯醇，玉米赤霉酮和玉米赤霉烯酮的回收率相当低（大约 40%）。牛奶是一种相当复杂的生物流体，其中含有脂肪、蛋白质和许多其他成分。这意味着液体中存在多个化学平衡。低回收率可能与这些分析物和基质之间的复杂相互作用有关。为了减少基质与这些霉菌毒素的相互作用，如图 1 所示，在 IAC 净化之前将生乳样品稀释。但是，用纯水稀释对提高回收率没有影响。将乙腈添加到水中，因为它通常用于从各种基质中提取玉米赤霉烯酮，以提高 α-玉米赤霉烯醇、玉米赤霉酮和玉米赤霉烯酮的回收率（MiroAbella 等，2017）。随着少量乙腈的加入，几乎所有霉菌毒素的回收率均增加，尤其对于玉米赤霉烯酮及其衍生物。乙腈的进一步增加导致霉菌毒素尤其是黄曲霉毒素的损失。因此，在 IAC 净化之前，使用 20mL 含 5%（体积比）乙腈的水溶液稀释 20g 上清液。

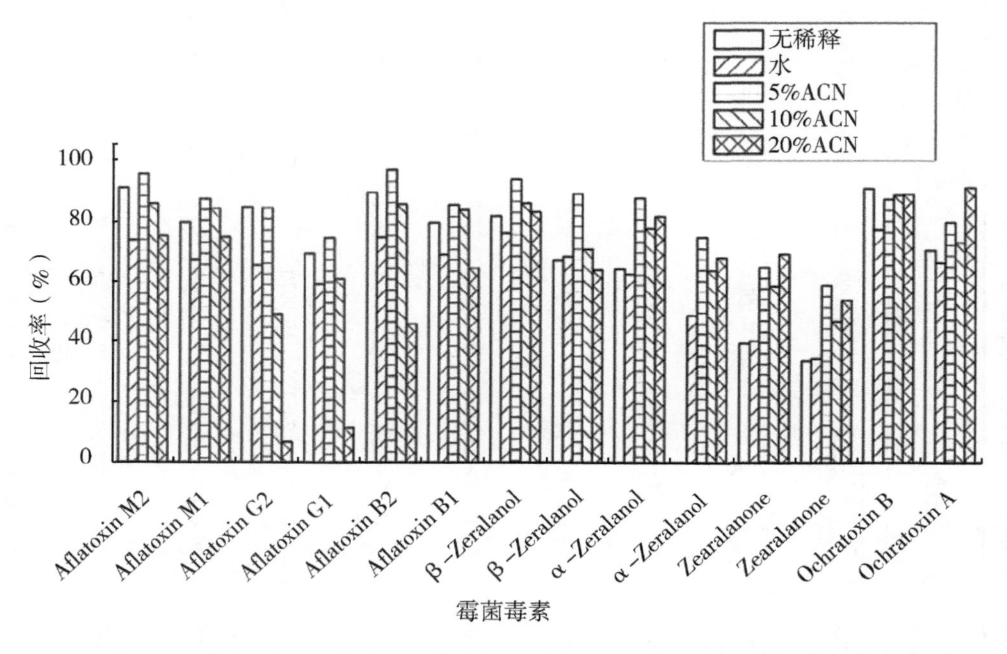

图 1　用含 0.50μg/kg 含量的不同体积比的 ACN（对于 0.167μg/kg 含量的 AFB_2 和 AFG_2）稀释的生乳中的霉菌毒素的提取回收率

3. 分析方法的性能

如表 2 所示，14 种霉菌毒素的纯标准溶液与基质匹配的萃取物之间的响应之间未显示显著变化（-5%<ME<+5%）。因此，所有校准均在溶剂中进行。如表 2 所示，线性范围由稀释的标准物质确定。对于所有霉菌毒素，在研究范围内相关系数 R^2 均大于 0.99。在每个校准水平下，所有霉菌毒素在连续 3 个重复过程中精密度（RSD%）均小于 5%，准确度（计算浓度与真实值的比较）小于 10%。基于 10∶1 的信噪比，黄曲霉毒素的定量限为 0.001～0.0033μg/kg，赭曲霉毒素的定量限为 0.001μg/kg，玉米赤霉烯酮及其衍生物的定量限为 0.01～0.025μg/kg。基于 3∶1 的信噪比获得相应的检出限（LOD）。在本研究中，通过对未污染牛奶进行四个水平（包括 LOQ，0.025mg/kg、0.1mg/kg 和 0.5mg/kg）的加标来评估提取回收率和准确性，在不同 3d 中每个水平重

表 2 所建立方法用于生乳样品的验证参数

霉菌毒素	基质效应[a]（%）	线性范围（ng/mL）	LOQ（μg/kg）	LOD（μg/kg）	校正方程	R^2	3 个浓度的回收率[b]（%）				3 个浓度的 RSD[b]（%）			
							LOQ	0.025	0.10	0.50	LOQ	0.025	0.10	0.50
黄曲霉毒素 M_2	0.502	0.02~20	0.001	0.0003	Y=−5 577.71+3.84655e+006X	0.9999	92.1	86.3	95.5	96.1	10.5	4.6	5.5	5.9
黄曲霉毒素 M_1	−2.159	0.02~20	0.001	0.0003	Y=1 497.61+2.27473e+006X	0.9999	105.5	80.0	87.1	87.8	12.3	4.2	5.7	5.7
黄曲霉毒素 G_2	−3.156	0.067~16.7	0.0033	0.001	Y=6 721.24+160 153X	0.9998	83.8	83.3	89.7	84.7	8.3	5.1	5.4	6.3
黄曲霉毒素 G_1	−0.076	0.067~20	0.0033	0.001	Y=13 186+453 328X	0.9985	80.2	74.4	79.7	74.9	6.9	6.0	4.1	5.9
黄曲霉毒素 B_2	0.299	0.067~16.7	0.0033	0.001	Y=5 007.85+185 680X	0.9996	88.4	92.6	99.7	97.3	7.2	2.9	4.2	3.7
黄曲霉毒素 B_1	3.802	0.067~20	0.0033	0.001	Y=19 470.7+676 683X	0.9996	86.1	83.6	85.7	85.7	9.9	3.9	4.4	2.5
β-玉米赤霉醇	−0.265	0.5~20	0.025	0.008	Y=40 549.9+124 345X	0.9970	/	76.2	93.6	94.3	/	6.7	8.3	4.7
β-玉米赤霉烯醇	−0.636	0.2~20	0.01	0.003	Y=30 860.3+832 371X	0.9995	84.9	86.5	93.0	89.7	6.0	9.0	7.6	6.8
α-玉米赤霉醇	−0.993	0.5~20	0.025	0.008	Y=72 264+104 705X	0.9913	/	74.4	89.7	88.3	/	5.7	5.2	6.2
α-玉米赤霉烯醇	0.75	0.2~20	0.01	0.003	Y=27 516+693 121X	0.9965	80.6	74.7	77.9	75.4	11.6	5.7	6.8	4.6

（续表）

霉菌毒素	基质效应[a]（%）	线性范围（ng/mL）	LOQ（μg/kg）	LOD（μg/kg）	校正方程	R^2	3 个浓度的回收率[b]（%）				3 个浓度的 RSD[b]（%）			
							LOQ	0.025	0.10	0.50	LOQ	0.025	0.10	0.50
玉米赤霉酮	−0.778	0.2~20	0.01	0.003	$Y=43\ 848.9+1.24483e+006X$	0.9997	69.0	65.6	68.5	65.4	8.5	5.9	6.5	5.1
玉米赤霉烯酮	−0.401	0.5~20	0.025	0.008	$Y=259\ 354+3.41018e+006X$	0.9985	/	82.6	75.4	59.2	/	9.6	8.5	4.2
赭曲霉毒素 B	−3.153	0.02~20	0.001	0.0003	$Y=13\ 873+3.2957e+006X$	0.9999	86.2	62.6	66.4	87.9	6.8	8.7	7.8	6.3
赭曲霉毒素 A	−1.892	0.02~20	0.001	0.0003	$Y=12\ 996.3+1.2559e+006X$	0.9999	73.8	79.0	64.4	80.1	10.8	7.7	7.9	5.0

[a]：使用 3 个不同空白样品进行平均；

[b]：每个浓度分别在 3d 测定 5 个平行，黄曲霉毒素 B_2 和黄曲霉毒素 G_2 的含量是其他毒素 1/3

复5次。对于所有测试的霉菌毒素的相对标准偏差（在实验室再现性范围内）均小于15%，回收率范围为60%~106%。本研究所开发的高度灵敏和特异的方法适用于常规检测生乳中多种霉菌毒素。

4. 真实样品分析

对提出的方法进行了优化和验证后，用于调查2016年夏季中国5个不同省份收集的总共250份生乳样品中14种霉菌毒素的存在情况。大多数样品被一种或多种霉菌毒素污染。图2显示了通过分析物SIM/dd-MS^2实验在含有0.011μg/kg AFM_1的阳性样品中检测到的AFM_1的典型色谱和光谱图。图2A给出了AFM_1 $[M+H]^+$的提取离子色谱图（扫描显示为棒状图）。图2B是来自单次SIM扫描的AFM_1 $[M+H]^+$的SIM光谱图。图2C显示了AFM_1 $[M+H]^+$的dd-MS^2光谱。如图2所示，在SIM/ddMS^2模式下运行的Q-orbitrap提供了前体离子和产物离子准确的质量（δM<5mg/kg）。

如表3所示，几乎所有样品中都检测到了AFM_1和AFM_2。此外，在某些样品（250份中有31份）中检测出AFB_1，其含量<LOQ-0.023μg/kg。还偶尔检测到其他霉菌毒素。在一个样品中检测出AFG_1（0.012μg/kg）。作为牛奶中主要的霉菌毒素，黄曲霉毒素不仅来自饲料，而且还来自瘤胃内部的微生物生态系统（Nidhina等，2017）。借助高度灵敏的分析方法，AFM_1作为研究的重点也已在全世界范围内的痕量牛奶中得到了深入确认（Becker-Algeri等，2016；Ketney等，2017）。在6个样品中发现了β-玉米赤霉醇（0.038~0.53μg/kg）。在一个样品中检测出α-玉米赤霉醇（0.098μg/kg）。在一个样品中检测出α-玉米赤霉烯醇（0.016μg/kg）。在一个样品中检测出β-玉米赤霉烯醇（0.0099μg/kg）。同时在生乳中检出赭曲霉毒素A和赭曲霉毒素B（分别为0.0049μg/kg和0.0020μg/kg）。尽管对牛奶中其他霉菌毒素的研究不如AFM_1深入，但一些研究也报告了它们的发生（Flores-Flores等，2015）。

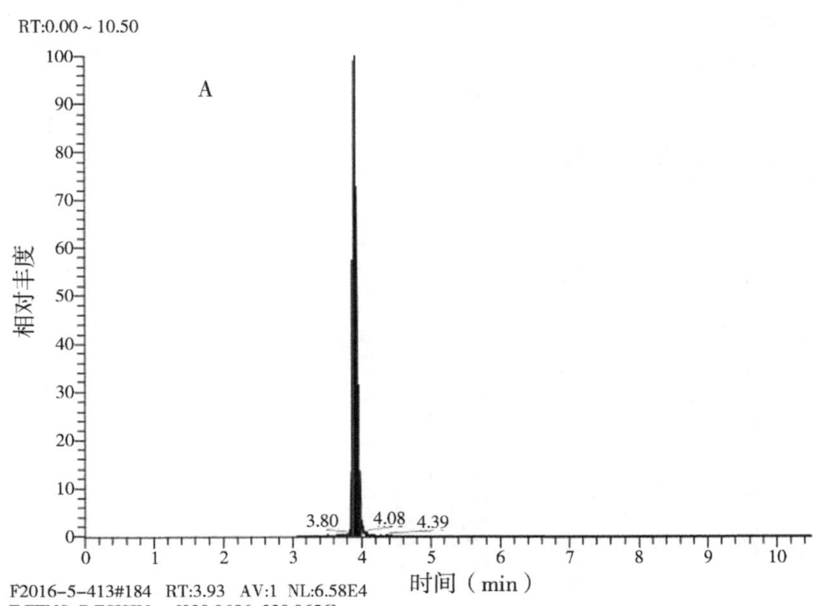

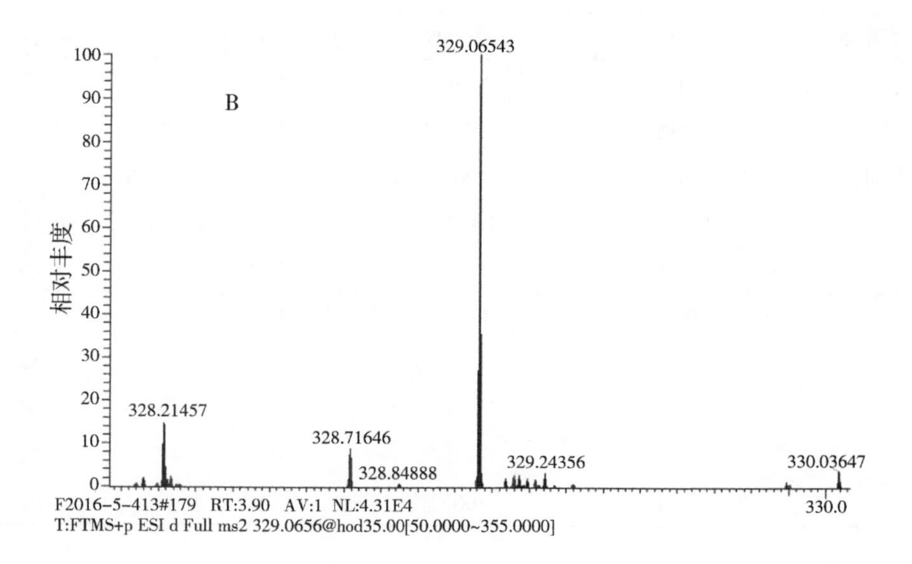

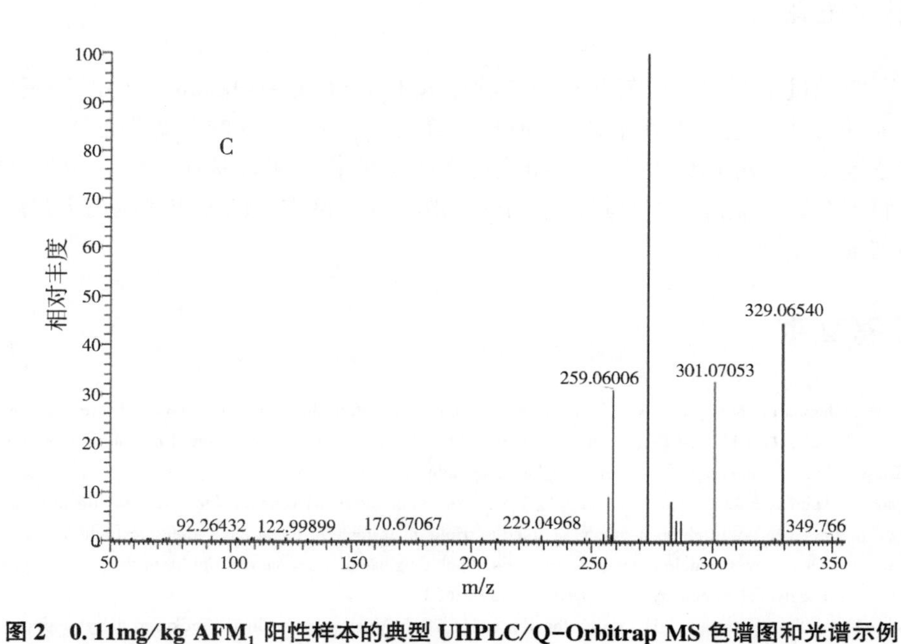

图 2　0.11mg/kg AFM_1 阳性样本的典型 UHPLC/Q-Orbitrap MS 色谱图和光谱示例

（A）黄曲霉毒素 M_1 ［M+H］$^+$的提取离子色谱（每次扫描以棒状显示）；（B）黄曲霉毒素 M_1 ［M^+H］$^+$SIM 光谱；（C）黄曲霉毒素 M_1 ［M+H+］ dd-MS^2光谱

表 3　250 个生乳中的黄曲霉毒素 M_1 和黄曲霉毒素 M_2 的分析测定

毒菌毒素	省份	检出率（%）	均值（ng/kg）	最大值（ng/kg）
AFM_1	四川	96.0	2.98	19.2
	上海	100	2.82	27.7
	山东	100	3.11	9.03
	内蒙古	98.0	1.94	6.63
	河北	100	5.85	27.5
AFM_2	四川	96.0	0.35	1.56
	上海	100	0.54	2.83
	山东	98.0	0.53	1.34
	内蒙古	98.0	0.4	1.12
	河北	100	0.85	3.91

四、结论

本研究通过结合多种霉菌毒素 IAC 程序和 UHPLC/Q-Orbitrap，开发了一种高度灵敏和特异的方法来定量生乳中的 14 种霉菌毒素。Q-orbitrap 的分析性能可与三重四极杆质谱法媲美。多种霉菌毒素 IAC 净化可产生提取物，减轻基质效应，而生乳中添加少量乙腈则对玉米赤霉烯酮及其衍生物的提取有利。该方法已被成功应用于常规定量生乳中的霉菌毒素检测。

参考文献

Afzali D，Ghanbarian M，Mostafavi A，et al，2012. A novel method for high preconcentration of ultra trace amounts of B（1），B（2），G（1）and G（2）aflatoxins in edible oils by dispersive liquid-liquid microextraction after immunoaffinity column clean-up [J]. Journal of Chromatography A，1247：35-41.

Anumol T，Lehotay S J，Stevens J，et al，2017. Comparison of veterinary drug residue results in animal tissues by ultrahigh-performance liquid chromatography coupled to triple quadrupole or quadrupole-time-of-flight tandem mass spectrometry after different sample preparation methods，including use of a commercial lipid removal product [J]. Analytical and Bioanalytical Chemistry，409（10）：2639-2653.

Becker-Algeri T A，Castagnaro D，de Bortoli K，et al，2016. Mycotoxins in Bovine milk and dairy products：A review [J]. Journal of Food Science，81（3）：R544-R552.

Berthiller F，Brera C，Crews C，et al，2016. Developments in mycotoxin analysis：An update for 2014-2015 [J]. World Mycotoxin Journal，9（1）：5-30.

Berthiller F，Brera C，Iha M H，et al，2017. Developments in mycotoxin analysis：An update for 2015-2016 [J]. World Mycotoxin Journal，10（1）：5-29.

Chauhan R，Singh J，Sachdev T，et al，2016. Recent advances in mycotoxins detection [J]. Biosensors and Bioelectronics，81：532-545.

Chavarría G，Molina A，Leiva A，et al，2017. Distribution，stability，and protein interactions of Aflatoxin M_1 in fresh cheese [J]. Food Control, 73: 581-586.

De Girolamo A, Ciasca B, Stroka J, et al, 2017. Performance evaluation of LCeMS/MS methods for multi-mycotoxin determination in maize and wheat by means of international Proficiency Testing [J]. TrAC Trends in Analytical Chemistry, 86: 222-234.

De Roma A, Rossini C, Ritieni A, et al, 2017. A survey on the Aflatoxin M_1 occurrence and seasonal variation in buffalo and cow milk from Southern Italy [J]. Food Control, 81: 30-33.

Desmarchelier A, Tessiot S, Bessaire T, et al, 2014. Combining the quick, easy, cheap, effective, rugged and safe approach and clean-up by immunoaffinity column for the analysis of 15 mycotoxins by isotope dilution liquid chromatography tandem mass spectrometry [J]. Journal of Chromatography A, 1337: 75-84.

Dzuman Z, Zachariasova M, Veprikova Z, et al, 2015. Multi-analyte high performance liquid chromatography coupled to high resolution tandem mass spectrometry method for control of pesticide residues, mycotoxins, and pyrrolizidine alkaloids [J]. Analytica Chimica Acta, 863: 29-40.

Farah N A, Rosita J, Norhaizan M E, et al, 2017. Screening of aflatoxin M_1 occurrence in selected milk and dairy products in Terengganu, Malaysia [J]. Food Control, 73: 209-214.

Flores-Flores M E, Gonzalez-Penas E, 2017. An LC-MS/MS method for multi-mycotoxin quantification in cow milk [J]. Food Chemistry, 218: 378-385.

Flores-Flores M E, Lizarraga E, De Cerain A L, et al, 2015. Presence of mycotoxins in animal milk: A review [J]. Food Control, 53: 163-176.

Huang L C, Zheng N, Zheng B Q, et al, 2014. Simultaneous determination of aflatoxin M_1, ochratoxin A, zearalenone and alpha-zearalenol in milk by UHPLC-MS/MS [J]. Food Chemistry, 146: 242-249.

Hu X, Hu R, Zhang Z, et al, 2016. Development of a multiple immunoaffinity column for simultaneous determination of multiple mycotoxins in feeds using UPLC-MS/MS [J]. Analytical and Bioanalytical Chemistry, 408 (22): 6027-6036.

International Agency for Research on Cancer, 2002. IARC monographs on the evaluation of carcinogenic risks to humans, 82, some traditional herbal medicines, some mycotoxins, naphthalene and styrene (pp. 171e176) [R]. Lyon, France: World Health Organization (WHO), IARC Press.

Iqbal S Z, Asi M R, Malik N, 2017. The seasonal variation of aflatoxin M_1 in milk and dairy products and assessment of dietary intake in Punjab, Pakistan [J]. Food Control 79: 292-296.

Iqbal S Z, Nisar S, Asi M R, et al, 2014. Natural incidence of aflatoxins, ochratoxin A and zearalenone in chicken meat and eggs [J]. Food Control, 43: 98-103.

Jia W, Chu X, Ling Y, et al, 2014. Multi-mycotoxin analysis in dairy products by liquid chromatography coupled to quadrupole orbitrap mass spectrometry [J]. Journal of Chromatography A, 1345: 107-114.

Ketney O, Santini A, Oancea S, 2017. Recent aflatoxin survey data in milk and milk products: A review [J]. International Journal of Dairy Technology, 70 (3): 320-331.

Knolhoff A M, Croley T R, 2016. Non-targeted screening approaches for contaminants and adulterants in food using liquid chromatography hyphenated to high resolution mass spectrometry [J]. Journal of Chromatography A, 1428: 86-96.

Lattanzio V. M, Ciasca B, Powers S, et al, 2014. Improved method for the simultaneous determination of aflatoxins, ochratoxin A and Fusarium toxins in cereals and derived products by liquid chromatography-tandem mass spectrometry after multi-toxin immunoaffinity clean up [J]. Journal of Chromatography A, 1354, 139-143.

Liao C D, Wong J W, Zhang K, et al, 2015. Multi-mycotoxin analysis of finished grain and nut products using ultra-high-performance liquid chromatography and positive electrospray ionization-quadrupole orbital ion trap high-resolution mass spectrometry [J]. Journal of Agricultural and Food Chemistry, 63 (37): 8314-8332.

Li Y, Zhang J, Jin Y, et al, 2016. Hybrid quadrupole-orbitrap mass spectrometry analysis with accurate-mass database and parallel reaction monitoring for high-throughput screening and quantification of multi-xenobiotics in honey [J]. Journal of Chromatography A, 1429: 119-126.

Mao J, Lei S, Liu Y, et al, 2015. Quantification of aflatoxin M_1 in raw milk by a core-shell column on a conventional HPLC with large volume injection and step gradient elution [J]. Food Control, 51: 156-162.

Mao J, Lei S, Yang X, et al, 2013. Quantification of ochratoxin A in red wines by conventional HPLCeFLD using a column packed with coreeshell particles [J]. Food Control, 32 (2): 505-511.

Mao J, Zheng N, Wen F, et al, 2018. Multi-mycotoxins analysis in raw milk by ultra high performance liquid chromatography coupled to quadrupole orbitrap mass spectrometry [J]. Food Control, 84: 305-311.

Martinez-Dominguez G, Romero-Gonzalez R, Frenich A G, 2016. Multi-class methodology to determine pesticides and mycotoxins in green tea and royal jelly supplements by liquid chromatography coupled to Orbitrap high resolution mass spectrometry [J]. Food Chemistry, 197 (Part A): 907-915.

Miro-Abella E, Herrero P, Canela N, et al, 2017. Determination of mycotoxins in plant-based beverages using QuEChERS and liquid chromatography-tandem mass spectrometry [J]. Food Chemistry, 229: 366-372.

Nidhina N, Bhavya M L, Bhaskar N, et al, 2017. Aflatoxin production by Aspergillus flavus in rumen liquor and its implications [J]. Food Control, 71: 26-31.

Perez-Ortega P, Lara-Ortega F J, Garcia-Reyes J F, et al, 2016. A feasibility study of UHPLC-HRMS accurate-mass screening methods for multiclass testing of organic contaminants in food [J]. Talanta, 160: 704-712.

Pesek J P, Matyska M T, Hoffmann J F, et al, 2017. Liquid Chromatography with mass spectrometry analysis of mycotoxins in food samples using silica hydride based stationary phases [J]. Journal of Separation Science, 40 (9): 1953-1959.

Pico Y, 2016. Mycotoxins: Occurrence and determination [J]. In Encyclopedia of food and health, 35-42. Oxford: Academic Press.

Poor M, Kunsagi-Mate S, Balint M, et al, 2017. Interaction of mycotoxin zearalenone with human serum albumin [J]. Journal of Photochemistry and Photobiology B: Biology, 170: 16-24.

Rahmani A, Jinap S, Soleimany F, 2010. Validation of the procedure for the simultaneous determination of aflatoxins ochratoxin A and zearalenone in cereals using HPLC-FLD [J]. Food Additives and Contaminants: Part A, 27 (12): 1683-1693.

Rubert J, Dzuman Z, Vaclavikova M, et al, 2012. Analysis of mycotoxins in barley using ultra high liquid chromatography high resolution mass spectrometry: Comparison of efficiency and efficacy of different extraction procedures [J]. Talanta, 99: 712-719.

Selvaraj J N, Wang Y, Zhou L, et al, 2015. Recent mycotoxin survey data and advanced mycotoxin detection techniques reported from China: A review [J]. Food Additives and Contaminants: Part A Chem Anal Control Expo Risk Assess, 32 (4): 440-452.

Selvaraj JN, Zhou L, Wang Y, et al, 2015. Mycotoxin detection d recent trends at global level [J]. Journal of Integrative Agriculture, 14 (11): 2265-2281.

Senyuva H Z, Gilbert J, Türköz G, et al, 2012. Analysis of deoxynivalenol, zearalenone, T-2, and HT-2 toxins in animal feed by LC/MS/MSea critical comparison of immunoaffinity column cleanup with No cleanup [J]. Journal of AOAC International, 95 (6): 1701-1708.

Shephard G S, 2016. Current status of mycotoxin analysis: A critical review [J]. J AOAC Int, 99 (4): 842-848.

Shuib N S, Makahleh A, Salhimi S M, et al, 2017. Natural occurrence of aflatoxin M_1 in fresh cow milk and human milk in Penang, Malaysia [J]. Food Control, 73: 966-970.

Wang M, Jiang N, Xian H, et al, 2016. A single-step solid phase extraction for the simultaneous determination of 8 mycotoxins in fruits by ultra-high performance liquid chromatography tandem mass spectrometry [J]. Journal of Chromatography A, 1429: 22-29.

Wang J, Leung D, Chow W, et al, 2015. Development and validation of a multiclass method for analysis of veterinary drug residues in milk using ultrahigh performance liquid chromatography electrospray ionization quadrupole orbitrap mass spectrometry [J]. Journal of Agricultural and Food Chemistry, 63 (41): 9175-9187.

Wang X, Li P, 2015. Rapid screening of mycotoxins in liquid milk and milk powder by automated size-exclusion SPE-UPLC-MS/MS and quantification of matrix effects over the whole chromatographic run [J]. Food Chemistry, 173: 897-904.

WHO, 2001. Safety evaluation of certain mycotoxins in food [J]. WHO Food Additives Series, 47: 701.

Wilcox J, Donnelly C, Leeman D, et al, 2015. The use of immunoaffinity columns connected in tandem for selective and cost-effective mycotoxin clean-up prior to multi-mycotoxin liquid chromatographic-tandem mass spectrometric analysis in food matrices [J]. Journal of Chromatography A, 1400: 91-97.

Xing F, Liu X, Wang L, et al, 2017. Distribution and variation of fungi and major mycotoxins in pre-and post-nature drying maize in North China Plain [J]. Food Control, 80: 244-251.

Zhang Z, Hu X, Zhang Q, et al, 2016. Determination for multiple mycotoxins in agricultural products using HPLC-MS/MS via a multiple antibody immunoaffinity column [J]. Journal of Chromatography B, 1021: 145-152.

Zhang K, Wong J W, Krynitsky A J, et al, 2016. Perspective on advancing FDA regulatory monitoring for mycotoxins in foods using liquid chromatography and mass spectrometry (review) [J]. Journal of AOAC International, 99 (4): 890-894.

Zhu W, Nie Y, Xu Y, 2017. The incidence and distribution of ochratoxin A in Daqu, a Chinese traditional fermentation starter [J]. Food Control, 78: 222-229.

青贮玉米中 10 种霉菌毒素 LC-MS/MS 检测方法的建立和应用

研究优化了应用液相色谱-电喷雾串联四级杆质谱仪，用多离子反应监测定量法同时检测青贮玉米中黄曲霉毒素 B_1、黄曲霉毒素 B_2、黄曲霉毒素 G_1、黄曲霉毒素 G_2、呕吐毒素、玉米赤霉烯酮、麦角醇、杂色曲霉毒素、HT-2 毒素和 T-2 毒素的方法。样品经乙腈-水-甲酸（84∶15.9∶0.1，V/V/V）提取后，经 Mycospin 400 多功能净化柱净化后过膜直接上机测定，在 5~100ng/mL 的线性范围内线性关系良好。选择高、中、低 3 个浓度水平进行空白样品加标，平均回收率为 67.4%~114.1%，相对标准偏差（RSD）为 0.2%~6.1%，该方法精密度良好，回收率高，灵敏度好，在较短时间内同时能满足 10 种霉菌毒素的检测。利用该方法检测了 2015 年度 4 个省 10 个奶牛场的 14 个全株青贮玉米样品，其中河南 3 个，河北 4 个，黑龙江 3 个，山东 4 个。结果发现，10 个奶牛场全株青贮玉米样品中全部检出的霉菌毒素种类为呕吐毒素、黄曲霉毒素 B_2 和玉米赤霉烯酮，河南、河北和山东还检出麦角醇。奶牛场全株玉米青贮玉米样品中霉菌毒素含量由高到低依次为呕吐毒素、玉米赤霉烯酮、黄曲霉毒素 B_2 和麦角醇，样品含量全部未超过国家限量。

关键词：青贮玉米；霉菌毒素；LC-MS/MS 方法

一、简介

霉菌毒素（Mycotoxin）普遍存在于青贮玉米饲料中，霉菌毒素能够影响青贮玉米中的营养成分含量及其吸收代谢，降低奶牛采食量和产奶量，抑制奶牛的免疫功能等。如果饲料中含有大量霉菌毒素，奶牛所产的牛奶中霉菌毒素可能超标，人类短期或长期饮用此类牛奶后，会导致疾病或癌症。例如，人们食用含有黄曲霉毒素 M_1（AFM_1，AFB_1 羟基化）的牛奶及其制品后，容易引起肝脏损伤、肝硬化、肿瘤诱导和致突变及免疫抑制等负面作用；黄曲霉毒素能够影响母鼠胎盘的功能，使母鼠的分娩时间提前，小鼠出生重减轻，并容易导致母鼠早产（Wang 等，2016）。Alonso 等（2013）报道，霉菌污染不仅会造成动物疾病和经济损失，还会影响人类健康，尤其是婴儿健康。2013 年度至 2015 年度对全国 1080 个反刍动物养殖点调研发现，反刍动物可见霉菌污染的饲料种类中，青贮玉米是主要的饲料种类。因此，了解和控制青贮饲料中霉菌毒素污染状况，对保证反刍动物食品安全具有重要的意义。

本试验根据青贮玉米饲料的特性以及 10 种霉菌毒素的结构特征，改进已有测定猪消化液中霉菌毒素的液相色谱串联质谱（LC-MS/MS）方法（王瑞国等，2015），建立适用于青贮玉米中 10 种霉菌毒素检测的 LC-MS/MS 方法，并使用该方法测定 2015 年度 10 个奶牛场的 14 个全株青贮玉米样品中的霉菌毒素（AFB_1、AFB_2、AFG_1、AFG_2、DON、ZEN、麦角醇、杂色曲霉毒素、HT-2 毒素和 T-2 毒素）含量，以更深入地了解青贮玉米饲料中的霉菌毒素污染情况。

二、材料方法

1. 试验材料

（1）仪器

液相色谱-质谱联用仪（Waters Acquily UPLC Xevo TQS），高速冷冻离心机（HITACHI GR22GIII），旋涡振荡仪（Scientific Industries Voter Gnie 2），Mycospin 400 多功能净化柱（Romer）。

（2）试剂

本试验所用乙腈（Fisher Scientific）为色谱纯，AFB_1、AFB_2、AFG_1、AFG_2、DON、ZEN、麦角醇、杂色曲霉毒素、HT-2 毒素和 T-2 毒素标准品（Sigma）。其他试剂均为分析纯。

2. 试样制备和色谱条件

（1）制备青贮玉米提取液

称取 1.00g±0.01g 试样于 50mL 塑料离心管中，加入 8mL 乙腈-水-甲酸（84∶15.9∶0.1，V/V/V）进行提取，涡旋混匀 1min，摇床剧烈振荡 20min。提取完成后，以1 000r/min 离心 10min，取 1mL 上清液于 Mycospin 400 多功能净化柱中，收集滤液，放入自动进样瓶中，直接上高效液相色谱串联质谱（HPLC/MS/MS）仪器测定。

（2）制备 AFB_1、AFB_2、AFG_1、AFG_2、DON、ZEN、麦角醇、杂色曲霉毒素、HT-2 毒素和 T-2 毒素储备液和标准工作液

1mg/mL 各霉菌毒素标准储备液：称取 10mg 各霉菌毒素标准品分别溶于 10mL 乙腈中。10mg/L 的中间混合标准溶液：吸取 100μL 各储备液于 10mL 容量瓶中，用乙腈定容混匀。工作液用乙腈：水（50∶50，V/V）稀释混合标准储备液配制。储备液和中间标准混合液在-20℃下冷冻保存，工作液在 4℃保存。

（3）色谱和质谱条件

液相条件。色谱柱，ACQUITY UPLC HSS T3 Column，2.1mm×100mm，1.8μm；温度，40℃；进样体积，5μl；流速，0.35mL/min；流动相 A，0.1%甲酸乙腈溶液；流动相 B，0.1%甲酸水溶液（表 1）。

MS 条件。多反应监测（MRM）ESI+；离子源温度，150℃；脱溶剂气，氮气；雾化温度，400℃；毛细管电压，3.00kV；碰撞气，氩气；流速，0.16mL/min。

表 1　流动相梯度

时间（min）	A%	B%	曲线
0	0	100	6
0.5	0	100	6
1	40	60	6
3	70	30	6
5	95	5	6
6	95	5	6
6.01	0	100	6
7.00	0	100	6

三、结果讨论

1. 提取过程优化

青贮玉米质地轻、密度低、吸水性比较强，相对于王瑞国等（2015）的报道，添加提取液重量体积比由 1：1 增加到 1：4，然后直接用提取溶液上机。

2. 色谱条件优化

提取溶液中有机相比例较高，用 BEH C18 的色谱柱 DON 的溶剂效应较明显，峰形显著低于 HSS T3 色谱柱（图 1）。

3. 质谱条件的优化

以乙腈-水（50：50，V/V）为流动相，采用结合（Combine）进样方式，对 10 种霉菌毒素的质谱条件进行优化，在正、负离子模式下进行全扫描，选择合适的准分子离子峰和电离方式。尽管 OTA 和 DON 在负电离模式下也有较好的响应，考虑到提取液和流动相中都有甲酸，甲酸有利于正电离的模式下物质的离子化，并且在一次进样检测中，不用通过正负离子模式的切换，这样在大批量样品检测过程可减少仪器的损耗，因此 10 种霉菌毒素都选用了正离子模式。并结合基质空白和基质标准液的离子扫描图，进一步优化参数确定了各种毒素在多反应监测模式（MRM）下信号采集的特征离子对及质谱条件（表 2）。

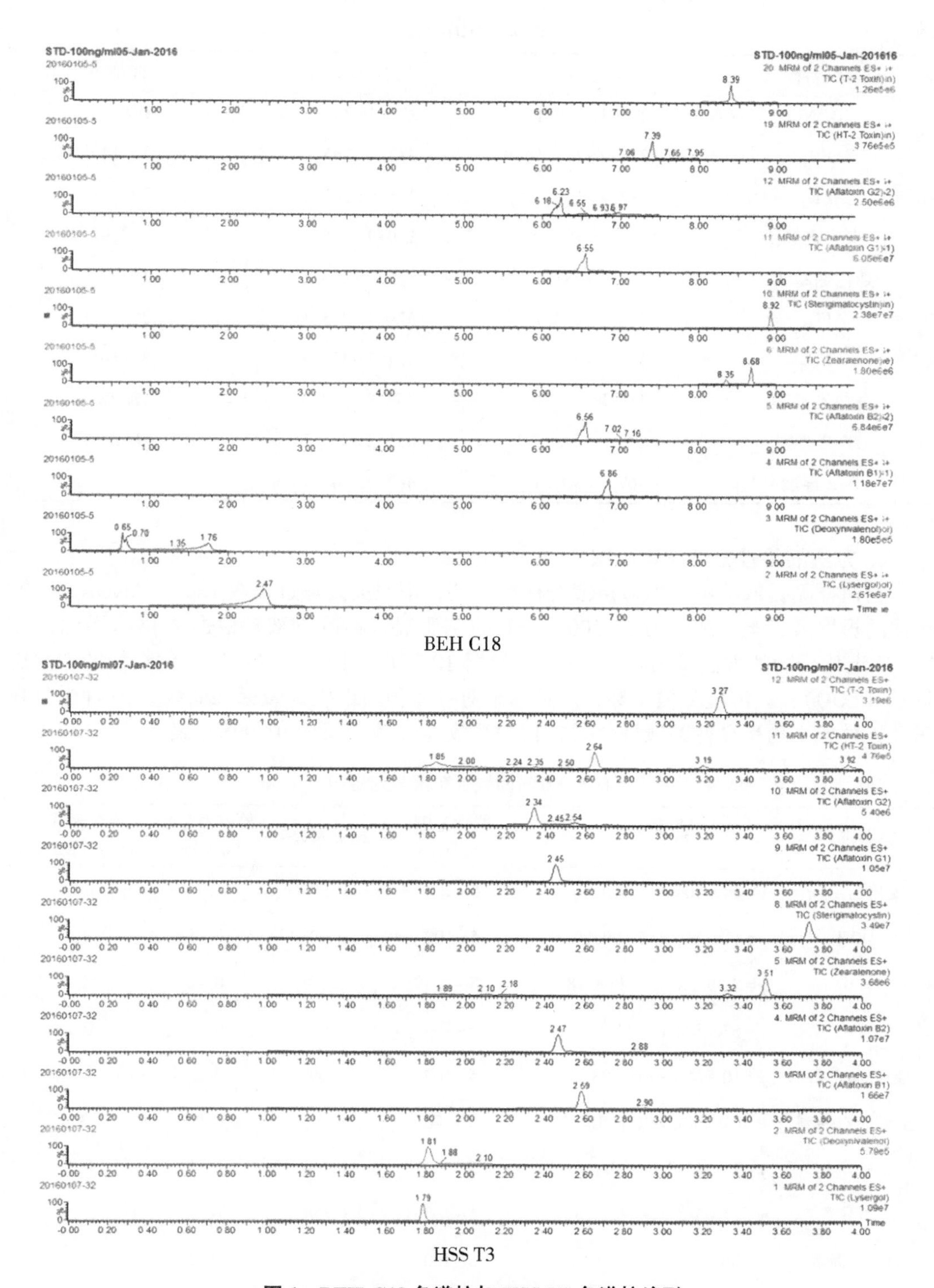

图 1　BEH C18 色谱柱与 HSS T3 色谱柱峰形

表 2　质谱参数

参数名称	定量离子对	定性离子对	碰撞能量
DON	297. 1>249. 1	297. 1>231. 1	10/13
AFB_1	313. 2>241. 1	313. 1>285. 1	36/24
AFB_2	315. 2>259. 1	315. 2>287. 1	30/26
玉米赤霉烯酮	319. 2>187. 0	319. 2>185. 1	23/19
杂色曲霉素	325. 2>281. 1	325. 2>253. 1	36/39
AFG_1	329. 2>243. 1	329. 2>283. 1	25/25
AFG_2	331. 2>245. 1	331. 2>257. 1	30/30
麦角乙二胺	254. 8>43. 97	254. 8>197. 0	18/22
HT-2 毒素	425. 2>245. 3	425. 2>263. 1	9/12
T-2 毒素	467. 3>305. 1	467. 3>245. 1	9/9

4. 方法的线性范围与定量限

空白样品提取液中添加适量混合标准溶液，按照前处理过程取 1mL 经 Mycospin 400 净化的提取液，配制浓度为 5～100ng/mL 的基质混合标准溶液。根据 3 倍信噪比（S/N）确定化合物的方法检出限（LOD）；根据 10 倍信噪比（S/N）确定化合物的方法定量限（LOQ），以浓度为横坐标，定量离子对峰面积为纵坐标做标准曲线，10 种组分在正离子模式下均呈良好的线性关系，相关系数（r）均不低于 0. 998（表 3）。

表 3　方法的线性范围与定量限

霉菌毒素	线性方程	线性范围（ng/mL）	相关系数 r	检出限 LOD（μg/kg）	定量限 LOQ（μg/kg）
麦角乙二胺	$y=580.504\ x-413.127$	5～100	0. 999	0. 15	0. 50
DON	$y=114.735\ x+2\ 599.06$	5～100	0. 998	0. 35	1. 2
AFB_1	$y=2\ 994.89\ x+7\ 068.18$	5～100	0. 998	0. 40	1. 4
AFB_2	$y=676.582\ x-178.814$	5～100	0. 999	0. 22	0. 73
杂色曲霉素	$y=10\ 574\ x-9059.83$	5～100	0. 999	0. 25	0. 42
玉米赤霉烯酮	$y=676.582\ x-178.814$	5～100	0. 999	0. 90	3. 0
AFG_1	$y=2\ 257.48\ x+2\ 141.87$	5～100	0. 998	0. 38	0. 63
AFG_2	$y=1\ 106.32\ x+93.0981$	5～100	0. 998	1. 0	3. 2
HT-2 毒素	$y=89.5191\ x-186.916$	5～100	0. 999	1. 0	3. 5
T-2 毒素	$y=719.58\ x+921.241$	5～100	0. 999	0. 28	0. 20

5. 回收率和精密度试验

采用空白样品进行添加回收和精密度试验。样品中添加低、中、高3个浓度梯度的混合标准溶液，每个添加浓度设6个平行，按本实验方法进行样品处理和上机测定，平均回收率为67.4%~114.1%，相对标准偏差（RSD）为0.2%~6.1%（表4）。

表4 回收率和精密度结果

霉菌毒素	添加水平（μg/kg）	回收率（%）	相对标准偏差RSD（%）
麦角乙二胺	50	82.8	0.7
	80	67.6	0.7
	100	93.3	3.1
DON	50	76.5	1.8
	80	114.1	6.1
	100	102.0	1.5
AFB_1	50	98.0	2.0
	80	96.9	3.6
	100	102.5	0.2
AFB_2	50	68.6	4.1
	80	96.3	3.5
	100	98.5	1.9
玉米赤霉烯酮	50	109.9	0.7
	80	119.2	4.1
	100	79.0	2.9
杂色曲霉素	50	67.4	0.2
	80	127.1	1.9
	100	91.1	1.8
AFG_1	50	88.4	1.7
	80	104.9	4.9
	100	108.7	1.0
AFG_2	50	84.6	2.2
	80	114.9	3.7
	100	99.5	1.6
HT-2毒素	50	104.0	3.2
	80	111.2	0.2
	100	100.3	5.9

（续表）

霉菌毒素	添加水平（μg/kg）	回收率（%）	相对标准偏差 RSD（%）
T-2 毒素	50	92.8	3.0
	80	114.0	1.4
	100	82.1	2.8

6. 青贮玉米中的霉菌毒素含量

10 个奶牛场 14 个全株玉米青贮玉米样品检测结果发现，全部检出的霉菌毒素种类为呕吐毒素、黄曲霉毒素 B_2 和玉米赤霉烯酮，河南、河北和山东还检出麦角醇。霉菌毒素检出含量由高到低依次为呕吐毒素、玉米赤霉烯酮、黄曲霉毒素 B_2 和麦角醇（表 5），不过各霉菌毒素含量均未超出国家饲料卫生标准中霉菌及霉菌毒素含量（GB 13078—2001、2006、2007）范围。AFB_1、AFG_1、AFG_2、HT－2、T－2 和 Sterigmatocystin 这 6 种毒素均未检出。

奶牛饲养场的条件不同，造成各奶牛场原料品质差异极大。从本检测结果看，各奶牛场需要重点关注呕吐毒素、玉米赤霉烯酮和黄曲霉毒素 B_2。其中呕吐毒素和玉米赤霉烯酮影响奶牛健康、产奶性能与繁殖性能，而黄曲霉毒素则直接影响牛奶品质问题。

四、结论

本文建立了采用乙腈-水-甲酸（84：15.9：0.1，V/V/V）提取、多功能净化柱净化、HPLC-MS/MS 分析法同时测定青贮玉米中的黄曲霉毒素 B_1、黄曲霉毒素 B_2、黄曲霉毒素 G_1、黄曲霉毒素 G_2、呕吐毒素、玉米赤霉烯酮、麦角醇、杂色霉素、HT-2 毒素和 T-2 毒素 10 种真菌毒素残留的快速检测方法。本方法前处理步骤简单，具有灵敏、快速的特点，分析时间小于 7min，10 种霉菌毒素线性范围为 5～100μg/kg，检出限均小于 1.0μg/kg，均能满足国家对饲料中霉菌毒素限量的要求。

表 5 奶牛场全株玉米青贮样品中霉菌毒素含量（μg/kg）

霉菌毒素	河南 1	河南 2	河南 3	河北 1	河北 2	河北 3	河北 4	黑龙江 1	黑龙江 2	黑龙江 3	山东 1	山东 2	山东 3	山东 4
DON	64.47	346.51	374.20	24.39	552.52	480.68	375.30	823.87	331.10	40.98	47.20	168.95	182.40	46.08
AFB_2	37.37	26.22	16.60	31.73	23.76	17.18	24.34	0.00	13.45	14.22	20.94	15.32	24.77	32.68
玉米赤霉烯酮	61.37	323.95	355.17	41.62	49.40	57.04	88.08	90.35	94.53	75.82	89.93	217.55	170.30	84.86
麦角乙二胺	2.69	2.86	—	—	—	—	2.74	—	—	—	—	3.45	—	—
杂色曲霉素	—	—	—	—	—	—	—	—	—	—	—	—	—	—
AFG_1	—	—	—	—	—	—	—	—	—	—	—	—	—	—
AFG_2	—	—	—	—	—	—	—	—	—	—	—	—	—	—
HT-2 毒素	—	—	—	—	—	—	—	—	—	—	—	—	—	—
T-2 毒素	—	—	—	—	—	—	—	—	—	—	—	—	—	—
AFB_1	—	—	—	—	—	—	—	—	—	—	—	—	—	—

参考文献

王瑞国，苏晓鸥，樊霞，等，2015. 液相色谱-串联质谱法测定人工模拟猪消化液中 3 种霉菌毒素［J］. 分析化学，43（1）：1-6.

国家质量监督检验检疫总局. 饲料卫生标准［S］. GB 13078—2001. 北京：中国标准出版社.

国家标准化委员会. 饲料中赭曲霉毒素 A 和玉米赤霉烯酮的允许量［S］. GB 13078. 2—2006. 北京：中国质检出版社.

国家标准化委员会. 配合饲料中脱氧雪腐镰刀菌烯醇的允许量［S］. GB 13078. 3—2007. 北京：中国质检出版社.

Alonso V A，Pereyra C M，Keller L A，et al，2013. Fungi and mycotoxins in silage：an overview［J］. J Appl Microbiol，115（3）：637-643.

Wang Y，Tan W，Wang C C，et al，2016. Exposure to aflatoxin B_1 in late gestation alters protein kinase C and apoptotic protein expression in murine placenta［J］. Reprod Toxicol，61：68-74.

第三章

霉菌毒素的暴露评估

饲料中黄曲霉毒素暴露水平

2010年8月，从中国10个主要的牛奶生产省收集了200头奶牛饲料样品。使用HPLC方法分析了饲料样品中的黄曲霉毒素（AFB_1、AFB_2、AFG_1 和 AFG_2）。饲料样品中检测到 AFB_1 和 AFB_2，但未检测到 AFG_1 和 AFG_2。在饲料中，42%的样品中检出 AFB_1，含量在 0.05～3.53μg/kg，6%的样品中 AFB_2 呈阳性，含量范围为 0.03～0.84μg/kg。饲料中 AFB_1 的含量明显高于 AFB_2 的含量（$P<0.05$），但仍低于法定限值5μg/kg（欧盟）和10μg/kg（中国）。AF的总含量低于美国法律规定的20μg/kg。

关键词：调研；黄曲霉毒素；饲料；生乳；中国

一、简介

黄曲霉毒素（AFs）是由霉菌黄曲霉和寄生曲霉产生的有毒次生代谢产物。它们可能引起急性肝损害、肝硬化和肝细胞癌，以及免疫抑制作用（Alborzi 等，2006）。到目前为止，已经确定了18种黄曲霉毒素，但人们最关注的是 AFB_1、AFB_2、AFG_1 和 AFG_2（Decastelli 等，2007）。其中，AFB_1 毒性最高，被国际癌症研究机构（IARC）指定为1类致癌化合物（IARC，1993）。

AFB_1 是在潮湿的饲料中被发现的污染物。食用被 AFB_1 污染的饲料的奶牛会在牛奶中积累 AFB_1 的羟基化代谢产物，称为 AFM_1（Diaz 和 Espitia，2006）。奶牛食用含有 AFB_1 的饲料后12～24h，牛奶中就可以检测到 AFM_1，而72h后其含量降至无法检测的水平（Battacone 等，2003；Martins 和 Martins，2000）。饲料中的 AFB_1 可以转化为牛奶中的 AFM_1，并且这种转化每天都在变化，在不同挤奶的过程中，转化效率也可能不同。在不同的报道中，摄入的饲料中 AFB_1 转化为牛奶中 AFM_1 的转化率有所不同，从0.032%（Battacone 等，2003）、1%～3%（Sassahara 等，2005）到6%（Pitet，1998）。

AFM_1 的毒性低于 AFB_1，并且被 IARC 归类为2B类致癌化合物（IARC，1993）。据推测，无论是存储还是加工（例如巴氏杀菌、高压灭菌或其他方法）都不会破坏 AFM_1 毒素（Tajkarimi 等，2008）。由于其致突变、致癌和致畸作用，生乳中 AFM_1 的含量令人担忧（Sassahara 等，2005）。为了降低人们在 AFM_1 中的暴露水平，监管机构已制定了生乳中 AFM_1 的限量：日本和美国的法定限值为500ng/L，而在欧盟（EU）中则为50ng/L。这些标准已被许多其他国家采用（EC，2006；FAO，2004）。此外，饲料中 AFB_1 的污染水平决定了生乳中 AFM_1 的水平，因此，还确定了奶牛饲料中 AFB_1 的限量。日本和韩国限量为10μg/kg，欧盟为5μg/kg。美国和加拿大已将饲料中的总 AFs

（AFB_1+AFB_2+AFG_1+AFG_2）的限量设定为20μg/kg（EC，2006；FAO，2004）。

中国已经制定了法规，牛奶中 AFM_1 的限量为500ng/L，奶牛饲料中 AFB_1 的限量为10μg/kg。但是，目前尚无关于中国生乳中 AFM_1 水平和奶牛饲料中AFs水平的报道。在本研究中，对从中国10个省份采集的200个饲料样品和200个牛奶样品进行了饲料中 AFB_1、AFB_2、AFG_1 和 AFG_2 的分析和生乳中 AMF_1 的分析。

二、材料方法

1. 采样

在2010年8月，我们从中国10个省份（黑龙江、内蒙古、河北、山东、宁夏、山西、北京、天津、上海和广西）的200个奶牛场采集了200份生乳样品和200份饲料样品。这些地区的温度和湿度（NCC/CMA，2010）如表1所示。奶牛饲料样品取自饲喂给采集牛奶样品的母牛的饲料。牛奶采样的同一天收集饲料样品。从随机选择的麻袋中收集饲料样品，分别采集每个麻袋的上1/3、中1/3和下1/3各2kg，混合后总共6kg，从其中取出0.5kg的样品并在65℃加热以除去水分。然后将其保存在室温下直至进行分析。

表1　2010年8月10个省份的温湿度值

	省份	温度（℃）	降水量（mm/月）
北方	黑龙江	20.1	125.2
	内蒙古	20.3	53.8
	北京	25.8	145.0
	天津	26.0	147.6
	宁夏	21.2	33.6
	河北	23.7	177.6
	山西	22.0	146.3
	山东	25.0	273.3
	平均值	23.0	137.8
南方	上海	30.8	203.8
	广东	28.6	146.3
平均值		29.7	175.1

注：湿度由每个省的降水量表示

2. 使用HPLC方法分析饲料样品

（1）萃取

将样品研磨成细颗粒。将研磨的样品（25.0g）与125mL的70%（V/V）甲醇和5.0g NaCl在250mL三角烧瓶中混合，超声处理30min，然后将混合物用定量滤纸过滤，并将滤液用水稀释，保留稀释的滤液用于纯化。

（2）纯化

免疫亲和柱（Aflaprep，R-Biopharm Rhone Ltd，Scotland，UK）用于纯化 AFB_1、AFB_2、AFG_1 和 AFG_2。

将 15mL 滤液置于注射器中，将该注射器连接至免疫亲和柱。滤液流过凝胶后，样品中可能存在的 AFB_1、AFB_2、AFG_1 和 AFG_2 将被凝胶上的抗体捕获。然后，将柱子用 20mL 超纯水洗涤，以除去无关的非特异性物质。用 1mL 甲醇从柱上洗脱结合的 AFB_1、AFB_2、AFG_1 和 AFG_2，然后将洗脱液用 1mL 超纯水稀释。

（3）定量化

使用配备 2695 分离模块、2475 荧光检测器和 Empower 专业软件（Empower Software Solutions，Inc.，Orlando，FL，USA）的 HPLC 系统（Waters，Milford，MA，USA）对饲料中 AFB_1、AFB_2、AFG_1 和 AFG_2 含量进行测定。甲醇-乙腈-水（22∶22∶56，V∶V∶V）用作流动相，流速为 1.0mL/min。在分离 AFB_1、AFB_2、AFG_1 和 AFG_2（色谱级，Merck KGaA，Parmstadt，Germany）溶液后，采用柱后衍生系统，0.01%（W∶V）碘溶液用作衍生试剂，流速为 0.4mL/min。在 365nm 的激发波长和 430nm 的发射波长下监控 AFB_1、AFB_2、AFG_1 和 AFG_2，并通过与真实 AFB_1、AFB_2、AFG_1 和 AFG_2 标准品（Sigma Aldrich，Inc.，St Louis，MO）的色谱法比较，进行定量。

3. 统计分析

所有样品均为 2 次重复，通过非参数检验对 AF 浓度的差异进行统计学分析，然后使用 SPSS 11.5 版（SPSS，Inc.，Chicago，IL）进行 Mann-Whitney 检验。显著性所需的置信度设置为 $P<0.05$。

三、结果

饲料中的黄曲霉毒素污染情况

奶牛饲料样品中 AFB_1、AFB_2、AFG_1 和 AFG_2 的检测结果如表 2 所示。发现饲料样品中 AFB_1 的检出率为 17.5%，AFB_2 的检出率为 11.5%，24.5%样品同时含有 AFB_1 和 AFB_2，换句话说，在所有饲料样品中有 42%的样品检出了 AFB_1，在所有饲料样品中有 36%检出了 AFB_2。此外，饲料样品中的 AFB_1 水平明显高于 AFB_2（$P<0.05$），没有发现饲料样品中含有 AFG_1 或 AFG_2。

表 2　我国 10 个省份的饲料样品中 AFB_1、AFB_2、AFG_1 和 AFG_2 的分布

省份	数量	B_1	B_2	B_1-B_2	B_1+B_1-B_2	B_2+B_1-B_2	G_1	G_2
黑龙江	20	—	—	—	—	—	—	—
内蒙古	20	5	10	—	5	10	—	—
北京	20	8	—	3	11	3	—	—
天津	20	—	5	6	6	11	—	—

（续表）

省份	数量	B_1	B_2	B_1-B_2	$B_1+B_1-B_2$	$B_2+B_1-B_2$	G_1	G_2
宁夏	20	5	1	7	12	8	—	—
河北	20	3	1	11	14	12	—	—
山西	20	2	1	2	4	3	—	—
山东	20	1	4	14	15	18	—	—
北方合计	160	24	22	43	67	65	—	—
上海	20	6	1	4	10	5	—	—
广东	20	5	—	2	7	2	—	—
南方合计	40	11	1	6	17	7	—	—
总计	200	35	23	49	84	72	—	—

北方包括黑龙江、内蒙古、北京、天津、宁夏、河北、山西和山东；南方包括上海和广东；B_1 表示样本仅包含 AFB_1；B_2 表示样本仅包含 AFB_2；B_1-B_2 表示样本同时包含 AFB_1 和 AFB_2；“—”表示由于低于 0.01μg/kg 的检出限，无法获得黄曲霉毒素的含量

在 200 份饲料样品中，AFB_1 阳性样品有 84 份，浓度为 0.05~3.53μg/kg，平均值和中位数分别为 0.31μg/kg 和 0.15μg/kg，其中 27 个样品的 AFB_1 含量为 0.01~0.10μg/kg，53 个样品的 AFB_1 浓度为 0.01~1.00μg/kg。4 个样品（其中 1 个来自天津，2 个来自河北，1 个来自广东）的 AFB_1 的浓度为 1.01~4.00μg/kg（表 3）。黑龙江没有检测到阳性样品，而山东的阳性样品发生率最高（75%）。对于来自我国北方的 160 个饲料样本，AFB_1 的发生率为 41.9%，最高浓度为 3.53μg/kg，平均浓度为 0.30μg/kg，中位数为 0.15μg/kg。对于来自我国南方的 40 个饲料样品，AFB_1 的发生率为 42.5%，最高浓度为 1.45μg/kg，平均浓度为 0.33μg/kg，中位数为 0.16μg/kg。AFB_1 的发生率在南北方之间没有差异（表 3）。对于 AFB_2 阳性的 72 个样品，浓度为 0.03~0.84μg/kg，其中 42 个样品的浓度为 0.01~0.10μg/kg，30 个样品的浓度为 0.10~1.00μg/kg（表 3）。仅来自黑龙江省的样品不含 AFB_2，山东省样本阳性率最高，发生率达 90%。从中国北方采集的样本中，AFB_2 阳性的总数为 40.6%，含量为 0.03~0.71μg/kg。从我国南方收集的样品中，AFB_2 阳性率为 17.5%，含量为 0.05~0.84μg/kg，AFB_2 的含量在南北方之间没有差异（表 3）。

在 200 个饲料样品中，有 53.5% 的样品为黄曲霉毒素阳性，结果如下：含量在 0.01~0.10μg/kg 的样品占 16.0%，含量在 0.11~1.00μg/kg 的样品占 34.0%，含量在 1.01~4.00μg/kg 的样品占 3.5%。在北部，有 55.6%的样本呈阳性，其浓度在 0.03~3.53μg/kg。在南方，有 45%的样本呈阳性。浓度在 0.05~2.29μg/kg。样品的总黄曲霉毒素浓度在北方和南方之间没有差异（表 3）。

表 3　我国 10 个省份的饲料样品中 AFB_1 和 AFB_2 的浓度

样品来源	阳性/样品总数	分布			最大值（μg/kg）	平均值（μg/kg）
		0.01～0.10 μg/kg	0.11～1.00 μg/kg	1.01～4.00 μg/kg		
AFB_1						
黑龙江	0/20	0	0	0	—	—
内蒙古	5/20	1	4	0	0.55	0.22
北京	11/20	7	4	0	0.64	0.18
天津	6/20	2	3	1	1.16	0.31
宁夏	12/20	6	6	0	0.70	0.17
河北	14/20	7	5	2	3.53	0.45
山西	4/20	0	4	0	0.80	0.41
山东	15/20	0	15	0	0.95	0.35
北方合计	67/160	23	41	3	3.53	0.30
上海	10/20	4	6	0	0.86	0.19
广东	7/20	0	6	1	1.45	0.52
南方合计	17/40	4	12	1	1.45	0.33
总计	84/200	27	53	4	3.53	0.31
AFB_2						
黑龙江	0/20	0	0	0	—	—
内蒙古	10/20	5	5	0	0.21	0.11
北京	3/20	1	2	0	0.23	0.16
天津	11/20	8	3	0	0.71	0.14
宁夏	8/20	7	1	0	0.17	0.06
河北	12/20	10	2	0	0.40	0.08
山西	3/20	1	2	0	0.37	0.22
山东	18/20	6	12	0	0.45	0.18
北方合计	65/160	38	27	0	0.71	0.13
上海	5/20	4	1	0	0.18	0.08
广东	2/20	0	2	0	0.84	0.52
南方合计	7/40	4	3	0	0.84	0.21

（续表）

样品来源	阳性/样品总数	分布			最大值（μg/kg）	平均值（μg/kg）
		0.01~0.10 μg/kg	0.11~1.00 μg/kg	1.01~4.00 μg/kg		
总计	72/200	42	30	0	0.84	0.14
B_1+B_2						
黑龙江	0/20	0	0	0	—	—
内蒙古	15/20	6	9	0	0.55	0.15
北京	11/20	7	4	0	0.83	0.22
天津	11/20	4	6	1	1.87	0.23
宁夏	13/20	4	9	0	0.86	0.23
河北	15/20	3	10	2	3.53	0.50
山西	5/20	1	3	1	1.17	0.21
山东	19/20	4	13	2	1.41	0.45
北方合计	89/160	29	54	6	3.53	0.33
上海	11/20	3	8	0	0.86	0.15
广东	7/20	0	6	1	2.29	0.67
南方合计	18/40	3	14	1	2.29	0.39
总计	107/200	32	68	7	3.53	0.34

北方包括黑龙江、内蒙古、北京、天津、宁夏、河北、山西和山东；南方包括上海和广东；阳性样品表示样品中的黄曲霉毒素浓度超过0.01μg/kg的检出限；“—”表示由于低于0.01μg/kg的检出限，无法获得黄曲霉毒素的含量

四、讨论

本研究中选择的是中国产奶量排前列的10个省份，它们的生乳产量在2010年占了中国生乳总产量的75.1%，并且，这10个省份包含了代表中国两种典型气候的南北地区。北方的温度以及湿度都比南方低（表1）。温度和湿度对饲料中霉菌毒素的形成具有重要的影响。霉菌在相对温热、潮湿的环境中更容易生长以及产生毒素（Bakirci，2001；Tajkarimie等，2008）。温度和湿度对饲料中AFB_1的浓度有影响，AFB_1的浓度决定了牛奶中AFM_1的浓度。黑龙江省的饲料中不存在AFB_1，而山东省的饲料中存在高含量的AFB_1，这种差异可能是因为黑龙江的温度和湿度都低于其他省市。山东省的湿度是10个城市中最高的，其平均温度达到25℃（表1）。

许多国家/地区限制了奶牛饲料中AFB_1的浓度，但没有限制总黄曲霉毒素的浓度。

这是可以理解和合乎逻辑的，因为 AFM_1 是 AFB_1 的代谢产物，限制动物饲料中的 AFB_1 是控制牛奶中 AFM_1 的最有效方法（Diaz 和 Espitia，2006）。在本研究中，所有阳性饲料样品中的 AFB_1 含量均低于中国法律规定的 10μg/kg，甚至低于欧盟法律规定的 5μg/kg。此外，所有阳性饲料样品中黄曲霉毒素的总含量均低于美国法律规定的 20μg/kg 的限量。AFB_1 在奶牛饲料中的污染率是42%，含量在 0.05~3.53μg/kg，低于 Ao 和 Chen（2008）先前的研究报道，他们在所有 8 头奶牛饲料样品中检测到的 AFB_1 范围为 3.1~9.2μg/kg。

饲料中只有一小部分（最多 6%）AFB_1 在牛奶中转化为 AFM_1（Pitet，1998）。因此，饲料中 AFB_1 的发生率远远高于生乳中 AFM_1 的发生率，受到关注的是，尽管饲料样品中的 AFB_1 含量均低于欧盟规定的 5μg/kg，但 3 个生乳样品中的 AFM_1 含量均超过了欧盟规定的 50ng/L。Pulina（2009）也报告说，当饲料中 AFB_1 的含量在欧盟法律规定的范围内时，不能保证牛奶中 AFM_1 的浓度会低于欧盟法律规定的含量。这表明，目前奶牛饲料中 AFB_1 的法定限量不能保证牛奶中 AFM_1 的限量。

五、结论

AFB_1 是奶牛饲料中主要的 AF 类型，发生率以及含量都远高于 AFB_2、AFG_1 和 AFG_2。检测到的 AFB_1 的水平低于中国法律规定的最高要求的 10μg/kg。奶牛饲料样品中检测到的总 AF 含量低于美国法律规定的 20μg/kg，并且，南方和北方的奶牛饲料中 AFs 的含量没有明显的差异。

参考文献

Alborzi S, pourabbas B, Rashidi M, et al, 2006. Aflatoxin M_1 contamination in pasteurized milk in Shiraz（south of Iran）[J]. Food Control, 17: 582-584.

Ao Z F, Chen D W, 2008. Survey of mycotoxin in feed in China from 2006 to 2007 [J]. Chinese Journal of Livestock and Veterinarians, 35: 152-156.

Bakirci I, 2001. A study on the occurrence of aflatoxin M_1 in milk and milk products produced in Van province of Turkey [J]. Food Control, 12: 47-51.

Battacone G, Nudda A, Cannas A, et al, 2003. Excretion of aflatoxin M_1 in milk of dairy cows treated with different doses of aflatoxin B_1 [J]. Journal of Dairy Science, 86: 2667-2675.

Battacone G, Nudda A, Palomba A, et al, 2009. The transfer of aflatoxin M_1 in milk of ewes fed diet naturally contaminated by aflatoxins and effect of inclusion of dried yeast culture in the diet [J]. Journal of Dairy Science, 92: 4997-5004.

Commission Regulation（EC）, 2006. No 1881/2006 of 19 December 2006 setting maximum levels for certain contaminants in foodstuffs [R]. Official Journal of European Union, 364: 5-24.

Decastelli L, Lai J, Gramaglia M, et al, 2007. Aflatoxins occurrence in milk and feed in Northern Italy during 2004-2005 [J]. Food Control, 18: 1263-1266.

Diaz G J, Espitia E, 2006. Occurrence of aflatoxin M_1 in retail milk samples from Bogota, Colombia [J]. Food Additives and Contaminants, 23: 811-815.

Food and Agriculture Organization（FAO）, 2004. Worldwide regulations for mycotoxins in food and feed in 2003 [R]. A compendium FAO food and nutrition paper 81, Rome.

Han R W, Zheng N, Wang J Q, et al, 2013. Survey of aflatoxin in dairy cow feed and raw milk in China [J]. Food Control, 34: 35-39.

International Agency for Research on Cancer (IARC), 1993. Some naturally occurring substances: food items and constituents, heterocyclic aromatic amines and mycotoxins [R]. IARC Monographs on Evaluation of Carcinogenic Risks to Humans, 56: 397-444.

Martins M L, Martins H M, 2000. Aflatoxin M_1 in raw and ultra high temperature-treated milk commercialized in Portugal [J]. Food Additives and Contaminants, 17: 871-874.

National Climate Center of China Meteorological (NCC/CMA), 2010. Administration [J/OL]. http: //cmdp. ncc. cma. gov. cn/influ/moni_china. php? product1/4 moni_assessment.

Pei S C, Zhang Y Y, Eremin S A, et al, 2009. Detection of aflatoxin M_1 in milk products from China by ELISA using monoclonal antibodies [J]. Food Control, 20: 1080-1085.

Pitet A, 1998. Natural occurrence of mycotoxins in foods and feeds: an updated review [J]. Revue de Medecine Veterinaire, 6: 479-492.

Sassahara M, Pontes N D, Yanak E K, 2005. Aflatoxin occurrence in foodstuff supplied to dairy cattle and aflatoxin M_1 in raw milk in the North of Parana state [J]. Food and Chemical Toxicology, 43: 981-984.

Tajkarimi M, Aliabadi-Sh F, Salah N A, et al, 2008. Aflatoxin M_1 contamination in winter and summer milk in 14 states in Iran [J]. Food Control, 19: 1033-1036.

中国生乳中黄曲霉毒素含量调研

2010年8月，从中国10个主要的牛奶生产省份收集了200份牛奶样品。牛奶样品中的AFM_1使用ELISA方法测定。对于牛奶样品，32.5%样品中检测出AFM_1呈阳性，范围为5.2~59.6ng/L，远低于中国和美国的法定限值500ng/L。但是，3个样品中的AFM_1含量超过了欧盟法定限值50ng/L。此外，奶牛饲料样品和牛奶样品中黄曲霉毒素含量在中国北方和南方之间没有显著差异（$P>0.05$）。

关键词：调研；黄曲霉毒素；饲料；生乳；中国

一、简介

黄曲霉毒素（AFs）是由霉菌黄曲霉和寄生曲霉产生的有毒次生代谢产物。它们可能引起急性肝损害、肝硬化和肝细胞癌，以及免疫抑制作用（Alborzi等，2006）。到目前为止，已经确定了18种黄曲霉毒素，但最关注的是AFB_1、AFB_2、AFG_1和AFG_2（Decastelli等，2007）。其中，AFB_1毒性最高，被国际癌症研究机构（IARC）指定为1类致癌化合物（IARC，1993）。

AFB_1是在潮湿的饲料中被发现的污染物。食用被AFB_1污染饲料的奶牛会在牛奶中积累AFB_1的羟基化代谢产物，称为AFM_1（Diaz和Espitia，2006）。奶牛食用含有AFB_1的饲料后12~24h，牛奶中就可以检测到AFM_1，而72h后其含量降至无法检测的水平（Battacone等，2003；Martins和Martins，2000）。饲料中的AFB_1可以转化为牛奶中的AFM_1，并且这种转化每天都在变化，在不同的挤奶过程中，转化效率也可能不同。在不同的报道中，摄入的饲料中AFB_1转化为牛奶中AFM_1的转化率有所不同，从0.032%（Battacone等，2003），1%~3%（Sassahara等，2005）到6%（Pitet，1998）。

AFM_1的毒性低于AFB_1，并且被IARC归类为2B类致癌化合物（IARC，1993）。据推测，无论是存储还是加工（例如巴氏杀菌、高压灭菌或其他方法）都不会破坏AFM_1毒素（Tajkarimi等，2008）。由于其致突变、致癌和致畸作用，生乳中AFM_1的含量令人担忧（Sassahara等，2005）。为了降低人们对AFM_1的暴露水平，监管机构已制定了生乳中AFM_1的限量。日本和美国的法定限值为500ng/L，而欧盟（EU）则为50ng/L。这些标准已被许多其他国家采用（EC，2006；FAO，2004）。此外，饲料中AFB_1的污染水平决定了生乳中AFM_1的水平，因此，还确定了奶牛饲料中AFB_1的限量。日本和韩国限量为10μg/kg，欧盟为5μg/kg。美国和加拿大已将饲料中的总AFs（AFB_1+AFB_2+AFG_1+AFG_2）的限量设定为20μg/kg（EC，2006；FAO，2004）。

中国已经制定了相应的法规，牛奶中 AFM_1 的限量为500ng/L，奶牛饲料中 AFB_1 的限量为10μg/kg。但是，目前尚无关于中国生乳中 AFM_1 水平和奶牛饲料中AFs水平的报道。在本研究中，从中国10个省份采集的200个饲料样品和200个牛奶样品，进行了饲料中 AFB_1、AFB_2、AFG_1 和 AFG_2 的分析和生乳中 AMF_1 的分析。

二、材料方法

1. 采样

在2010年8月，我们从中国10个省份（黑龙江、内蒙古、河北、山东、宁夏、山西、北京、天津、上海和广西）的200个奶牛场采集了200份生乳样品和200份饲料样品。并记录了这些地区的温度和湿度（NCC/CMA，2010）。奶牛饲料样品取自饲喂给获得牛奶样品的母牛的饲料。牛奶采样的同一天收集饲料样品。生乳是直接从牧场奶站的储奶罐中收集的。搅拌储奶罐后，从罐的上1/3、中1/3和下1/3分别取200mL牛奶样品，总共600mL的牛奶样品，混合后，从其中取出100mL样品并保存在-20℃下，直到进行分析为止。

2. 使用ELISA方法分析牛奶样品

牛奶样品中 AFM_1 的定量分析使用竞争性酶免疫法黄曲霉毒素 M_1 测试试剂盒（R1111，R-Biopharm AG）。试剂盒中包括酶免疫测定所需的所有试剂，包括 AFM_1 标准溶液（0ng/L、5ng/L、10ng/L、20ng/L、40ng/L和80ng/L）。

（1）样品制备

取8mL牛奶在3 500×*g*，10℃条件下离心10min，去除上层乳脂，取上清液进行 AFM_1 的ELISA测试。

（2）检测步骤

将100mL标准溶液或处理后的样品加到孔中，并在室温（20~25℃）下避光孵育30min，然后将液体从孔中吸出，加入250mL洗涤缓冲液，重复洗涤2次，接下来在孔中加入100mL稀释的酶结合物，室温下避光孵育15min，重复洗涤2次。然后向每个孔中加入100mL色原，室温避光孵育15min。最后，将100mL的终止溶液加入到每个孔中，并通过酶标仪在450nm处测量吸光度。

（3）结果计算

使用专门的RIDA SOFT Win软件（Z9999，R-Biopharm AG）计算样品中 AFM_1 的含量。本方法的检出限为5ng/L。

3. 统计分析

所有样品设置2次重复，通过非参数检验对AF浓度的差异进行统计学分析，然后使用SPSS 11.5版（SPSS，Inc.，Chicago，IL）进行Mann-Whitney检验。显著性所需的置信度设置为 $P<0.05$。

三、结果

表1显示了生乳中 AFM_1 含量的结果。在200份生乳样品中的45份检测到 AFM_1 污

染，范围为 5.2~59.6ng/L。对于 AFM_1 阳性生乳样品，有 38 个样品的 AFM_1 含量范围为 5.1~20.0ng/L，4 个样品中 AFM_1 的含量范围为 20.1~50.0ng/L。3 个样品，其中包括天津市的 1 个样品，河北省的 1 个样品和广东省的 1 个样品，AFM_1 的范围为 50.1~60.0ng/L。阳性样品的 AFM_1 平均值和中位数分别为 15.3ng/L 和 10.1ng/L。在 10 个省份中，从山东省采集的样品中 AFM_1 污染最严重，发生率达 95%。从黑龙江省采集的样品中未检测到 AFM_1。来自中国北方的生乳中阳性样本的百分比为 21.9%，浓度为 5.2~59.6ng/L。来自中国南方的生乳中阳性样本的百分比为 25%，浓度为 5.3~51.8ng/L。AFM_1 的含量在南北之间没有差异（表 1）。

表 1　我国 10 个省份的生乳样品中 AFM_1 的浓度

样品来源	阳性/样品总数	分布			最大值（ng/kg）	平均值（ng/kg）
		5~20.0ng/kg	20.1~50.0ng/kg	50.1~60.0ng/kg		
黑龙江	0/20	0	0	0	—	—
内蒙古	1/20	1	0	0	8.0	8.0
北京	4/20	4	0	0	11.3	9.1
天津	4/20	2	1	1	53.8	27.6
宁夏	2/20	1	1	0	32.8	22.2
河北	8/20	7	0	1	59.6	16.1
山西	2/20	2	0	0	17.2	12.0
山东	14/20	12	2	0	36.4	13.6
北方合计	35/160	29	4	2	59.6	15.5
上海	8/20	8	0	0	18.2	9.6
广东	2/20	1	0	1	51.8	35.6
南方合计	10/40	9	0	1	51.8	9.6
总计	45/200	38	4	3	59.6	15.3

注：北方包括黑龙江、内蒙古、北京、天津、宁夏、河北、山西和山东；南方包括上海和广东；阳性样品表示样品中的 AFM_1 浓度超过 5ng/L 的检出限；“—”表示由于低于 5ng/L 的检出限，无法获得黄曲霉毒素的含量

四、讨论

本研究中选择的是中国产奶量排前列的 10 个省份，它们的生乳产量在 2010 年占了中国生乳总产量的 75.1%，并且，这 10 个省份包含了代表中国两种典型气候的南北地区。黑龙江省的奶样中不存在 AFM_1，而山东省的奶样中存在高含量的 AFM_1，这种差异可能是因为黑龙江的温度和湿度都低于其他省市。山东省的湿度是 10 个城市中最高

的，其平均温度达到25℃。因此，这对霉菌的生长以及产生毒素非常有利，所以导致了饲料中有高含量的 AFB_1 以及牛奶中高含量的 AFM_1。Bakirci（2001）曾指出，霉菌在温度达到25℃以及潮湿的条件下能产生毒素。

饲料中只有一小部分（最多6%）AFB_1 在奶牛的牛奶中转化为 AFM_1（Pitet，1998）。结果，饲料中 AFB_1 的发生率远远高于生乳中 AFM_1 的发生率，引起关注的是，尽管饲料样品中的 AFB_1 含量均低于欧盟规定的5mg/kg，但3个生乳样品中的 AFM_1 含量均超过了欧盟规定的50ng/L。Pulina（2009）也曾报告，当饲料中 AFB_1 的含量在欧盟法律规定的范围内时，不能保证牛奶中 AFM_1 的浓度会低于欧盟法律规定的含量。这表明，目前奶牛饲料中 AFB_1 的法定限量不能保证牛奶中 AFM_1 的限量。

五、结论

本研究测定的 AFM_1 的含量低于中国法律规定的限制，也低于美国法律规定的500ng/L。并且，我国南方和北方的生乳样品中AFs的含量没有明显的差异。

参考文献

Alborzi S，pourabbas B，Rashidi M，et al，2006. Aflatoxin M_1 contamination in pasteurized milk in Shiraz（south of I-ran）[J]. Food Control，17：582-584.

Ao Z F，Chen D W，2008. Survey of mycotoxin in feed in China from 2006 to 2007 [J]. Chinese Journal of Livestock and Veterinarians，35：152-156.

Bakirci I，2001. A study on the occurrence of aflatoxin M_1 in milk and milk products produced in Van province of Turkey [J]. Food Control，12：47-51.

Battacone G，Nudda A，Cannas A，et al，2003. Excretion of aflatoxin M_1 in milk of dairy cows treated with different doses of aflatoxin B_1 [J]. Journal of Dairy Science，86：2667-2675.

Battacone G，Nudda A，Palomba A，et al，2009. The transfer of aflatoxin M_1 in milk of ewes fed diet naturally contaminated by aflatoxins and effect of inclusion of dried yeast culture in the diet [J]. Journal of Dairy Science，92：4997-5004.

Commission Regulation（EC），2006. No 1881/2006 of 19 December 2006 setting maximum levels for certain contaminants in foodstuffs [R]. Official Journal of European Union，364：5-24.

Decastelli L，Lai J，Gramaglia M，et al，2007. Aflatoxins occurrence in milk and feed in Northern Italy during 2004-2005 [J]. Food Control，18：1263-1266.

Diaz G J，Espitia E，2006. Occurrence of aflatoxin M_1 in retail milk samples from Bogota，Colombia [J]. Food Additives and Contaminants，23：811-815.

Food and Agriculture Organization（FAO），2004. Worldwide regulations for mycotoxins in food and feed in 2003 [R]. A compendium FAO food and nutrition paper 81，Rome.

Han R W，Zheng N，Wang J Q，et al，2013. Survey of aflatoxin in dairy cow feed and raw milk in China [J]. Food Control，34：35-39.

International Agency for Research on Cancer（IARC），1993. Some naturally occurring substances：food items and constituents，heterocyclic aromatic amines and mycotoxins [R]. IARC Monographs on Evaluation of Carcinogenic Risks to Humans，56：397-444.

Martins M L，Martins H M，2000. Aflatoxin M_1 in raw and ultra high temperature-treated milk commercialized in Portugal [J]. Food Additives and Contaminants，17：871-874.

National Climate Center of China Meteorological（NCC/CMA），2010. Administration [J/OL]. http：//cmdp. ncc. cma. gov. cn/influ/moni_china. php? product1/4 moni_assessment.

Pei S C, Zhang Y Y, Eremin S A, et al, 2009. Detection of aflatoxin M_1 in milk products from China by ELISA using monoclonal antibodies [J]. Food Control, 20: 1080-1085.

Pitet A, 1998. Natural occurrence of mycotoxins in foods and feeds: an updated review [J]. Revue de Medecine Veterinaire, 6: 479-492.

Sassahara M, Pontes N D, Yanak E K, 2005. Aflatoxin occurrence in foodstuff supplied to dairy cattle and aflatoxin M_1 in raw milk in the North of Parana state [J]. Food and Chemical Toxicology, 43: 981-984.

Tajkarimi M, Aliabadi-Sh F, Salah N A, et al, 2008. Aflatoxin M_1 contamination in winter and summer milk in 14 states in Iran [J]. Food Control, 19: 1033-1036.

中国5个省份生乳中黄曲霉毒素 M_1 的调查

黄曲霉毒素 M_1（AFM_1）是全球唯一在牛奶中具有法定限量的霉菌毒素。在本研究中，2010年9月从中国北京、河北、山西、上海和广东收集了360份生乳样品，并通过酶联免疫吸附测定法（ELISA）测定了它们的 AFM_1 水平。在360份生乳样品中，超过3/4（78.1%）的样品检出 AFM_1，浓度为5～123ng/L。所有阳性样品中 AFM_1 的含量均远低于中国和美国规定的500ng/L的限值，但10%的生乳样品的 AFM_1 的含量超过了欧盟规定的50ng/L。此外，从包括上海和广东在内的南方省份采集的生乳中 AFM_1 的发生率和含量均高于从北京、河北和山西等北方省份采集的牛奶。

关键词：黄曲霉毒素 M_1；生乳；ELISA；中国

一、简介

黄曲霉毒素是霉菌和寄生曲霉的有毒次生代谢产物，是能在牛奶中被检测到的主要霉菌毒素（Boudra 等，2007）。到目前为止，已经鉴定出18种毒素，其中 AFB_1、AFB_2、AFG_1、AFG_2 和 M_1 是最受关注的毒素。此外，黄曲霉毒素 M_1（AFM_1）是许多国家政府和国际组织，例如食品法典委员会（食品和农业组织，2004；Sugiyama 等，2008），已在牛奶中设定法定限量的唯一真菌毒素。

黄曲霉毒素 B_1（AFB_1）是最具毒性的黄曲霉毒素，已被世界卫生组织（WHO）的国际癌症研究机构（IARC）指定为主要的致癌化合物（国际癌症研究机构，1993）。食用被 AFB_1 污染的饲料的奶牛可以将 AFB_1 的羟基化代谢产物作为 AFM_1 排泄到牛奶中（Frobish 等，1986；Chopra 等，1999；Kuilman 等，2000）。IARC 已将 AFM_1 归类为2类可能的人类致癌物，据污染和食品添加剂联合专家委员会于2001年估计其致癌性是 AFB_1 致癌性的1/10（IARC，1993；Sugiyama 等，2008）。此外，AFM_1 非常稳定，并且存储或加工（例如巴氏杀菌、高压灭菌、发酵或其他通常用于加工乳制品的方法）过程都不会将其破坏（Tajkarimi 等，2008）。

到2003年年底，在牛奶中设定 AFM_1 法定限量已达60个国家。其中，欧盟设定的最大限量为50ng/L，美国设定的最大限量为500ng/L（FAO，2004）。此外，许多国家如新西兰、英国、巴西和伊朗进行了国内调查，以评估生乳中的 AFM_1 污染现状，从而确保奶制品的安全（UKFSA，2001；Sassahara 等，2005；Tajkarimi 等，2008；NZFSA，2012）。中国政府已将500ng/L作为牛奶中 AFM_1 的国家法定限值。Pei 等（2009）测定了2008年从中国东北市场采集的12个生乳样品中AFM_1的含量。所有样品中的AFM_1含量都在160~500μg/L范围内，75%的样品中AFM_1的含量在320~500μg/L，这非常接近国家法定限值。这些结果表明，中国东北地区生乳中AFM_1的污染很严重，并强调需要继续评估AFM_1。在本研究中，使用ELISA评估了覆盖中国北方和南方的5个省份的360份生乳样品中的AFM_1的污染水平。

二、材料方法

1. 采样

2010年9月，从中国北京（80）、河北（80）、山西（80）、上海（60）和广东（60）的360个奶站采集了生乳样品。从地理位置来看，北京、河北和山西位于北部，而上海和广东位于南部。它们代表了中国的两种典型气候，表1列出了这5个省份在2010年9月的平均温度和降水量。360个奶站可以根据所有权归为3类，分别是大型农场（181）、牛奶加工厂（66）和小型农场合作社（113）。

生乳是直接从奶站的储奶罐中收集的。搅拌奶罐后，从奶罐的上部1/3处取出200mL牛奶样品，从中间1/3处获取200mL牛奶样品，从下部1/3处获取200mL牛奶样品。然后，将600mL的牛奶混合，取出100mL的样品并储存在-20℃下直到进行分析。

表1　2010年9月中国5个省的温度和降水

省份	温度（℃）	降水（mm）
北京	20.4	75.6
河北	18.8	90.7
山西	17.7	84.6
上海	26.2	125.7
广东	27.4	351.6
北方[a]	19.0	83.6
南方[b]	26.8	238.7

注：[a]北方包括北京、河北和山西；[b]南方包括上海和广东

2. 牛奶样品分析

牛奶样品中AFM_1的定量分析使用竞争性酶免疫分析试剂盒RIDASCREEN® Aflatoxin M_1（R1111，R-Biopharm AG，Darmstadt，Germany）进行。试剂盒中包含酶免疫测定所需的所有试剂，包括标准液（0ng/L、5ng/L、10ng/L、20ng/L、40ng/L和80ng/L）。根据试剂盒附带的使用说明书进行测试。

（1）样品准备

在 3 500×g、10℃下离心 10min 使 8mL 牛奶样品脱脂。去除上层的乳脂，将脱脂的上清液进行 ELISA 以检测 AFM_1。

（2）检测步骤

将 100μL 标准溶液或脱脂样品添加到样品孔中，并在黑暗处于室温（20～25℃）下孵育 30min。然后将液体从孔中吸出，并用 250μL 洗涤缓冲液洗涤，再将其吸出。使用免疫洗涤（型号 1875，Bio-Rad Laboratories，Inc.，Hercules，CA，USA）按洗涤方法重复 2 次。接着，将 100μL 稀释的酶复合物添加至孔中，并在黑暗处室温下培养 15min。再次洗涤 2 次。向每个孔中添加 100μL 色原，并在黑暗处室温培养 15min。最后，将 100μL 终止液添加到每个孔中，并使用酶标仪（Infinite 200，Tecan Austria GmbH，Groedig，Austria）在 450nm 下测量吸光度。

（3）质量控制

每 20 份牛奶样品中都会添加 20ng/L AFM_1，以验证分析的可靠性。

（4）计算

使用软件 RIDA® SOFTWin（Z9999，RBiopharm AG，Darmstadt，Germany）计算样品中 AFM_1 的含量。根据说明，本方法的牛奶检出限为 5ng/L。因此，可以从校准曲线中读取 5～80ng/L 范围内的 AFM_1 的浓度。

3. 统计分析

所有样品均重复 2 次。通过使用非参数检验对 AFM_1 浓度的差异进行统计分析，然后使用 SPSS 11.5 版（SPSS，Inc.，Chicago，IL）进行 Mann-Whitney 或 Kruskal Wallis 比较。显著性所需的置信度水平设置为 $P<0.05$。

三、结果

从 20ng/L 加标生乳样品（n＝36）中测得的 AFM_1 回收率为 92.5%～115.0%。在 360 份生乳样本中，其中 281 个样本中检测到 AFM_1，检出率为 78.1%。在阳性样本中，62.2%的 AFM_1 含量为 5.0～29.9ng/L，5.8%的含量为 30.0～49.9ng/L，9.7%的含量为 50.0～99.9ng/L，0.3%的含量为 100.0～129.9ng/L（表 2）。

表 2　中国生乳中黄曲霉毒素 M_1 的水平

省份	奶站类型	样品数量	阴性样品[a]（%）	阳性样品[b]（%）			
				5.0～29.9 ng/L	30.0～49.9 ng/L	50.0～99.9 ng/L	100.0～129.9 ng/L
北京	大规模牧场	28	2（7.1）	22（78.6）	1（3.6）	3（10.7）	0
	牛奶加工厂	23	5（21.7）	12（52.2）	1（4.3）	5（21.7）	0
	小型农场合作社	29	5（17.2）	21（72.4）	2（6.9）	1（3.4）	0
	合计	80	12（15.0）	55（68.8）	4（5.0）	9（11.3）	0

（续表）

省份	奶站类型	样品数量	阴性样品[a]（%）	阳性样品[b]（%）			
				5.0~29.9 ng/L	30.0~49.9 ng/L	50.0~99.9 ng/L	100.0~129.9 ng/L
河北	大规模牧场	49	12（24.5）	33（67.3）	1（2.0）	3（6.1）	0
	牛奶加工厂	0	—	—	—	—	—
	小型农场合作社	31	8（25.8）	18（58.1）	2（6.5）	2（6.5）	1（3.2）
	合计	80	20（25.0）	51（63.8）	3（3.8）	5（6.3）	1（1.3）
山西	大规模牧场	15	9（60.0）	6（40.0）	0	0	0
	牛奶加工厂	13	8（61.5）	5（38.5）	0	0	0
	小型农场合作社	52	20（38.5）	28（53.8）	2（3.8）	2（3.8）	0
	合计	80	37（46.3）	39（48.8）	2（2.5）	2（2.5）	0
上海	大规模牧场	50	4（8.0）	32（64.0）	6（12）	8（16.0）	0
	牛奶加工厂	10	1（10.0）	6（60.0）	0	3（30.0）	0
	小型农场合作社	0	—	—	—	—	—
	合计	60	5（8.3）	38（63.3）	6（10.0）	11（18.3）	0
广东	大规模牧场	39	2（5.1）	30（76.9）	5（12.8）	2（5.1）	0
	牛奶加工厂	20	3（15.0）	11（55.0）	1（5.0）	5（25.0）	
	小型农场合作社	1	0	0	0	1（100）	0
	合计	60	5（8.3）	41（68.0）	6（10.0）	8（13.3）	0
	总计	360	79（21.9）	224（2.2）	21（5.8）	35（9.7）	1（0.3）

注：[a] 代表阴性样品的 AFM_1 水平低于 5ng/L 的检出限；
[b]代表阳性样品的 AFM_1 水平高于 5ng/L 的检出限

从北方收集的牛奶样品中 AFM_1 的检出率为 71.3%，AFM_1 含量为 5.0~123.0ng/L。从南方采集的牛奶样品中 AFM_1 的检出率为 91.7%，AFM_1 的含量为 5.5~97.5ng/L（表 3）。根据我们的统计分析，从北方收集的牛奶样品（18.9ng/L）中 AFM_1 含量的平均值明显低于从南方收集的牛奶样品（25.9ng/L）中的 AFM_1（$P<0.05$）（表 3）。

从 5 个省份采集的生乳样品中 AFM_1 的检出率有所不同，依次为山西（53.7%）、河北（75.0%）、北京（85.0%）、广东（91.7%）和上海（91.7%）（表 2）。此外，从 5 个省份采集的样品中 AFM_1 含量差异显著（$P<0.05$），升序依次为山西（15.3ng/L）、北京（19.2ng/L）、河北（21.2ng/L）、广东（23.7ng/L）和上海（28.1ng/L）（图 1）。

表 3　从北方和南方地区收集的生乳中黄曲霉毒素 M_1（AFM_1）水平的比较

位置	样品数量	阴性样品[c]数量（%）	阳性样品[d]数量（%）	超过欧盟限量的样品[e]数量（%）	超过中国限量的样品[f]数量（%）	AFM_1 含量（ng/L）		
						最小值	最大值	平均值±标准差
北方[a]	240	69（28.8%）	171（71.3%）	17（7.1%）	0	5.0	123.0	18.9±20.8[A]
南方[b]	120	10（8.3%）	110（91.7%）	19（15.8%）	0	5.5	97.5	25.9±22.4[B]
总计	360	79（1.9%）	281（78.1%）	36（10.0%）	0	5.0	123.0	21.6±21.6

注：上标大写字母 A 和 B 表示南北之间的样本均值差异显著，$P<0.05$；

[a]北方包括北京、河北和山西；

[b]南方包括上海和广东；

[c]代表阴性样品的 AFM_1 水平低于 5ng/L 的检出限；

[d]代表阳性样品的 AFM_1 水平高于 5ng/L 的检出限；

[e]牛奶中 AFM_1 的欧盟法规标准为 5ng/L；

[f]牛奶中 AFM_1 的中国法规标准为 500ng/L

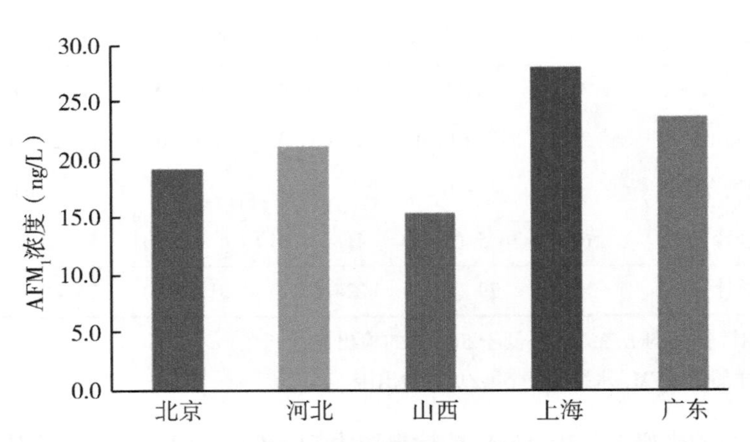

图 1　中国 5 个省份生乳中黄曲霉毒素 M_1（AFM_1）含量的比较

在 5 个省份中，采自大型农场、牛奶加工厂和小型农场合作社的奶站中，牛奶中 AFM_1 的检出率有所不同。但是，5 个省的 3 种类型的奶站没有一致的趋势（表 2）。总体而言，AFM_1 的检出率在小型农场合作社的奶站中最低（70.8%），在牛奶加工厂的奶站中次之（74.2%），在大型农场的奶站中最高（84.0%）。但是，从 3 种类型的奶站采集的牛奶样品中的 AFM_1 含量没有显著性差异（$P>0.05$）（表 4）。

表 4　从不同奶站收集的生乳中黄曲霉毒素 M_1（AFM_1）水平的比较

奶站类型	样品数量	阴性样品[a]数量（%）	阳性样品[b]数量（%）	超过欧盟限量的样品[c]数量（%）	超过中国限量的样品[d]数量（%）	AFM_1 含量（ng/L）		
						最小值	最大值	平均值±标准差
大规模牧场	181	29（16%）	152（84.0%）	16（8.8%）	0	5.0	98.7	21.1±19.8A
牛奶加工厂	66	17（25.8%）	49（74.2%）	13（19.7%）	0	5.6	80.9	27.5±22.4A
小型农场合作社	113	33（29.2%）	80（70.8%）	7（6.2%）	0	5.1	123.0	20.0±22.6A
总计	360	79（21.9%）	281（78.1%）	36（10.0%）	0	5.0	123.0	21.6±21.6

注：上标大写字母 A 表示来自 3 个类型的奶站的样品的平均差异在 $P>0.05$ 时不显著；

[a]代表阴性样品的 AFM_1 水平低于 5ng/L 的检出限；

[b]代表阳性样品的 AFM_1 水平高于 5ng/L 的检出限；

[c]牛奶中 AFM_1 的欧盟法规标准为 5ng/L；

[d]牛奶中 AFM_1 的中国法规标准为 500ng/L

四、讨论

尽管大多数牛奶样品都被 AFM_1 污染，但所有阳性样品中 AFM_1 的含量均在中国和美国规定的 500ng/L 范围内。AFM_1 含量最小值和最大值分别为 5ng/L 和 123ng/L。本研究中 AFM_1 的检出率和水平均低于 Pei 等（2009）较早前的报道。

霉菌在高温和潮湿的环境中很容易生长并产生毒素，因此温度和水分是影响饲料中 AFB_1 的最重要因素（Bakirci，2001）。此外，奶牛饲料中 AFB_1 的含量决定了生乳中 AFM_1 的含量，因此较高的温度和湿度也导致生乳中 AFM_1 的浓度更高。在 5 个省份中，上海和广东位于中国的南方，而北京、河北和山西位于中国的北方。南方的气候比北方的气候具有更高的温度和湿度（表 1）。与南方地区相比，南方地区生乳中 AFM_1 的检出率和含量更高（表 3）。

表 5 显示了不同国家的生乳中 AFM_1 的污染。关于 AFM_1 的含量水平，来自中国的样品（78.1%）高于来自新西兰（0）、英国（3%）、巴西（23.8）、伊朗（54%）和印度尼西亚（58.2%）的样品，低于葡萄牙（80.6%）和泰国（98.5%）的样本。但是，就巴西、印度尼西亚和泰国的 AFM_1 水平而言，分别有 7%、21% 和 25.4% 的样品中 AFM_1 超过了中国和美国规定的 500ng/L 的限值。

在中国和伊朗，分别有 10% 和 23% 的样品中的 AFM_1 超过了欧盟规定的 50ng/L，但在中国和美国的规定范围内。另外，在新西兰、英国、日本和葡萄牙，没有样品高于欧盟法定限量的 AFM_1（Kriengsag，1997；Martins 和 Martins，2000；UKFSA，2001；Sassahara 等，2005；Sugiyama 等，2008；Tajkarimi 等，2008；NZFSA，2012）。

表 5　不同国家生乳中黄曲霉毒素 M_1（AFM_1）的分析

国家	时期	样品数量（个）	阳性样品数量（%）	超过欧盟限量的样品[a]数量（%）	符合中国限量的样品[b]数量（%）	AFM_1 的浓度（ng/L）	分析方法	参考文献
新西兰	2011. 7—2012. 6	303	0	0	0	—	HPLC	NZFSA（2012）
英国	2011	100	3（3%）	0	0	10~21	HPLC	UKFSA（2001）
日本	2004. 1	101	—	0	0	11±3. 5	HPLC	Sugiyama 等（2008）
葡萄牙	1999. 6—1999. 9	31	25（80. 6%）	0	0	5~50	HPLC	Martins and Martins（2008）
伊朗	2004	319	172（54%）	73（23%）	0	10±119	HPLC	Tajkarimi 等（2008）
巴西	2001. 7—2002. 11	42	10（23. 8%）	—	3（7%）	295~1 975	ELISA	Sassahara 等（2005）
印尼	1990—1993，1999	342	199（58. 2%）	—	73（23%）	310~5400	HPLC	Tajkarimi 等（2008）
泰国	—	67	66（98. 5%）	—	17（25. 4%）	—	ELISA	Kriengsag（1997）

注："—"代表参考文献中未曾提及；

[a]牛奶中 AFM_1 的欧盟法规标准为 5ng/L；

[b]牛奶中 AFM_1 的中国法规标准为 500ng/L

中国的生乳样品中的 AFM_1 污染似乎比新西兰、英国和日本的情况要差，但比巴西、印度尼西亚和泰国的样品要好。

五、结论

生乳中 AFM_1 的检出率很高（78.1%），但所有阳性样品中 AFM_1 的含量都远低于中国和美国规定的 500ng/L 的限值。此外，从 AFM_1 发生率和含量两方面来看，南方省份的生乳中 AFM_1 污染比北方省份更为严重。

参考文献

Bakirci I，2001. A study on the occurrence of aflatoxin M_1 in milk and milk products produced in Van province of Turkey [J]. Food Contr，12：47-51.

Boudra H，Barnouin J，Dragacci S，et al，2007. Aflatoxin M_1 and Ochratoxin A in raw bulk milk from French dairy herds [J]. J Dairy Sci，90：3197-3201.

Chopra R C，Chhabra A，Prasad K S N，et al，1999. Carry-over of aflatoxin M_1 in milk of cows fed aflatoxin B_1 contaminated ration [J]. Ind J Anim Nutr，16：103-106.

Decastelli L，Lai J，Gramaglia M，et al，2007. Aflatoxins occurrence in milk and feed in Northern Italy during 2004—2005 [J]. Food Contr，18：1263-1266.

Food and Agriculture Organisation，2004. Worldwide regulations for mycotoxins in food and feed in 2003 [R]. Food and Nutrition Paper No. 81. Rome（Italy）：FAO.

Frobish R A，Bradley B D，Wagner D D，et al，1986. Aflatoxin residues in milk of dairy cows after ingestion of naturally contaminated grain [J]. J Food Prot，49：781-785.

International Agency for Research on Cancer，1993. Some naturally occurring substances：food items and constituents，heterocyclic aromatic amines and mycotoxins. Lyon（France）：World Health Organisation，International Agency for Research on Cancer [R]. Report No. 56.

Kriengsag S，1997. Incidence of aflatoxin M_1 in Thai milk products [J]. J Food Protect，60：1010-1012.

Kuilman M E，Maas R F，Fink-Gremmels J，2000. Cytochrome P450-mediated metabolism and cytotoxicity of aflatoxin B_1 in bovine hepatocytes [J]. Toxicol In Vitro，14：321-327.

Martins M L，Martins H M，2000. Aflatoxin M_1 in raw and ultra high temperature-treated milk commercialized in Portugal [J]. Food Addit Contam A，17：871-874.

New Zealand Food Safety Authority，2012. Dairy National Chemical Contaminants Programme 2009/10 full year results [cited 2011 Nov 25] [J/OL]. Available from：www. foodsafety. govt. nz/elibrary/industry/.

Pei S C，Zhang Y Y，Eremin S A，et al，2009. Detection of aflatoxin M_1 in milk products from China by ELISA using monoclonal antibodies [J]. Food Contr，20：1080-1085.

Sassahara M，Pontes N D，Yanak E K，2005. Aflatoxin occurrence in foodstuff supplied to dairy cattle and aflatoxin M_1 in raw milk in the North of Parana state [J]. Food Chem Toxicol，43：981-984.

Sugiyama K，Hiraoka H，Sugita-Konishi Y，2008. Aflatoxin M_1 contamination in raw bulk milk and the presence of aflatoxin B_1 in corn supplied to dairy cattle in Japan [J]. J Food Hyg Soc Jpn，49：352-355.

TajkarimiM，Aliabadi-Sh F，Salah N A，et al，2008. Aflatoxin M_1 contamination in winter and summer milk in 14 states in Iran [J]. Food Contr，19：1033-1036.

United Kingdom Food Standards Agency，2001. Survey of milk for mycotoxins（Number 17/01）[cited 2001 Sep 14] [J/OL]. Available from：http://www. food. gov. uk/science/surveillance/fsis2001/milk-myco.

Zheng N，Wang J Q，Han R W，et al，2013. Survey of aflatoxin M_1 in raw milk in the five provinces of China [J]. Food Additives & Contaminants：Part B，6：110-115.

2012—2014年唐山地区生乳中黄曲霉毒素 M_1 的季节变化调查

从华北唐山地区的牛场收集了530份生乳样品，并用HPLC-MS/MS测定了黄曲霉毒素 M_1（AFM_1）的含量。结果表明，280份样品中检测到 AFM_1，浓度在10~200ng/L范围内，检测到的 AFM_1 平均水平为73.0ng/L，低于中国和美国的法定限值500ng/L。AFM_1 的检出率分别为春季27.5%、夏季39.0%、秋季71.7%和冬季78.9%，因此，在冬季应考虑 AFM_1 的控制问题。与不同年份的数据相比，2012年生乳样品中 AFM_1 污染的发生率为87.8%，范围为10.0~160ng/L；2013年为29.9%，范围为10.0~190.0ng/L；2014年为浓度为36.7%，范围为12.0~111.0ng/L。因此，本研究显示2012年后唐山地区 AFM_1 的检出率显著降低（Guo等，2016）。

一、简介

黄曲霉毒素天然存在于食品和农业生产中，因其致癌、免疫抑制和致畸作用而备受世界关注（Kamkar，2005；Oveisi等，2006；Zinedine和Manes，2009）。目前，AFB_1、AFB_2、AFG_1 和 AFG_2 是黄曲霉毒素的四种主要类型。黄曲霉毒素 M_1（AFM_1）是在哺乳期动物肝脏中形成的黄曲霉毒素 B_1 的单羟基化衍生物，通常可以通过受 AFB_1 污染的饲料排泄到生乳中（Allcroft等，1967；Prandini等，2009）。

AFM_1 是毒性最高的黄曲霉毒素之一，被国际癌症研究机构（IARC，1993）归类为2B类致癌化合物。AFM_1 可引起DNA损伤，并可能导致哺乳动物细胞中的染色体发生异常、基因突变和细胞转化（Prandini等，2009）。已有研究表明，AFM_1 在牛奶中被检测到，并且无法通过巴氏杀菌、超高温灭菌或其他方法从牛奶中去除（Boudra等，2007；Henry等，2001；Iqbal等，2010），表明 AFM_1 分子在乳制品加工中不能被灭活（Oruc等，2006；Fallah等，2011）。因此，AFM_1 可以转移到乳制品中（Duarte等，2013）。许多国家和地区已制定了相关的法律法规，明确规定牛奶和奶制品中 AFM_1 的最大残留量（Iqbal等，2013）。例如，欧盟（EC，2001）设定了50ng/L为牛奶中 AFM_1 的最大限量，美国（FDA，1996），CAC（食品法典委员会，2001）和中国（卫生部，2011，食品安全国家标准GB 2761—2011）设定了500ng/L为 AFM_1 的最大限量。

AFM_1 是最受关注和研究最为广泛的霉菌毒素，它已被证明对公共卫生具有重要影响。从印度尼西亚、巴基斯坦、肯尼亚、尼日利亚、土耳其、苏丹、伊朗和意大利的报道来看，生乳中 AFM_1 污染的发生率很高（Elzupir和Elhussein，2010；Ertas等，2011；Iqbal和Asi，2013；Kang'ethe和Lang'a，2009；Manetta等，2009；Nuryono等，2009；

Oluwafemi 等，2014；Sani 等，2010）。一些研究表明，牛奶中 AFM_1 的污染与季节变化有关，并且在寒冷季节里，AFM_1 含量最高（Asi 等，2012；Bilandžić等，2015；Golge，2014；Herzallah，2009；Marnissi 等，2012；Škrbić等，2014；Tajkarimi 等，2008；Xiong 等，2013）。此外，Asi 等（2012）报道，巴基斯坦冬季生牛乳样品中的 AFM_1 水平显著高于夏季所有泌乳畜种，例如奶牛、水牛、山羊、绵羊和骆驼。Golge（2014）发现，在冬季，40.4%牛奶样品中 AFM_1 的含量超过欧盟限量，土耳其阿达纳省的最高含量为 1101ng/L。在塞尔维亚，2 月的生乳中 AFM_1 的含量较高（540～1440ng/L）（Škrbić等，2014）。

唐山是中国北方重要的生乳生产地区，2013 年共生产了 169 万吨生乳（Wang 等，2014）。它也是北京和天津的主要牛奶供应区。但是，在该地区生乳中 AFM_1 污染的季节性变化的信息很少。本研究的目的是调查 2012—2014 年不同季节从唐山地区奶牛场采集的生乳样品中 AFM_1 的发生情况，因此，这项对 AFM_1 污染的调查可以为将来的风险分析和对区域生乳生产的管理评估提供有用的科学参考。

二、材料方法

1. 样品收集

在 2012—2014 年的春季（5 月），夏季（8 月），秋季（10 月）和冬季（2 月）四个季节中，从唐山地区的奶站收集了 530 个生乳样品，其中 2012 年收集了 188 个样本（春季 55 个，夏季 46 个，秋季 35 个，冬季 52 个），2013 年收集了 154 个样本（春季 55 个，夏季 22 个，秋季 54 个，冬季 23 个），2014 年收集了 188 个样本（春季 43 个，夏季 55 个，秋季 55 个，冬季 35 个）。所有样品均直接从不同奶站的牛奶储存罐中收集。搅拌牛奶后，从奶罐的上部 1/3 处取 200mL 牛奶样品，从中间 1/3 处取 200mL 样品，从下部 1/3 处取 200mL 样品。将来自每个罐的共 600mL 的牛奶混合均匀后，取出 100mL 的样品并储存在-20℃下直到进行分析。

2. 化学用品

AFM_1 的标准品由 Sigma-Aldrich（BioReliance，USA）提供，并在-20℃的避光环境中保存。HPLC 级甲醇（MeOH），乙腈（ACN）和氨水分别购自默克（USA），Fisher Scientific（USA）和 Sigma（USA）。pH 值为 2 和 10 的磷酸盐缓冲溶液（PBS）购自 Hanna（USA）。在所有分析过程中均使用了 Milli-Q 超纯水（Milipore，USA）。所有储备液和工作标准溶液均存储在-20℃的棕色小瓶中，但 AFM_1 的标准储备液在甲醇中制备（50mg/L），并在使用前存储在 4℃下。将生乳掺入用于 AFM_1 标准校准的标准溶液。AFM_1 的最终浓度分别设置为 0.01μg/L、0.025μg/L、0.05μg/L、0.1μg/L、0.5μg/L 和 1μg/L。

3. 分析步骤

使用卫生部的官方方法确定生乳样品中 AFM_1 水平（中华人民共和国卫生部，2010）。将 50mL 分布均匀的牛奶样品放入有盖的离心管中，并在水浴中加热至 35～37℃。然后将样品以 6 000r/min 的速度离心 15min，然后将分离的上清液通过 AFLA-

PREPM免疫亲和纯化柱（R-Biopharm Rhone Ltd.，Glasgow，Scotland）与真空管结合，流速为2~3mL/min。然后，将色谱柱用4mL甲醇洗涤60~120s，再将AFM_1用甲醇从色谱柱中洗脱到10mL管中。将洗脱液在30℃氮吹下蒸发至大约干燥。将所得残余物溶解至1mL甲醇/水（V/V，1∶9）。最后，将10μL此溶液注入HPLC-MS/MS设备中，并在优化条件下进行分析。

HPLC-MS/MS系统由Acquity HPLC（Waters，USA），配有电喷雾的离子源（Micromass，Manchester，UK）和MassLynx V 4.1软件的Micromass Quattro三重四极杆MS组成。LC色谱柱为BEH C18色谱柱（1.7μm，50mm×2.1mm，Waters，USA），使用含0.1%甲酸的甲醇/乙腈/水（V/V/V，56/22/22）在0.4mL/min的流速下进行。

使用多反应监测模式（MRM）进行定量分析。以正离子模式识别的AFM_1是在329m/z的锥孔电压下从电喷雾电离源获得的，用于确认和定量的产物离子分别在259m/z和273m/z处获得。定量限（LOQ）和检出限（LOD）由10倍和3倍的信噪比确定。LOQ和LOD分别设置为10ng/L和3ng/L。

4. 精密度和回收率测定

为了控制样品的检测准确性，使用了参考物质和回收率来控制整个过程。根据回收率和要检测样品之间的相对标准偏差值（RSD%）对分析程序进行了验证。通过对3组用0.10μg/L、0.25μg/L和0.50μg/L的AFM_1加标空白生乳样品（每个重复6次）进行测试，进行了精密度和回收率测定。生乳中AFM_1的回收率在85.0%~93.2%，RSD在2.0%~6.6%（表1），符合欧盟委员会第EC 401/2006号法规建立的性能标准（EC，2006）。图1至图3分别显示了空白生乳样品、加有AFM_1标准品的空白生乳样品和AFM_1阳性样品的色谱图。

表1　将已知浓度的黄曲霉毒素M_1（AFM_1）加入空白牛奶样品中，测定回收率（平均值±标准偏差）

年份	加入的AFM_1（μg/L）	测出的AFM_1（μg/L）	回收率（%）	RSD（%）
2012	0.10	0.086±0.003	85.86	6.14
	0.25	0.230±0.005	91.96	4.36
	0.50	0.438±0.005	87.52	1.97
2013	0.10	0.085±0.003	85.04	6.60
	0.25	0.226±0.007	90.44	5.87
	0.50	0.426±0.009	85.28	3.81
2014	0.10	0.086±0.003	85.45	5.28
	0.25	0.231±0.006	92.40	4.78
	0.50	0.466±0.014	93.23	5.52

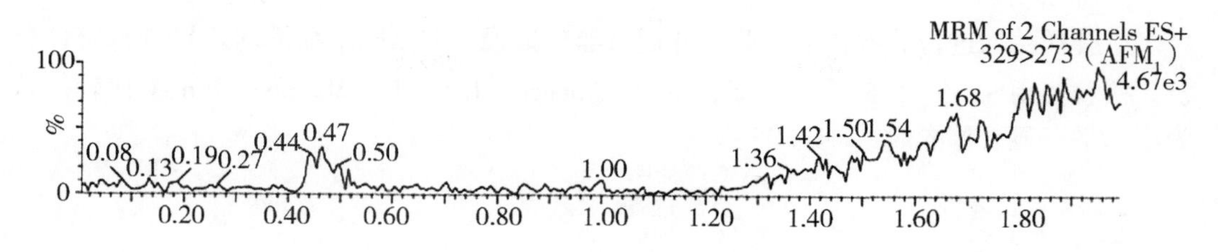

图 1　AFM_1 阴性样品的色谱图

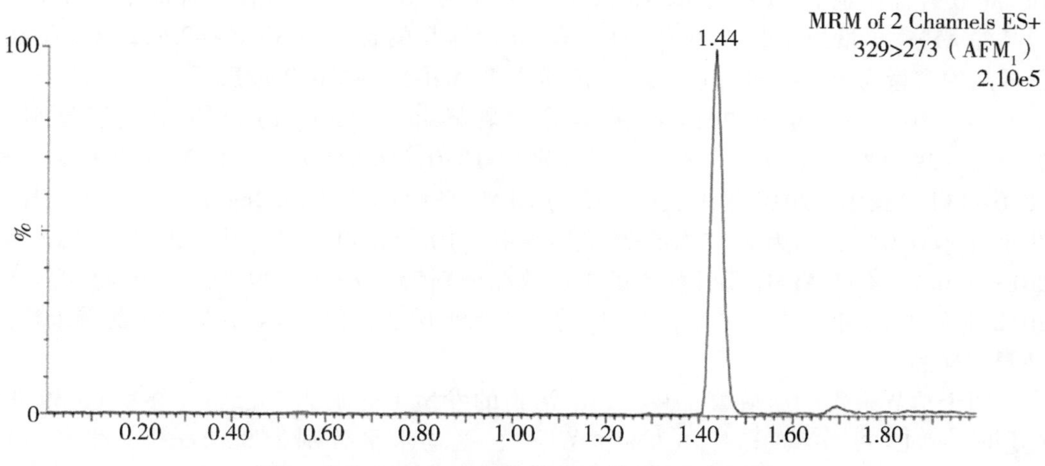

图 2　含有 25ng/L AFM_1 的生乳作为内标的色谱图

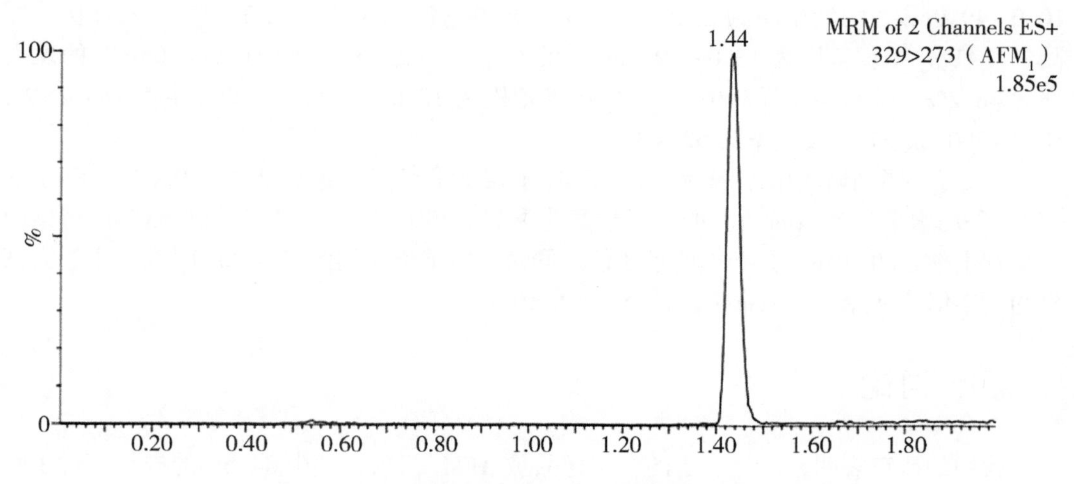

图 3　AFM_1 浓度为 21.3ng/L 的生乳样品的色谱图

5. 统计分析

所有样品均进行2次重复试验，并通过非参数设计对 AFM_1 水平的差异进行统计分析。接着使用SPSS 11.5版（SPSS，Inc.，Chicago，IL）进行Manne-Whitney比较。认为该水平有显著差异时，$P<0.05$。

三、结果

表2汇总了2012年至2014年生乳样品中 AFM_1 含量的结果。对于530份生乳样品，在280份样品中检出 AFM_1（52.8%），平均水平为73.0ng/L。在阳性样品中，有47份样品的 AFM_1 含量为10.0~29.9ng/L，有50份样品的含量为30.0~49.9ng/L，有107份样品的含量为50.0~99.9ng/L，有46份含量为100.0~200.0ng/L。

2012年、2013年和2014年采集的生乳样品中 AFM_1 污染的发生率分别为87.8%、29.9%和36.7%，含量范围分别为10.0~160.0ng/L、10.0~190.0ng/L和12.0~111.0ng/L。2014年阳性样本中的 AFM_1 平均水平（48.2ng/L）明显低于其他两年（$P<0.05$），约为2013年最高平均水平（103.5ng/L）的一半。此外，2012年、2013年和2014年 AFM_1 阳性样本的中位数在分别为70ng/L、99.7ng/L和41.8ng/L。2012年和2013年春季至冬季，AFM_1 的平均水平增加，而2014年春季和夏季未检测到阳性样品。

四个季节采集的生乳样品中 AFM_1 污染的发生率分别为27.5%（春季）、39.0%（夏季）、71.7%（秋季）、78.9%（冬季），平均水平分别为30.1ng/L、82.2ng/L、60.1ng/L和97.2ng/L。采自春季样品中，AFM_1 浓度范围为10.0~49.9ng/L的发生率为22.9%，50.0~200.0ng/L的发生率为4.6%；采自夏季样品中，AFM_1 浓度范围为10.0~49.9ng/L的发生率为8.1%，50.0~200.0ng/L的发生率为33.3%；采自秋季样品中，AFM_1 浓度范围为10.0~49.9ng/L的发生率为25.5%，50.0~200.0ng/L的发生率为46.2%；采自冬季样品中，AFM_1 浓度范围为10.0~49.9ng/L的发生率为16.5%，50.0~200.0ng/L的发生率为62.4%。

但是，四个季节中阳性样品中的 AFM_1 平均水平存在显著差异（$P<0.05$）。冬季的 AFM_1 平均水平（97.2ng/L）明显高于其他季节（$P<0.05$）。冬季生乳中 AFM_1 污染的最高发生率是78.9%，是春季的近3倍。同时，冬季检测到的最高 AFM_1 水平比春季高出约3.2倍（冬季为190ng/L，春季为60ng/L）。

四、讨论

我们的研究表明，超过一半的牛奶样品被 AFM_1 污染，其中34.5%的样品超过了欧盟规定的限值（50ng/L），但所有阳性样品中 AFM_1 的含量均在美国和CAC法定限值范围500ng/L内。AFM_1 污染的最低和最高水平分别为10ng/L和190ng/L。在2012—2014年，样本数量超出欧盟法律限制的趋势呈下降趋势（分别为63.8%、22.7%和14.9%）。

表 2 2012—2014 年四个季节中，中国唐山地区生牛乳中黄曲霉毒素 M_1（AFM_1）的检出率

年份/季节	阳性*/总样本数	AFM_1 浓度范围（ng/L），数量					最小值（ng/L）	最大值（ng/L）	中值（ng/L）	平均值±标准差（ng/L）
		<10.0	10.0~29.9	30.0~49.9	50.0~99.9	100.0~200				
2012										
春季	40/55（72.7%）	15	17	17	6	0	10.0	60.0	30.0	$29.0±14.5^{b}$
夏季	45/46（97.8%）	1	0	5	24	16	40.0	140.0	80.0	$84.0±29.0^{a}$
秋季	36/36（100%）	0	0	3	18	15	40.0	160.0	80.0	$87.2±33.1^{a}$
冬季	45/51（88.2%）	7	0	3	21	20	40.0	180.0	90.0	$97.0±35.3^{a}$
总计	165/188（87.8%）	23	17	28	69	51	10.0	160.0	70.0	$74.8±39.2^{B}$
2013										
春季	2/52（3.8%）	53	0	1	1	0	46.8	56.2	51.5	$51.5±6.6^{b'}$
夏季	3/22（13.6%）	19	1	1	1	0	28.7	89.9	45.2	$54.6±31.7^{b'}$
秋季	18/54（33.3%）	36	4	3	10	1	22.8	112.0	66.0	$59.1±26.9^{b'}$
冬季	23/23（100%）	0	1	0	0	22	10.0	190.0	150.0	$149.1±39.8^{a'}$
总计	46/154（29.9%）	108	6	5	12	23	10.0	190.0	99.7	$103.5±56.8^{A}$
2014										
春季	0/43（0）	43	0	0	0	0	<10	<10	<10	—
夏季	0/55（0）	55	0	0	0	0	<10	<10	<10	—
秋季	50/55（90.9%）	5	15	12	23	0	12.4	87.7	48.1	$51.7±25.4^{a''}$
冬季	19/35（54.3%）	16	9	5	3	2	12.0	111.0	30.8	$38.9±29.7^{b''}$
总计	69/188（36.7%）	119	24	17	26	2	12.0	111.0	41.8	$48.2±27.0^{C}$

（续表）

年份/季节	阳性*/总样本数	AFM$_1$ 浓度范围（ng/L），数量					最小值（ng/L）	最大值（ng/L）	中值（ng/L）	平均值±标准差（ng/L）
		<10.0	10.0~29.9	30.0~49.9	50.0~99.9	100.0~200				
2012+2013+2014										
春季	42/153（27.5%）	111	17	18	7	0	10.0	60.0	30.0	30.1±15.0$^{d'''}$
夏季	48/123（39.0%）	75	1	9	25	16	28.7	140.0	80.0	82.2±29.7$^{b'''}$
秋季	104/145（71.7%）	41	19	18	51	16	12.4	180.0	64.5	60.1±34.5$^{c'''}$
冬季	86/109（78.9%）	23	10	8	24	44	10.0	190.0	103.0	97.2±51.2$^{a'''}$
总计	280/530（52.8%）	250	47	50	107	76	10.0	190.0	70.0	73.0±43.7

注："*"阳性样品是指生乳样品中的 AFM$_1$ 浓度超过 10ng/L 的定量限值，括号中的值表示阳性样本占总数的百分比；

^{a,b} 2012 年四个季度的数值差异显著（$P<0.05$）；

$^{a',b'}$2013 年四个季度的数值差异显著（$P<0.05$）；

$^{a'',b''}$2014 年四个季度的数值差异显著（$P<0.05$）；

$^{a''',b''',c''',d'''}$2012 年+2013 年+2014 年四个季度的数值差异显著（$P<0.05$）；

^{A,B,C} 2012 年、2013 年和 2014 年 AFM$_1$ 的平均值，数值差异显著（$P<0.05$）

在本研究中，AFM_1 的发生率和浓度均低于先前研究中报道的其他国家的结果。例如，在苏丹 95.45% 的生乳样品中检测到 AFM_1，平均水平为 2 070 ng/L（Elzupir 和 Elhussein，2010）。在巴基斯坦 71% 的牛奶样本中检测到 AFM_1，平均水平为 150ng/L（Iqbal 和 Asi，2013）。Sani 等（2010）发现 100% 的牛奶样品中 AFM_1 呈阳性，并且 80.6% 的样品超出了伊朗的法定限值。在尼日利亚，约有 75% 的牛奶样本被 AFM_1 污染，平均水平为 108.2ng/L（Oluwafemi 等，2014）。在意大利，Manetta 等（2009）报告显示，100% 的牛奶样品被 AFM_1 污染，其中 44% 样品中 AFM_1 含量高于欧盟允许的水平。

在本研究中，寒冷季节的生乳样品中的 AFM_1 污染水平明显高于炎热季节，此外，超出欧盟法律限制的样品在寒冷季节比夏季要高得多（秋季为 46.2%，冬季为 62.3%，春季为 4.6%，夏季为 33.3%）。这些发现与在其他国家（例如克罗地亚、巴基斯坦和伊朗）的研究一致（Bilandžić 等，2015；Asi 等，2012；Tajkarimi 等，2008）。同样，Xiong 等（2013）发现，中国生乳中 AFM_1 污染的变化随季节而变，在寒冷季节变得更为严重。到目前为止，原因可能是在寒冷季节，由于缺乏新鲜绿色饲料，大量保存或储存的泌乳奶牛饲料被黄曲霉毒素污染，尤其是在恶劣的条件下储存。

生乳中 AFM_1 的发生率随季节而变化，这可能是由于季节变化，唐山地区泌乳牛所饲喂的饲料类型和质量有所差别。Han 等（2013）报道中国北方地区 55.6% 的奶牛饲料中黄曲霉毒素呈阳性，其浓度在 0.03～3.53μg/kg。在来自中国北方市场的 50% 棉籽和花生粕样品中检测到平均水平为 52μg/kg AFB_1（Wang 等，2014）。也有报道说，产生毒素的曲霉菌可以污染保存为青贮饲料的绿色饲料、干草和草场，并在储存过程中产生黄曲霉毒素（Herzallah，2009；Heshmati 和 Milani，2010；Han 等，2013）。但是，Tajkarimi 等（2007）报道，春季（63ng/L）的生乳中平均 AFM_1 水平高于夏季（36ng/L）和秋季（36ng/L）。污染水平与我们的发现不同，可能是由于地理、气候和奶牛场管理制度不同。

近年来，一些研究人员报道了中国生乳和奶制品中 AFM_1 的检出情况（表 3）。与 Xiong 等（2013）和 Zheng 等（2013a）的结果相比，本研究中 AFM_1 的阳性检出率较低，但 AFM_1 的平均水平较高。此外，Pei 等（2009）的研究表明，从东北牛场采集的所有生乳样品中均检测到 AFM_1，其中 75.0% 的样品中 AFM_1 的浓度在 320.0～500.0ng/L范围内，比我们的结果要高得多。Han 等（2013）对 10 个产奶大省的 200 个奶牛场进行了调查，发现 32.5% 的样本中 AFM_1 呈阳性，平均水平为 15.3ng/L，低于我们目前的研究。因此，这些差异可归因于在中国不同季节和地区的奶牛饲喂被污染的饲料是随机发生的。

然而，本研究中的生乳样品中 AFM_1 污染的发生率（55.4%）高于新西兰（0），法国（3.6%）和阿根廷（10.7%），在这些样品中未发现 AFM_1 的含量高于欧盟规定的限量（Boudra 等，2007；Lopez 等，2003；NZFSA，2012）。唐山地区生乳中的 AFM_1 污染似乎比这些国家还要严重。因此，唐山地区的牛奶质量和安全性需要引起更多重视，以尽量减少对健康的危害。为此，必须立即采取措施，例如定期检查牛奶的安全性和质量，培训奶农提高生产技能，提高繁殖条件，调查饲料中 AFB_1 的每种可能来源。因此，

表 3 我国乳及乳制品中 AFM_1 含量的测定

时期	抽样地点	样本类型	样品数量（个）	阳性样品数量（%）	AFM_1 浓度范围（平均值，ng/L）	超过欧盟限量的样品数量[a]（%）	超过 CAC 限量的样品数量[b]（%）	分析方法	LOD（ng/L）	参考
2010 年 9 月	5 个省	生乳	360	281（78.1%）	5~123（21.6±21.6）	36（10%）	0	ELISA	5	Zheng 等（2013a）
2010 年 8 月	7 个省	生乳	200	45（32.5%）	5.2~59.6（15.3）	3（1.5%）	0	ELISA	5	Han 等（2013）
2011 年 11 月至 2012 年 12 月	长三角地区	生乳	72	43（59.7%）	10~420（65.0±77.8）	17（23.6%）	0	LC-MS/MS	10	Xiong 等（2013）
2008 年 3—5 月	东北	生乳	12	12（100%）	160~500	12（100%）	0	ELISA	40	Pei 等（2009）
2010 年 7 月和 2010 年 9 月	25 个城市	超高温灭菌牛奶	153	84（54.9%）	6~160（48±47）	31（20.3%）	0	ELISA	5	Zheng 等（2013b）
2010 年 9 月	2 个城市	巴氏杀菌奶	26	25（96.2%）	23~154（72±41）	17（68%）	0	ELISA	5	Zheng 等（2013b）
—	—	液态奶	11	3（27.3%）	46~132（88.3）	2（18.2%）	0	HPLC	6	Wang 等（2012）
2008 年 3—5 月	东北	液态奶	104	66（63.5%）	0~500	66（63.5%）	0	ELISA	40	Pei 等（2009）
—	—	奶粉	16	4（25%）	86~212（140.8）	4（25%）	0	HPLC	26	Wang 等（2012）
2008 年 3—5 月	东北	奶粉	15	15（100%）	160~500	15（100%）	0	ELISA	40	Pei 等（2009）

注：“—”：参考文献中未提及；

[a]欧盟生乳中 AFM_1 的法定限量为 50ng/L；

[b]生乳中 AFM_1 的 CAC 法定限量为 500ng/L

有必要建立避免或减少这些黄曲霉毒素污染的饲料摄入，并使用新的技术来提高牛奶质量分析水平。

五、结论

在唐山地区的生乳中，发现530个样本中有280个样本（52.8%）检测出AFM_1，但所有阳性样本中AFM_1的污染水平均远低于中国和美国500ng/L的法定限值。2012—2014年，生乳样品中AFM_1的出现显著降低。关于季节变异性，冬季的生乳样品显示出AFM_1污染的风险较高，这表明应考虑季节性因素来控制生乳中的黄曲霉毒素，并应采用更精确和谨慎的方法来保存补充饲料。

参考文献

Allcroft R，Roberts B A，Butler W H，1967. Aflatoxin in milk［J］. Food and Cosmetics Toxicology，5：597-598.

Asi M R，Iqbal S Z，Arino A，et al，2012. Effect of seasonal variations and lactation times on aflatoxin M_1 contamination in milk of different species from Punjab，Pakistan［J］. Food Control，25：34-38.

Bilandzic N，Varenina I，Kolanovic B S，et al，2015. Monitoring of aflatoxin M_1 in raw milk during four seasons in Croatia［J］. Food Control，54：331-337.

Boudra H，Barnouin J，Dragacci S，et al，2007. Aflatoxin M_1 and Ochratoxin A in raw bulk milk from French dairy herds［J］. J. Dairy. Sci.，90：3197-3201.

Codex Alimentarius Commission，2001. Comments submitted on the draft maximum level for aflatoxin M_1 in milk［R］. The Netherlands：Hague：Codex committee on food additives and contaminants 33rd session.

Duarte S C，Almeida A M，Teixeira A S，et al，2013. Aflatoxin M_1 in marketed milk in Portugal：assessment of human and animal exposure［J］. Food Control，30：411-417.

Elzupir O A，Elhussein A M，2010. Determination of aflatoxin M_1 in dairy cattle milk in Khartoum State，Sudan［J］. Food Control，21：945-946.

Ertas N，Gonulalan Z，Yildirim Y，et al，2011. A survey of concentration of aflatoxin M_1 in dairy products marketed in Turkey［J］. Food Control，22：1956-1959.

European Commission，2001. Regulation（EC）no. 466/2001 of 8 March 2001，setting maximum levels for certain contaminants in foodstuffs［R］. Official Journal of the European Communities，L77：1-13.

European Commission，2006. Regulation（EC）no. 401/2006 of 23 February 2006，laying down the methods of sampling and analysis for the official control of the levels of mycotoxins in foodstuffs［R］. Off. J. European Union，L70（12）：20-23.

Fallah A A，Rahnama M，Jafari T，et al，2011. Seasonal variation of aflatoxin M_1 contamination in industrial and traditional Iranian dairy products［J］. Food Control，22：1653-1656.

Golge O，2014. A survey on the occurrence of aflatoxin M_1 in raw milk produced in Adana province of Turkey［J］. Food Control，45：150-155.

Guo L Y，Zheng N，Zhang Y D，et al，2016. A survey of seasonal variations of aflatoxin M_1 in raw milk in Tangshan region of China during 2012-2014［J］. Food Control，69：30-35.

Han R W，Zheng N，Wang J Q，et al，2013. Survey of aflatoxin in dairy cow feed and raw milk in China［J］. Food Control，34：35-39.

Henry S H，Whitaker T B，Rabbani I，et al，2001. Aflatoxin M_1，chemical safety information from inter government organizations［J/OL］. www. inchem. org/documents/jecfa/jecmono/v47je02. html.

Herzallah S M，2009. Determination of aflatoxins in eggs，milk，meat and meat products using HPLC fluorescent and UV detectors［J］. Food Chemistry，114：1141-1146.

Heshmati A, Milani J, 2010. Contamination of UHT milk by aflatoxin M_1 in Iran [J]. Food Control, 21: 19-22.

International Agency for Research on Cancer IARC, 1993. Some naturally occurring substances: Food items and constituents, heterocyclic aromatic amines and mycotoxins. In IARC monographs on the evaluation of carcinogenic risks to humans (Vol. 56, pp. 19e23) [R]. Lyon, France: IARC Scientific Publication.

Iqbal S Z, Asi M R, 2013. Assessment of aflatoxin M_1 in milk and milk products from Punjab, Pakistan [J]. Food Control, 30: 235-239.

Iqbal S Z, Asi M R, Jinap S, 2013. Variation of aflatoxin M_1 contamination in milk and milk products collected during winter and summer seasons [J]. Food Control, 34: 714-718.

Iqbal S Z, Paterson R R M, Bhatti I A, et al, 2010. Survey of aflatoxins in chilies from Pakistan produced in rural, semi-rural and urban environments [J]. Food Additives and Contaminants Part-B, 3: 268-274.

Kamkar A, 2005. A study on the occurrence of aflatoxin M_1 in raw milk produced in Sarab city of Iran [J]. Food Control, 16: 593-599.

Kang'ethe E K, Lang'a K A, 2009. Aflatoxin B_1 and M_1 contamination of animal feeds and milk from urban centers in Kenya [J]. Afr. Health Sci, 9 (4): 218-226.

Lopez C E, Ramos L L, Ramadan S S, et al, 2003. Presence of aflatoxin M_1 in milk for human consumption in Argentina [J]. Food Control, 14: 31-34.

Manetta, A C, Giammarco M, Giuseppe L D, et al, 2009. Distribution of aflatoxin M_1 during Grana Padano cheese production from naturally contaminated milk [J]. Food Chemistry, 113: 595-599.

Marnissi B E, Belkhou R, Morgavi D P, et al, 2012. Occurrence of aflatoxin M_1 in raw milk collected from traditional dairies in Morocco [J]. Food and Chemical Toxicology, 50: 2819-2821.

Ministry of Health, P. R. China MOH, 2010. National food safety standard determination of aflatoxin M_1 in milk and milk products [S]. National Standard No. 5413. 37-2010.

Ministry of Health, P. R. China MOH, 2011. Maximum residue level of mycotoxin in food - national regulations for food safety [S]. National Standard No. 2761-2011.

Nuryono N, Agus A, Wedhastri S, et al, 2009. A limited survey of aflatoxin M_1 in milk from Indonesia by ELISA [J]. Food Control, 20: 721-724.

New Zealand Food Safety Authority, 2012. Dairy national chemical contaminants programme 2009/10 full year results [internet] [cited 2011 nov 25] [J/OL]. Available from: www. foodsafety. govt. nz/elibrary/industry/.

Oluwafemi F, Badmos A O, Kareem S O, et al, 2014. Survey of aflatoxin M_1 in cows' milk from free-grazing cows in Abeokuta, Nigeria [J]. Mycotoxin Res, 30: 207-211.

Oruc H H, Cibik R, Yilmaz E, et al, 2006. Distribution and stability of aflatoxin M_1 during processing and ripening of traditional white pickled cheese [J]. Food Additives and Contaminants, 23: 190-195.

Oveisi M R, Jannat B, Sadeghi N, et al, 2006. Presence of aflatoxin M_1 in milk and infant milk products in Tehran, Iran [J]. Food Control, 18: 1216-1218.

Pei S C, Zhang Y Y, Eremin S A, et al, 2009. Detection of aflatoxin M_1 in milk products from China by ELISA using monoclonal antibodies [J]. Food Control, 20: 1080-1085.

Prandini A, Tansini G, Sigolo S, et al, 2009. On the occurrence of aflatoxin M_1 in milk and dairy products [J]. Food and Chemical Toxicology, 47: 984-991.

Sani A M, Nikpooyan H, Moshiri R, et al, 2010. Aflatoxin M_1 contamination and antibiotic residue in milk in Khorasan province, Iran [J]. Food and Chemical Toxicology, 48: 2130-2132.

Skrbic B, Zivancev J, Anti c I, et al, 2014. Levels of aflatoxin M_1 in different types of milk collected in Serbia: assessment of human and animal exposure [J]. Food Control, 40: 113-119.

Tajkarimi M, Aliabadi - Sh F, Nejad A S, et al, 2008. Aflatoxin M_1 contamination in winter and summer milk in 14 states in Iran [J]. Food Control, 19: 1033-1036.

Tajkarimi M, Shojaee Aliabadi F, Salah Nejad M, et al, 2007. Seasonal study of aflatoxin M_1 contamination in milk in five regions in Iran [J]. International Journal of Food Microbiology, 116: 346-349.

US FDA, 1996. Whole milk, low fat milk, skim milk-aflatoxin M_1 (CPG 7106. 210) . FDA compliance policy guides [R]. Washington, DC: FDA.

Wang Y T, Liu X B, Xiao C X, et al, 2012. HPLC determination of aflatoxin M_1 in liquid milk and milk powder using solid phase extraction on OASIS HLB [J]. Food Control, 28: 131-134.

Wang J Z, Wang J T, Zhang Y G, et al, 2014. The analysis of dairy situation and development trend in Tangshan region [J]. China Dairy Cattle, 12: 52-55.

Xiong J L, Wang Y M, Ma M R, et al, 2013. Seasonal variation of aflatoxin M_1 in raw milk from the Yangtze River Delta region of China [J]. Food Control, 34: 703-706.

Zheng N, Sun P, Wang J Q, et al, 2013b. Occurrence of aflatoxin M_1 in UHT milk and pasteurized milk in China market [J]. Food Control, 29: 198-201.

Zheng N, Wang J Q, Han R W, et al, 2013a. Survey of aflatoxin M_1 in raw milk in the five provinces of China [J]. Food Additives & Contaminants: Part B, 6: 110-115.

Zinedine A, Manes J, 2009. Occurrence and legislation of mycotoxins in food and feed from Morocco [J]. Food Control, 20: 334-344.

2013—2015 年 4 个季度对中国生乳中黄曲霉毒素 M_1 的调查

在本研究中，在 2013—2015 年的 4 个季节中，从中国南部、北部、东北和西部地区总共收集了 1 550份生乳样品。使用高效液相色谱法（HPLC）分析了样品中的黄曲霉毒素 M_1（AFM_1）含量。2013 年，在 366 份生乳样品中有 21%检测到 AFM_1，含量范围为 0.01～0.24μg/L。在 11.7%的样品中，AFM_1 水平大于欧盟的法定限量值 0.05μg/L。阳性样品的平均值和中位数分别为 0.069μg/L±0.052μg/L 和 0.056μg/L。2014 年，在 624 份生乳样品中检测到 28.5%样品含有 AFM_1，含量范围为 0.01～0.25μg/L。在这些样品中，7.7%样品中 AFM_1 水平超过 0.05μg/L，平均值为 0.042μg/L±0.039μg/L，中位数为 0.028μg/L。2015 年，在 560 份生乳样品中检测到 14.1%样品含有 AFM_1，含量范围为 0.01～0.144μg/L。在这些样品的 1.8%中，AFM_1 水平高于 0.05μg/L，平均值为 0.026μg/L±0.024μg/L，中位数为 0.017μg/L。我们的调查结果表明，样品中 AFM_1 的含量未超过中国、美国和食品法典委员会的法定限量值 0.5μg/L。从地理上看，华南地区生乳样品中的 AFM_1 污染比其他地区更为严重，2013 年、2014 年和 2015 年，AFM_1 含量高于 0.05μg/L 的样品数量更多。在整个研究期间，相比于其他季节，秋季样品中 AFM_1 含量更高。根据我们的调查，近年来，AFM_1 污染在中国得到了很好的控制。但是，某些样本仍超出了欧盟（EU）的法定限量。应该考虑更好地预防和控制饲料和牛奶中的黄曲霉毒素，尤其是在中国南部地区和秋季（Zheng 等，2017）。

关键词：调查；AFM_1；生乳；季节；中国

一、简介

黄曲霉毒素（AFs）是霉菌毒素的主要类别，主要由霉菌产生，如霉菌黄曲霉、寄生曲霉和黑曲霉（Creppy，2002）。迄今为止，已经鉴定出 18 种霉菌毒素，包括最重要的有毒物质 AFB_1，它通常在动物饲料中发现（Bahrami 等，2016；Decastelli 等，2007）。AFM_1 是羟基化的 AFB_1 代谢产物，由微粒体细胞色素 P450 相关途径形成，并通过泌乳动物的乳腺分泌到乳汁中（Fallah，2010；Mohammadi 等，2016）。AFM_1 具有耐热性，不会因巴氏杀菌、超高温处理和高压灭菌等乳制品加工工艺而明显失活（Tajkarimi 等，2008；Wu 和 Khlangwiset，2010）。

根据暴露水平，AFM_1 可能导致 DNA 损伤、染色体异常、基因突变和细胞转化

(Michlig 等，2016；Van Egmond，1989)。国际癌症研究机构已将 AFM_1 指定为 1 类毒素，表明它可能对人类产生致癌作用（Sugiyama 等，2008；IARC，2012）。牛奶是一种营养物质，含有蛋白质、脂肪酸、矿物质和维生素，对人体健康至关重要。乳及乳制品在世界范围内被大量消费。因此，乳及乳制品中 AFM_1 的存在会危害健康，特别是儿童。

许多国家已经建立了 AFM_1 的法定限量，以减少 AFM_1 的暴露。美国（U. S.）和欧盟（EU）的法定限量值分别为 0. 5μg/L 和 0. 05μg/L。这些标准已被许多国家采用［粮农组织（FAO），2004；委员会法规（EC），2006a，b］。大多数国家已经对牛奶中的 AFM_1 水平进行了研究，以了解和控制乳及乳制品的安全性（Mohammadi 等，2016；Gizachew 等，2016）。塞尔维亚的一项大规模调查证实，乳及乳制品中的 AFM_1 水平在 2013 年有所增加，并建议隔离受污染批次（Tomasevic 等，2015）。

在中国，牛奶中 AFM_1 的法定限量为 0. 5μg/L，并且近年来已经进行了大量研究。在我们之前的研究中，从中国 10 个省份的 200 个生乳样品中 32. 5%检测到 AFM_1，2010 年的最高含量为 0. 060μg/L（Han 等，2013）。Xiong 等（2013）报道了来自中国长江三角洲地区的 43 个生乳样品（59. 7%）检测到 AFM_1，浓度范围为 0. 01~0. 42μg/L。最近，Guo 等（2016）报道了中国唐山地区 2012—2014 年生乳中 AFM_1 的检测情况。在先前的研究中，AFM_1 的发生率在 2012 年为 87. 8%（含量范围 0. 01~0. 16μg/L），2013 年为 29. 9%（含量范围 0. 01~0. 19μg/L），2014 年为 36. 7%（含量范围 0. 012~0. 111μg/L）（表 1）。但是，目前中国尚未报道生乳中 AFM_1 水平的空间分布和季节性变化，这限制了我们对 AFM_1 污染的乳制品构成健康风险的理解。本研究的目的是调查连续几年不同地区和不同季节的生乳中 AFM_1 水平的差异。从 2013—2015 年，在 4 个季节中，对来自中国 5 个地理区域的 15 个主要牛奶生产省份的 1550 个生乳样品中的 AFM_1 水平进行了分析。

表 1 先前研究中中国生乳中黄曲霉毒素 M_1 的检出情况

年份	分布地区	检出[a]/总样本数	定量限（μg/L）	浓度范围（μg/L）	参考文献
2010	10 个省份[b]	45/200（32. 5%）	0. 005	0. 005~0. 060	Han 等（2013）
2011—2012	长三角地区	43/72（59. 7%）	0. 01	0. 01~0. 42	Xiong 等（2013）
2012	唐山地区	165/188（87. 8%）	0. 01	0. 010~0. 16	Guo 等（2016）
2013	唐山地区	46/154（29. 9%）	0. 01	0. 010~0. 19	Guo 等（2016）
2014	唐山地区	69/188（36. 7%）	0. 01	0. 0120~0. 111	Guo 等（2016）

[a]阳性样品是指牛奶样品中的 AFM_1 浓度超过了定量限；

[b]10 个省份包括黑龙江、内蒙古、河北、山东、宁夏、山西、北京、天津、上海和广东

二、材料方法

1. 样品采集

在 2013—2015 年的不同季节中，从中国的南部（560），北部（461），东北

(265) 和西部 (264) 地区，共15个省份（表2）收集了1550个生乳样品。生乳直接从奶牛场奶站的储奶罐中收集。搅拌储奶罐后，从罐的上部1/3取出200mL牛奶，从中间1/3取出200mL，从下部1/3取出200mL。混合每个罐中的600mL牛奶，取出100mL样品并在-20℃下保存直至分析。

表2 样品特征

地区（省份）	年份	样品数量				
		春天	夏天	秋天	冬天	总计
南部（福建、重庆、广东、江苏、上海、四川）	2013	20	20	40	40	120
	2014	60	60	60	60	240
	2015	50	50	50	50	200
	合计	130	130	150	150	560
北部（北京、河北、山东、天津）	2013	30	30	41	40	141
	2014	40	40	40	40	160
	2015	40	40	40	40	160
	合计	110	110	121	120	461
东北部（黑龙江、内蒙古）	2013	26	26	28	25	105
	2014	20	20	20	20	80
	2015	20	20	20	20	80
	合计	66	66	68	65	265
西部（甘肃、陕西、新疆）	2013	—	—	—	—	—
	2014	30	30	43	41	144
	2015	30	30	30	30	120
	合计	60	60	73	71	264
	总计	366	366	412	460	1 550

2. AFM_1 的检测

使用卫生部的官方方法确定生乳样品中的 AFM_1 水平（中华人民共和国卫生部，2010）。

样品制备：将生乳样品在37℃的水浴中解冻，并以7 000r/min离心15min。从每个样品中收集至少50mL上清液用于提取和纯化。

提取和纯化：将50mL上清液置于连接至免疫亲和柱（AFLAPREPM，R-Biopharm Rhone Ltd.，Glasgow，Scotland）的注射器中，并以2mL/min的流速通过该柱。色谱柱中的抗体捕获 AFM_1 后，用10mL Milli-Q水洗涤色谱柱以除去无关的非特异性物质。用4mL乙腈从柱中洗脱结合的 AFM_1。在30℃下在温和的氮气流下将洗脱液蒸发至近似干燥，并将所得残余物用 1mL Milli-Q 水稀释。最后，使溶液通过 PTFE 针筒式过滤器（孔径为 0.22μm）。

定量：使用 HPLC 系统（Waters，Milford，MA，USA）并配备 2695 分离模块，2475 荧光检测器和 Empower 2 专业软件（Empower Software Solutions，Inc.，Orlando，FL，USA）检测 AFM_1 水平。使用霉菌毒素分析柱（C18、5μm，4.6mm×250mm，Mycotox，Pickering laboratories，Mountain view，CA，USA）实现 AFM_1 的分离。乙腈：水（1：3，V：V）用作流动相，流速为 1.0mL/min。在 360nm 的激发波长和 450nm 的发射波长下对 AFM_1 进行检测，并通过与 AFM_1 标准品（Sigma Aldrich，Inc.，St Louis，MO，USA）的共色谱法进行定量。检出限（LOD）和定量限（LOQ）分别设置为 0.003μg/L 和 0.01μg/L。

质量控制：每 100 个样品中添加一个对照样品。将 AFM_1 阴性对照的 AFM_1 调整为 0.05μg/L、0.1μg/L、0.25μg/L 和 0.50μg/L，以验证分析的可靠性。质量控制的结果示于表 3。

生乳中 AFM_1 的回收率为 82.0%～118.0%，相对标准偏差值（RSD%）为 1.6%～8.9%，符合欧盟法规 EC 401/2006 确立的性能标准（European Commission，2006a，2006b）。

表 3　从掺有已知浓度黄曲霉毒素 M_1 的阴性对照生乳样品中 AFM_1 的回收率和 RSD

AFM_1 加标（μg/L）	AFM_1（μg/L）	回收率（%）	RSD（%）
0.05	0.041～0.059	82～118	5.8～8.9
0.10	0.084～0.091	84～91	3.2～7.6
0.25	0.221～0.228	88.4～91.2	2.6～7.8
0.5	0.446～0.487	89.2～97.4	1.6～6.7

AFM_1，黄曲霉毒素 M_1；RSD，相对标准偏差；每个加标浓度的对照生乳样品数，n=50

3. 数据分析

所有样品分析均进行 2 次重复。通过 ANOVA 对 AFM_1 水平的差异进行统计分析，然后使用 SPSS 17.0 版（SPSS，Inc.，Chicago，IL，US）进行 Tukey 测试。显著性检验所需的置信度设置为 $P<0.05$。

三、结果

2013 年，在 366 个生乳样品中，21% 样品检测到 AFM_1，浓度范围为 0.01～0.24μg/L（平均值为 0.069μg/L±0.052μg/L；中位数为 0.056μg/L）。在这些样品中，有 11.7%的样品中 AFM_1 水平高于欧盟的法定限量值 0.05μg/L。在中国东北的样本中未检测到 AFM_1；然而，在华南和华北地区的样本中检出的 AFM_1 阳性率为 44.2%（平均值为 0.082μg/L±0.049μg/L；中位数为 0.073μg/L；$P>0.05$）和 12.8%（平均值为 0.043μg/L±0.049μg/L；中位数为 0.026μg/L；$P>0.05$）。在华南地区 32.5%的样本和

华北地区 2.8%的样本中发现 AFM_1 浓度高于 0.05μg/L（表 4）。

2013 年，春季中，22.4%的样品检出 AFM_1（平均值为 0.054μg/L±0.051μg/L；中位数为 0.055μg/L），夏季检出率 1.3%（平均值为 0.012μg/L；中位数为 0.012μg/L），秋季为 25.7%（平均值为 0.067μg/L±0.037μg/L；中位数为 0.067μg/L），冬季为 29.5%（平均值为 0.059μg/L±0.053μg/L；中位数为 0.047μg/L）。在春季、秋季和冬季，分别有 14.5%、17.4%和 12.4%的样品中 AFM_1 水平高于 0.05μg/L。夏季没有样品检测到高于 0.05μg/L 的 AFM_1 水平（表 5）。

2014 年，在 624 个生乳样品中的 178 个（占 28.5%）中检测到 AFM_1，其中 7.7%的样品中 AFM_1 含量超过 0.05μg/L。AFM_1 水平介于 0.01～0.25μg/L（平均值为 0.042μg/L±0.039μg/L；中位数为 0.028μg/L）。南部地区四个地区的阳性率为 25.8%（平均值为 0.056μg/L±0.051μg/L；中位数为 0.041μg/L），北部地区阳性率为 57.5%（平均值为 0.031μg/L±0.025μg/L；中位数为 0.022μg/L），西部地区阳性率为 15.3%（平均值为 0.047μg/L±0.029μg/L；中位数为 0.034μg/L）。在中国东北地区未检测到阳性样本。3 个区域之间不存在显著差异（$P>0.05$）。在华南，华北和中国西部的样品中，AFM_1 含量高于 0.05μg/L 样品占比分别为 10.8%、8.9%和 4.9%（表 4）。

2014 年春季、夏季、秋季和冬季的样品中 AFM_1 检出率分别为 29.3%（平均值为 0.030μg/L±0.030μg/L；中位数为 0.022μg/L）、34%（平均值为 0.039μg/L±0.017μg/L；中位数为 0.024μg/L）、28.2%（平均值为 0.051μg/L±0.039μg/L；中位数为 0.041μg/L）和 23%（平均值为 0.048μg/L±0.041μg/L；中位数为 0.036μg/L）（表 4）。在这些样品中，分别在 3.3%、9.3%、11%和 6.8%的样品中发现 AFM_1 水平高于 0.05μg/L。

2015 年，在 560 个生乳样品（AFM_1 浓度范围为 0.01～0.144μg/L）中，14.1%样品中 AFM_1 为阳性，平均值为 0.026μg/L±0.024μg/L、中位数为 0.017μg/L。在这些样品中有 1.8%样品中的 AFM_1 水平超过 0.05μg/L。南部地区样品中 AFM_1 阳性率为 21%（平均值为 0.031μg/L±0.022μg/L；中位数为 0.022μg/L），北部地区 AFM_1 阳性率为 14.4%（平均值为 0.024μg/L±0.027μg/L；中位数为 0.014μg/L）和西部地区 AFM_1 阳性率 11.7%（平均值为 0.026μg/L±0.035μg/L；中位数为 0.017μg/L）。东北地区的样本均无阳性检出。来自 3 个区域的阳性样品之间没有显著差异（$P>0.05$）。在南部、北部和西部地区，分别有 4.0%、1.9%和 0.8%样品 AFM_1 水平超过 0.05μg/L（表 4）。

2015 年春季、夏季、秋季和冬季的样品中 AFM_1 检出率分别为 13.6%（平均值为 0.016μg/L±0.006μg/L；中位数为 0.014μg/L）、10.7%（平均值为 0.022μg/L±0.025μg/L；中位数为 0.010μg/L）、10.7%（平均值为 0.029μg/L±0.035μg/L；中位数为 0.028μg/L）和 21.4%（平均值为 0.017μg/L±0.007μg/L；中位数为 0.017μg/L）。在夏季、秋季和冬季，分别有 1.4%、0.7%和 5.0%的样品发现 AFM_1 水平高于 0.05μg/L（表 5）。

表 4　2013—2015 年中国生乳中黄曲霉毒素 M_1 阳性/浓度的空间变化

年份	地区	样品总数	阳性样品数及占比	平均值±标准差（μg/L）	中位数（μg/L）	浓度范围（μg/L）	AFM_1 水平 >0.05μg/L 样品数量
2013	南部	120	53（44.2%）	$0.082±0.049^{a}$	0.073	0.01～0.24	39（32.5%）
	北部	141	18（12.8%）	$0.043±0.049^{a}$	0.026	0.01～0.187	4（2.8%）
	东北	105	0	$<0.01^{b}$	<0.01	<0.01	0
	合计	366	77（21.0%）	$0.069±0.052^{A}$	0.056	0.01～0.24	43（11.7%）
2014	南部	240	62（25.8%）	$0.056±0.051^{a'}$	0.041	0.01～0.222	26（10.8%）
	北部	160	92（57.5%）	$0.031±0.025^{a'}$	0.022	0.01～0.128	16（8.9%）
	东北	80	0	$<0.01^{b'}$	<0.01	<0.01	0
	西部	144	22（15.3%）	$0.047±0.029^{a'}$	0.034	0.0182～0.25	7（4.9%）
	合计	624	178（28.5%）	$0.042±0.039^{B}$	0.028	0.01～0.25	48（7.7%）
2015	南部	200	42（21.0%）	$0.031±0.022^{a''}$	0.022	0.01～0.097	8（4.0%）
	北部	160	23（14.4%）	$0.024±0.027^{a''}$	0.014	0.01～0.096	3（1.9%）
	东北	80	0	$<0.01^{b''}$	<0.01	<0.01	0
	西部	120	14（11.7%）	$0.026±0.035^{b''}$	0.017	0.01～0.144	1（0.8%）
	合计	560	79（14.1%）	$0.026±0.024^{C}$	0.017	0.01～0.144	10（1.8%）

阳性样品表明黄曲霉毒素 M_1（AFM_1）的浓度超过了 0.01μg/L 的定量限。^{a,b}代表 2013 年不同区域之间 AFM_1 水平的显著差异（$P<0.05$）；$^{a',b'}$代表 2014 年不同区域之间 AFM_1 水平的显著差异（$P<0.05$）；$^{a'',b''}$代表 2015 年不同区域之间 AFM_1 水平的显著差异（$P<0.05$）；^{A,B,C}代表 2013 年，2014 年和 2015 年 AFM_1 水平的显著差异（$P<0.05$）

表 5　2013—2015 年间中国生乳中黄曲霉毒素 M_1 阳性/浓度的季节性变化

年份	季节	样品总数	阳性样品数及占比	平均值±标准差（μg/L）	中位数（μg/L）	浓度范围（μg/L）	AFM_1 水平 >0.05μg/L 样品数量
2013	春	76	17（22.4%）	$0.054±0.051^{a}$	0.055	0.03～0.187	11（14.5%）
	夏	76	1（1.3%）	0.012^{b}	0.012	0.012	0
	秋	109	28（25.7%）	$0.067±0.037^{a}$	0.067	0.01～0.148	19（17.4%）
	冬	105	31（29.5%）	$0.059±0.063^{a}$	0.047	0.01～0.24	13（12.4%）
2014	春	150	44（29.3%）	$0.030±0.030^{a'}$	0.022	0.01～0.18	5（3.3%）
	夏	150	51（34.0%）	$0.039±0.017^{a'}$	0.024	0.01～0.25	14（9.3%）
	秋	163	46（28.2%）	$0.051±0.039^{a'}$	0.041	0.01～0.2	18（11.0%）
	冬	161	37（23.0%）	$0.048±0.041^{a'}$	0.036	0.01～0.222	11（6.8%）

（续表）

年份	季节	样品总数	阳性样品数及占比	平均值±标准差（μg/L）	中位数（μg/L）	浓度范围（μg/L）	AFM_1 水平 >0.05μg/L 样品数量
2015	春	140	19（13.6%）	0.016±0.006[a″]	0.014	0.01～0.029	0
	夏	140	15（10.7%）	0.022±0.025[a″]	0.010	0.01～0.086	2（1.4%）
	秋	140	15（10.7%）	0.029±0.035[a″]	0.028	0.01～0.144	1（0.7%）
	冬	140	30（21.4%）	0.017±0.007[a″]	0.017	0.01～0.097	7（5.0%）

AFM_1，黄曲霉毒素 M_1。阳性样品表明 AFM_1 浓度超过 0.01μg/L 的定量限；[a,a′,a″]分别表示 2013 年、2014 年和 2015 年不同季节之间 AFM_1 水平的显著差异（$P<0.05$）

四、讨论

当哺乳动物饲喂受污染的饲料时，AFB_1 在牛奶中转化为 AFM_1，转化率为 0.3%～6.0%（Iqbal 等，2015；Unusan，2006）。温度和湿度对饲料中霉菌毒素（如 AFB_1）的形成有重要影响，继而影响牛奶中霉菌毒素的浓度。因此，牛奶中 AFM_1 的水平随地理区域和季节而变化（Becker-Algeri 等，2016）。在本研究中发现，在整个研究期间（2013—2015 年），华南地区生乳样品中的 AFM_1 污染情况比其他地区更为普遍，并具有较高的平均值和中值（图 1）；然而，这些差异并不显著（$P>0.05$）。此外，在研究期间，华南地区发现的 AFM_1 水平超过 0.05μg/L 的样本多于其他地区（图 1）。中国南方是低纬度地区，紧邻海洋，因此导致的温度和湿度高于中国华北、东北和西部地区。在 2010 年对 360 个样本进行的一项研究中也发现了类似的趋势（Zheng 等，2013a）。来自中国南部地区的阳性样品中的平均 AFM_1 水平（25.9ng/L）显著高于（$P<0.05$）来自中国北部地区的阳性样品（18.9ng/L）。此外，在华南地区，AFM_1 阳性样本（91.7%）比华北地区（71.3%）多（Zheng 等，2013a）。另外，华南地区 15.8%的样品中 AFM_1 水平超过 0.05μg/L，而华北地区只有 7.1%的样品中 AFM_1 水平超过 0.05μg/L。

2013—2015 年，中国东北地区样本中缺乏 AFM_1 可能是由于该地区较低的温度和湿度水平造成的。在 2010 年的研究中，从中国东北地区黑龙江省采集的样本中未检测到 AFM_1 水平（Han 等，2013）。Pei 等（2009）报告了 2008 年在中国东北地区的 12 个生乳样品中检测到 AFM_1。使用 ELISA 法，发现 4 个样品的浓度范围为 0.16～0.32μg/L，而其余 8 个样品的含量在 0.32～0.5μg/L。我们的研究中 AFM_1 水平低于 Pei 等（2009）的原因，可能是 2008 年三聚氰胺事件之后中国的奶牛场管理得到了极大改善。中国政府和社会将质量和安全视为奶业的基本要求，并且已经采取了许多有力措施来帮助奶农改善饲养技术和牧场设施。

在本研究中，2013—2015 年秋季的 AFM_1 水平高于其他 3 个季节（图 2）。同样，Guo 等（2016）研究显示，2012—2014 年在唐山采集的 530 份生乳样本进行的一项研

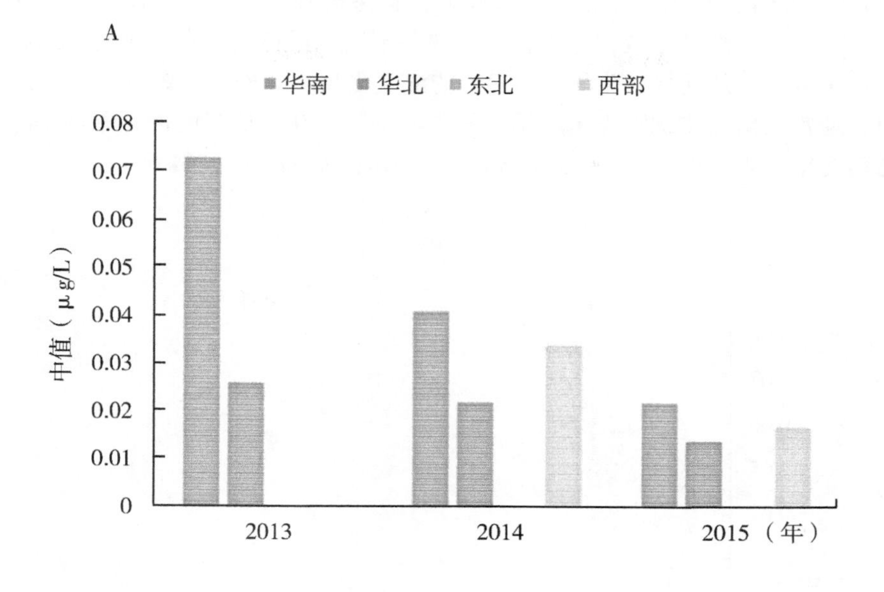

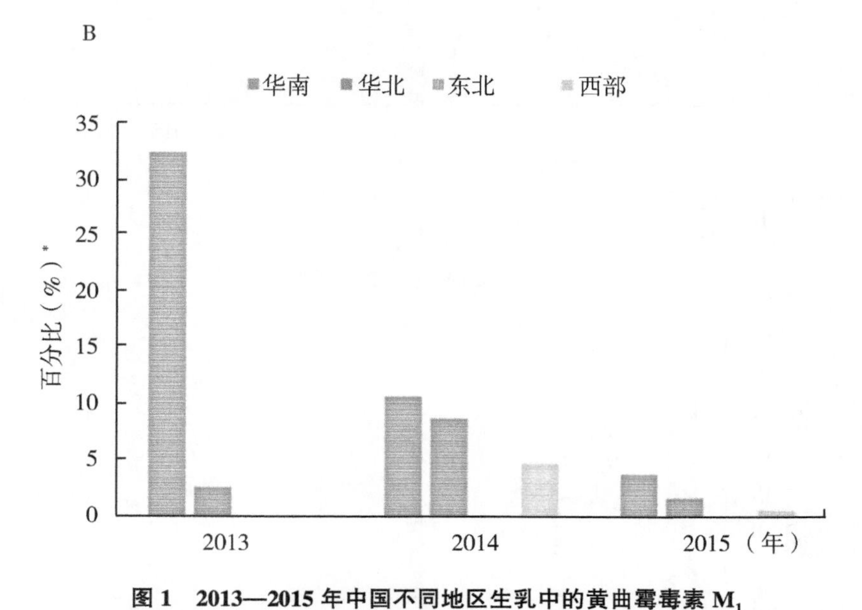

图 1　2013—2015 年中国不同地区生乳中的黄曲霉毒素 M_1

* AFM_1 水平>0.05μg/L 的样品百分比；2013 年，西部地区未收集任何样品

究表明，秋冬季的 AFM_1 水平高于春夏季。我们先前的研究报告表明，中国 2010 年 9 月（秋季）UHT 牛奶中的 AFM_1 水平（0.073μg/L）高于 2010 年 7 月（夏季）AFM_1 水平（0.021μg/L）（Zheng 等，2013b）。Xiong 等（2013）报道，2011—2012 年，从中国长江三角洲地区收集的冬季生乳中 AFM_1 的浓度（123ng/L）明显高于春季（29.1ng/L）、夏季（31.9ng/L）或秋季（31.6ng/L）。先前的研究表明，中国在秋季和冬季收集的生乳极易受到 AFM_1 污染，并且应考虑季节性因素来管理饲料和乳中的

AFs。Bakirci（2001）指出，在高湿度条件下，霉菌会在低于25℃的温度下产生毒素。尽管如此，在中国大部分地区，尽管秋季气温并不高，但持续存在高湿度，这种气候有利于霉菌产生毒素，从而导致生乳中 AFM_1 的浓度更高。此外，在冬季，由于缺乏新鲜绿色饲料，通常只给动物饲喂玉米、棉籽和青贮饲料，在不适当的储存条件下，它们很容易被霉菌污染（Asi 等，2012；Bahrami 等，2016；Xiong 等，2013）。

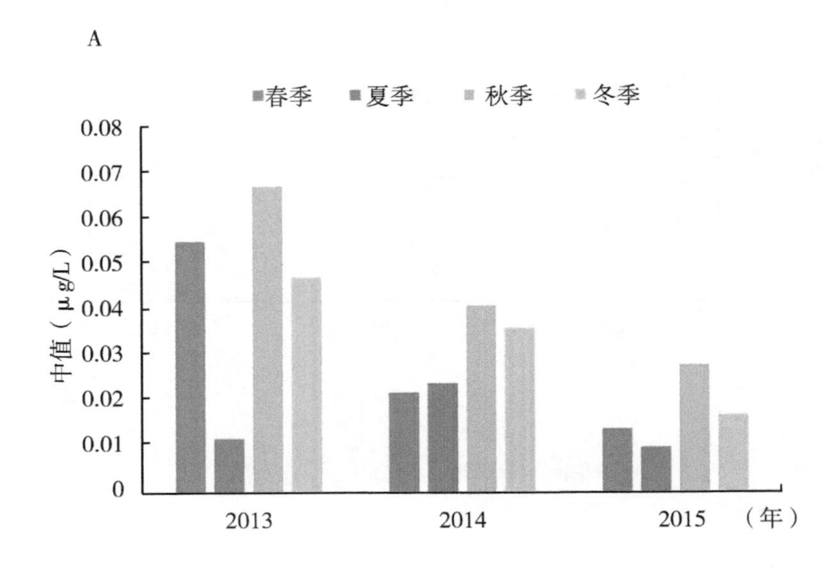

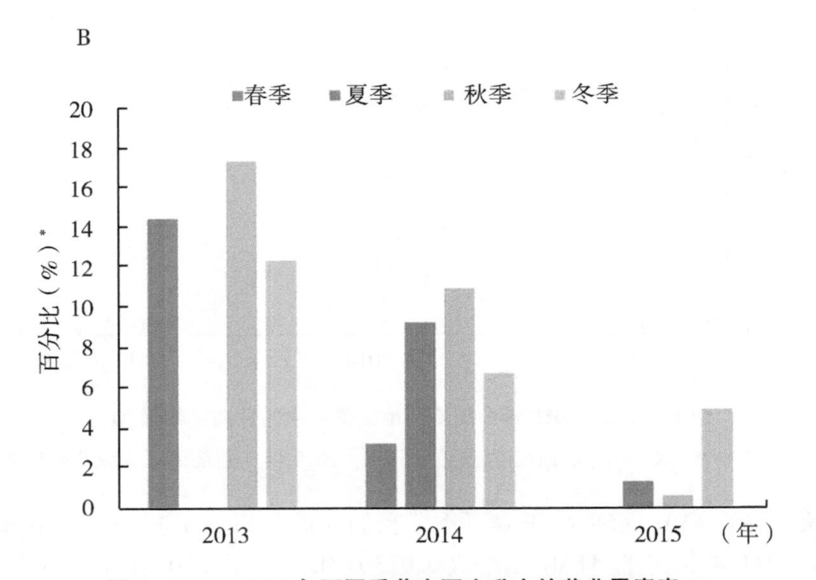

图2　2013—2015年不同季节中国生乳中的黄曲霉毒素 M_1

* AFM_1 水平>0.05μg/L的样品百分比

在其他国家也有报告表明，生乳的 AFM_1 污染具有季节依赖性。在巴基斯坦的旁遮普省，Asi 等（2012）显示，2009—2010 年，54 份生乳样品中 AFM_1 的平均水平，冬季（0.089μg/L）明显高于夏季（0.022μg/L；$P<0.05$）。在伊朗西部，2014 年对 64 个生乳样品进行的一项研究发现，冬季（0.079μg/L）AFM_1 的平均水平明显高于夏季（0.031μg/L；$P<0.05$）（Bahrami 等，2016）。在克罗地亚，2013—2014 年收集的 3 543 个生乳样品中，在秋季（克罗地亚西部为 26.6ng/kg，东部为 9.26ng/kg，其他地区为 9.83ng/kg）和冬季（克罗地亚西部为 14.7ng/kg，东部为 8.49ng/kg，其他地区为 13.6ng/kg）AFM_1 的平均水平比春季（克罗地亚西部为 8.76ng/kg，东部为 6.99ng/kg，其他地区为 7.17ng/kg）和夏季（克罗地亚西部为 7.25ng/kg，东部为 5.91ng/kg，其他地区为 8.23ng/kg）高（Bilandzic 等，2015）。

我们的结果表明，中国生乳中的 AFM_1 污染现已得到良好控制。2015 年生乳中的阳性率，即 AFM_1 水平高于 0.05μg/L，以及阳性样本中的平均值、中位数和最大数均低于 2013 年和 2014 年（表 3）。此外，2015 年以来 560 份生乳样品中的阳性率（14.1%）和 AFM_1 水平（>0.05μg/L；1.8%）低于先前研究中分析的几乎所有生乳样品（Guo 等，2016；Han 等，2013；Pei 等，2009；Xiong 等，2013；Zheng 等，2013a）。此外，在本研究中，我们未在任何样品中检测到 AFM_1 水平高于中国和美国的法定限量 0.5μg/L。在中国先前进行的研究中，没有样品的 AFM_1 水平超过 0.5μg/L（Guo 等，2016；Han 等，2013；Pei 等，2009；Xiong 等，2013；Zheng 等，2013a；Zheng 等，2013b）。在其他国家/地区，2014 年坦桑尼亚的 37 个生乳样品中的 13.5%，2014—2015 年的埃塞俄比亚 110 个生乳样品中的 26.3%，2013—2014 年的塞尔维亚 678 个生乳样品中的 24.5%，在 2009—2010 年的巴西 635 个生乳样本中的 0.5%，2011 年在印度的 45 份生乳样本中的 13.3% 被发现 AFM_1 水平高于 0.5μg/L（Gizachew 等，2016；Mohammed 等，2016；Santili 等，2015；Siddappa 等，2012；Tomasevic 等，2015）。

五、结论

在本研究中，在 1550 个生乳样品中 334 个（21.5%）检测到 AFM_1，最大浓度为 0.25μg/L。未发现样品中 AFM_1 含量高于 0.5μg/L（中国的法定限量），但是有 6.5% 的样品中 AFM_1 的含量超过了欧盟的法定限量值 0.05μg/L。2013—2015 年，阳性率、AFM_1 水平超过欧盟限量值的发生以及阳性样本的平均值、中位数和最大数逐渐减少。2015 年，AFM_1 阳性率和 AFM_1 水平高于欧盟限量值的数量下降了 14.1% 和 1.8%。根据我们的数据，从中国南方或秋季采集的生乳有较高的 AFM_1 污染风险。在华南地区，发现 AFM_1 含量超过 0.05μg/L 的样品比其他地区多。此外，在整个研究期间，秋季阳性样品 AFM_1 的平均水平和中值均高于其他 3 个季节的样品。

参考文献

Asi M R，Iqbal S Z，Arino A，et al，2012. Effect of seasonal variations and lactation times on aflatoxin M-1 contamination in milk of different species from Punjab, Pakistan [J]. Food Control, 25 (1): 34-38.

Bahrami R, Shahbazi Y, Nikousefat Z, 2016. Occurrence and seasonal variation of aflatoxin in dairy cow feed with estimation of aflatoxin M-1 in milk from Iran [J]. Food and Agricultural Immunology, 27 (3): 388-400.

Bakirci I, 2001. A study on the occurrence of aflatoxin M-1 in milk and milk products produced in Van province of Turkey [J]. Food Control, 12 (1): 47-51.

Becker-Algeri T A, Castagnaro D, de Bortoli K, et al, 2016. Mycotoxins in bovine milk and dairy products: A review [J]. J Food Sci, 81 (3): R544-R552.

Bilandzic N, Varenina I, Kolanovic B S, et al, 2015. Monitoring of aflatoxin M_1 in raw milk during four seasons in Croatia [J]. Food Control, 54: 331-337.

Creppy E E, 2002. Update of survey, regulation and toxic effects of mycotoxins in Europe [J]. Toxicology Letters, 127 (1-3): 19-28.

Decastelli L, Lai J, Gramaglia M, et al, 2007. Aflatoxins occurrence in milk and feed in Northern Italy during 2004—2005 [J]. Food Control, 18 (10): 1263-1266.

European Commission, 2006a. Commission regulation 1881/2006 of 19 December2006 setting maximum levels for certain contaminants in foodstuffs as regards Fusarium toxins in maize and maize products [R]. Official Journal of the European Union, L 364, 5-18.

European Commission, 2006b. Regulation (EC) no. 401/2006 of 23 February 2006, laying down the methods of sampling and analysis for the official control of the levels of mycotoxins in foodstuffs [R]. Official Journal of European Union, L70 (12): 20-23.

Fallah A A, 2010. Aflatoxin M_1 contamination in dairy products marketed in Iran during winter and summer [J]. Food Control, 21 (11): 1478-1481.

Food and Agriculture Organisation, 2004. Worldwide regulations for mycotoxins in food and feed in 2003 [R]. Food and Nutrition Paper No. 81. Rome (Italy): FAO.

Gizachew D, Szonyi B, Tegegne A, et al, 2016. Aflatoxin contamination of milk and dairy feeds in the Greater Addis Ababa milk shed, Ethiopia [J]. Food Control, 59: 773-779.

Guo L Y, Zheng N, Zhang Y D, et al, 2016. A survey of seasonal variations of aflatoxin M_1 in raw milk in Tangshan region of China during 2012-2014 [J]. Food Control, 69: 30-35.

Han R W, Zheng N, Wang J Q, et al, 2013. Survey of aflatoxin in dairy cow feed and raw milk in China [J]. Food Control, 34 (1): 35-39.

IARC, International Agency for Research on Cancer, 2012. Monograph on the evaluation of carcinogenic risk to humans: Chemical agents and related occupations. A review of human carcinogens (pp. 224-248) [R]. Lyon, France: International Agency for Research on Cancer, 100F.

Iqbal S Z, Jinap S, Pirouz A A, et al, 2015. Aflatoxin M-1 in milk and dairy products, occurrence and recent challenges: A review [J]. Trends in Food Science & Technology, 46 (1): 110-119.

Michlig N, Signorini M, Gaggiotti M, et al, 2016. Risk factors associated with the presence of aflatoxin M_1 in raw bulk milk from Argentina [J]. Food Control, 64: 151-156.

Ministry of Health, P. R. China MOH, 2010. National food safety standard determination of aflatoxin M_1 in milk and milk products [S]. National Standard No. 5413. 37-2010.

Mohammadi H, Shokrzadeh M, Aliabadi Z, et al, 2016. Occurrence of aflatoxin M_1 in commercial pasteurized milk samples in Sari, Mazandaran province. Iran [J]. Mycotoxin Res, 32 (2): 85-87.

Mohammed S, Munissi J J, Nyandoro S S, 2016. Aflatoxin M_1 in raw milk and aflatoxin B_1 in feed from household cows in Singida, Tanzania [J]. Food Addit Contam Part B Surveill, 9 (2): 85-90.

Pei S C, Zhang Y Y, Eremin S A, et al, 2009. Detection of aflatoxin M_1 in milk products from China by ELISA using monoclonal antibodies [J]. Food Control, 20 (12): 1080-1085.

Santili A B N, de Camargo A C, Nunes R D R, et al, 2015. Aflatoxin M-1 in raw milk from different regions of Sao Paulo state e Brazil [J]. Food Additives & Contaminants Part B-Surveillance, 8 (3): 207-214.

Siddappa V, Nanjegowda D K, Viswanath P, 2012. Occurrence of aflatoxin M-1 in some samples of UHT, raw & pasteurized milk from Indian states of Karnataka and Tamilnadu [J]. Food and Chemical Toxicology, 50 (11): 4158-4162.

Sugiyama K I, Hiraokai H, Sugita-Konishi Y, 2008. Aflatoxin M_1 contamination in raw bulk milk and the presence of

Aflatoxin B_1 in corn supplied to dairy cattle in Japan [J]. Journal of the Food Hygienic Society of Japan, 49 (5): 352-355.

Tajkarimi M, Aliabadi-Sh F, Nejad A S, et al, 2008. Aflatoxin M_1 contamination in winter and summer milk in 14 states in Iran [J]. Food Control, 19 (11): 1033-1036.

Tomasevic I, Petrovic J, Jovetic M, et al, 2015. Two years survey on the occurrence and seasonal variation of aflatoxin M_1 in milk and milk products in Serbia [J]. Food Control, 56: 64-70.

Unusan N, 2006. Occurrence of aflatoxin M_1 in UHT milk in Turkey [J]. Food Chem Toxicol, 44 (11): 1897-1900.

Van Egmond H P, 1989. Mycotoxins in dairy products [M]. London (UK): Elsevier Applied Science.

Wu F, Khlangwiset P, 2010. Health economic impacts and cost-effectiveness of aflatoxin-reduction strategies in Africa: Case studies in biocontrol and post-harvest interventions [J]. Food Addit Contam Part A Chem Anal Control Expo Risk Assess, 27 (4): 496-509.

Xiong J L, Wang Y M, Ma M R, et al, 2013. Seasonal variation of aflatoxin M-1 in raw milk from the Yangtze River Delta region of China [J]. Food Control, 34 (2): 703-706.

Zheng N, Sun P, Wang J Q, et al, 2013b. Occurrence of aflatoxin M_1 in UHT milk and pasteurized milk in China market [J]. Food Control, 29 (1): 198-201.

Zheng N, Wang J Q, Han R W, et al, 2013a. Survey of aflatoxin M_1 in raw milk in the five provinces of China [J]. Food Addit Contam Part B Surveill, 6 (2): 110-115.

Zheng N, Li S L, Zhang H, et al, 2017. A survey of aflatoxin M_1 of raw cow milk in China during the four seasons from 2013 to 2015 [J]. Food Control, 78: 176-182.

2016年4个季度中国主要产奶区生乳中的黄曲霉毒素 M_1 污染

这项调查旨在确定2016年来自中国主要牛奶生产地区的生乳被黄曲霉毒素 M_1（AFM_1）污染的频率。2016年的四个季节中，总共收集了5 650份生乳样品。中国的主要牛奶产区，包括河北、黑龙江、河南、内蒙古、山东和新疆。总共在5 650份生乳样品中的267份中检测到 AFM_1 污染，发生率为4.7%。仅1.1%的生乳样品超过了欧盟法定限量值（50ng/L），没有样品超过中国和美国法定限量值（500ng/L）。在中国，冬季（10.2%）的生乳样品中 AFM_1 污染的发生率比春季、夏季或秋季（分别为3.0%、2.1%和4.4%）高得多。因此，在冬季监测生乳中 AFM_1 的污染尤为重要。这项全面的研究将有助于未来对中国生乳中的 AFM_1 污染进行风险评估和管理。

关键词：黄曲霉毒素 M_1；生乳；季节；中国

一、简介

黄曲霉毒素天然存在于饲料和食品中，是全球主要的公共卫生问题，因为它们具有毒性、致癌性和致畸性，以及其他有害作用（Zinedine 和 Manes，2009）。特别是，奶制品中黄曲霉毒素污染对消费者构成严重的健康危害（Ruangwises 和 Ruangwises，2010）。奶制品中一种毒性特别大的黄曲霉毒素污染物是黄曲霉毒素 M_1（AFM_1），被归类为1类毒素（IARC，2012）。它是黄曲霉毒素 B_1 的主要代谢产物，由黄曲霉（*Asper gillus*）产生。AFM_1 通常由于饲喂黄曲霉毒素 B_1 污染饲料的奶牛排入生乳从而进入奶制品中（Prandini 等，2009）。由于 AFM_1 是热稳定的（仅在至少250℃的温度下才降解）（Ellis 等，1991），受污染的生乳中的 AFM_1 不能通过巴氏杀菌、超高温热处理或其他方法除去（Iqbal 等，2010）。

生乳 AFM_1 污染是在全球范围内引起公众极大关注的公共卫生问题（Tajkarimi 等，2008），因为许多国家都报告生乳中的 AFM_1 污染发生率很高（Elzupir 和 Elhussein，2010；Ertas 等，2011；Iqbal 和 Asi，2013；Kang'ethe 和 Lang'a，2009；Manetta 等，2009；Nuryono 等，2009；Oluwafemi 等，2014；Sani 等，2010）。为了减少这些高水平的 AFM_1 污染，大多数国家和地区的监管机构已制定了奶及奶制品中 AFM_1 的限量。许多国家法律限量的范围从50ng/L（如欧盟）到美国等国家的500ng/L。在中国，奶及奶制品中 AFM_1 的法定限量值也是500ng/L。

Zheng 等（2013）在2010年9月检测了从中国5个省份收集的360个生乳样品中

的 AFM_1 水平。他们发现 78.1%的生乳样品中 AFM_1 呈阳性。但是，这些样品中 AFM_1 的浓度范围为 5~123ng/L，远低于中国的法定限量值。值得注意的是，大约在同一时间（2010 年 8 月），Han 等（2013）评估了来自中国 10 个省份的 200 个生乳样品，然而他们发现 AFM_1 污染的阳性率要低得多（32.5%），所有样品均远低于中国法定限量值（5.2~59.6ng/L）。就样本阳性率而言，Zheng 等（2013）和 Han 等（2013）之间结果不一致。为更好地确定中国生乳 AFM_1 污染的总体状况，本研究检测了大量来自中国主要牛奶产区的生乳样本中 AFM_1 污染的发生率。

为了解决这个问题，在中国主要的牛奶产区（图 1）收集了 2016 年所有 4 个季节生产的 5650 份生乳样品。这项全面调查的结果将有助于未来的风险评估，从而有助于中国生乳中 AFM_1 污染的管理。

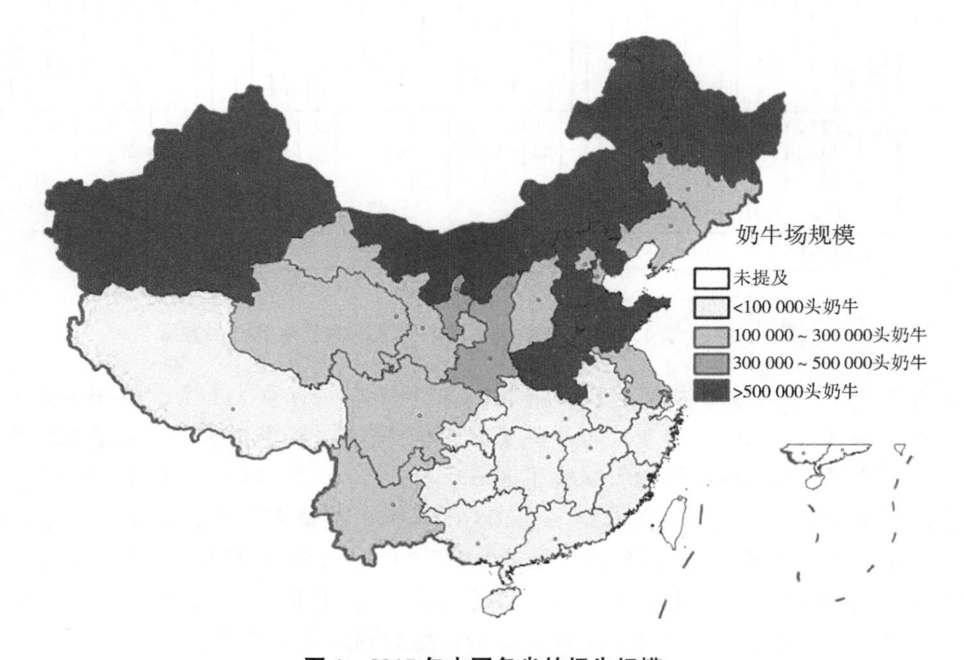

图 1　2015 年中国各省的奶牛规模

中国主要产奶地区包括河北、黑龙江、河南、内蒙古、山东、新疆等省（深灰色），这些省的奶牛群超过 50 万头。因此，为了获得更具代表性的中国生乳中黄曲霉毒素 M_1 污染状况，最好将重点放在这些主要的产奶地区

二、材料方法

1. 采样

总共从中国主要的牛奶生产地区（包括河北、黑龙江、河南、内蒙古、山东和新疆）采集了 5 650份生乳样品。样品分别在 2016 年冬季（2 月）、春季（4 月）、夏季（8 月）和秋季（10 月）采集（图 2）。

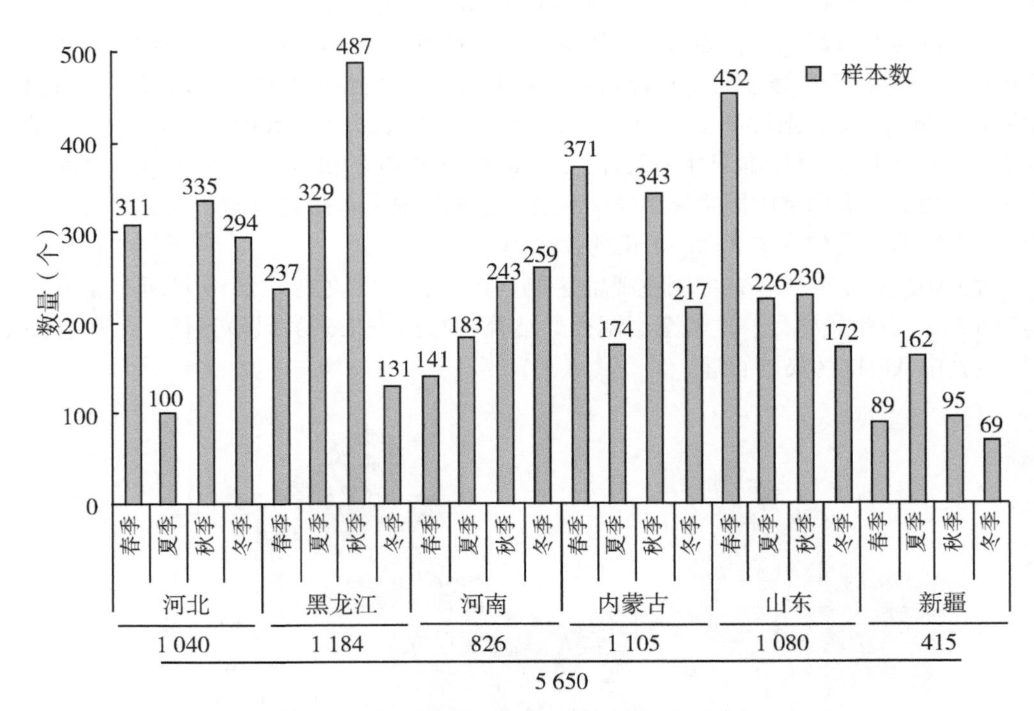

图 2　2016 年 4 个季度在中国主要产奶区采集的生乳样品数量

在这5 650个样本中，从河北省收集了1 040个样本（春季 311 个，夏季 100 个，秋季 335 个，冬季 294 个），黑龙江省收集了1 184个样本（春季 237 个，夏季 329 个，秋季 131 个，冬季 487 个），河南省采集了 826 个样本（春季 141 个，夏季 183 个，秋季 243 个，冬季 259 个），内蒙古采集了1 105个样本（春季 371 个，夏季 174 个，秋季 343 个，冬季 217 个样品），山东省采集了1 080个样品（春季 452 个，夏季 226 个，秋季 230 个，冬季 172 个），新疆采集了 415 个样品（春季 89 个，夏季 162 个，秋季 95 个，冬季 69 个。所有样品均直接从各个省份牧场的储奶罐中收集。

为确保样品能代表中国的生乳，所有样品按照 Felicio 等（2013）报道的方法采集。在分析之前，将生乳样品存储在 4℃。省级乳及乳制品检验中心对样品进行了 AFM_1 污染分析。所有分析均在样品有效期内完成。

2. 生乳中 AFM_1 水平的检测

使用酶联免疫吸附法测定生乳样品中 AFM_1 水平，检出限为 5ng/L（RIDASCREEN 黄曲霉毒素 M_1 检测试剂盒，R-Biopharm AG，Germany）。检测试剂盒中包含 AFM_1 标准品（包括 0ng/L、5ng/L、10ng/L、20ng/L、40ng/L 和 80ng/L）。根据制造商的说明书进行检测。

这项研究中的验证变量如下：检出限（LOD）= 5ng/L，定量限（LOQ）= 8.5ng/L，回收率=80%～120%，以及在重复性条件下计算的相对标准偏差（RSDr）< 10%。如果水平超过测定的检出限，则样品被视为 AFM_1 阳性。

3. 数据分析

所有生乳样品均重复2次试验。使用非参数检验对 AFM_1 浓度进行统计分析，然后使用SPSS Statis tics17.0（SPSS，Chicago，USA）对Mann-Whitney进行比较。对标准偏差（SD）也进行了计算。

三、结果

表1显示了2016年来自河北、黑龙江、河南、内蒙古、山东、新疆等省（区）的生乳样品中 AFM_1 污染情况。河北省仅有5个样品（0.48%）检测出 AFM_1，但低于欧盟（50ng/L）和我国（500ng/L）的生乳限量标准。黑龙江未发现有 AFM_1 污染的生乳，而河南省的生乳样品中 AFM_1 污染情况较常见（n=225），检出率为27.2%。内蒙古和山东省分别有3个（0.27%）和8个（0.74%）样品检测出 AFM_1，而新疆也存在 AFM_1 检出率较高的问题（6.3%），26个样品检测出 AFM_1。本试验所采集的5650份生乳样品中，有267个样品检测出 AFM_1，检出率为4.7%。2016年，我国奶业主产区的检出率按照由低至高的顺序分别为：黑龙江（0）、内蒙古（0.27%）、河北（0.48%）、山东（0.74%）、新疆（6.3%）和河南（27.2%）。

表1　2016年我国奶业主产区的生乳样品中 AFM_1 污染的发生率和分布情况

省份/季节	阳性/总样品数（%）[a]	阳性样品中 AFM_1 浓度的分布			最大值（ng/L）	平均值±标准差（ng/L）
		阳性但低于欧盟限量值[b]	高于欧盟限量值但低于中国限量值[c]	高于中国限量值[d]		
河北						
春	5/311（1.61%）	5	0	0	21.0	14.4±3.6
夏	0/100（0）	0	0	0	<5	—
秋	0/335（0）	0	0	0	<5	—
冬	0/294（0）	0	0	0	<5	—
合计	5/1040（0.48%）	5	0	0	21.0	14.4±3.6
黑龙江						
春	0/237（0）	0	0	0	<5	—
夏	0/329（0）	0	0	0	<5	—
秋	0/487（0）	0	0	0	<5	—
冬	0/131（0）	0	0	0	<5	—
合计	0/1184（0）	0	0	0	<5	—
河南						
春	14/141（9.93%）	12	2	0	94.9	27.5±20.1

（续表）

省份/季节	阳性/总样品数（%）[a]	阳性样品中 AFM_1 浓度的分布			最大值（ng/L）	平均值±标准差（ng/L）
		阳性但低于欧盟限量值[b]	高于欧盟限量值但低于中国限量值[c]	高于中国限量值[d]		
夏	22/183（12.0%）	19	3	0	114.0	34.1±21.7
秋	72/243（29.6%）	50	22	0	273.0	43.2±31.6
冬	117/259（45.2%）	108	9	0	412.0	27.9±40.4
合计	225/826（27.2%）	189	36	0	412.0	33.4±38.0
内蒙古						
春	0/371（0）	0	0	0	<5	—
夏	0/174（0）	0	0	0	<5	—
秋	3/343（0.87%）	3	0	0	46.0	27.0±8.8
冬	0/217（0）	0	0	0	<5	—
合计	3/1105（0.27%）	3	0	0	46.0	27.0±8.8
山东						
春	5/452（1.11%）	2	3	0	390.0	155.0±57.3
夏	3/226（1.33%）	3	0	0	9.4	7.8±1.3
秋	0/230（0）	0	0	0	<5	—
冬	0/172（0）	0	0	0	<5	—
合计	8/1080（0.74%）	5	3	0	390.0	100.0±39.4
新疆						
春	24/89（27.0%）	0	24	0	70.0	54.6±5.9
夏	0/162（0）	0	0	0	<5	—
秋	2/95（2.1%）	2	0	0	20.0	20.0±0.0
冬	0/69（0）	0	0	0	<5	—
合计	26/415（6.3%）	2	24	0	70.0	51.9±17.3

[a]当样品的 AFM_1 浓度不超过 5ng/L（这是 RIDASCREEN 黄曲霉毒素 M_1 测试试剂盒的检出限）时，该样品被视为阴性；

[b]当 AFM_1 浓度在 5~50ng/L 时，样品被认为是阳性但低于欧盟法律限量值；

[c]当 AFM_1 浓度在 50~500ng/L 时，样品被认为高于欧盟限量值但低于中国法定限量值；

[d]当 AFM_1 浓度超过 500ng/L 时，样品被认为超出了中国的法定限量值

所有的生乳样品中，AFM_1 浓度最高值为 412ng/L，来源于河南省。所有样品均未超过我国（500ng/L）的生乳限量标准，没有质量安全的问题。然而，欧盟的生乳限量

为 50ng/L，河南省有 36 个样品，山东省有 3 个样品，新疆有 24 个样品的 AFM_1 浓度超过了 50ng/L。因此，本试验中共计 63 个生乳样品（1.1%）超出了欧盟的生乳限量标准，不适合作为出口的奶及奶制品。其他省份的生乳样品均低于欧盟的生乳限量标准。

试验进一步对 4 个季度生乳的 AFM_1 污染情况进行分析。结果表明：冬季的生乳中 AFM_1 污染的发生率最高（10.2%），其次是秋季（4.4%）、春季（3.0%）和夏季（2.1%）（表 2）。

表 2　2016 年我国奶业主产区四季度的生乳样品 AFM_1 污染分布情况汇总

季节	阳性/总样品数（%）[a]	阳性样品中 AFM_1 浓度的分布			最大值 ng/L	平均值±标准差（ng/L）
		阳性但低于欧盟限量值[b]	高于欧盟限量值但低于中国限量值[c]	高于中国限量值[d]		
春	48/1 601(3.0%)	19	29	0	390	53.0±37.0
夏	25/1 174(2.1%)	22	3	0	114	30.9±21.6
秋	77/1 733(4.4%)	55	22	0	273	42.0±31.6
冬	117/1 142(10.2%)	108	9	0	412	27.9±46.9
合计	267/5 650(4.7%)	204	63	0	412	36.8±43.6

[a]当样品的 AFM_1 浓度不超过 5ng/L（这是 RIDASCREEN 黄曲霉毒素 M_1 测试试剂盒的检测极限）时，该样品被视为阴性；

[b]当 AFM_1 浓度在 5~50ng/L 时，样品被认为是阳性但低于欧盟法律限量值；

[c]当 AFM_1 浓度在 50~500ng/L 时，样品被认为高于欧盟限量值但低于中国法定限量值；

[d]当 AFM_1 浓度超过 500ng/L 时，样品被认为超出了中国的法定限量值

四、讨论

中国的六个主要牛奶产区是河北、黑龙江、河南、内蒙古、山东和新疆，2015 年，所有省份的牧场奶牛头数均超过 50 万头（图 1）。因此，要确定中国生乳中 AFM_1 污染的一般情况，最好将调查集中在这些地区。在本研究中，2016 年采集和检测的 5650 份生乳样品中有 4.7%被 AFM_1 污染。但是，没有一个被污染的样品超过中国和美国规定的限量值 500ng/L。AFM_1 污染的发生率远低于中国之前的两项研究（2010 年对生乳样品进行评估）的发生率（分别为 78.1%和 32.5%）（Han 等，2013；Zheng 等，2013）。这表明近年来中国生乳的安全性有所提高。这得益于中国政府对奶及奶制品质量安全的高度重视，目前奶及奶制品质量安全监测体系包含了良好生产规范（Good Management Practices，GMPs）、卫生标准操作规程（Sanitation Standard Operating Procedures，SSOPs）和危害分析与关键控制点管理（Hazard Analysis and Critical Control Point，HAC-CP）等一系列的安全控制措施。这些措施的实施能够显著地降低生乳中的 AFM_1 污染，提高质量安全和经济效益（Cusato 等，2013，2014）。因此，我们的结果有助于将来对

中国生乳中 AFM_1 污染进行风险分析和管理。

我们发现，中国生乳样品中 AFM_1 污染的发生率在冬季（10.2%）比春季、夏季或秋季高得多（分别为3.0%、2.1%和4.4%）。同样，Xiong 等（2013）报道，来自中国长江三角洲地区的生乳中，AFM_1 污染的频率与季节有关，并且 AFM_1 污染在冬季最为频繁。此外，Guo 等（2016）表明，在中国唐山地区生产的生乳样品在冬季有较高的 AFM_1 污染风险。这些结果与其他国家/地区的结果一致，包括克罗地亚、伊朗、巴基斯坦、塞尔维亚、泰国和土耳其（Bilandzic 等，2014；Falrah 等，2011；Golge，2014；Iqbal 和 Asi，2013；Ruangwises 和 Ruangwises，2009；Skrbic 等，2014）。这种季节性趋势反映出，通常在冬季会减少新鲜绿色饲料的供应，因此牛奶生产商会增加对浓缩饲料的使用。如果这些饲料在不适当的条件下存储，则泌乳奶牛产生的生乳中 AFM_1 污染的风险会增加（Bilandzic 等，2015）。因此，在冬季监测生乳中 AFM_1 的污染尤为重要。

表3列出了各国报道的生乳样品中 AFM_1 污染情况。它表明，在全球特定地理区域中，生乳中的 AFM_1 污染特别常见。2016年中国 AFM_1 污染的发生率（4.7%）仍高于新西兰（0）和英国（3%）（NZFSA，2012；UKFSA，2001），但低于巴西（100%）、克罗地亚（>46.1%）、埃及（38.0%）、印度尼西亚（57.5%）、伊朗（100%）、意大利（100%）、黎巴嫩（73.7%）、摩洛哥（27.1%）、尼日利亚（75.0%）、巴基斯坦（71.0%）和苏丹（95.5%）（Almeida Picinin 等，2013；Amer 和 Ibrahim，2010；Assem 等，2011；Bilandzic 等，2014；El Marnissi 等，2012；Elzupir 和 Elhussein，2010；Iqbal 和 Asi，2013；Manetta 等，2009；Nuroono 等，2009；Oluwafemi 等，2014；Sani 等，2010）。在中国，只有1.1%的生乳样品超过了欧盟法律规定的限量值，优于巴西（14.0%）、克罗地亚（27.8%）、埃及（20.0%）、伊朗（80.6%）、意大利（44.0%）、黎巴嫩（44.7%）、摩洛哥（8.3%）、尼日利亚（48.0%）、巴基斯坦（58.0%）和苏丹（83.3%）。生乳的 AFM_1 污染是一个全球性的问题，应当引起 AFM 污染高发生率和高超标率（以欧盟标准为参照）的国家足够的重视。根据 Iqbal 等（2015）研究表明，在发达国家，良好的储存措施和严格的规定，使得生乳中的 AFM_1 污染降低。因此，有必要严格实施良好的储存措施，从源头上降低饲料原料中黄曲霉毒素 B_1 的含量；严格执行奶及奶制品质量安全监测体系，保障奶及奶制品的质量安全（Campagnollo 等，2016；Iqbal 等，2015）。

表3 全球各个国家生乳中 AFM_1 污染发生率的比较和分析

国家	样品总数	阳性样品数（%）	高于欧盟限量值数量	参考文献
新西兰	303	0（0）	0（0）	NZFSA（2012）
英国	100	3（3.0%）	0（0）	UKFSA（2001）
中国	5 650	267（4.7%）	63（1.1%）	本研究
巴西	129	129（100%）	18（14.0%）	Almeida Picinin 等（2013）
克罗地亚	3 736	>1722（46.1%）[a]	1038（27.8%）	Bilandzic 等（2014）

（续表）

国家	样品总数	阳性样品数（%）	高于欧盟限量值数量	参考文献
埃及	50	19（38.0%）	10（20.0%）	Amer 和 Ibrahim（2010）
印度尼西亚	113	65（57.5%）	0（0）	Nuryono 等（2009）
伊朗	196	196（100%）	158（80.6%）	Sani 等（2010）
意大利	25	25（100%）	11（44.0%）	Manetta 等（2009）
黎巴嫩	38	28（73.7%）	17（44.7%）	Assem 等（2011 ）
摩洛哥	48	13（27.1%）	4（8.3%）	El Marnissi 等（2012）
尼日利亚	100	75（75.0%）	48（48.0%）	Oluwafemi 等（2014）
巴基斯坦	107	76（71.0%）	62（58.0%）	Iqbal 和 Asi（2013）
苏丹	44	42（95.5%）	35（83.3%）	Elzupir 和 Elhussein（2010）

[a]数据根据参考文献计算得出

五、结论

本研究表明，2016 年中国主要牛奶产区生产的5 650个生乳样品中有 4.7%的 AFM_1 检测呈阳性。但是，在5 650个样本中，只有 1.1%超出了欧盟法律限制，样本未出现 AFM_1 水平超过中国和美国的法律限量值。冬季，AFM_1 污染的发生率要高得多。因此，中国政府应在冬季特别严格地监控牛奶产量。

参考文献

Almeida Picinin L C, Oliveira Pinho Cerqueira M M, Vargas E A, et al, 2013. Influence of climate conditions on aflatoxin M_1 contamination in raw milk from Minas Gerais State, Brazil [J]. Food Control, 31 (2): 419-424.

Amer A A, Ibrahim M E, 2010. Determination of aflatoxin M_1 in raw milk and traditional cheeses retailed in Egyptian markets [J]. Journal of Toxicology and Environmental Health Sciences, 2 (4): 50-52.

Assem E, Mohamad A, Oula E A, 2011. A survey on the occurrence of aflatoxin M_1 in raw and processed milk samples marketed in Lebanon [J]. Food Control, 22 (12): 1856-1858.

Bilandzic N, Bozic D, Dokic M, et al, 2014. Seasonal effect on aflatoxin M_1 contamination in raw and UHT milk from Croatia [J]. Food Control, 40: 260-264.

Bilandzic N, Varenina I, Kolanovic B S, et al, 2015. Monitoring of aflatoxin M_1 in raw milk during four seasons in Croatia [J]. Food Control, 54: 331-337.

Campagnollo F B, Ganev K C, Khaneghah A M, et al, 2016. The occurrence and effect of unit operations for dairy products processing on the fate of aflatoxin M_1: A review [J]. Food Control, 68: 310-329.

Cusato S, Gameiro A H, Corassin C H, et al, 2013. Food safety systems in a small dairy factory: Implementation, major challenges, and assessment of systems' performances [J]. Foodborne Pathogens and Disease, 10 (1): 6-12.

Cusato S, Gameiro A, Sant'Ana A, et al, 2014. Assessing the costs involved in the implementation of GMP and

HACCP in a small dairy factory [J]. Quality Assurance and Safety of Crops & Foods, 6 (2): 135-139.

El Marnissi B, Belkhou R, Morgavi D P, et al, 2012. Occurrence of aflatoxin M_1 in raw milk collected from traditional dairies in Morocco [J]. Food and Chemical Toxicology, 50 (8): 2819-2821.

Ellis W, Smith J, Simpson B, et al, 1991. Aflatoxins in food: Occurrence, biosynthesis, effects on organisms, detection, and methods of control [J]. Critical Reviews in Food Science and Nutrition, 30 (4): 403-439.

Elzupir A O, Elhussein A M, 2010. Determination of aflatoxin M_1 in dairy cattle milk in Khartoum State, Sudan [J]. Food Control, 21 (6): 945-946.

Ertas N, Gonulalan Z, Yildirim Y, et al, 2011. A survey of concentration of aflatoxin M_1 in dairy products marketed in Turkey [J]. Food Control, 22 (12): 1956-1959.

Fallah A A, Rahnama M, Jafari T, et al, 2011. Seasonal variation of aflatoxin M-1 contamination in industrial and traditional Iranian dairy products [J]. Food Control, 22 (10): 1653-1656.

Felicio T, Esmerino E, Cruz A, et al, 2013. Cheese. What is its contribution to the sodium intake of Brazilians? [J]. Appetite, 66: 84-88.

Golge O, 2014. A survey on the occurrence of aflatoxin M-1 in raw milk produced in Adana province of Turkey [J]. Food Control, 45: 150-155.

Guo L, Zheng N, Zhang Y, et al, 2016. A survey of seasonal variations of aflatoxin M_1 in raw milk in Tangshan region of China during 2012-2014 [J]. Food Control, 69: 30-35.

Han R W, Zheng N, Wang J Q, et al, 2013. Survey of aflatoxin in dairy cow feed and raw milk in China [J]. Food Control, 34 (1): 35-39.

IARC, 2012. In Monographs on the evaluation of carcinogenic risks to humans: Chemical agents and related occupations (Vol. 100F, pp. 224-248) [R]. Lyon, France: International Agency for Research on Cancer.

Iqbal S Z, Asi M R, 2013. Assessment of aflatoxin M-1 in milk and milk products from Punjab, Pakistan [J]. Food Control, 30 (1): 235-239.

Iqbal S Z, Jinap S, Pirouz A, et al, 2015. Aflatoxin M_1 in milk and dairy products, occurrence and recent challenges: A review [J]. Trends in Food Science & Technology, 46 (1): 110-119.

Iqbal S Z, Paterson R, Bhatti I A, et al, 2010. Survey of aflatoxins in chillies from Pakistan produced in rural, semi-rural and urban environments [J]. Food Additives and Contaminants, 3 (4): 268-274.

Li S L, Min L, Wang P P, et al, 2017. Aflatoxin M_1 contamination in raw milk from major milk-producing areas of China during four seasons of 2016 [J]. Food Control, 82: 121-125.

Kang'ethe E K, Lang'a K A, 2009. Aflatoxin B_1 and M_1 contamination of animal feeds and milk from urban centers in Kenya [J]. African Health Sciences, 9 (4): 218-226.

Manetta A C, Giammarco M, Di Giuseppe L, et al, 2009. Distribution of aflatoxin M-1 during Grana Padano cheese production from naturally contaminated milk [J]. Food Chemistry, 113 (2): 595-599.

Nuryono N, Agus A, Wedhastri S, et al, 2009. A limited survey of aflatoxin M_1 in milk from Indonesia by ELISA [J]. Food Control, 20 (8): 721-724.

Oluwafemi F, Badmos A O, Kareem S O, et al, 2014. Survey of aflatoxin M-1 in cows' milk from free-grazing cows in Abeokuta, Nigeria [J]. Mycotoxin Research, 30 (4): 207-211.

Prandini A, Tansini G, Sigolo S, et al, 2009. On the occurrence of aflatoxin M_1 in milk and dairy products [J]. Food and Chemical Toxicology, 47 (5): 984-991.

Ruangwises S, Ruangwises N, 2009. Occurrence of aflatoxin M-1 in pasteurized milk of the school milk project in Thailand [J]. Journal of Food Protection, 72 (8): 1761-1763.

Ruangwises N, Ruangwises S, 2010. Aflatoxin M_1 contamination in raw milk within the central region of Thailand [J]. Bulletin of Environmental Contamination and Toxicology, 85 (2): 195-198.

Sani A M, Nikpooyan H, Moshiri R, 2010. Aflatoxin M-1 contamination and antibiotic residue in milk in Khorasan province, Iran [J]. Food and Chemical Toxicology, 48 (8-9): 2130-2132.

Skrbic B, Zivancev J, Antic I, et al, 2014. Levels of aflatoxin M_1 in different types of milk collected in Serbia: Assessment of human and animal exposure [J]. Food Control, 40: 113-119.

Tajkarimi M, Aliabadi-Sh F, Nejad A S, et al, 2008. Aflatoxin M_1 contamination in winter and summer milk in 14 states in Iran [J]. Food Control, 19 (11): 1033-1036.

Xiong J, Wang Y, Ma M, et al, 2013. Seasonal variation of aflatoxin M_1 in raw milk from the Yangtze River Delta region of China [J]. Food Control, 34 (2): 703-706.

Zheng N, Wang J Q, Han R W, 2013. Survey of aflatoxin M_1 in raw milk in the five provinces of China [J]. Food Additives & Contaminants Part B-surveillance, 6 (2): 110-115.

Zinedine A, Manes J, 2009. Occurrence and legislation of mycotoxins in food and feed from Morocco [J]. Food Control, 20 (4): 334-344.

中国厂家生产婴幼儿配方奶粉所用生乳中黄曲霉毒素 M_1 的含量

这项调查是为了研究中国婴幼儿配方奶粉制造商所用生乳中黄曲霉毒素 M_1 的污染情况。2016 年 4 个季度，在中国东北、西北、华北和中部的 11 个省和 1 个直辖市总共收集了1 207个生乳样品。结果表明，1 207个生乳样品中有 56 个（4.64%）呈 AFM_1 阳性。这些样品分别是黑龙江 2 个样本、甘肃 1 个样本、陕西 46 个样本、北京 1 个样本、湖南 6 个样本。2016 年婴幼儿配方奶粉制造商的生乳样品均未超过中国规定的标准 62.5ng/L。只有极少数的生乳样品不符合欧盟或美国的标准。此外，基于这项调查和之前的研究发现冬季预防生乳黄曲霉毒素 M_1 污染特别重要。

关键词：黄曲霉毒素 M_1；生乳；婴幼儿配方奶粉；季节；中国

一、简介

牛奶由于营养价值极高，被认为是所有年龄段消费者的理想天然食品（Zulueta 等，2009）。因此，它可用于生产功能性乳制品（Balthazar 等，2017）。人类对功能性乳制品的消费需求的不断增加推动了世界乳制品市场的发展（Dantas 等，2016）。但是，这也存在着潜在的风险，黄曲霉毒素 M_1 很有可能通过乳制品进入人的体内（Skrbic 等，2014）。黄曲霉毒素 M_1 被列为 1 类毒素（IARC，2012），可能会引起免疫抑制、致癌性和致畸作用（Nemati 等，2010）。避免生乳中黄曲霉毒素 M_1 污染的风险管理与控制奶牛黄曲霉毒素 M_1 摄入量是密切相关的。最近的研究据报道，超过 83.3%的中国饲料受到黄曲霉毒素 M_1 的污染（Ma 等，2018）。显然，黄曲霉毒素 M_1 对生乳的污染是威胁公众健康的重要问题（Tajkarimi 等，2008）。此外，黄曲霉毒素 M_1 具有热稳定性，只有在至少 250℃的温度下才会降解。也就是说被黄曲霉毒素 M_1 污染生乳，即使在牛奶热处理后，最终乳制品如奶粉中仍会有黄曲霉毒素 M_1 的残留（Campagnollo 等，2016）。

市售奶制品中黄曲霉毒素 M_1 的出现推动了建立控制黄曲霉毒素 M_1 污染的措施，尤其是针对婴幼儿配方奶粉制定的措施（Skrbic 等，2014）。由于婴儿对牛奶的摄入量高，所以曝光奶粉中黄曲霉毒素 M_1 的污染尤其会引起人们的关注（Lopez 等，2003）。婴儿中毒素的生物转化能力通常比成人慢，这可能使得毒素在婴儿体内的循环时间较长，继而导致新生儿生长发育迟缓（Sadeghi 等，2009）。显然，婴儿是最容易受到黄曲霉毒素 M_1 有害影响的人群（Erkekoglu 等，2008）。大多数国家已经设定生乳及乳制品

中黄曲霉毒素 M_1 的限量。这些范围从欧盟 50ng/L 到美国 500ng/L（Rama 等，2015）。但是，由于婴儿对黄曲霉毒素 M_1 的敏感性，欧盟和美国婴幼儿配方奶粉中的黄曲霉毒素 M_1 限值规定为 25ng/L（Sadeghi 等，2009）。

2008 年 9 月，在中国的婴幼儿配方奶粉中发现的高浓度的三聚氰胺导致了婴儿严重疾病（Shen 等，2010）。此后，中国政府在控制生乳和婴幼儿配方奶粉的安全性方面做了更多工作。中国政府制定了适用于不同地区的奶牛场的整体管理体系，例如进行牛奶安全国家检查、资助奶农改善育种条件并给奶牛场员工进行安全技能培训（Zheng 等，2013a）。中国婴幼儿配方奶粉中允许的黄曲霉毒素 M_1 最高含量为 62.5ng/L（基于 GB 2761—2017，中国国家标准）。但是，也有极少数的数据显示中国用于生产婴幼儿配方奶粉的生乳中含有黄曲霉毒素 M_1。为了解决这个问题，也为了更好地证明中国婴幼儿配方奶粉的安全性，本试验在 2016 年从婴幼儿配方奶粉制造商那里收集了 1 207个生乳样品。

二、材料方法

1. 样品收集

为了分析最具有代表性的中国婴幼儿配方奶粉制造商的生乳样品，采样方法如之前报道的方法进行（Felicio 等，2013）。在 2016 年 4 个季节 4 个不同地区（中国东北、西北、华北和中部地区）总共收集了 1 207个生乳样品，其中春季 480 个、夏季 229 个、秋季为 128 个、冬季为 370 个。

其中，从东北地区黑龙江、吉林和辽宁采集了 670 个样本，从西北地区甘肃、宁夏和陕西收集了 409 个样本，从华北地区北京、河北和河南收集了 64 个样本，从中部地区安徽、湖北和湖南收集了 64 个样本。

2. 样品制备

将生乳样品放置在 4℃条件下保存。分析之前，将 4℃液体样品以 3 000×*g* 转速离心 10min，完全去除上层乳脂层，然后收集上清液待用。

3. ELISA 分析黄曲霉毒素 M_1

脱脂后样品中黄曲霉毒素 M_1 的定量分析采用酶联免疫吸附测定（ELISA）测试试剂盒（RIDASCREEN 黄曲霉毒素 M_1，R-Biopharm AG，Darmstadt，Germany）。根据说明书进行试验。

根据试剂盒中的标准液（0ng/L、5ng/L、10ng/L、20ng/L、40ng/L 和 80ng/L）得到黄曲霉毒素 M_1 的校准曲线，从而计算得到样品中黄曲霉毒素 M_1 的浓度。如果样本超过测定的检出限 5ng/L，认为该样品是对黄曲霉毒素 M_1 呈阳性。一个样本中黄曲霉毒素 M_1 浓度大于 80ng/L 需用测试试剂盒中的样品稀释液稀释并重新分析。

在本研究中，计算了验证参数，并显示如下：检出限 LOD＝5ng/L，定量限 LOQ＝8.5ng/L，回收率＝85%～110%，相对在重复性条件下计算的标准偏差<8%。验证结果表明，这项研究中的数据具有可靠性并可用作进一步分析。

4. 数据分析

所有生乳样品分析 2 次。黄曲霉毒素 M_1 浓度表示为平均值±标准差，以便显示 2016 年在中国 4 个地区（东北、西北、华北和华中地区）婴幼儿配方奶粉厂家的生乳样品中黄曲霉毒素 M_1 的含量。通过使用非参数检验对黄曲霉毒素 M_1 浓度进行了统计分析，然后使用 SPSS Statistics 17.0 进行 Mann-Whitney 比较（SPSS，Inc.，Chicago，IL，USA）。

三、结果与讨论

1 207 个生乳样品中共有 56 个（4.64%）样品呈黄曲霉毒素 M_1 阳性。如表 1 所示，黑龙江、吉林、辽宁有 2 个样本为阳性，甘肃、宁夏、陕西有 47 个，北京、河北、河南有 1 个，安徽、湖北、湖南为 6 个。在华中地区来自湖南的样本中黄曲霉毒素 M_1 的浓度最高，为 60ng/L。中国不同地区的婴幼儿配方奶粉生产商生乳中的黄曲霉毒素 M_1 的浓度没有显著差异（$P>0.05$）。所有含黄曲霉毒素 M_1 的样品其浓度均低于中国和美国生乳和奶制品中允许的最高水平（500ng/L）。最近，Li 等（2017a）报告了中国生乳中黄曲霉毒素 M_1 污染现状。这项全面调查的结果表明，2016 年仅 1.1%的样品中的黄曲霉毒素 M_1 浓度超过了欧盟限量（50ng/L），但所有的样品都符合中国和美国限量（500ng/L）。近些年中国引入的一系列措施监控和提高生乳及奶制品加工安全性，取得了显著的成果（Li 等，2017b）。值得一提的是，保证质量体系在乳制品行业的应用大大提高了牛奶的安全性（Cusato 等，2013，2014）。质量体系包括良好生产规范、卫生标准操作程序、危害分析关键控制点。总体而言，在全球范围内的牛奶产品中建立了针对黄曲霉毒素问题的连续监测系统的意识得到提高（Dimitrieska-Stojkovic 等，2016）。

如图 1 所示，黄曲霉毒素 M_1 阳性生乳样品来自黑龙江省的有 2 个、甘肃 1 个、陕西 46 个、北京 1 个、湖南省 6 个。这些样品可能与地理和气候差异、饲喂系统、农场管理规范及卫生条件的差异因素有关（Rama 等，2015）。确定是哪些因素导致生乳样品呈黄曲霉毒素 M_1 阳性很重要。Michlig 等（2016）报道了生乳中存在黄曲霉毒素 M_1 风险的相关因素。农场养殖集约化、补充商业饲料、玉米、棉籽均有可能导致牛奶受到黄曲霉毒素 M_1 的污染。因此，在这些地区监测黄曲霉毒素尤其是饲料和用于生产婴幼儿配方奶粉的生乳中的黄曲霉毒 M_1 污染特别重要。印度的一项研究报告称，婴儿配方食品中黄曲霉毒素 M_1 的浓度范围为 143~770ng/L（Rastogi 等，2004），不符合婴幼儿配方奶粉出口的标准。在土耳其的药房和超市中随机收集了 63 个婴幼儿配方奶粉，发现黄曲霉毒素 M_1 的浓度为 60~320ng/L（Baydar 等，2007），不符合婴幼儿配方奶粉出口的标准。在韩国收集了 100 份主要用于制备婴幼儿配方奶粉、酸奶、其他乳制品的生乳样品，其中 48 个样品黄曲霉毒素 M_1 浓度平均为 26ng/L（Lee 等，2009）。对意大利对 14 个婴幼儿配方奶粉领先品牌中黄曲霉毒素 M_1 含量进行了的调查，结果发现，在 185 个样本中，2 个样本发现了黄曲霉毒素 M_1，但含量低于欧盟的限量 25ng/L（Meucci 等，2010）。西班牙 69 个婴幼儿配方奶粉样本中有 37.7%样品被检测到存在黄曲霉毒素 M_1，其浓度范围为 0.6~11.6ng/L（Gómez-Arranz 等，2010）。根据表 1 中显示的结果，应当指出，有 13 个（1.08%）生乳样品在欧盟和美国不适合用于生产婴幼儿配方奶粉（欧盟和美国黄曲霉毒素 M_1 上限为 25ng/L）。2016 年所有厂家生产婴幼儿配方奶粉的原料均没有超过中国所允许的标准（62.5ng/L）。

表 1　2016 年中国 4 个地区婴幼儿配方奶粉生产商的生乳中黄曲霉毒素 M_1 的浓度分布

地区	省份	阳性/总样品	阳性样品中 AFM_1 浓度（ng/L）的分布				最大值 ng/L	平均值±标准差（ng/L）[e]
			<25[a]	25~50[b]	50~62.5[c]	62.5~500[d]		
中国东北	黑龙江，吉林，辽宁	2/670（0.30%）	1	1	0	0	25.5	20.7±6.8
中国西北	甘肃，宁夏，陕西	47/409（11.49%）	42	4	1	0	55	19.9±21.6
北京周边	北京，河北，河南	1/64（1.56%）	0	1	0	0	40	40
湖南周边	安徽，湖北，湖南	6/64（9.38%）	0	4	2	0	60	46.7±10.4
合计	11 个省+1 市	56/1 207(4.64%)	43	10	3	0	60	14.8±15.9

[a] 欧盟和美国的婴幼儿配方奶粉中允许的 AFM_1 最高含量为 25ng/L；

[b] 欧盟的牛奶和奶制品中的 AFM_1 最高含量为 50ng/L；

[c] 中国婴幼儿配方奶粉中允许的最大 AFM_1 水平为 62.5ng/L；

[d] 在中国和美国，牛奶和奶制品的 AFM_1 最高允许含量为 500ng/L；

[e] 平均值±标准差由阳性样本的值计算得出。婴幼儿配方奶粉制造商生产的生乳中 AFM_1 的浓度在中国四个地区没有显著差异（$P>0.05$）

之前的研究表明，在中国冬季生乳样品中黄曲霉毒素 M_1 污染的发生率要比其他季节要高得多（Li 等，2017a）。为了全面地了解季节对生乳中黄曲霉毒素 M_1 污染的影响，对 4 个季节所有的呈阳性样品分布做了评估，如图 2 所示。春季、夏季、秋季、冬季分别为 5 个、2 个、3 个、46 个样本。因此，很明显生乳样品在冬季受到黄曲霉毒素 M_1 污染的风险较高，占 82.14%。中国的这种季节性趋势与其他地区的趋势一致，例如，克罗地亚、伊朗、巴基斯坦、塞尔维亚、泰国和土耳其（Skrbic 等，2014；Bilandžic 等，2014；Fallah 等，2012；Iqbal 等，2013；Ruangwises 等，2009；Golge，2014）。这些研究证实在冬季全球生乳中黄曲霉毒素 M_1 的发生更为普遍。其原因与冬季新鲜绿色饲料的可利用性降低有关，黄曲霉毒素污染青贮饲料和其他储存饲料的风险更高。当奶牛摄入被毒素污染的饲料后，其生乳中就可能会含有较高浓度的黄曲霉毒素 M_1（Bilandžic 等，2015）。可以得出结论，奶牛饲料初级生产中系统控制黄曲霉毒素 B_1 可使生乳中黄曲霉毒素 M_1 浓度降低（Bilandžic 等，2016）。因此，应采取良好的生产规范并执行严格的法规，以减少和避免冬季的 AFM_1 污染（Iqbal 等，2015）。

四、结论

监测近年来中国生乳和奶制品中 AFM_1 污染的频率（Zheng 等，2013a；Li 等，

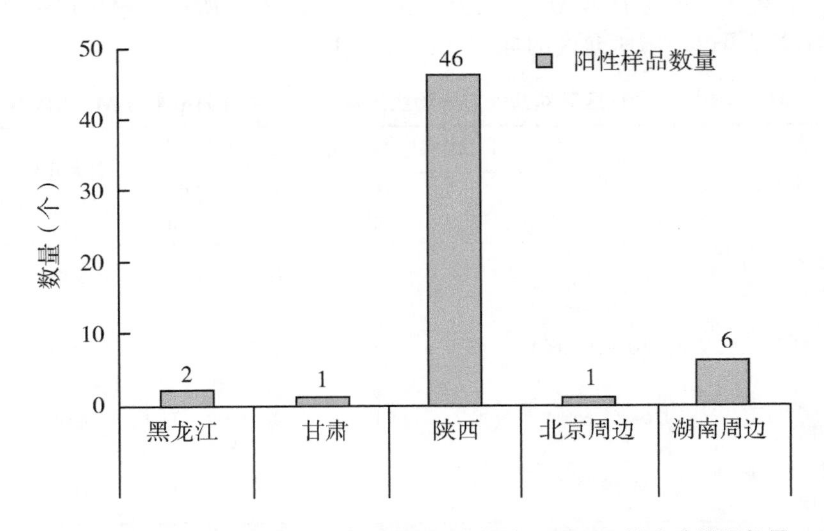

图 1　来自中国地区婴幼儿配方奶粉制造商的 AFM_1 阳性生乳样品数量

从中国东北（黑龙江、吉林和辽宁）采集了 670 个样本，从中国西北（甘肃、宁夏和陕西）采集了 409 个样本，从北京周边（北京、河北和河南）采集了 64 个样本，以及 64 个来自湖南周边（来自安徽、湖北和湖南）

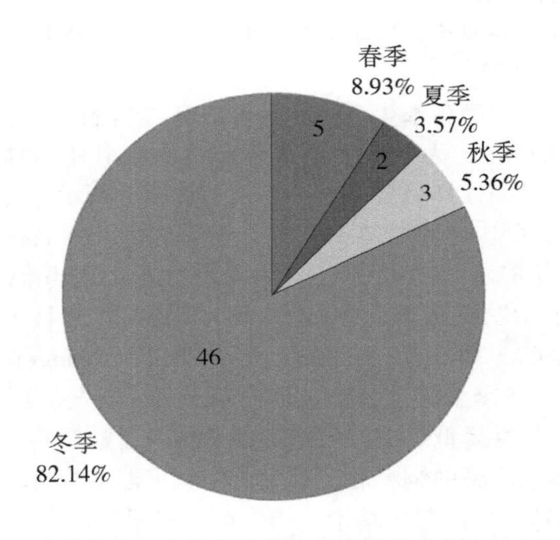

图 2　在所有 4 个季节中，中国婴幼儿配方奶粉制造商的 AFM_1 阳性样本分布

春季、夏季、秋季和冬季分别收集了 5、2、3 和 46 个阳性样本

2017a；Li 等，2017b；Zheng 等，2013b；Han 等，2013；Guo 等，2016）。一系列调查结果表明，近年来中国牛奶的质量和安全性已有所改善。2016 年所有的婴幼儿配方奶粉制造商的生乳黄曲霉毒素污染均未超标，符合中国的限量要求 62. 5ng/L。只有极少

数生乳样品不符合欧盟或美国的要求。此外，生乳样品在冬季极易受黄曲霉毒素 M_1 污染。因此，要严格规范地执行良好的贮藏方法来避免这一现状。

参考文献

Balthazar C F, Silva H L A, Cavalcanti R N, et al, 2017. Prebiotics addition in sheep milk ice cream: A rheological, microstructural and sensory study [J]. Funct. Foods, 35: 564-573.

Baydar T, Erkekoglu P, Sipahi H, et al, 2007. Aflatoxin B_1, M_1 and Ochratoxin A levels in infant formulae and baby foods marketed in Ankara, Turkey [J]. Food Drug Anal, 15: 89-92.

Bilandžic N, Božic D, Dokic M, et al, 2014. Seasonal effect on aflatoxin M_1 contamination in raw and UHT milk from Croatia [J]. Food Control, 40: 260-264.

Bilandžic N, Tankovic S, Jelušic V, et al, 2016. Aflatoxin M_1 in raw and UHT cow milk collected in Bosnia and Herzegovina and Croatia [J]. Food Control, 68: 352-357.

Bilandžic N, Varenina I, Kolanovic B S, et al, 2015. Monitoring of aflatoxin M_1 in raw milk during four seasons in Croatia [J]. Food Control, 54: 331-337.

Campagnollo F B, Ganev K C, Khaneghah A M, et al, 2016. The occurrence and effect of unit operations for dairy products processing on the fate of aflatoxin M_1: A review [J]. Food Control, 68: 310-329.

Cusato S, Gameiro A, Sant'Ana A, et al, 2014. Assessing the costs involved in the implementation of GMP and HACCP in a small dairy factory. Qual. Assur. Saf. Crop [J]. Foods, 6: 135-139.

Cusato S, Gameiro A H, Corassin C H, et al, 2013. Food safety systems in a small dairy factory: Implementation, major challenges, and assessment of systems' performances [J]. Foodborne Pathog. Dis. 2013, 10, 6.

Dantas A B, Jesus V F, Silva R, et al, 2016. Manufacture of probiotic Minas Frescal cheese with Lactobacillus casei Zhang [J]. Dairy Sci, 99: 18-30.

Dimitrieska-S E, Stojanovska-D B, Ilievska G, et al, 2016. Assessment of aflatoxin contamination in raw milk and feed in Macedonia during 2013 [J]. Food Control, 59: 201-206.

Erkekoglu P Sahin G, Baydar T, 2008. A special focus on mycotoxin contamination in baby foods: Their presence and regulations. FABAD [J]. Pharm. Sci, 33: 51-66.

Fallah A A, Rahnama M, Jafari T, et al, 2011. Seasonal variation of aflatoxin M-1 contamination in industrial and traditional Iranian dairy products [J]. Food Control, 22: 1653-1656.

Felicio T, Esmerino E, Cruz A, et al, 2013. Cheese. What is its contribution to the sodium intake of Brazilians? [J]. Appetite, 66: 84-88.

Golge O, 2014. A survey on the occurrence of aflatoxin M-1 in raw milk produced in Adana province of Turkey [J]. Food Control, 45: 150-155.

Gómez-Arran E, Navarro-Blasco I, 2010. Aflatoxin M_1 in Spanish infant formulae: Occurrence and dietary intake regarding type, protein-base and physical state [J]. Food Addit. Contam. Part B, 3: 193-199.

Guo L, Zheng N, Zhang Y, et al, 2016. A survey of seasonal variations of aflatoxin M_1 in raw milk in Tangshan region of China during 2012-2014 [J]. Food Control, 69: 30-35.

Han R W, Zheng N, Wang J Q, et al, 2013. Survey of aflatoxin in dairy cow feed and raw milk in China [J]. Food Control, 34: 35-39.

IARC, 2012. Monographs on the Evaluation of Carcinogenic Risks to Humans: Chemical Agents and Related Occupations [R]; International Agency for Research on Cancer: Lyon, France, 100F: 224-248.

Iqbal S Z, Asi M R, 2013. Assessment of aflatoxin M-1 in milk and milk products from Punjab, Pakistan [J]. Food Control, 30: 235-239.

Iqbal S Z, Jinap S, Pirouz, A, et al, 2015. Aflatoxin M_1 in milk and dairy products, occurrence and recent challenges: A review [J]. Trends Food Sci. Technol, 46: 110-119.

Lee J E, Kwak B-M, Ahn J-H, et al, 2009. Occurrence of aflatoxin M_1 in raw milk in South Korea using an immunoaffinity column and liquid chromatography [J]. Food Control, 20, 136-138.

Li S, Min L, Wang P, et al, 2017a. Aflatoxin M_1 contamination in raw milk from major milk-producing areas of China during four seasons of 2016 [J]. Food Control, 82: 121-125.

Li S, Min L, Wang P, et al, 2017b. Occurrence of aflatoxin M_1 in pasteurized and UHT milks in China in 2014-2015 [J]. Food Control, 78: 94-99.

Li SL, Min L, Wang G, et al, 2018. Occurrence of Aflatoxin M_1 in Raw Milk from Manufacturers of Infant Milk Powder in China [J]. Int. J. Environ. Res. Public Health, 15, 879.

Lopez C, Ramos L, Ramadan S, et al, 2003. Presence of aflatoxin M_1 in milk for human consumption in Argentina [J]. Food Control, 14: 31-34.

Ma R, Zhang L, Liu M, et al, 2018. Individual and Combined Occurrence of Mycotoxins in Feed Ingredients and Complete Feeds in China [J]. Toxins, 10, 113.

Meucci V, Razzuoli E, Soldani G, et al, 2010. Mycotoxin detection in infant formula milks in Italy [J]. Food Addit. Contam, 27: 64-71.

Michlig N, Signorini M, Gaggiotti M, et al, 2016. Risk factors associated with the presence of aflatoxin M_1 in raw bulk milk from Argentina [J]. Food Control, 64: 151-156.

Nemati M, Mehran M A, Hamed P K, et al, 2010. A survey on the occurrence of aflatoxin M_1 in milk samples in Ardabil, Iran [J]. Food Control, 21: 1022-1024.

Rama A, Latifi F, Bajraktari D, et al, 2015. Assessment of aflatoxin M_1 levels in pasteurized and UHT milk consumed in Prishtina, Kosovo [J]. Food Control, 57: 351-354.

Rastogi S, Dwivedi P D, Khanna S K, et al, 2004. Detection of Aflatoxin M_1 contamination in milk and infant milk products from Indian markets by ELISA [J]. Food Control, 15: 287-290.

Ruangwises S, Ruangwises N, 2009. Occurrence of Aflatoxin M-1 in Pasteurized Milk of the School Milk Project in Thailand [J]. Food Prot, 72: 1761-1763.

Sadeghi N, Oveisi M R, Jannat B, et al, 2009. Incidence of aflatoxin M_1 in human breast milk in Tehran, Iran [J]. Food Control, 20: 75-78.

Shen J, Wang J, Wei H, et al, 2010. Transfer efficiency of melamine from feed to milk in lactating dairy cows fed with different doses of melamine [J]. Dairy Sci, 93: 2060-2066.

Škrbic B, Živancev J, Antic I, et al, 2014. Levels of aflatoxin M_1 in different types of milk collected in Serbia: Assessment of human and animal exposure [J]. Food Control, 40: 113-119.

Tajkarimi M, Aliabadi-Sh F, Nejad A S, et al, 2008. Aflatoxin M_1 contamination in winter and summer milk in 14 states in Iran [J]. Food Control, 19: 1033-1036.

Zheng N, Sun P, Wang J, et al, 2013a. Occurrence of aflatoxin M_1 in UHT milk and pasteurized milk in China market [J]. Food Control, 29: 198-201.

Zheng N, Wang J Q, Han R W, et al, 2013b. Survey of aflatoxin M_1 in raw milk in the five provinces of China [J]. Food Addit. Contam. Part B Surveill, 6: 110-115.

Zulueta A, Maurizi A, Frigola A, et al, 2009. Antioxidant capacity of cow milk, whey and deproteinized milk [J]. Int. Dairy J, 19: 380-385.

中国市场超高温灭菌牛奶和巴氏杀菌牛奶中黄曲霉毒素 M_1 的污染情况

在本研究中，使用ELISA方法评估了2010年7月和9月收集的153个UHT奶样品和2010年9月收集的26个巴氏杀菌牛奶样品中黄曲霉毒素 M_1 的污染情况。结果发现，54.9%的UHT样品中检测到了黄曲霉毒素 M_1，浓度范围为0.006~0.160μg/L。此外，96.2%的巴氏杀菌牛奶样品呈黄曲霉毒素 M_1 阳性，其浓度范围为0.023~0.154μg/L。所有呈阳性样本中黄曲霉毒素 M_1 的浓度均远低于中国的标准0.5μg/L。同时20.3%的UHT牛奶样品和65.4%的巴氏杀菌牛奶样品中黄曲霉毒素 M_1 的含量超过了欧盟的标准0.05μg/L。

关键词：发生；黄曲霉毒素 M_1；UHT奶；巴氏杀菌奶；中国市场

一、简介

黄曲霉毒素主要是由黄曲霉和寄生曲霉产生的有毒代谢产物。其中黄曲霉毒素 B_1 的毒性最高，已被世界卫生组织国际癌症研究机构IARC指定为主要的致癌化合物（Bakirci，2001）。

有研究在干燥不当的牛饲料中发现了黄曲霉毒素 B_1（Decastelli等，2007）。奶牛食用被黄曲霉毒素 B_1 污染的饲料后，牛奶中会产生黄曲霉毒素 B_1 的羟基化代谢产物，称为黄曲霉毒素 M_1（Diaz和Espitia，2006）。黄曲霉毒素 M_1 的毒性比黄曲霉毒素 B_1 低，被IARC归类为2类致癌化合物（Bakirci，2001）。黄曲霉毒素 M_1 会引起畸形和突变，对人类健康构成威胁（Sassahara等，2005）。黄曲霉毒素 M_1 是一种非常稳定的黄曲霉毒素，在储存或加工过程中，如巴氏杀菌、高压灭菌或其他生产液态奶的其他方法，均不会破坏其毒素结构（Tajkarimi等，2008）。

液态奶包括巴氏杀菌奶和超高温灭菌奶，是人类消费最多的乳产品。其黄曲霉毒素 M_1 的浓度与人体健康密切相关。许多国家的监管机构对牛奶中黄曲霉毒素 M_1 的浓度制定了最大限量的规定，例如欧盟的最大限量为0.05μg/L，美国的最大限量为0.5μg/L［委员会条例（EC），2006］。其他国家如巴西和伊朗进行了国家调查以评估液体奶中黄曲霉毒素 M_1 的含量，以便采取有效措施来确保牛奶安全（Fallah，2010；Shundo等，2009）。

在中国，牛奶中黄曲霉毒素 M_1 的合法上限为0.5μg/L。在Pei等（2009）的研究中，对中国东北采集的104个乳制品样品进行了 AFM_1 分析。尽管所有样本均在中国的法定限制范围内，但是40%的样品中的黄曲霉毒素 M_1 浓度在0.32~0.50μg/L，也就是说样品中黄曲霉毒素 M_1 的浓度很高，接近国家合法浓度的上限。基于先前研究结果，表明有必要对样品中的黄曲霉毒素 M_1 继续进行评估。在本研究中，从中国人口稠密的城市收集了由大型乳制品公司生产的巴氏杀菌奶和超高温灭菌奶样品，并分析了它们的黄曲霉毒素 M_1 含量。

二、材料方法

1. 收集样品

2010年7月和9月，在中国25个人口最多的城市的超市中，总共收集了153个UHT牛奶样品，包括中国的主要乳制品品牌（Ⅰ、Ⅱ、Ⅲ、Ⅳ）。根据它们的包装，2010年7月收集的67%的样品生产于2010年6月，2010年9月收集的64%样品生产于2010年8月。2010年9月，从北京和上海的超级市场收集了26种巴氏杀菌牛奶样本，包括中国的主要乳制品品牌（Ⅰ、Ⅱ），这些巴氏杀菌牛奶样品生产于2010年9月。在检测分析之前，UHT样本在室温下保存，巴氏杀菌牛奶样品在4℃下保存。

2. 黄曲霉毒素 M_1 测定

在10℃下将8mL牛奶样品在3 500×*g*离心10min脱脂，取上清液进行了黄曲霉毒素 M_1 的ELISA试剂盒检测。使用RIDASCREEN黄曲霉毒素 M_1 检测试剂盒（R1111，R-Biopharm AG，Darmstadt，Germany）测定黄曲霉毒素 M_1，这是一种竞争性酶免疫分析试剂盒，具有以下特征：检出限0.005μg/L；平均回收率约95%；变异系数约14%；标准曲线：0μg/L、0.005μg/L，0.01μg/L、0.02μg/L、0.04μg/L和0.08μg/L。

对于每20个样品，使用一个以0.010μg/L的 AFM_1 加标的样品来验证分析过程的可靠性。RIDASOFT Win（Z9999，R-Biopharm AG，Darmstadt，Germany）用于计算牛奶中黄曲霉毒素 M_1 的含量。

3. 数据分析

所有样品均进行2次重复，并使用非参数测试对 AFM_1 浓度水平的差异进行统计分析。接着使用SPSS 11.5版（SPSS，Inc.，Chicago，IL）进行ManneWhitney比较。显著性所需的置信度设置为 $P<0.05$。使用描述性统计数据分析阳性样本中 AMF_1 水平的中位数，然后使用SPSS 11.5版进行频率计算。

三、结果

在7月收集的60个UHT样品中，66.6%样品被 AFM_1 污染，浓度水平在0.006~0.077μg/L。对于阳性样本，58.3%的样品中黄曲霉毒素 M_1 浓度在0.005~0.049μg/L，8.3%的样品中黄曲霉毒素 M_1 浓度在0.050~0.100μg/L。表明这些样品中的黄曲霉毒素 M_1 浓度超过了欧盟的法定限值0.05μg/L。阳性样品中 AFM_1 浓度的中位数和平均值分别为0.015μg/L和0.021μg/L（表1）。

在9月收集的93个UHT样品中，47.4%的样品中黄曲霉毒素 M_1 浓度在0.007～0.160μg/L。在阳性样本中，19.4%的样品中黄曲霉毒素 M_1 浓度在0.005～0.049μg/L，28.0%的样品中黄曲霉毒素 M_1 浓度在0.050～0.200μg/L。分析的阳性样品中 AFM_1 浓度的平均值为0.073μg/L。该结果明显高于7月收集的样品测得的结果（$P<0.05$）（表1）。9月采集的阳性样本中位数为0.064μg/L，也高于7月（表1）。

如表1所示，在所有153个UHT牛奶样品中，有54.9%检出了黄曲霉毒素 M_1，包括20.3%超出欧盟的最大限量的样品。所有阳性样本中 AFM_1 浓度的中位数为0.022μg/L，平均值为0.048μg/L。

表1　中国超高温灭菌牛奶中黄曲霉毒素 M_1 的分析

品牌	月份	阳性[a]/总样品	范围				中值（μg/L）	平均值±标准差（μg/L）
			0.005～0.029μg/L	0.030～0.049μg/L	0.050～0.099μg/L	0.100～0.200μg/L		
Ⅰ	7	9/13	5	2	2	0	0.018	0.035±0.024
Ⅱ		5/9	3	0	2	0	0.007	0.031±0.027
Ⅲ		11/17	10	0	1	0	0.010	0.015±0.015
Ⅳ		15/21	15	0	0	0	0.010	0.013±0.006
总		40/60	33	2	5	0	0.008	0.021±0.019
Ⅰ	9	10/25	1	1	5	3	<0.005	0.083±0.043
Ⅱ		15/18	6	1	3	5	0.036	0.067±0.056
Ⅲ		11/25	5	1	3	2	<0.005	0.064±0.052
Ⅳ		8/25	2	1	1	4	<0.005	0.084±0.058
总		44/93	14	4	12	14	<0.005	0.073±0.052
Ⅰ	7+9	19/38	6	3	7	3	0.007	0.061±0.043
Ⅱ		20/27	9	1	5	5	0.015	0.058±0.052
Ⅲ		22/42	15	1	4	2	0.006	0.040±0.045
Ⅳ		23/46	17	1	1	4	0.005	0.038±0.048
总		84/153	47	6	17	14	0.007	0.048±0.047

[a] 阳性样品是指样品中 AFM_1 的浓度超过0.005μg/L

在9月收集的巴氏杀菌牛奶中，有96.2%的样本黄曲霉毒素 M_1 呈阳性，浓度范围为0.023～1.154μg/L。其中30.8%的样品中黄曲霉毒素 M_1 浓度在0.005～0.049μg/L，65.3%的样品中黄曲霉毒素 M_1 浓度在0.050～0.200μg/L，如表2所示。对于9月收集的所有样品，巴氏杀菌牛奶样品中 AFM_1 的平均值为0.072μg/L，与超高温灭菌牛奶样品中 AFM_1 的平均值相似。如表2所示，巴氏杀菌奶阳性样本的中值为0.071μg/L。

表 2　中国巴氏杀菌牛奶中黄曲霉毒素 M_1（AFM_1）的分析

品牌	月份	阳性[a]/总样品	范围				中值（μg/L）	平均值±标准差（μg/L）
			0.005~0.029μg/L	0.030~0.049μg/L	0.050~0.099μg/L	0.100~0.200μg/L		
Ⅰ	9	15/15	6	2	7	0	0.048	0.048±0.022
Ⅱ		10/11	0	0	5	5	0.082	0.109±0.036
总		25/26	6	2	12	5	0.070	0.072±0.041

[a] 阳性样品是指样品中 AFM_1 的浓度超过 0.005μg/L

四、讨论

2009 年，中国对1 013份饲料样品进行了检测，其中 99.5%的样品含有黄曲霉毒素 B_1（Zhang 等，2009）。奶牛食用了含有黄曲霉毒素 B_1 的饲料，其分泌的牛奶可能会受到 AFM_1 污染（Battacone 等，2003）。因此，本研究将超高温灭菌乳和巴氏杀菌乳中的黄曲霉毒素 M_1 高发率与中国发现的奶牛饲料中黄曲霉毒素 B_1 的普遍存在联系起来。

所有阳性样品中黄曲霉毒素 M_1 的最大浓度为 0.160μg/L，远低于中国规定的最大限量 0.5μg/L。同时，本研究中液体乳样品中的 AFM_1 含量低于 Pei 等（2009）先前进行的研究中的 AFM_1 含量。可能的原因之一是，2008 年以后，中国政府采取了措施来控制生乳的安全性，例如对牛奶安全进行国家检查，资助奶农改善育种条件以及培训具有育种技能的奶牛场。另一个原因是在本研究中牛奶样品都来自大型乳制品公司。这些选择的乳制品公司都拥有良好的卫生习惯。他们还利用仪器以及配备技术人员进行牛奶质量分析，包括生乳的质量和安全性和奶牛的配种。同时，Wang 等（2011）报道说，从北京收集的 50 份牛奶样品中，有 3 份样品黄曲霉毒素 M_1 呈阳性，但符合中国的限量要求。这项研究表明，牛奶中的 AFM_1 水平低于本研究中的 AFM_1 含量，这也表明中国牛奶的安全性得到了改善。

在其他 4 个国家中，UHT 牛奶中 AMF_1 浓度如表 3 所示。来自中国且 AFM_1 含量超过 0.05μg/L 的 UHT 阳性样品占比为 20.3%，高于伊朗的 17.4%和葡萄牙的 5.6%，但低于巴西的 50%和土耳其的 47.1%。只有土耳其的样品中黄曲霉毒素 M_1 含量超过 0.5μg/L（Fallah，2010；Martins 和 Martins，2000；Shundo 等，2009；Unusan，2006）。

表 4 描述了 7 个国家对巴氏杀菌牛奶中 AFM_1 的分析。在中国，65.4%的巴氏杀菌乳阳性样本中 AFM_1 的含量超过 0.05μg/L，高于阿根廷的 0、巴西的 0、韩国的 0、伊朗的 7.4%和摩洛哥的 36.2%，但低于叙利亚的 80%。在叙利亚，60%的样品中 AFM_1 含量超过 0.5μg/L（Diaz 和 Espitia，2006；Fallah，2010；Ghanem 和 Orfi，2009；Kim 等，2000；Lopez 等，2003；Shundo 等，2009；Zinedine 等，2007）。

表 3　不同国家超高温灭菌牛奶中黄曲霉毒素 M_1 的发生率

国家	时间	样品数	阳性样品数	>0.05μg/L 数量	>0.5μg/L 数量	AFM_1 浓度（μg/L）	参考文献
巴西	2006.9—11	40	40（100%）	12（30%）	0	_[a]	Shundo 等（2009）
伊朗	2008.12—2009.1	109	68（62.3%）	19（17.4%）	0	0.046±0.010	Fallah（2010）
葡萄牙	1999.9	18	17（94.4%）	1（5.6%）	0	<0.005~>0.051	Martins 和 Martins（2000）
土耳其	2005.2	129	116（89.9%）	61（47.1%）	4（3.2%）	0~0.544	Unusan（2006）

[a]参考文献中未提及

表 4　来自不同国家的巴氏杀菌牛奶中黄曲霉毒素 M_1 的浓度

国家	时间	样品数	阳性样品数	>0.05μg/L 数量	>0.5μg/L 数量	AFM_1 浓度（μg/L）	参考文献
阿根廷	1999.3—9	16	8（50%）	0	0	0.013±0.002	Lopez 等（2003）
巴西	2006.9—11	10	7（70%）	0	0	–[a]	Shundo 等（2009）
哥伦比亚	2005	121	96（79.3%）	–[a]	0	0.0106~0.289	Diaz 和 Espitia（2006）
伊朗	2009	91	66（72.5%）	33	0	0.052~0.006	Fallah（2010）
韩国	1997	70	53（75.7%）	0	0	0.002~0.037	Kim 等（2000）
摩洛哥	2006.2—4	54	48（88.8%）	4（7.4%）	0	0.001~0.117	Zinedine 等（2007）
叙利亚	2005—2006	10	10（100%）	8（80%）	6（60%）	0.492~0.212	Ghanem 和 Orfi（2009）

[a]参考文献中未提及

五、结论

54.9%的超高温灭菌乳和 96.2%的巴氏杀菌乳中 AFM_1 的发生率很高，但所有阳性样品中 AFM_1 的含量都远远低于中国的限量 0.5μg/L。此外，自 2008 年以来，中国牛奶的质量和安全性得到了改善，液态牛奶中 AMF1 含量的下降就是例证。

参考文献

Bakirci I，2001. A study on the occurrence of aflatoxin M_1 in milk and milk products produced in Van province of Turkey［J］. Food Control，12：47-51.

Battacone G，Nudda A，Cannas A，et al，2003. Excretion of aflatoxin M_1 in milk of dairy cows treated with different doses of aflatoxin B_1［J］. Journal of Dairy Science，86：2667-2675.

Commission Regulation（EC），2006. No 1881/2006 of 19 December 2006 setting maximum levels for certain contaminants in foodstuffs［R］. Official Journal of European Union，L 364：5-24.

Decastelli L, Lai J, Gramaglia M, et al, 2007. Aflatoxins occurrence in milk and feed in Northern Italy during 2004–2005 [J]. Food Control, 18: 1263–1266.

Diaz G J, Espitia E, 2006. Occurrence of aflatoxin M_1 in retail milk samples from Bogota, Colombia [J]. Food Additives and Contaminants, 23: 811–815.

Fallah A A, 2010. Assessment of aflatoxin M_1 contamination in pasteurized and UHT milk marketed in central part of Iran [J]. Food and Chemical Toxicology, 48: 988–991.

Ghanem I, Orfi M, 2009. Aflatoxin M_1 in raw, pasteurized and powdered milk available in the Syrian market [J]. Food Control, 20: 603–605.

Kim E K, Shon D H, Ryu D, et al, 2000. Occurrence of aflatoxin M_1 in Korean dairy products determined by ELISA and HPLC [J]. Food Additives and Contaminants, 17: 59–64.

Lopez C E, Ramos L L, Ramad S S, et al, 2003. Presence of aflatoxin M_1 in milk for human consumption in Argentina [J]. Food Control, 14: 31–34.

Martins M L, Martins H M, 2000. Afloxin M_1 in raw and ultra high temperature–treated milk commercialized in Portugal [J]. Food Additives and Contaminants, 17: 871–874.

Pei S C, Zhang Y Y, Eremin S A, et al, 2009. Detection of aflatoxin M_1 in milk products from China by ELISA using monoclonal antibodies [J]. Food Control, 20: 1080–1085.

Sassahara M, Pontes N D, Yanak E K, 2005. Aflatoxin occurrence in foodstuff supplied to dairy cattle and aflatoxin M_1 in raw milk in the North of Parana state [J]. Food and Chemical Toxicology, 43: 981–984.

Shundo L, Navas S A, Conceicao L, et al, 2009. Estimate of aflatoxin M_1 exposure in milk and occurrence in Brazil [J]. Food Control, 20: 655–657.

Tajkarimi M, Aliabadi–Sh F, Salah N A, et al, 2008. Aflatoxin M_1 contamination in winter and summer milk in 14 states in Iran [J]. Food Control, 19: 1033–1036.

Unusan N, 2006. Occurrence of aflatoxin M_1 in UHT milk in Turkey [J]. Food and Chemical Toxicology, 44: 1897–1900.

Wang H, Zhou X, Liu Y, et al, 2011. Simultaneous determination of chloramphenicol and aflatoxin M_1 residues in milk by triple quadrupole liquid chromatography–tandem mass spectrometry [J]. Journal of Agricultural and Food Chemistry, 59: 3532–3538.

Zhang Z, Bai F, Zhang K, et al, 2009. Distribution of aflatoxin B_1 in fees in China [J]. Chinese Journal of Animal Science, 45: 32–35.

Zinedine A, Gonzalez–Osnaya L, Soriano J M, et al, 2007. Presence of aflatoxin M_1 in pasteurized milk from Morocco [J]. International Journal of Food Microbiology, 114: 25–29.

Zheng N, Sun P, Wang J Q, et al, 2013. Occurrence of aflatoxin M_1 in UHT milk and pasteurized milk in China market [J]. Food Control, 29: 198–201.

2014—2015年中国巴氏杀菌牛奶和UHT牛奶中黄曲霉毒素M_1的发生情况

这项调查旨在评估中国牛奶的安全性，特别是评估巴氏杀菌乳和超高温灭菌乳（UHT）中黄曲霉毒素M_1（AFM_1）污染情况。2014—2015年，从中国不同城市采集了193份UHT牛奶样品。2015年，从中国不同城市采集了38份巴氏杀菌牛奶样品。使用酶联免疫吸附法（ELISA）检测AFM_1。AFM_1浓度超过检出限（0.005μg/kg）定义为阳性。使用的其他临界值是欧盟（EU）和中国的法定AFM_1限量（分别为0.05μg/kg和0.5μg/kg）。2014年和2015年的UHT牛奶样品分别有88.6%和59.6%呈AFM_1阳性。巴氏杀菌牛奶样品中AFM_1阳性率较低（47.4%）。2014年和2015年的UHT牛奶样品中，有11.9%样品的AFM_1含量超过了欧盟的限量。这低于我们2010年记录的检出率（20.3%）。2015年，巴氏杀菌牛奶样品均未超过欧盟规定的上限。2014年和2015年，中国北方的UHT牛奶样品受污染的可能性都低于来自南方的UHT牛奶样品。所有的样品都没有超过中国的法定限量。

关键词：黄曲霉毒素M_1；巴氏杀菌牛奶；超高温灭菌牛奶；中国

一、简介

黄曲霉毒素是曲霉属，特别是黄曲霉和寄生曲霉的有毒致癌代谢产物。黄曲霉毒素有多种形式。迄今为止，已鉴定出约18种黄曲霉毒素，其中黄曲霉毒素B_1（AFB_1）被认为毒性最大。AFB_1经常在奶牛饲料中发现（Decastelli等，2007）。Han等（2013）发现，中国42%的奶牛饲料样品中含有AFB_1，浓度范围为0.05～3.53μg/kg。黄曲霉毒素M_1（AFM_1）是AFB_1的代谢产物。当给奶牛饲喂被AFB_1污染的饲料时，它们的牛奶将被AFM_1污染（Diaz和Espitia，2006）。研究表明，AFM_1是热稳定的，只有在至少250℃的温度下才能降解（Ellis等，1991）。Campagnollo等（2016）讨论了AFM_1在牛奶加工中的存在，当生乳被AFM_1污染时，这种霉菌毒素可能会在最终产品中被发现。因此，AFM_1污染可能是一个重大的公共卫生问题（Sassahara等，2005，Tajkarimi等，2008）。由于AFM_1的毒性和致癌性，国际癌症研究机构（IARC）重新考虑了其致癌性分类，将其从2B类改为1类，被证明是致癌物（IARC，2012）。

为了解决这一问题，大多数国家已经建立了牛奶中AFM_1残留水平的限量。含量范围从欧盟（EU）的0.05μg/kg到美国（USA）的0.5μg/kg（Rama等，2015）。其他国家也有类似的法定限量。例如，在伊朗、巴西和塞尔维亚，它们的限量分别为

0.5μg/kg、0.5μg/kg 和 0.05μg/kg（Fallah，2010，Kos 等，2014，Shundo 等，2009）。在中国，法定限量为 0.5μg/kg，与美国的限量相同，高于欧盟的限量。

Pei 等（2009）在 2008 年对来自中国东北地区的 12 份生乳和 104 份液态奶样品进行 AFM_1 污染检测时发现，67%的生乳样品和 40%的液态奶样品的 AFM_1 水平为 0.32~0.50μg/kg。尽管所有样品均低于中国规定的限量，但这一发现表明，有必要对中国牛奶中 AFM_1 的污染程度进行进一步研究。因此，在 2010 年，我们对来自中国 25 个人口最多的城市的 153 份超高温（UHT）牛奶样品和 26 份巴氏杀菌牛奶样品进行了 AFM_1 污染评估（Zheng 等，2013）。在 54.9%的 UHT 牛奶样品和 96.2%的巴氏杀菌牛奶样品中检测到 AFM_1。尽管这些牛奶样品中的 AFM_1 水平都远低于中国的法定限量，但 20.3%的超高温灭菌牛奶样品和 65.4%的巴氏杀菌牛奶样品都超过了欧盟法律规定的 0.05μg/kg。牛奶样品中 AFM_1 高检出率也表明，应采取进一步的预防措施以减少中国牛奶中 AFM_1 污染的可能性，并且需要对乳制品中的 AFM_1 进行更多的筛查研究以确保牛奶安全。

在本研究中，我们测量了中国近年来采集的 38 份巴氏杀菌和 193 份 UHT 牛奶样品中的 AFM_1 水平。为更好地反映我国乳制品的总体情况，在全国各省市的超市采集了样品。

二、材料方法

1. 样品采集

2014 年和 2015 年都收集了 UHT 牛奶样品。2014 年，在北京和天津两个直辖市和 18 个省会（区）城市（安徽、福建、甘肃、广东、广西、河北、黑龙江、湖北、内蒙古、江苏、辽宁、宁夏、陕西、山东、四川、新疆、云南和浙江）的 20 家超市收集了 79 份 UHT 牛奶样品。因此，这些样品中有 59 份来自中国北方（北京和天津、甘肃、河北、黑龙江、内蒙古、辽宁、宁夏、陕西、山东和新疆），其余 20 份来自南方（安徽、福建、湖北、江苏、广东、广西、四川、云南和浙江）。

2015 年，在 3 个直辖市（北京、重庆、天津）和 20 个省会城市（安徽、福建、甘肃、广东、河北、黑龙江、河南、湖北、内蒙古、江苏、江西、吉林、辽宁、宁夏、陕西，山东，山西，新疆，云南和浙江）的 23 个超市中采集了 114 份 UHT 牛奶样品。因此，94 个样品采集自中国北方（北京、天津、甘肃、河北、黑龙江、河南、内蒙古、吉林、辽宁、宁夏、陕西、山东、山西和新疆），其余 20 份样品采集自南方（重庆、安徽、福建、广东、湖北、江苏、江西和浙江）。

2015 年，从来自 3 个直辖市（北京、重庆、天津）和 13 个省会（区）城市（福建、广东、湖北、湖南、江苏、江西、辽宁、宁夏、陕西、山东、山西、云南和浙江）的 16 个超市采集了 38 份巴氏杀菌牛奶样品。

为获得中国市场上有代表性的巴氏杀菌牛奶和 UHT 牛奶样品，采样方法如之前研究（Felicio 等，2013）一样。随后，UHT 样品在室温下保存。所有巴氏杀菌牛奶样品在分析前储存在 4℃。所有的分析都是在样品过期之前完成的。

2. 牛奶样品中 AFM_1 含量的测定

采用检出限为0.005μg/kg 的酶联免疫吸附法（RIDASCREN 黄曲霉毒素 M_1 检测试剂盒，R-Biopharm AG，Germany）测定样品中的 AFM_1 水平。试剂盒中含有 AFM_1 标准品（包括 0μg/kg、0.005μg/kg、0.01μg/kg、0.02μg/kg、0.04μg/kg 和 0.08μg/kg）。试验是按照制造商的说明进行的。验证参数包括检出限（LOD），定量限（LOQ），回收率和在重复性条件下计算的相对标准偏差（RSDr），本研究中 LOD＝0.005μg/kg，LOQ＝0.0085μg/kg，回收率＝80%～120%，RSDr<10%。如果样品的 AFM_1 水平超过了测定的检出限，则认为该样品为 AFM_1 阳性。使用的其他临界值是欧盟和中国对 AFM_1 污染的法定限量（分别为 0.05μg/kg 和 0.5μg/kg）。

三、结果

表 1 和表 2 列出了 2014 年和 2015 年采集的超高温灭菌和巴氏杀菌牛奶样品中 AFM_1 的检出率和含量水平。

表 1　2014 年和 2015 年中国超高温灭菌和巴氏杀菌牛奶样品中黄曲霉毒素 M_1 检出率

样品种类	年份	AFM_1 浓度（μg/kg）				
		阴性[a]	阳性但低于欧盟限量[b]	超出欧盟限量但低于中国限量[c]	超出中国限量[d]	阳性[e]/总样品数
UHT	2014	9/79（11.4%）	48/79（60.8%）	22/79（27.8%）	0	70/79（88.6%）
	2015	46/114（40.4%）	67/114（58.7%）	1/114（0.9%）	0	68/114（59.6%）
巴氏杀菌奶	2015	20/38（52.6%）	18/38（47.4%）	0	0	18/38（47.4%）

AFM_1 表示黄曲霉毒素 M_1，UHT 表示超高温；

[a]如果样品的 AFM_1 浓度不超过 0.005μg/kg，即 RIDASCREEN 黄曲霉毒素 M_1 检测试剂盒的检出限，则认为该样品为阴性；

[b]当样品的 AFM_1 浓度在 0.005～0.05μg/kg 时，该样品被认为是阳性但低于欧盟法律限量；

[c]当样品的 AFM_1 浓度在 0.05～0.5μg/kg 时，该样品被认为高于欧盟限量但低于中国法定限量；

[d]当样品的 AFM_1 浓度超过 0.5μg/kg 时，该样品被认为超出了中国的法定限量；

[e]当样品的 AFM_1 浓度超过检出限（0.005μg/kg）时，该样品被认为是阳性。

1. 2014 年采集的 UHT 牛奶样品中的 AFM_1 阳性

2014 年采集的 79 个样品中，有 70 个（88.6%）呈 AFM_1 阳性（>0.005μg/kg）。79 个样品中 AFM_1 浓度的平均值±标准偏差（范围）为 0.041μg/kg±0.0424（0.005～0.263）μg/kg。所有 UHT 阳性牛奶样品的 AFM_1 水平均低于中国的国家法定限量（0.5μg/kg）。但是，在 22 个样品（27.8%）中，AFM_1 的浓度超过了欧盟限量（>0.05μg/kg）。

表2 2014年和2015年中国超高温灭菌和巴氏杀菌牛奶样品中黄曲霉毒素 M_1 平均水平

样品种类	年份	AFM₁ 浓度（μg/kg）				
		阴性[a]	阳性但低于欧盟限量[b]	超出欧盟限量但低于中国限量[c]	超出中国限量[d]	平均值±标准偏差（范围）
UHT	2014	0	0.018±0.0117 (0.005~0.049)	0.09±0.0429 (0.054~0.263)	0	0.041±0.0424 (0.005~0.263)
	2015	0	0.012±0.0070 (0.005~0.044)	0.065	0	0.012±0.0094 (0.005~0.065)
巴氏杀菌奶	2015	0	0.017±0.0099 (0.007~0.040)	0	0	0.017±0.0099 (0.007~0.040)

数据表示为平均值±标准偏差（范围）；

[a~d]与表1相同

2. 2015年采集的UHT牛奶样品中的 AFM_1 阳性

次年对114个UHT牛奶样品进行的分析表明，有68个（59.6%）呈 AFM_1 阳性。因此，与上一年相比，阳性率有所下降。114个样品中 AFM_1 的平均值±标准偏差（范围）为0.012μg/kg±0.0094（0.005~0.065）μg/kg。在这68个阳性样品中，只有一个样品的 AFM_1 水平超出了欧盟规定的限量（0.065μg/kg）。

3. 2015年采集的巴氏杀菌牛奶样品中的 AFM_1 阳性

在38个巴氏杀菌牛奶样品中，有18个（47.4%）呈 AFM_1 阳性。在这38个样品中，AFM_1 水平的平均值±标准偏差（范围）为0.017μg/kg±0.0099（0.007~0.040）μg/kg。所有阳性样品均低于欧盟限量。

4. 中国北方和南方UHT牛奶样品中的 AFM_1 阳性

对UHT牛奶样品的分析表明，在中国北方采集的样品中，AFM_1 污染比在中国南方采集的样品少：2014年尤其如此（北方为86.9%，南方为94.6%），但在2015年仍有一定程度的污染（北方为58.9%，南方为52.6%）。此外，在这两年中，北方的样品中 AFM_1 水平超过欧盟限量（0.05μg/kg）的可能性均低于南方的样品（2014年，24.6%比38.9%；2015年，0%比5.3%）。值得注意的是，2015年，来自中国北方的所有受 AFM_1 污染的UHT牛奶样品均低于欧盟限量（图1）。

四、讨论

我们之前的研究表明，在2010年，20.3%的UHT牛奶样品和65.4%的巴氏杀菌牛奶样品的 AFM_1 水平超过欧盟限量（Zheng等，2013）。本研究表明，2014年，UHT牛奶样品中 AFM_1 水平超过欧盟限量的频率略高（27.8%）。但是，第2年，这一频率下降到0.9%。此外，2015年，所有巴氏杀菌牛奶样品的 AFM_1 水平均未超过欧盟规定的限量。同样，Guo等（2016）发现，在中国，AFM_1 水平超过欧盟限量的生乳样品频率连续多年稳步下降（从2012年的63.8%降至2013年的22.7%和2014年的14.9%）。

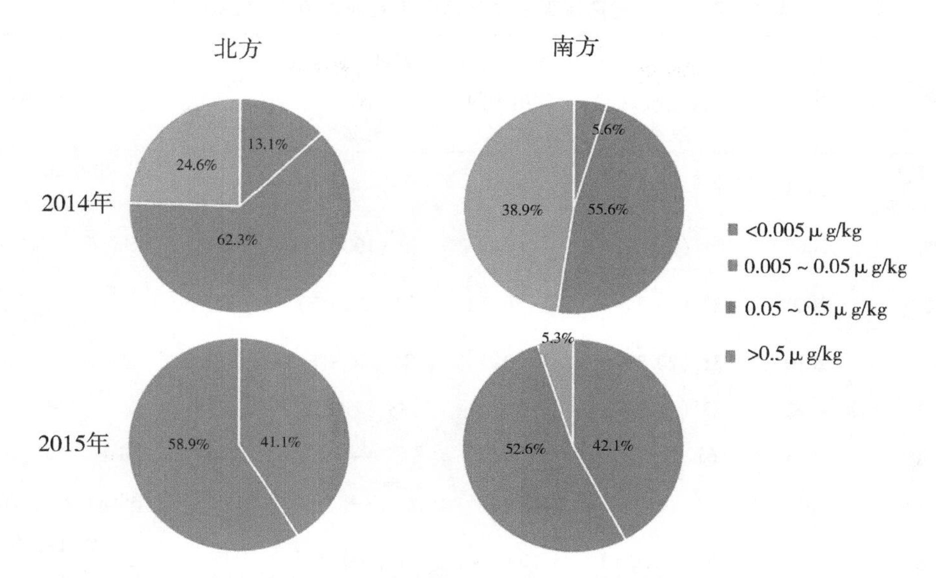

图 1　2014 年和 2015 年中国北方和南方在超高温灭菌牛奶样品中黄曲霉毒素 M_1（AFM_1）污染方面的差异

所有样品均未超过中国法定的 0.5μg/kg 限量。当超过酶联免疫吸附法的检出限（0.005μg/kg）时，样品被认为是 AFM_1 污染阳性。欧盟的法定限量为 0.05μg/kg

这些观察结果表明，近年来中国牛奶的安全性有所提高。这可能反映了中国政府为控制生乳安全而采取的措施。此外，Cusato 等（2013）观察到，在实施食品安全体系［包括：良好生产规范（GMPs）、卫生标准操作程序（SSOPs）、危害分析和关键控制点（HACCP）］之后，酵母和霉菌数量显著减少。食品安全体系的应用也呈现出充分的成本效益关系（Cusato 等，2014）。同样，在乳制品加工中采用食品安全体系，以减少黄曲霉毒素在奶制品中的发生，并保证中国牛奶安全。近年来，随着我国牛奶安全水平的不断提高，国家采取了一系列措施对原料奶和乳制品加工进行控制和改善。

本研究的一个重要发现是，与 2014 年和 2015 年收集的 UHT 牛奶样品（分别为 88.6%和 59.6%）相比，2015 年收集的巴氏杀菌牛奶样品对 AFM_1 污染的阳性率较低（47.4%）。此外，2015 年所有巴氏杀菌牛奶样品中 AFM_1 含量均未超过欧盟限量，而 2010 年，65.4%的巴氏杀菌牛奶样品中 AFM_1 含量超过欧盟限量。这一观察结果可能反映了这样一个事实，即在中国，就质量和安全性而言，巴氏杀菌牛奶的生产要比 UHT 牛奶受到更严格的控制。这进而导致中国巴氏杀菌奶的公众消费量上升。

中国可划分为两个地区，北方和南方：它们被秦岭-淮河边界分开。当我们比较中国北方和南方 UHT 牛奶中 AFM_1 检出率时，我们发现 AFM_1 污染发生在北方的频率比南方低：这在 2014 年和 2015 年都有观察到。这种差异可能反映了南方较高的温度和湿度水平，以及霉菌在高温和潮湿环境下容易生长和产生毒素的事实（Bakirci，2001）。因此，中国南方的气候可能会导致奶牛饲料中 AFB_1 的含量升高，从而导致生乳中 AFM_1 的含量升高。因此，对中国南方生产的牛奶进行 AFM_1 污染监测显得尤为重要。

表3 不同国家超高温灭菌牛奶样品中黄曲霉毒素 M_1 检出率

国家	年份	AFM₁浓度（μg/kg）				参考文献
		超出欧盟限量[a]	超出中国限量[b]	阳性样品数[c]	总样品数	
波斯尼亚和黑塞哥维那	2014	0	0	—[d]	165	Bilandžić等（2016）
巴西	2006	1（2.5%）	0	40（100.0%）	40	Shundo 等（2009）
巴西	2009	23（30.7%）	23（30.7%）	23（30.7%）	75	de Oliveira 等（2013）
中国	2010	31（20.3%）	0	84（54.9%）	153	Zheng 等（2013）
中国	2014—2015	23（11.9%）	0	138（71.5%）	193	本研究
克罗地亚	2013	68（9.6%）	0	—[d]	706	Bilandžić等（2014）
克罗地亚	2014	0	0	—[d]	49	Bilandžić等（2016）
埃及	2013	15（100.0%）	5（36.6%）	15（100.0%）	15	Shaker 和 Elsharkawy（2014）
希腊	1999—2000	0	0	14（82.3%）	17	Roussi 等（2002）
印度	2011	29（64.4%）	10（22.2%）	29（64.4%）	45	Siddappa 等（2012）
伊朗	2008—2009	19（17.4%）	3（2.7%）	68（62.3%）	109	Fallah（2010）
意大利	2012	0	0	5（41.7%）	12	Santini 等（2013）
意大利	2013	0	0	18（58.1%）	31	Armorini 等（2016）
科索沃	2009—2010	—[d]	0	2（2.6%）	69	Rama 等（2016）
科索沃	2013	4（4.2%）	0	74（78.7%）	94	Rama 等（2015）
葡萄牙	1999	2（2.9%）	0	59（84.2%）	70	Martins 和 Martins（2000）
土耳其	2005	61（47.3%）	4（3.1%）	75（58.1%）	129	Unusan（2006）
土耳其	2011	3（7.3%）	0	30（91.1%）	41	Kocasari（2014）

[a]当样品的 AFM_1 浓度>0.05μg/kg 时，认为该样品超过 EU 限量；

[b]当样品的 AFM_1 浓度>0.5μg/kg 时，认为该样品超过中国法定的限量；

[c]当样品的 AFM_1 浓度超过检出限（0.005μg/kg）时，该样品被认为是阳性；

[d]参考文献中没有提到

表3显示了不同国家 UHT 牛奶中 AFM_1 含量超过欧盟限量（0.05μg/kg）的检出率。本研究表明，2014—2015 年，中国 11.9%的 UHT 牛奶样品的 AFM_1 含量超过欧盟限量。该检出率高于波斯尼亚和黑塞哥维那、克罗地亚、希腊、意大利、科索沃和葡萄牙等多个国家报告的检出率（Armorini 等，2016，Bilandžić等，2014，Bilandžić等，2016，Martins 和 Martins，2000，Rama 等，2015，Rama 等，2016，Roussi 等，2002，Santini 等，2013），但低于其他国家（包括埃及、印度和伊朗）的检出率（Fallah，

2010，Shaker 和 Elsharkawy，2014，Siddappa 等，2012）。此外，2010 年（20.3%）至 2015 年（11.9%），中国的 AFM_1 检出率下降（Zheng 等，2013）。巴西没有观察到这种改善，2006 年，2.5%的 UHT 牛奶样品的污染水平超过了欧盟的限量，2009 年这一比例显著增加到 30.7%。值得注意的是，2009 年所有超过欧盟限量的巴西样品也都超过了中国 0.5μg/kg 的限量（de Oliveira 等，2013，Shundo 等，2009）。相比之下，土耳其的 AFM_1 污染和 UHT 牛奶质量随时间推移有所改善：2005 年和 2011 年，分别有 47.5%和 7.3%的样品超过了欧盟规定的限量（Kocasari，2014；Unusan，2006）。埃及和印度的污染水平非常高，近年来超过了欧盟的限量（分别为 100%和 64.4%）。两国的检出率均超过了中国的限量（分别为 36.6%和 22.2%）。因此，迫切需要减少巴西、埃及和印度的 AFM_1 污染（de Oliveira 等，2013，Shaker 和 Elsharkawy，2014，Siddappa 等，2012）。

表 4　不同国家巴氏杀菌牛奶样品中黄曲霉毒素 M_1 检出率

国家	年份	AFM_1 浓度（μg/kg）				参考文献
		超出欧盟限量[a]	超出中国限量[b]	阳性样品数[c]	总样品数	
阿根廷	1999	0	0	8（50%）	16	Lopez 等（2003）
巴西	2004	10（27.8%）	0	28（77.8%）	36	Oliveir 等（2006）
中国	2010	17（65.4%）	0	25（96.2%）	26	Zheng 等（2013）
中国	2015	0	0	18（47.4%）	38	本研究
哥伦比亚	2005	–[d]	0	96（79.3%）	121	Diaz 和 Espitia（2006）
希腊	1999—2000	0	0	70（85.4%）	82	Roussi 等（2002）
希腊	2000—2001	0	0	43（79.6%）	54	Roussi 等（2002）
印度	2011	3（42.9%）	3（42.9%）	3（42.9%）	7	Siddappa 等（2012）
伊朗	2008—2009	31（26.7%）	2（1.7%）	83（71.5%）	116	Fallah（2010）
伊朗	2012	154（70.0%）	5（2.27%）	187（85.0%）	220	Tajik 等（2016）
伊朗	2015	46（60.5%）	–[d]	76（100.0%）	76	Mohammadi 等（2016）
日本	2001—2002	0	0	207（99.5%）	208	Nakajima 等（2004）
韩国	1997	0	0	53（75.7%）	70	Kim 等（2000）
科索沃	2013	18（21.3%）	0	70（83.3%）	84	Rama 等（2015）
黎巴嫩	2010	4（16%）	0	48（88.8%）	54	Zinedine 等（2007）
叙利亚	2005—2006	8（80%）	6（60%）	10（100%）	10	Ghanem 和 Orfi（2009）

[a~d]与表 3 相同

表4显示了不同国家巴氏杀菌奶受到含量超过欧盟限量（0.05μg/kg）的 AFM_1 检出率。在中国，污染率从2010年的65.4%（Zheng等，2013）下降到2015年的0%（本研究）。2011年和2005—2006年，印度和叙利亚超过0.05μg/kg的污染率很高（分别为42.9%和80%）；此外，当使用中国限量时，这些样品中的许多样品仍为阳性（分别为42.9%和60%）（Fallah，2010；Ghanem和Orfi，2009；Siddappa等，2012；Tajik等，2016）。此外，伊朗曾3次（2008—2009年、2012年和2015年）被发现污染水平相对较高，超过欧盟限量（26.7%~70.0%）：其中一些样品的污染水平也超过了中国限量（1.7%~2.27%）。因此，这些国家的 AFM_1 污染可能足以影响公共卫生。相比之下，2015年来自中国和阿根廷、希腊、日本、韩国等其他国家的巴氏杀菌奶样品中，没有一个 AFM_1 含量超过中国限量（Kim等，2000；Lopez等，2003；Nakajima等，2004；Roussi等，2002）。此外，2011—2016年，马来西亚的鲜奶和奶制品均未超过中国 AFM_1 限量水平（Nadira等，2017；Shuib等，2017）。因此，这些国家的牛奶和奶制品质量都很好。

五、结论

我们团队多年来一直在监测巴氏杀菌和UHT奶中 AFM_1 污染的频率。本研究显示，在2014—2015年，中国只有11.9%的UHT奶样品超过欧盟限量，而巴氏杀菌奶样品均未超过欧盟限量。与我们之前在2010年的研究相比，中国的牛奶质量和安全似乎有所提高，这可以从牛奶样品中 AFM_1 污染的减少看出。然而，我们的研究表明，由于中国南方的 AFM_1 污染水平高于北方，中国政府应该对该地区的牛奶生产进行更密切的监测。

参考文献

Armorini S, Altafini A, Zaghini A, et al, 2016. Occurrence of aflatoxin M_1 in conventional and organic milk offered for sale in Italy [J]. Mycotoxin research, 32 (4): 237-246.

Assem E, Mohamad A, 2011. A survey on the occurrence of aflatoxin M_1 in raw and processed milk samples marketed in Lebanon [J]. Food Control, 22 (12): 1856-1858.

Bakirci I, 2001. A study on the occurrence of aflatoxin M_1 in milk and milk products produced in Van province of Turkey [J]. Food Control, 12 (1): 47-51.

BilandžićN, Bilandžić D, Božić M, et al, 2014. Seasonal effect on aflatoxin M_1 contamination in raw and UHT milk from Croatia [J]. Food Control, 40: 260-264.

Bilandžić N, Bilandžić S, Tanković V, et al, 2016. Aflatoxin M_1 in raw and UHT cow milk collected in Bosnia and Herze-govina and Croatia [J]. Food Control, 68: 352-357.

Campagnollo F B, Ganev K C, Khaneghah A M, et al, 2016. The occurrence and effect of unit operations for dairy products processing on the fate of aflatoxin M_1: A review [J]. Food Control, 68: 310-329.

Cusato S, Gameiro A H, Corassin C H, et al, 2013. Food safety systems in a small dairy factory: Implementation, major challenges, and assessment of systems' performances [J]. Foodborne Pathogens and Disease, 10 (1): 6-12.

Cusato S, Gameiro A, Sant'Ana A, et al, 2014. Assessing the costs involved in the implementation of GMP and HACCP in a small dairy factory [J]. Quality Assurance and Safety of Crops & Foods, 6 (2): 135-139.

Decastelli L, Lai J, Gramaglia M, et al, 2007. Aflatoxins occurrence in milk and feed in Northern Italy during 2004-

2005 [J]. Food Control, 18 (10): 1263-1266.

Diaz G, Espitia E, 2006. Occurrence of aflatoxin M_1 in retail milk samples from Bogota, Colombia [J]. Food Additives and Contaminants, 23 (8): 811-815.

Ellis W, Smith J, Simpson B, et al, 1991. Aflatoxins in food: Occurrence, biosynthesis, effects on organisms, detection, and methods of control [J]. Critical Reviews in Food Science and Nutrition, 30 (4): 403-439.

Fallah A A, 2010. Assessment of aflatoxin M_1 contamination in pasteurized and UHT milk marketed in central part of Iran [J]. Food and Chemical Toxicology, 48 (3): 988-991.

Felicio T, Esmerino E, Cruz A, et al, 2013. Cheese. What is its contribution to the sodium intake of Brazilians? [J]. Appetite, 66: 84-88.

Ghanem I, Orfi M, 2009. Aflatoxin M_1 in raw, pasteurized and powdered milk available in the Syrian market [J]. Food Control, 20 (6): 603-605.

Guo L, Zheng N, Zhang Y, et al, 2016. A survey of seasonal variations of aflatoxin M_1 in raw milk in Tangshan region of China during 2012-2014 [J]. Food Control, 69: 30-35.

Han R, Zheng N, Wang J, et al, 2013. Survey of aflatoxin in dairy cow feed and raw milk in China [J]. Food Control, 34 (1): 35-39.

IARC, 2012. Monographs on the evaluation of carcinogenic risks to humans: Chemical agents and related occupations, 100F pp. 224-248. Lyon, France: International Agency for Research on occurrence of aflatoxin M_1 in Korean dairy products determined by ELISA and HPLC [R]. Food Additives & Contaminants, 17 (1): 59-64.

Kocasari F S, 2014. Occurrence of aflatoxin M_1 in UHT milk and infant formula samples consumed in Burdur, Turkey [J]. Environmental Monitoring and Assessment, 186 (10): 6363-6368.

KosJ, Kos J, Lević O, et al, 2014. Occurrence and estimation of aflatoxin M_1 exposure in milk in Serbia [J]. Food Control, 38: 41-46.

Li S L, Min L, Wang P P, et al, 2017. Occurrence of aflatoxin M_1 in pasteurized and UHT milks in China in 2014-2015 [J]. Food Control, 78: 94-99.

Lopez C, Ramos L, Ramadan S, et al, 2003. Presence of aflatoxin M_1 in milk for human consumption in Argentina [J]. Food Control, 14 (1): 31-34.

Martins M L, Martins H M, 2000. Aflatoxin M_1 in raw and ultra high temperature-treated milk commercialized in Portugal [J]. Food Additives & Contaminants, 17 (10): 871-874.

Mohammadi H, Shokrzadeh M, Aliabadi Z, et al, 2016. Occurrence of aflatoxin M_1 in commercial pasteurized milk samples in Sari, Mazandaran province Iran [J]. Mycotoxin research, 32 (2): 85-87.

Nadira A F, Rosita J, Norhaizan M, et al, 2017. Screening of aflatoxin M_1 occurrence in selected milk and dairy products in Terengganu, Malaysia [J]. Food Control, 73: 209-214.

Nakajima M, Tabata S, Akiyama H, et al. (2004) . Occurrence of aflatoxin M_1 in domestic milk in Japan during the winter season [J]. Food Additives and Contaminants, 21 (5): 472-478.

Oliveira C, Rosmaninho J, Rosim R, 2006. Aflatoxin M_1 and cyclopiazonic acid in fluid milk traded in S~ao Paulo, Brazil [J]. Food Additives and Contaminants, 23 (2): 196-201.

de Oliveira C P, Soares N D F F, de Oliveira T V, et al, 2013. Aflatoxin M_1 occurrence in ultra high temperature (UHT) treated fluid milk from Minas Gerais/Brazil [J]. Food Control, 30 (1): 90-92.

Pei S C, Zhang Y Y, Eremin S A, et al, 2009. Detection of aflatoxin M_1 in milk products from China by ELISA using monoclonal antibodies [J]. Food Control, 20 (12): 1080-1085.

Rama A, Latifi F, Bajraktari D, et al, 2015. Assessment of aflatoxin M_1 levels in pasteurized and UHT milk consumed in Prishtina, Kosovo [J]. Food Control, 57: 351-354.

Rama A, Montesissa C, Lucatello L, et al, 2016. A study on the occurrence of aflatoxin M_1 in milk consumed in Kosovo during 2009-2010 [J]. Food Control, 62: 52-55.

Roussi V, Govaris A, Varagouli A, et al, 2002. Occurrence of aflatoxin M_1 in raw and market milk commercialized in Greece [J]. Food Additives & Contaminants, 19 (9): 863-868.

Santini A, Raiola A, Ferrantelli V, et al, 2013. Aflatoxin M_1 in raw, UHT milk and dairy products in Sicily (Italy) [J]. Food Additives & Contaminants: Part B, 6 (3): 181-186.

Sassahara M, Netto D P, Yanaka E, et al, 2005. Aflatoxin occurrence in foodstuff supplied to dairy cattle and aflatoxin M_1 in raw milk in the North of Paran? a state [J]. Food and Chemical Toxicology, 43 (6): 981-984.

Shaker E M, Elsharkawy E E, 2014. Occurrence and the level of contamination of aflatoxin M_1 in raw, pasteurized, and UHT buffalo milk consumed in Sohag and Assiut, Upper Egypt [J]. Journal of Environmental and Occupational Science, 3 (3): 136-140.

Shuib N S, Makahleh A, Salhimi S M, et al, 2017. Natural occurrence of aflatoxin M_1 in fresh cow milk and human milk in Penang, Malaysia [J]. Food Control, 73: 966-970.

Shundo L, Navas S A, Lamardo L C A, et al, 2009. Estimate of aflatoxin M_1 exposure in milk and occurrence in Brazil [J]. Food Control, 20 (7): 655-657.

Siddappa V, Nanjegowda D K, Viswanath P, 2012. Occurrence of aflatoxin M_1 in some samples of UHT, raw & pasteurized milk from Indian states of Karnataka and Tamilnadu [J]. Food and Chemical Toxicology, 50 (11): 4158-4162.

Tajik H, Moradi M, Razavi Rohani S, et al, 2016. Determination of Aflatoxin M_1 in Pasteurized and UHT milk in West-Azerbaijan Province of Iran [J]. Journal of food quality and hazards control, 3 (1): 37-40.

Tajkarimi M, Aliabadi-Sh F, Nejad A S, et al, 2008. Aflatoxin M_1 contamination in winter and summer milk in 14 states in Iran [J]. Food Control, 19 (11): 1033-1036.

Unusan N, 2006. Occurrence of aflatoxin M_1 in UHT milk in Turkey [J]. Food and Chemical Toxicology, 44 (11): 1897-1900.

Zheng N, Sun P, Wang J, et al, 2013. Occurrence of aflatoxin M_1 in UHT milk and pasteurized milk in China market [J]. Food Control, 29 (1): 198-201.

Zinedine A, Gonzalez-Osnaya L, Soriano J, et al, 2007. Presence of aflatoxin M_1 in pasteurized milk from Morocco [J]. International Journal of Food Microbiology, 114 (1): 25-29.

第四章

毒理学研究

黄曲霉毒素 B_1 和黄曲霉毒素 M_1 通过调节 L-脯氨酸代谢和下游细胞凋亡对肾脏产生毒性作用

本试验研究了黄曲霉毒素 B_1（AFB_1）、黄曲霉毒素 M_1（AFM_1）和 AFB_1+AFM_1 在肾脏中的毒性作用及其潜在机制，并在 HEK 293 细胞模型和 CD-1 小鼠模型中进行了比较。建立 35d 亚急性毒性小鼠模型，检测其生化指标和肾脏病理染色，进行肾脏代谢组学检测，分析代谢产物并验证相关毒性机制。结果显示，AFB_1（0.5mg/kg），AFM_1（3.5mg/kg）和 AFB_1（0.5mg/kg）+AFM_1（3.5mg/kg）会激活氧化应激并引起肾脏损伤。与对照组相比，黄曲霉毒素处理组中代谢物 L-脯氨酸的相对浓度较低（$P<0.05$）。另外，与对照组相比，黄曲霉毒素处理后，脯氨酸脱氢酶（PRODH）和促凋亡因子（Bax，Caspase-3）均在 mRNA 和蛋白水平上被上调，而凋亡抑制剂 Bcl-2 在 mRNA 和蛋白水平上下调（$P<0.05$）。此外，AFB_1 和 AFM_1 的联合作用得到验证，其毒性大于其他两组。总之，AFB_1 和 AFM_1 通过改变 PRODH 和 L-脯氨酸水平的表达而激活氧化应激，进而诱导下游细胞凋亡，从而引起肾脏毒性。

关键词：黄曲霉毒素 B_1；黄曲霉毒素 M_1；细胞凋亡；肾脏毒性

一、简介

黄曲霉毒素（AFs）是由玉米、棉籽、花生等多种饲料中产生的黄曲霉和寄生曲霉合成的高毒性次级代谢物（Ronchi 等，2005；Battacone 等，2005）。黄曲霉毒素 B_1（AFB_1，图 1a）是 AF 家族中最常见的具有致癌性的物质，IARC（国际癌症研究机构）建议将 AFB_1 归类为 I 类致癌物（Bedard 和 Massey，2006）。AF 家族的另一个重要成员黄曲霉毒素 M_1（AFM_1，图 1b）是 AFB_1 的 4-羟基衍生物，它可以通过肝微粒体细胞色素 P450 的作用从肝脏中的 AFB_1 中衍生出来，它可以进入哺乳动物的循环系统，被分泌到哺乳期动物的奶中（Van Egmond 和 Dragacci，2001；Pong 和 Nogan，1971；Lafont 等，1989；Chou 和 Tung，1969；Allcroft 等，1966；WHO，1994；Chen 等，2009）。AFM_1 也被认为具有致癌性并且对人类有害（Dai 等，2017）。

黄曲霉毒素除了对家禽业和家畜造成危害外，还是一种严重的公共健康威胁，是造成瑞氏综合征和急性慢性肝衰竭的原因（Tchana 等，2010）。AFB_1 和 AFM_1 的代谢和毒性作用主要在肝脏中观察到（Cui 等，2017；Chiavaro 等，2005；Hayes 等，1984）；暴露于吸入物和饮食后，肺也可能成为靶器官，实验室和流行病学研究都证实了 AFB_1 对人肺组织的致癌作用（Dvorackova 等，1981；Kelly 等，1997）。此外，一些流行病学研

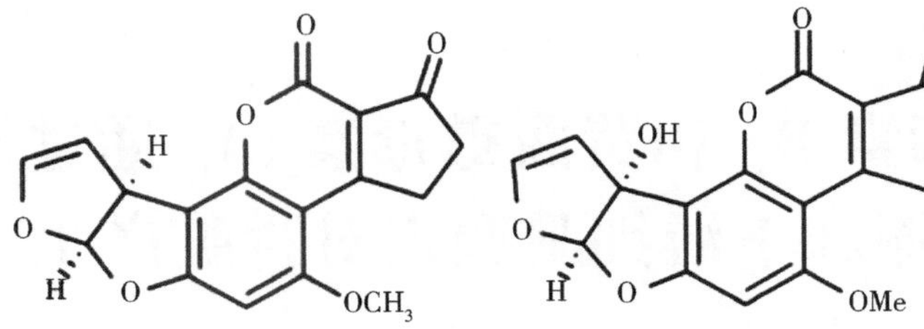

图1 （a）AFB_1 化学结构；（b）AFM_1 化学结构

究表明，AFB_1 在亚洲人和非洲人胃肠道肿瘤的临床发病率中起作用（Abdel-Wahhab 等，2012；WHO，2006）。黄曲霉毒素，特别是 AFB_1 和 AFM_1，也是儿童体重不足、免疫力低下、神经系统损害甚至高死亡率的致病因素（Sabino 等，1995）。然而，研究 AFB_1 或 AFM_1 对肾功能的影响并揭示其相关机制的研究尚不多见。

据报道，AFB_1 和 AFM_1 的排泄主要通过胆道途径，其次是尿路途径，在 2 头犊牛的肾脏和尿液中可检测到不同水平的 AFB_1，剂量分别为 0. 8mg/kg bw 和 1. 8mg/kg bw（Polychronaki 等，2008）。然而，两种黄曲霉毒素及其代谢物的毒性机制尚不清楚。

许多国家通过鉴定人体生物样本中的 AFs 或其代谢物，发现了人类通过摄入或其他途径接触黄曲霉毒素的直接证据（Turner 等，2007；Jolly 等，2006；Ribichini 等，2010）。这不仅对于健康的成年人，而且对那些直接接触受黄曲霉毒素污染的食品的儿童来说，也已成为紧迫和必要的问题。因此，进一步研究黄曲霉毒素的毒性机制是十分必要和迫切的。本研究的目的是探讨 AFB_1 和 AFM_1 对肾脏组织的毒性作用，特别是两者联合作用的机制。

二、材料方法

1. 化学药品和试剂

95%纯 AFB_1 和 AFM_1 购自 Pribolab（Singapore）。HEK 293 细胞（人肾上皮细胞系）购自美国模式菌种收集中心（ATCC，USA）。DMEM 和胎牛血清（FBS）购自 Gibco（USA）、L-谷氨酰胺购自 Chemcatch（USA）、1%青霉素/链霉素购自 Thermo Fisher（USA）。细胞计数试剂盒 8（CCK-8 试剂盒）购自 Dojindo（Japan）。用于小鼠血清中肌酐（Scr）、尿素（UREA）、尿酸（UA）、丙二醛（MDA）、超氧化物歧化酶（SOD）和总抗氧化能力（T-AOC）的 ELISA 检测试剂盒购自建城生物工程（南京，中国）。苏木精-伊红（HE）染色试剂盒、总蛋白提取试剂盒和 TBST 缓冲液购自 Solarbio（北京，中国）。β-actin、脯氨酸脱氢酶（PRODH）、Δ1-吡咯啉-5-羧酸合成酶（P5CS）、Δ1-吡咯啉-5-羧酸还原酶（P5CR）、B 细胞淋巴瘤 2（Bcl-2）、Bcl-2 相关 X 蛋白（Bax）和半胱氨酸天冬氨酸特异性蛋白酶 3（Caspase-3）抗体以及二抗均购自 Santa Cruz（USA），ECL 试剂购自 Thermo Fisher（USA）。

2. 细胞培养和活力检测

HEK 293 细胞培养于 DMEM 培养基、10%FBS、0.9%L-谷氨酰胺和 1%青霉素/链霉素混合的全培养基中，置于 37℃、5% CO_2加湿培养箱（Thermo，USA）中培养。用不同浓度的 AFB_1、AFM_1 或 AFB_1+AFM_1（0～200mg/L）共同培养细胞 48h，然后用 CCK-8 试剂盒（Solarbio，北京，中国）测定细胞活力，选择最合适的浓度进行进一步的试验。

3. 动物模型

CD-1 小鼠购自北京维通利华实验动物技术有限公司（北京，中国），许可证号为 SCXK 2012—0001。将动物饲养在 25℃、相对湿度 55%的笼子。在试验开始之前，使小鼠适应至少 7d。所有动物饲养程序均按照中国动物护理指南进行，符合国际公认的实验动物护理和利用原则。动物试验获得中国农业科学院伦理委员会批准（北京，中国）。

将 32 只 CD-1 小鼠（20g±2g，雄）随机分为 4 组：对照组（未处理组）、0.5mg/kg AFB_1 组、3.5mg/kg AFM_1 组、0.5mg/kg AFB_1+3.5mg/kg AFM_1 联合组，每组 8 只。AFB_1 和 AFM_1 溶于 DMSO/ddH_2O（1%/99%）中（Wang 等，2016）。处理组小鼠每日灌胃 1 次（0.2mL/小鼠），持续 28d，在第 29d 处死。取眼眶后神经丛的血样，解剖肾脏，冷冻于液氮中，进行代谢组学分析和组织病理学检查。

将 100mg 肾脏样本加入 1mL 试管中，在 1mL 50%甲醇中孵育 5min，直到完全溶解。将悬浮液以10 000r/min 离心 10min。将上层液体（800μL）收集到新的 2mL 玻璃管中，并使用 UHPLC Q-Orbitrap 对 5μL 样品进行分析，每个样品检测 3 次。

4. 组织病理学检测

将肾组织分离，并在 4%多聚甲醛中固定 48h，石蜡包埋后用切片机切片（Leica，Germany）。将切片用 HE 染色，并在光学显微镜（日本奥林巴斯）下评估组织病理学，并以 200×放大倍数拍摄照片。

5. 生化分析

将眼眶后血样离心并收集血清（15min，3 000r/min，4℃），用 ELISA 试剂盒（南京建成）进行生化指标的测定，包括肌酐（Scr）、尿素（UREA）、尿酸（UA）、丙二醛（MDA）、超氧化物歧化酶（SOD）和总抗氧化能力（T-AOC）。

6. 组织代谢组学检测与数据挖掘

在装有 Waters 色谱柱（Acquity BEH C181.7μm，2.1mm×50mm）的 UHPLC 系统（Dionex Ultimate 3000）中分离代谢产物，色谱柱温度为40℃。流动相由含 0.1%甲酸和 2mM 甲酸铵（溶剂 a，V/V）的水和含 0.1%甲酸和 2mM 甲酸铵（溶剂 b，V/V）的乙腈组成，流速为 250μL/min，洗脱梯度程序如下：0～1.0min，5% b；1.0～5.0min，5%～60% b；5.0～8.0min，60%～100% b；8.0～11.0min，100% b；11.0～14.0min，100%～60% b；14.0～15.0min，60%～5% b；15.0～18.0min，5% b。使用配有正、负开关电喷雾电离的 Q-Exactive 仪器（Thermo）对上述样品进行检测，并通过 Xcalibur 3.1 和 Q-Exactive Tune 软件对系统进行校准和控制。UHPLC Q-Orbitrap 分析可以使用 TraceFinder 软件生成大量的原始数据。数据通过 Simca-P 导出到 Excel 电子表格中，用

于 PCA（主成分分析），PLS-DA（偏最小二乘判别分析），T 检验，火山图和 VIP（投影中的可变重要性）图分析（Li 等，2017）。

7. 实时定量 PCR 分析

使用 TransZol Up 试剂盒（ET111-01，TransGen Biotech，北京，中国）从小鼠肾脏中提取了 50~200ng 总 RNA。通过 1.2%琼脂糖凝胶电泳和 Nanodrop 2000 对 RNA 的总量和浓度进行测定（Thermo Fisher，USA）。使用高容量 cDNA 库试剂盒（Applied Biosystems，CA）将总 RNA 转录为 cDNA。表 1 列出了待测基因的引物。实时定量 RT-PCR（qRT-PCR）在 96 孔板中进行 [0.5μL（10μM）正向引物，0.5μL（10μM）反向引物，1μL 模板 cDNA（cDNA，10~15ng/μL），10μL 通用预混液和 8μL 不含 RNase 的水]，所有试剂均购自美国 Life Technologies 公司。所有 qRT-PCR 反应均采用两步法 RT-PCR，94℃预变性 30s，然后进行 40 个循环；94℃，5s，62℃，30s。所有 qRT-PCR 反应均在 ABI 7900 HT 体系下进行，重复 3 次，以确保方法的重复性。

表 1　基因引物

基因	引物序列（5′ → 3′）	
	正向引物	反向引物
P5CR	ATGTGCTCTTCCTGGCTGTGA	GCGTGAGTACCTGTGGCATAC
PRODH	CGTGGACTTGCTGGACTGGAA	CGGCTGATGGCTGGTTGGAA
P5CS	ATCATCTGGCTGACCTGCTGAC	GTGAAGAATGCGGTTGCTGTGT
GAPDH	CGTCCCGTAGACAAAATGGT	TTGATGGCAACAATCTCCAC

8. 免疫印迹分析

用蛋白质提取试剂盒（Solarbio，北京，中国）提取细胞或肾脏组织中的总蛋白质。蛋白质样品经过催化和热处理后，在 12% SDS-聚丙烯酰胺凝胶上分离，然后用 Trans-Blot 机器（Bio-Rad）将蛋白质转移到硝酸纤维素膜上，在 25℃下用含 2% BSA 的 TBST 缓冲液封闭 1h。然后用一抗（β-actin，PRODH，P5CR，P5CS，Bcl-2，Bax 和 Caspase-3）将膜在 4℃孵育过夜。其中 β-actin 用作内参。用 PBST 缓冲液（15min×3 次）洗涤后，将膜与二抗在 37℃下孵育 1h，然后洗涤（15min×3 次）。最后，使用 ECL 试剂检测特定的蛋白条带，并使用 Image J 软件进行分析（Zhang 和 Stefanovic，2016；Madan 等，2012）。

9. 统计分析

所有数据均以平均值±标准差表示。使用 GraphPad Prism 6.0 软件（GraphPad，San-Diego，USA）进行数据分析。采用 T 检验和单因素方差分析（ANOVA）进行统计分析。$P<0.05$ 表明对照组和处理组之间存在统计学上的显著差异。

三、结果

1. AFB_1、AFM_1 和 AFB_1+AFM_1 抑制 HEK 293 细胞的活力

为探讨 AFB_1、AFM_1、AFB_1 + AFM_1 对肾脏细胞的影响，利用人胚胎肾 293（HEK293）细胞，使用 CCK-8 试剂盒检测 HEK293 细胞的活力。在相同浓度下，AFB_1 对细胞活力的抑制作用（100mg/L 组为 26%）强于 AFM_1（100mg/L 组为 44%），两者均在线性剂量效应范围内。AFB_1 和 AFM_1 联合也抑制 HEK 293 细胞活力（100mg/L+100mg/L 组为 21%），与其他两组相比，其剂量效应关系更为显著（$P<0.05$），表明了两种高剂量（100mg/L 或更高）黄曲霉毒素联合与单一黄曲霉毒素处理组相比，对 HEK 293 细胞活力的抑制作用更强（图 2）。

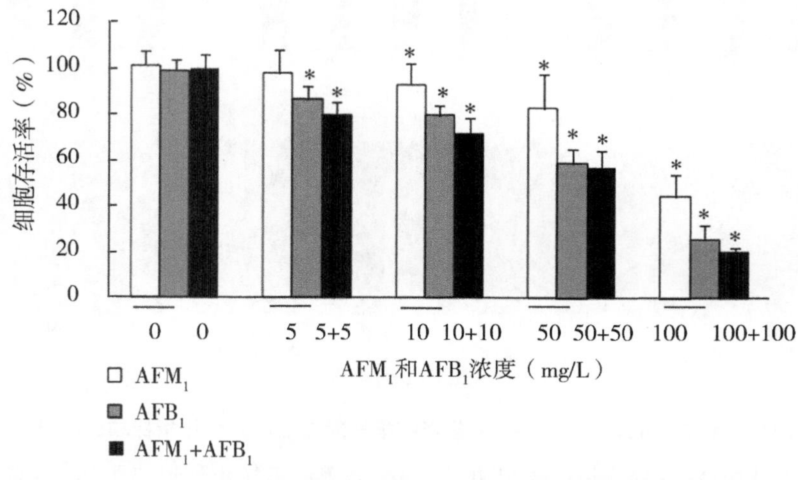

图 2　AFM_1、AFB_1 和 AFM_1+AFB_1 对 HEK 293 细胞活力影响的比较

活力率用平均值±标准差表示，$^*P<0.05$，与对照（n=8）相比

2. AFB_1、AFM_1、AFB_1+AFM_1 影响血清生化指标

为评价黄曲霉毒素对肾脏功能的影响，采集小鼠血清并用 ELISA 法测定 3 种标志物。AFB_1、AFM_1 或 AFB_1 + AFM_1 给药 28d，肌酐（Scr）、尿素（UREA）、尿酸（UA）显著升高（与对照组相比，均为 $P<0.05$）。为了研究黄曲霉毒素对氧化应激的影响，在小鼠血清中测量了丙二醛（MDA）、超氧化物歧化酶（SOD）和总抗氧化能力（T-AOC）；结果显示，与对照组相比，MDA 上调且显著升高，SOD 和 T-AOC 下调且显著降低（$P<0.05$）。此外，AFB_1+AFM_1 组的 UA、SOD 和 T-AOC 与其他两组相比有显著性差异（$P<0.05$），而 AFB_1+AFM_1 组的 Scr、UREA 和 MDA 与其他两组相比有显著性差异（$P<0.05$）（图 3a）。

3. AFB_1、AFM_1 和 AFB_1+AFM_1 诱发肾脏病理

为了进一步研究黄曲霉毒素对肾脏的影响，对组织切片进行了 HE 染色。结果表明，黄曲霉毒素对肾脏组织有明显的损伤作用。与对照组相比，AFB_1 处理组和 AFB_1+AFM_1 处理组的部分切片表现出水肿和细胞形态异常，偶有严重的炎性细胞浸润和出血，而 AFM_1 引起的肾脏损伤则较轻（图 3b）。

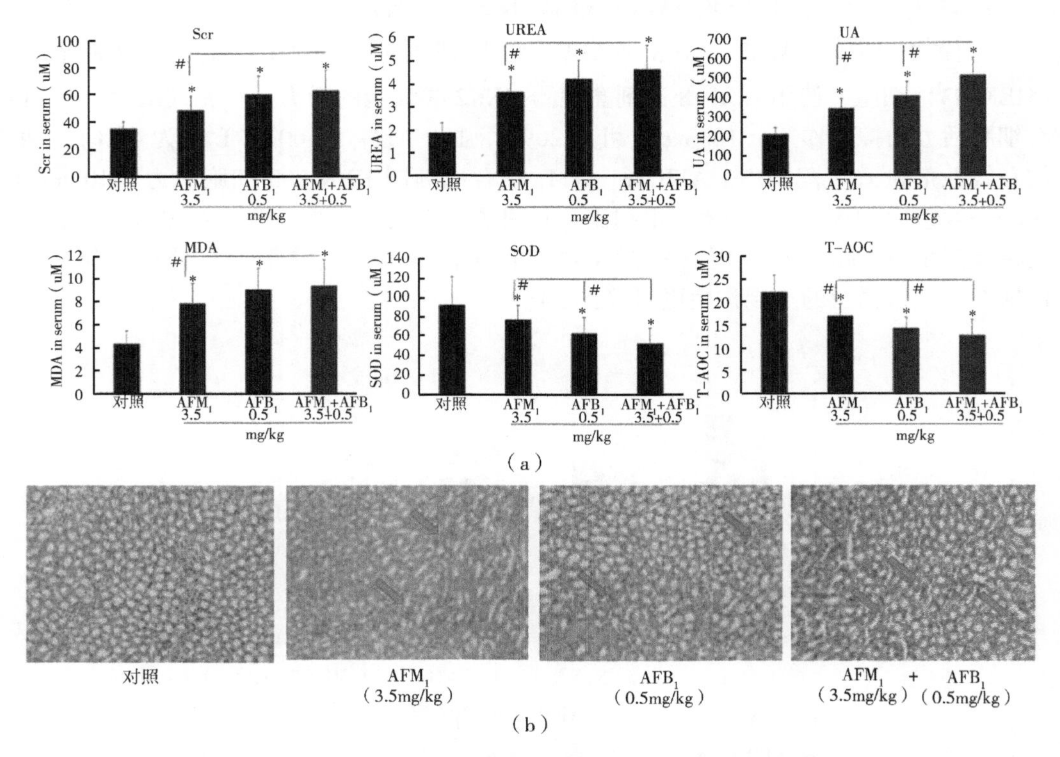

图 3　AFM_1、AFB_1 和 AFM_1+AFB_1 引起肾脏损伤时血清中的生化指标和肾脏组织 HE 染色

（a）Scr、UREA、UA、MDA、SOD 和 T-AOC 检测。生化指标值以平均值±标准差表示，$^*P<0.05$，与对照组比较；$^\#P<0.05$，与 AFM_1 处理组比较（n=8）。（b）苏木精-伊红染色法对肾脏组织进行病理检测。病理图像 200 倍放大，蓝色箭头为损伤区

4. 代谢组学分析

为了评估两种黄曲霉毒素对肾脏代谢的影响，对经 AFB_1、AFM_1 或 AFB_1+AFM_1 处理的小鼠肾脏组织进行了代谢组学检测。黄曲霉毒素处理组的代谢物聚类与对照组明显不同（图 4a，OPLS-DA 评分图），说明样品处理和数据分析是稳定有效的。通过比较 4 个组之间代谢产物水平，发现 AFM_1 处理组与对照组相比有 25 种代谢产物发生显著变化，AFB_1 处理组与对照组相比有 20 种代谢产物表达显著变化。通过 AFM_1 组与 AFB_1 组比较，筛选出 17 种代谢产物。最后，将上述结果的 3 部分重叠，得到 VIP 值≥1 的两种代谢物（L-脯氨酸和肌酐）（图 4b，VENN 图）。

除了 L-脯氨酸，L-丝氨酸，L-赖氨酸，L-酪氨酸，L-组氨酸和 L-亮氨酸都显示在 AFM_1 和 AFB_1 组之间的重叠区域，相关的代谢途径和关系点如图 4c 和 4d 所示。与对照组相比，3 种黄曲霉毒素处理组的氨基酸浓度均较低。通过质谱法测量 4 个组中

L-脯氨酸的水平，结果表明，黄曲霉毒素处理后的样品中 L-脯氨酸浓度低于对照组（$P<0.05$），AFB_1+AFM_1 组与其他两组之间无明显差异（图 4e）。

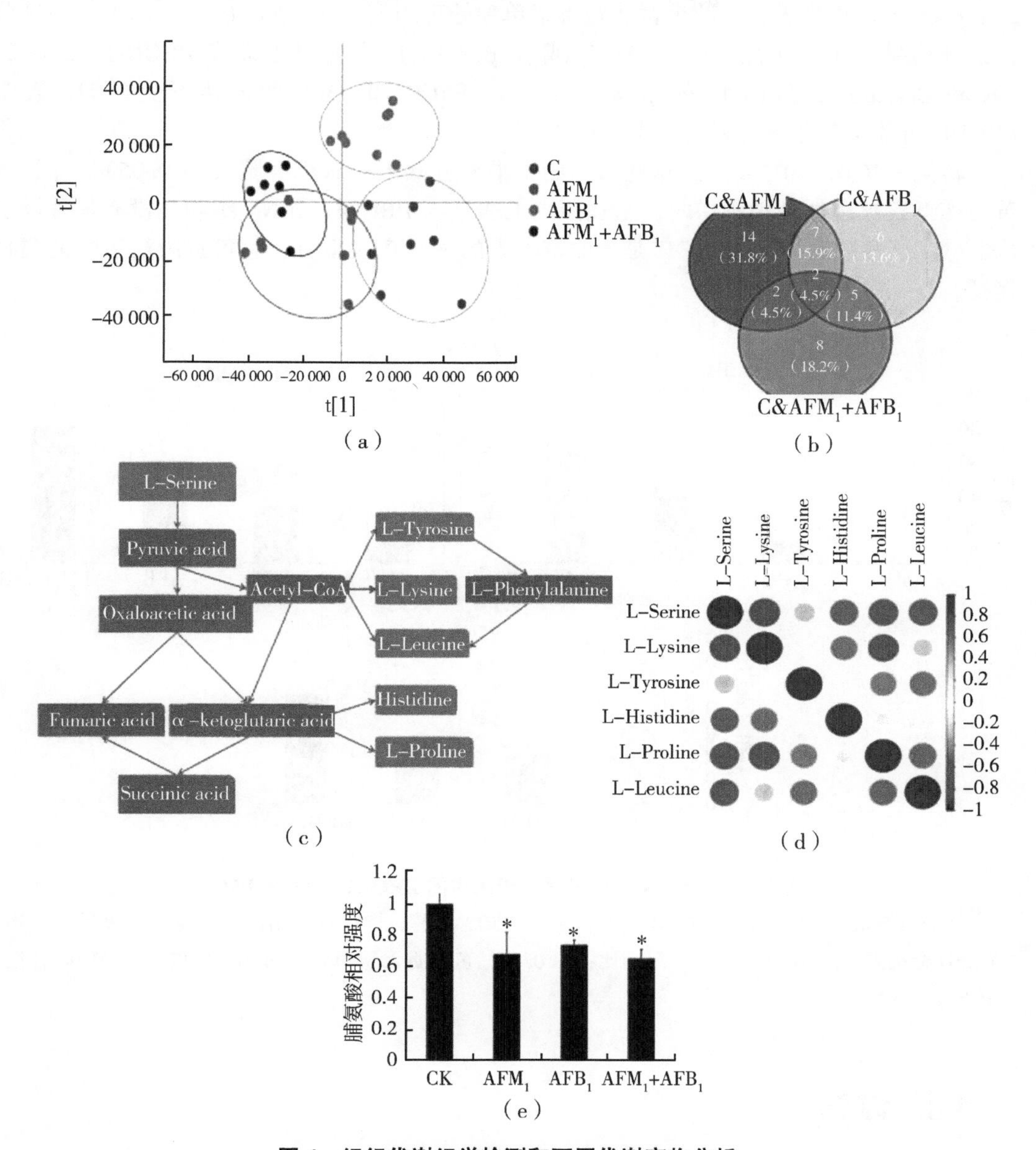

图 4 组织代谢组学检测和不同代谢产物分析

（a）OPLS-DA 评分图；（b）VENN 图；（c）氨基酸代谢途径；（d）关系点，颜色的深浅和圆圈的大小代表相关性的值：颜色越深，圆圈越大，相关性指数越高；（e）质谱法检测肾组织中的 L-脯氨酸。所有数据均表示为平均值±标准差，$^*P<0.05$，与对照组（ck）相比（n=8）

5. AFB_1、AFM_1 和 AFB_1+AFM_1 通过 PRODH 引发对肾脏的毒性作用

为了进一步研究两种黄曲霉毒素的毒性机制并验证 L-脯氨酸与 AFB_1/AFM_1 之间的

关系，测定了肾脏中 P5CR、P5CS 和 PRODH 的表达。q-PCR 分析显示，黄曲霉毒素处理组中 3 个因子的 mRNA 表达均高于对照组（$P<0.05$），联合处理组中 3 个因子的 mRNA 表达均高于其他两个黄曲霉毒素单独处理组（$P<0.05$）（图 5）。免疫印迹分析检测结果显示，添加 AFB_1、AFM_1 或 AFB_1+AFM_1 也能显著提高 PRODH、Bcl-2、Bax 和 Caspase-3 蛋白水平（$P<0.05$），而 P5CR 和 P5CS 的表达不受影响，表明 PRODH 可能是黄曲霉毒素的靶点（图 6）。

转染 PRODH siRNA 后，这些蛋白的水平显著低于对照组细胞（$P<0.05$），并且当黄曲霉毒素被添加到细胞中时，上述蛋白的表达与 PRODH siRNA 组相比没有显著增加（图 7）。这些数据表明 PRODH 是黄曲霉毒素的一个直接靶点，它负责激活下游的凋亡途径。

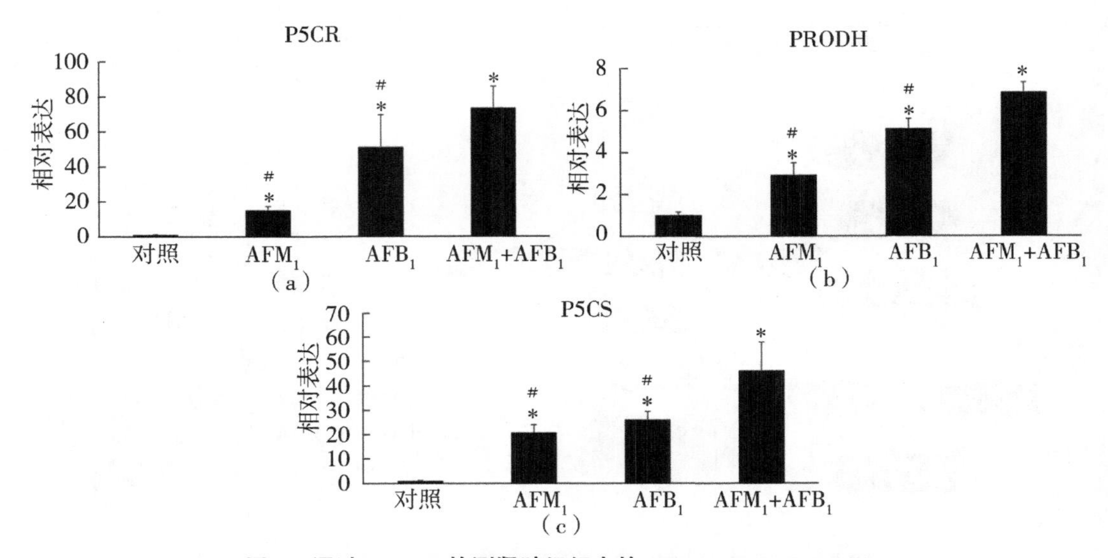

图 5 通过 q-PCR 检测肾脏组织中的 PRODH/P5CR/P5CS

（a）P5CR 水平；（b）PRODH 水平；（c）P5CS 水平。与对照组相比，所有值均表示为平均值±SD 标准差，* $P<0.05$，与对照组相比；# $P<0.05$，黄曲霉毒素单独处理组与 AFB_1+AFM_1 联合组相比（n=8）

四、讨论

生化测定结果表明，长期服用黄曲霉毒素导致血液中存在较高浓度的 Scr、UREA 和 UA，并且会导致肾脏损害，这可能涉及炎症、细胞坏死和中毒（Mahdavi-Mazdeh 等，2013；Kwak 等，2005；Levin，2005；Wang，2017；Olearczyk 等，2009；Chu 等，2014；Reátegui-Sokolova 等，2017；Suzuki 等，2013；Esfahanizadeh 等，2012；Solbu 等，2016；Alpsoy 等，2009）。组织学结果与生化数据表明黄曲霉毒素引起肾损伤的结论一致。总之，这些结果证实肾脏是黄曲霉毒素的主要靶器官之一，并且表明肾脏中可

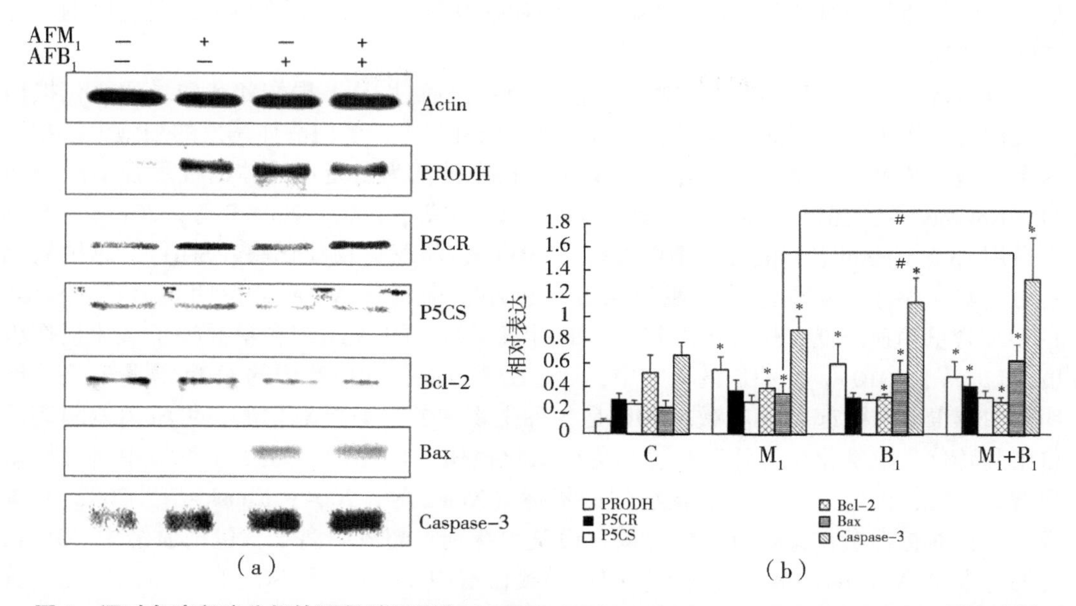

图 6　通过免疫印迹分析检测肾脏组织中 PRODH/P5CR/P5CS/Bcl-2/Bax/Caspase-3 蛋白水平

（a）在免疫印迹中 PRODH/P5CR/P5CS/Bcl-2/Bax/Caspase-3 的灰色条带；（b）通过 Image J 软件定量 PRODH/P5CR/P5CS/Bcl-2/Bax/Caspase-3 的表达水平。所有值均表示为平均值±标准差，* $P<0.05$，与对照组相比；# $P<0.05$，黄曲霉毒素单独处理组与 AFB_1+AFM_1 联合组相比（n=8）

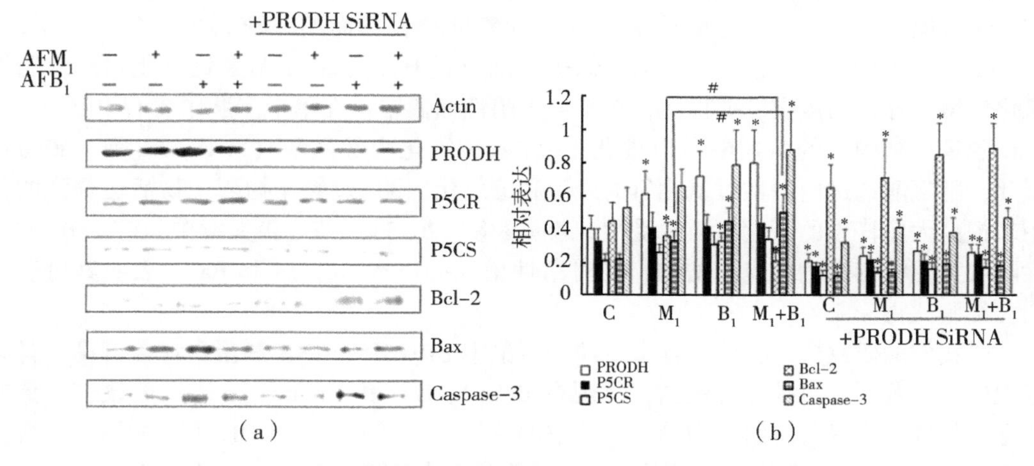

图 7　通过免疫印迹分析检测 HEK293 细胞中 PRODH/P5CR/P5CS/Bcl-2/Bax/Caspase-3 蛋白水平

（a）在免疫印迹中 PRODH/P5CR/P5CS/Bcl-2/Bax/Caspase-3 的灰色条带；（b）通过 Image J软件定量 PRODH/P5CR/P5CS/Bcl-2/Bax/Caspase-3 的表达水平。所有值均表示为平均值±标准差，* $P<0.05$，与对照组相比；# $P<0.05$，黄曲霉毒素单独处理组与 AFB_1+AFM_1 联合组相比（n=8）

能有一些代谢产物被转移、产生或降解，例如脯氨酸，本研究证实脯氨酸是肾脏的一种特殊代谢物。

黄曲霉毒素是一种强致癌和基因毒性化合物，通过 DNA 损伤和突变导致氧化损伤而发挥毒性作用。在黄曲霉毒素引起的氧化损伤机制中，蛋白酶体诱发的细胞失活被认为是细胞抵抗氧化应激的一部分，AFB_1 和 AFM_1 被认为是蛋白酶体活性最强的激活剂（El-Nekeety 等，2011；Narasaiah 等，2006；Amici 等，2007；Najeeb 等，2012）。本研究采用 ELISA 法测定小鼠血清中丙二醛（MDA）、超氧化物歧化酶（SOD）、总抗氧化能力（T-AOC），发现经黄曲霉毒素处理的小鼠血清中 MDA 含量明显升高，SOD、T-AOC含量明显降低。作为自由基产生的过氧化物，MDA 组织含量反映了氧化损伤程度（Liu 等，2010）。在我们的研究中，通过脂质过氧化和血清中的 MDA 含量升高，证明黄曲霉毒素可引起氧化应激。SOD 是各种生物中的经典抗氧化酶，可将超氧阴离子自由基转化为过氧化氢，并保护生物免受氧化损伤。T-AOC 反映了生物体中所有抗氧化剂的活性，因此是整体抗氧化活性的指标（Xiang 等，2004；Kanski 等，2002）。本模型中黄曲霉毒素在肾脏组织中释放自由基，特别是超氧阴离子，包括血清中 SOD 在内的许多 T-AOC 因子被募集到组织中，导致血清中 T-AOC 和 SOD 的下调。因此，黄曲霉毒素对这些参数的影响与其在小鼠中激活氧化反应一致。

脯氨酸是 AFB_1 和 AFM_1 的代谢产物，我们发现黄曲霉毒素处理的小鼠中脯氨酸的浓度明显低于对照组小鼠。以前的研究表明，除了提供能量外，脯氨酸的代谢还会影响各种生物体的氧化应激（Krishnan 等，2008；Rai 等，2004；Tripathi 和 Gaur，2004；Chen 等，2006；Khan 等，2015；Zhang 等，2015；Karayiorgou，2002）。Rai 等（2004）发现，当细胞处于金属压力下时，脯氨酸能够减轻活性氧的损伤，而不是改善抗氧化防御系统。Krishnan 等（2008）也报道了脯氨酸保护细胞免受 H_2O_2、叔丁基氢过氧化物和致癌性氧化应激诱导物的侵害。据报道，在革兰氏阴性细菌中，在单个多肽中含有 PRODH 和 P5C 脱氢酶结构域的黄素酶可以催化 L-脯氨酸氧化为谷氨酸（Srivastava 等，2010）。因此，脯氨酸通过内源性过氧化氢的产生和过氧化氢酶-过氧化物酶生物活性增强的作用来提高大肠杆菌的氧化应激耐受性（Zhang 等，2015）。在这篇文章中，PRODH 的活性随着黄曲霉毒素的反应而增加，同时活性增加的还有 caspase 和 Bax，表明其可诱导凋亡细胞死亡。

在我们的研究中，黄曲霉毒素处理的小鼠中 PRODH mRNA 和蛋白显著升高，肾脏组织中的细胞凋亡也被显著激活，体现在 Bcl-2、Bax 和 Caspase-3 表达的改变。黄曲霉毒素处理的小鼠肾脏组织中脯氨酸的浓度较低，这可能是 PRODH 上调的结果。我们使用 PRODH siRNA 处理来确定 PRODH 是否为黄曲霉毒素的直接靶点，发现在黄曲霉毒素和 siRNA 处理的细胞以及单独使用 PRODH siRNA 处理的细胞中，P5CS、P5CR 和促凋亡因子的表达没有差异。这些发现证明，这两种黄曲霉毒素激活氧化反应并对小鼠肾脏产生毒性作用，这主要是通过减少其代谢产物脯氨酸的水平来实现的，脯氨酸受 PRODH 调节。此外，我们还发现 PRODH siRNA 处理会影响下游凋亡因子，包括 Bcl-2、Bax 和 Caspase-3 的表达。

先前的研究表明，AFB_1 和 AFM_1 与乙型肝炎病毒（HBV）协同作用，导致患肝癌的风险增加了 12 倍，而 Zhang 证明了 AFB_1 和 AFM_1 在各种细胞类型中的相似作用（Sun 等，2013；Zhang 等，2017；Zhang 等，2015）。结果表明，黄曲霉毒素处理组的总毒性和氧化损伤程度为 $AFB_1+AFM_1>AFB_1>AFM_1$，表明这两种黄曲霉毒素可能协同作用，值得进一步研究。

综上所述，我们通过代谢组学筛选了单独及混合的黄曲霉毒素处理组小鼠的肾脏提取物，确定了 AFB_1 和 AFM_1 处理的关键代谢产物 L-脯氨酸。我们还阐明了上游传感器 PRODH 的作用，其可调节 L-脯氨酸的水平，通过诱导氧化应激和凋亡导致肾脏损伤。如图 8（TOC 图形）所示，L-脯氨酸将被用于解毒黄曲霉毒素引起的小鼠模型肾脏损伤，并通过转录组学检测和生物信息学分析来揭示和验证其相关机制和具体作用位点。这些发现提高了我们对摄入黄曲霉毒素及其代谢产物相关风险的理解，并表明食品安全评估指南和标准配方中的黄曲霉毒素限量应该相应地进行修改。

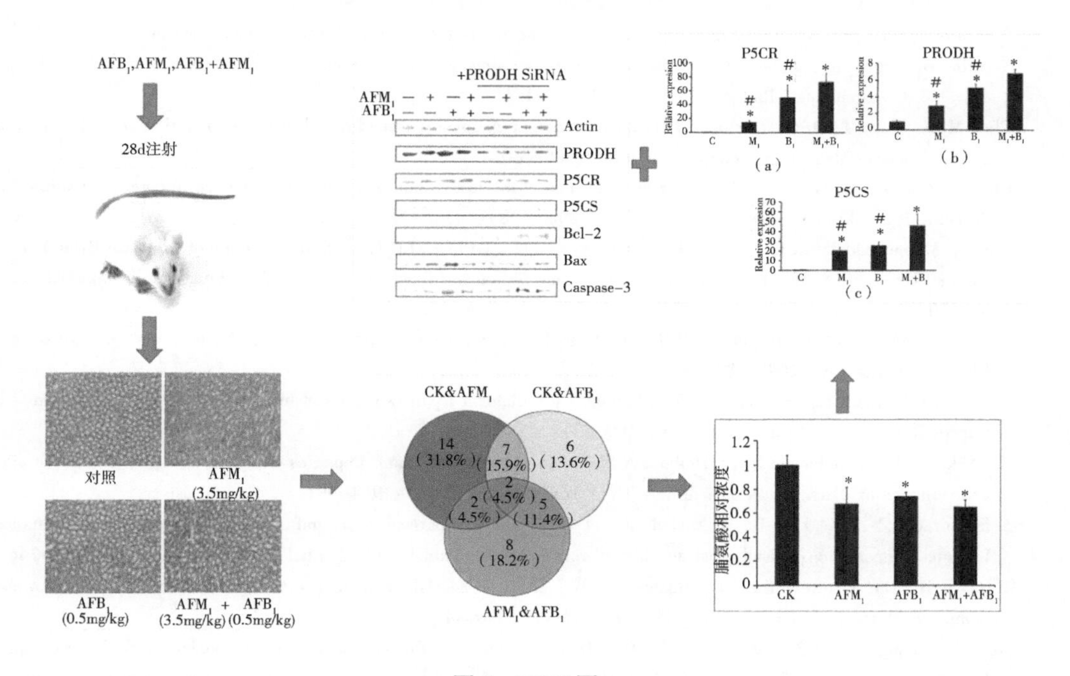

图 8　TOC 图

AFB_1、AFM_1、AFB_1+AFM_1 28d 给药后，小鼠血清生化指标发生明显变化，与对照组相比，小鼠肾组织均有不同程度的损伤，表明 AFB_1、AFM_1、AFB_1+AFM_1 均引起肾损伤，激活氧化反应。通过对肾脏组织的代谢组学检测，证实 L-脯氨酸是响应这些黄曲霉毒素在肾组织中的关键代谢产物。在机制探索部分，PRODH 被证实为 L-脯氨酸的上游调节因子，并诱导下游细胞凋亡

参考文献

Abdel-Wahhab M A，Ibrahim A，El-Nekeety A A，et al，2012. Panax ginseng C. A. Meyer extract counteracts the oxidative stress in rats fed multi-mycotoxins-contaminated diet [J]. Comunicata Scientiae，3 (3)：143-153.

Allcroft R，Rogers H，Lewis G，et al，1966. Metabolism of aflatoxin in sheep：Excretion of the ‘milk toxin’ [J].

Nature, 209 (5019): 154-155.

Alpsoy L, Yildirim A, Agar G, 2009. The antioxidant effects of vitamin A, C, and E on aflatoxin B_1-induced oxidative stress in human lymphocytes [J]. Toxicology & Industrial Health, 25 (2): 121-127.

Amici M, Cecarini V, Pettinari A, et al, 2007. Binding of aflatoxins to the 20S proteasome: Effects on enzyme functionality and implications for oxidative stress and apoptosis [J]. Biological Chemistry, 388 (1): 107-117.

Battacone G, Nudda A, Palomba M, et al, 2005. Transfer of aflatoxin B_1 from feed to milk and from milk to curd and whey in dairy sheep fed artificially contaminated concentrates [J]. Journal of Dairy Science, 88 (9): 3063-3069.

Bedard L L, Massey T E, 2006. Aflatoxin B_1-induced DNA damage and its repair [J]. Cancer Letters, 241 (2): 174-183.

Chen B Q, Liu H L, Meng F B, 2009. Current situation and development direction of digital image processing technology [J]. Journal of Jishou University (Natural Science Edition), 30 (1): 63-70.

Chen C, Wanduragala S, Becker D F, et al, 2006. Tomato QM-like protein protects Saccharomyces cerevisiae cells against oxidative stress by regulating intracellular proline levels [J]. Applied and Environmental Microbiology, 72 (6): 4001-4006.

Chiavaro E, Cacchioli C, Berni E, et al, 2005. Immunoaffinity clean-up and direct fluorescence measurement of aflatoxins B_1 and M_1 in pig liver: Comparison with high-performance liquid chromatography determination [J]. Food Additives & Contaminants: Part A, 22 (11): 1154-1161.

Chou M W, Tung T, 1969. Aflatoxin B_1 in the excretion of aflatoxin poisoned rats. Taiwan yi xue hui za zhi [J]. Journal of the Formosan Medical Association, 68 (8): 389-391.

Chu Z, Zhou F, Lu G, 2014. To compare the change of the test results of cystatin C and Urea nitrogen, Creatinine in different degree kidney damage [J]. Medical Forum (18): 4258-4260.

Cui X, Muhammad I, Li R, et al, 2017. Development of a UPLC-FLD Method for Detection of Aflatoxin B_1 and M_1 in Animal Tissue to Study the Effect of Curcumin on Mycotoxin Clearance Rates [J]. Frontiers in Pharmacology, 8: 650.

Dai Y, Huang K, Zhang B, et al, 2017. Aflatoxin B_1-induced epigenetic alterations: An overview [J]. Food and Chemical Toxicology, 109: 683-689.

Dvorackova I, Stora C, Ayraud N, 1981. Evidence for aflatoxin B_1 in two cases of lung cancer in man [J]. Journal of Cancer Research and Clinical Oncology, 100 (2): 221-224.

El-Nekeety A A, Mohamed S R, Hathout A S, et al, 2011. Antioxidant properties of Thymus vulgaris oil against aflatoxin-induce oxidative stress in male rats [J]. Toxicon, 57 (7-8): 984-991.

Esfahanizadeh N, Rokn A R, Paknejad M, et al, 2012. Comparison of lateral window and osteotome techniques in sinus augmentation: histological and histomorphometric evaluation [J]. Journal of Dentistry, 9 (3): 237-246.

Hayes R B, van Nieuwenhuize J P, Raatgever J W, et al, 1984. Aflatoxin exposures in the industrial setting: An epidemiological study of mortality [J]. Food and Chemical Toxicology, 22 (1): 39-43.

Jolly P, Jiang Y, Ellis W, et al, 2006. Determinants of aflatoxin levels in Ghanaians: Sociodemographic factors, knowledge of aflatoxin and food handling and consumption practices [J]. International Journal of Hygiene and Environmental Health, 209 (4): 345-358.

Kanski J, Aksenova M, Schöneich C, et al, 2002. Substitution of isoleucine-31 by helical-breaking proline abolishes oxidative stress and neurotoxic properties of Alzheimer's amyloid β-peptide [J]. Free Radical Biology & Medicine, 32 (11): 1205-1211.

Karayiorgou M, 2002. Proline Oxidase (PRODH) [M]. Chromium (VI), Oxidative Cell Damage, John Wiley & Sons,

Kelly J D, Eaton D L, Guengerich F P, et al, 1997. Aflatoxin B_1 activation in human lung [J]. Toxicology and Applied Pharmacology, 144 (1): 88-95.

Khan M I R, Nazir F, Asgher M, et al, 2015. Selenium and sulfur influence ethylene formation and alleviate cadmium-induced oxidative stress by improving proline and glutathione production in wheat [J]. Journal of Plant Physiology, 173: 9-18.

Krishnan N, Dickman M B, Becker D F, 2008. Proline modulates the intracellular redox environment and protects mammalian cells against oxidative stress [J]. Free Radical Biology & Medicine, 44 (4): 671-681.

Kwak H S, Lee Y H, Han Y M, et al, 2005. Comparison of renal damage by iodinated contrast or gadolinium in an acute renal failure rat model based on serum creatinine levels and apoptosis degree [J]. Journal of Korean Medical Science, 20 (5): 841-847.

Lafont P, Siriwardana M G, Lafont J, 1989. Genotoxicity of hydroxy-aflatoxins M_1 and M_4 [J]. Microbiologie Aliments Nutrition, 7 (1): 1-8.

Levin A, Cystatin C, 2005. serum creatinine, and estimates of kidney function: Searching for better measures of kidney function and cardiovascular risk [J]. Annals of Internal Medicine, 142 (7): 586-588.

Li H Y, Xing L, Zhang M C, et al, 2018. The Toxic Effects of Aflatoxin B_1 and Aflatoxin M_1 on Kidney through Regulating L-Proline and Downstream Apoptosis [J]. Hindawi BioMed Research International (1): 1-11.

Li Y, Jin Y, Yang S, et al, 2017. Strategy for comparative untargeted metabolomics reveals honey markers of different floral and geographic origins using ultrahigh-performance liquid chromatography-hybrid quadrupole-orbitrap mass spectrometry [J]. Journal of Chromatography A, 1499: 78-89.

Liu S X, Li C G, Dai D L, 2010. Effect of Ligustrazine on MDA, SOD and T-AOC in Erythrocyte Membrane in Patients with Hemoglobin H Disease [J]. Journal of Clinical Experimental Medicine, 11.

Madan E, Gogna R, Pati U, 2012. p53 Ser15 phosphorylation disrupts the p53-RPA70 complex and induces RPA70-mediated DNA repair in hypoxia [J]. Biochemical Journal, 443 (3): 811-820.

Mahdavi-Mazdeh M, Abdollahi A, Heshmati B N, et al, 2013. Comparison of serum and urine neutrophil gelatinase-associated lipocalin (NGAL) with serum creatinine in prediction of kidney suitability for transplantation [J]. Nephro-Urology Monthly, 5 (1): 679-682.

Najeeb Q, Bhaskar N, Masood I, et al, 2012. Malondialdehyde (MDA) Superoxide dismutase (SOD) levels-distinguishing parameters betweenbenign malignant pleural effusions [J]. Free Radicals & Antioxidants, 2: 8-11.

Narasaiah K V, Sashidhar R B, Subramanyam C, 2006. Biochemical analysis of oxidative stress in the production of aflatoxin and its precursor intermediates [J]. Mycopathologia, 162 (3): 179-189,

Olearczyk J J, Quigley J E, Mitchell B C, et al, 2009. Administration of a substituted adamantyl urea inhibitor of soluble epoxide hydrolase protects the kidney from damage in hypertensive Goto-Kakizaki rats [J]. Clinical Science, 116 (1): 61-70,

Polychronaki N, Wild C P, Mykkänen H, et al, 2008. Urinary biomarkers of aflatoxin exposure in young children from Egypt and Guinea [J]. Food and Chemical Toxicology, 46 (2): 519-526.

Pong R S, Nogan G N, 1971. Toxicity and biochemical and fine structural effects of synthetic aflatoxin M_1 and B_1 in rat liver [J]. Journal of the National Cancer Institute, 47: 585-590.

Rai V, Vajpayee P, Singh S N, et al, 2004. Effect of chromium accumulation on photosynthetic pigments, oxidative stress defense system, nitrate reduction, proline level and eugenol content of Ocimum tenuiflorum L [J]. Journal of Plant Sciences, 167 (5): 1159-1169.

Reátegui-Sokolova C, Ugarte-Gil M F, Gamboa-Cárdenas R V, et al, 2017. Serum uric acid levels contribute to new renal damage in systemic lupus erythematosus patients [J]. Clinical Rheumatology, 36 (4): 845-852.

Ribichini F, Graziani M, Gambaro G, et al, 2010. Early creatinine shifts predict contrast-induced nephropathy and persistent renal damage after angiography [J]. American Journal of Medicine, 123 (8): 755-763.

Ronchi B, Danieli P, Vitali A, et al, 2005. Evaluation of AFB_1/AFM_1 carry-over in lactating goats exposed to different levels of AFB_1 contamination, in Book of Abstracts of the 56th Annual Meeting of the European Association for Animal Production [M], Uppsala, Sweden.

Sabino M, Milanez T V, Purchio A, 1995. Aflatoxins B1, M1 and aflatoxicol in tissues and urine of calves receiving aflatoxin [J]. Food Additives & Contaminants: Part A, 12 (3): 467-472.

Solbu M D, Norvik J V, Storhaug H M, et al, 2016. The Association between Adiponectin, Serum Uric Acid and Urinary Markers of Renal Damage in the General Population: Cross-Sectional Data from the Tromsø Study [J]. Kidney and Blood Pressure Research, 41 (5): 623-634.

Srivastava D, Schuermann J P, White T A, et al, 2010. Crystal structure of the bifunctional proline utilization A flavoenzyme from Bradyrhizobium japonicum [J]. Proceedings of the National Acadamy of Sciences of the United States of America, 107 (7): 2878-2883.

Sumithra K, Jutur P P, Carmel B D, et al, 2006. Salinity-induced changes in two cultivars of Vigna radiata: Responses of antioxidative and proline metabolism [J]. Plant Growth Regulation, 50 (1): 11-22.

Sun Z, Chen T, Thorgeirsson S S, et al, 2013. Dramatic reduction of liver cancer incidence in young adults: 28 Year follow-up of etiological interventions in an endemic area of China [J]. Carcinogenesis, 34 (8): 1800-1805.

Suzuki K, Konta T, Kudo K, et al, 2013. The association between serum uric acid and renal damage in a community-based population: The Takahata study [J]. Clinical and Experimental Nephrology, 17 (4): 541-548.

Tchana A N, Moundipa P F, Tchouanguep F M, 2010. Aflatoxin contamination in food and body fluids in relation to malnutrition and cancer status in Cameroon [J]. International Journal of Environmental Research and Public Health, 7 (1): 178-188.

Tripathi B N, Gaur J P, 2004. Relationship between copper-and zinc-induced oxidative stress and proline accumulation in Scenedesmus sp [J]. Planta, 219 (3): 397-404.

Turner P C, Collinson A C, Cheung Y B, et al, 2007. Aflatoxin exposure in utero causes growth faltering in Gambian infants [J]. International Journal of Epidemiology, 36 (5): 1119-1125.

Van Egmond H P, Dragacci S, 2001. Liquid chromatographic method for aflatoxin M_1 in milk [J]. Methods in Molecular Biology (Clifton, N. J.), 157: 59-69.

Wang J, Tang L, Glenn T C, et al, 2016. Aflatoxin B_1 induced compositional changes in gut microbial communities of male F344 rats [J]. Toxicological Sciences, 150 (1): 54-63.

Wang L, 2017. The Significance of Cys-C UREA and Scr Tests in Early Renal Damage Assessment of Acute Glomerulonephritis [J]. Labeled Immunoassays and Clinical Medicine, 4: 422-424.

Who G E, 1994. IARC Monographs on the Evaluation of Carcinogenic Risk to Humans, Vol. 56, Some Naturally Occurring Substances: Food Items and Constituents, Heterocyclic Aromatic Amines and Mycotoxins [J]. Analytica Chimica Acta, 294 (3): 341.

World Health Organisation, 2006. Impacts of Aflatoxins on Health and Nutrition [C]. in Report of an Expert Group Meeting.

Xiang Y, Chen G, Wang S J, et al, 2004. The effect of various pulse amplitudes on the amount of SOD, MDA, and T-AOC in the diaphagm of rabbit atter diaphragm pacing [J]. Chinese Journal of Physical Medicine Rehabilitation, 26: 269-271.

Zhang H, 2017. Cytotoxicity and degradation of mycotoxins in Milk [D]. China, Jilin: Jilin University.

Zhang J, 2015. Cytotoxic effects of main mycotoxins in milk and feed on Caco-2 cells [D]. China, Gansu: Gansu Agricultural University.

Zhang L, Alfano J R, Becker D F, 2015. Proline metabolism increases katG expression and oxidative stress resistance in Escherichia coli [J]. Journal of Bacteriology, 197 (3): 431-440.

Zhang Y, Stefanovic B, 2016. Akt mediated phosphorylation of LARP6; Critical step in biosynthesis of type i collagen [J]. Scientific Reports, 6 (1): 22597.

赭曲霉毒素 A、玉米赤霉烯酮和 α-玉米赤霉烯醇的单独和联合细胞毒性研究

本文研究了霉菌毒素赭曲霉毒素 A（OTA）、玉米赤霉烯酮（ZEA）和/或 α-玉米赤霉烯醇（α-ZOL）的联合细胞毒性。使用四唑盐（MTT）分析和等效线图分析方法评估两种霉菌毒素组合方法（两个 2 种毒素联合作用组和一个 3 种毒素联合作用组）对人源 Hep G2 细胞的细胞毒性，结果表明，2 种毒素组合和 3 种毒素组合对 Hep G2 细胞具有显著的时间依赖性和浓度依赖性的细胞毒性作用。在所有抑制浓度（IC）下（IC_{10}~IC_{90}），分别暴露 24h、48h 和 72h，OTA+ZEA 组的组合指数（CI）为 2.73~7.67，OTA+α-ZOL组的组合指数为 1.23~17.82，表明毒素之间具有拮抗作用。暴露 24h 和 72h（IC_{10}~IC_{90}）后，ZEA+α-ZOL组的 CI 为 1.29~2.55，表明毒素之间存在拮抗作用。暴露 48h 后，ZEA+α-ZOL组的 CI 为 0.74~1.68，表明毒素之间具有协同作用（IC_{80}~IC_{90}）、加和作用（IC_{50}~IC_{70}）或拮抗作用（IC_{10}~IC_{40}）。对于 OTA+ZEA+α-ZOL组，在暴露 24h、48h 和 72h（IC_{10}~IC_{90}）后，CI 值为 1.41~14.65，表明毒素之间存在拮抗作用（Wang 等，2014）。

关键词：赭曲霉毒素 A；玉米赤霉烯酮；α-玉米赤霉烯醇；Hep G2；细胞毒性

一、简介

霉菌毒素是霉菌产生的一系列次生代谢产物，主要来自干燥过程以及随后的储存过程中受到污染的食物和动物饲料（Hussein 和 Brasel，2001）。在所有霉菌毒素中，人们最为关注赭曲霉毒素 A（OTA）和玉米赤霉烯酮（ZEA），这两种毒素常常被发现暴露于食物和动物饲料，对人类健康造成了严重危害（Abdel-Wahhab 等，2005）。OTA 与实验动物的肾脏和肝脏毒性、神经毒性、致畸性和免疫毒性有关（Fusi 等，2010；Pfohl-Leszkowicz 和 Manderville，2007）。国际癌症研究机构（IARC）将 OTA 定义为 2B 类潜在致癌物（IARC，1993a，1993b）。ZEA 的结构类似于内源性雌激素 17β-雌二醇（Bouaziz 等，2013；Kouadio 等，2005），它会激活雌激素基因并导致生殖系统发生改变（Tatay 等，2013）。ZEA 还具有肝毒性、细胞毒性、遗传毒性、免疫毒性和血液毒性（Hassen 等，2007）。IARC 已将 ZEA 归类为 3 类致癌物（IARC，1993a，1993b）。此外，ZEA 可以在肝脏中代谢成为 α-玉米赤霉烯醇（α-ZOL），其雌激素活性是 ZEA 的 3~4 倍（Minervini 等，2005）。

食物和动物饲料中多种霉菌毒素联合污染现象在全球各地均有发生（Monbaliu 等，

2010）。根据联合国粮食及农业组织的估计，大约25%的粮食生产会受到至少一种霉菌毒素的污染（Heussner等，2006）。利用液相色谱-串联质谱（LC-MS/MS）方法可以同时检测23种霉菌毒素，采用此方法检测发现，采自捷克、匈牙利、西班牙和葡萄牙的小麦或玉米样品中，有75%的样品被2种及2种以上的霉菌毒素污染（Monbaliu等，2010）。Rodrigues和Naehrer（2011）在2010年对3300多个玉米、大豆、小麦、大麦和大米样品中的主要霉菌毒素进行了评估，他们发现42%的样品被2种或多种霉菌毒素污染。2009年，对来自中国18个省的41种动物饲料样本进行检测分析后发现，所有样品均为OTA和ZEA阳性（Chen，2011）。动物饲料中的霉菌毒素能够以OTA、ZEA和α-ZOL的形式代谢进入反刍动物的生乳中，并且能在乳制品的整个加工流程中保持稳定（Bullerman和Bianchini，2007）。一项调查发现，从中国超市收集的50份超高温灭菌（UHT）牛奶样品中，有45%的样品检测为OTA、ZEA、α-ZOL和黄曲霉毒素M_1阳性（Huang等，2014）。

混合霉菌毒素的毒理学研究有助于明确霉菌毒素之间是否存在交互作用，以及进一步明确这些交互作用类型是协同作用、加和作用还是拮抗作用，具有重要的研究价值。交互作用的类型可能决定着混合霉菌毒素对生物系统的健康危害程度（Tatay等，2013）。Klarić等（2008）试验发现，OTA、伏马菌素B_1和紫霉素联合处理对于乳酸脱氢酶（LDH）活性主要起加和作用，对半胱天冬酶-3活性和凋亡指数起加和作用和协同作用，联合毒性作用依赖于毒素的浓度和暴露时间。因此，尤其是长时间暴露于毒素之后，3种毒素的联合毒性可能是人类慢性肾脏疾病发生的重要诱因。试验发现，OTA和伏马菌素B_1在人肠上皮细胞系（Caco-2）和Vero细胞中具有协同作用，这种协同作用可能与这2种毒素促进活性氧（ROS）产生的能力有关（Creppy等，2004）。OTA和黄曲霉毒素B_1联合暴露在人肝癌细胞系（Hep G2）中导致的遗传毒性作用，表现为加和作用和拮抗作用，原因可能是OTA和黄曲霉毒素B_1竞争相同的细胞色素P450（CYP），从而产生更多的ROS以及较少的黄曲霉毒素B_1加合物（Corcuera等，2011）。黄曲霉毒素B_1+ZEA或黄曲霉毒素B_1+脱氧雪腐镰刀菌烯醇在细胞毒性上具有协同作用。在氧化损伤上，低浓度的黄曲霉毒素B_1与ZEA具有拮抗作用，但高剂量的黄曲霉毒素B_1与ZEA或脱氧雪腐镰刀菌烯醇具有协同作用。ZEA还可改善黄曲霉毒素B_1诱导的细胞凋亡（Lei等，2013）。ZEA、α-ZOL和β-玉米赤霉烯醇，2种毒素联合作用在低浓度下表现出协同作用，在高浓度下表现出加和作用，3种毒素联合作用，在低浓度下表现出拮抗作用，在高浓度下表现出协同作用（Tatay等，2013）。

OTA、ZEA和α-ZOL的联合暴露可能对人类健康带来重大的挑战。目前这3种毒素与其他霉菌毒素的联合毒性作用已经得到了广泛报道，但是，对于这3种毒素的联合细胞毒性研究很少。在本研究中，我们使用MTT法测定了霉菌毒素OTA、ZEA和α-ZOL对Hep G2细胞的单独和联合细胞毒性作用，并使用等效线分析法评估它们的交互作用类型，具体为协同作用、拮抗作用或加和作用。

二、材料方法

1. 化学药品

OTA和ZEA标准品购自Fermentek Ltd.（Jerusalem，Israel），α-ZOL购自Sigma-Aldrich（St. Louis，MO，USA）。所有标准品均存储在-20℃下。DMEM和胎牛血清（FBS）购自Invitrogen（中国北京茂建联合之星技术有限公司）。抗生素和胰蛋白酶/EDTA溶液购自Beyotime（上海，中国）。3-(4,5-二甲基-噻唑-2-基)-2,5-二苯基-四唑溴化物（MTT）购自Amresco（Solon，US），二甲基亚砜（DMSO）购自Sigma-Aldrich（St. Louis，MO，USA）。

2. 细胞培养和霉菌毒素处理

Hep G2细胞来自ATCC（Manassas，VA，USA）。细胞培养时使用21cm^2的聚苯乙烯组织培养皿以及含有10%胎牛血清和抗生素（100U/mL青霉素和100μg/mL链霉素）的DMEM培养基，细胞计数时使用BIO-RAD TC10™自动细胞计数器。

在96孔板中培养细胞，根据细胞的生长情况确定最佳的细胞接种浓度为1×10^5个/mL。细胞培养24h后，加入霉菌毒素处理。使用甲醇溶解毒素标准品制备每种霉菌毒素的储备溶液，然后用DMEM稀释至合适浓度。每种霉菌毒素单独对细胞进行处理，每种毒素分别选定9个浓度梯度：OTA（0.2~20μM），ZEA（1~100μM）和α-ZOL（0.5~50μM）。通过混合霉菌毒素的储备溶液并用DMEM稀释来制备霉菌毒素的组合溶液。培养基中甲醇的最终浓度低于1%（V/V）。使用与相应样品组相同浓度的甲醇作为对照组。

将Hep G2细胞暴露于恒定比率（OTA：ZEA=0.2：1；OTA：α-ZOL=0.4：1；ZEA：α-ZOL=2：1；OTA：ZEA：α-ZOL=0.4：2：1）的混合霉菌毒素24h、48h和72h。每次试验5个样品重复，进行3次独立试验。

3. 细胞毒性测定

通过3-(4,5-二甲基噻唑-2-基)-2,5-二苯基溴化四唑和MTT法测定细胞增殖。将细胞以1×10^5个/mL的浓度接种到96孔板中，培养24h后使用毒素处理。稀释霉菌毒素储液并将其添加至孔中，分别孵育24h、48h和72h。除去含有霉菌毒素的培养基，加入100μL浓度为0.5mg/mL的MTT溶液，孵育4h。加入100μL DMSO，轻轻摇动板5min，从而保证甲瓒晶体完全溶解。使用自动ELISA读数器在发射波长570nm，激发波长630nm下测量吸光度（Calvert等，2005；Liu等，2010）。

4. 等效应线图解法分析

等效应线图解法分析利用组合指数（CI）对2种或3种霉菌毒素之间相互作用类型进行定量分析。根据Chou和Talalay（1984）及Chou（2006），CI值的计算公式如下：

$$^{n}(CI)x = \sum_{J=1}^{n} (D)_j / (D_x)_j = \frac{(D_x)_{1-n}\left\{[D]j\sum_{j=1}^{n}[D]\right\}}{(D_m)_j\{(fax_j/[1-(fax)_j]\}^{1/mj}}$$

其中$^{n}(CI)\ x$是细胞增殖抑制率为$x\%$时n种化合物的联合指数；$(D_x)_{1-n}$是细胞增殖抑制率为$x\%$时n种化合物的总浓度；$\{[D]\ j\sum_{j=1}^{n}\ [D]\ \}$是细胞增殖抑制率为$x\%$时$n$种化合物的浓度比值；$(D_m)_j\ \{(fax)_j/\ [1-(fax)_j]\ \}^{1/mj}$是细胞增殖抑制率为x%时所需单一化合物的浓度。CalcuSyn 软件（Biosoft，Cambridge，UK）是基于 Chou 和 Talalay 等提出的中效方程式设计的交互效应分析软件，可根据单一毒素及混合毒素的剂量效应曲线，计算出单一毒素及混合毒素的IC_{50}以及毒素联合作用的 CI。CI 值接近 1 代表毒素交互作用为加和作用，小于 1 代表协同作用，大于 1 代表拮抗作用。

5. 统计分析

使用 SAS 9.2 统计软件包对数据进行统计分析。进行 3 次独立试验，数据以平均值±标准差的形式表示。组间差异采用单因素方差分析进行统计，然后采用 Tukey HSD 方法进行多重比较。$P<0.05$ 时认为数据具有统计学意义。

三、结果

1. 毒素单一作用和联合作用的细胞毒性

OTA、ZEA 和α-ZOL 单一及其联合作用于 Hep G2 细胞的剂量-效应曲线如图 1 至图 4 所示。单一毒素作用于 Hep G2 时，随着作用浓度加大和作用时间延长，细胞活力表现出下降的趋势。2 种或 3 种霉菌毒素联合作用于 Hep G2 时，细胞活力也表现出明显的时间依赖与剂量依赖。

如图 1A 所示，与 OTA 单一作用 24h（0.2~6μM）相比，随着毒素浓度加大，OTA 与 ZEA 联合作用（1.2~36μM）没有显著降低细胞活力（$P>0.05$）；如图 1B 所示，与 OTA 单一作用 48h（0.2μM）相比，随着毒素浓度加大，OTA 与 ZEA 联合作用（1.2μM）没有显著降低细胞活力（$P>0.05$）；如图 1C 所示，与 OTA 单一作用 72h（2~20μM）相比，随着毒素浓度加大，OTA 与 ZEA 联合作用（12~120μM）没有显著降低细胞活力($P>0.05$)；上述结果说明 OTA 与 ZEA 联合作用 24h、48h 和 72h 的交互效应可能表现为拮抗效应。

如图 2A 所示，与 OTA 单一作用 24h（0.2~20μM）相比，随着毒素浓度加大，OTA 与 α-ZOL 联合作用（0.7~70μM）没有显著降低细胞活力（$P>0.05$）；如图 2B 所示，与 OTA 单一作用 48h（12~16μM）相比，随着毒素浓度加大，OTA 与 α-ZOL 联合作用（42~56μM）没有显著降低细胞活力（$P>0.05$）；如图 2C，与 OTA 单一作用 72h（12~20μM）相比，随着毒素浓度加大，OTA 与 α-ZOL 联合作用（42~70μM）没有显著降低细胞活力（$P>0.05$）；上述结果说明 OTA 与α-ZOL联合作用 24h、48h 和 72h 的交互效应可能表现为拮抗效应。

如图 3A 所示，与 ZEA 单一作用 24h（1~30μM）相比，随着毒素浓度加大，ZEA 与 α-ZOL 联合作用（1.5~45μM）没有显著降低细胞活力（$P>0.05$）；如图 3B 所示，与 ZEA 单一作用 48h（1~5μM）相比，随着毒素浓度加大，ZEA 与 α-ZOL 联合作用（1.5~7.5μM）没有显著降低细胞活力（$P>0.05$）；如图 3C 所示，与 ZEA 单一作用

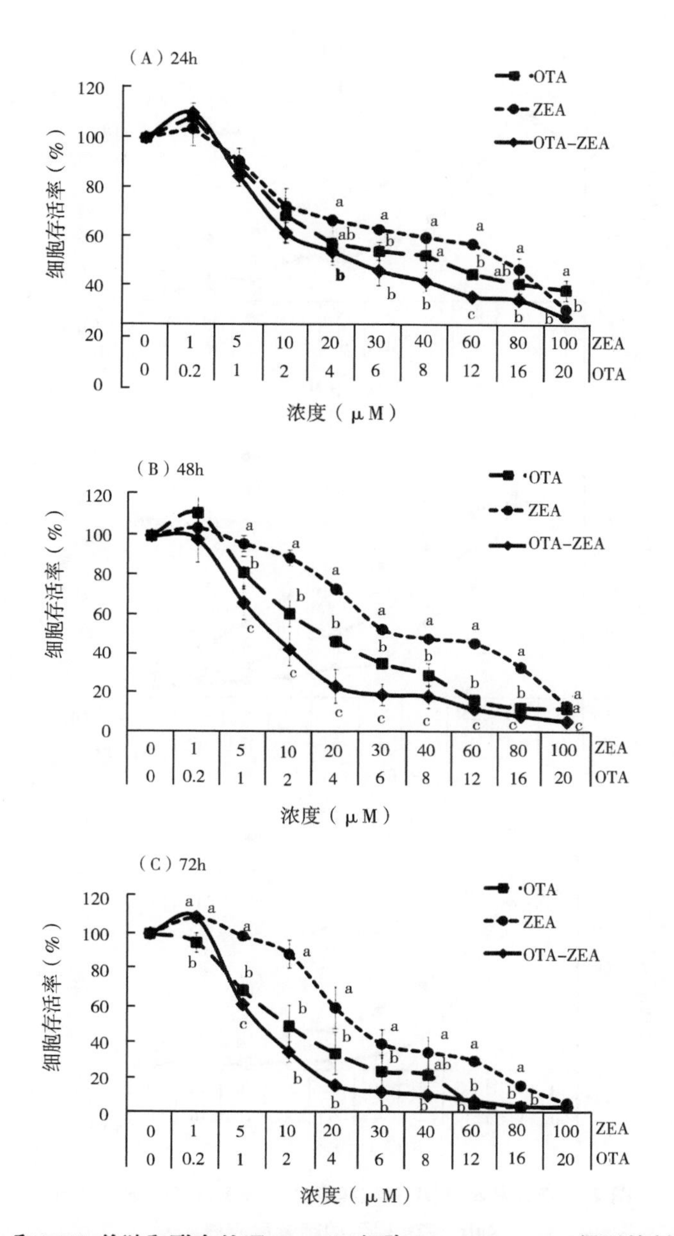

图 1　OTA 和 ZEA 单独和联合处理 Hep G2 细胞 24h、48h、72h 得到的剂量反应曲线

OTA（—■—），ZEA（—●—），OTA+ZEA（—▲—）。OTA，赭曲霉毒素；ZEA，玉米赤霉烯酮。同一组不同字母标记的数据之间具有显著差异（$P<0.05$）

72h（20~40μM）相比，随着毒素浓度加大，ZEA 与 α-ZOL 联合作用（30~60μM）没有显著降低细胞活力（$P>0.05$）；上述结果说明 ZEA 与 α-ZOL 联合作用 24h、48h 和 72h 的交互效应可能表现为拮抗效应。

如图 4A 所示，与 OTA 单一作用 24h（0.2~2μM）相比，随着毒素浓度加大，

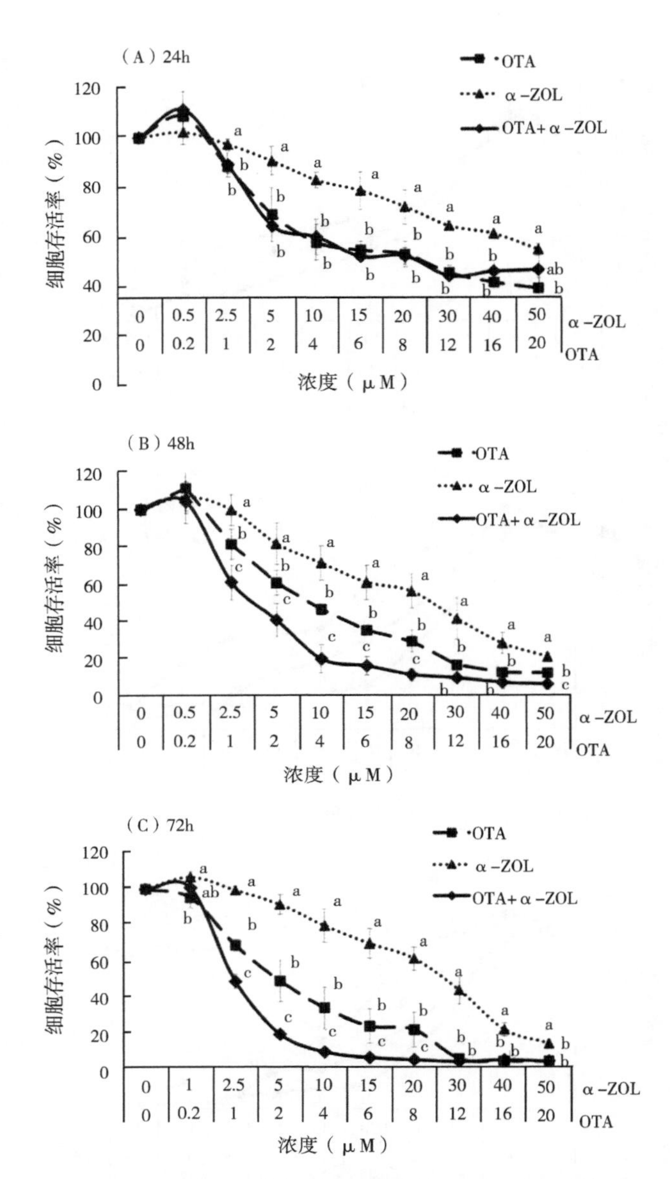

图 2　OTA 和α-ZOL单独和联合处理 Hep G2 细胞 24h、48h、72h 得到的剂量反应曲线

OTA（—■—），α-ZOL（—▲—），OTA+α-ZOL（—◆—）。OTA，赭曲霉毒素；α-ZOL，α-玉米赤霉醇。同一组不同字母标记的数据之间具有显著差异（$P<0.05$）

OTA、ZEA 与 α-ZOL 联合作用（1.7~17μM）没有显著降低细胞活力（$P>0.05$）；如图 4B 所示，与 OTA 单一作用 48h（0.2μM）相比，随着毒素浓度加大，OTA、ZEA 与 α-ZOL 联合作用（1.7μM）没有显著降低细胞活力（$P>0.05$）；如图 4C 所示，与 OTA 单一作用 72h（12~20μM）相比，随着毒素浓度加大，OTA、ZEA 与 α-ZOL 联合作用（102~170μM）没有显著降低细胞活力（$P>0.05$）；上述结果说明 OTA、ZEA 和α-ZOL

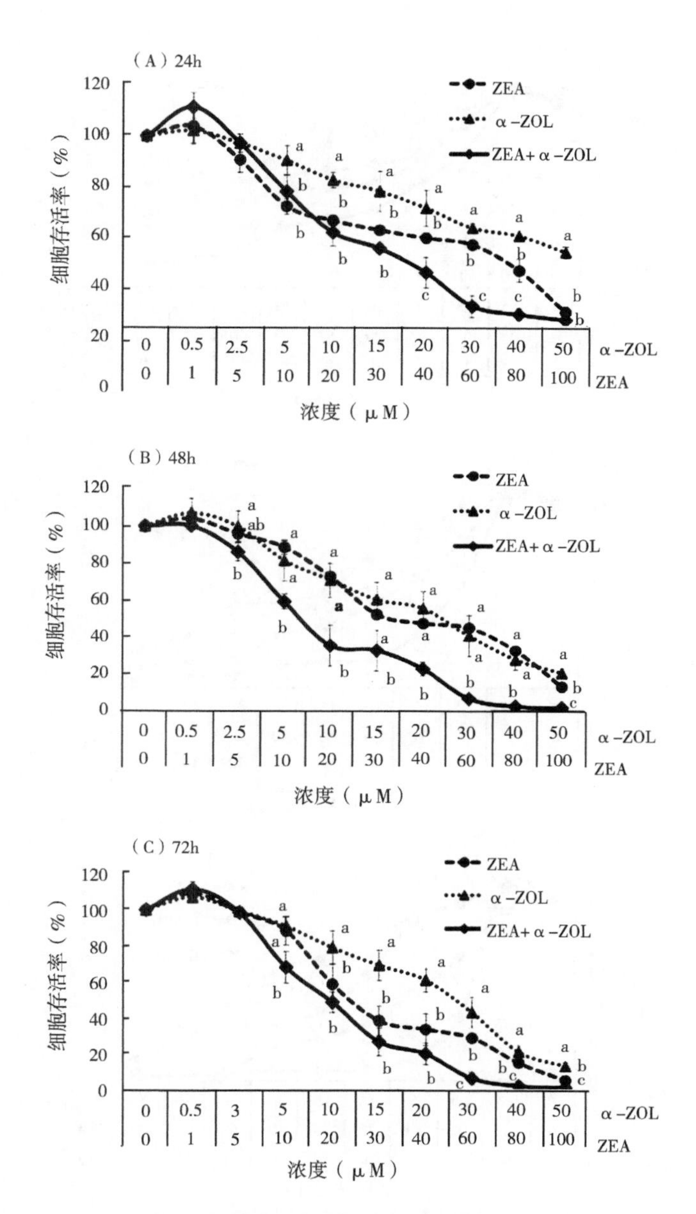

图 3　ZEA 和α-ZOL单独和联合处理 Hep G2 细胞 24h、48h、72h 得到的剂量反应曲线

ZEA（—●—），α-ZOL（—▲—），ZEA+α-ZOL（—◆—）。ZEA，玉米赤霉烯酮；α-ZOL，α-玉米赤霉醇。同一组不同字母标记的数据之间具有显著差异（$P<0.05$）

联合作用 24h，48h 和 72h 的交互效应可能表现为拮抗效应。

如表 1 所示，单一毒素作用于 Hep G2 细胞，OTA，ZEA 和α-ZOL的 IC_{50}分别为 1.86~8.89μM，29.48~55.79 和 20.91~52.30μM。如表 1 所示，随着作用时间的延长，单一毒素的 IC_{50}值降低。根据 IC_{50}值，单一毒素的毒性排序如下：ZEA<α-ZOL<OTA。

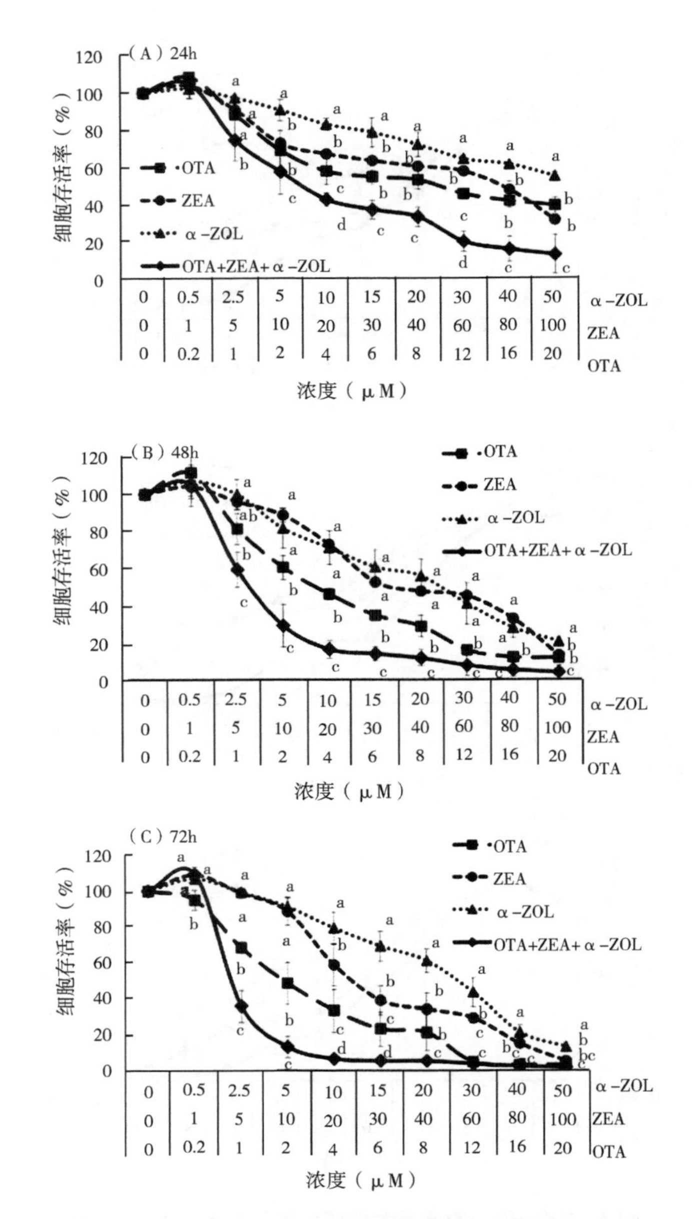

图 4　OTA、ZEA 和α-ZOL单独和联合处理 Hep G2 细胞 24h、48h、72h 得到的剂量反应曲线

OTA（—■—），ZEA（—●—），α-ZOL（—▲—），OTA+ZEA+α-ZOL（—◆—）。OTA，赭曲霉毒素；ZEA，玉米赤霉烯酮；α-ZOL，α-玉米赤霉醇。同一组不同字母标记的数据之间具有显著差异（$P<0.05$）

OTA 是 3 种毒素中对 Hep G2 细胞毒性最大的。2 种毒素联合作用，毒素组合的 IC_{50}随着作用时间的延长而降低。如表 1 所示，OTA+ZEA 的 IC_{50}值为 7.36~34.25μM，OTA+

α-ZOL的 IC_{50}值为 4.05～35.64μM，ZEA+α-ZOL的 IC_{50}值为 21.12～55.00μM，OTA+ZEA+α-ZOL的 IC_{50}值为 3.42～27.67μM。根据 IC_{50}值，毒素组合的毒性排序如下：ZEA+α-ZOL<OTA+α-ZOL<OTA+ZEA<OTA+ZEA+α-ZOL（24h），ZEA+α-ZOL<OTA+ZEA+α-ZOL<OTA+ZEA<OTA+α-ZOL（48h），ZEA+α-ZOL<OTA+ZEA<OTA+α-ZOL<OTA+ZEA+α-ZOL（72h）（表 1）。这说明作用时间为 24h、48h 和 72h 时，ZEA 和α-ZOL在 4 种毒素组合中对 Hep G2 细胞毒性最小。作用时间为 24h 和 72h 时，OTA、ZEA 和α-ZOL 在 4 种毒素组合中对 Hep G2 细胞毒性最大。

毒素作用 24h 时，OTA+ZEA，OTA+α-ZOL和 OTA+ZEA+α-ZOL的 IC_{50}值显著高于 OTA 的 IC_{50}值（$P<0.05$）。从而说明 OTA+ZEA，OTA+α-ZOL和 OTA+ZEA+α-ZOL的交互效应表现为拮抗效应。毒素作用 48h 时，OTA+ZEA+α-ZOL的 IC_{50}值显著高于 OTA 的 IC_{50}值（$P<0.05$）。从而说明 OTA+ZEA+α-ZOL的交互效应表现为拮抗效应。

表 1　OTA、ZEA 和α-ZOL单独和联合处理 Hep G2 细胞 24h、48h、72h 得到的 IC_{50}值

暴露时长	IC_{50}（μM）						
	OTA	ZEA	α-ZOL	OTA+ZEA	OTA+α-ZOL	ZEA+α-ZOL	OTA+ZEA+α-ZOL
24h	8.89±0.86a	55.79±2.74c	52.30±6.14c	34.25±5.98b	35.64±5.00b	55.00±6.24c	27.67±11.22b
48h	3.58±0.41a	39.88±3.40d	20.91±7.37c	10.08±3.31ab	4.99±1.70ab	21.12±2.70c	11.05±2.21b
72h	1.86±0.41a	29.48±3.82c	21.98±3.90b	7.36±0.89a	4.05±2.29a	29.77±6.67c	3.42±0.37a

OTA，赭曲霉毒素；ZEA，玉米赤霉烯酮；α-ZOL，α-玉米赤霉烯醇；IC_{50}，抑制 50%的增殖所需的剂量，IC_{50}由计算机软件 CalcuSyn v2.0 自动计算得到。在不同暴露时长下，不同字母标记的组之间具有显著差异（$P<0.05$）

2. 霉菌毒素的交互效应

用等效应线图解法分析 OTA、ZEA 和α-ZOL的交互作用类型。2 种或 3 种霉菌毒素联合作用的 CI 值及对应的交互作用类型如表 2 至表 7 所示。IC_{10}～IC_{90}表示细胞增殖抑制率为 10%～90%时所需要的毒素浓度。

表 2　不同霉菌毒素组合的剂量-反应关系参数

霉菌毒素	时间（h）	剂量-反应关系参数		
		Dm（μM）	m	r
OTA+ZEA	24	34.25±5.98	0.78	0.9691
	48	10.08±3.31	1.37	0.9802
	72	7.36±0.89	1.18	0.9918

（续表）

霉菌毒素	时间（h）	剂量-反应关系参数		
		Dm（μM）	m	r
OTA+α-ZOL	24	35. 64±5. 00	0. 66	0. 8958
	48	4. 99±1. 70	1. 06	0. 9915
	72	4. 05±2. 29	1. 01	0. 9427
ZEA+α-ZOL	24	55. 00±6. 24	1. 38	0. 9588
	48	21. 12±2. 70	1. 82	0. 9790
	72	29. 77±6. 67	2. 55	0. 9829
OTA+ZEA+α-ZOL	24	27. 67±11. 22	0. 98	0. 9926
	48	11. 05±2. 21	1. 06	0. 9873
	72	3. 42±0. 37	0. 94	0. 9721

表 3　根据 CI 值描述相互作用关系

CI 值	描述	符号
<0. 1	很强的协同作用	+++++
0. 1～0. 3	强协同作用	++++
0. 3～0. 7	普通协同作用	+++
0. 7～0. 85	中等协同作用	++
0. 85～0. 90	轻度协同作用	+
0. 90～1. 10	接近加和作用	±
1. 10～1. 20	轻度拮抗作用	-
1. 20～1. 45	中毒拮抗作用	--
1. 45～3. 3	普通拮抗作用	---
3. 3～10	强拮抗作用	----
>10	很强的拮抗作用	-----

如表 4 可见，OTA 和 ZEA 联合作用 24h 和 72h 后，所有浓度组合下都表现为强烈拮抗效应，联合作用 48h 后表现为拮抗效应（IC_{10}～IC_{20}）和强烈拮抗效应（IC_{30}～IC_{90}）。

如表 5 可见，OTA 和α-ZOL 联合作用 48h 后，表现为强烈拮抗效应（IC_{10}～IC_{70}）和非常强烈拮抗效应（IC_{80}～IC_{90}），联合作用 48h 和 72h 所有浓度组合下均表现为拮抗效应。

表 4　OTA 和 ZEA 联合毒性作用及 CI 值

浓度（μM）	CI 值		
	24h	48h	72h
IC_{10}	7. 50±3. 53（----）	2. 73±0. 80（---）	4. 07±0. 34（----）
IC_{20}	7. 13±2. 44（----）	3. 14±0. 84（---）	4. 44±0. 35（----）
IC_{30}	6. 99±1. 88（----）	3. 45±0. 90（----）	4. 73±0. 36（----）
IC_{40}	6. 95±1. 54（----）	3. 74±0. 95（----）	5. 00±0. 37（----）
IC_{50}	6. 95±1. 31（----）	4. 02±1. 03（----）	5. 27±0. 39（----）
IC_{60}	6. 99±1. 19（----）	4. 34±1. 12（----）	5. 56±0. 41（----）
IC_{70}	7. 09±1. 18（----）	4. 74±1. 26（----）	5. 92±0. 44（----）
IC_{80}	7. 27±1. 29（----）	5. 26±1. 47（----）	6. 42±0. 49（----）
IC_{90}	7. 67±1. 62（----）	6. 19±1. 92（----）	7. 33±0. 61（----）

CI，组合指数；OTA，赭曲霉毒素；ZEA，玉米赤霉烯酮；以平均值±SD 形式表示 IC_{10} ~ IC_{90}，IC_{10} ~ IC_{90}是抑制细胞增殖 10%到 90%所需的剂量。OTA 和 ZEA 以 0. 2：1 的摩尔比分别处理 Hep-G2 细胞 24h、48h 和 72h。CI（1. 45~3. 3），拮抗作用（---）；CI（3. 3~10），强拮抗作用（----）

表 5　OTA 和α-ZOL联合毒性作用及 CI 值

浓度（μM）	CI 值		
	24h	48h	72h
IC_{10}	3. 64±0. 90（----）	1. 60±0. 25（---）	2. 93±1. 92（---）
IC_{20}	4. 14±0. 46（----）	1. 73±0. 26（---）	2. 74±1. 60（---）
IC_{30}	4. 62±0. 30（----）	1. 82±0. 30（---）	2. 64±1. 40（---）
IC_{40}	5. 15±0. 65（----）	1. 90±0. 35（---）	2. 58±1. 23（---）
IC_{50}	5. 80±1. 23（----）	1. 98±0. 40（---）	2. 53±1. 07（---）
IC_{60}	6. 67±2. 07（----）	2. 06±0. 46（---）	2. 50±0. 91（---）
IC_{70}	8. 02±3. 43（----）	2. 15±0. 55（---）	2. 48±0. 73（---）
IC_{80}	10. 55±6. 15（-----）	2. 28±0. 67（---）	2. 48±0. 51（---）
IC_{90}	17. 82±14. 76（-----）	2. 50±0. 88（---）	2. 53±0. 14（---）

CI 值，组合指数；OTA，赭曲霉毒素；α-ZOL，α-玉米赤霉醇；以平均值±SD 形式表示 IC_{10} ~ IC_{90}，IC_{10} ~ IC_{90}是抑制细胞增殖 10%到 90%所需的剂量。OTA 和α-ZOL以 0. 4：1 的摩尔比分别处理 Hep-G2 细胞 24h、48h 和 72h。CI（1. 45 ~ 3. 3），拮抗作用（---）；CI（3. 3 ~ 10），强拮抗作用（----）；CI（CI>10），很强的拮抗作用（-----）

如表6可见，ZEA和α-ZOL联合作用24h后，表现为拮抗效应（IC_{10}~IC_{50}）和中度拮抗效应（IC_{60}~IC_{90}），联合作用72h后表现为拮抗效应（IC_{10}~IC_{80}）和中度拮抗效应（IC_{90}）。然而ZEA和α-ZOL联合作用48h后表现的交互类型较多，分别为拮抗效应（IC_{10}），中度拮抗效应（IC_{20}~IC_{30}），轻微拮抗效应（IC_{40}），加和作用（IC_{50}~IC_{70}）和中度协同效应（IC_{80}~IC_{90}）。

如表7可见，OTA、ZEA和α-ZOL联合作用24h后，在低浓度下表现为非常强烈拮抗效应（IC_{10}~IC_{20}），在高浓度下表现为强烈拮抗效应（IC_{30}~IC_{90}）。联合作用72h后，在低浓度下表现为中度拮抗效应和拮抗效应（IC_{10}~IC_{50}），在高浓度下表现为强烈拮抗效应（IC_{60}~IC_{90}）。OTA、ZEA和α-ZOL联合作用48h后所有浓度组合下均表现为强烈拮抗效应。

表6　ZEA和α-ZOL联合毒性作用及CI值

浓度（μM）	CI值		
	24h	48h	72h
IC_{10}	2.55±1.30（---）	1.68±0.45（---）	2.12±0.19（---）
IC_{20}	2.04±0.81（---）	1.41±0.30（--）	1.94±0.17（---）
IC_{30}	1.80±0.56（---）	1.26±0.21（--）	1.83±0.16（---）
IC_{40}	1.64±0.39（---）	1.15±0.16（-）	1.75±0.15（---）
IC_{50}	1.53±0.28（---）	1.06±0.12（±）	1.68±0.13（---）
IC_{60}	1.44±0.22（--）	0.99±0.09（±）	1.61±0.12（---）
IC_{70}	1.37±0.24（--）	0.91±0.07（±）	1.53±0.11（---）
IC_{80}	1.31±0.32（--）	0.83±0.07（++）	1.45±0.11（---）
IC_{90}	1.29±0.49（--）	0.74±0.11（++）	1.33±0.10（--）

CI值，组合指数；ZEA，玉米赤霉烯酮；α-ZOL，α-玉米赤霉醇；以平均值±SD形式表示IC_{10}~IC_{90}，IC_{10}~IC_{90}是抑制细胞增殖10%到90%所需的剂量。ZEA和α-ZOL以2：1的摩尔比分别处理Hep-G2细胞24h、48h和72h。CI（0.7~0.85），中度协同作用（++）；CI（0.90~1.10），接近加和作用（±）；CI（1.10~1.20），轻度拮抗作用（-）；CI（1.20~1.45），中度拮抗作用（--）；CI（1.45~3.3），拮抗作用（---）

四、讨论

由于OTA、ZEA和α-ZOL均与肝毒性有关（Abid-Essefi等，2009；EFSA，2006；Hassen等，2007），因此本研究选择Hep G2细胞系作为体外模型研究霉菌毒素的联合作用。目前已有相关研究使用MTT法测定细胞增殖，表明OTA和ZEA导致Hep G2细胞死亡，但α-ZOL还没有相关研究。Li等（2014）发现OTA处理24h可抑制Hep G2细胞增殖（IC_{50}：37.30μM）；Corcuera 等（2011）测定的 IC_{50} 结果为 360μM。这些结果均远高于我们在 OTA 处理细胞 24h 后得到的结果（IC_{50}：8.89μM）。Li 等（2014）测定发现，ZEA 处理 24h 后，Hep G2 细胞的 IC_{50} 为 41.28μM，略低于我们的研究结果（55.79μM）。

表 7　OTA、ZEA 和α-ZOL的联合毒性作用及 CI 值

浓度（μM）	CI 值		
	24h	48h	72h
IC_{10}	14.65±9.34（-----）	5.48±2.55（----）	1.41±0.04（--）
IC_{20}	10.82±6.03（-----）	5.57±2.08（----）	1.81±0.16（---）
IC_{30}	9.02±4.59（----）	5.70±1.96（----）	2.17±0.35（---）
IC_{40}	7.88±3.75（----）	5.85±1.98（----）	2.52±0.55（---）
IC_{50}	7.05±3.20（----）	6.03±2.08（----）	2.91±0.79（---）
IC_{60}	6.39±2.82（----）	6.26±2.28（----）	3.38±1.08（----）
IC_{70}	5.84±2.57（----）	6.54±2.56（----）	3.99±1.50（----）
IC_{80}	5.38±2.47（----）	6.97±3.00（----）	4.93±2.17（----）
IC_{90}	5.02±2.62（----）	7.80±3.84（----）	6.88±3.65（----）

CI 值，组合指数；OTA，赭曲霉毒素；ZEA，玉米赤霉烯酮；α-ZOL，α-玉米赤霉醇。以平均值±SD 形式表示 IC_{10}～IC_{90}，IC_{10}～IC_{90}是抑制细胞增殖 10%到 90%所需的剂量。OTA、ZEA 和α-ZOL以 0.4∶2∶1 的摩尔比分别处理 Hep-G2 细胞 24h、48h 和 72h。CI（1.20～1.45），中度对抗作用（--）；CI（1.45～3.3），拮抗作用（---）；CI（3.3～10），强拮抗作用（----）；CI（CI>10），很强的拮抗作用（-----）

同时，OTA、ZEA 和α-ZOL的细胞毒性在其他不同处理时间段、不同来源的细胞系中也得到了广泛的研究。OTA 处理猪胚胎成纤维细胞 24h 和 48h 后，通过 LDH 试验结果分别计算得到的 IC_{50}值为 10.50μM 和 5.79μM（Fusi 等，2010）。ZEA 处理 Caco-2 细胞 72h 后通过 MTT 法分析获得的 IC_{50}值为 25μM（Kouadio 等，2005），ZEA 分别处理中国仓鼠卵巢细胞系（CHO-K1）48h 和 72h 后通过 MTT 试验分析得到的 IC_{50}值为 32μM 和 30μM（Tatay 等，2013），都与我们的结果相似。我们经过试验发现，OTA 的 IC_{50}值在 24h 时为 8.89μM，在 48h 时为 3.58μM，在 72h 时为 1.86μM；ZEA 的 IC_{50}值在 24h 为 55.79μM，在 48h 为 39.88μM，在 72h 为 29.48μM；α-ZOL 的 IC_{50} 在 24h 时为 52.30μM，在 48h 时为 20.91μM，在 72h 时为 21.98μM。

另外，一些研究报道的 OTA、ZEA 和α-ZOL的 IC_{50} 值高于我们的研究。Behm 等（2012）使用中性红（NR）测定法发现 OTA 处理中国仓鼠肺细胞系（V79）48h 后 IC_{50} 值为 19μM，是我们研究结果的 6 倍。Ferrer 等（2009）发现在 ZEA 处理 CHO-K1 细胞 24h 后通过中性红测定法和 MTT 法测得的 IC_{50}值分别为 108.76μM 和 79.40μM。Tatay

等（2013）发现在 ZEA 分别处理 CHO-K1 细胞 24h、48h 和 72h 后，IC_{50}值分别超过 100μM、60.30μM 和 60μM。Abid-Essefi 等（2009）使用 MTT 法分析发现α-ZOL处理 Caco-2 细胞 48h 后测得的 IC_{50}值为 80μM。

同时，一些研究得到的 OTA、ZEA 和α-ZOL的 IC_{50}值低于我们测定得到的值。Fusi 等（2010）测定了 OTA 对猪成纤维细胞的 IC_{50}值，发现毒素处理 24h 和 48h 后 IC_{50}值分别为 2.30μM 和 2.28μM。Abid-Essefi 等（2009）使用 MTT 分析发现 ZEA 处理Caco-2 细胞 48h 后测定得到的 IC_{50}值为 20μM。Tatay 等（2013）发现α-ZOL在暴露 24h 时的 IC_{50}值为 33μM。与所选的细胞毒性参数无关，不同研究报道中相同细胞系的平均有效浓度之间具有显著差异。特定细胞毒性的这种差异可归因于使用不同的细胞系、不同的指标、培养基中是否存在血清、暴露的时间以及毒素和浓度的各种组合（Ferrer 等，2009；Ruiz 等，2011）。

我们的研究清楚地表明，OTA、ZEA 和α-ZOL以时间和浓度依赖性的方式降低 Hep G2 细胞的增殖，这是霉菌毒素细胞毒性中非常普遍的现象。OTA 对 Hep G2 细胞、鼠卵巢颗粒细胞（KK-1）和 Caco-2 细胞的细胞毒性（Corcuera 等，2011；Kouadio 等，2007；Li 等，2014）；ZEA 对 Hep G2 细胞、Caco-2 细胞、猪肾细胞系（PK-15）和 CHO-K1 细胞的作用（Ferrer 等，2009；Kouadio 等，2005；Lei 等，2013；Li 等，2014）；α-ZOL对 CHO-K1 细胞、V79 细胞和 Caco-2 细胞的作用（Abid-Essefi 等，2009；Behm 等，2012；Tatay 等，2013）；以及其他霉菌毒素如黄曲霉毒素 B_1、伏马菌素 B_1、脱氧雪腐酚和 T-2 毒素（Bouaziz 等，2013；Corcuera 等，2011；Kouadio 等，2007）均以时间和浓度依赖的方式对 Hep G2 细胞、PK-15 细胞、Caco-2 细胞和 Vero 细胞产生细胞毒性。OTA、ZEA 和α-ZOL 2 种和 3 种联合处理 Hep G2 细胞得到的剂量反应曲线表明联合毒素的细胞毒性高于单独霉菌毒素。考虑到将这些霉菌毒素组合后毒素的浓度高得多，2 种和 3 种毒素联合处理后具有更高的细胞毒性这一点并不令人惊讶。

按本研究中 3 种毒素对 Hep G2 细胞的细胞毒性排序，发现 OTA 强于α-ZOL，α-ZOL强于 ZEA，这表明 Hep G2 对 OTA 的敏感性高于 ZEA 和α-ZOL。Li 等（2014）也在研究中发现，对于 Hep G2 细胞，OTA 的 IC_{50}值为 37.30μM，ZEA 的 IC_{50}值为 41.28μM，OTA 的细胞毒性作用更强。不同的细胞系如 V79 细胞、KK-1 细胞和 CHO-K1 细胞对 OTA 的敏感性均强于 ZEA（Behm 等，2012；Ferrer 等，2009；Li 等，2014）。但是，由于细胞系来源不同和毒性指标不同，因此 ZEA 和α-ZOL的细胞毒性比较也有所不同。Tatay 等（2013）发现，使用 MTT 分析法，α-ZOL（IC_{50}，20.91μM）在 CHO-K1 中的细胞毒性高于 ZEA（IC_{50}，60.30μM）。Othmen 等（2008）研究表明，使用 MTT 测定法，在 Vero 细胞系中α-ZOL的细胞毒性高于 ZEA 的细胞毒性。他们的发现与我们的研究结果一致。

然而，一些研究发现 ZEA 的细胞毒性高于α-ZOL。Behm 等（2012）发现，使用中性红检测法，V79 对 ZEA 的敏感性高于对α-ZOL的敏感性，IC_{50}值分别为 26μM 和 50μM。Abid-Essefi 等（2009）研究表明，使用 MTT 分析，ZEA 的 IC_{50}值为 20μM，α-ZOL的 IC_{50}值为 80μM，ZEA 对 Hep G2 的毒性高于α-ZOL。这些细胞毒性的差异进一步表明各种细胞系对霉菌毒素的敏感性不同。

为了研究 OTA、ZEA 和α-ZOL的交互作用类型，本研究使用了等效应线图解法进行分析。等效应线图解法分析使我们能够对单独及混合的化学物的风险评估进行剂量效应分析；它还可以直观地评估霉菌毒素混合物之间的交互作用类型（Chou 和 Talalay，1984；Chou，2006）。基于这些组合的剂量反应曲线，生成了 IC_{10} ~ IC_{90} 的等效应线图。表 2 显示了 2 种霉菌毒素组合和 3 种霉菌毒素组合的剂量反应曲线参数（Dm，m 和 r）以及霉菌毒素组合的平均 CI 值（表 4 至表 7）。表 3 表明了基于 CI 值范围的不同毒素组合产生的协同作用、拮抗作用和加和作用的分析。

我们研究发现，OTA+ZEA、OTA+α-ZOL和 OTA+ZEA+α-ZOL的组合在 Hep G2 细胞系中产生拮抗作用。这些发现表明，与单独使用这些霉菌毒素相比，霉菌毒素在食品和饮食中共存可能具有较小的细胞毒性。但是，由于各种组合（2 种或 3 种毒素）的毒性特征不同，对于重叠毒性的降低作用可能会比较小。通常，很难阐明联合真菌毒素的细胞毒性作用的潜在机制。霉菌毒素的交互作用是由于与生化过程的复杂扰动有关的某种未知机制而引起的，这一可能性无法排除（Ruiz 等，2011）。与 OTA 和 ZEA 一样，霉菌毒素具有一些共同的作用机制，例如 DNA 加合物的诱导（Lioi 等，2004；Pfohl-Leszkowicz 和 Manderville，2007）和内分泌干扰（Frizzell 等，2011，2013）。此外，OTA 和 ZEA 均可诱导 Hep G2 细胞中活性氧 ROS 的生成并触发 p53 依赖性凋亡途径（Bouaziz 等，2008；Li 等，2014）。目前 OTA 或 ZEA 与其他霉菌毒素联合使用产生拮抗作用的研究已经被广为报道。Corcuera 等（2011）发现，OTA 和黄曲霉毒素 B_1 联合处理 Hep G2 细胞导致了基因毒性上的拮抗作用。Kouadio 等（2007）利用中性红分析法发现，ZEA 和伏马毒素 B_1 的混合物对 Caco-2 细胞在细胞毒性上具有拮抗作用。Lei 等（2013）研究表明，ZEA 和黄曲霉毒素 B_1 联合处理 PK-15 细胞对 ROS 的产生具有拮抗作用。

霉菌毒素 ZEA 和α-ZOL联合暴露 24h 和 72h 产生拮抗作用，但联合暴露 48h 产生加和作用和协同作用。同时，ZEA+α-ZOL在暴露 48h 时的 IC_{50} 值显著低于 ZEA 的 IC_{50}（$P<0.05$），与α-ZOL的 IC_{50} 值无显著差异（$P<0.05$）。这表明 ZEA 和α-ZOL对 Hep-G2 细胞增殖的抑制作用显著高于仅暴露于 ZEA 48h 条件下（$P<0.05$），这与使用等效应线图解分析法分析得到的 ZEA 和α-ZOL之间具有加和作用和协同作用的结果相一致。但是，ZEA+α-ZOL在 24h 时的 IC_{50} 值与单独的 ZEA 或α-ZOL的 IC_{50} 值没有显著差异（$P>0.05$）；它甚至显著高于 72h 时 ZEA 的 IC_{50} 值（$P<0.05$），这与使用等效应线图解分析法得到的在 24h 和 72h 有拮抗作用的结果一致。通常，两种或多种具有相同毒性机理的化合物表现出加和作用、协同作用还是拮抗作用取决于毒素浓度（Prosperini 等，2014）。α-ZOL是 ZEA 的代谢产物，它们具有相似的结构和相同的毒性机理（Tatay 等，2013）。因此，可以假设在低浓度水平下，ZEA 和α-ZOL竞争相同的受体，从而显示出拮抗作用，而在较高浓度水平下，两种凭借亲脂性通过细胞膜，都结合到受体上，因此毒性效果是它们各自效果的总和，从而导致加和作用。ZEA 和α-ZOL的联合处理之所以能够在高浓度水平下表现出协同作用，有可能是因为它们的亲脂性结构使其容易通过细胞膜并发挥细胞毒性作用（Prosperini 等，2014；Tedjiotsop Feudjio 等，2010）。其他

具有相似结构或相似来源的霉菌毒素之间由于毒素浓度的不同，协同作用、加和作用或拮抗作用都有可能会产生。因此，α-ZOL和β-玉米赤霉烯醇在IC_{25}和IC_{50}上表现出拮抗作用，在IC_{75}和IC_{90}上表现出加和作用（Tatay 等，2013）。Prosperini等（2014）报道称恩镰孢素 B_1 与恩镰孢素 A_1 联合作用可在IC_{50}产生拮抗作用，在IC_{25}和IC_{50}产生加和作用以及在IC_{75}和IC_{90}产生协同作用。

总之，本研究中我们发现 OTA 比 ZEA 和α-ZOL毒性更强。OTA+ZEA，OTA+α-ZOL和 OTA+ZEA+α-ZOL的组合显示出拮抗作用，而 ZEA+α-ZOL的组合在不同浓度下分别显示出拮抗作用、加和作用和协同作用。但是，混合霉菌毒素之间的交互作用类型受到所用细胞类型、细胞毒性指标和其他因素的影响。因此，应该在连续的毒理学数据中确定或重新验证混合霉菌毒素的交互作用。

参考文献

Abdel-Wahhab M A，Abdel-Galil，M，El-Lithey M，2005. Melatonin counteracts oxidative stress in rats fed an ochratoxin A contaminated diet [J]. Journal of Pineal Research，38 (2)：130-135.

Abid-Essefi S，Bouaziz C，Golli-Bennour E El，et al，2009. Comparative study of toxic effects of zearalenone and its two major metabolitesα α-zearalenol and β-zearalenol on cultured human Caco-2 cells [J]. Journal of Biochemical and Molecular Toxicology，23 (4)：233-243.

Behm C，Föllmann W，Degen G H，2012. Cytotoxic potency of mycotoxins in cultures of V79 lung fibroblast cells [J]. Journal of Toxicology and Environmental Health，75 (19-20)：1226-1231.

Bouaziz C，Bouslimi A，Kadri R，et al，2013. The *in vitro* effects of zearalenone and T-2 toxins on Vero cells [J]. Experimental and Toxicologic Pathology，65 (5)：497-501.

Bouaziz C，Sharaf El Dein O，El Golli E，et al，2008. Different apoptotic pathways induced by zearalenone，T-2 toxin and ochratoxin A in human hepatoma cells [J]. Toxicology，254 (1-2)：19-28.

Bullerman L B，Bianchini A，2007. Stability of mycotoxins during food processing [J]. International Journal of Food Microbiology，119：140-146.

Calvert T W，Aidoo K E，Candlish A G G，et al，2005. Comparison of in vitro cytotoxicity of Fusarium mycotoxins，deoxynivalenol，T-2 toxin and zearalenone on selected human epithelial cell lines [J]. Mycopathologia，159 (3)：413-419.

Chen X Y，2011. Mycotoxin contamination of feed raw materials and compound feed in some provinces and cities of China in 2009-2010 [J]. Zhejiang Jiang Animal Science and Veterinary Medicine，2：7-9.

Chou T C，Talalay P，1984. Quantitative analysis of dose-effect relationships：the combined effects of multiple drugs or enzyme inhibitors [J]. Advances in Enzyme Regulation，22：27-55.

Chou T C，2006. Theoretical basis，experimental design，and computerized simulation of synergism and antagonism in drug combination studies [J]. Pharmacological Review，58 (3)：621-681.

Corcuera L A，Arbillaga L，Vettorazzi A，et al，2011. Ochratoxin A reduces aflatoxin B_1 induced DNA damage detected by the comet assay in Hep G2 cells [J]. Food & Chemical Toxicological，49 (11)：2883-2889.

Creppy E E，Chiarappa P，Baudrimont I，et al，2004. Synergistic effects of fumonisin B_1 and ochratoxin A：are *in vitro* cytotoxicity data predictive of in vivo acute toxicity? [J] Toxicology，201 (1-3)：115-123.

EFSA，2006. Opinion of the scientific panel on contaminants in the Food Chain on a request from the commission related to Ochratoxin A in food [R]. EFSA J，365，1-56.

Ferrer E，Juan-García A，Font G，et al，2009. Reactive oxygen species induced by beauvericin，patulin and zearalenone in CHO-K1 cells [J]. Toxicology in Vitro，23 (8)，1504-1509.

Frizzell C，Ndossi D，Verhaegen S，et al，2011. Endocrine disrupting effects of zearalenone，alpha-and beta-zearalenol at the level of nuclear receptor binding and steroidogenesis [J]. Toxicology Letters，206：210-217.

Frizzell C, Verhaegen S, Ropstad E, et al, 2013. Endocrine disrupting effects of ochratoxin A at the level of nuclear receptor activation and steroidogenesis [J]. Toxicology Letters, 217: 243-250.

Fusi E, Rebucci R, Pecorini C, et al, 2010. Alpha-tocopherol counteracts the cytotoxicity induced by ochratoxin A in primary porcine fibroblasts [J]. Toxins, 2 (6): 1265-1278.

Hassen W, Ayed-Boussema I, Oscoz A A, et al, 2007. The role of oxidative stress in zearalenone-mediated toxicity in Hep G2 cells: oxidative DNA damage, gluthatione depletion and stress proteins induction [J]. Toxicology, 232 (3): 294-302.

Heussner A H, Dietrich D R, O'Brien E, 2006. *In vitro* investigation of individual and combined cytotoxic effects of ochratoxin A and other selected mycotoxins on renal cells [J]. Toxicology in Vitro, 20 (3): 332-341.

Huang L C, Zheng N, Zheng B Q, et al, 2014. Simultaneous determination of aflatoxin M_1, ochratoxin A, zearalenone and α-zearalenol in milk by UHPLC-MS/MS [J]. Food Chemistry, 146 (mar. 1): 242-249.

Hussein H S, Brasel J M, 2001. Toxicity, metabolism, and impact of mycotoxins on humans and animals [J]. Toxicology, 167 (2), 101-134.

IARC, 1993a. Some naturally occurring substances: Food items and constituents, heterocyclic aromatic amines and mycotoxins. Aflatoxins. WHO IARC Monographs on the Evaluation of Carcinogenic Risks to Humans [R]. 56: 245-395.

IARC, 1993b. Some naturally occurring substances: Food items and constituents, heterocyclic aromatic amines and mycotoxins. Ochratoxin A. WHO IARC Monographs on the Evaluation of Carcinogenic Risks to Humans [R]. 56: 489-521.

Klarić M Š, Rumora L, Ljubanović D, et al, 2008. Cytotoxicity and apoptosis induced by fumonisin B_1, beauvericin and ochratoxin A in porcine kidney PK15 cells: effects of individual and combined treatment [J]. Archives of Toxicology, 82 (4): 247-255.

Kouadio J H, Dano S D, Moukha S, et al, 2007. Effects of combinations of Fusarium mycotoxins on the inhibition of macromolecular synthesis, malondialdehyde levels, DNA methylation and fragmentation, and viability in Caco-2 cells [J]. Toxicon, 49 (3): 306-17.

Kouadio J H, Mobio T A, Baudrimont I, et al, 2005. Comparative study of cytotoxicity and oxidative stress induced by deoxynivalenol, zearalenone or fumonisin B_1 in human intestinal cell line Caco-2 [J]. Toxicology, 213 (1-2): 56-65.

Lei M, Zhang N, Qi D, 2013. In vitro investigation of individual and combined cytotoxic effects of aflatoxin B_1 and other selected mycotoxins on the cell line porcine kidney 15 [J]. Experimental and toxicologic pathology, 65 (7-8): 1149-1157.

Li Y, Zhang B, He X, et al, 2014. Analysis of individual and combined effects of ochratoxin A and zearalenone on HepG2 and KK-1 cells with mathematical models [J]. Toxins (Basel), 6 (4): 1177-1192.

Lioi M B, Santoro A, Barbieri R, et al, 2004. Ochratoxin A and zearalenone: a comparative study on genotoxic effects and cell death induced in bovine lymphocytes [J]. Mutation Research, 557 (1): 19-27.

Liu J, Zhang W, Jing H, et al, 2010. Bog bilberry (Vaccinium uliginosum L.) extract reduces cultured Hep-G2, Caco-2, and 3T3-L1 cell viability, affects cell cycle progression, and has variable effects on membrane permeability [J]. Journal of Food Science, 75 (3): H103-107.

Minervini F, Fornelli F, Lucivero G, et al, 2005. T-2 toxin immunotoxicity on human B and T lymphoid cell lines [J]. Toxicology, 210 (1): 81-91.

Monbaliu S, Van Poucke C, Detavernier C, et al, 2010. Occurrence of mycotoxins in feed as analyzed by a multi-mycotoxin LC-MS/MS method [J]. Journal of Agriculture and Food Chemistry, 58 (1): 66-71.

Othmen Z O, Golli E E, Abid-Essefi S, et al, 2008. Cytotoxicity effects induced by Zearalenone metabolites, alpha Zearalenol and beta Zearalenol, on cultured Vero cells [J]. Toxicology, 252 (1-3): 72-77.

Pfohl-Leszkowicz A, Manderville R A, 2007. Ochratoxin A: An overview on toxicity and carcinogenicity in animals and humans [J]. Molecular Nutrition & Food Research, 51 (1): 61-99.

Prosperini A, Font G, Ruiz M J, 2014. Interaction effects of Fusarium enniatins (A, A_1, B and B_1) combinations on in vitro cytotoxicity of Caco-2 cells [J]. Toxicology In Vitro, 28: 88-94.

Wang H W, Wang J Q, Zheng B Q, et al, 2014. Cytotoxicity induced by ochratoxin A, zearalenone, and a-zearalenol: Effects of individual and combined treatment [J]. Food and Chemical Toxicology, 71: 217-224.

Rodrigues I, Naehrer K, 2011. Biomin survey 2010: mycotoxins inseparable fromanimal commodities and feed [J]. Raw Mater, 2: 17-20.

Ruiz M J, Macakova P, Juan-Garcia A, et al, 2011. Cytotoxic effects of mycotoxin combinations in mammalian kidney cells [J]. Food and Chemical Toxicology, 49 (10): 2718-24.

Tatay E, Meca G, Font G, et al, 2014. Interactive effects of zearalenone and its metabolites on cytotoxicity and metabolization in ovarian CHO-K1 cells [J]. Toxicol In Vitro, 28 (1): 95-103.

Tedjiotsop Feudjio F, Berger W, Lemmens-Gruber R, et al, 2010. Beauvericin and enniatin: emerging toxins and/or remedies? [J] World Mycotoxin Journal, 3 (4): 415-430.

黄曲霉毒素 B_1 和黄曲霉毒素 M_1 诱导分化和未分化的 Caco-2 细胞的细胞毒性和 DNA 损伤

黄曲霉毒素 B_1（AFB_1）和黄曲霉毒素 M_1（AFM_1）是食品和饲料中常见的天然霉菌毒素，对人体健康构成威胁，但很少有文献报道其对肠道的损伤作用。因此，本文研究了 AFB_1 和 AFM_1 对 Caco-2 细胞的毒性作用，特别是与成熟小肠细胞相似的分化细胞。分别用不同浓度的 AFB_1 和 AFM_1 处理未分化（UC）和分化（DC）细胞 72h 后，测定细胞活力、乳酸脱氢酶（LDH）释放、活性氧（ROS）产生和 DNA 损伤。结果表明，AFB_1 和 AFM_1 对 UC 和 DC 细胞生长和 LDH 的释放有明显的抑制作用，且后者呈时间和剂量依赖性（$P<0.05$）。相比之下，AFB_1 对 UC 和 DC 均比 AFM_1 毒性更强，这些细胞毒性可能与细胞内 ROS 的生成有关，导致膜损伤和 DNA 链断裂。此外，结果还发现 DC 对黄曲霉毒素更敏感，这可能是由于细胞分化过程中酶的改变所致。本研究首次提供了 AFB_1 和 AFM_1 诱导 DC DNA 损伤的体外证据。

关键词：黄曲霉毒素 B_1；黄曲霉毒素 M_1；Caco-2；分化；细胞毒性；DNA 损伤

一、简介

黄曲霉毒素是 *Aspergillus flavus* 中研究最多的霉菌毒素，这些毒素广泛存在于各种动物饲料和人类食物中，特别是在谷物、坚果和饲料中（Caloni 等，2006）。黄曲霉毒素是一个大家族，包括黄曲霉毒素 B_1（AFB_1）、黄曲霉毒素 B_2、黄曲霉毒素 M_1、黄曲霉毒素 M_2、黄曲霉毒素 G_1 和黄曲霉毒素 G_2（Moss，2002）。AFB_1 是已知霉菌毒素中毒性最强、最易诱发肝癌的毒素（Creppy，2002），为 1 类致癌物。动物和人类食用 AFB_1 污染的食物会产生各种健康问题，可能引起急性和慢性效应，致畸、致癌、雌激素、免疫抑制或遗传毒性（Roda 等，2010；Emna El Golli Bennour 和 Wafa Hassen，2010；Corcuera 等，2011）。为了降低 AFM_1 摄取相关的风险，许多发达国家制定了乳及乳制品中允许的 AFM_1 最高限量（50ng/kg）（Prandini 等，2009）。

包括牛在内的大多数宿主中，AFB_1 具有较迅速的代谢能力，仅需要 15min，便可代谢成 AFM_1，消化后的转化率为 0.5%~5%（Shreeve 等，1979）；随后，AFM_1 便会残留在牛奶中（Battacone 等，2003）。AFM_1 也被归为可能的人类致癌物，其体内致癌性约为 AFB_1 的 10%（Prandini 等，2009）。虽然 AFM_1 的毒性效力小于其母体化合物，但它也会引起哺乳动物细胞、昆虫和动物的 DNA 损伤、基因突变和细胞转化（Creppy，2002；Govais 等，2002；Prandini 等，2009）。在欧洲，大多数乳及乳制品中 AFM_1 的浓度在 0.01～0.05μg/kg，有些产品的 AFM_1 含量甚至会超过 0.05μg/kg（Prandini 等，2009）。由于高浓度 AFM_1 在乳制品中的频繁出现会对人体健康造成不良影响，因此 AFM_1 引起了人们的极大关注。

在大多数研究中，AFB_1 和 AFM_1 通常都被视为具有遗传毒性的肝致癌物。虽然肝脏是黄曲霉毒素 B_1 和 M_1 的主要靶器官，但大量证据表明这些毒素也损伤了其他器官或细胞。在体外，AFM_1 对人 B 淋巴母细胞 MCL-5 细胞和 CHOL 细胞产生急性毒性作用，它们分别表达或不表达人细胞色素 P450 酶（Neal 等，1998）。之前的证据表明，浓度范围为 4～16μM 的 AFB_1 能够降低牛乳腺上皮细胞活性（Caruso 等，2009），其潜在机制可能与 DNA 加合物 AFB_1-8、9-外环氧化合物（AFBO）的形成有关（Bedard 和 Massey，2006；Hamid 等，2013）。AFBO 可引起 DNA 损伤，并可在体外与氨基酸结合而诱发黄曲霉病（Hamid 等，2013）。

据我们所知，很少有文献研究这两种真菌毒素对肠道的不利影响。肠道是摄入化学物质的第一道屏障，因此，肠道也可以被认为是一个易受影响的靶器官，同时，考虑到婴儿和儿童对乳制品和杂粮谷物产品的高度依赖性以及对霉菌毒素的高度敏感性，霉菌毒素会严重威胁婴儿和儿童健康（Scaglioni 等，2014）。体外培养的人结肠癌细胞系 Caco-2 细胞已成为毒理学和药理学研究中广泛应用的标准模型（Sambuy 等，2005）。在培养过程中，该细胞系缓慢分化成具有小肠绒毛上皮多种功能的单层，该单层类似于新生儿小肠（Schnabl 等，2009）。一项研究表明，当通过监测乳糖脱氢酶（LDH）释放量，同时检测到细胞膜损伤时，AFM_1 没有显著抑制分化或未分化 Caco-2 细胞的生长（Caloni 等，2006）。在 AFB_1 和 AFM_1 诱导的潜在 DNA 损伤方面，还没有研究过分化或未分化的 Caco-2 细胞。基于先前的研究结果，本研究旨在评估这两种黄曲霉毒素对分化的 Caco-2 细胞（DC）和未分化的 Caco-2 细胞（UC）模型的影响。通过检测细胞活力、LDH 释放、氧化应激和 DNA 损伤来评估 AFB_1 和 AFM_1 的基因毒性作用。

二、材料方法

1. 化学试剂

AFB_1、AFM_1、碘化丙啶（PI）和二甲基亚砜（DMSO）均来自 Sigma-Aldrich（St. Louis，MO，USA）。DMEM 和胎牛血清（FBS）来自 Invitrogen（Beijing Maojian United Stars，Technology Co.，Ltd，中国）。抗生素、胰蛋白酶/EDTA 溶液和细胞裂解缓冲液均购自碧云天（上海，中国）。非必需氨基酸（NEAA）和 Hank 的平衡盐溶液（HBSS）均购自 M&C 基因技术有限公司（北京，中国）。低熔点琼脂糖、琼脂糖和 3-(4,5-二甲基噻唑-2-基)-2,5-二苯基-四唑溴化铵（MTT）购自 Amresco（Solon，USA）。乳酸脱氢酶、二氯荧光素检测试剂盒和 20,70-二氯荧光素二乙酸酯（DCFH-DA）购自南京建成生物工程研究所（南京，中国）。其他试剂均为标准化学级。

2. 细胞培养

从 ATCC（Manassas，VA，USA）获得人结肠癌 Caco-2 细胞，并在添加了

100μ/mL青霉素和100mg/mL链霉素、4mM谷氨酰胺、1%NEAA和10%FBS的DMEM中于含有5% CO_2、37℃条件下常规培养。为了形成分化的Caco-2细胞，将细胞以每孔$5×10^5$个细胞的密度接种在含有1.55mL完全培养基的6孔板上室中（Zemann等，2011），下室为2.5mL完全培养基。当细胞达到100%融合后，每2~3d更换培养基直到21d。用Millipore ERS-2电压表（Millipore，Massachusetts，USA）测量TEER值。21d后，所有孔的TEER值均高于400Ω/cm^2（n=12），这意味着细胞已完全分化（Hilgers和Burton，1990，Wood等，2010）。

3. MTT试验

如文献所述，利用MTT方法来测定细胞活力（Bravo等，2013）。在甲醇中制备霉菌毒素的储备溶液，用DMEM稀释达到黄曲霉毒素的终浓度，而甲醇终浓度小于0.1%（V/V）。将细胞以$6×10^3$个/孔的密度接种在96孔板中培养24h，用0μg/mL、0.01μg/mL、0.05μg/mL、0.1μg/mL、0.5μg/mL和1μg/mL AFB_1或AFM_1分别处理细胞24h、48h和72h后，将细胞用磷酸盐缓冲盐水（PBS）洗涤，然后用现配的DMEM配置5mg/mL的MTT后加入每个孔中。在37℃温育4h后，除去上清液，并通过轻轻摇动10min将不溶的甲瓒晶体完全溶解于100μL DMSO中。使用酶标仪（Thermo Labsystems，USA）在570nm和630nm处测量吸光度，结果表示为相对于对照（培养基处理的细胞）的细胞存活百分比（%）。

4. LDH释放测定

将Caco-2细胞以$6×10^3$个/孔的密度接种到含有终体积200μL DMEM的96孔板中，并分别用0μg/mL，0.01μg/mL，0.05μg/mL，0.1μg/mL，0.5μg/mL和1μg/mL AFB_1或AFM_1处理24h、48h和72h。采用体外释放LDH检测试剂盒（南京建成，中国）测定细胞中LDH的释放量，评价细胞膜的完整性。试验根据制造商的说明进行，结果表示为相对于对照的倍数差异。

5. 测定细胞内活性氧（ROS）

使用荧光探针DCFH-DA来确定细胞内ROS水平。DCFH-DA穿过膜并酶解形成非荧光二氯荧光素，后者在存在ROS的情况下迅速氧化形成高荧光二氯荧光素（DCF）（Zhang等，2009）。DCF的荧光强度与细胞内ROS的水平相当。将Caco-2细胞以$1×10^4$个/孔的浓度接种到96孔黑色平板中，24h后，将细胞分别以0μg/mL、0.01μg/mL、0.05μg/mL、0.1μg/mL、0.5μg/mL和1μg/mL AFB_1或AFM_1或20mM H_2O_2（阳性对照）处理24h、48h和72h。然后将Caco-2细胞在含有100mM DCFH-DA的HBSS中于37℃孵育40min，每种浓度检测6个重复孔。使用酶标仪在530nm的发射波长和485nm的激发波长下测量ROS。ROS水平（%）以黄曲霉毒素处理细胞与对照细胞（培养基处理细胞）的ROS荧光强度/细胞存活率来表示。

6. 彗星测定

碱性彗星测定法根据文献进行了细微的修改（Corcuera等，2011）。将细胞与0μg/mL、0.1μg/mL和1μg/mL AFB_1或AFM_1孵育24h、48h和72h，其中包括阳性对照（100mM H_2O_2）。在处理结束时，用冰冷的PBS洗涤细胞并用胰蛋白酶进行消化，然后重悬于完全培养基中。接下来，将70μL细胞悬浮液（$3×10^5$个细胞/mL）悬浮在

0.75%低熔点琼脂糖中，并立即铺在预涂有1%正常熔点琼脂糖层的玻璃显微镜载玻片上，使琼脂糖在4℃下凝固5min。然后，将玻片在冰冷的裂解溶液（2.5M NaCl，10mM Tris，100mM EDTA，1% Triton X-100和10% DMSO，pH值10.0）中于4℃孵育1.5h，以去除细胞蛋白，将DNA保留为“核苷”。裂解结束后，将载玻片放在水平电泳仪上，用现配的缓冲液（300mM NaOH和1m MEDTA，pH值>13）填充至以覆盖载玻片，在4℃下孵育20min，使DNA解旋并表达碱不稳定位点。电泳在25V，300mA下进行20min，然后将玻片中和（0.4M Tris，pH值7.5），用PI（10mg/mL）染色，并在荧光显微镜下观察。通过CASP软件（http：//casp.sourceforge.net）分析了100个随机选择的细胞（两个重复载玻片各有50个细胞）图像。基于具有尾巴的细胞与不具有尾巴的细胞数目计算损伤率（%）。

7. 统计分析

使用SAS 9.2统计软件包对数据进行统计分析。数据表示为3个独立试验（重复6次）的平均值±标准差。使用单向方差分析（ANOVA）和T检验分析试验数据，使用Tukey HSD进行多重比较，在*P*值为小于0.05时得出显著性。

三、结果

1. AFB_1和AFM_1对两种细胞增殖的影响

MTT法来检测AFB_1和AFM_1处理分化和未分化的Caco-2细胞24h、48h和72h的细胞活性。两种毒素都显著降低了细胞活性并且显示出了剂量依赖性，如图1所示。

在24h，用0.5μg/mL毒素处理的分化后的细胞存活率显著性降低（$P<0.05$）。而且，用1μg/mL的AFB_1和AFM_1显著地（$P<0.05$）降低了未分化和分化后的细胞活性，用AFB_1处理后的细胞比AFM_1处理后的细胞的活性更低，如图1a所示。处理48h后，AFM_1和AFB_1在浓度为0.1μg/mL、0.5μg/mL和1μg/mL时，都显著降低了未分化和分化后Caco-2的细胞活性。相比之下，AFM_1也在0.5μg/mL和1μg/mL的浓度时显示出了细胞毒性。孵育时间延长以后，两种毒素都表现了更严重的细胞毒性。如图1所示，AFB_1在0.05μg/mL和1μg/mL时，对分化后Caco-2细胞的细胞毒性表现出剂量依赖性，而且当浓度大于0.5μg/mL时，AFB_1均显著降低了（$P<0.05$）未分化和分化后的Caco-2细胞活性。此外，浓度为1μg/mL的AFB_1最大程度地降低了细胞活性，对分化后Caco-2细胞的细胞活性降低至50%左右。

为了评估分化前和分化后细胞到底有没有显著性差异，表1对72h数据进行了更进一步的分析。T检验对24h和48h的数据进行分析，对分化前后的细胞没有发现显著的不同，所以表格中没有列出。从0.1~1μg/mL AFB_1处理细胞72h后，分化后细胞的细胞活性要显著低于未分化的细胞，表明分化后的细胞要比未分化的细胞更敏感。同样的，浓度为0.01~0.5μg/mL的AFM_1处理后的细胞，分化后的细胞比未分化的细胞的增殖率有降低的趋势，但是不显著（$P>0.05$，表1）。

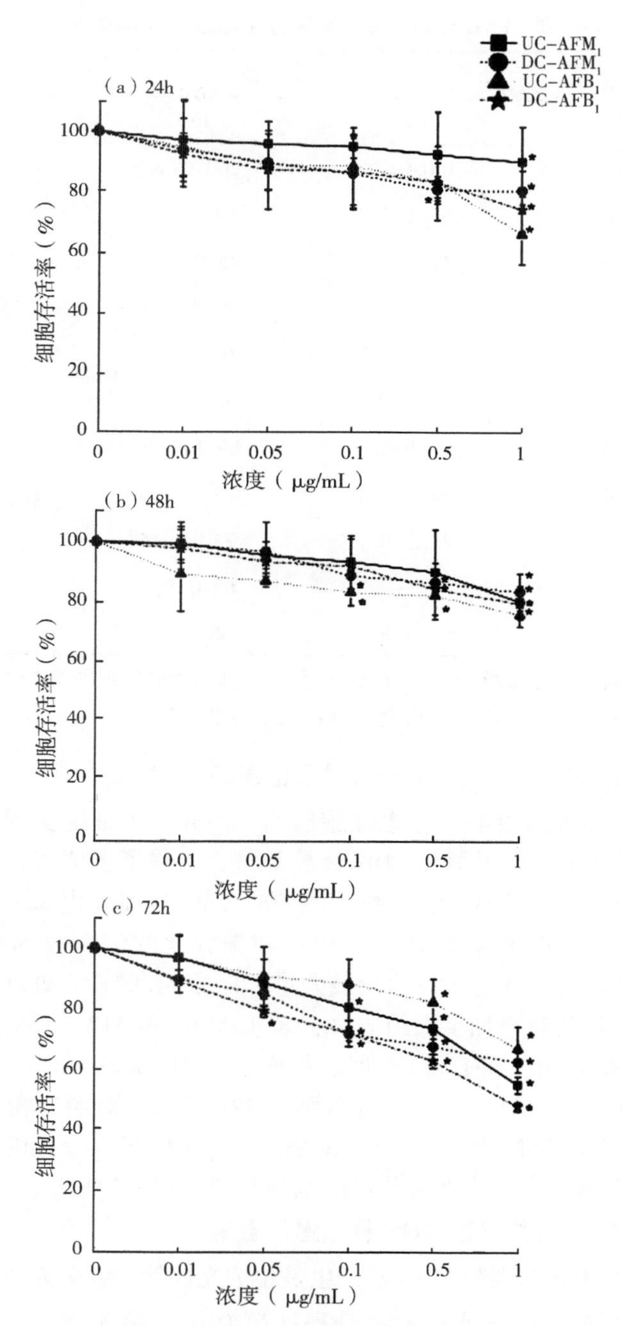

图1　AFB_1 和 AFM_1 分别处理 UC 和 DC（a）24h、（b）48h 和（c）72h 的细胞毒作用

* $P<0.05$，显著差异。UC-AFM_1，AFM_1 处理的未分化细胞；DC-AFM_1，AFM_1 处理的分化细胞；UC-AFB_1，AFB_1 处理的未分化细胞；DC-AFB_1，AFB_1 处理的分化细胞

表 1　不同浓度 AFB_1 和 AFM_1 作用于分化和未分化Caco-2细胞 72h 后的细胞存活率[a]

	浓度（μg/mL）	增殖率（%）		T 检验 *P* 值
		UC	DC	
对照	0	100. 0±4. 6[a]	100. 0±1. 3[a]	1
AFM_1	0. 01	97. 1±7. 1[a]	89. 7±1. 2[ab]	0. 14
	0. 05	88. 6±7. 7[ab]	85. 0±1. 8[abc]	0. 63
	0. 1	80. 5±6. 6[bc]	71. 9±2. 3[cd]	0. 66
	0. 5	73. 5±3. 3[cd]	67. 7±4. 4[d]	0. 07
	1	55. 1±2. 8[e]	62. 6±3. 1[de]	0. 67
AFB_1	0. 01	96. 5±7. 8[a]	89. 1±3. 6[abc]	0. 24
	0. 05	90. 7±8. 1[ab]	79. 3±2. 0[bc]	0. 65
	0. 1	88. 5±8. 1[ab]	72. 1±4. 4[cd]	0. 01
	0. 5	82. 3±7. 7[bc]	63. 0±2. 4[de]	0. 00
	1	67. 0±8. 3[de]	48. 0±1. 5[e]	0. 00

[a~e]同一行不同字母表示有显著差异（$P<0.05$），最后一列是相同处理的 UC 和 DC 的 T 检验 *P* 值，结果为平均值±标准偏差（n=6）。UC，未分化细胞；DC，分化细胞

2. AFB_1 和 AFM_1 对两种细胞 LDH 释放量的影响

LDH 是细胞死亡和细胞溶解的标志性胞质酶，因此，当细胞受到损伤时，这个标志物就会释放到培养基中。为了量化 LDH 释放的量，收集了上清液并且按照试剂盒的方法进行了测定。图 2 展示了不同浓度的 AFB_1 和 AFM_1 处理分化和未分化的Caco-2细胞 24h、48h 和 72h 后 LDH 的释放率。分化后和未分化的Caco-2细胞都显著提高了（$P<0.05$）LDH 的释放量，并在 72h 达到最大量。1μg/mL 的毒素处理细胞 24h 后，与对照组相比，LDH 的释放量增加了大约 20%，表明 AFB_1 和 AFM_1 都对细胞膜造成了损伤。48h 和 72h 的数据表明，在 1μg/mL 时，相比于 AFM_1 来说，AFB_1 更显著增加 LDH 释放的量（$P<0.05$）。1μg/mL 的 AFB_1 处理细胞 72h 后，与对照组相比，LDH 的释放量增加了大约 2 倍。当毒素浓度大于 0. 01μg/mL 时，相比于未分化的细胞，分化后的细胞 LDH 释放的量显著升高，表明分化后的细胞受到了更大的损伤。

3. AFB_1 和 AFM_1 对两种细胞 ROS 释放量的影响

由 AFB_1 和 AFM_1诱导的细胞内 ROS 产生是用荧光探针二氯荧光黄来检测的。H_2O_2 作为阳性对照，并且导致 ROS 水平显著升高（$P<0.05$，图 3）。不同浓度的 AFB_1 和 AFM_1与对照组相比，ROS 水平的显著性升高（$P<0.05$），并且表现出浓度依赖性。在三个时间点，与 AFM_1相比，AFB_1 使 ROS 水平更显著的升高，尤其是在 1μg/mL。与未分化的细胞相比，浓度为 0. 5μg/mL 和 1μg/mL 的毒素使 ROS 水平更显著地升高（$P<0.05$）。细胞内 ROS 在 1μg/mL 时，毒素诱导的分化后细胞内 ROS 的水平是对照组的 200%，是阳性对照组 H_2O_2 的 114%（$P<0.05$）。

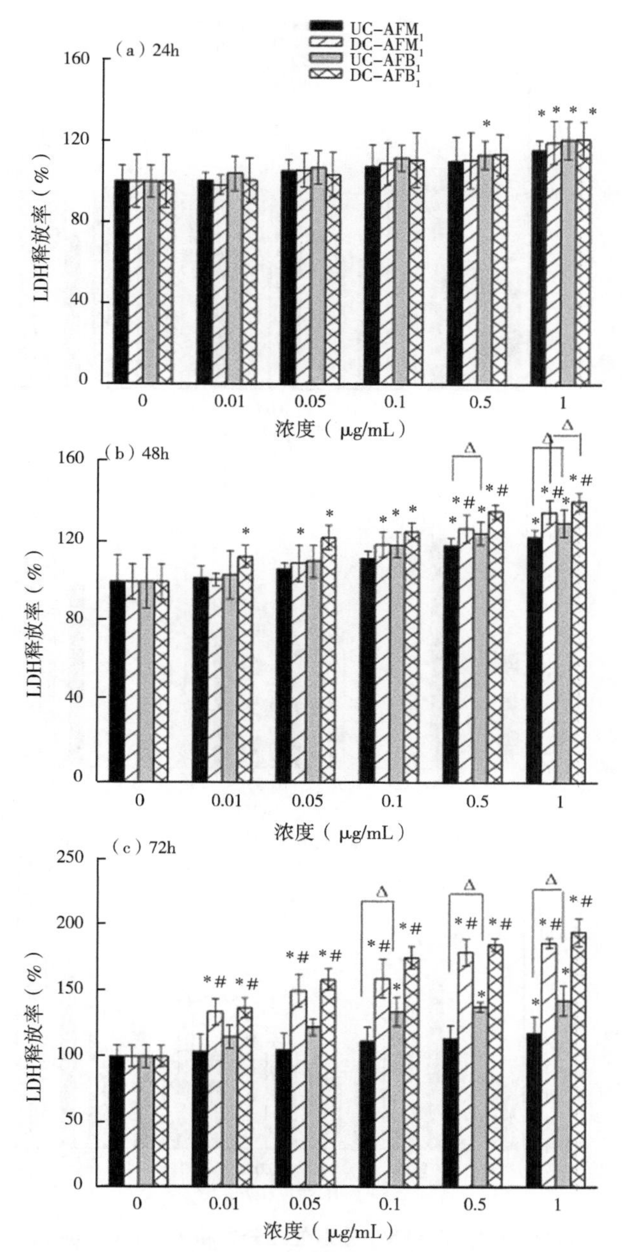

图2　不同浓度 AFB_1 或 AFM_1 下 UC 和 DC 分别在（a）24h、（b）48h 和（c）72h 的 LDH 释放率（%）

* $P<0.05$，显著差异；# $P<0.05$，同一毒素处理的分化和未分化细胞差异显著；Δ $P<0.05$ 同一毒素水平的细胞间差异有统计学意义（$P<0.05$）。UC-AFM_1，AFM_1 处理的未分化细胞；DC-AFM_1，AFM_1 处理的分化细胞；UC-AFB_1，AFB_1 处理的未分化细胞；DC-AFB_1，AFB_1 处理的分化细胞

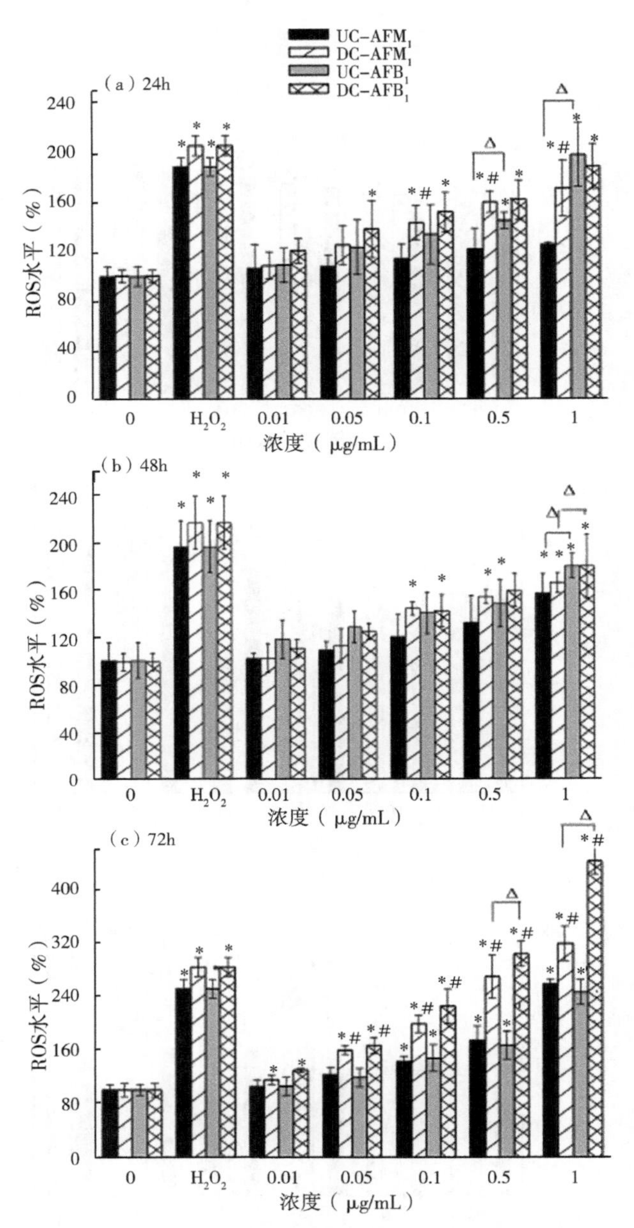

图 3　不同浓度 AFB_1 和 AFM_1 分别处理分化和未分化Caco-2，(a) 24h、(b) 48h 和 (c) 72h，细胞的 ROS 水平 (%)

结果用平均值±标准差表示（n=6）。$P<0.05$，与对照组相比有显著性差异（$P<0.05$），同一毒素处理的分化细胞和未分化细胞差异显著，差异有统计学意义（$P<0.05$）。UC-AFM_1，AFM_1 处理的未分化细胞；DC-AFM_1，AFM_1 处理的分化细胞；UC-AFB_1，AFB_1 处理的未分化细胞；DC-AFB_1，AFB_1 处理的分化细胞

4. AFB_1 和 AFM_1 对两种细胞 DNA 损伤的影响

DNA 损伤的程度由 3 个参数即尾部 DNA、尾长和尾距来量化。这 3 个参数是描述 DNA 电泳时的碎片。图 4 显示毒素处理未分化的Caco-2相关的显微照片。与预期一致，由 AFB_1、AFM_1 和 H_2O_2 处理的未分化细胞都因为 DNA 损伤而表现出了彗星尾。表 2 显示了不同处理的 DNA 损伤。一般来说，与对照组相比，对所有浓度的 AFB_1 和 AFM_1 诱导的 DNA 损伤都显示出了剂量和时间依赖性（$P<0.05$）。

除了 AFB_1 在 24h 作用时 DNA 尾的参数，在浓度处理相同的情况下，与未分化的细胞相比，分化后的细胞都显示了更强的 DNA 损伤（$P<0.05$）。H_2O_2（100mM），作为阳性对照，显著诱导了 DNA 损伤（$P<0.05$）。与此对比，处理 72h 以后，1μg/mL 的 AFB_1 和 AFM_1 对细胞 DNA 的损伤程度都超过了 H_2O_2。

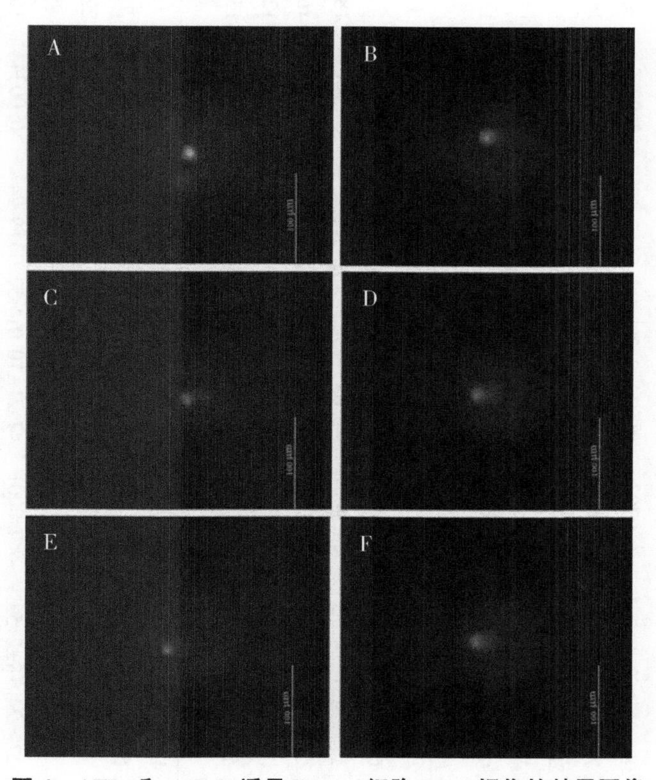

图 4　AFB_1 和 AFM_1 诱导Caco-2细胞 DNA 损伤的彗星图像

用 Komet 3.0 软件获得了具有代表性的显微照片。（a）未处理对照组；（b）0.1μg/mL AFM_1 处理细胞；（c）1μg/mL AFM_1 处理细胞；（d）0.1μg/mL AFB_1 处理细胞；（e）1μg/mL AFB_1 处理细胞；（f）100μM H_2O_2 处理细胞

表 2　AFB_1 和 AFM_1 诱导 UC 和 DC-Caco-2细胞 24h、48h 和 72h DNA 链断裂

分组	浓度（μg/mL）	彗星尾（%）			彗星尾长度（μm）			彗星尾矩		
		UC	DC	P^{b}	UC	DC	P^{b}	UC	DC	P^{b}
24h										
对照	0	3.06±0.80^{e}	3.27±0.42^{e}	0.3738	8.09±2.07^{d}	8.35±0.60^{e}	0.6252	0.63±0.19^{d}	0.74±0.17^{f}	0.0675
AFB_1	0.1	9.48±3.38^{cd}	13.57±7.22^{d}	0.0702	25.77±3.90^{b}	34.65±7.18^{c}	0.0008	3.12±1.01^{c}	5.40±2.03^{e}	0.0009
	1	15.78±5.78^{a}	18.92±4.84^{a}	0.0653	32.59±6.68^{a}	42.1±6.85^{a}	0.0001	14.89±2.96^{a}	19.17±4.71^{a}	0.0027
AFM_1	0.1	8.13±1.28^{d}	14.76±2.80^{d}	<0.0001	20.00±4.11^{c}	27.12±4.43^{c}	<0.0001	4.72±1.35^{c}	7.25±2.19^{d}	0.0005
	1	11.50±3.42^{cb}	18.42±3.26^{c}	<0.0001	25.1±6.70^{b}	34.30±7.42^{b}	0.0001	10.64±2.87^{b}	15.61±2.15^{b}	<0.0001
H_2O_2	100	11.82±0.97^{b}	14.45±3.92^{b}	0.0030	28.48±7.48^{ab}	38.5±6.43^{a}	<0.0001	13.48±3.00^{a}	10.08±2.56^{c}	<0.0001
48h										
对照	0	3.43±0.27^{d}	3.55±0.62^{d}	0.5148	9.08±1.44^{e}	9.40±1.47^{d}	0.5277	1.00±0.11^{e}	1.04±0.07^{e}	0.1717
AFB_1	0.1	10.78±1.68^{c}	15.07±2.51^{c}	<0.0001	27.73±2.84^{c}	37.82±3.95^{c}	<0.0001	7.17±2.47^{d}	11.93±3.33^{c}	<0.0001
	1	19.13±4.11^{a}	24.19±4.13^{a}	<0.0001	40.08±8.75^{a}	50.4±8.31^{a}	<0.0001	18.23±2.12^{a}	22.94±1.86^{a}	<0.0001
AFM_1	0.1	9.85±3.22^{c}	14.43±3.24^{c}	0.0001	24.2±3.28^{d}	36.88±4.32^{b}	<0.0001	6.51±1.20^{d}	9.22±2.43^{d}	0.0003
	1	13.03±4.05^{b}	17.18±2.85^{b}	0.0004	32.68±3.37^{b}	46.70±9.01^{a}	<0.0001	12.45±3.56^{c}	15.69±1.44^{b}	0.0003
H_2O_2	100	13.59±2.40^{b}	18.03±3.34^{b}	<0.0001	32.88±4.78^{b}	37.95±7.76^{c}	0.0118	13.33±1.25^{b}	16.09±2.23^{b}	0.0034
72h										
对照	0	3.98±1.42^{d}	4.07±0.74^{c}	0.8463	11.95±2.68^{c}	12.23±1.69^{d}	0.6818	1.54±0.37^{e}	1.62±0.14^{e}	0.2348
AFB_1	0.1	13.89±2.59^{c}	19.12±1.74^{b}	<0.0001	32.24±3.63^{b}	39.18±3.84^{bc}	<0.0001	7.55±1.02^{d}	11.27±1.28^{d}	<0.0001
	1	24.69±3.39^{a}	27.36±2.84^{a}	<0.0001	46.40±14.60^{a}	58.75±6.90^{a}	0.0015	22.53±3.74^{a}	26.01±2.84^{a}	0.002
AFM_1	0.1	13.10±2.45^{c}	18.94±3.46^{b}	<0.0001	30.79±3.82^{b}	36.68±2.63^{c}	<0.0001	8.99±1.70^{d}	12.25±1.07^{d}	<0.0001
	1	16.69±2.27^{b}	24.18±2.53^{a}	<0.0001	47.21±10.01^{a}	57.00±9.24^{a}	0.0034	15.61±2.79^{b}	21.20±4.52^{b}	<0.0001
H_2O_2	100	13.81±2.24^{c}	17.59±3.05^{b}	0.0004	36.31±5.86^{b}	43.38±4.38^{b}	0.0006	10.58±1.53^{c}	15.27±3.23^{c}	<0.0001

[a]同一行不同字母表示显著性差异（$P<0.05$）；

[b] 尾矩，以尾细胞总 DNA 的百分比和尾长计算，结果为平均值±标准偏差（n=6）。UC，未分化细胞；DC，分化细胞；

[c] 相同处理的 UC 和 DC 的 T 检验 P 值

四、讨论

AFB_1 和 AFM_1 是对人类和动物有毒的真菌代谢物，广泛存在于各种食物和饲料中。在大多数报道的文献中发现，这些霉菌毒素的毒性效应通常在器官（肝、脾等）和体内免疫系统或体外细胞模型中进行评价（Ben Salah Abbes 等，2014；Hamid 等，2013；Prandini 等，2009）。然而，与肠道相关的毒性效应的生物数据是相对有限的，特别是关于影响肠道细胞的 DNA 损伤。已有研究表明，AFB_1 和 AFM_1 均能降低 UC 和 DC 的细胞存活率（Caloni 等，2006；Guerra 等，2005）；然而，细胞 DNA 是否也会受到影响到目前为止还不清楚。我们的试验首次报道这两种毒素对 Caco-2 细胞 DNA 的损伤，特别是分化后的Caco-2 细胞。

在本研究中，UC 和 DC 暴露于 0.01～1μg/mL 的 AFB_1 或 AFM_1 的剂量范围内长达 72h，其细胞活力随时间和剂量的变化而降低。处理 72h 后，与 AFM_1 相比，AFB_1 处理的细胞在较低的暴露水平下受到明显抑制（$P<0.05$），同时 AFB_1 的抑制作用在 1μg/mL 时比 AFM_1 更明显，表明 AFB_1 对Caco-2细胞具有更高的细胞毒性。这两种毒素的毒性作用也有相似的趋势。Bianco 等（2012）也发现 AFB_1 比 AFM_1 毒性更强。AFB_1在人成熟的巨噬细胞 J774A.1 里，在 24h 和 48h 时，IC_{30}值分别大约为 50.53μM 和 49.02μM，而 AFM_1 的 IC_{30}值都超过 200μM。

活性氧的过量产生可直接或间接干扰 DNA、蛋白质或脂质等细胞大分子的完整性和生理功能，导致 DNA 链断裂和细胞膜损伤（Cadet 等，2000；Zegura 等，2004）。因此，AFB_1表现出的更高的毒性可能是由其诱导的更高的细胞氧化应激造成，因为在 AFB_1导致 LDH 释放量显著升高（$P<0.05$）以及在彗星试验的结果里，AFB_1 显示出更强的 DNA 损伤作用（$P<0.05$）。AFB_1代谢包括由 CYP450 同工酶催化的氧化还原反应，这个氧化还原反应会对 AFB_1 到 AFBO 的转化中起显著的作用（Rawal 和 Coulombe，2011）。然而，有试验证明了与 AFB_1相比，AFM_1 有在不经过 CYP450 酶的催化下的直接的毒性作用（Neal 等，1998）。因为这个酶在催化过程中涉及电子的转移，我们可以推测在 AFB_1代谢的过程中会有 ROS 的产生。进一步说，AFB_1 还会激活磷酸激酶 A_2 的活性，导致花生四烯酸增加，花生四烯酸的进一步代谢又会导致氢过氧化物和过氧自由基的产生（Mary 等，2012）。72h 处理时，未分化和分化后的细胞相比发现，0.1～1μg/mL AFB_1处理的分化后细胞的细胞活性更低一些。AFM_1处理的未分化和分化后的细胞没有显著差异，但是分化后的细胞的细胞活性更低一些。而且，72h 处理时，1μg/mL 的毒素处理的未分化细胞比分化后细胞的 LDH 水平和 ROS 的含量都高出 1.3 倍左右。

与此同时，与未分化的细胞相比，分化后的细胞受到了更严重的 DNA 损伤，以 DNA 尾的百分数以及尾长为例（$P<0.05$）。这样，分化后的Caco-2 细胞与分化前的细胞相比，对毒素更加敏感。这样的现象可能是由成熟的肠道细胞表达更多的分化酶以及转移酶造成的。未分化的细胞对 AFM_1 的吸收小于 6%，但是分化后的细胞对 AFM_1 的吸收超过了 40%（Caloni 等，2006）。除了生物利用度的改变外，与未分化的Caco-2细

胞相比，CYP3A4 的催化活性增加了约 100 倍（Crespi 等，1996）。在人类中，CYP3A4 在 AFB_1 向 AFBO 的生物转化中起着重要的作用（Dohnal 等，2014），也表明在 DC 中可能诱导更高的氧化应激。本研究中 LDH 释放量的结果可能不同于另一项研究（Caloni 等，2006）。相比之下，这项研究的数据显示 UC 细胞中 LDH 显著升高。结果的差异可能是由于我们使用的黄曲霉毒素浓度不同。

肠道是非常重要的器官，常与含有霉菌毒素的食物接触。从本研究中可以看出，AFB_1 和 AFM_1 可能损害细胞膜上的肠细胞，并影响 DNA 完整性。因此，长期食用含有 AFB_1 及其代谢物 AFM_1 的食物可能会对肠道造成伤害。

参考文献

Battacone G，Nudda A，Cannas A，et al，2003. Excretion of aflatoxin M_1 in milk of dairy ewes treated with different doses of aflatoxin B_1 ［J］. Journal of Dairy Sciece，86（8）：2667-2675.

Bedard L L，Massey T E，2006. Aflatoxin B_1-induced DNA damage and its repair ［J］. Cancer Letters，241（2）：174-83.

Ben Salah-Abbes J，Abbes S，Jebali R，et al，2015. Potential preventive role of lactic acid bacteria against aflatoxin M（1）immunotoxicity and genotoxicity in mice ［J］. Journal of Immunotoxicolgy，12（2）：107-114.

Bianco G，Russo R，Marzocco S，et al，2012. Modulation of macrophage activity by aflatoxins B_1 and B_2 and their metabolites aflatoxins M_1 and M_2 ［J］. Toxicon，59（6）：644-650.

Bravo J，Arbillaga L，de Pena M P，et al，2013. Antioxidant and genoprotective effects of spent coffee extracts in human cells ［J］. Food and Chemical Toxicology，60：397-403.

Cadet J，Bourdat A G，D'Ham C，et al，2000. Oxidative base damage to DNA：specificity of base excision repair enzymes ［J］. Mutation Research，462（2-3）：121-128.

Caloni F，Stammati A，Frigge G，et al，2006. Aflatoxin M_1 absorption and cytotoxicity on human intestinal in vitro model ［J］. Toxicon，47（4）：409-415.

Caruso M，Mariotti A，Zizzadoro C，et al，2009. A clonal cell line（BME-UV1）as a possible model to study bovine mammary epithelial metabolism：metabolism and cytotoxicity of aflatoxin B_1 ［J］. Toxicon，53（4）：400-408.

Corcuera L A，Arbillaga L，Vettorazzi A，et al，2011. Ochratoxin A reduces aflatoxin B_1 induced DNA damage detected by the comet assay in Hep G2 cells ［J］. Food and Chemical Toxicology，49（11）：2883-2889.

Creppy E E，2002. Update of survey，regulation and toxic effects of mycotoxins in Europe ［J］. Toxicology Letters，127（1-3）：19-28.

Crespi C L，Penman B W，Hu M，1996. Development of Caco-2 cells expressing high levels of cDNA-derived cytochrome P4503A4 ［J］. Pharmacology Research，13（11）：1635-1641.

Dohnal V，Wu Q，Kuca K，2014. Metabolism of aflatoxins：key enzymes and interindividual as well as interspecies differences ［J］. Archives of Toxicology，88（9）：1635-1644.

Golli-Bennour E E，Kouidhi B，Bouslimi A，et al，2010. Cytotoxicity and genotoxicity induced by aflatoxin B_1，ochratoxin A，and their combination in cultured Vero cells ［J］. Journal of Biochemical and Molecular Toxicology，24（1）：42-50.

Govaris A，Roussi V，Koidis P A，et al，2002. Distribution and stability of aflatoxin M_1 during production and storage of yoghurt ［J］. Food Additives and Contaminations，19（11）：1043-1050.

Guerra M C，Galvano F，Bonsi L，et al，2005. Cyanidin-3-O-beta-glucopyranoside，a natural free-radical scavenger against aflatoxin B_1-and ochratoxin A-induced cell damage in a human hepatoma cell line（Hep G2）and a human colonic adenocarcinoma cell line（CaCo-2）［J］. British Juounal of Nutrition，94（2）：211-220.

Hamid A S，Tesfamariam I G，Zhang Y，et al，2013. Aflatoxin B_1-induced hepatocellular carcinoma in developing countries：Geographical distribution，mechanism of action and prevention ［J］. Oncology Letters，5（4）：

1087-1092.

Hilgers A R, Conradi R A, Burton P S, 1990. Caco-2 cell monolayers as a model for drug transport across the intestinal mucosa [J]. Pharmacology Research, 7 (9): 902-910.

Mary V S, Theumer M G, Arias S L, et al, 2012. Reactive oxygen species sources and biomolecular oxidative damage induced by aflatoxin B_1 and fumonisin B_1 in rat spleen mononuclear cells [J]. Toxicology, 302 (2-3): 299-307.

Moss M O, 2002. Risk assessment for aflatoxins in foodstuffs [J]. International Biodeterioration & Biodegradation, 50 (3-4): 137-142.

Neal G E, Eaton D L, Judah D J, et al, 1998. Metabolism and toxicity of aflatoxins M_1 and B_1 in human-derived in vitro systems [J]. Toxicology & Applied Pharmacology, 151 (1): 152-158.

Prandini A, Tansini G, Sigolo S, et al, 2009. On the occurrence of aflatoxin M_1 in milk and dairy products [J]. Food and Chemical Toxicology, 47 (5): 984-991.

Rawal S, Coulombe R A, Jr, 2011. Metabolism of aflatoxin B_1 in turkey liver microsomes: the relative roles of cytochromes P450 1A5 and 3A37 [J]. Toxicology & Applied Pharmacology, 254 (3): 349-354.

Roda E, Coccini T, Acerbi D, et al, 2010. Comparative *in vitro* and *ex-vivo* myelotoxicity of aflatoxins B_1 and M_1 on haematopoietic progenitors (BFU-E, CFU-E, and CFU-GM): species-related susceptibility [J]. Toxicology in Vitro, 24 (1): 217-223.

Sambuy Y, De Angelis I, Ranaldi G, et al, 2005. The Caco-2 cell line as a model of the intestinal barrier: influence of cell and culture-related factors on Caco-2 cell functional characteristics [J]. Cell Biology and Toxicology, 21 (1): 1-26.

Scaglioni PT, Becker-Algeri T, Drunkler D, et al, 2014. Aflatoxin B (1) and M (1) in milk. Analytica Chimica Acta, 829: 68-74.

Schnabl K L, Field C, Clandinin M T, 2009. Ganglioside composition of differentiated Caco-2 cells resembles human colostrum and neonatal rat intestine [J]. British Journal of Nutrition, 101 (5): 694-700.

Shreeve B J, Patterson D S, Roberts B A, 1979. The 'carry-over' of aflatoxin, ochratoxin and zearalenone from naturally contaminated feed to tissues, urine and milk of dairy cows [J]. Food Cosmet Toxicol, 17 (2): 151-152.

Wood K M, Stone G M, Peppas N A, 2010. The effect of complexation hydrogels on insulin transport in intestinal epithelial cell models [J]. Acta Biomater, 6 (1): 48-56.

Zemann N, Zemann A, Klein P, et al, 2011. Differentiation - and polarization - dependent zinc tolerance in Caco-2 cells [J]. European Journal of Nutrition, 50 (5): 379-386.

Zhang X, Jiang L, Geng C, et al, 2009. The role of oxidative stress in deoxynivalenol-induced DNA damage in HepG2 cells [J]. Toxicon, 54 (4): 513-518.

Zhang J, Zheng N, Liu J, et al, 2015. Aflatoxin B_1 and aflatoxin M_1 induced cytotoxicity and DNA damage in differentiated and undifferentiated Caco-2 cells [J]. Food and Chemical Toxicology, 83: 54-60.

存在其他霉菌毒素的情况下黄曲霉毒素 M_1 对人肠道Caco-2细胞的细胞毒性增强

黄曲霉毒素 M_1（AFM_1）是2B类人类致癌物，是唯一在牛奶中具有明确的最大残留限量（MRL）的霉菌毒素。由于包含谷物和牛奶的婴儿食品中其他霉菌毒素的单独或与 AFM_1 联合作用的毒理学数据很少。本文的目的是研究 AFM_1、赭曲霉毒素 A（OTA）、玉米赤霉烯酮（ZEA）和α-玉米赤霉烯醇（α-ZOL）在Caco-2细胞中的细胞毒性。四唑盐（MTT）分析表明：①暴露72h后，OTA 和 AFM_1 具有相似的细胞毒性，高于ZEA 和α-ZOL。②四种毒素组合具有最高的细胞毒性，其次是三种毒素组合和两种毒素组合，单独毒素毒性最低。等效应线图解法分析表明，在大多数组合中，AFM_1 与OTA、ZEA 和/或α-ZOL联合作用导致加和作用和协同作用。OTA 的细胞毒性类似于 AFM_1，这表明食品中的 OTA 对消费者构成健康风险。此外，在 OTA、ZEA 和/或α-ZOL存在的情况下，AFM_1 的细胞毒性急剧增加（$P<0.01$）。本研究表明，在婴幼儿食品中，包括牛奶和谷物类食品，霉菌毒素共存时，可使 AFM_1 毒性增加，因此，应考虑对 AFM_1 已确立的最大残留限量进行重新评估。

关键词：霉菌毒素；共存；细胞毒性；人源结肠癌细胞

一、简介

黄曲霉毒素 B_1（AFB_1）、赭曲霉毒素 A（OTA）和玉米赤霉烯酮（ZEA）等霉菌毒素的组合自然存在于世界各地的谷物和动物饲料中（Gonzalez 等，1999；Monbaliu 等，2010；Sangare-Tigori 等，2006；Streit 等，2012；Zinedine 等，2006）。当奶牛等动物摄入受霉菌毒素污染的饲料时，这些霉菌毒素可代谢为黄曲霉毒素 M_1（AFM_1）、OTA、赭曲霉毒素α（OTα）、ZEA 和α-玉米赤霉烯醇（α-ZOL）并转移至生乳中。此外，这些代谢产物在乳制品加工过程中不易被分解（Fink-Gremmels，2008；Prandini 等，2009）。AFM_1 被国际癌症研究机构（IARC）归类为2B类致癌物（IARC，1993；Sugiyama 等，2008）。与人类巴尔干地方性肾病有关的 OTA 是2B类潜在致癌物（IARC，1993；Pfohl-Leszkowicz 和 Manderville，2007）。ZEA 具有强大的雌激素活性，能引起生殖器官的功能和形态变化而导致人类妊娠疾病，被 IARC 归类为3类致癌物（IARC，1993；Prouillac 等，2012）。除了典型的毒性外，AFM_1、OTA 和 ZEA 还可以影响肠道和免疫功能，导致人类慢性肠道炎性疾病（Maresca 和 Fantini，2010）。

分析了从中国收集的76份谷物和油产品样品中黄曲霉毒素（AFs）、AFB_1、OTA、

DON 和 ZEA 的污染情况，结果发现，ZEA 是最常见的毒素，发生率为 27.6%，检测到 AFs 和 AFB_1 的样品占 14.5%，OTA 占 14.5%，DON 占 7.9%。在同一批次样品中，同时检测到 OTA 和 ZEA 的大米、玉米和燕麦样品分别占 14.3%、7.1%和 9.1%（Li 等，2014）。从马来西亚市场收集的 80 个谷物样品中，含有黄曲霉毒素（AFB_1，AFB_2，AFG_1 和 AFG_2 的总量）、OTA 和 ZEA 的样品占比分别为 50%、30%和 19%（Soleimanyet 等，2012）。在阿根廷，通过随机模拟模型估计了牛奶中 AFM_1（0.059μg/L），脱氧雪腐镰刀菌烯醇（DON）（0.338μg/L）和 ZEA（0.125μg/L）同时存在的情况（Signorini 等，2012）。我们实验室以前的试验表明，中国的生乳中分别有 15%、45%和 22%的样品同时含有两种、三种和四种霉菌毒素（Huang 等，2014）。在意大利，185 个婴幼儿配方奶粉中，有 2 个样品中检测到 AFM_1 的存在，浓度为 11.8ng/L 和 15.3ng/L，而在 133 个（72%）样品中检测到了 OTA，浓度范围为 35.1 ~ 689.ng/L（Meucci 等，2010）。霉菌毒素可以通过肠道吸收到血液中，但是，通过肠道的消除作用使得血浆中霉菌毒素的浓度降低。在土耳其的 233 名健康成人的血清样本中，AF 水平分别为 0.98ng/mL±0.10ng/mL（女性）和 1.35ng/mL±0.17ng/mL（男性）（Sabuncuoglu 等，2015）。在血浆样品中（不进行共轭水解），女性的 OTA 浓度为 0.23ng/mL ± 0.03ng/mL，男性为 0.26ng/mL±0.10ng/mL（Munoz 等，2010）。

霉菌毒素污染已经引起了全世界食品安全的关注（Jolly 等，2007；Pattono 等，2011；Williams 等，2004），因为大多数对人的毒性作用是严重的（Bouaziz 等，2008，2013；Kouadio 等，2007；Li 等，2014；Prandini 等，2009；Tatay 等，2014）。特别是幼儿的饮食主要以牛奶和谷类食品为基础，而牛奶和谷类食品都容易受到霉菌毒素的污染（Sherif 等，2009；Tavares 等，2013）。多种霉菌毒素引起的毒性可被分类为急性毒性，或在长期低剂量暴露的情况下的慢性毒性，导致癌症和其他不可逆作用（Clarke 等，2014；James，2005），包括肠道免疫功能受损，肾脏和肝脏损害以及肺水肿（Clarke 等，2015a；Oswald 和 Comara，1998）。此外，霉菌毒素可能在体外相互作用。Tatay 等（2014）在卵巢 CHO-K1 细胞中，ZEA 和α-ZOL处理 24h 时发现，ZEA 和α-ZOL在高浓度下呈现出协同作用，在低浓度下表现为可加和作用，毒素处理 48h 和 72h 时，所有浓度下均表现为加和作用。Bouaziz 等（2013）报道，与单独的毒素相比，ZEA 和 T-2 毒素的组合在 24h 内诱导了 Vero 细胞的细胞活力显著下降和氧化损伤显著增加。结果表明氧化损伤在细胞毒性中发挥了重要作用。Li 等（2014）表明，尽管 OTA 和 ZEA 通过不同的机制各自发挥毒性，但它们的联合作用会累加地影响细胞活力。因此，对于消费者，特别是对于婴幼儿而言，重要的是我们必须了解多种霉菌毒素相互作用是增加还是降低毒性。

目前，AFM_1 是全球奶制品中唯一具有最大残留限量（MRL）的霉菌毒素（Sugiyama 等，2008；Zheng 等，2013）。在中国和美国，牛奶中 AFM_1 的最大残留限量为 0.5μg/kg；在欧盟（EU）中，AFM_1 的最大残留限量为 0.05μg/kg。但是，尚无研究报道 AFM_1 与其他霉菌毒素联合对细胞的毒性作用。多种霉菌毒素的组合可能与单独霉菌毒素产生不同的毒性作用（Signorini 等，2012）。我们实验室先前研究了 OTA、ZEA 和α-ZOL在人肝癌 G2（Hep G2）细胞系中的交互作用（Wang 等，2014），但该研

究中未涉及 AFM_1。

AFM_1 毒性可用作比较其他霉菌毒素组合的基准，可为制定食品安全标准和相关政策提供理论依据。因此，为了更全面地评估婴儿食品中存在的霉菌毒素的交互作用。本研究以 AFM_1、OTA、ZEA 和α-ZOL为研究目标，以 AFM_1 为参考，旨在研究 AFM_1、OTA、ZEA 和α-ZOL的单独和联合细胞毒性。研究的假设是婴儿食品中频繁出现的 AFM_1、OTA、ZEA 和α-ZOL联合作用可能会增加细胞毒性。由于小肠是抵御食物中污染物的第一道屏障，因此与其他器官相比，小肠可能暴露于更高浓度的霉菌毒素。本研究试验模型为人类结肠癌（Caco-2）细胞。Caco-2细胞对霉菌毒素敏感，并广泛用于毒理学研究（Alassane-Kpembi 等，2015；Sambuy 等，2005）。

二、材料方法

1. 毒素

AFM_1、OTA、ZEA 购自 Fermentek Ltd.（Jerusalem，Israel），α-ZOL购自 Sigma-Aldrich（St. Louis，MO，USA）。将 OTA、ZEA 和 α-ZOL 溶解在甲醇中至浓度为 5000μg/mL，将 AFM_1 溶解至浓度为 400μg/mL。霉菌毒素的储备液保存在-20℃。

2. 细胞培养和处理

从美国典型培养物保藏中心（ATCC）（Manassas，VA，USA）获得人结肠癌 Caco-2细胞（第 18 代），培养方法如前人文献所示（Boveri 等，2004）。在本研究中，使用的细胞为 20~35 代。简而言之，将Caco-2细胞在 37℃下含有 5% CO_2 和 95%空气的环境中生长，并设定恒定湿度环境。培养基是完全 DMEM（Gibco，CA，USA），包含 4.5g/L 葡萄糖和 L-谷氨酰胺，并添加了 10% 的胎牛血清（FBS），抗生素（100U/mL 青霉素和 100mg/mL 链霉素），以及 1%的非必需氨基酸（NEAA）（Life Technologies，California，USA）。3d 后，汇合度达到 80%，将细胞用胰蛋白酶消化，并以 10 000 个细胞/孔的密度接种在 96 孔细胞培养板（Costar，Cambridge，MA，USA）中的培养基中（Lu 等，2013；Wang 等，2014）进行培养。

在甲醇中制备各个霉菌毒素的储备溶液，并在无血清培养基中稀释；最终甲醇浓度低于 1%（V/V）（Wan 等，2013；Wang 等，2014；Zhang 等，2015）。最终试验的霉菌毒素浓度如下：AFM_1（0.12μM、1.2μM、3.6μM、7.2μM 和 12μM），OTA（0.2μM、2μM、6μM、12μM 和 20μM），ZEA（1μM，10μM、30μM、60μM 和 100μM）和 α-ZOL（0.5μM、5μM、15μM、30μM 和 50μM）。对照组是无血清培养基，其甲醇浓度与毒素处理组的浓度相同（Wang 等，2014）。将Caco-2细胞暴露于单独的霉菌毒素 24h、48h 和 72h。通过混合各个霉菌毒素的储备溶液并在无血清培养基中稀释来制备霉菌毒素组合处理组。组合样品中霉菌毒素的比率基于各个霉菌毒素的 IC_{50} 值的比率（Tatay 等，2014；Wang 等，2014）。AFM_1 ∶ OTA 为 1 ∶ 1.5，AFM_1 ∶ ZEA 为 1 ∶ 3，AFM_1 ∶ α-ZOL为 1 ∶ 4.5，OTA ∶ ZEA 为 1 ∶ 2，OTA ∶ α-ZOL为 1 ∶ 3，ZEA ∶ α-ZOL为 1 ∶ 1.5。使用计算机软件 CalcuSyn v 2.0 自动计算每种霉菌毒素的 IC_{50}值。这些比例旨在为每种霉菌毒素组合产生大致相似的毒性。将Caco-2细胞暴露于霉菌毒素组合处理组24h（Lu等，2013；Prosperini等，2014）。

3. 细胞毒性试验

按照Liu等（2010）的方法，进行了四唑盐（MTT）测定，该测定基于将（3,4,5-二甲基噻唑-2-基）2,5-二苯基四唑溴化物（Solon，USA）转化为甲瓒。利用MTT法确定四种单独的霉菌毒素和霉菌毒素组合的细胞毒性。将细胞以1×10^5细胞/mL的浓度接种在96孔板中，培养24h。稀释霉菌毒素储液，将其添加到孔中，并分别孵育24h、48h和72h，对混合的霉菌毒素孵育24h。除去含霉菌毒素的培养基，然后加入100μl 0.5mg/mL的MTT，孵育4h。将甲瓒晶体溶解在100μl DMSO中，将板轻轻摇动5min，以完全溶解。使用自动ELISA读数器在570nm和630nm的波长下测量吸光度。结果基于下式，表示为相对于对照组的生存力百分比（%）：［（570nm毒素处理组细胞的吸光度-630nm毒素处理组细胞的吸光度）/（570nm对照组细胞的吸光度-630nm对照组细胞的吸光度）］×100

4. 等效应线图解法分析

等效应线图解法分析利用组合指数（CI）对两种或三种霉菌毒素之间相互作用类型进行定量分析。根据Chou和Talalay（1984）及Chou（2006），CI值的计算公式如下：

$$^{n}(CI)x=\sum_{J=1}^{n}(D)_j/(D_x)_j=\frac{(D_x)_{1-n}\{[D]j\sum_{j=1}^{n}[D]\}}{(D_m)_j\{(fax)_j/[1-(fax)_j]\}^{1/mj}}$$

其中$^{n}(CI)x$是细胞增殖抑制率为x%时n种化合物的联合指数；$(D_x)_{1-n}$是细胞增殖抑制率为x%时n种化合物的总浓度；$\{[D]j\sum_{j=1}^{n}[D]\}$是细胞增殖抑制率为x%时n种化合物的浓度比值；$(D_m)_j\{(fax)_j/[1-(fax)_j]\}^{1/mj}$是细胞增殖抑制率为x%时所需单一化合物的浓度。CalcuSyn软件（Biosoft，Cambridge，UK）是基于Chou和Talalay等提出的中效方程式设计的交互效应分析软件，可根据单一毒素及混合毒素的剂量效应曲线，计算出单一毒素及混合毒素的IC_{50}以及毒素联合作用的CI值。CI值接近1代表毒素交互作用为加和作用，小于1代表协同作用，大于1代表拮抗作用。

5. 统计分析

数据用SAS 9.2软件进行分析，用平均数±标准差来表示。每组试验重复3次，每个试验浓度有6个重复。用单因素分析（ANOVA）和T检验来分析试验数据。显著性用P值表示，$P<0.05$为显著，用Tukey HSD法来检验多重试验。

三、结果

1. 各毒素单独作用的细胞毒性

24h、48h和72h后通过MTT分析评估了AFM_1、OTA、ZEA和α-ZOL对Caco-2细胞的细胞毒性作用。结果一致表明，所有霉菌毒素均以时间和浓度依赖性方式降低细胞活力（图1）。每种霉菌毒素的IC_{50}值由计算机软件CalcuSyn v2.0自动计算，并与根据个别浓度响应曲线获得的浓度范围一致（表 1 和图 1）。如 IC_{50}值所示，OTA 和 AFM_1表现出相似的高细胞毒性，其后分别是 ZEA 和 α-ZOL（$P<0.05$）。所有浓度响应试验均显示出良好的线性相关系数（对于所有中值效应图，r>0.96），表明使用中值效应原理进行的进一步分析是有效的（表 2）。

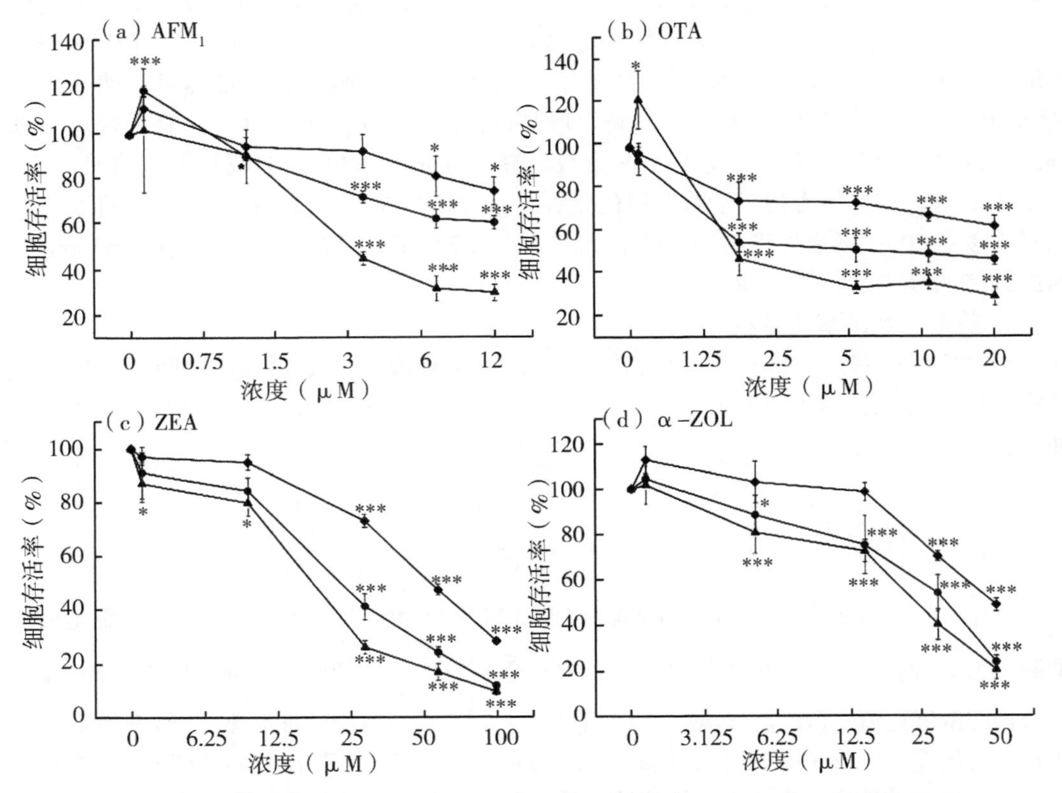

图 1　Caco-2细胞在 24h（菱形）、48h（圆圈）和 72h（三角形）的暴露过程中，（a）单独 AFM_1、（b）OTA、（c）ZEA、（d）α-ZOL的浓度响应曲线

3 个独立试验的结果，每次试验重复 5 个重复孔。数据表示平均存活率为平均值±标准差。$P<0.05$（*），$P<0.001$（**）和 $P<0.000$（***）表明与对照组有显著差异

表 1　经过 24h、48h 和 72h 处理后，AFM_1、ZEA、OTA 和α-ZOL的 IC_{50}值

霉菌毒素	IC_{50}（μM）		
	24h	48h	72h
AFM_1	>12[a]	>12[a]	4.10±1.37[a]
ZEA	43.00±4.21[b]	20.07±7.55[b]	11.62±2.94[b]
OTA	>20[c]	9.35±0.36[a]	2.07±1.88[a]
α-ZOL	47.26±2.34[b]	28.54±2.34[c]	22.90±1.20[c]

IC_{50}值：抑制 50%细胞活性的剂量，IC_{50}值是由 CalcuSyn v2.0 软件自动得出的。[a,b,c,d]同行不同字母间表示显著性（$P<0.05$）

表 2　MTT 法暴露 24h 后，对 AFM_1、OTA、ZEA 和α-ZOL 单独及混合时的剂量效果关系参数和平均复合指数（CI）

霉菌毒素	剂量效应参数			CI 值							
	Dm（μM）	m	r	IC_{25}		IC_{50}		IC_{75}		IC_{90}	
AFM_1	23. 48	1. 12	0. 97								
OTA	35. 56	0. 60	0. 99								
ZEA	42. 77	0. 81	0. 97								
α-ZOL	44. 59	1. 52	0. 97								
AFM_1+OTA	9. 59	0. 81	0. 97	1. 25±0. 22	Add	0. 88±0. 11	Syn	1. 06±0. 38	Add	1. 78±0. 98	Ant
AFM_1+ZEA	13. 73	1. 04	0. 95	1. 01±0. 20	Add	1. 60±0. 27	Ant	2. 56±0. 42	Ant	4. 16±0. 85	Ant
AFM_1+α-ZOL	12. 93	3. 35	0. 99	1. 98±0. 07	Ant	1. 82±0. 32	Ant	1. 74±0. 54	Ant	1. 74±0. 78	Ant
OTA+ZEA	24. 44	0. 45	0. 94	0. 41±0. 35	Syn	0. 74±0. 24	Syn	2. 74±0. 73	Ant	17. 48±12. 51	Ant
OTA+α-ZOL	33. 97	0. 60	0. 96	0. 65±0. 02	Syn	1. 10±0. 22	Add	4. 00±0. 96	Ant	19. 26±5. 51	Ant
ZEA+α-ZOL	33. 27	3. 84	0. 90	1. 22±0. 28	Ant	1. 06±0. 19	Add	0. 94±0. 15	Syn	0. 85±0. 14	Syn
AFM_1+OTA+ZEA	7. 92	0. 57	0. 98	0. 54±0. 16	Syn	1. 16±0. 16	Add	4. 55±1. 57	Ant	22. 73±12. 54	Ant
AFM_1+OTA+α-ZOL	5. 94	1. 07	0. 98	1. 09±0. 08	Add	1. 15±0. 04	Add	2. 20±0. 30	Ant	5. 23±1. 48	Ant
AFM_1+ZEA+α-ZOL	6. 47	1. 34	0. 95	0. 79±0. 08	Syn	1. 38±0. 30	Ant	2. 52±0. 94	Ant	4. 84±2. 51	Ant
OTA+ZEA+α-ZOL	8. 82	0. 55	0. 95	0. 54±0. 09	Syn	1. 19±0. 10	Add	4. 87±0. 62	Ant	24. 27±3. 95	Ant
AFM_1+ZEA+OTA+α-ZOL	2. 04	0. 36	0. 99	0. 17±0. 05	Syn	0. 59±0. 04	Syn	3. 47±1. 49	Ant	25. 82±19. 12	Ant

m、Dm 和 r 是半数效应曲线反对数函数上 x 轴上的截距，斜率和直线相关系数，这反映出剂量-效应曲线的形状，表示数据的一致性（Chou 和 Talalay，1984；Chou，2006）。Dm 和 m 值是用来计算 CI 值的。$CI<1$，表示协同作用（Syn），$CI=1$，表示加和作用（Add），以及 $CI>1$ 表示拮抗作用（Ant）。IC_{25}、IC_{50}、IC_{75}和 IC_{90}分别表示抑制效率为 25%、50%、75%和 90%的浓度

2. 混合毒素的毒性作用及交互作用类型

细胞活力表明单独和混合霉菌毒素均具有细胞毒性。等效应线图解法用于研究 AFM_1、OTA、ZEA 和α-ZOL之间相互作用的特征。表 2 显示了霉菌毒素组合的参数 Dm、m 和 r 以及平均 CI 值。

暴露于各种霉菌毒素组合处理组 24h 和 72h 后，Caco-2细胞的浓度-响应曲线如图 2 和图 3 所示。这些数据表明，分别暴露 24h 和 72h 后，除 AFM_1+α-ZOL和 AFM_1+ZEA 以外的所有组合对细胞活力的抑制作用均高于单独的霉菌毒素。四种霉菌毒素的组合具有最高的细胞毒性，并且由 Dm 值（有效浓度抑制细胞活力 50%）表明，含有 AFM_1 的组合比没有 AFM_1 的组合具有更大的细胞毒性作用（表 2）。在 AFM_1 中添加 OTA、ZEA 和/或α-ZOL比单独 AFM_1 产生更强的细胞毒性（$P<0.01$）。

Caco-2细胞中 2 种、3 种和 4 种霉菌毒素组合的 CI 对分数效应（fa）曲线如图 4 和图 5 所示。图上的直线显示出附加的毒理作用，直线上方和下方的点分别表示拮抗作用和协同作用。相互作用的类型取决于霉菌毒素的不同组合。Caco-2细胞暴露于低浓度的 AFM_1 和 OTA 的组合 24h 显示拮抗作用（CI 值：1.1~12.5）和轻微的协同作用（CI 值：0.8~0.9），在高浓度时有轻微拮抗作用（CI 值：1.2~1.8）（图 4a）。AFM_1+OTA+α-ZOL组合在低浓度和高浓度下均产生拮抗作用，而在中等浓度下则产生加和作用（图 4e）。AFM_1+ZEA，AFM_1+ZEA+α-ZOL和 AFM_1+OTA+ZEA+α-ZOL组合，低浓度产生协同作用，而高浓度则产生拮抗作用（图 4b，4f 和 4g）。对于 AFM_1+OTA+ZEA 的组合，在低浓度时观察到协同作用和加和作用，而在高浓度时观察到拮抗作用（图 4d）。AFM_1+α-ZOL组合在所有测试浓度下均具有拮抗作用（图 4c）。暴露 72h 后，AFM_1+OTA，AFM_1+α-ZOL和 AFM_1+ZEA+α-ZOL组合，低浓度产生拮抗作用，而高浓度导致协同或加和作用（图 5a、5c 和 5f）。AFM_1+OTA+α-ZOL和 AFM_1+OTA+ZEA+α-ZOL的组合在低浓度和高浓度下均产生拮抗作用，而在中等浓度下产生协同作用（图 5e 和图 5g）。AFM_1+OTA+ZEA 低浓度产生协同作用，高浓度变为拮抗作用（图 5d）。此外，AFM_1+ZEA 在所有测试浓度下均表现出拮抗作用（图 5b）。

四、讨论

1. 以 AFM_1 为参照，单独毒素的风险分析

在这项研究中，单独霉菌毒素对Caco-2细胞表现出浓度依赖性毒性，其中 AFM_1 和 OTA 表现出最高的细胞毒性，其次是 ZEA 和α-ZOL。Tavares 等（2013）表明，在暴露 48h 后，OTA（IC_{50}：16.98μM）对 Caco-2 细胞的细胞毒性比 AFM_1（IC_{50}：25.70μM）更高，这与我们的研究结果一致。Abid-Essefi 等（2009）报告表明，在给定的细胞系中，ZEA 比α-ZOL具有更高的细胞毒性，类似的研究表明，OTA 对 V79 肺成纤维细胞具有最高的细胞毒性，其次是 ZEA 和α-ZOL（Behm 等，2012）。然而，一些研究发现在 CHO-K1 细胞和 Hep G2 细胞中利用 MTT 试验发现，α-ZOL的细胞毒性高于 ZEA（Tatay 等，2014；Wang 等，2014）。这表明α-ZOL和 ZEA 的细胞毒性大小取决于细胞系种类。

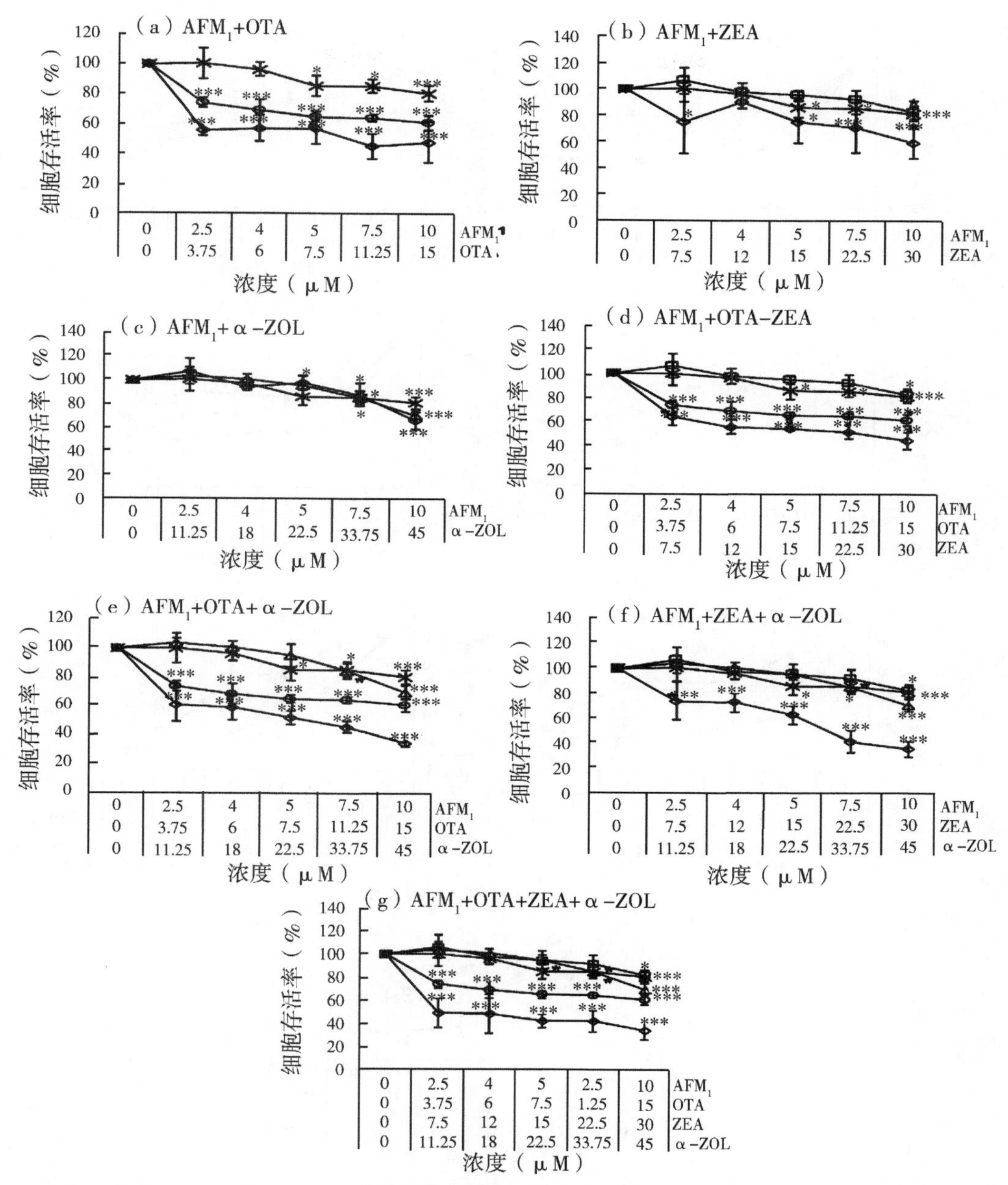

图 2　暴露 24h 后，Caco-2细胞中单个 AFM_1（叉线），OTA（圆圈），ZEA（正方形），α-ZOL（三角形）及其所有组合（菱形）的浓度响应曲线

（a）AFM_1+OTA，（b）AFM_1+ZEA，（c）AFM_1+α-ZOL，（d）AFM_1+OTA+ZEA，（e）AFM_1+OTA+α-ZOL，（f）AFM_1+ZEA+α-ZOL，（g）AFM_1+OTA+ZEA+α-ZOL。3 个独立试验的结果，重复 5 次。数据表示为平均值±标准差。$P<0.05$（*），$P<0.001$（**）和 $P<0.0001$（***）与对照组相比有显著差异

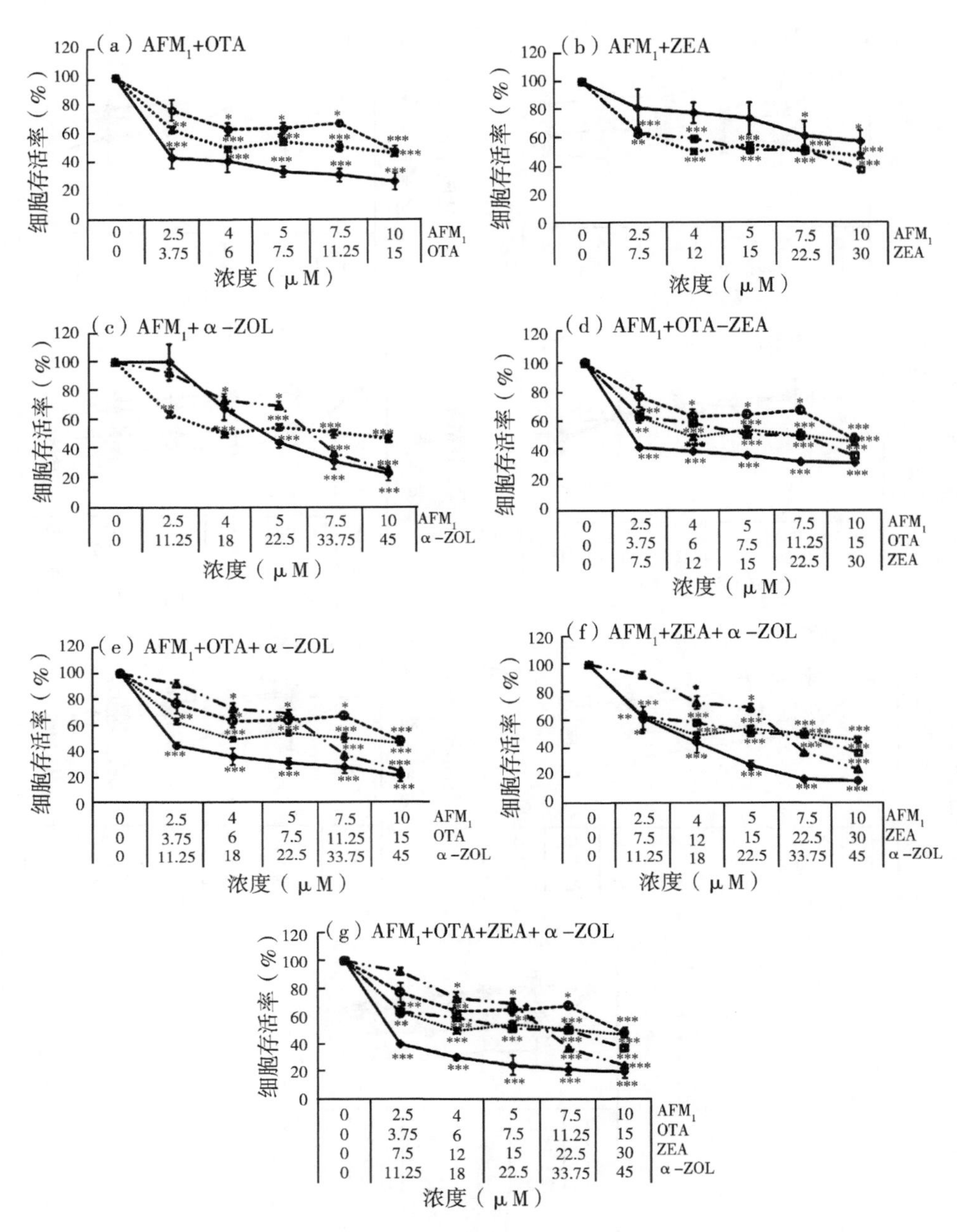

图3 暴露72h后，Caco-2细胞中单个 AFM_1（叉线），OTA（圆圈），ZEA（正方形），α-ZOL（三角形）及其所有组合（菱形）的浓度响应曲线

（a）AFM_1+OTA，（b）AFM_1+ZEA，（c）AFM_1+α-ZOL，（d）AFM_1+OTA+ZEA，（e）AFM_1+OTA+α-ZOL，（f）AFM_1+ZEA+α-ZOL，（g）AFM_1+OTA+ZEA+α-ZOL。3个独立试验的结果，重复5次。数据表示为平均值±标准差。$P<0.05$（*），$P<0.001$（**）和 $P<0.0001$（***）与对照组相比有显著差异

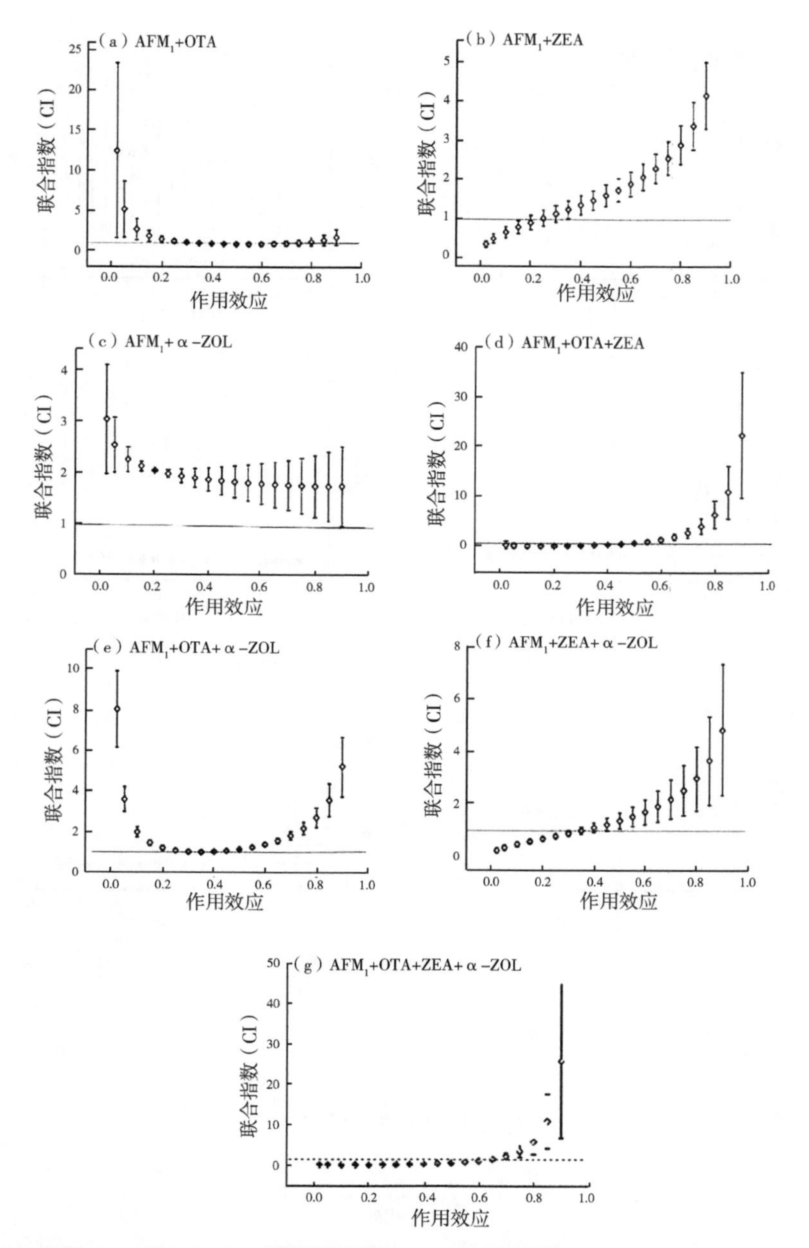

图 4　根据 Chou 和 Talalay 模型描述的Caco-2细胞暴露于 AFM_1、OTA、ZEA 和 α-ZOL 组合 24h 后的组合指数（CI）/分数效应曲线

（a）AFM_1+OTA，（b）AFM_1+ZEA，（c）AFM_1+α-ZOL，（d）AFM_1+OTA+ZEA，（e）AFM_1+OTA+α-ZOL，（f）AFM_1+ZEA+α-ZOL，（g）AFM_1+OTA+ZEA+α-ZOL。每个点代表计算机模拟计算结果，由 fa1/4 0.02 到 0.90 的分数效应（fa）的 CI±SD，这是通过计算机软件 CalcuSyn v2.0 确定的。虚线表示加和作用，虚线下的面积表示协同作用，虚线上方的面积表示拮抗作用

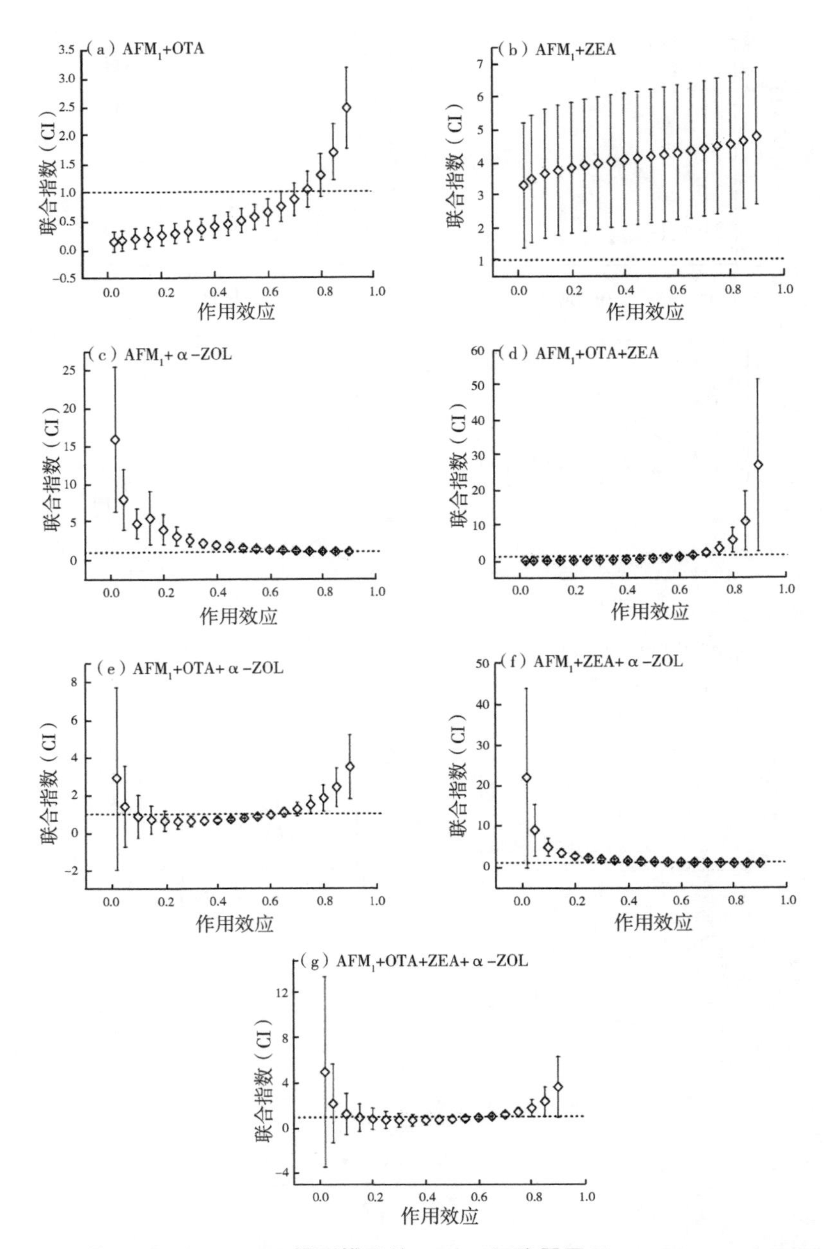

图 5　根据 Chou 和 Talalay 模型描述的Caco-2细胞暴露于 AFM_1、OTA、ZEA 和 α-ZOL 组合 24h 后的组合指数（CI）/分数效应曲线

（a）AFM_1+OTA，（b）AFM_1+ZEA，（c）AFM_1+α-ZOL，（d）AFM_1+OTA+ZEA，（e）AFM_1+OTA+α-ZOL，（f）AFM_1+ZEA+α-ZOL，（g）AFM_1+OTA+ZEA+α-ZOL。每个点代表计算机模拟计算结果，由 fa1/4 0.02 到 0.90 的分数效应（fa）的 CI±SD，这是通过计算机软件 CalcuSyn v2.0 确定的。虚线表示加和作用，虚线下的面积表示协同作用，虚线上方的面积表示拮抗作用

本研究结果表明，OTA的细胞毒性与AFM_1相似，甚至更高。据报道，来自瑞典和挪威的牛奶样品中的OTA含量为10~58ng/L（Breitholtz-Emanuelsson等，1993；Skaug 1999）。来自意大利有机农场的63个牛奶样品中有3个样品的OTA检测呈阳性，含量在0.07~0.11ng/L（Pattono等，2011）。此外，里斯本市的27个婴儿食品（包括婴儿奶粉）样本中有10个的OTA浓度范围为0.034~0.21μg/kg（Alvito等，2010）。牛奶和婴儿食品中检测到的OTA浓度可能会导致摄入大量牛奶的小孩的OTA摄入量高于建议的每日容许摄入量（TDI）5ng/(kg bw·d)。

由于OTA对婴儿和幼儿具有高风险，使用婴儿食品中的AFM_1标准作为参考，上述在许多样品中检测到的OTA均不符合欧盟的0.025μg/kg标准。OTA的高毒性表明在全球范围内的乳制品中建立OTA安全标准的重要性。在此之前，可以将AFM_1的最大限量用作参考。在韩国，婴儿食品的OTA法定限量为0.5μg/kg，与AFM_1相同。

2. AFM_1混合物的风险分析

目前，尚无已知研究评估婴儿食品中常见的AFM_1、OTA、ZEA和/或α-ZOL的联合细胞毒性。在本研究中，我们的结果表明，含有AFM_1的组合的IC_{50}值通常显著低于单独AFM_1（$P<0.01$），这表明在存在其他霉菌毒素的情况下，AFM_1的细胞毒性显著增加。在OTA、伏马菌素B_1（FB_1）和AFB_1的混合处理组中，Madin-Darby牛肾（MDBK）细胞的线粒体中观察到了类似的现象（Clarke等，2014）。同时，利用HCA分析，使用OTA和FB_1的组合在MDBK细胞中也具有相似现象（Clarke等，2015b）。此外，不仅在霉菌毒素组合中发现了协同作用，而且在单独霉菌毒素与其他化学污染物（例如重金属或农药）的组合中也发现了协同作用（Clarke等，2015a）。

与以前的研究不同，这项研究不仅表明霉菌毒素的组合比任何单独的霉菌毒素具有更高的细胞毒性，它还使用婴儿食品中的AFM_1作为参考来评估实际的安全风险。在婴儿食品的各种样品中，AFM_1和OTA的平均浓度分别为0.029μg/kg和0.122μg/kg，这与本研究中使用的混合比例一致（Alvito等，2010）。实际上，当前的婴儿食品标准一直没有充分考虑AFM_1经常与其他霉菌毒素并存，因此低估了AFM_1的细胞毒性。考虑到AFM_1是婴儿食品中最重要的霉菌毒素，并且与其他任何霉菌毒素相比，AFM_1可获得更多的细胞毒性信息，未来食品安全法规的有效方法将是在存在其他霉菌毒素的情况下重新评估AFM_1的风险。因此，进行更系统的健康风险评估以实施适当的牛奶安全标准至关重要。

3. 霉菌毒素交互作用

以往大多数研究混合物成分之间相互作用的研究仅将可加性定义为等同于各个成分作用的算术和（Ficheux等，2012；Kouadio等，2007；Ribeiro等，2010）。然而，本研究使用基于质量作用法的模拟通过计算不同细胞毒性水平下的CI值来估计加性作用以及量化的协同和/或拮抗作用，从而提供了各种真菌毒素组合之间的真菌毒素交互作用的精确评估（Chou，2006）。这项研究表明，不能仅根据单个化合物的作用来预测霉菌毒素组合的毒性作用。

AFM_1 和 OTA 产生的细胞毒性的主要机制是氧化性 DNA 损伤，其交互作用取决于细胞暴露的浓度（Pfohl-Leszkowicz 等，2002；Prosperini 等，2014；Tavares 等，2013；Wild 和 Turner，2002）。因此，在暴露 24h 后，低浓度的 AFM_1 和 OTA 的拮抗作用可以通过竞争细胞中的谷胱甘肽（GSH）来解释。由于 OTA 与氢醌-醌对的代谢产生的亲电试剂可以还原 GSH 生成 GSH 偶联物，而 AFM_1 的羟基也可以与 GSH 偶联（Faucet-Marquis 等，2006；Heidtmann-Bemvenuti 等，2011；Tozlovanu 等，2012）。在较高浓度下，AFM_1 和 OTA 由于其亲脂性结构而易于渗入细胞膜，并以协同方式发挥细胞毒性作用（Tedjiotsop Feudjio 等，2010；Wang 等，2014）。交互作用的类型取决于霉菌毒素的浓度，如 Clarke 等（2014）报道在较低浓度下（在这 3 种霉菌毒素的欧盟法定限值下），AFB_1、FB_1 和 OTA 的组合具有明显的加和效应，而在较高浓度下（在这些法规的欧盟法定限值上）则存在明显的协同作用。

据 Lei 等（2013）报道，AFB_1 和 ZEA 的组合在低浓度下具有拮抗作用，但在高浓度下具有协同作用。在本研究中，低浓度的 AFM_1+ZEA 组合发挥协同作用，而高浓度产生拮抗作用。Tavares 等（2013）提出可以从 AFB_1 的已有知识中推断 AFM_1 的作用机制，因为黄曲霉毒素之间的生物转化趋于相似（Roda 等，2010）。然而，Luongo 等（2014）研究表明，AFB_1 和 AFM_1 之间的内在毒性可能有所不同。AFB_1 和 AFM_1 对先天免疫系统具有不同的作用，这可能是由于其结构上的细微差异（Li 等，2009；Wild 和 Turner，2002）。AFM_1+α-ZOL组合是唯一在所有浓度下均表现出拮抗作用的组合。一种假设是，这两种毒素都竞争相同的受体，AFM_1 的更大毒性和更高的受体亲和力可能会导致毒性较低的化合物积聚，并且总毒性比加和效应所预测的更低（Alassane-Kpembi 等，2015；Wanget 等，2014）。

不仅浓度，处理时间也会影响交互作用的类型。在这项研究中，暴露 24h 后，在低浓度下观察到了 AFM_1 和 OTA 对Caco-2细胞的拮抗作用，而在 72h 时观察到了它们的协同作用。在 24h 时观察到低浓度的 AFM_1+ZEA，AFM_1+ZEA+α-ZOL和 AFM_1+OTA+ZEA+α-ZOL的协同作用，而在 72h 时显示出拮抗作用。实际上，Tatay 等（2014）还表明，较低浓度的 ZEA+α-ZOL处理 CHO-K1 细胞 24h 后表现出协同作用，而在 72h 观察到拮抗作用。Juan-Garcia 等（2016）证明，在较高浓度条件下，交替烯醇（AOH）和 15-乙酰基-脱氧雪腐烯醇（15-ADON）的组合在 24h 时显示协同作用，但在 72h 时显示拮抗作用。尽管很难弄清霉菌毒素组合在不同暴露时间下的细胞毒性作用的机制，但我们可以提出一个假设来解释不同的行为，即较长暴露时间下获得的霉菌毒素的代谢物可能会产生细胞毒性作用。Tatay 等（2014）报道在 CHO-K1 细胞培养物中 ZEA 降解的百分比范围从 4%（24h）到 81%（48h）。在 Hep G2 细胞培养中，在 AOH、15-ADON 和 3-ADON 的三级混合物中，3-ADON 在 24h 和 72h 分别保留在培养基中的比例分别为 63%和 44%（Juan-Garcia 等，2016）。

五、结论

总之，本文首次评估了 AFM_1、OTA、ZEA 和α-ZOL联合处理对Caco-2细胞的细胞毒性。在 OTA、ZEA 和 α-ZOL 的存在下，AFM_1 的细胞毒性明显更高。由于在含有牛奶和谷物的婴儿食品中，AFM_1、OTA、ZEA 和α-ZOL的同时存在非常普遍，因此这种协同作用可能会威胁到儿童的健康。因此，迫切需要更多的研究来评估 AFM_1 组合的潜在安全风险，还需要进一步研究以了解这些毒理学相互作用的分子机制。同时，政府监管机构应考虑如何保护儿童免受这些污染，例如通过监测婴儿食品中这四种霉菌毒素的水平，以及修订婴儿食品中 AFM_1 的最大残留限量。

参考文献

Abid-Essefi S, Bouaziz C, EEl Golli-Bennour, et al, 2009. Comparative study of toxic effects of zearalenone and its two major metabolites a-zearalenol and b-zearalenol on cultured human Caco-2 cells [J]. Journal of Biochemical and Molecular Toxicology, 23: 233-243.

Alassane-Kpembi I, Puel O, Oswald I P, 2015. Toxicological interactions between the mycotoxins deoxynivalenol, nivalenol and their acetylated derivatives in intestinal epithelial cells [J]. Archives of Toxicology, 89 (8): 1337-46.

Alvito P C, Sizoo E A, Almeida C M M, et al, 2010. Occurrence of aflatoxins and ochratoxin a in baby foods in Portugal [J]. Food Analytical Methods, 3 (1): 22-30.

Behm C, Follmann W, Degen G H, 2012. Cytotoxic potency of mycotoxins in cultures of V79 lung fibroblast cells [J]. Journal of Toxicology and Environmental Health. Part A, 75 (19-20): 1226-1231.

Bouaziz C, Bouslimi A, Kadri R, et al, 2013. The *in vitro* effects of zearalenone and T-2 toxins on Vero cells [J]. Experimental and Toxicologic Pathology, 65 (5): 497-501.

Bouaziz C, Sharaf El Dein O, El Golli E, et al, 2008. Different apoptotic pathways induced by zearalenone, T-2 toxin and ochratoxin A in human hepatoma cells [J]. Toxicology, 254 (1-2): 19-28.

Boveri M, Pazos P, Gennari A, et al, 2004. Comparison of the sensitivity of different toxicological endpoints in Caco-2 cells after cadmium chloride treatment [J]. Archives of Toxicology, 78 (4): 201-106.

Breitholtz-Emanuelsson A, Palminger-Hallen I, Wohlin P O, et al, 1993. Transfer of ochratoxin A from lactating rats to their offspring: a short-term study [J]. Natural Toxins, 1 (6): 347-352.

Chou T C, Talalay P, 1984. Quantitative analysis of dose-effect relationships: the combined effects of multiple drugs or enzyme inhibitors [J]. Advances in Enzyme Regulation, 22: 27-55.

Chou T C, 2006. Theoretical basis, experimental design, and computerized simulation of synergism and antagonism in drug combination studies [J]. Pharmacological Reviews, 58 (3): 621-681.

Clarke R, Connolly L, Frizzell C, et al, 2014. Cytotoxic assessment of the regulated, co-existing mycotoxins aflatoxin B_1, fumonisin B_1 and ochratoxin, in single, binary and tertiary mixtures [J]. Toxicon, 90: 70-81.

Clarke R, Connolly L, Frizzell C, et al, 2015. Challenging conventional risk assessment with respect to human exposure to multiple food contaminants in food: A case study using maize [J]. Toxicology Letters, 238 (1): 54-64.

Clarke R, Connolly L, Frizzell C, et al, 2015. High content analysis: a sensitive tool to detect and quantify the cytotoxic, synergistic and antagonistic effects of chemical contaminants in foods [J]. Toxicology Letters, 233 (3): 278-286.

Faucet-Marquis V, Pont F, Stormer F C, et al, 2006. Evidence of a new dechlorinated ochratoxin A derivative formed in opossum kidney cell cultures after pretreatment by modulators of glutathione pathways: correlation with DNA-adduct formation [J]. Molecular Nutrition & Food Research, 50 (6): 530-542.

Ficheux A S, Sibiril Y, Parent-Massin D, 2012. Co-exposure of Fusarium mycotoxins: *in vitro* myelotoxicity assessment on human hematopoietic progenitors [J]. Toxicon, 60 (6): 1171-1179.

Gao Y N, Wang J Q, Li S L, et al, 2016. Aflatoxin M_1 cytotoxicity against human intestinal Caco-2 cells is enhanced in the presence of other mycotoxins [J]. Food and Chemical Toxicology, 96: 79-89.

Gonzalez H H, Martinez E J, Pacin A M, et al, 1999. Natural co-occurrence of fumonisins, deoxynivalenol, zearalenone and aflatoxins in field trial corn in Argentina [J]. Food Additives and Contamination, 16 (12): 565-569.

Heidtmann-Bemvenuti R, Mendes G, Scaglioni P, et al, 2011. Biochemistry and metabolism of mycotoxins: a review [J]. African Journal of Food Science, 5 (16): 861-869.

Huang L C, Zheng N, Zheng B Q, et al, 2014. Simultaneous determination of aflatoxin M_1, ochratoxin A, zearalenone and alpha-zearalenol in milk by UHPLC-MS/MS [J]. Food Chemistry, 146: 242-249.

International Agency for Research on Cancer (IARC), 1993. Some Naturally Occurring Substances: Food Items and Constituents, Heterocyclic Aromatic Amines and Mycotoxins. Aflatoxins, vol. 56, pp. 245-395. WHO IARC Monographs on the Evaluation of Carcinogenic Risks to Humans.

James B, 2005. Public Awareness of Aflatoxin and Food Quality Control. International Institute of Tropical Agriculture, Benin.

Jolly P E, Jiang Y, Ellis W O, et al., 2007. Association between aflatoxin exposure and health characteristics, liver function, hepatitis and malaria infections in Ghanaians. Journal of Nutritional and Environmental Medicine, 16: 242-257.

Juan-Garcia A, Juan C, Manyes L, et al, 2016. Binary and tertiary combination of alternariol, 3-acetyl-deoxynivalenol and 15-acetyl-deoxynivalenol on HepG2 cells: Toxic effects and evaluation of degradation products [J]. Toxicology In Vitro, 34: 264-273.

Kouadio J H, Dano S D, Moukha S, et al, 2007. Effects of combinations of Fusarium mycotoxins on the inhibition of macromolecular synthesis, malondialdehyde levels, DNA methylation and fragmentation, and viability in Caco-2 cells [J]. Toxicon, 49 (3): 306-317.

Lei M, Zhang N, Qi D, 2013. *In vitro* investigation of individual and combined cytotoxic effects of aflatoxin B_1 and other selected mycotoxins on the cell line porcine kidney 15 [J]. Experimental and Toxicologic Pathology, 65 (7-8): 1149-1157.

Li P, Zhang Q, Zhang W, 2009. Immunoassays for Aflatoxins [J]. TrAC Trends in Analytical Chemistry, 28 (9): 1115-1126.

Li Y, Zhang B, He X, et al, 2014. Analysis of individual and combined effects of ochratoxin A and zearalenone on HepG2 and KK-1 cells with mathematical models [J]. Toxins (Basel), 6 (4): 1177-1192.

Liu J, Zhang W, Jing H, et al, 2010. Bog bilberry (Vaccinium uliginosum L.) extract reduces cultured Hep-G2, Caco-2, and 3T3-L1 cell viability, affects cell cycle progression, and has variable effects on membrane permeability [J]. Journal of Food Science, 75 (3): H103-107.

Lu H, Fernandez-Franzon M, Font G, et al, 2013. Toxicity evaluation of individual and mixed enniatins using an in vitro method with CHO-K1 cells [J]. Toxicology In Vitro, 27 (2): 672-680.

Luongo D, Russo R, Balestrieri A, et al, 2014. *In vitro* study of AFB_1 and AFM_1 effects on human lymphoblastoid Jurkat T-cell model [J]. Journal of Immunotoxicology, 11 (4): 353-358.

Maresca M, Fantini J, 2010. Some food-associated mycotoxins as potential risk factors in humans predisposed to chronic intestinal inflammatory diseases [J]. Toxicon, 56 (3): 282-294.

Meucci V, Razzuoli E, Soldani G, et al, 2010. Mycotoxin detection in infant formula milks in Italy [J]. Food Additives and Contamitants Part A Chemical Analysis Control and Exposure Risk Assess, 27 (1): 64-71.

Monbaliu S, Van Poucke C, Detavernier C, et al, 2010. Occurrence of mycotoxins in feed as analyzed by a multi-mycotoxin LC-MS/MS method [J]. Journal of Agriculture and Food Chemistry, 58 (1): 66-71.

Munoz K, Blaszkewicz M, Degen G H, 2010. Simultaneous analysis of ochratoxin A and its major metabolite ochratoxin alpha in plasma and urine for an advanced biomonitoring of the mycotoxin [J]. Journall of Chromatograph B Analytical Technology in the Biomedical and Life Sciences, 878 (27): 2623-2629.

Sharma R. P, 1995. Immunotoxicity of mycotoxins [J]. Toxicon, 33 (9): 892-897.

Pattono D, Gallo P F, Civera T, 2011. Detection and quantification of Ochratoxin A in milk produced in organic farms [J]. Food Chemistry, 127 (1): 374-377.

Pfohl-Leszkowicz A, Bartsch H, Azemar B, et al, 2002. MESNA protects rats against nephrotoxicity but not carcinogenicity induced by ochratoxin A, implicating two separate pathways [J]. Facta Universitatis Series: Medicine and Biology, 38 (4): 57-63.

Pfohl-Leszkowicz A, Manderville R A, 2007. Ochratoxin A: An overview on toxicity and carcinogenicity in animals and humans [J]. Molecular Nutrition & Food Research, 51 (1): 61-99.

Prandini A, Tansini G, Sigolo S, et al, 2009. On the occurrence of aflatoxin M_1 in milk and dairy products [J]. Food and Chemical Toxicology, 47 (5): 984-991.

Prosperini A, Font G, Ruiz M J, 2014. Interaction effects of Fusarium enniatins (A, A_1, B and B_1) combinations on in vitro cytotoxicity of Caco-2 cells [J]. Toxicology In Vitro, 28 (1): 88-94.

Prouillac C, Koraichi F, Videmann B, et al, 2012. *In vitro* toxicological effects of estrogenic mycotoxins on human placental cells: structure activity relationships [J]. Toxicology & Applied Pharmacology, 259 (3): 366-375.

Ribeiro D H, Ferreira F L, da Silva V N, et al, 2010. Effects of aflatoxin B (1) and fumonisin B (1) on the viability and induction of apoptosis in rat primary hepatocytes [J]. International Journal Of Molecular Sciences, 11 (4): 1944-1955.

Roda E, Coccini T, Acerbi D, et al, 2010. Comparative in vitro and ex-vivo myelotoxicity of aflatoxins B_1 and M_1 on haematopoietic progenitors (BFU-E, CFU-E, and CFU-GM): species-related susceptibility [J]. Toxicology In Vitro, 24 (1): 217-223.

Sabuncuoglu S, Erkekoglu P, Aydin S, et al, 2015. The effects of season and gender on the serum aflatoxins and ochratoxin A levels of healthy adult subjects from the Central Anatolia Region, Turkey [J]. Euroupean Journal of Nutrition, 54 (4): 629-638.

Sambuy Y, De Angelis I, Ranaldi G, et al, 2005. The Caco-2 cell line as a model of the intestinal barrier: influence of cell and culture-related factors on Caco-2 cell functional characteristics [J]. Cell Biology and Toxicology, 21 (1): 1-26.

Sangare-Tigori B, Moukha S, Kouadio H J, et al, 2006. Co-occurrence of aflatoxin B_1, fumonisin B_1, ochratoxin A and zearalenone in cereals and peanuts from Cote d'Ivoire [J]. Food Additives and Contaminants, 23 (10): 1000-1007.

Sherif S O, Salama E E, Abdel-Wahhab M A, 2009. Mycotoxins and child health: the need for health risk assessment [J]. International Journal of Hygiene and Environmental Health, 212 (4): 347-368.

Signorini M L, Gaggiotti M, Molineri A, et al, 2012. Exposure assessment of mycotoxins in cow's milk in Argentina [J]. Food and Chemical Toxicology, 50 (2): 250-257.

Skaug M A, 1999. Analysis of Norwegian milk and infant formulas for ochratoxin A [J]. Food Additives and Contamitants, 16 (2): 75-78.

Soleimany F, Jinap S, Faridah A, et al, 2012. A UPLC-MS/MS for simultaneous determination of aflatoxins, ochratoxin A, zearalenone, DON, fumonisins, T-2 toxin and HT-2 toxin, in cereals [J]. Food Control, 25 (2): 0-653.

Streit E, Schatzmayr G, Tassis P, et al, 2012. Current situation of mycotoxin contamination and co-occurrence in animal feed——focus on Europe [J]. Toxins (Basel), 4 (10): 788-809.

Sugiyama K, Hiraoka H, Sugita-Konishi Y, 2008. Aflatoxin M_1 contamination in raw bulk milk and the presence of aflatoxin B_1 in corn supplied to dairy cattle in Japan [J]. Shokuhin Eiseigaku Zasshi, 49 (5): 352-355.

Tatay E, Meca G, Font G, et al, 2014. Interactive effects of zearalenone and its metabolites on cytotoxicity and metabolization in ovarian CHO-K1 cells [J]. Toxicology In Vitro, 28 (1): 95-103.

Tavares A M, Alvito P, Loureiro S, et al, 2013. Multi-mycotoxin determination in baby foods and *in vitro* combined cytotoxic effects of aflatoxin M_1 and ochratoxin A [J]. World Mycotoxin Journal, 6 (4): 375-388.

Feudjio F T, Dornetshuber R, Lemmens M, et al, 2010. Beauvericin and enniatin: Emerging toxins and/or remedies? [J] World Mycotoxin Journal, 3 (4): 415-430.

Tozlovanu M, Canadas D, Pfohl-Leszkowicz A, et al, 2012. Glutathione conjugates of ochratoxin A as biomarkers of exposure [J]. Arhiv za Higijenu Rada i Toksikologiju, 63 (4): 417-427.

Wan L Y, Turner P C, El-Nezami H, 2013. Individual and combined cytotoxic effects of Fusarium toxins (deoxynivalenol, nivalenol, zearalenone and fumonisins B_1) on swine jejunal epithelial cells [J]. Food and Chemical Toxicology, 57: 276-283.

Wang H W, Wang J Q, Zheng B Q, et al, 2014. Cytotoxicity induced by ochratoxin A, zearalenone, and alpha-zearalenol: effects of individual and combined treatment [J]. Food and Chemical Toxicology, 71: 217-224.

Wild C P, Turner P C, 2002. The toxicology of aflatoxins as a basis for public health decisions [J]. Mutagenesis, 17 (6): 471-481.

Williams J H, Phillips T D, Jolly P E, et al, 2004. Human aflatoxicosis in developing countries: a review of toxicology, exposure, potential health consequences, and interventions [J]. America Journal of Clinical Nutrition, 80 (5): 1106-1122.

Zhang J, Zheng N, Liu J, et al, 2015. Aflatoxin B_1 and aflatoxin M_1 induced cytotoxicity and DNA damage in differentiated and undifferentiated Caco-2 cells [J]. Food and Chemical Toxicology, 83: 54-60.

Zheng N, Wang J Q, Han R W, et al, 2013. Survey of aflatoxin M_1 in raw milk in the five provinces of China [J]. Food Additives and Contamitants Part B Surveill, 6 (2): 110-115.

Zinedine A, Brera C, Elakhdari S, et al, 2006. Natural occurrence of mycotoxins in cereals and spices commercialized in Morocco [J]. Food Control, 17 (11): 0-874.

单独或混合的暴露于黄曲霉毒素 M_1 和赭曲霉毒素 A 对分化Caco-2细胞中肠上皮通透性的调节

黄曲霉毒素 M_1（AFM_1）和赭曲霉毒素 A（OTA）是牛奶中常见的霉菌毒素。然而，尚未报道它们对肠上皮细胞的作用。将单独和混合的 AFM_1（0.12μM 和 12μM）和 OTA（0.2μM 和 20μM）与分化Caco-2细胞孵育 48h 后，通过测定细胞层通透性以及紧密连接蛋白（Tight junction，TJ）表达量和定位来评价霉菌毒素对细胞层完整性的影响。研究结果表明，单独及混合的 AFM_1 和 OTA 降低了分化Caco-2细胞的跨膜电阻值（Transepithelial electrical resistance，TEER），增加了荧光黄和异硫氰酸荧光素（FITC）-葡聚糖（4kDa 和 40kDa）的细胞旁通量，表明霉菌毒素破坏了肠上皮细胞层的完整性，使肠上皮通透性增加。免疫印迹和免疫荧光分析显示，单独及混合的 AFM_1 和 OTA 降低了 TJs［claudin-3、claudin-4、occludin 和 zonula occludens-1（ZO-1）］的蛋白表达量并且破坏了 TJs 的蛋白结构，改变了其定位。通过抑制剂干扰试验发现，霉菌毒素诱导的肠屏障损伤与 p44/42 丝裂原活化蛋白激酶（MAPK）通路相关。同时，结果发现，相比于单独 AFM_1 和 OTA 处理组，AFM_1 和 OTA 混合处理组对肠屏障功能的影响更加显著（$P<0.05$），并且通过实测值与预期值的比较分析交互作用类型发现，混合 AFM_1 和 OTA 之间存在着加和及协同作用。

关键词：黄曲霉毒素 M_1；赭曲霉毒素 A；肠道上皮细胞；紧密连接蛋白；通透性

一、简介

人体不仅可以通过直接与皮肤接触和摄入被污染的农产品，而且可以通过食用动物源性食物（例如牛奶和鸡蛋）而暴露于霉菌毒素，这些食物来源于动物采食被霉菌毒素污染的饲料（Capriotti 等，2012）。由于牛奶为大众提供了大量的必需营养素，因此它是所有年龄段人群普遍饮食中的一部分。牛奶的最大消费者是儿童，因为牛奶对他们的成长和发育至关重要。因此，被霉菌毒素污染的牛奶可能对其健康产生不利影响（Flores-Flores 等，2015）。此外，牛奶中可能存在多种霉菌毒素。在来自中国的生乳中，我们鉴定了几种霉菌毒素，包括黄曲霉毒素 M_1（AFM_1），赭曲霉毒素 A（OTA），玉米赤霉烯酮（ZEA）和α-玉米赤霉烯醇（α-ZOL）（Huang 等，2014）。在 2003 年法国西北部生产的原料散装奶中，264 个样本中有 3 个样本的 AFM_1 含量为 26ng/L 或更低，3 个样本中检测到的 OTA 含量为 5~8ng/L（Boudra 等，2007）。对于意大利生产的婴幼儿配方奶粉，在 185 个样本中有 2 个发现了 AFM_1（浓度范围 11.8~15.3ng/L），而在133个样本中检测到了OTA（浓度范围35.1~689.5ng/L）（Meucci等，2010）。在最近对葡萄牙婴儿食品（米粉和奶粉）的分析中，在27个样本中有2个检测到AFM_1和OTA，在2个样本中检测到AFM_1，在7个样本中检测到OTA，以及在1个样品中检测到黄曲霉毒素B_1（AFB_1）和OTA。对于这些样品，AFM_1浓度为0.017~0.041μg/kg，OTA浓度为0.034~0.212μg/kg（Alvito等，2008）。考虑到AFM_1具有较强的细胞毒性、遗传毒性和致癌作用，国际癌症研究机构（IARC）将其致癌性分类从2类致癌物更改为1类致癌物（Botta等，2014）。此外，AFM_1是全世界牛奶中唯一具有最大残留限量（MRL）的霉菌毒素。在欧盟（EU），已确定的AFM_1最高残留限量为0.05μg/kg，在中国和美国为0.5μg/kg。我们以前的研究结果表明，OTA对人肠细胞的毒性类似于AFM_1（Gao等，2016）。此外，IARC将OTA归类为2B类致癌物，这表明它可能是人类致癌物（Botta等，2014）。尽管牛奶中没有OTA的MRL，但已建立了100ng/kg bw的临时耐受每周摄入量（PTWI）（Bondy和Pestka，2000）。因此，确定AFM_1和OTA对人体健康的毒理作用至关重要。

胃肠道（GIT）是第一个与食物污染物（如霉菌毒素）接触的组织屏障（Galarza-Seeber等，2016；Gambacorta等，2016），而肠上皮细胞受到的影响最大（Grenier和Applegate，2013；Maresca等，2002）。GIT屏障由定位于上皮细胞顶端结构域的细胞间紧密连接（TJ）蛋白构成，它们选择性地限制大分子、离子、溶质和水的通过（Qasim等，2014；Suzuki，2013）。TJ由几种多蛋白复合物组成，这些复合物包括跨膜蛋白[例如claudin、occludin和接合黏附分子（JAM）]和细胞质支架蛋白（ZO-1，ZO-2和ZO-3）（Gonzalez-Mariscal等，2000；Furuse等，1993；Martin-Padura等，1998；Mitic和Anderson，1998）。因此，由霉菌毒素引起的肠上皮屏障功能缺陷可能与TJ完整性的破坏有关，在用做TJ功能模型的细胞系中，美国食品药品管理局（FDA）公认从人结肠癌中分离的Caco-2细胞系可作为参考模型，以评估药物和毒素对肠屏障功能的影响（Akbari等，2017）。先前的研究表明，从该细胞系获得的结果具有可重复性和适用性（Artursson和Karlsson，1991）。在培养Caco-2细胞16~22d后，建立了分化的单层，模仿了小肠上皮层，因为它们形成了带有功能的极化单层传统的TJ（Artursson等，2012）。

目前，人们越来越意识到各种霉菌毒素对肠道的不利影响以及对分化Caco-2细胞中肠道完整性的破坏（Assuncao等，2014）。Romer等（2016）报道OTA降低了跨上皮电阻（TEER）值以及claudin-3、claudin-4和occludin mRNA表达水平，其他研究表明，OTA处理可降低人的肠屏障功能（Lambert等，2007；Maresca等，2008；Ranaldi等，2007）。此外，加到Transwell板的顶室或底室，低浓度的AFM_1会显著降低TEER值（Caloni等，2012）。霉菌毒素对细胞的作用可被归类为协同、加和或拮抗作用，这些作用可能会对人体健康产生不利影响。另外，在谷物和豆类中经常观察到黄曲霉毒素B_1（AFB_1）和OTA的污染，它们在此类食品中的浓度通常高于在牛奶中的浓度。Wangikar等（2005）证明AFB_1和OTA在新西兰白兔的致畸作用方面具有拮抗作用。Huang等（2017）报道，AFB_1、OTA和ZEA的混合物对奶山羊产生最大的毒性作用，表明混合的霉菌毒素具有更强的毒性作用。我们先前利用等效应线图解法，证明了

AFM_1 对 OTA、ZEA 和/或α-ZOL的协同作用和加和作用的细胞毒性作用（Gao 等，2016）。近几十年来，等效应线图解法已成为评估化学物质之间交互作用最常用的方法。在基于Loewe可加性的组合分析中存在实际限制（Foucquier 和 Guedj，2015）。估计联合处理的剂量效应曲线需要一定数量的数据，并且价格昂贵（Lehar 等，2007）。当剂量效应曲线不可用或难以建模时，Loewe 可加性模型将无法使用（Zhao 等，2014）。

先前的研究报道了上皮屏障功能与促细胞分裂剂信号转导的促分裂原活化蛋白激酶（MAPK）相关（Carrozzino 等，2009；Oshima 等，2007）。更重要的是，MAPK 被认为在上皮细胞的炎症反应中起着至关重要的作用，其中包括亚家族-p44/42 细胞外信号调节激酶（ERK）、p38 和 c-Jun N 末端激酶（JNK）。一项机理研究表明，脱氧雪腐镰刀菌烯醇（DON）诱导上皮屏障的损伤与 TEER 值降低和 claudin-4 蛋白表达水平降低有关，与 ERK 信号通路的激活有关（Pinton 等，2010）。尽管已经有大量研究报道了通过 MAPK 信号通路的激活可以观察到 DON 诱导的肠屏障功能障碍，但是由 AFM_1 和 OTA 引起的肠屏障受损的潜在机制尚待阐明。关于肠道屏障的完整性，一项研究集中于霉菌毒素 DON，而另一项研究则报道了 DON 和 FB_1 对仔猪肠道的影响（Bracarense 等，2012；Grenier 等，2013）。因此，至关重要的是要了解 AFM_1 和 OTA 对肠道结构和功能的单独作用和联合作用。这项研究的目的是评估 AFM_1 和 OTA 对肠道通透性的单独和联合作用，并确定潜在的机制。我们假设①牛奶中经常同时发生的 AFM_1 和 OTA 的组合可能会显著影响肠道通透性和 TJ 功能并产生多种交互作用；②TJ 蛋白表达降低导致上皮通透性增加；③通过调节 MAPK 介导 TJ 蛋白表达水平降低。为了验证这些假设将 Caco-2 细胞暴露于不同浓度的单独和混合的 AFM_1 和 OTA 中，对分化的Caco-2细胞进行了 TEER 测量、细胞旁示踪剂通量测定和相关蛋白表达试验。这些细胞暴露于不同浓度的单独和混合 AFM_1 和 OTA 中。

二、材料方法

1. 化学试剂

AFM_1（结构式，$C_{17}H_{12}O_7$；分子量为 328）和 OTA（结构式，$C_{20}H_{18}ClNO_6$；分子量为 403）购自 Fermentek，Ltd.（Jerusalem，Israel）。如前所述，将 AFM_1 和 OTA 分别溶解在甲醇中，最终浓度分别为 400μg/mL 和 5000μg/mL。两种母液均储存在-20℃。DMEM、胎牛血清（FBS），抗生素（100U/mL 青霉素和 100μg/mL 链霉素），非必需氨基酸（NEAA）购自 Life 技术公司（Carlsbad，CA，USA）。CCK-8 试剂盒，放射免疫沉淀测定（RIPA）裂解缓冲液、免疫荧光染色封闭缓冲液、一抗和二抗稀释液购自 Beyotime Biotechnology（上海，中国）。蛋白酶抑制剂、荧光素黄（LY）和异硫氰酸荧光素（FITC）-葡聚糖购自 Sigma-Aldrich（St. Louis，MO，USA）。兔抗 claudin-3 和兔抗 claudin-4 购自 Abcam（Cambridge，MA，USA）。兔抗 ZO-1 和兔抗 occludin 购自 Thermo Scientific（Waltham，MA，USA）。兔抗 β-actin 购自 Cell Signaling Technology（Trask Lane，Danvers，MA，USA）。与辣根过氧化物酶偶联的山羊抗兔 IgG 和 Alexa Fluor 488 小鼠抗兔 IgG 购自 Bioss Antibodies（北京，中国）。从 Sigma-Aldrich 购买了 3

种 MAPK 特异性抑制剂（SB－203580、U－0126 和 SP－600125），并用二甲基亚砜（DMSO）制备了储备液。

2. 细胞培养及分化

Caco－2细胞用含有 10% FBS、1% 抗生素（100U/mL 青霉素和 100g/mL 链霉素）和 1% NEAA 的 DMEM 高糖培养基制成细胞悬液接种于直径 10 cm 培养皿中，置于细胞培养用 CO_2 培养箱，在 37℃、5% CO_2条件下培养。

本试验中，参考前人文献中关于分化Caco－2细胞的培养方法（Watari 等，2015），将 23～25 代的Caco－2细胞以 $4×10^4$个/cm^2的密度接种于 6 孔及 12 孔的 transwell 细胞培养板中，每 2d 更换细胞培养液直到第 21d。第 21d 利用细胞电阻仪 Millicell－ERS 测定的 TEER 值的平均值为 1 528Ω/cm^2± 117Ω/cm^2，分化 Caco－2 细胞 TEER 值基线为 300Ω/cm^2，表明分化Caco－2细胞模型构建成功。

3. 细胞存活率测定

本试验中，利用 CCK－8 试剂盒测定霉菌毒素对肠道上皮细胞存活率的影响。根据试剂盒说明，将Caco－2细胞以 $6×10^4$个/孔的密度接种于 96 孔细胞培养板中，每孔加入 100μL 全培养基。培养 24h 后，每孔加入利用 DMEM 配置的 AFM_1（0.012μM、0.12μM、1.2μM、6μM 和 12μM）和 OTA（0.02μM、0.2μM、2μM、10μM 和 20μM）。毒素处理 48h 后，每孔加入 10μL CCK－8 试剂，孵育 2h。利用酶标仪在测定波长为 450nm 的情况下，测定培养孔的吸光值。结果表示为相比于对照组的细胞存活率百分比（%）。根据获得的细胞存活率结果，选择 0.12μM 作为 AFM_1 非细胞毒性浓度和 12μM 作为 AFM_1 细胞毒性浓度，OTA 相对应的浓度分别为 0.2μM 和 20μM。在随后的所有试验中，AFM_1 的使用浓度为 0.12μM 和 12μM，OTA 的使用浓度为 0.2μM 和 20μM。

4. 细胞间跨膜电阻值测定

跨上皮细胞单层 TEER 的测量是评估Caco－2模型中 TJ 屏障完整性的最佳方法之一。将Caco－2细胞培养在 transwell 室中，用单独及混合的不同浓度的 AFM1（0.12μM 和 12μM）或 OTA（0.2μM 和 20μM）处理细胞 48h，然后将毒素添加到 Transwell 室的顶部和底部隔室中。结果表示为相对于每组处理的初始 TEER 值，并表示为 5 个独立实验的平均值±平均值的标准误差（SEM）。

5. 渗透性示踪通量测定实验

除测量 TEER 值外，可以通过细胞单层示踪剂的细胞旁通量反映肠道屏障的通透性。在体外模型中最常用的细胞旁示踪剂是荧光化合物（例如荧光黄，LY）或荧光标记的化合物（例如，FITC－葡聚糖和 FITC－菊粉）。为确定单独及混合霉菌毒素是否具有分子大小选择性地影响肠道屏障渗透性，本试验使用不同分子大小的示踪剂。将Caco－2单层细胞在 transwell 小室上培养至 21d 完全分化，接着用单独及混合的 AFM_1 和 OTA 处理 48h。正常生理条件下，LY 以及 4kDa 和 40kDa 的 FITC－葡聚糖膜本身是不可透过细胞膜的，利用 PBS 将 LY 及不同分子量的 FITC－葡聚糖溶解至终浓度为 100μg/mL。在本试验中，将这些示踪剂加入 transwell 小室顶部 4h，随后，利用酶标仪读取 transwell 小室基底侧的荧光强度。LY 的激发和发射波长分别为 410nm 和 520nm，FITC－葡聚糖的激发和发射波长分别为 490nm 和 520nm。

6. 蛋白免疫印迹试验

进行免疫印迹试验以检测 TJ 蛋白 claudin-3、claudin-4、occludin 和 ZO-1 的表达量以及 MAPK 蛋白 ERK、p38 和 JNK 的磷酸化水平。将Caco-2细胞单层培养在 transwell 小室 21d 后，在 transwell 小室的顶端和基底侧加入单独及混合 AFM_1 和 OTA 处理 48h。用含有蛋白酶抑制剂的 RIPA 裂解缓冲液裂解Caco-2细胞，将等量的蛋白质与非还原缓冲液混合，加热变性，利用十二烷基硫酸钠（SDS）-聚丙烯酰胺凝胶进行电泳，并将蛋白质电转到聚偏二氟乙烯膜上。在室温下，将膜用含有 5%脱脂乳的 PBS 封闭 1. 5h。随后，将兔抗 claudin-3、兔抗 claudin-4、兔抗 ZO-1、兔抗 occludin 和兔抗β-actin蛋白根据制造商的说明书进行稀释，在室温下与膜一起温育 3h。接着，二抗的山羊抗兔 IgG 与辣根过氧化物酶在室温下孵育 1h。使用增强化学发光试剂可以在 α 射线照相胶片上看到过氧化物酶活性。利用 ImageJ 2×软件分析信号强度，并利用人源β-actin值将各蛋白信号强度标准化。在激酶磷酸化表达试验中，培养分化的Caco-2细胞 21d 后，先用无血清培养基培养细胞 12h。12h 后，洗涤细胞，首先在分化Caco-2细胞中加入或不加入 10μM 3 种 MAPK 通路蛋白抑制剂 1h，然后用 12μM AFM_1 或/和 20μM OTA 孵育 30min。收集全细胞裂解物，先对总蛋白进行标准化，接着分析 ERK、p38 和 JNK 蛋白的磷酸化水平。

7. 免疫荧光染色实验

通过激光共聚焦显微镜观察 TJ 蛋白的定位。分化Caco-2细胞用单独或混合的 AFM_1 和 OTA 处理 48h，在 transwell 小室的顶端和基底侧均加入霉菌毒素。在 4℃下，将细胞用 4%多聚甲醛固定 10min，用含有 0. 1% Triton X-100 的 PBS 透化 5min。将细胞在封闭缓冲液中孵育 1. 5h，接着在含有 claudin-3、claudin-4、occludin 和 ZO-1 蛋白一抗的一抗稀释缓冲液中孵育 1. 5h。然后在 37℃、黑暗条件下，将细胞在含有Alexa Fluor 488 小鼠抗兔 IgG 的二抗稀释缓冲液中孵育 45min。最后，在 LSM780 激光共聚焦显微镜下观察 TJ 蛋白定位。

8. 紧密连接蛋白 *occludin* 基因干扰试验

按照制造商的说明，使用 OptiMEM siRNA 培养基和 Lipofectin 2000 siRNA 转染试剂，将 *occludin* 小干扰 RNA（occludin siRNA；GenePharma）和阴性对照（NC）siRNA 瞬时转染到分化的Caco-2细胞中。Occludin siRNA 引物序列为 GCGUUGGUGAUCUUU-GUUATT（有义链）和 UAACAAAGAUCACCAACGCTT（反义链）。将含有 siRNA 和 siRNA转染试剂的转染培养基与无血清培养基混合，用来培养分化的Caco-2细胞。6h 后使用培养分化Caco-2细胞全培养基更换原培养基，孵育 24h，随之测定 TEER 值。接着收集细胞并裂解，测定 *occludin* 的表达量。

9. 预期值与实测值的比较

为了比较预期值（表示为%）和实测值（表示为%），需要计算得出预期值，根据已报道的研究成果（Weber 等，2005），预期值的计算方法为：

平均值（AFM_1+OTA 预期值）= 平均值（AFM_1）+平均值（OTA）-100%　(1)，

%差异 = | 平均值(AFM_1+OTA 预期值) -平均值（AFM_1+OTA 实测值)|　(2)，

以混合 AFM_1 和 OTA 在非细胞毒性浓度下 TEER 值为例，相比于对照组，AFM_1+

OTA 混合组实测 TEER 值的平均值为 84.9%，根据计算，AFM_1+OTA 混合组预期 TEER 值的平均值为 64.1%，因此,%差异为 20.8%：

SEM（AFM_1+OTA 预期值）= [（AFM_1 的 SEM 值）^{2}+（OTA 的 SEM 值）^{2}]$^{1/2}$（3）。

10. 交互作用类型及相关性分析

本实验室之前曾使用等效线图解法分析多种霉菌毒素混合的交互作用类型（Gao 等，2016）。然而，这种方法的不足之处在于它需要专门的软件来计算 CI 值。在缺乏专门分析软件的时候，利用预期值与实测值之间的比较来判断交互作用类型是比较简单快捷的方法。

受损的肠屏障导致 TEER 值降低以及 TJ 蛋白 claudin-3、claudin-4、occludin 和 ZO-1 的蛋白表达量减少，而 LY、FITC-4kDa 和 FITC-40kDa 的渗透性增加。协同作用的定义为各种化学物质产生的效应大于其各自效应的总和；拮抗作用的定义为由各种化学物质产生的作用低于单独物质的总和。

使用未配对 T 检验，对预期值和实测值之间进行显著性分析，P<0.05 被认为具有统计学意义。结果解释如下：

加和作用的定义为预期值与实测值之间不存在显著差异性（P>0.05）。

协同作用的定义为 TEER 值、claudin-3、claudin-4、occludin 和 ZO-1 表达量的实测值显著低于这些指标的预期值；LY、FITC-4kDa 和 FITC-40kDa 渗透性的实测值显著高于这些指标的预期值。

拮抗作用的定义为 TEER 值、claudin-3、claudin-4、occludin 和 ZO-1 表达量的实测值显著高于这些指标的预期值；LY、FITC-4kDa 和 FITC-40kDa 渗透性的实测值显著低于这些指标的预期值。

暴露于单独及混合的 AFM_1 和 OTA 的分化Caco-2细胞，通过 Spearman 的相关性（非参数）评估其 TEER 值、LY、FITC-4kDa 或 FITC-40kDa 的细胞旁通量与 TJ 蛋白 claudin-3、claudin-4、occludin 及 ZO-1 表达水平的相关性。

11. 数据分析

使用 SAS 9.2 软件进行统计学分析，利用 3 次独立试验得到平均值±SEM 的数据。对不同组之间进行差异单因素方差分析（ANOVA），以及 Tukey 显著性差异（HSD）来进行多重比较。统计学上细胞毒性显著性差异由 * P<0.05，** P<0.001，*** P<0.0001 表示。

三、结果

1. AFM_1 与 OTA 单独及联合作用对分化Caco-2细胞层 TEER 值的影响

培养 21d 后的分化Caco-2细胞单层 TEER 值为 1 411~1 645Ω/cm^2。处理 48h 后，培养基中含有 1%（V/V）甲醇（对照组）没有显著改变分化Caco-2细胞初始 TEER 值。分化Caco-2细胞暴露于单独及混合的 AFM_1（0.12μM）和 OTA（0.2μM）48h 后，相比于对照组，TEER 值无显著差异变化（P>0.05）。然而，相比于对照组，分化Caco-2细胞暴露于单独 AFM_1（12μM）或混合 AFM_1（12μM）+OTA（20μM）处理组时，其 TEER 值显著降低（$P<0.05$）。此外，尽管差异不显著，但暴露于混合 AFM_1（12μM）+OTA（20μM）处理组的分化Caco-2细胞，其 TEER 值仍是低于单独暴露于 AFM_1 和 OTA 的Caco-2细胞（$P>0.05$）（图 1）。

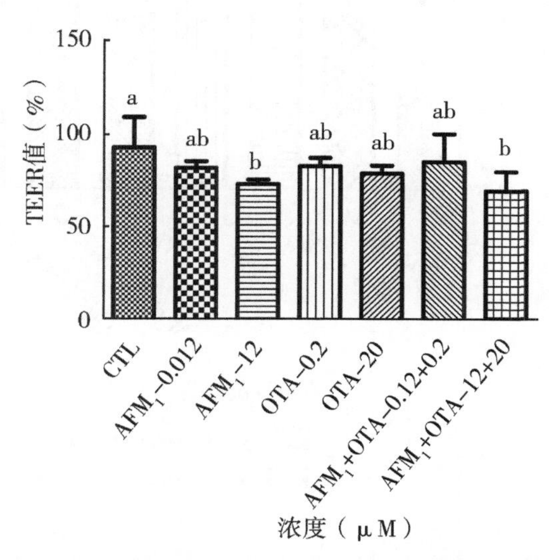

图 1　相比于初始 TEER 值，分化Caco-2细胞暴露于单独及混合的不同浓度的 AFM_1 和 OTA 48h 后，TEER 值的变化情况

结果表示作为 3 次独立试验的平均值±SEM。在霉菌毒素处理之前和之后均测定 TEER 值。不同的字母（a，b）表示 TEER 值的差异显著（$P<0.05$）

2. AFM_1 与 OTA 单独及联合作用对分化Caco-2细胞层通透性的影响

利用不同分子量的荧光示踪剂（荧光黄 LY 和 FITC-葡聚糖）穿过分化Caco-2细胞层的渗透量，测定在不同浓度霉菌毒素情况下，单独及混合的 AFM_1 和 OTA 对分化Caco-2细胞单层通透性的影响。结果显示，除低浓度 AFM_1 没有显著影响（$P>0.05$）LY 的细胞旁通量（图 2a），霉菌毒素可显著增加（$P<0.05$）LY 和 FITC-葡聚糖（4kDa 和 40kDa）跨细胞单层的细胞旁通量（图 2）。对于单独霉菌毒素来说，低浓度与高浓度的 OTA 导致的 LY 和 FITC-葡聚糖（4kDa 和 40kDa）的细胞旁通量增加，且显著高于 AFM_1（$P<0.05$，图 2）。低浓度与高浓度的 AFM_1 和 OTA 的混合处理组对分化Caco-2细胞层通透性的增加显著高于单独毒素（$P<0.05$，图 2）。

3. AFM_1 与 OTA 单独及联合作用对分化Caco-2细胞层紧密连接蛋白表达量的影响

为研究霉菌毒素引起分化Caco-2细胞单层通透性增加的潜在机制，使用蛋白质印迹分析（Western blotting，WB）定量分析 TJ 蛋白的表达水平（图 3）。相比于对照组，不同浓度下的单独及混合的 AFM_1 和 OTA 处理均可引起 TJ 蛋白 occludin 和 ZO-1 表达量的显著降低（$P<0.05$）。然而对于 TJ 蛋白 claudin-3 和 claudin-4 的表达量来说，相比于对照组，分化Caco-2细胞暴露于单独 AFM_1 并没有显著改变其蛋白表达量，只有暴露于单独 OTA 以及 AFM_1+OTA 混合处理组后，claudin-3 和 claudin-4 的蛋白表达量显

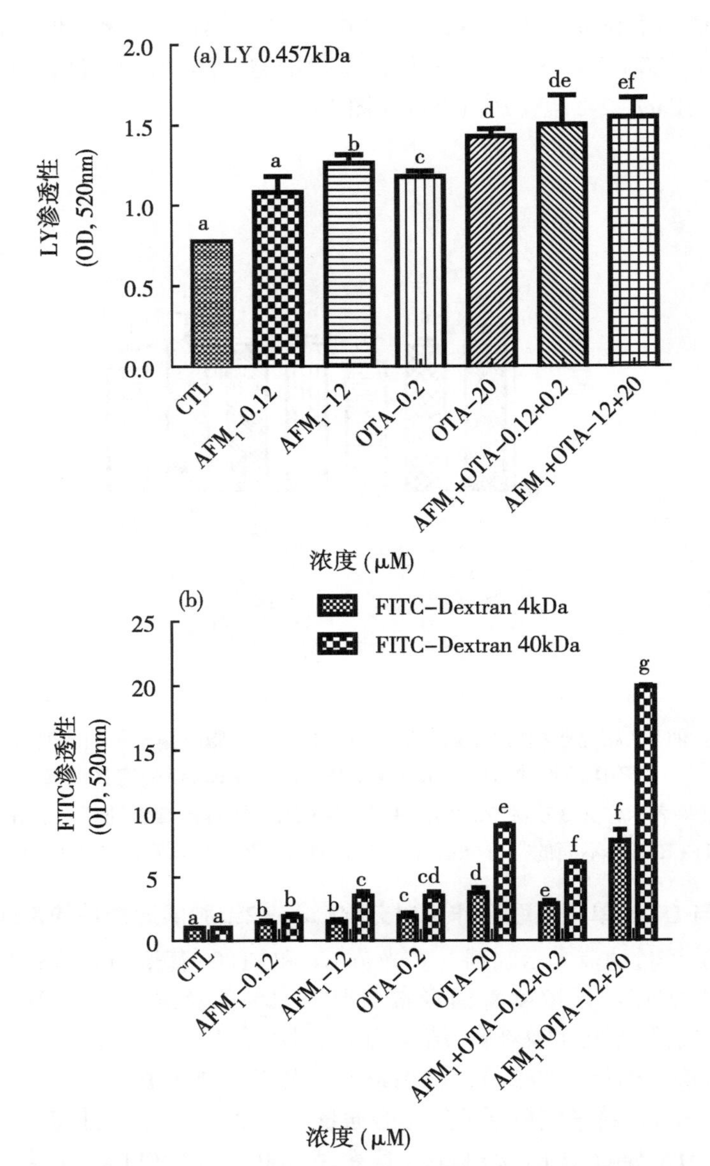

图 2　霉菌毒素 AFM_1 和 OTA 增加分化Caco-2细胞单层的通透性

Caco-2细胞在 transwell 小室中培养，并用不同浓度的单独及混合的 AFM_1 和 OTA 刺激 48h。随后，从顶端到基底侧的荧光黄（LY）［0.457kDa；（a）］和异硫氰酸荧光素（FITC）-葡聚糖［4kDa 和 40kDa；（b）］的细胞旁通量增加。结果表示作为 3 次独立试验的平均值±SEM。不同的字母（a～g）表示差异的显著性（$P<0.05$）

著降低（$P<0.05$）。单独 OTA 处理组对 TJ 蛋白 claudin、occludin 和 ZO-1 表达量的影响显著高于单独 AFM_1 处理组（$P<0.05$）。此外，混合 AFM_1+OTA 处理组对 TJ 蛋白表达量的影响显著高于单独毒素。单独 AFM_1 和 OTA 处理时，不同浓度下 TJ 蛋白的表达

量并没有显著差异（$P>0.05$）。

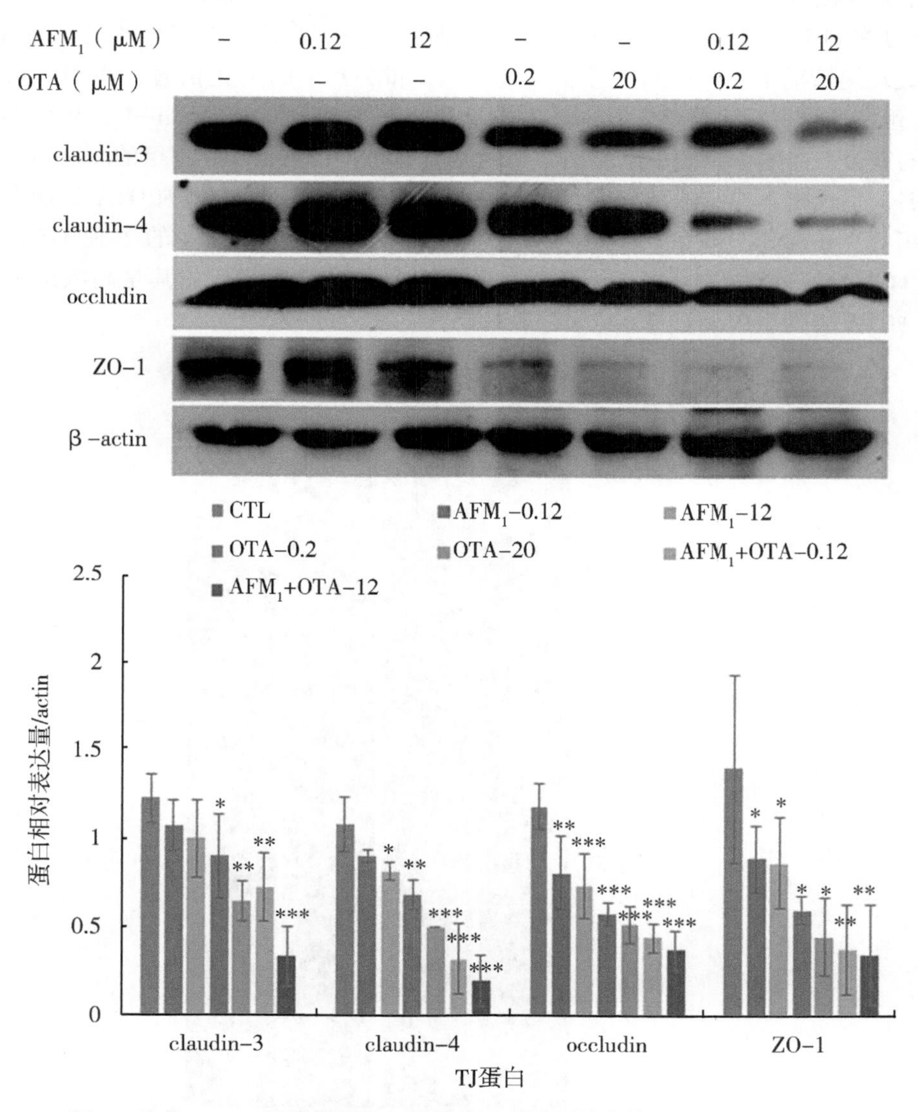

图 3　分化Caco-2细胞暴露于不同浓度下单独及混合的 AFM_1，OTA 和 AFM_1+OTA 48h 后，对 TJ 蛋白表达量水平的影响

（a）利用聚丙烯酰胺凝胶电泳（SDS-PAGE）进行 TJ 蛋白 claudin-3、claudin-4、occludin 和 ZO-1 表达量分析，内参蛋白为 β-actin。（b）使用 ImageJ 软件进行 TJ 蛋白定量灰度分析。利用内参蛋白 β-actin 的表达量对 TJ 蛋白表达量进行标准化，霉菌毒素处理组 TJ 蛋白表达量与对照组（未处理的细胞）比值，结果表示为平均值±SEM，n=3~5。* $P<0.05$；** $P<0.001$；*** $P<0.0001$

4. AFM_1 与 OTA 单独及联合作用对分化Caco-2细胞层紧密连接蛋白定位的影响

通过免疫荧光染色评估 TJ 蛋白的定位。未暴露于霉菌毒素的正常分化Caco-2细胞，

TJ 蛋白 claudin-3、claudin-4、occludin 和 ZO-1 定位于细胞质膜上呈现出似鹅卵石的形状。单独及混合的 AFM_1 和 OTA 在低浓度处理情况下，没有显著改变 TJ 蛋白claudin-3和 ZO-1 的细胞定位。然而，分化Caco-2细胞在暴露于高浓度的单独及混合的 AFM_1 和 OTA 处理组情况下，几乎检测不到 claudin-3 和 ZO-1 的荧光信号，表明claudin-3和 ZO-1 蛋白质合成受到影响。同时，霉菌毒素也影响 TJ 蛋白 claudin-4 在分化Caco-2细胞上的定位，由图 4 我们可以看出，与对照组不同，霉菌毒素处理组的claudin-4荧光信号微弱，呈现出不连续的鹅卵石形状。单独 AFM_1 和低浓度的单独 OTA 处理下，与对照组相比，occludin 蛋白的定位没有发生改变，但是，高浓度的单独 OTA 及混合 AFM_1+OTA 处理破坏了 occludin 蛋白连续的鹅卵石样的形状，尤其是高浓度下的混合 AFM_1+OTA 处理组中 occludin 完整性破坏严重（图 4）。

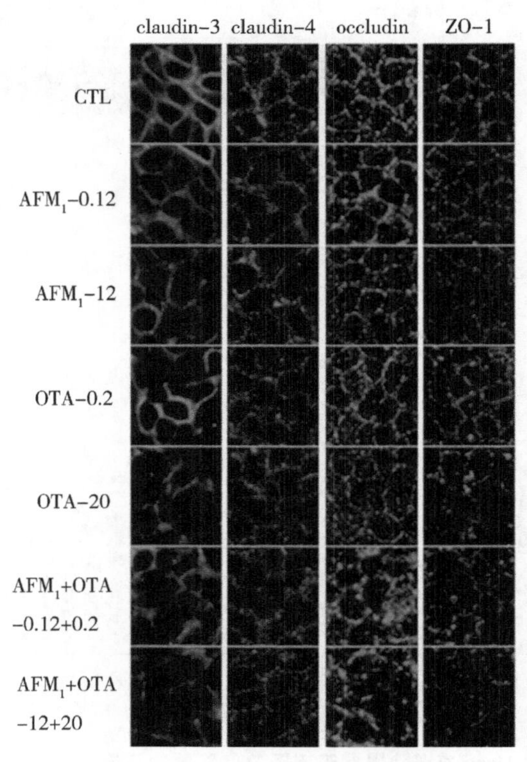

图 4　AFM_1 和 OTA 对 TJ 蛋白定位的影响

分化的Caco-2细胞在 transwell 小室中培养 21d。将不同浓度的 AFM_1 和 OTA 加入 transwell 小室的顶端和基底侧处理 48h，然后将细胞固定并用 claudin-3、claudin-4、occludin 和 ZO-1 抗体和荧光二抗孵育

5. AFM_1 与 OTA 交互作用类型分析

根据交互作用分析判定方法评估不同浓度的混合 AFM_1 和 OTA 对 TEER 值交互作用类型，结果表明，在低浓度情况下，混合 AFM_1 和 OTA 处理组中，实测值比预期值高出 20. 8%（$P<0.05$），呈现出拮抗作用。然而，在高浓度处理下，AFM_1 和 OTA 的实测

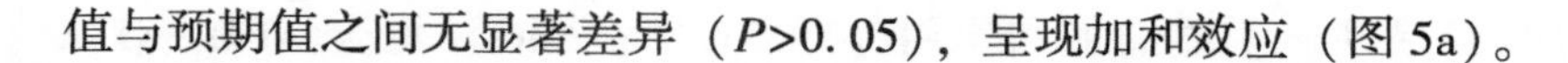

值与预期值之间无显著差异（$P>0.05$），呈现加和效应（图 5a）。

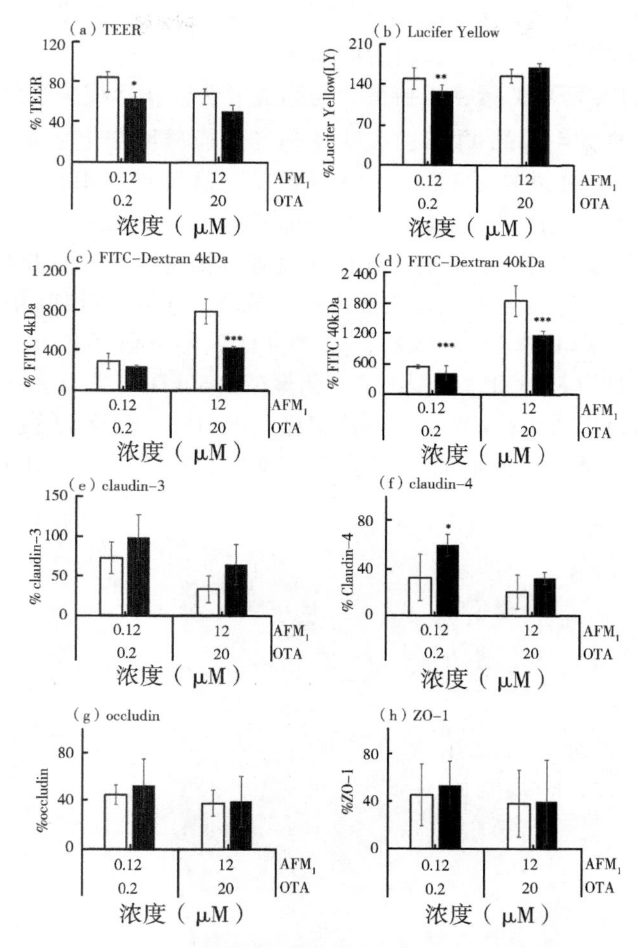

图 5　分化Caco-2细胞暴露于混合的 AFM_1 和 OTA 48h 后，各个指标的交互作用类型（a~h）

暴露于霉菌毒素后，检测了 TEER，LY 和 FITC-葡聚糖（4 和 40kDa）细胞旁通量以及 TJ 蛋白表达量。白色柱子代表实测值，黑色柱子代表预期值。* $P<0.05$；** $P<0.001$；*** $P<0.0001$ 差异显著，代表协同作用和拮抗作用

低浓度 AFM_1 和 OTA 混合处理对 LY 的渗透性指标表现为协同作用（实测值比预期值高出 21.5%，$P<0.05$）。高浓度 AFM_1 和 OTA 混合处理对于 FITC-葡聚糖（4kDa）细胞旁通量的影响表现为协同作用（实测值比预期值高出 357.0%，$P<0.05$）。低浓度与高浓度的 AFM_1 和 OTA 联合作用于细胞，对 FITC-葡聚糖（40kDa）细胞旁通量的影响也为协同作用（实测值分别比预期值高出 129.8%和 679.0%，$P<0.05$）（图 5b，5c，5d）。高浓度的 AFM_1 和 OTA 对 LY 渗透性以及低浓度的 AFM_1 和 OTA 对 FITC-葡聚糖（4kDa）渗透性的影响均表现为加和作用（$P>0.05$）（图 5b，5c）。

混合的 AFM_1 和 OTA 对 claudin-3、occludin 和 ZO-1 的蛋白表达量的影响在实测值

与预期值间无显著差异，呈现出明显的加和作用（图 5e，5g，5h）。混合 AFM_1+OTA 在低浓度下对 claudin-4 蛋白表达量呈现出协同作用，实测值比预期值降低了 27.4%（P<0.05），但在高浓度情况下，表现为加和作用。

6. AFM_1 与 OTA 诱导的紧密连接蛋白与肠道通透性指标相关性分析

为了了解霉菌毒素引起的 TJ 蛋白表达量与肠道通透性变化之间的关系，本试验进行了 TEER 值、荧光渗透性示踪剂［LY、FITC-葡聚糖（4kDa）和 FITC-葡聚糖（40kDa）］和 TJ 蛋白表达量（claudin-3、claudin-4、occludin 和 ZO-1）之间的相关性分析。TEER 值与 3 种荧光示踪剂之间存在显著负相关性（P<0.0001），LY 和 FITC-葡聚糖（40kDa）之间存在显著正相关性（P<0.05）。并且，TEER 值与 4 种 TJ 蛋白之间存在显著正相关（P<0.0001）。虽然，LY 或 FITC-葡聚糖（4kDa）与 4 种 TJ 蛋白之间没有显著的相关性（P>0.05），但 FITC-葡聚糖（40kDa）与 4 种 TJ 蛋白之间存在显著负相关（P<0.05）。TEER 值与 FITC-葡聚糖（40kDa）以及 TJ 蛋白表达量之间的相关性，表明肠道上皮通透性的增加与 TJ 蛋白完整性的破坏有关（图 6）。

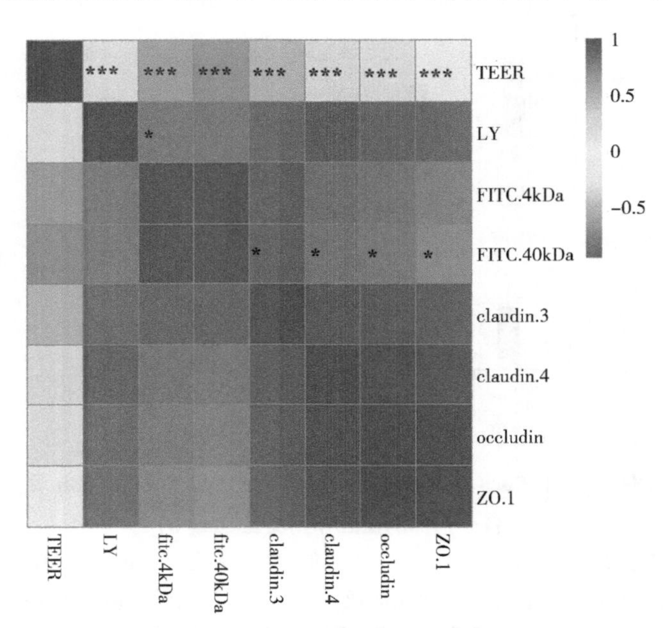

图 6　利用本试验中获得的数据，绘制霉菌毒素诱导的分化Caco-2细胞 TEER 值、LY、FITC-葡聚糖（4 和 40kDa）和 TJ 蛋白（claudin-3、claudin-4、occludin 和 ZO-1）表达量改变之间的相关性

图中深灰色表示正相关，浅灰色表示相关性较低，中灰色表示负相关。利用 Spearman's 分析了统计学意义相关性。右边的数字刻度表示相关系数。越高的数字，相关性越高。* P<0.05 和 *** P<0.0001

为了进一步研究 TJ 蛋白在肠上皮通透性中的作用，我们将 TJ 蛋白 occludin 进行基因干扰试验。通过免疫印迹实验确认转染细胞中 occludin siRNA 的干扰效果（图 7），结果显示，siRNA 组的 occludin 的表达水平显著低于对照组和阴性对照组，表明

occludin 的干扰效果较好。并且，occludin 干扰组的分化Caco-2细胞的 TEER 值显著低于对照组以及阴性对照组（$P<0.05$）（图 7），表明 TJ 蛋白在维持肠道上皮通透性中发挥了一定作用。

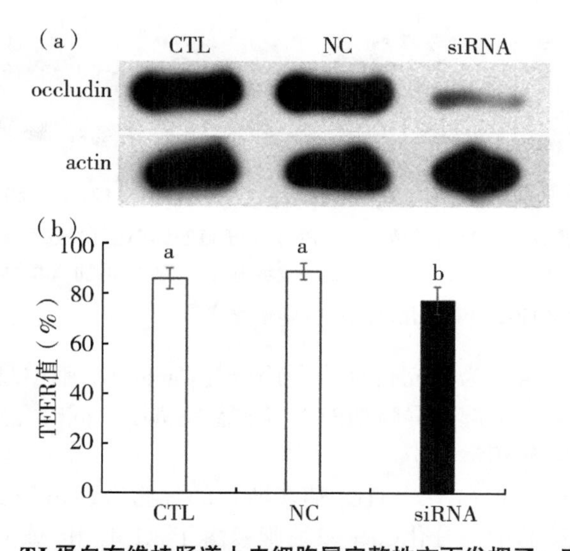

图 7 TJ 蛋白在维持肠道上皮细胞层完整性方面发挥了一定作用

（a）利用 Western blotting 检测 occludin 干扰效果；（b）occludin 干扰对 TEER 值的影响。不同字母（a，b）表示差异显著性（$P<0.05$）

7. AFM_1 与 OTA 通过 MAPK 通路损伤分化Caco-2细胞层完整性

为了鉴定 AFM_1 和 OTA 诱导 TJ 蛋白表达量降低的细胞内信号通路，本试验测定单独及混合的 AFM_1 和 OTA 处理的分化Caco-2细胞中 MAPK 信号通路中相关蛋白的表达情况。分化Caco-2细胞暴露于 MAPK 通路中关键蛋白的药物抑制剂［p44/42（U-0126)］、JNK（SP600125）、p38（SB203580）］预处理 1h，随后暴露于 AFM_1 和 OTA 30min。免疫印迹结果显示，相比于单独霉菌毒素处理组，混合霉菌毒素处理导致 p44/42 MAPK 通路的激活，并且，细胞经过抑制剂 U-0126 预处理后，可抑制单独及混合 AFM_1 和 OTA 诱导的 p44/42 MAPK 磷酸化，而霉菌毒素诱导 p38 和 JNK 的磷酸化则不受相应抑制剂的影响（图 8）。

四、讨论

世界范围内，相比于单独霉菌毒素的发生率，更常见的是多种霉菌毒素的共同污染（Huang 等，2014）。然而，目前的大多数报道主要集中在研究单独霉菌毒素的毒性作用。肠屏障是抵御包括霉菌毒素在内的外界污染物的第一道屏障，并且相比于机体其他组织，肠道很可能暴露于更高剂量的毒素，但有关于霉菌毒素与人肠上皮相互作用的数据却很少（Bouhet 和 Oswald，2005）。因此，明确混合的霉菌毒素处理对肠屏障的影响具有重要作用。在这项研究中，我们以牛奶中主要的霉菌毒素（AFM_1）和谷物等食品

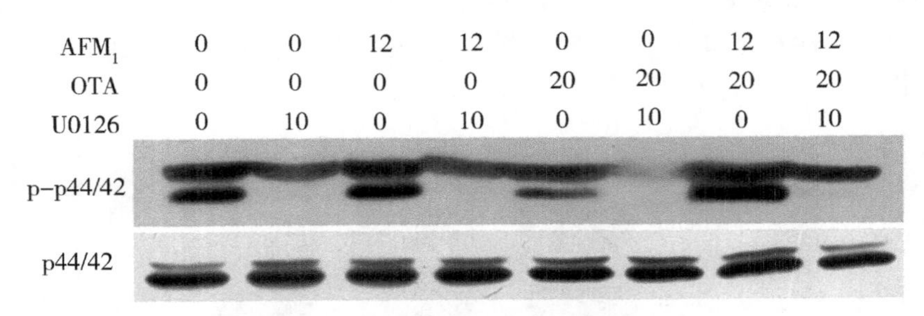

图 8　U-0126 单乙醇盐（U-0126）（10μM）缓解 AFM_1（12μM）和 OTA（20μM）诱导的 p44/42 丝裂原活化蛋白激酶（MAPK）（细胞外调节蛋白激酶 1/2，[ERK] 1/2）

用 U-0126 或完全培养基预处理分化Caco-2细胞 1h，随之再加入单独和混合的 AFM_1 和 OTA 30min。p44/42 MAPK 的磷酸化通过免疫印迹测定

中主要的霉菌毒素（OTA）为研究目标，利用分化Caco-2细胞模型模拟于小肠上皮细胞，以探讨混合霉菌毒素引起肠屏障功能障碍的潜在机制，同时测定混合霉菌毒素在损伤肠道屏障方面的交互作用类型。

TEER 值和荧光示踪剂（LY、FITC-葡聚糖）的细胞旁通量是研究肠上皮屏障完整性的重要参数。在本试验中，分化Caco-2细胞暴露于 AFM_1 和/或 OTA 48h 后，剂量依赖性地引起 TEER 值的降低。这与之前的研究结果一致，研究报道单独霉菌毒素，例如 AFM_1、AFB_1、OTA、展青霉素（Patulin，PAT）和 FB_1，可降低分化Caco-2细胞中的 TEER 值并破坏肠屏障功能（Caloni 等，2012；Gratz 等，2007；Mahfoud 等，2002；McLaughlin 等，2004）。之前的一项研究表明，TEER 值的降低可能是由不同原因引起的，包括：①对离子的细胞旁渗透性增加；②通过改变细胞质膜上通道导致跨细胞离子的变化；③细胞单层中非正常的细胞死亡（Madara，1998）。从这个角度来看，AFM_1 和 OTA 在高浓度情况下诱导的细胞活力降低可能与 TEER 值和细胞单层通透性的变化有关。本试验结果发现，处理 48h 后，单独及混合的 AFM_1 和 OTA 显著增加 LY 和 FITC-葡聚糖从顶端移位到基底侧的渗透量。这个结果与前人发表的文章结果一致，表明 DON 增加Caco-2细胞和猪肠道上皮细胞（IPEC-1）中 FITC-葡聚糖的细胞旁通透性结果一致（Akbari 等，2014；Pinton 等，2009）。

TJ 蛋白是由位于细胞侧膜顶端区域的多个蛋白质复合物组成。肠上皮细胞 TJ 蛋白复合物包括 4 种跨膜蛋白质（occludin、claudins、JAMs 和 tricellulin）以及可以将跨膜蛋白与肌动蛋白环连接起来的 ZO-1（Suzuki，2013）。目前关于 AFM_1 和 OTA 对肠屏障完整性影响的研究较少。McLaughlin 等（2004）报道 OTA 处理 24h 后，claudin-3 和 claudin-4 蛋白表达量降低。Caloni 等（2012）表明Caco-2细胞暴露于低浓度的 AFM_1，虽然导致 TEER 值有部分的下降，但是 TJ 蛋白 occludin 和 ZO-1 定位几乎没有变化。Romero 等（2016）研究表明，暴露于 OTA 24h 后，分化 Caco-2 细胞中 claudin-3、claudin-4 和 occludin 的 mRNA 表达量降低。在本试验中，通过蛋白质免疫印迹和免疫荧光染色试验，我们首次证明了 AFM_1 和 OTA 可导致 TJ 蛋白（claudin-3、claudin-4、occludin 和 ZO-1）的损伤。TJ 蛋白的蛋白质印迹试验和免疫荧光染色试验的侧重点不同，蛋白质印迹分析的重点是测定由霉菌毒素诱导的蛋白质表达水平的变化，而免疫荧光染色的目的是确定霉菌毒素对 TJ 蛋白细胞定位的影响。研究重点的不同可以部分解释本试验结果中 TJ 蛋白趋势并不完全一致的原因。在本试验中，AFM_1 和 OTA 对 4 种 TJ 蛋白中 ZO-1 具有最明显的损伤作用，这可能是由于 ZO-1 具有连接 TJ 蛋白和肌动蛋白的功能，对维持 TJ 屏障的结构和功能至关重要。肠屏障完整性的破坏可能导致各种肠道和全身炎症性疾病，临床研究表明，在克罗恩病（CD）患者中，claudin-3 和 occludin 的表达量减少（Zeissig 等，2004）。因此，需要进行进一步研究以了解 AFM_1/OTA 诱导肠道通透性增加的潜在机制。

有大量证据表明肠道通透性受损与 TJ 蛋白表达量降低和易位有关。Watari 等（2015）研究结果表明，HHT 增加Caco-2细胞中 FITC-葡聚糖（4kDa 和 40kDa）的细胞旁通量，降低 claudin-3、claudin-5 和 claudin-7 的蛋白表达水平。Akbari 等（2014）报道 DON 增加了 LY 和 FITC-葡聚糖（4kDa）的细胞旁通量，降低了 claudin-1、claudin-3和 claudin-4 的蛋白表达水平。Romero 等（2016）表明，Caco-2细胞暴露于浓度高达 100μM AFB_1、FB_1、T2 和 OTA，持续 7d，导致 TEER 值下降，claudin-3 和 occludin mRNA 表达水平降低。本试验发现，AFM_1 和 OTA 引起肠道通透性的增加与 TJ 蛋白 claudin-3、claudin-4、occludin 和 ZO-1 蛋白表达量降低有关。并且，我们由 Spearman 相关性分析发现，TEER 值/FITC-葡聚糖（40kDa）和四种 TJ 蛋白之间存在显著的相关性。因此，我们得出结论，AFM_1 和 OTA 损伤分化Caco-2细胞屏障可能是通过改变特异性 TJ 蛋白（例如，claudin-3、claudin-4、occludin 和 ZO-1）的蛋白表达水平及分布定位引起的。

已有研究表明 MAPK 信号通路参与了由 TJ 蛋白引起的上皮屏障功能损伤。研究报道氯吡格雷诱导胃黏膜发生损伤，导致胃黏膜中 occludin 和 ZO-1 的蛋白表达量降低，同时检测到 p38 MAPK 通路的激活（Wu 等，2013）。研究表明，DON 诱导 MAPK 通路激活，引起 claudin 表达量降低，从而损伤肠道屏障（Pinton 等，2010）。最近，一项研究报告表明，砷在 HT29 肠上皮细胞系中通过 p38 MAPK 通路降低 TJ 蛋白 claudin 的表达量（Jeong 等，2017）。因此，我们可以猜测，霉菌毒素可激活 MAPK 途径导致 TJ 蛋白表达水平降低，从而损伤肠道屏障、降低 TEER 值、增加细胞旁通透性。在本试验中，我们检测了在 AFM_1 和 OTA 破坏的肠道屏障中引起的 MAPK 通路中关键调控蛋白表达量的变化。结果显示只有 p44/42 MAPK 通路在调节 TJ 蛋白表达水平方面发挥重要作用，特别是对于混合的 AFM_1+OTA 引起的肠道屏障损伤，这一发现与文献报道的 TJ 蛋白结构和功能的调控通常与 p44/42 MAPK 支路有关相一致（Balda 和 Matter，2016）。为了进一步确认单独及混合的 AFM_1 和 OTA 调节肠道屏障时，p44/42 是否被激活，我们将分化Caco-2细胞分为抑制剂 U-0126 预处理后加入霉菌毒素组，以及不加入抑制剂 U-0126 直接暴露于霉菌毒素组。结果表明，在抑制剂 U-0126 预处理的分化Caco-2细胞组中，抑制剂的存在显著降低了由单独及混合的 AFM_1 和 OTA 引起的不良反应，表明 AFM_1 和 OTA 损伤肠道屏障的过程在一定程度上是由激活的 p44/42 MAPK 信号通路引起的。

本试验的目的之一是评估 AFM_1 和 OTA 的交互作用类型。在本研究中，低浓度下

混合的 AFM_1 和 OTA 对 TEER 值产生拮抗作用，而同样浓度下，混合的 AFM_1 和 OTA 在 LY 和 FITC-葡聚糖（40kDa）的细胞旁通量以及 claudin-4 的表达量上呈现协同作用。对于其他肠道屏障完整性的指标，低浓度与高浓度混合的 AFM_1 和 OTA 均显示为加和作用。研究表明，当具有相同作用模式和/或相同细胞靶标的霉菌毒素共存时，会呈现出协同或加和的交互作用类型（Speijers 和 Speijers，2004）。已有研究证明，AFM_1 和 OTA 发挥细胞毒性的主要机制均为导致细胞发生 DNA 氧化损伤（Pfohl-Leszkowicz 等，2002；Tavares 等，2013；Wild 和 Turner，2002）。这可以部分解释在这项研究中我们观察到的 AFM_1 和 OTA 表现为协同和加和作用的原因。同时，由于 OTA 与氢醌-醌代谢产生的亲电试剂会与谷胱甘肽（Glutathione，GSH）结合产生 GSH 缀合物，而 AFM_1 的羟基也可以与 GSH 缀合（Faucet-Marquis 等，2006；Heidtmann-Bemvenuti 等，2011；Tozlovanu 等，2012）。因此，AFM_1 和 OTA 均可以竞争结合细胞中的 GSH，这种竞争作用可用来解释它们混合后产生的拮抗作用。实际上，霉菌毒素的交互作用类型会随着毒素的使用浓度、处理时间、选择的评价指标以及物种选择的不同而有所改变。此外，霉菌毒素引起肠屏障功能障碍的深层机制仍需进一步探索。

参考文献

Akbari P，Braber S，Gremmels H，et al，2014. Deoxynivalenol：a trigger for intestinal integrity breakdown［J］. FASEB Journal，28（6）：2414-2429.

Akbari P，Braber S，Varasteh S，et al，2017. The intestinal barrier as an emerging target in the toxicological assessment of mycotoxins［J］. Archives of Toxicology，91（3）：1007-1029.

Brera C，Debegnach F，De Santis B，et al，2011. Simultaneous determination of aflatoxins and ochratoxin A in baby foods and paprika by HPLC with fluorescence detection：a single-laboratory validation study［J］. Talanta，83（5）：1442-1446.

Gres M C，Julian B，Bourrie M，et al，1998. Correlation between oral drug absorption in humans，and apparent drug permeability in TC-7 cells，a human epithelial intestinal cell line：comparison with the parental Caco-2 cell line［J］. Pharmacological Research，15（5）：726-733.

Artursson P，Palm K，Luthman K，2001. Caco-2 monolayers in experimental and theoretical predictions of drug transport［J］. Advanced Drug Delivery Reviews，46（1-3）：27-43.

Assuncao R，Ferreira M，Martins C，et al，2014. Applicability of *in vitro* methods to study patulin bioaccessibility and its effects on intestinal membrane integrity［J］. Journal of Toxicology and Environmental Health. Part A，77（14-16）：983-992.

Balda M S，Matter K，2016. Tight junctions as regulators of tissue remodelling［J］. Current Opinion in Cell Biology，42：94-101.

Bondy G S，Pestka J J，2000. Immunomodulation by fungal toxins［J］. Journal of Toxicology & Environmental Health Part B，3（2）：109-143.

Botta A，Martinez V，Mitjans M，et al，2014. Erythrocytes and cell line-based assays to evaluate the cytoprotective activity of antioxidant components obtained from natural sources［J］. Toxicology In Vitro，28（1）：120-124.

Boudra H，Barnouin J，Dragacci S，et al，2007. Aflatoxin M_1 and ochratoxin A in raw bulk milk from French dairy herds［J］. Jounal of Dairy Science，90（7）：3197-3201.

Bouhet S，Oswald I P，2005. The effects of mycotoxins，fungal food contaminants，on the intestinal epithelial cell-derived innate immune response［J］. Veterinary Immunology and Immunopathology，108（1-2）：199-209.

Bracarense A P，Lucioli J，Grenier B，et al，2012. Chronic ingestion of deoxynivalenol and fumonisin，alone or in interaction，induces morphological and immunological changes in the intestine of piglets［J］. British Journal of Nutrition, 107 (12): 1776-1786.

Caloni F, Cortinovis C, Pizzo F, et al, 2012. Transport of Aflatoxin M (1) in Human Intestinal Caco-2/TC7 Cells [J]. Frontiers in Pharmacology, 3: 111.

Capriotti A L, Caruso G, Cavaliere C, et al, 2012. Multiclass mycotoxin analysis in food, environmental and biological matrices with chromatography/mass spectrometry [J]. Mass Spectrometry Reviews, 31 (4): 466-503.

Carrozzino F, Pugnale P, Feraille E, et al, 2009. Inhibition of basal p38 or JNK activity enhances epithelial barrier function through differential modulation of claudin expression [J]. American Journal of Physiology-Cell Physiology, 297: C775-C787.

Faucet-Marquis V, Pont F, Stormer F C, et al, 2006. Evidence of a new dechlorinated ochratoxin A derivative formed in opossum kidney cell cultures after pretreatment by modulators of glutathione pathways: correlation with DNA-adduct formation [J]. Molecular Nutrition & Food Research, 50 (6): 530-542.

Ferrer E, Juan - Garcia A, Font G, et al, 2009. Reactive oxygen species induced by beauvericin, patulin and zearalenone in CHO-K1 cells [J]. Toxicology In Vitro, 23 (8): 1504-1509.

Flores-Flores M E, Lizarraga E, López de Cerain Adela, et al, 2015. Presence of mycotoxins in animal milk: A review [J]. Food Control. 53: 163-176.

Faucet-Marquis V, Pont F, Stormer F C, et al, 2006. Evidence of a new dechlorinated ochratoxin A derivative formed in opossum kidney cell cultures after pretreatment by modulators of glutathione pathways: correlation with DNA-adduct formation [J]. Molecular Nutrition & Food Research, 50 (6): 530-542.

Ferrer E, Juan - Garcia A, Font G, et al, 2009. Reactive oxygen species induced by beauvericin, patulin and zearalenone in CHO-K1 cells [J]. Toxicology In Vitro, 23 (8): 1504-1509.

Foucquier J, Guedj M, 2015. Analysis of drug combinations: current methodological landscape [J]. Pharmacological Research Perspect, 3 (3): e00149.

Furuse M, Hirase T, Itoh M, et al, 1993. Occludin: a novel integral membrane protein localizing at tight junctions [J]. European Journal of Cell Biology, 123 (6 Pt 2): 1777-1788.

Galarza-Seeber R, Latorre J D, Bielke L R, et al, 2016. Leaky Gut and Mycotoxins: Aflatoxin B_1 Does Not Increase Gut Permeability in Broiler Chickens [J]. Frontiers in Veterinary Science, 3: 10.

Gambacorta L, Pinton P, Avantaggiato G, et al, 2016. Grape Pomace, an Agricultural Byproduct Reducing Mycotoxin Absorption: *In vivo* Assessment in Pig Using Urinary Biomarkers [J]. Journal of Agriculture and Food Chemistry, 64 (35): 6762-6771.

Gao Y N, Wang J Q, Li S L, et al, 2016. Aflatoxin M_1 cytotoxicity against human intestinal Caco-2 cells is enhanced in the presence of other mycotoxins [J]. Food and Chemical Toxicology, 96: 79-89.

Gao Y, Li S, Wang J, et al, 2017. Modulation of Intestinal Epithelial Permeability in Differentiated Caco-2 Cells Exposed to Aflatoxin M_1 and Ochratoxin A Individually or Collectively [J]. Toxins (Basel), 10 (1).

Gonzalez-Mariscal L, Betanzos A, Avila-Flores A, 2000. MAGUK proteins: structure and role in the tight junction [J]. Semin Cell Dev Biol, 11 (4): 315-324.

Gratz S, Wu Q K, El-Nezami H, et al, 2007. Lactobacillus rhamnosus strain GG reduces aflatoxin B_1 transport, metabolism, and toxicity in Caco-2 Cells [J]. Applied and Environmental Microbiology, 73 (12): 3958-3964.

Grenier B, Applegate T J, 2013. Modulation of intestinal functions following mycotoxin ingestion: meta-analysis of published experiments in animals [J]. Toxins (Basel), 5 (2): 396-430.

Grenier B, Bracarense A P, Schwartz H E, et al, 2013. Biotransformation approaches to alleviate the effects induced by fusarium mycotoxins in swine [J]. Journal of Agriculture and Food Chemistry, 61 (27): 6711-6719.

Heidtmann-Bemvenuti R, Mendes G, Scaglioni P, et al, 2011. Biochemistry and metabolism of mycotoxins: A review [J]. African Journal of Food Science, 5 (16): 861-869.

Huang L C, Zheng N, Zheng B Q, et al, 2014. Simultaneous determination of aflatoxin M_1, ochratoxin A, zearalenone and alpha-zearalenol in milk by UHPLC-MS/MS [J]. Food Chemistry, 146: 242-249.

Huang S, Zheng N, Fan C, et al, 2018. Effects of aflatoxin B_1 combined with ochratoxin A and/or zearalenone on metabolism, immune function, and antioxidant status in lactating dairy goats [J]. Asian-Australasian Journal of Animal Sciences, 31 (4): 505-513.

Jeong C H, Seok J S, Petriello M C, et al, 2017. Arsenic downregulates tight junction claudin proteins through p38 and NF-kappaB in intestinal epithelial cell line, HT-29 [J]. Toxicology, 379: 31-39.

Lambert D, Padfield P J, McLaughlin J, et al, 2007. Ochratoxin A displaces claudins from detergent resistant membrane microdomains [J]. Biochemical And Biophysical Research Communications, 358 (2): 632-636.

Lehar J, Zimmermann G R, Krueger A S, et al, 2007. Chemical combination effects predict connectivity in biological systems [J]. Molecular Systems Biology, 3: 80.

Madara J L, 1998. Regulation of the movement of solutes across tight junctions [J]. Annual Review of Physiology, 60 (1): 143-159.

Mahfoud R, Maresca M, Garmy N, et al, 2002. The mycotoxin patulin alters the barrier function of the intestinal epithelium: mechanism of action of the toxin and protective effects of glutathione [J]. Toxicology & Applied Pharmacology, 181 (3): 209-218.

Maresca M, Mahfoud R, Garmy N, et al, 2002. The mycotoxin deoxynivalenol affects nutrient absorption in human intestinal epithelial cells [J]. Journal of Nutrition, 132 (9): 2723-2731.

Maresca M, Yahi N, Younes-Sakr L, et al, 2008. Both direct and indirect effects account for the pro-inflammatory activity of enteropathogenic mycotoxins on the human intestinal epithelium: stimulation of interleukin-8 secretion, potentiation of interleukin-1beta effect and increase in the transepithelial passage of commensal bacteria [J]. Toxicology & Applied Pharmacology, 228 (1): 84-92.

Martin-Padura I, Lostaglio S, Schneemann M, et al, 1998. Junctional adhesion molecule, a novel member of the immunoglobulin superfamily that distributes at intercellular junctions and modulates monocyte transmigration [J]. Journal of Cell Biology, 142 (1): 117-127.

McLaughlin J, Padfield P J, Burt J P, et al, 2004. Ochratoxin A increases permeability through tight junctions by removal of specific claudin isoforms [J]. American Journal of Physiology-Cell Physiology, 287 (5): C1412-1417.

Meucci V, Razzuoli E, Soldani G, et al, 2010. Mycotoxin detection in infant formula milks in Italy [J]. Food Additives and Contamitants Part A Chemical Analysis Control Exposure & Risk Assess, 27 (1): 64-71.

Oshima T, Sasaki M, Kataoka H, et al, 2007. Wip1 protects hydrogen peroxide-induced colonic epithelial barrier dysfunction [J]. Cellular and Molular Life Sciences, 64 (23): 3139-3147.

Paciolla C, Florio A, Mulè, G, et al, 2014. Combined effect of beauvericin and T-2 toxin on antioxidant defence systems in cherry tomato shoots [J]. World Mycotoxin Journal, 7 (2): 207-215.

Pfohl-Leszkowicz A, Bartsch H, Azémar B, et al, 2002. MESNA protects rats against nephrotoxicity but not carcinogenicity induced by ochratoxin A, implicating two separate pathways [J]. Facta Univ. Ser. Med. Biol, 9: 57-63.

Pinton P, Braicu C, Nougayrede J P, et al, 2010. Deoxynivalenol impairs porcine intestinal barrier function and decreases the protein expression of claudin-4 through a mitogen-activated protein kinase-dependent mechanism [J]. Journal of Nutrition, 140 (11): 1956-1962.

Pinton P, Nougayrede J P, Del Rio J C, et al, 2009. The food contaminant deoxynivalenol, decreases intestinal barrier permeability and reduces claudin expression [J]. Toxicology and Applied Pharmacology, 237 (1): 41-48.

Qasim M, Rahman H, Ahmed R, et al, 2014. Mycophenolic acid mediated disruption of the intestinal epithelial tight junctions [J]. Experimental Cell Research, 322 (2): 277-289.

Ranaldi G, Mancini E, Ferruzza S, et al, 2007. Effects of red wine on ochratoxin A toxicity in intestinal Caco-2/TC7 cells [J]. Toxicol In Vitro, 21 (2): 204-210.

Romero A, Ares I, Ramos E, et al, 2016. Mycotoxins modify the barrier function of Caco-2 cells through differential gene expression of specific claudin isoforms: Protective effect of illite mineral clay [J]. Toxicology, 353-354: 21-33.

Speijers G J, Speijers M H, 2004. Combined toxic effects of mycotoxins [J]. Toxicology Letters, 153 (1): 91-98.

Suzuki T, 2013. Regulation of intestinal epithelial permeability by tight junctions [J]. Cellular and Molecular Life Sciences, 70 (4): 631-659.

Tavares A M, Alvito P, Loureiro S, et al, 2013. Multi-mycotoxin determination in baby foods and *in vitro* combined cytotoxic effects of aflatoxin M_1 and ochratoxin A [J]. World Mycotoxin Journal, 6 (4): 375-388.

Tozlovanu M, Canadas D, Pfohl-Leszkowicz A, et al, 2012. Glutathione conjugates of ochratoxin A as biomarkers of exposure [J]. Arhiv za Higijenu Rada i Toksikologiju, 63 (4): 417-427.

Wangikar P B, Dwivedi P, Sinha N, et al, 2005. Teratogenic effects in rabbits of simultaneous exposure to ochratoxin A and aflatoxin B_1 with special reference to microscopic effects [J]. Toxicology, 215 (1-2): 37-47.

Watari A, Hashegawa M, Yagi K, et al, 2015. Homoharringtonine increases intestinal epithelial permeability by modulating specific claudin isoforms in Caco-2 cell monolayers [J]. European Journal Of Pharmaceutics And Biopharmaceutics, 89: 232-238.

Weber F, Freudinger R, Schwerdt G, et al, 2005. A rapid screening method to test apoptotic synergisms of ochratoxin A with other nephrotoxic substances [J]. Toxicology In Vitro, 19 (1): 135-143.

Wild C P, Turner P C, 2002. The toxicology of aflatoxins as a basis for public health decisions [J]. Mutagenesis, 17 (6): 471-481.

Wu H L, Gao X, Jiang Z D, et al, 2013. Attenuated expression of the tight junction proteins is involved in clopidogrel-induced gastric injury through p38 MAPK activation [J]. Toxicology, 304: 41-48.

Zeissig S, Bojarski C, Buergel N, et al, 2004. Downregulation of epithelial apoptosis and barrier repair in active Crohn's disease by tumour necrosis factor alpha antibody treatment [J]. Gut, 53 (9): 1295-1302.

Zhao W, Sachsenmeier K, Zhang L, et al, 2014. A New Bliss Independence Model to Analyze Drug Combination Data [J]. Journal of Biomolecular Screening, 19 (5): 817-821.

全因子设计评估单独及联合的玉米赤霉烯酮与赭曲霉毒素 A 或 α-玉米赤霉烯醇的细胞毒性

霉菌毒素玉米赤霉烯酮（ZEA）与赭曲霉毒素 A（OTA）或 α-玉米赤霉烯醇（α-ZOL）常被发现共存于牛奶中。但有关这些霉菌毒素联合作用的毒理学数据稀少。在本研究中，对人 Hep G2 细胞处理 48h 后发现单独和联合的 ZEA、OTA 和α-ZOL引起细胞毒性和氧化损伤，包括细胞内超氧化物歧化酶、谷胱甘肽过氧化物酶活性和谷胱甘肽含量的降低，以及丙二醛含量的增加。通过 3×3 全因子分析和估计边际均值图评估发现，在单独的霉菌毒素中，OTA 的细胞毒性最强，其次是α-ZOL。与单独的霉菌毒素相比，混合的霉菌毒素产生会导致更严重的毒性作用，混合的 ZEA 和 OTA 产生拮抗作用，而 ZEA 与α-ZOL在低浓度时产生拮抗作用，在 ZEA 为高浓度时产生协同作用。我们的研究结果也证明了这些霉菌毒素联合引起的细胞毒性和氧化损伤显著相关。

关键词：玉米赤霉烯酮；赭曲霉毒素 A；玉米赤霉烯醇；交互效应；全因子设计

一、简介

霉菌毒素是由各种霉菌产生的有毒次生代谢产物，包括镰刀菌、曲霉菌和青霉菌属（Jestoi，2008）。在谷物中常发现不同霉菌毒素的共存现象。玉米赤霉烯酮（ZEA）与赭曲霉毒素 A（OTA）是最常见的组合之一，各种食品和饲料商品中都可能含有，有时还会超过欧洲和中国的监管限量（Soleimany 等，2012）。

在家畜食用后，ZEA 可被代谢为 α-玉米赤霉烯醇（α-ZOL），然后共存于代谢物中。由于它的诱变、致畸、神经毒性、肝毒性和免疫毒性（Pfohl-Leszkowicz 和 Manderville，2007），在国际癌症研究机构的分类中，OTA 被归为 2B 类潜在致癌物（IARC，1993）。ZEA 因其强雌激素活性而引起关注，这是由于其与 17-β-雌二醇竞争结合到胞质雌激素受体而引起的（Kuiper-Goodman 等，1987），α-ZOL的雌激素活性是 ZEA 的 3~4 倍（Fink-Gremmels 和 Malekinejad，2007）。因此，ZEA 与 OTA 或α-ZOL在食品中的共存会对人体健康构成潜在危害。

虽然流行病学研究表明，ZEA 和 OTA 主要影响生殖器官和肾脏，但研究数据表明它们也具有肝毒性和免疫毒性（Pfohl-Leszkowicz 和 Manderville，2007；Abbe's 等，2006）。事实上，肝脏可被认为是霉菌毒素的靶器官，因为它是负责霉菌毒素生物转化和解毒的主要器官。以前的研究阐明了单独或联合 ZEA 和 OTA（连同其他霉菌毒素）潜在的肝毒性，并产生协同和拮抗作用（Qi 等，2014；Sun 等，2014）。我们之前已经证明了 ZEA、OTA 和α-ZOL之间的交互作用，这种交互作用会影响人肝癌 G2（Hep G2）细胞的活性（Wang 等，2014）。然而，ZEA、OTA 和α-ZOL联合所引起的肝毒性机制尚未被确证。

在过去的十年中，氧化应激一直是研究霉菌毒素诱导毒性的重点（Abid-Essefi 等，2012；Halbin，2013）。Li 等（2014）研究表明，尽管 ZEA 和 OTA 的受体不同，但这些毒素在一些机制上有重叠，例如活性氧（ROS）的产生。ROS 水平的升高可能导致谷胱甘肽（GSH）水平的降低，以及超氧化物歧化酶（SOD）和谷胱甘肽过氧化物酶（GSH-Px）活性的升高，导致丙二醛（MDA）及不饱和脂肪酸的脂质过氧化产物的产生（Fusi 等，2010；Kim 等，2013）。SOD 和 GSH-Px 是细胞清除自由基的主要抗氧化酶。据我们所知，以前没有用 ZEA 与 OTA 或α-ZOL联合的方法进行研究，例如用估计边际均值曲线图进行的全因子设计来评价细胞毒性和氧化损伤，其曾应用于评估双酚 A 和染料木素单独和联合的发育毒性（Kong 等，2013；Xiao 等，2011）。

本研究的假设是 ZEA 和 OTA 或α-ZOL对细胞毒性的交互作用与氧化损伤一致，并且细胞毒性和氧化损伤之间存在相关性。因此，我们的研究目的是评估混合霉菌毒素诱导的细胞毒性和氧化损伤。因为 ZEA 和 OTA 都具有肝毒性，所以我们选择了外源研究中最常用的 HepG2 细胞系（Gayathri 等，2015）。细胞毒性通过细胞活力测定，氧化损伤由 SOD 和 GSH-Px 活性、MDA 和 GSH 含量来评估。细胞活力和氧化损伤之间的相互作用通过 3×3 全因子分析和估计边际均值图来评估，其表明每个因子的平均水平，并根据模型中的其他变量进行相应调整。

二、材料方法

1. 化学药品

OTA 和 ZEA 从 Fermentek（Jerusalem，Israel）购买，α-ZOL 从 Sigma - Aldrich（St. Louis，MO，USA）购买。抗生素、胰蛋白酶-EDTA 溶液和细胞裂解缓冲液均购自 Beyotime Institute（上海，中国）。SOD（CAT#A001-3）、MDA（CAT#A003-1）、GSH-PX（CAT#A005）和 GSH（CAT#A006-1）检测试剂盒购自南京建城生物工程研究所（南京，中国）。培养基 DMEM 和胎牛血清 FBS 购自 Invitrogen（Carlsbad，CA，USA）。3（4-5-二甲基-2-噻唑基）-2,5-二苯基-2-四氢溴化铵（MTT）和二甲基亚砜（DMSO）购自 Sigma-Aldrich。

2. 细胞培养和毒素处理

Hep G2 细胞系是从 American Type Culture Collection（Manassas，VA，USA）获得。细胞在含 10%（V/V）FBS、100U/mL 青霉素和 100μg/mL 链霉素的 DMEM 中培养。ZEA+OTA 和 ZEA+α-ZOL的组合采用了 3×3 因子分析设计。3 种不同浓度的 ZEA（0μM、30μM 和 60μM）、OTA（0μM、6μM 和 12μM）和α-ZOL（0μM、5μM 和 30μM）分别组合（表 1）。以上浓度是基于以前的试验结果选择的（Wang 等，2014），其表明处理 HepG2 细胞 48h，ZEA、OTA 和α-ZOL的 IC_{50}值分别为 39. 9μM、3. 5μM 和 20. 9μM，得到相似的毒性水平。用甲醇制备了单独的霉菌毒素储备溶液（10μM）并储

存在-20℃条件下，用 DMEM 溶液稀释，使得培养基中的最终甲醇浓度<1%（V/V）。对照组在不添加霉菌毒素的情况下，用含有等量甲醇的培养基进行处理。所有处理均进行 3 次独立试验。

表 1　3×3 双因素方差分析矩阵评价 ZEA 与 OTA 或α-ZOL的联合作用

霉菌毒素	ZEA（μM）		
	0	30	60
OTA（μM）			
0	ZEA 0+OTA 0	ZEA 30+OTA 0	ZEA 60+OTA 0
6	ZEA 0+OTA 6	ZEA 30+OTA 6	ZEA 60+OTA 6
12	ZEA 0+OTA 12	ZEA 30+OTA 12	ZEA 60+OTA 12
α-ZOL（μM）			
0	ZEA 0+α-ZOL 0	ZEA 30+α-ZOL 0	ZEA 60+α-ZOL 0
15	ZEA 0+α-ZOL 15	ZEA 30+α-ZOL 15	ZEA 60+α-ZOL 15
30	ZEA 0+α-ZOL 30	ZEA 30+α-ZOL 30	ZEA 60+α-ZOL 30

注：ZEA0、ZEA30 和 ZEA60 分别表示 ZEA 的浓度（分别为 0μM、30μM 和 60μM）。OTA 0、OTA 6 和 OTA 12 表示 OTA 浓度（分别为 0μM、6μM、12μM）。α-ZOL 0、α-ZOL 15 和α-ZOL30 分别表示α-ZOL（0μM、15μM、30μM）

3. 细胞毒性试验

如先前的研究所述，用 MTT 法测定细胞增殖（Mosmann，1983）。简单地说，将细胞接种在 96 孔板中，浓度为 1×10^5个细胞/mL。24h 后，将培养基移除，并将含霉菌毒素的新鲜培养基加入到孔中孵育 48h。然后除去含霉菌毒素的培养基，加入 100μL 0. 5mg/mL 的 MTT 并孵育 4h。活细胞将 MTT 转化为甲瓒，形成甲瓒晶体后加入 100μL 二甲基亚砜并轻轻搅拌 5min 使其溶解。使用自动酶联免疫吸附测定仪（SpectraMax M3，Molecular Devices，Sun-nyvale，CA，USA）在 570nm 处测量吸光度，参考波长 630nm。

4. 测定细胞内 SOD、MDA、GSH-Px 和 GSH 的含量

用单独或混合的霉菌毒素处理 48h 后，离心分离细胞（1 500×*g*，3min），然后用 PBS 冲洗 3 次。Triton X-100 细胞在含 20mM Tris 和 1%（V/V）Triton X-100 的 PBS 中裂解。根据制造商的说明书，使用商用试剂盒测定细胞裂解液中 SOD、MDA、GSH-PX 和 GSH 的含量。

5. 交互效应评估

霉菌毒素的交互作用通过 3×3 全因子分析和估计边际均值图进行评价。在这些图中，显示了 OTA 或α-ZOL增加 ZEA 剂量的剂量-效应曲线。平行线表明这两种处理具有加性作用（无相互作用），非平行线表示处理间的相互作用，产生协同作用或拮抗作用（Gennings 等，2005）。更详细地说，如果一种化学物质的剂量-反应曲线斜率在其他化学物质的存在下没有改变，我们可以认为是加性作用；反之，如果存在交互作用，则斜率方向的变化可被用来确定相互作用是协同作用或拮抗作用。

用 Excel 软件（Office 2007，Microsoft，Redmond，WA，USA）对边际均值进行估计。使用 SAS 9.2 统计软件（SAS，Cary，NC，USA）计算剂量-效应曲线斜率。

6. 统计分析

用 SAS 9.2 统计软件对数据进行统计分析。数据表示为 3 个独立试验的平均值±标准差（SD）。采用方差分析（ANOVA）对各组间的差异进行分析，然后采用 Tukey 检验进行多重比较。ANOVA 先前已在毒理学研究生物活性剂之间的交互作用上应用（Harvey 和 Klaassen，1983；Brennan 和 Jastreboff，1989）。我们使用的分析方法使我们能够确定不同浓度的霉菌毒素统计学意义上的相互作用，同时提供 F 和 P 值。$P<0.05$ 的值被认为具有统计学意义。如果在 ZEA+OTA 或 ZEA+α-ZOL组合的各个检测指标中显示 $P<0.05$，则认为交互效应实际存在。

三、结果和讨论

1. 单独和联合的霉菌毒素引起细胞毒性和氧化损伤

图 1 和图 2 分别显示了单独和联合霉菌毒素对 Hep G2 细胞活力和氧化不同程度地损伤。OTA 显著的剂量依赖降低细胞活力、MDA 含量、GSH-Px 活性和 GSH 含量（$P<0.05$；图 1A、1C、1D 和 1E）。单独暴露于 ZEA 或α-ZOL可导致细胞活力、GSH-Px 活性及 GSH 含量降低（$P<0.05$；图 2A、2D、2E）在单独的霉菌毒素中，OTA 对 Hep G2 细胞的细胞毒性作用最大，其次为α-ZOL。

从我们的结果中，可以得出以下结论：与单独的毒素相比，联合的霉菌毒素会造成更强的细胞毒性和氧化损伤，这表明与单独的毒素相比，联合的霉菌毒素毒性会增强。与单独的 ZEA 相比，ZEA+OTA 对 Hep G2 细胞的毒性作用更强，具体来说，Hep G2 细胞活力和胞内 GSH 含量显著降低（$P<0.05$；图 1A，1E）。同样，ZEA+α-ZOL与单独的 ZEA 相比，显著降低了细胞活力、GSH-Px 活性和 GSH 含量（$P<0.05$；图 2A、2D 和 2E）。

2. 霉菌毒素交互作用的预测和评估

霉菌毒素普遍存在于食品中。一些研究结果表明，联合的霉菌毒素比单独的霉菌毒素（Wan 等，2013）能引起更严重的细胞毒性和氧化损伤。霉菌毒素间相互作用的不同类型评估对了解其细胞毒性机制具有重要意义。本研究首次通过估计边际均值图的全因子分析，确定了 ZEA+OTA 和 ZEA+α-ZOL组合对 Hep G2 细胞的细胞毒性和氧化损伤的影响。

对于 ZEA+OTA 和 ZEA+a-ZOL 的组合，3×3 因子的 ANOVA 分析结果如表 2 所示，反映了它们之间是否存在交互作用。具体霉菌毒素之间的相互作用由细胞活力、SOD、MDA、GSH-Px 或 GSH 的相对边缘均值的轮廓图（相互作用图）（图 1 和图 2）表示。通过估计边际均值图得出的进一步交互分析结果如表 2 所示，从而得到 ZEA+OTA 和 ZEA+α-ZOL在不同检测终点的实际交互效应。

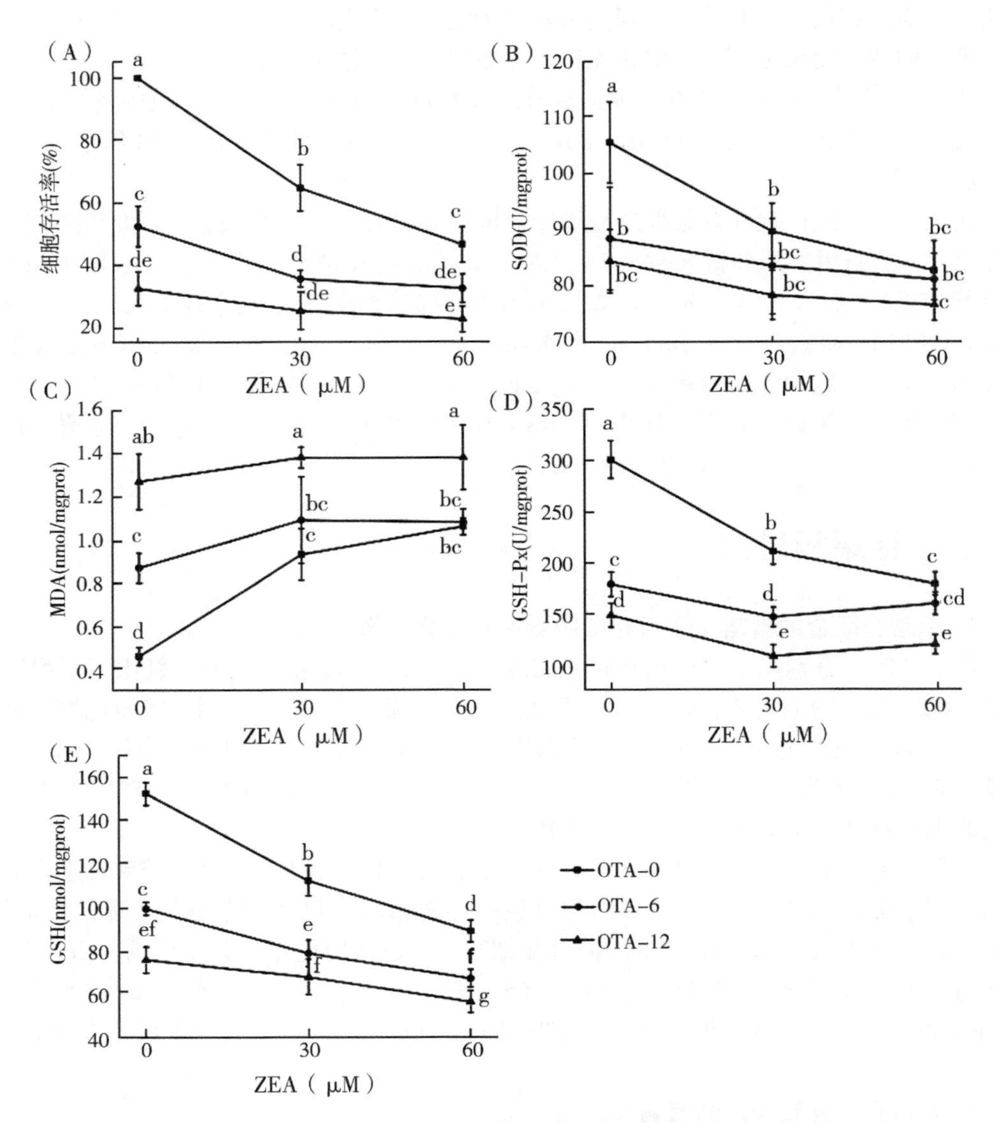

图 1　处理 48h 后，ZEA 与 OTA 联合对 Hep G2 细胞毒性（A）、SOD（B）、MDA（C）、GSH-Px（D）、GSH（E）的影响

不同字母表示与单独使用 ZEA（OTA-0 组）相比有显著性差异（$P<0.05$）

显著性方差分析的结果显示 ZEA+OTA 组合的总效应并不等于个体效应之和（$P<0.05$，表 2）。更具体地说，从表 2 的结果可以得出结论：细胞增殖、MDA、GSH-Px、GSH 均显示 $P<0.05$，说明这些检测终点存在相互作用，而 SOD 的 P 值为 0.215，高于 0.05，说明 ZEA+OTA 在 SOD 上没有相互作用。然而，如图 2 所示，详细的交互效应应该与 3×3 全因子分析及估计边际均值图相结合，具体结果如表 3 所示。从图 1 中各终点的单平行线可以看出，ZEA+OTA 所有被测终点均存在协同或拮抗作用。通过估算边际均值图进一步分析，以细胞活力为例，ZEA 30+OTA 6 或 ZEA 30+OTA 12 的斜率均低于

单独的 ZEA 30，说明 ZEA+OTA 的影响低于单独的霉菌毒素之和，为拮抗作用。类似地，我们可以分析不同浓度下的其他终点。由此可见，对细胞活力、胞内 SOD、GSH-px活性以及 MDA、GSH 含量来说，ZEA 与 OTA 为拮抗作用（表 3）。在这种拮抗作用下，ZEA+OTA 在这些变量下的总效应小于单独毒素之和。

表 2　3×3 阶乘方差分析结果以确定单独使用 ZEA、OTA 和α-ZOL的影响及其相互作用的显著性

	细胞活力（%）		SOD（U/mg. prot）		MDA（nmol/mg. prot）		GSH-Px（U/mg. prot）		GSH（nmol/mg. prot）	
	F	*p*	F	*p*	F	*p*	F	*p*	F	*p*
ZEA	68.92	<0.001	10.25	0.001	20.36	<0.001	63.48	<0.001	102.24	<0.001
OTA	167.74	<0.001	10.17	0.001	52.16	<0.001	173.61	<0.001	190.69	<0.001
ZEA+OTA	15.04	<0.001	1.61	0.215	4.35	0.012	16.52	<0.001	12.45	<0.001
ZEA	88.65	<0.001	19.26	<0.001	57.84	<0.001	174.11	<0.001	194.33	<0.001
α-ZOL	105.05	<0.001	22.22	<0.001	112.41	<0.001	171.64	<0.001	242.64	<0.001
ZEA+α-ZOL	7.08	0.001	0.69	0.606	3.87	0.019	7.49	0.001	11.19	<0.001

表 3　与单独毒性相比 ZEA+OTA 和 ZEA+α-ZOL联合的拮抗和协同作用

混合处理（μM）	细胞活力（%）	SOD（U/mg. prot）	MDA（nmol/mg. prot）	GSH-Px（U/mg. prot）	GSH（nmol/mg. prot）
ZEA 30+OTA 6	拮抗	拮抗	拮抗	拮抗	拮抗
ZEA 30+OTA 12	拮抗	拮抗	拮抗	拮抗	拮抗
ZEA 60+OTA 6	拮抗	拮抗	拮抗	拮抗	拮抗
ZEA 60+OTA 12	拮抗	拮抗	拮抗	拮抗	拮抗
ZEA 30+a-ZOL 15	拮抗	拮抗	拮抗	拮抗	拮抗
ZEA 30+a-ZOL 30	拮抗	拮抗	拮抗	拮抗	拮抗
ZEA 60+a-ZOL 15	协同	协同	协同	协同	协同
ZEA 60+a-ZOL 30	协同	协同	协同	协同	协同

利用与 ZEA+OTA 相似的分析方法，我们可以得到 ZEA+α-ZOL在不同终点和浓度下的联合作用。从除超氧化物歧化酶（SOD）外的所有检测终点的显著方差分析结果中可以看出，两者之间存在相互作用（表 2）。ZEA+α-ZOL不等于各效应之和。以 ZEA+OTA 为方向，分析其相互作用的特点，具体组合效果如表 3 所示。ZEA 浓度较低时，ZEA+α-ZOL组合对细胞活力、SOD、GSH-Px 活性、MDA、GSH 含量的影响呈拮抗作用；而 ZEA 为较高浓度时，ZEA+α-ZOL的组合表现出协同作用，其作用大于单独毒素作用的总和。

ZEA+OTA 的拮抗作用可通过 ROS 诱导，从而导致 p53 依赖的凋亡通路（Bouaziz

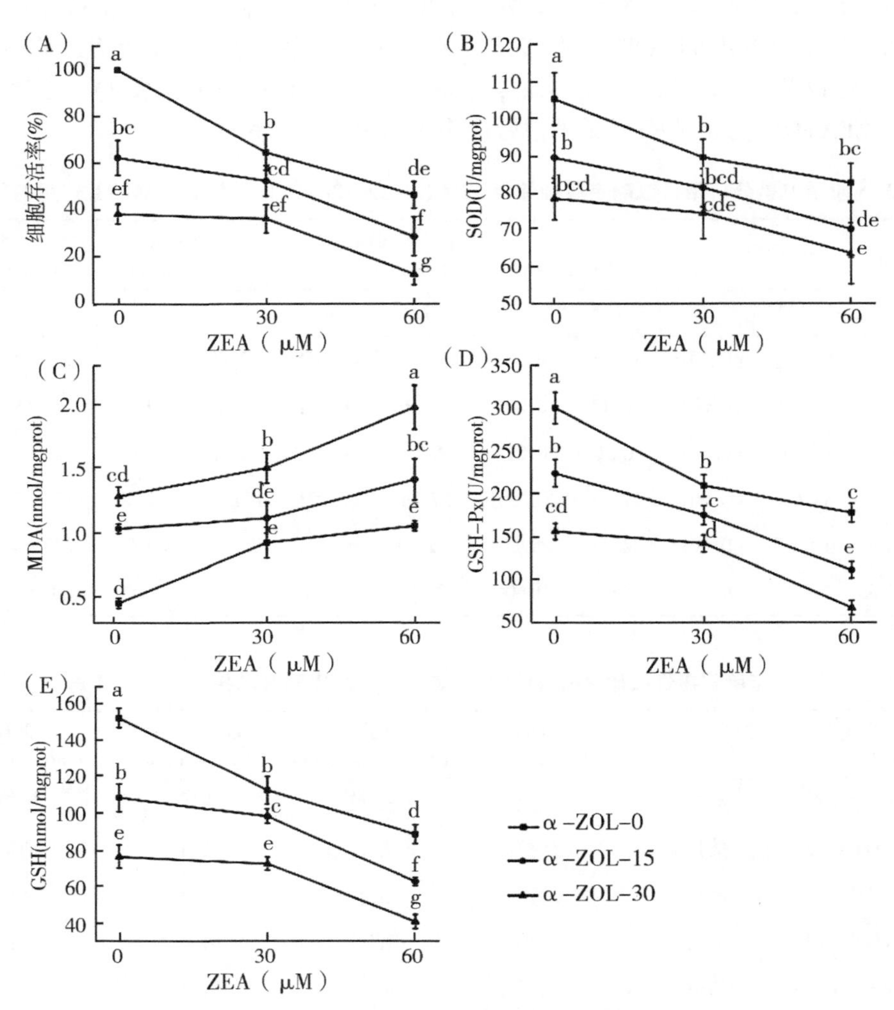

图 2　处理 48h 后，ZEA 与α-ZOL相互作用对 Hep G2 细胞毒性（A），SOD（B），MDA（C），GSH-px（D），GSH（E）的影响

不同字母表示与单独使用 ZEA（α-ZOL-0 组）比较有显著差异性（$P<0.05$）

等，2008）。在观察到拮抗的等效水平上，ZEA 和 OTA 在诱导细胞凋亡时可能竞争同一靶点或受体位点（Lu 等，2013）。α-ZOL作为 ZEA 的代谢物，其毒性结构和机制与其相似（Tatay 等，2014），也可能在凋亡通路上与 ZEA 竞争相同的受体，导致拮抗作用。Doi 和 Uetsuka（2011）认为，将霉菌毒素结合到膜结构中会导致各种不利影响，从而通过破坏膜受体导致第二信使系统的改变。当 ZEA 的浓度增加到 60μM 时，我们推测，其与细胞膜转运蛋白的亲和力发生了改变，导致α-ZOL的积累增加，同时混合物的毒性增强，显示出更高的细胞毒性，从而导致协同作用（Alassane-Kpembi 等，2015；Prosperini 等，2014）。因此，交互作用的浓度依赖性变化可能与细胞受体从低到高的饱和程度有关。此外，真菌毒素内在毒性的生物学差异可以用来解释本研究中报道的与

ZEA、OTA 和α-ZOL的各种毒理学相互作用模式。

3. 细胞毒性与氧化损伤的相关系数

毒素之间的相互作用对细胞活力和氧化损伤产生了相同的效应（拮抗或协同作用）（表4），表明这些作用之间存在着一定的关系。ZEA+OTA 和 ZEA+α-ZOL对细胞毒性和氧化损伤的效应均存在显著的相关性（表4），说明氧化损伤在细胞毒性中起重要作用。MDA 含量与细胞增殖呈负相关，SOD、GSH-px 活性、GSH 含量与细胞增殖呈正相关。

表4　细胞毒性与 SOD、MDA、GSH-px、GSH 的相关性系数

混合处理		SOD	MDA	GSH-Px	GSH
ZEA+OTA	细胞增殖	0.888（$P<0.05$）	-0.846（$P<0.05$）	0.979（$P<0.05$）	0.990（$P<0.05$）
ZEA+α-ZOL		0.958（$P<0.05$）	-0.878（$P<0.05$）	0.982（$P<0.05$）	0.990（$P<0.05$）

在本研究中，与单独的毒素相比，ZEA+OTA 在诱导氧化损伤过程中表现出拮抗作用，而 ZEA+α-ZOL在较低浓度时表现出拮抗作用，在较高浓度时表现出协同作用。先前的结果表明，ZEA+OTA 在 Hep G2 中产生 ROS 的过程中，在高浓度毒素的作用下，从加性作用转变为拮抗作用（Li 等，2014）。此结果和我们的观察结果之间的差异可能是与之前使用的毒素浓度不同导致的。之前的研究中毒素浓度为 OTA（6.61μM、16.30μM、24.66μM 和 37.40μM）和 ZEA（1.12μM、7.36μM、17.44μM 和 41.28μM）。在霉菌毒素诱导细胞毒性的过程中，活性氧的过量产生和抗氧化防御的破坏已被充分证明（Hou 等，2012）。我们的结果表明，ZEA+OTA 和 ZEA+α-ZOL通过消耗 GSH、增加 MDA 含量和降低抗氧化酶活性来诱导毒性，这与其他文献报道的机制相似（Kim 等，2013；Abid-Essefi 等，2009）。除上述作用外，氧化应激可通过固有的凋亡途径导致细胞死亡（Dinu 等，2011），如 MAPK-JNK-c-jun 通路参与了毒素诱导的凋亡（Doi 和 Uetsuka，2011）。联合的真菌毒素的作用机制是复杂的，其涉及与细胞受体及细胞内酶的相互作用（Li 等，2014），需要进行进一步的研究来充分表征其机制。

在涉及其他器官细胞的研究中，发现了与肝细胞类似的相互作用，氧化应激同样重要。ZEA 和α-ZOL通过氧化应激损伤中国仓鼠卵巢细胞，导致 MDA 产物升高（Tatay 等，2014）。此外，在涉及猪肾细胞的中心复合设计试验中，黄曲霉毒素 B_1 和 ZEA 联合处理后，在细胞活力和 ROS 水平上观察到协同效应（Lei 等，2013）。之前的结果与我们的观察结果一致，表明霉菌毒素诱导氧化应激可能是导致肝毒性和其他器官损伤的共同途径，包括肾脏和生殖器官。此外，Gayathri 等（2015）报道，毒素可以影响启动多个细胞反应的靶点，从而影响体内平衡。作为生物转化和解毒的主要器官，如果肝脏的结构完整性受到霉菌毒素的破坏，体内的平衡就会受到破坏，可能会对包括肾脏和生殖器官在内的其他器官造成损伤。

四、结论

综上所述，我们发现 Hep G2 细胞对 OTA 的敏感性高于α-ZOL，而α-ZOL的细胞毒性高于 ZEA。ZEA+OTA 对细胞毒性和氧化损伤产生拮抗作用，而 ZEA+α-ZOL在低浓度 ZEA 下表现为拮抗作用，在高浓度 ZEA 下表现为协同作用。单独添加 OTA 或α-ZOL后，观察到 ZEA 的细胞毒性作用显著增强。这种毒性的增强可能对健康构成威胁，因为在食品中经常发现 3 种真菌毒素同时出现。因此，应充分评估不同霉菌毒素组合的潜在安全风险，并确定这些毒性相互作用的分子机制。我们的研究结果表明，ZEA+OTA 和 ZEA+α-ZOL联合引起的细胞毒性和氧化损伤之间存在显著的相关性，说明氧化损伤在诱导细胞毒性中起重要作用。

参考文献

Abbes S，Ouanes Z，ben Salah-Abbes J，et al，2006. The protective effect of hydrated sodium calcium aluminosilicate against haematological，biochemical and pathological changes induced by Zearalenone in mice [J]. Toxicon，47 (5)：567-574.

Abid-Essefi S，Bouaziz C，Golli-Bennour EEl，et al，2009. Comparative study of toxic effects of zearalenone and its two major metabolites a-Zearalenol and b-Zearalenol on cultured human Caco-2 Cells [J]. Journal of Biochemical and Molecular Toxicology，23 (4)：233-243.

Abid-Essefi S，Zaied C，Bouaziz C，et al，2012. Protective effect of aqueous extract of Allium sativum against zearalenone toxicity mediated by oxidative stress [J]. Experimental and Toxicologic Pathology，64 (7-8)：689-695.

Alassane-Kpembi I，Puel O，Oswald I P，2015. Toxicological interactions between the mycotoxins deoxynivalenol，nivalenol and their acetylated derivatives in intestinal epithelial cells [J]. Archives of Toxicology，89 (8)：1337-1346.

Alassane-Kpembi I，Puel O，Oswald I P，2015. Toxicological interactions between the mycotoxins deoxynivalenol，nivalenol and their acetylated derivatives in intestinal epithelial cells [J]. Archives of Toxicology，89 (8)：1337-1346.

Bouaziz C，Sharaf El Dein O，El Golli E，et al，2008. Different apoptotic pathways induced by zearalenone，T-2 toxin and ochratoxin A in human hepatoma cells [J]. Toxicology，254 (1-2)：19-28.

Brennan J F，Jastreboff P J，1989. Interaction of salicylate and noise results in mortality of rats [J]. Experientia，45 (8)：731-734.

Dinu D，Bodea G O，Ceapa C D，et al，2011. Adapted response of the antioxidant defense system to oxidative stress induced by deoxynivalenol in Hek-293 cells [J]. Toxicon，57 (7-8)：1023-1032.

Doi K，Uetsuka K，2011. Mechanisms of mycotoxin-induced neurotoxicity through oxidative stress-associated pathways [J]. International Journal Of Molecular Sciences，12 (8)：5213-5237.

Fink-Gremmels J，Malekinejad H，2007. Clinical effects and biochemical mechanisms associated with exposure to the mycoestrogen zearalenone [J]. Animal Feed Science & Technology，137 (3-4)：0-341.

Fusi E，Rebucci R，Pecorini C，et al，2010. Alpha-tocopherol counteracts the cytotoxicity induced by ochratoxin a in primary porcine fibroblasts [J]. Toxins (Basel)，2 (6)：1265-1278.

Gayathri L，Dhivya R，Dhanasekaran D，et al，2015. Hepatotoxic effect of ochratoxin A and citrinin，alone and in combination，and protective effect of vitamin E：In vitro study in HepG2 cell [J]. Food and Chemical Toxicology，83：151-163.

Gennings C，Carter W H，Jr.，Carchman R A，et al，2005. A unifying concept for assessing toxicological interactions: changes in slope [J]. Toxicological Sciences, 88 (2): 287-297.

Halbin K J, 2013. Low level of Ochratoxin A enhances Aflatoxin B_1 Induced Cytotoxicity and Lipid Peroxydation in Both Human Intestinal (Caco-2) and Hepatoma (HepG2) Cells Lines [J]. International Journal of Food Sciences and Nutrition, 2: 294-300.

Harvey M J, Klaassen C D, 1983. Interaction of metals and carbon tetrachloride on lipid peroxidation and hepatotoxicity [J]. Toxicology & Applied Pharmacology, 71 (3): 316-322.

Hou Y J, Zhao Y Y, Xiong B, et al, 2013. Mycotoxin-containing diet causes oxidative stress in the mouse [J]. PLoS One, 8 (3): e60374.

International Agency for Research on Cancer (IARC), 1993. Somenaturally occurring substances: Food items and constituents, heterocyclic aromatic amines and mycotoxins. Aflatoxins [R]. WHO IARC Monographs on the Evaluation of Carcinogenic Risks to Humans, 56, 245-395.

Jestoi M, 2008. Emerging fusarium - mycotoxins fusaproliferin, beauvericin, enniatins, and moniliformin: a review [J]. Critical Reviews in Food Science & Nutrition, 48 (1): 21-49.

Kim Y, Choi Y, Ham H, et al, 2013. Protective effects of oligomeric and polymeric procyanidin fractions from defatted grape seeds on tert-butyl hydroperoxide-induced oxidative damage in HepG2 cells [J]. Food Chemistry, 137 (1-4): 136-141.

Kong D, Xing L, Liu R, et al, 2013. Individual and combined developmental toxicity assessment of bisphenol A and genistein using the embryonic stem cell test in vitro [J]. Food and Chemical Toxicology, 60: 497-505.

Kuiper-Goodman T, Scott P M, Watanabe H, 1987. Risk assessment of the mycotoxin zearalenone [J]. Regulatory Toxicology & Pharmacology, 7 (3): 253-306.

Lei M, Zhang N, Qi D, 2013. *In vitro* investigation of individual and combined cytotoxic effects of aflatoxin B_1 and other selected mycotoxins on the cell line porcine kidney 15 [J]. Experimental and toxicologic pathology, 65 (7-8): 1149-1157.

Li Y, Zhang B, He X, et al, 2014. Analysis of individual and combined effects of ochratoxin A and zearalenone on HepG2 and KK-1 cells with mathematical models [J]. Toxins (Basel), 6 (4): 1177-1192.

Lu H, Fernandez-Franzon M, Font G, et al, 2013. Toxicity evaluation of individual and mixed enniatins using an *in vitro* method with CHO-K1 cells [J]. Toxicology In Vitro, 27 (2): 672-680.

Mosmann T, 1983. Rapid colorimetric assay for cellular growth and survival: application to proliferation and cytotoxicity assays [J]. Journal of Immunological Methods, 65 (1-2): 55-63.

Pfohl-Leszkowicz A, Manderville R A, 2007. Ochratoxin A: An overview on toxicity and carcinogenicity in animals and humans [J]. Molecular Nutrition & Food Research, 51 (1): 61-99.

Prosperini A, Font G, Ruiz M J, 2014. Interaction effects of Fusarium enniatins (A, A_1, B and B_1) combinations on in vitro cytotoxicity of Caco-2 cells [J]. Toxicology In Vitro, 28 (1): 88-94.

Qi X Z, Yang X, Chen S Y, et al, 2014. Ochratoxin A induced early hepatotoxicity: new mechanistic insights from microRNA, mRNA and proteomic profiling studies [J]. Scientific Reports-UK, 4: 5613.

Sun L H, Lei M Y, Zhang N Y, et al, 2014. Hepatotoxic effects of mycotoxin combinations in mice [J]. Food and Chemical Toxicology, 74: 289-293.

Tatay E, Meca G, Font G, et al, 2014. Interactive effects of zearalenone and its metabolites on cytotoxicity and metabolization in ovarian CHO-K1 cells [J]. Toxicology In Vitro, 28 (1): 95-103.

Wan L Y, Turner P C, El-Nezami H, 2013. Individual and combined cytotoxic effects of Fusarium toxins (deoxynivalenol, nivalenol, zearalenone and fumonisins B_1) on swine jejunal epithelial cells [J]. Food and Chemical Toxicology, 57: 276-283.

Wang H W, Wang J Q, Zheng B Q, et al, 2014. Cytotoxicity induced by ochratoxin A, zearalenone, and alpha-zearalenol: effects of individual and combined treatment [J]. Food and Chemical Toxicology, 71: 217-224.

Xiao Y, Liu R, Xing L, et al, 2011. Combined developmental toxicity of bisphenol A and genistein in micromass cultures of rat embryonic limb bud and midbrain cells [J]. Toxicology In Vitro, 25 (1): 153-159.

Zheng N, Gao Y N, Liu J, et al, 2018. Individual and combined cytotoxicity assessment of zearalenone with ochratoxin A or alpha-zearalenol by full factorial design [J]. Food Science and Biotechnology, 27 (1): 251-259.

单独和混合的黄曲霉毒素 M_1、赭曲霉毒素 A、玉米赤霉烯酮对Caco-2/HT29-MTX 共培养细胞模型的肠上皮细胞通透性和黏蛋白基因表达及分泌的影响

黄曲霉毒素 M_1（AFM_1）、赭曲霉毒素 A（OTA）和玉米赤霉烯酮（ZEA）是牛奶中较为常见的霉菌毒素。由于大多数霉菌毒素对人类的毒性作用强，因此霉菌毒素对食品的污染引起了世界范围内的关注。霉菌毒素对肠上皮细胞的联合毒性作用尚未见报道。因此，本研究关注于 AFM_1、OTA 和 ZEA 对肠道完整性的联合作用，并解释了它们对Caco-2/HT29-MTX 共培养细胞模型的影响机制。结果表明，混合 AFM_1、OTA 和 ZEA 显著增强了肠上皮细胞通透性。通过共聚焦试验分析和透射电镜观察得出，霉菌毒素处理改变了紧密连接（TJ）蛋白的形态，破坏了 TJ 蛋白的结构。此外，本研究还表明，混合霉菌毒素对 MUC5AC 和 MUC5B 蛋白的 mRNA 表达水平和蛋白分泌有显著的调节作用。另外，混合霉菌毒素对肠道屏障功能的影响比单独 AFM_1 更加显著。最重要的是，霉菌毒素对肠道完整性的损害与 TJ 蛋白定位改变和黏蛋白分泌的减少有关。含有 AFM_1、OTA 和 ZEA 混合毒素的食物可能会对消费者特别是儿童造成健康风险，因此应该评估毒素的风险问题。

关键词：Caco-2/HT29-MTX 共培养；黄曲霉毒素 M_1；赭曲霉毒素 A；玉米赤霉烯酮；紧密连接蛋白；黏蛋白

一、简介

牛奶是人类维持健康、营养供给的重要来源，尤其是对于儿童而言，牛奶的摄入对其成长极其重要（Flores-Flores 等，2015）。在 50 份来自中国超市的超高温瞬时灭菌（UHT）牛奶样品中，有 45% 的样品都检出了 OTA、ZEA、α-玉米赤霉烯醇（α-ZOL）和 AFM_1。牛奶中的主要霉菌毒素 AFM_1、OTA 和 ZEA 可能对人类健康产生不同的生物危害，如免疫毒性、细胞毒性、遗传毒性、肾毒性和肝毒性（Creppy，2002）。AFM_1 被国际癌症研究机构（IARC）归为 1 类致癌物（Tonon 等，2018）。有研究表明，在来自全球的 22189 份牛奶样品中，亚洲 1709 份牛奶样品中 AFM_1 含量超过了欧盟的限量标准（0.05μg/kg），占全球样本总数的 7.8%，其次是非洲（1.1%）、欧洲（0.5%）和美国（0.5%）（Flores-Flores 等，2015）。在巴基斯坦，牛奶样品中 AFM_1 的含量为 0.252μg/L（Sadia 等，2012）。在印度，牛奶样品中 AFM_1 含量为 0.1～

3. 8μg/L，这些结果表明人类健康受到严重威胁（Siddappa 等，2012）。AFM_1 对人体造成的最常见危害是急性或慢性肝病，同时也具有免疫抑制性、致畸性、致突变性、肝毒性和致癌性（Akbari 等，2017）。OTA 是苯丙氨酸衍生物，在蛋白质合成抑制中起重要作用，同时会引起细胞凋亡、增殖、屏障功能破坏和膜通透性增加。IARC 已将 OTA 列为 2B 类致癌物（Siddappa 等，2012；Akbari 等，2017）。ZEA 被 IARC 归为 3 类致癌物，另外 ZEA 还具有雌激素作用，主要作用于生殖系统（Akbari 等，2017）。如果动物（包括人类）在孕期食用被 ZEA 污染的食物，会引起流产、致畸等（Gong 和 Routledge，2016；Kuiper-Goodman 等，1987）。更重要的是，上述霉菌毒素可以同时存在于牛奶中，它们之间的相互作用可能是加和或协同（Gao 等，2018；Huang 等，2014）。因此，我们应进一步关注牛奶中多种霉菌毒素的污染问题。

肠道是接触有害物质的第一道屏障，也是抵抗外来物污染的第一道防线（Galarza-Seeber 等，2016；Gao 等，2018；Pinton 等，2010）。肠道作为机体与外界污染物之间的第一道屏障，有四个相互关联的功能屏障：机械屏障、化学屏障、免疫屏障和生物屏障。TJ 蛋白和肠上皮细胞构成肠道的机械屏障，肠道黏液层和共生微生物群落构成肠道化学屏障（Gao 等，2016；Turner，2009；Wan 等，2016）。研究表明霉菌毒素能够破坏动物和人肠道上皮屏障功能并且造成肠道损伤（Bouhet 和 Oswald，2005）。Caco-2 单层细胞的顶侧或基底侧暴露在低浓度的 AFM_1 下时，跨膜电阻值（TEER）会轻微降低（Caloni 等，2012）。TEER 值用于功能上验证 TJ 蛋白的形成（Pan 等，2015）。肠道包括定位于上皮细胞间顶端区域的 TJ 蛋白（Qasim 等，2014），几种多蛋白复合物包括跨膜蛋白［例如 occludin（Occ），claudin-3（C3），claudin-4（C4），和 junctional adhesion molecule（JAM）］和细胞质支架蛋白［例如 zonula occludens-1（ZO-1），zonula occludens-2（ZO-2）和 cingulin］，共同组成了 TJ 蛋白（Fasano 和 Nataro James，2004；Kawauchiya 等，2011；Lapierre，2000；Mitic 和 Anderson，1998）。Romero 等（2016）报道 OTA 降低了Caco-2细胞中 C3、C4 和 claudin 蛋白的 mRNA 表达水平。单独或混合的 AFM_1 和 OTA 降低了 ZO-1、C3、C4 和 claudin 蛋白的表达水平（Gao 等，2018）。肠道上皮细胞被黏液层覆盖，黏蛋白被认为是先天免疫反应的主要部分。高浓度的霉菌毒素会损害肠道化学屏障功能，影响肠道黏蛋白 mRNA 的表达水平、形成、分泌和糖类组成（Schierack 等，2006）。一项研究表明单独和混合的镰刀菌霉菌毒素会显著调节 MUC5AC 和 MUC5B 蛋白的mRNA 表达和蛋白分泌，以及总黏蛋白样糖蛋白分泌（Wan 等，2014）。

目前，关于多种霉菌毒素对 TJ 蛋白或黏蛋白基因表达和黏蛋白分泌联合作用的试验数据有限。只有一项研究关注了混合 AFM_1 和 OTA 对 TJ 蛋白表达的联合作用（Gao 等，2018）。另一项研究考察了 DON、瓜蒌镰菌醇、ZEA 和伏马菌素 B_1（FB_1）对黏蛋白基因表达和蛋白分泌的交互作用（Wan 等，2014）。因此，本研究的目的是研究 AFM_1、OTA 和 ZEA 对 MUC2、MUC5AC 和 MUC5B 分泌和肠道完整性的联合作用，并确定霉菌毒素对肠道完整性损害的作用机制。我们假设：①混合的 AFM_1、OTA 和 ZEA 可能显著影响肠道通透性；② 3 种霉菌毒素的联合对肠道屏障损害作用最强；③霉菌毒素引起的肠道通透性改变可能与 TJ 蛋白表达和定位改变、黏蛋白分泌有关。因此，本研究评估了单独和混合的 AFM_1、OTA 和 ZEA 对肠上皮细胞通透性、TJ 蛋白表达水平、结构和形态，以及黏蛋白 mRNA 表达和蛋白分泌的作用。

尽管分化的Caco-2细胞系被广泛用于模拟肠道上皮细胞模型，但该模型有许多局限性。由于 TJ 蛋白的过度表达，分化Caco-2模型（高达500ohm×cm^2）的 TEER 值远高于人类肠道（12~69ohm×cm^2）的 TEER 值（Le 等，2001）。此外，Caco-2细胞没有黏液层（Lamprecht 等，2006）。然而，人类肠道细胞系 HT29-MTX 具有大量成熟杯状细胞，可产生黏蛋白（Laparra 和 Sanz，2010；Lesuffleur 等，1990）。在许多研究中，采用杯状细胞和肠上皮细胞分别占细胞总数的 10%和 90%的共培养模型去模拟肠上皮细胞模型（Umar，2010；Walter 等，1996）。因此，本研究采用Caco-2与 HT29-MTX 以 90：10 的比例共培养，来提供一个最能代表肠道环境的培养模型。

二、材料方法

1. 毒素

AFM_1（$C_{17}H_{12}O_7$；分子量为 328），OTA（$C_{20}H_{18}ClNO_6$；分子量为 403）和 ZEA（$C_{18}H_{22}O_5$；分子量为 318）购自 J&K 公司。AFM_1、OTA 和 ZEA 用甲醇溶解至浓度分别为 200μg/mL、1 000 μg/mL 和 5 000 μg/mL。通过添加达尔伯克改良伊格尔培养基（Dulbecco's modified Eagle medium，DMEM）至最终浓度，分别为 AFM_1 12μM、OTA 20μM 和 ZEA 100μM。

2. 细胞处理和培养

人结肠癌细胞系Caco-2细胞购自美国 ATCC（American Type Culture Collection，Rockville，MD，USA），细胞第 17~25 代用于试验。用甲氨蝶呤（MTX）处理后的人结肠癌细胞系 HT29（ATCC）由李慧颖博士（清华大学生命科学学院）赠予，细胞第 39~50 代用于试验。Caco-2和 HT29-MTX 细胞共培养在 DMEM 完全培养液中，其中含 4. 5g/L 葡萄糖、10%胎牛血清（FBS）、抗生素（100U/mL 青霉素和 100U/mL 链霉素）和 1%非必需氨基酸，试剂从 Life Technologies 公司购买。细胞在含 5%CO_2、37℃条件下培养。在细胞解冻后，Caco-2和 HT29-MTX 细胞传代 3 次，并随后以密度 2×10^5个/cm^2接种在 6 孔培养板或 12 孔培养板中共同培养。对于 9/1 Caco-2/HT29-MTX 共培养细胞模型，最初接种的细胞密度是从以前的试验中得出（Béduneau 等，2014）。隔天换一次培养液，细胞培养 14d 后待用。最终用 AFM_1（12μM）、AFM_1+OTA（12μM+20μM）、AFM_1+ZEA（12μM+100μM）、AFM_1+OTA+ZEA（12μM+20μM+100μM）处理Caco-2/HT29-MTX 细胞。

3. TEER 值检测

将Caco-2/HT29-MTX 细胞以密度 2×10^5个/cm^2接种在 24 孔培养板中共同培养。隔天换一次培养液，细胞培养 14d。用 AFM_1 和 AFM_1+OTA、AFM_1+ZEA、AFM_1+ZEA+OTA 毒素处理Caco-2/HT29-MTX 细胞 48h。用 Millicell-ERS 伏特欧姆计（Millipore 公司）测量Caco-2/HT29—MTX 细胞在毒素处理前后的电阻值。结果用 4 个独立试验均值±均值标准差表示。

4. 示踪剂渗透量测量试验

按上所述方法培养细胞，每组有 4 次重复。在体外模型中，荧光化合物（如荧光黄，LY）或荧光标记化合物［如荧光素异硫氰酸酯（FITC）-葡聚糖］是最常见的细胞旁示踪剂（Ferraretto 等，2018；Gao 等，2018）。在本研究中，用磷酸盐缓冲液（PBS）将 LY（购自 Sigma-Aldrich）和 FITC 共轭葡聚糖（分子量为 4kDa 或 40kDa，购自 Sigma-Aldrich）溶解至最终浓度 100μg/mL。检测 LY 和 FITC-葡聚糖（4kDa 或 40kDa）从顶端到基底侧的透过量。用酶标仪（购自 Thermo Scientific）在激光波长 410nm 和发射波长 520nm 处测定其吸收值。

5. 蛋白印迹分析

Caco-2/HT29-MTX 细胞培养在 6 孔培养板中 14d，然后按照上述毒素处理方法处理细胞 48h，每组至少重复 3 次。采用含蛋白酶抑制剂的 RIPA 裂解液（购自碧云天生物技术有限公司）对Caco-2/HT29-MTX 细胞进行裂解。一种非还原缓冲液、热变性、SDS-聚丙烯酰胺凝胶电泳和聚偏二氟乙烯（PVDF）膜上的电印迹（购自 Bio-rad）与等量的蛋白质结合在一起。PVDF 膜在室温下用 TBST 溶解的 5%脱脂乳封闭 2h。用 TBST 清洗后，用一抗［包括兔抗 Claudin-3、兔抗 Claudin-4（购于 Abcam 公司），兔抗 ZO-1、兔抗 occludin（购于赛默飞世尔公司），兔抗 β-actin（购于 Bioss）］在 4℃下孵育 PVDF 膜，随后，羊抗兔 IgG（购自 Bioss）根据制造商的说明书稀释，在室温下用于与辣根过氧化物酶结合 1h，随后用 TBST 洗涤。用 ECL 超敏发光液（购自赛默飞世尔公司）孵育 1~2min 后，通过 Tanon-5200 化学发光成像系统成像。使用 Image JX 软件进行灰度统计分析。

6. 免疫荧光分析

在 6 孔培养板中培养Caco-2/HT29-MTX 细胞 14d（板底事先放置 TC 处理的细胞爬片），用 AFM_1+OTA，AFM_1+ZEA 和 AFM_1+ZEA+OTA 处理细胞培养 48h，用 PBS 洗涤 3 次后，将细胞用 4%多聚甲醛在 4℃下固定 10min，然后用含 0.2% Triton X-100 通透 10min。用 TBST 洗涤 3 次后将它们与封闭缓冲液（TBST）一起孵育 3h。用 TBST 洗涤细胞 3 次，每次 5min，之后放置在摇床上在 4℃ 下用 C-3、C-4、Occ 或 ZO-1 抗体（购自 Beyotime Biotechnology）孵育过夜。次日再在室温下振荡 30min 后，用 TBST 轻轻洗涤，并与 Alexa Fluor 488 鼠抗兔 IgG（购自 Beyotime Biotechnology）在黑暗中孵育 2h。用 4′,6-二脒-2-苯基吲哚（DAPI）复染细胞核。最后将盖玻片安装在抗淬灭封片剂中，并在 LSM780 免疫荧光显微镜（Carl Zeiss，Inc.,Thornwood，NY，USA）下拍摄荧光图像。所有试验至少重复 3 次。

7. 透射电镜观察细胞形态

将Caco-2/HT29-MTX 细胞培养在 6 孔板上，然后用上述毒素处理细胞 48h。在 4℃用 2.5%戊二醛缓冲固定液固定Caco-2/HT29-MTX 细胞 2h 以上，用 PBS 洗涤 4 次。然后在 4℃下向样品中加入 1%四氧化锇缓冲固定液固定 2h，用不同浓度乙醇（30%，50%，70%，80%，90%，100%，每次 7min）脱水。用丙酮置换样品中酒精，5~10min；然后进行 SPI-PON812 树脂（16.2g SPI-PON812，10g 十二烯基琥珀酸酐（DDSA）和 8.9g 甲基纳迪克酸酐（NMA））渗透，严格按配方比例（3：1，1：1，

1：3）将树脂与固化剂混合并充分搅拌。将细胞与1.5%苄基二甲胺（BDMA）包埋在纯树脂中，在45℃下聚合12h，60℃下聚合48h。使用莱卡超薄切片机UC7制备超薄切片（70nm），用醋酸铀和柠檬酸铅染色，并用透射电子显微镜（FEI Tecnai Spirit 120 kV），每组随机抽取100个细胞进行观察。

8. MUC2、MUC5AC和MUC5B基因表达的定量聚合酶链反应分析（qPCR）

在Caco-2/HT29-MTX共培养细胞中，黏蛋白（MUC2、MUC5AC和MUC5B）基因的表达用SYBR green qPCR试剂盒（购自Takara）定量。MUC2、MUC5AC和MUC5B的定量引物序列如表1所示。A260/A280比值大于1.8但小于2.2的RNA用于逆转录。所有样本均在StepOnePlus实时荧光定量PCR仪（购自Applied Biosystems，Foster City）上进行检测。反应程序：95℃预变性10min，95℃变性15s，claudin-3和occludin 65℃退火1min，claudin-4和ZO-1 66℃退火1min，进行40个循环，荧光信号被收集。ΔΔCT方法用于表示相对于对照组细胞中基因的表达水平的倍数变化（Song等，2016）。试验分别重复2次，每次重复3次。

表1 引物序列

基因	引物长度（bp）	上游引物（5′-3′）	下游引物（5′-3′）
MUC2	238	AAGACGGCACCTACCTCG	TTGGAGGAATAAACTGGAGAACC
MUC5AC	278	GTTTGACGGGAAGCAATACA	CGATGATGAAGAAGGTTGAGG
MUC5B	171	GTGACAACCGTGTCGTCCTG	TGCCGTCAAAGGTGGAATAG
GADPH	235	GGAGTCCACTGGCGTCTT	GAGTCCTTCCACGATACCAAA

9. MUC2、MUC5AC和MUC5B间接酶联免疫吸附试验（ELISA）

按上述方法制备细胞培养物，用霉菌毒素处理48h。ELISA法检测细胞上清液中黏蛋白的含量。细胞上清液以1 500×g在4℃离心10min，去除细胞碎片。用相应的ELISA试剂盒（购自DLdevelop）检测MUC2、MUC5AC和MUC5B蛋白表达量。结果用相对于每个处理组的初始蛋白表达值表示，并表示为5次重复实验均值±均值相对偏差。

10. 统计学分析

统计分析采用SAS 9.2软件（Cary，NC，USA）。采用单因素方差分析法（ANOVA）分析各组间的显著差异性，再用Tukey HSD法进行多重比较。$P<0.05$被认为具有统计学意义。应用spearman相关系数分析LY、FITC-葡聚糖（4kDa和40kDa）的细胞旁通量、MUC2、MUC5AC和MUC5B基因表达水平及其蛋白分泌量的相关性。

三、结果

1. 单独和联合的AFM_1、OTA和ZEA对Caco-2/HT29-MTX共培养细胞通透性、TJ蛋白表达量和定位的影响

为了评估毒素处理对肠道完整性的影响，首先对TEER值和LY、FITC-葡聚糖的渗透量进行检测分析。结果表明，与其他处理组相比，混合毒素 AFM_1、ZEA 和 OTA 处理会显著增强肠上皮细胞通透性。此外，还研究了 AFM_1、OTA 和 ZEA 对 TJ 蛋白的影响。与对照组相比，霉菌毒素处理组的 TJ 蛋白（claudin－3、claudin－4、ZO－1 和 occludin）表达量略有降低，无显著性差异（$P>0.05$）。通过免疫荧光法分析 TJ 蛋白的定位，发现Caco-2/HT29-MTX 细胞培养在 6 孔培养板中 14d 后，TJ 蛋白主要分布在细胞膜附近，排列紧密，边缘光滑，勾勒出肠上皮细胞典型的鹅卵石形状（图 1，CTL）。从图 1 可以看出 AFM_1 毒素处理 48h 后，与空白对照组相比，C3、C4、ZO-1、OCC 的荧光信号轻微减弱。AFM_1+OTA、AFM_1+ZEA 处理细胞后，细胞内有微弱的免疫荧光信号。另外，TJ 蛋白在 AFM_1+ZEA+OTA 处理后，几乎没有发现荧光信号，表明分化的 Caco-2/HT29-MTX 细胞中 TJ 蛋白的定位受到显著影响。

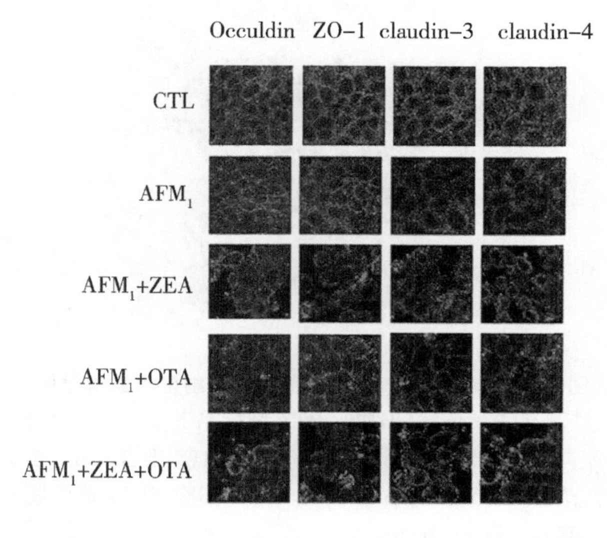

图 1　单独和联合的 AFM_1、OTA 和 ZEA 分别对 TJ 蛋白定位的影响

将分化后的 Caco-2/HT29－MTX 细胞培养 14d，然后用 AFM_1 和 AFM_1+OTA、AFM_1+ZEA 和 AFM_1+ZEA+OTA 处理细胞 48h 后进行固定、抗体孵育和染色

2. 单独和联合的 AFM_1、OTA 和 ZEA 对Caco-2/HT29-MTX 共培养细胞中 TJ 蛋白形态的影响

为了观察霉菌毒素处理对肠上皮细胞完整性和 TJ 蛋白形态学的影响，用透射电镜观察毒素处理前后Caco-2/HT29-MTX 细胞中 TJ 蛋白的破坏情况。对照组中的细胞间连接频繁、排列紧密，微绒毛形成的刷状缘整齐。在 AFM_1 处理组中，细胞紧密相连，微绒毛排列整齐，细胞分化良好。与对照组相比，AFM_1 处理组中 TJ 蛋白的数量略有减少（图 2）。AFM_1+OTA、AFM_1+ZEA 处理显著破坏了 TJ 结构，显著减少了 TJ 蛋白的数量。如图 2 所示，细胞和细胞器结构也轻微受损。与对照组相比，AFM_1+OTA+ZEA 处理组细胞结构受损，细胞连接松散，细胞间隙变宽，TJ 蛋白数量减少到几乎低于检测限。

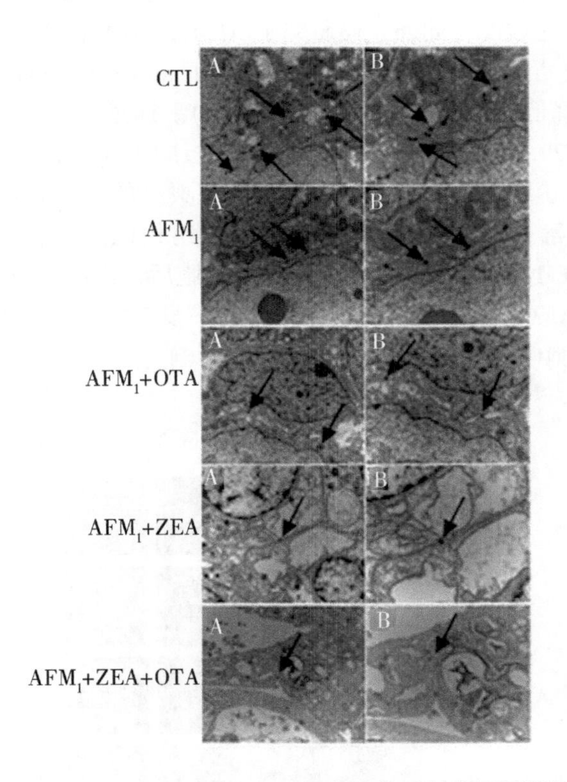

图 2　Caco-2/HT29-MTX 细胞的透射电子显微照片

分化的Caco-2/HT29-MTX 细胞培养 14d，然后用不同组合的毒素处理Caco-2/HT29-MTX 细胞 48h。通过透射电镜观察Caco-2/HT29-MTX 细胞之间形成的紧密连接。Bars：2mm（A）和 50nm（B）

3. 单独和联合的 AFM_1、OTA 和 ZEA 对Caco-2/HT29-MTX 共培养细胞黏蛋白 MUC2、MUC5AC 和 MUC5B mRNA 基因表达的影响

结果表明，AFM_1+OTA、AFM_1+ZEA 和 AFM_1+OTA+ZEA 处理对黏蛋白 mRNA 表达有显著影响（$P<0.05$）（图 3）。AFM_1+OTA 处理显著上调 MUC2 mRNA 表达量（$P<0.05$）。AFM_1+ZEA 和 AFM_1+OTA+ZEA 处理对 MUC2 mRNA 的表达有明显的下调作用（$P<0.05$）（图 4.34A）。AFM_1 + OTA、AFM_1 + ZEA 和 AFM_1 + OTA + ZEA 处理对 MUC5B mRNA 的表达有显著下调作用（$P<0.05$）（图 3B）。AFM_1+ZEA 和 AFM_1+OTA+ZEA 处理显著下调了 MUC5AC mRNA 表达（$P<0.05$）（图 3C）。

4. 单独和联合的 AFM_1、OTA 和 ZEA 对Caco-2/HT29-MTX 黏蛋白 MUC2、MUC5AC 和 MUC5B 蛋白表达量的影响

结果表明，在Caco-2/HT29-MTX 细胞上清液中，AFM_1+OTA、AFM_1+ZEA 和 AFM_1+OTA+ZEA 处理显著降低了 MUC2 蛋白的表达量（$P<0.05$），然而单独的 AFM_1 处理组下的 MUC2 蛋白的表达量没有变化（$P>0.05$）（图 4A）。AFM_1+OTA+ZEA 处理

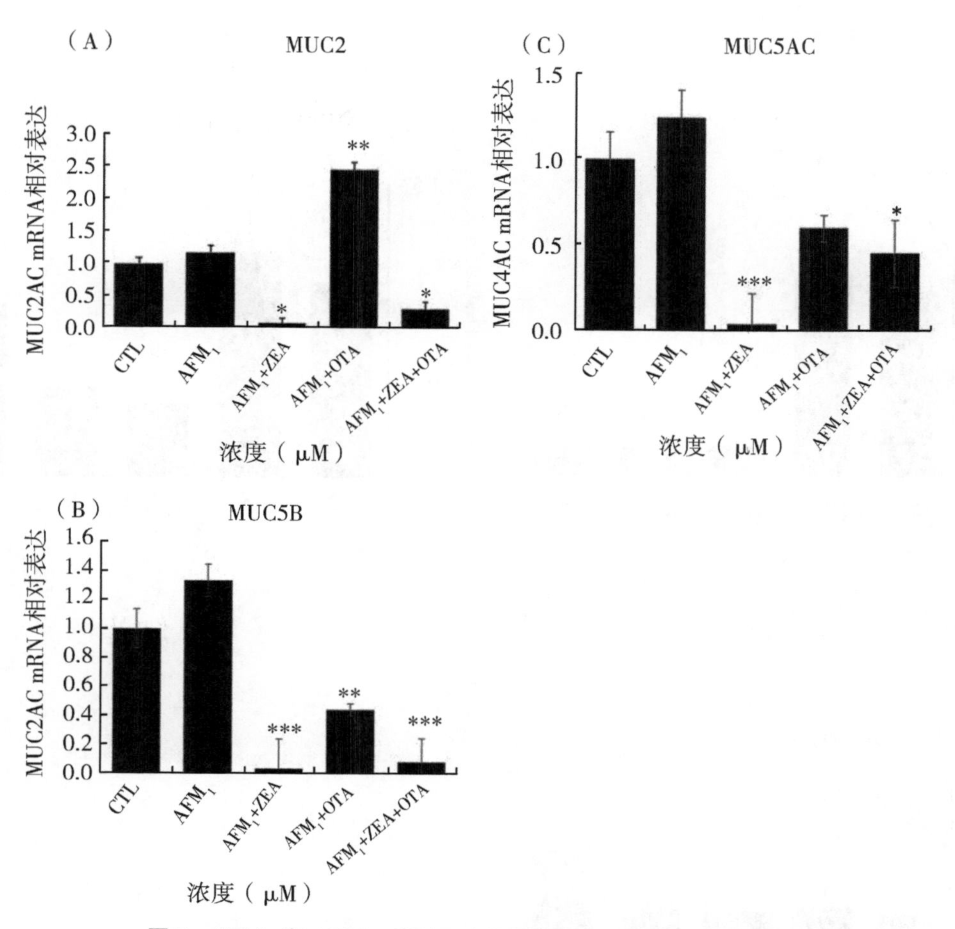

图 3　AFM_1 和 AFM_1+OTA、AFM_1+ZEA、AFM_1+ZEA+OTA

处理细胞 48h 后，对 MUC2、MUC5AC 和 MUC5B mRNA 相对丰度的影响

结果以对照组的百分比表示，均值±均值相对偏差（n=3）。*、**、*** 分别代表与对照组比较 $P<0.05$、$P<0.01$ 和 $P<0.001$

显著降低了 MUC5AC 蛋白表达量（$P<0.05$），然而单独的 AFM_1 处理组和 AFM_1+OTA、AFM_1+ZEA 组与空白对照组对比，MUC5AC 蛋白表达量没有变化（$P>0.05$）（图 4B）。MUMC5B 蛋白表达量在 AFM_1+OTA、AFM_1+ZEA、AFM_1+OTA+ZEA 处理后显著降低（图 4C）。

5. TJ 蛋白、肠上皮细胞通透性、黏蛋白 mRNA 基因表达和黏蛋白分泌之间的相关性分析

为了研究霉菌毒素处理细胞后，肠上皮细胞通透性变化与黏蛋白 mRNA 和黏蛋白表达水平的相关性，对荧光示踪剂 LY、FITC－葡聚糖（4kDa）和 FITC－葡聚糖（40kDa）的渗透量、黏蛋白（MUC 2、MUC5B 和 MUC5AC）mRNA 基因表达量和黏蛋白表达水平之间的相关性进行分析。TEER 值与 3 种荧光示踪剂［LY、FITC－葡聚糖（4kDa）和 FITC－葡聚糖（40kDa）］的渗透量呈显著负相关（$P<0.05$）。黏蛋白 mRNA 表达和黏蛋白分泌与 TEER 值呈显著负相关（$P<0.05$）（图 5）。

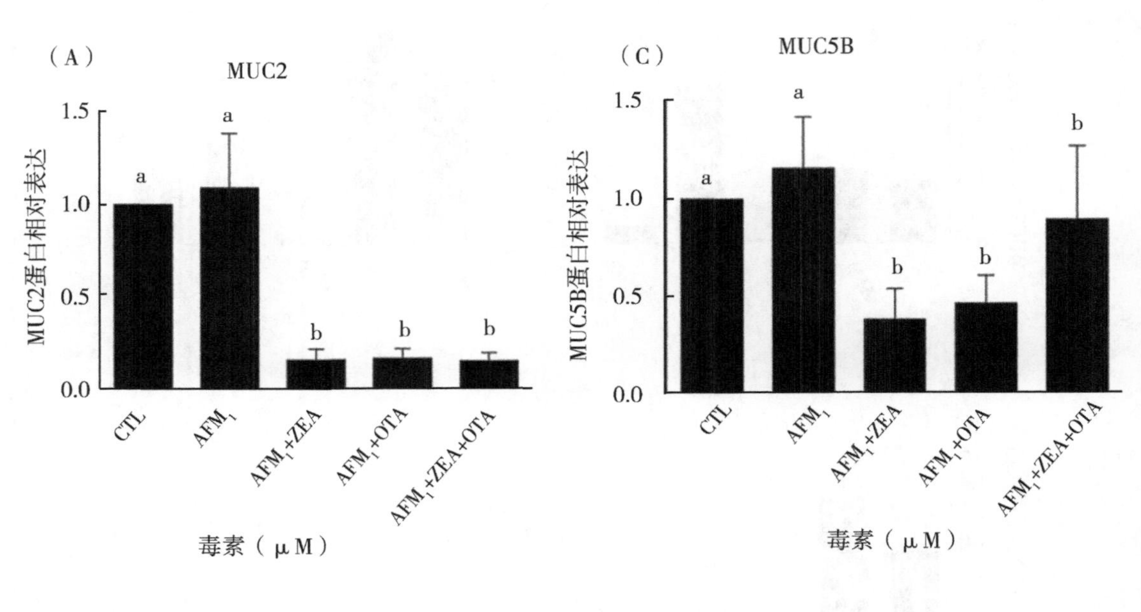

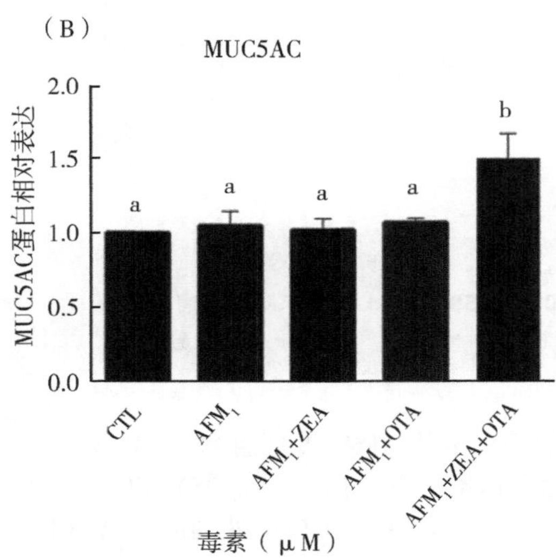

图 4　在毒素处理细胞 48h 后分离的细胞上清液中 MUC2、MUC5AC 和 MUC5B 蛋白表达的相对水平

结果以对照组的百分比表示，平均值为±均值相对偏差（n=3），不同字母（a，b）在蛋白表达上有显著性差异（$P<0.05$）

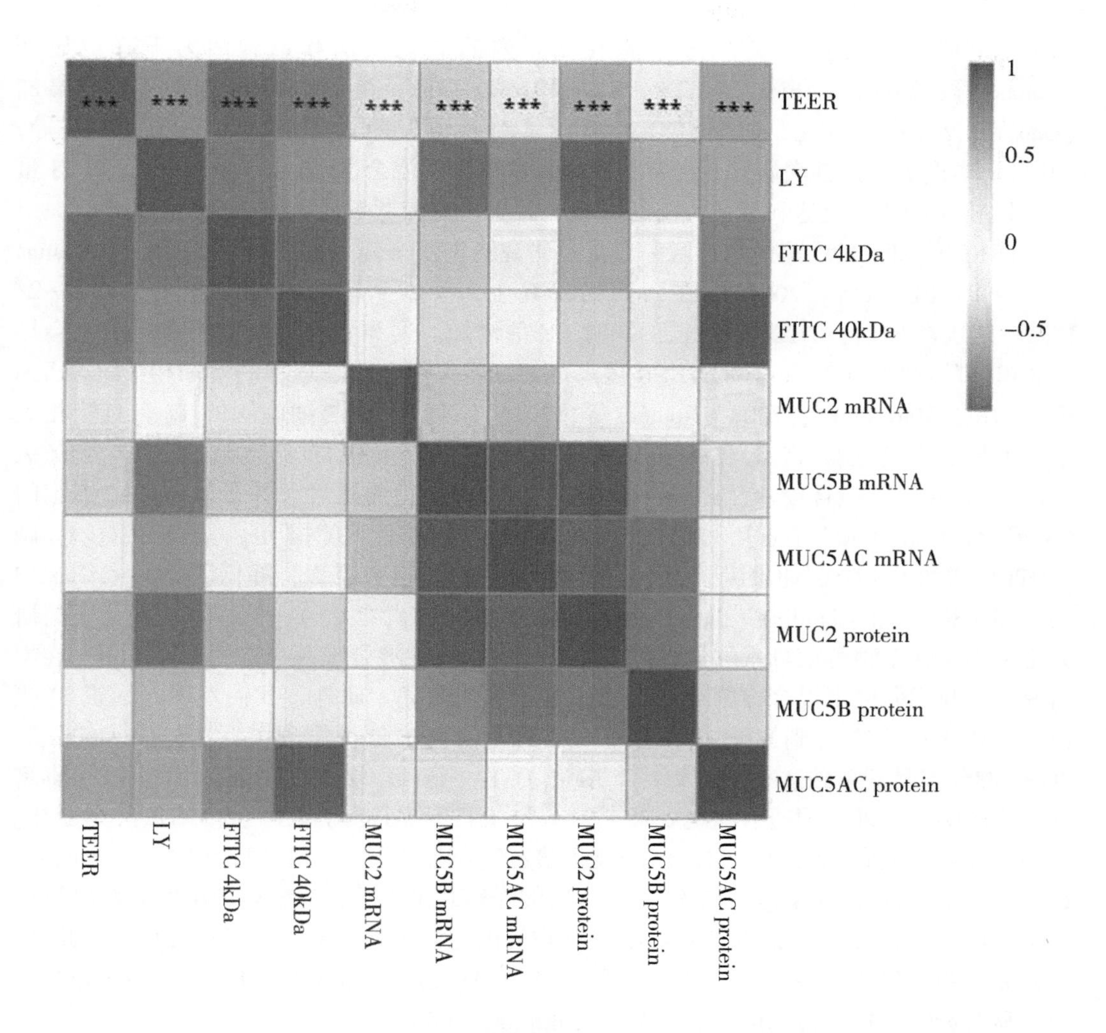

图 5　TEER，LY，FITC−葡聚糖（4KDa）和 FITC−葡聚糖（40KDa），黏蛋白 mRNA 和黏蛋白表达量之间的相关性

热图是矩阵中对应行和列表示的每对参数之间相关性的直观表示。如图所示，中灰色表示负相关，浅灰色表示低相关，深灰色表示正相关，用 spearman 相关分析统计。相关系数用右边的数字表示，数字越高，相关性越高。* $P<0.05$；** $P<0.001$；*** $P<0.0001$

四、讨论

食物中霉菌毒素的污染，特别是在牛奶中的污染，对人类健康的毒性作用引起了世界范围内的关注（Flores−Flores 和 Gonzalez−Penas，2017；Huang 等，2014）。肠道作为霉菌毒素接触的第一道屏障（Gao 等，2018）。霉菌毒素对肠道屏障的毒性作用已有报道。此外，在食物中经常发现混合的霉菌毒素，多种霉菌毒素不同的相互作用可能会增加其对人体健康的危害（Huang 等，2017；Wangikar 等，2005）。混合 T−2 和 ZEA 毒素相比于单独的毒素会导致 Vero 细胞在 24h 内的氧化损伤和细胞活力下降更显著（Bouasz 等，2013）。AFM_1 在 OTA、ZEA 和α-ZOL的存在下，其细胞毒性显著增加（Gao 等，2016）。因此，研究混合霉菌毒素对肠道屏障的影响非常重要（Gao 等，2018）。本次试验是首次研究 3 种常见霉菌毒素单独及混合 AFM_1、OTA 和 ZEA 对 TJ 蛋白、黏蛋白 mRNA 表达和蛋白分泌的影响，并探讨霉菌毒素诱导肠道损伤的机制。

TEER 值和荧光示踪剂的细胞旁通量是研究肠上皮屏障完整性的关键指标（Kasuga 等，1998；Pinton 等，2009）。在我们的研究中，观察到混合霉菌毒素处理Caco-2/HT29-MTX 细胞后，TEER 值降低的同时 LY 值增加。这与先前的研究一致，OTA 会导致肠道屏障破坏，OTA 诱导的 TEER 值降低与细胞旁标志物渗透率的增加相关（Akbari 等，2017；Maresca 等，2008；Romero 等，2016）。TEER 值与细胞间的 TJ 有直接相关性。大量证据表明，肠上皮细胞通透性受损与 TJ 蛋白的表达减少和移位有关（McLaughlin 等，2004）。有研究表明，OTA 会增加肠道通透性，并导致Caco-2细胞间 C4 重新分布（Akbari 等，2017；Ranaldi 等，2007）。据报道，高三尖杉酯碱（HHT）增加了 FITC-葡聚糖（4kDa 和 40kDa）的细胞旁流量，降低了Caco-2细胞中 C3、Claudin-5 和 Claudin-7 的蛋白表达水平（Watari 等，2015）。然而，迄今为止的研究主要集中在单独霉菌毒素的毒性研究上，而很少关注混合霉菌毒素的毒性作用。在本研究中，我们研究了混合霉菌毒素引起的肠道屏障破坏。此外，我们发现，尽管 TJ 蛋白的表达水平没有受到影响，但通过免疫荧光染色法分析发现 C4、C3、occludin 和 ZO-1 的分布受到单独 AFM_1 以及混合 AFM_1+OTA、AFM_1+ZEA、AFM_1+OTA+ZEA 毒素的严重影响。此外，用透射电镜观察了Caco-2/HT29-MTX 细胞 TJ 蛋白的形态学变化。这与先前的一项研究结果一致，该研究报告称，细胞经聚 L-精氨酸（PLA）处理后，细胞与细胞连接处 TJ 蛋白的消失与 TJ 蛋白的降解几乎无关，对整体细胞的裂解物进行免疫印迹试验分析，发现 TJ 蛋白在亚细胞空间内化而丢失（Yamaki 等，2014）。此外，有研究表明，尽管棒曲霉素（PAT）没有影响 claudin-1、C3 和 C4 蛋白的表达水平，但它显著影响了这些蛋白的分布（Mclaughlin 等，2009）。

当肠道暴露于各种霉菌毒素时，由 TJ 蛋白形成的机械屏障和由黏蛋白形成的化学屏障将发挥重要的作用（Gill 等，2011；Qasim 等，2014）。附着在肠道上的黏液层是抵御外来病原体和毒素的重要屏障（Gill 等，2011；IjsShannggg 等，2016）。目前，关于霉菌毒素对黏蛋白产生影响的研究数据有限。Pinton 等（2015）研究得到 DON 降低了肠道黏膜相关的 MUC1、MUC2、MUC3 mRNA 表达。Wan 等（2014）报道单独和混合霉菌毒素处理细胞对 MUC5B 和 MUC5AC mRNA 和蛋白的表达、总黏蛋白样糖蛋白分泌有显著影响。在本研究中，单独 AFM_1 和混合 AFM_1+OTA、AFM_1+ZEA 和 AFM_1+ZEA+OTA 对Caco-2/HT29-MTX 共培养细胞的 MUC2、MUC5AC 和 MUC5B mRNA 表达和蛋白分泌有显著差异性。

本研究观察到 AFM_1、OTA 和 ZEA 单独或作为混合物处理细胞后，细胞中 MUC5B 和 MUC5AC 转录水平降低。基于 MUC5AC、MUC5B 基因对霉菌毒素作出的类似转录反应，得出霉菌毒素对 MUC5AC、MUC5B 能存在一个共同的调节机制。这些结果可能是由于 MUC5B 和 MUC5AC 属于黏蛋白凝胶形成家族，编码在 11p15. 5 处的同一簇，其转录方向、外显子大小和分布以及剪接位点类型相似（Chorley 等，2006；Moniaux 等，2001）。此外，我们观察到蛋白质的变化水平低于 mRNA 转录水平的变化，这与以前研究得出的结果是一致的。细胞在暴露于毒素后，可能会增加黏蛋白 mRNA 的稳定性，并有研究表明其他方面的刺激也有相似的作用，但毒素的影响仍有待证实（Chorley 等，2006；Wan 等，2014）。

目前还没有关于 AFM_1、OTA 和 ZEA 在体外对黏液糖蛋白分泌联合作用的相关文献报道。在本研究中，AFM_1+OTA，AFM_1+ZEA 和 AFM_1+ZEA+OTA 混合处理组对 MUC2 和 MUC5B 蛋白分泌的影响比单独 AFM_1 处理组显著。同样，当成纤维细胞暴露于混合霉菌毒素（DON、ZEA、T-2、FB_1 和 NIV）时，对 DNA 合成有显著抑制作用（Tajima 等，2002）。Wan 等（2014）观察到，大多数毒素混合时都会产生较强的作用，与单独的霉菌毒素相比，会导致总黏蛋白分泌显著减少。这表明，这些常见的霉菌毒素之间可能存在相互作用，某种毒素在有其他毒素存在时，其毒性作用可能会增强或减弱（Wan 等，2013）。

有趣的是，我们观察到 TEER 值与黏蛋白之间存在显著的负相关关系。Pan 等（2015）报道，HT29 细胞分泌多种黏蛋白，其中主要包括 MUC5AC 黏蛋白的分泌，Caco-2和 HT29 细胞共培养物的 TEER 值低于单独的Caco-2细胞，这表明黏蛋白分泌的调节与 TEER 值的降低有关。这些结果可以用一个模型来解释，在这个模型中，黏蛋白紧密地附着在细胞上并形成一个复合物，形成一个连续的凝胶层，从而降低 TEER 值。另外，还需要进行更多的研究来探讨黏蛋白降低 TEER 值的机制。

总之，本研究是首次分析单独和混合 AFM_1、OTA 和 ZEA 对肠道通透性和黏蛋白分泌的影响。根据所有结果得出，霉菌毒素处理细胞会增加肠道通透性，不同霉菌毒素对肠上皮细胞（IECs）的影响程度不同，其影响大小的排序为：AFM_1+ZEA+OTA ＞ AFM_1+OTA、AFM_1+ZEA ＞ AFM_1。更重要的是，我们发现肠道通透性的增加不仅与 TJ 蛋白的定位有关，而且与黏蛋白表达的降低有关。因此，黏蛋白与肠道通透性的关系将会是未来研究中有价值的领域。总的来说，本研究的数据表明，与两种霉菌毒素或单独霉菌毒素相比，3 种混合霉菌毒素对肠道屏障的影响更大。今后，我们应进一步密切关注并调整牛奶中霉菌毒素的最高限量。

参考文献

Akbari P，Braber S，Varasteh S，et al，2017. The intestinal barrier as an emerging target in the toxicological assessment of mycotoxins [J]. Archives of Toxicology，91（3）：1007-1029.

Beduneau A，Tempesta C，Fimbel S，et al，2014. A tunable Caco-2/HT29-MTX co-culture model mimicking variable permeabilities of the human intestine obtained by an original seeding procedure [J]. European Journal of Pharmaceutics & Biopharmaceutics Official Journal of Arbeitsgemeinschaft Für Pharmazeutische Verfahrenstechnik E V，87（2）：290-298.

Bouaziz C，Bouslimi A，Kadri R，et al，2013. The *in vitro* effects of zearalenone and T-2 toxins on Vero cells [J]. Experimental & Toxicologic Pathology，65（5）：497-501.

Bouhet S，Oswald I P，2005. The effects of mycotoxins，fungal food contaminants，on the intestinal epithelial cell-derived innate immune response [J]. Veterinary Immunology & Immunopathology，108（1-2）：199-209.

Caloni F, Cortinovis C, Pizzo F, et al, 2012. Transport of Aflatoxin M (1) in Human Intestinal Caco-2/TC7 Cells [J]. Frontiers in Pharmacology, 3: 111.

Chorley B N, Crews A L, Li Y, et al, 2006. Differential Muc2 and Muc5ac secretion by stimulated guinea pig tracheal epithelial cells in vitro [J]. Respiratory Research, 7: 35.

Creppy E E, 2002. Update of survey, regulation and toxic effects of mycotoxins in Europe [J]. Toxicology Letters, 127 (1-3): 19-28.

Creppy E E, Chiarappa P, Baudrimont I, et al, 2004. Synergistic effects of fumonisin B_1 and ochratoxin A: are *in vitro* cytotoxicity data predictive of *in vivo* acute toxicity? [J]. Toxicology, 201 (1-3): 115-123.

Fasano A, Nataro J P, 2004. Intestinal epithelial tight junctions as targets for enteric bacteria-derived toxins [J]. Advanced Drug Delivery Reviews, 56 (6): 795-807.

Ferraretto A, Bottani M, De Luca P, et al, 2018. Morphofunctional properties of a differentiated Caco2/HT-29 co-culture as an in vitro model of human intestinal epithelium [J]. Bioscience Reports, 38 (2).

Flores-Flores M E, Gonzalez-Penas E, 2017. An LC-MS/MS method for multi-mycotoxin quantification in cow milk [J]. Food Chemistry, 218: 378-385.

Flores-Flores M E, Lizarraga E, López de Cerain Adela, et al, 2015. Presence of mycotoxins in animal milk: A review [J]. Food Control, 53: 163-176.

Galarza-Seeber R, Latorre J D, Bielke L R, et al, 2016. Leaky Gut and Mycotoxins: Aflatoxin B_1 Does Not Increase Gut Permeability in Broiler Chickens [J]. Frontiers in Veterinary Science, 3: 10.

Gao Y, Li S, Wang J, et al, 2017. Modulation of Intestinal Epithelial Permeability in Differentiated Caco-2 Cells Exposed to Aflatoxin M_1 and Ochratoxin A Individually or Collectively [J]. Toxins (Basel), 10 (1).

Yanan G, Jiaqi W, Songli L I, et al, 2016. Effects of Mycotoxins on Intestinal Mucosal Barrier Function [J]. chinese journal of animal nutrition.

Gong Y Y, Watson S, Routledge M N, 2016. Aflatoxin Exposure and Associated Human Health Effects, a Review of Epidemiological Studies [J]. Food Safety, 4 (1): 14-27.

Huang L C, Zheng N, Zheng B Q, et al, 2014. Simultaneous determination of aflatoxin M_1, ochratoxin A, zearalenone and alpha-zearalenol in milk by UHPLC-MS/MS [J]. Food Chemistry, 146: 242-249.

Huang S, Zheng N, Fan C, et al, 2018. Effects of aflatoxin B_1 combined with ochratoxin A and/or zearalenone on metabolism, immune function, and antioxidant status in lactating dairy goats [J]. Asian-Australasian journal of animal sciences, 31 (4): 505-513.

Ijssennagger N, van der Meer R, van Mil S W C, 2016. Sulfide as a Mucus Barrier-Breaker in Inflammatory Bowel Disease? [J]. Trends in Molecular Medicine, 22 (3): 190-199.

McLaughlin J, Padfield P J, Burt J P, et al, 2004. Ochratoxin A increases permeability through tight junctions by removal of specific claudin isoforms [J]. American Journal of Physiology-Cell Physiology, 287 (5): C1412-1417.

Kasuga F, Hara-Kudo Y, Saito N, et al, 1998. In vitro effect of deoxynivalenol on the differentiation of human colonic cell lines Caco-2 and T84 [J]. Mycopathologia, 142 (3): 161-167.

Kawauchiya T, Takumi R, Kudo Y, et al, 2011. Correlation between the destruction of tight junction by patulin treatment and increase of phosphorylation of ZO-1 in Caco-2 human colon cancer cells [J]. Toxicology Letters, 205 (2): 196-202.

Kuiper-Goodman T, Scott P M, Watanabe H, 1987. Risk assessment of the mycotoxin zearalenone [J]. Regulatory Toxicology & Pharmacology, 7 (3): 253-306.

Lamprecht A, Koenig P, Ubrich N, et al, 2006. Low molecular weight heparin nanoparticles: mucoadhesion and behaviour in Caco-2 cells [J]. Nanotechnology, 17 (15): 3673-3680.

Laparra J M, Sanz Y, 2009. Comparison of *in vitro* models to study bacterial adhesion to the intestinal epithelium [J]. Letters in Applied Microbiology, 49 (6): 695-701.

Lapierre L A, 2000. The molecular structure of the tight junction [J]. Advanced Drug Delivery Reviews, 41 (3): 255-264.

Le Ferrec E, Chesne C, Artusson P, et al, 2001. *In vitro* models of the intestinal barrier. The report and recommendations of ECVAM Workshop 46. European Centre for the Validation of Alternative methods [J]. Alternatives to Laboratory Animals, 29 (6): 649-668.

Lesuffleur T, Barbat A, Dussaulx E, et al, 1990. Growth adaptation to methotrexate of HT-29 human colon carcinoma cells is associated with their ability to differentiate into columnar absorptive and mucus-secreting cells [J]. Cancer Research, 50 (19): 6334-6343.

Maresca M, Yahi N, Younes-Sakr L, et al, 2008. Both direct and indirect effects account for the pro-inflammatory activity of enteropathogenic mycotoxins on the human intestinal epithelium: stimulation of interleukin-8 secretion, potentiation of interleukin-1beta effect and increase in the transepithelial passage of commensal bacteria [J]. Toxicology and Applied Pharmacology, 228 (1): 84-92.

McLaughlin J, Lambert D, Padfield P J, et al, 2009. The mycotoxin patulin, modulates tight junctions in caco-2 cells [J]. Toxicology In Vitro, 23 (1): 83-89.

McLaughlin J, Padfield P J, Burt J P, et al, 2004. Ochratoxin A increases permeability through tight junctions by removal of specific claudin isoforms [J]. American Journal of Physiology-Cell Physiology, 287 (5): C1412-1417.

Mitic L L, Anderson J M, 1998. Molecular architecture of tight junctions [J]. Annual Review of Physiology, 60: 121-142.

Moniaux N, Escande F, Porchet N, et al, 2001. Structural organization and classification of the human mucin genes [J]. Frontiers in Bioscience A Journal & Virtual Library, 6: D1192-1206.

Pan F, Han L, Zhang Y, et al, 2015. Optimization of Caco-2 and HT29 co-culture in vitro cell models for permeability studies [J]. International Journal of Food Sciences & Nutrition, 66 (6): 680-685.

Pinton P, Braicu C, Nougayrede J P, et al, 2010. Deoxynivalenol impairs porcine intestinal barrier function and decreases the protein expression of claudin-4 through a mitogen-activated protein kinase-dependent mechanism [J]. Journal of Nutrition, 140 (11): 1956-1962.

Pinton P, Graziani F, Pujol A, et al, 2015. Deoxynivalenol inhibits the expression by goblet cells of intestinal mucins through a PKR and MAP kinase dependent repression of the resistin-like molecule beta [J]. Molecular Nutrition & Food Research, 59 (6): 1076-1087.

Pinton P, Nougayrede J P, Del Rio J C, et al, 2009. The food contaminant deoxynivalenol, decreases intestinal barrier permeability and reduces claudin expression [J]. Toxicology & Applied Pharmacology, 237 (1): 41-48.

Qasim M, Rahman H, Ahmed R, et al, 2014. Mycophenolic acid mediated disruption of the intestinal epithelial tight junctions [J]. Experimental Cell Research, 322 (2): 277-289.

Ranaldi G, Mancini E, Ferruzza S, et al, 2007. Effects of red wine on ochratoxin A toxicity in intestinal Caco-2/TC7 cells [J]. Toxicol In Vitro, 21 (2): 204-210.

Romero A, Ares I, Ramos E, et al, 2016. Mycotoxins modify the barrier function of Caco-2 cells through differential gene expression of specific claudin isoforms: Protective effect of illite mineral clay [J]. Toxicology, 353-354: 21-33.

Sadia, A, Jabbar M A, Deng Y, et al, 2012. A survey of aflatoxin M_1 in milk and sweets of Punjab, Pakistan [J]. Food Control, 26 (2): 235-240.

Schierack P, Nordhoff M, Pollmann M, et al, 2006. Characterization of a porcine intestinal epithelial cell line for *in vitro* studies of microbial pathogenesis in swine [J]. Histochemistry and Cell Biology, 125 (3): 293-305.

Siddappa V, Nanjegowda D K, Viswanath P, 2012. Occurrence of aflatoxin M (1) in some samples of UHT, raw & pasteurized milk from Indian states of Karnataka and Tamilnadu [J]. Food and Chemical Toxicology, 50 (11): 4158-4162.

Sobral M M C, Faria M A, Cunha S C, et al, 2018. Toxicological interactions between mycotoxins from ubiquitous fungi: Impact on hepatic and intestinal human epithelial cells [J]. Chemosphere, 202: 538-548.

Song X, Sun L, Luo H, et al, 2016. Genome-Wide Identification and Characterization of Long Non-Coding RNAs from Mulberry (Morus notabilis) RNA-seq Data [J]. Genes (Basel), 7 (3) .

Tajima O, Schoen E D, Feron V J, et al, 2002. Statistically designed experiments in a tiered approach to screen mixtures of Fusarium mycotoxins for possible interactions [J]. Food and Chemical Toxicology, 40 (5): 685-695.

Tonon K M, Reiter M G R, Savi G D, et al, 2018. Human milk AFM \ \ r, 1 \ \ r, OTA, and DON evaluation by liquid chromatography tandem mass specrometry and their relation to the Southern Brazil nursing mothers \ \ "diet [J]. Journal of Food Safety, e12452.

Turner J R, 2009. Intestinal mucosal barrier function in health and disease [J]. Nature Reviews Immunology, 9 (11): 799-809.

Umar S, 2010. Intestinal stem cells [J]. Journal of Pediatric Gastroenterology & Nutrition, 12: 340-348.

Walter E, Janich S, Roessler B J, et al, 1996. HT29-MTX/Caco-2 cocultures as an in vitro model for the intestinal epithelium: *in vitro-in vivo* correlation with permeability data from rats and humans [J]. Journal of Pharmaceutical Sciences, 85 (10): 1070-1076.

Wan L Y, Turner P C, El-Nezami H, 2013. Individual and combined cytotoxic effects of Fusarium toxins (deoxynivalenol, nivalenol, zearalenone and fumonisins B_1) on swine jejunal epithelial cells [J]. Food and Chemical Toxicology, 57: 276-283.

Wan L Y, Allen K J, Turner P C, et al, 2014. Modulation of mucin mRNA (MUC5AC and MUC5B) expression and protein production and secretion in Caco-2/HT29-MTX co-cultures following exposure to individual and combined Fusarium mycotoxins [J]. Toxicological Sciences, 139 (1): 83-98.

Wan L Y, Murphy L Y, Turner Paul C, et al, 2006. Lactobacillus rhamnosus GG modulates intestinal mucosal barrier and inflammation in mice following combined dietary exposure to deoxynivalenol and zearalenone [J]. Journal of Functional Foods, 22: 34-43.

Wan M LY, Turner P C, Allen K J, et al, 2016. Lactobacillus rhamnosus GG modulates intestinal mucosal barrier and inflammation in mice following combined dietary exposure to deoxynivalenol and zearalenone [J]. Journal of Functional Foods, 22: 34-43.

Wangikar P B, Dwivedi P, Sinha N, et al, 2005. Teratogenic effects in rabbits of simultaneous exposure to ochratoxin A and aflatoxin B_1 with special reference to microscopic effects [J]. Toxicology, 215 (1-2): 37-47.

Watari A, Hashegawa M, Yagi K, et al, 2015. Homoharringtonine increases intestinal epithelialpermeability by modulating specific claudin isoforms in Caco-2 cell monolayers [J]. European Journal Of Pharmaceutics And Biopharmaceutics, 89: 232-238.

Wu C, Gao Y, Li S, et al, 2019. Modulation of intestinal epithelial permeability and mucin mRNA (MUC2, MUC5AC, and MUC5B) expression and protein secretion in Caco-2/HT29-MTX co-cultures exposed to aflatoxin M_1, ochratoxin A, and zearalenone individually or collectively [J]. Toxicology Letters, 309: 1-9.

Yamaki T, Kamiya Y, Ohtake K, et al, 2014. A mechanism enhancing macromolecule transport through paracellular spaces induced by Poly-L-Arginine: Poly-L-Arginine induces the internalization of tight junction proteins via clathrin-mediated endocytosis [J]. Pharmacological Research, 31 (9): 2287-2296.

单独及联合的霉菌毒素黄曲霉毒素 M_1 和赭曲霉毒素 A 对Caco-2/HT29-MTX 共培养体中黏蛋白（MUC2，MUC5AC 和 MUC5B）mRNA 的表达和蛋白丰度的影响

黄曲霉毒素 M_1（AFM_1）和赭曲霉毒素 A（OTA）普遍共存于牛奶中，这可能会对人类健康构成严重威胁。黏蛋白是肠道黏液层的主要组成成分，其在维持肠道黏膜稳态中起着重要作用。但霉菌毒素 AFM_1 和 OTA 对肠道黏蛋白的影响机制尚不明确。本研究旨在评估单独及联合的霉菌毒素 AFM_1 和 OTA 处理Caco-2/HT29-MTX 共培养体 48h 后，其对肠道屏障以及肠道黏蛋白（MUC2、MUC5AC 和 MUC5B）mRNA 表达水平和蛋白丰度的影响。研究结果表明，单独及联合的霉菌毒素均显著降低了肠道细胞活力值和跨膜电阻（TEER）值，并显著改变了肠道黏蛋白 mRNA 的表达水平和蛋白丰度。此外，肠道细胞活力值和 TEER 值的结果显示 OTA 在相同浓度下显示出与 AFM_1 类似的毒性。当评估两种霉菌毒素对肠道细胞活力和黏蛋白丰度产生的交互效应时，所有单独培养和共培养的体系中均显示出协同效应。总之，本研究提供了 AFM_1 和 OTA 破坏肠道的相关证据，这将有助于制定并调整牛奶中霉菌毒素的最大残留限量值。

关键词：黄曲霉毒素 M_1；赭曲霉毒素 A；Caco-2/HT29-MTX 共培养；黏蛋白；交互效应

一、简介

霉菌毒素是由一些丝状真菌或霉菌产生的次生代谢产物，是一类结构多样的低分子量代谢物（Raiola 等，2015）。它们会污染多种动物饲料，也会污染人类的食品，其中主要包括谷物、牛奶和其他乳制品（Bouhet 等，2005）。有报道指出，在某些情况下，多达50%的商品可能受到霉菌毒素的污染（Turner 等，2009）。此外，在受污染的食品加工过程中，霉菌毒素往往会持续存在，在烹饪和消毒过程中通常无法完全消除（Arnich 等，2012）；因此，由霉菌毒素引起的食品污染已被认为是一种公共卫生威胁（Bouhet 等，2005）。牛奶的消费量很高，因为它对所有年龄段人的饮食来说都十分重要（Flores-Flores 等，2015）。近年来，乳及乳制品中霉菌毒素的共存引起了人们的广泛关注，尤其是黄曲霉毒素（AFs）和赭曲霉毒素 A（OTA）的共存（Sakin 等，2018）。

据报道，黄曲霉毒素 M_1（Aflatoxin M_1）和 OTA 是牛奶中的主要危害因子，可能对人体健康构成威胁（Huang 等，2014）。AFM_1 是 AFB_1 的代谢物，是目前世界各国牛奶

中唯一被规定了最大残留限量（MRL）的霉菌毒素。欧盟规定 AFM_1 的最大残留限量是 0.05μg/kg，中国和美国规定为 0.5μg/kg（Zheng 等，2013）。AFM_1 不仅会导致肝癌、免疫系统紊乱及儿童生长相关问题（Aslam 等，2015），还会造成肠屏障的损伤，如肠道细胞损伤、肠道紧密连接的破坏、肠道通透性的增加等（Gao 等，2016）。OTA 是一种由曲霉菌和青霉菌产生的稳定化合物。其在常规的食品加工过程中不会被破坏，只有在 250℃以上的温度下处理几分钟才能降低其浓度（Boudra 等，1995）。OTA 对动物具有肝毒性、肾毒性、免疫毒性和致畸作用（Raiola 等，2015）。此外，OTA 对肠道上皮和黏膜相关淋巴组织具有细胞毒性，使肠道屏障发生改变，导致对各种相关疾病的易感性增加（Solcan 等，2015）。考虑到霉菌毒素的多重暴露是普遍的情况，霉菌毒素的共存会影响其对人和动物的毒理学效应（Flores-Flores 等，2015），我们有必要确定 AFM_1 和 OTA 的联合细胞毒性。

一个动态的、具有良好调节功能的肠道屏障对于保护机体免受食物中抗原和肠道菌群的侵袭至关重要（Akbari 等，2017）。这一屏障主要由肠上皮细胞、共生菌群和肠道黏液层组成。肠道黏液层在小肠内为易移动的单层，其在结肠中形成双层且内黏液层与结肠上皮紧密相连（Johansson 和 Hansson，2016）。此外，有研究还提出了一个新概念，即啮齿类动物远端结肠内黏液层与粪菌相连，从而将微生物群限制在粪便中（Jbj 等，2017）。胃肠道的黏液层是抵御霉菌毒素等威胁的第一道防线，其同时也为内源性共生菌群提供了有利的环境（Tarabova 等，2016）。已有证据表明，胃肠道杯状细胞分泌的黏蛋白的存在或缺失，或其水平改变与胃肠道炎症等相关疾病甚至癌症相关（Rose 等，2006；Kufe 等，2009）。然而，迄今为止，虽然有大量的体内和体外模型试验表明霉菌毒素可引起肠道损伤，但关于霉菌毒素改变肠道黏蛋白表达和分泌的研究较少（Ahmed 等，2017；Grenier 和 Applegate，2013；Minervini 等，2014）。因此，评估 AFM_1 和 OTA 及其相互作用对肠内潜在毒性靶点（包括黏蛋白合成和分泌）的影响十分重要。

作为常用的肠道细胞模型之一，HT29-MTX 细胞是人结肠癌细胞 HT29 的同质亚群，经 10^{-5}M 的甲胺叶酸适应性筛选后，能够分泌黏蛋白，尤其是 MUC2、MUC5AC 和 MUC5B，可认为其具有类似杯状细胞的功能（Wikman-Larhed 和 Artursson，1995）。虽然黏蛋白主要由 HT29-MTX 细胞分泌，但为了更好地模拟人体肠道屏障的通透性特征，我们选择使用Caco-2 与 HT29-MTX 细胞共培养模型（小肠：Caco-2/HT29-MTX 90/10，大肠：Caco-2/HT29-MTX 75/25）来加以评估 AFM_1 和 OTA 单独及联合作用对黏蛋白（MUC2，MUC5AC，MUC5B）mRNA 表达及蛋白分泌的影响（Mahler 等，2009）。据我们所知，这是首次使用肠道细胞共培养模型来评估 AFM_1 与 OTA 之间的相互作用。我们的研究证明了 AFM_1 和 OTA 不仅对肠道细胞活力产生明显的损伤，增加肠道通透性，而且改变了肠道黏蛋白的表达和分泌。

二、材料方法

1. 霉菌毒素处理

用于本试验的 AFM_1（结构式：$C_{17}H_{12}O_7$；分子量：328）和 OTA（结构式：$C_{20}H_{18}$

$ClNO_6$；分子量：403）购自百灵威化学有限公司（上海，中国）。AFM_1 和 OTA 分别溶解在甲醇中，浓度分别为 400μg/mL 和 5000μg/mL，并储存在-20℃。对于所有基于细胞的检测，用无血清的 DMEM 培养基稀释储备溶液，直到获得所需浓度的 AFM_1（0.05μg/mL，4μg/mL）、OTA（0.05μg/mL，4μg/mL）及其混合浓度（AFM_1+OTA = 0.05μg/mL+0.05μg/mL，4μg/mL+4μg/mL）。对照组为与处理组浓度相同的无血清甲醇培养基。试验中的毒素处理全部为 48h。

2. 细胞系与培养条件

从美国购买人结直肠癌细胞株Caco-2第 18 代（ATCC，Manassas，VA，USA）；第 28~33 代的细胞用于试验。HT29-MTX 细胞由李慧颖博士（清华大学生命科学学院）赠予；试验中使用的是第 28~39 代细胞。细胞通常培养在 37℃，95%空气/水饱和空气、5%二氧化碳的环境中，并使用含有 10%胎牛血清（FBS）、1%抗生素（100U/mL 青霉素和 100μg/mL 链霉素）和 1%非必需氨基酸的 DMEM 全培养基（Life Technologies，Carlsbad，CA，USA）。在达到试验所需的细胞代数之前，用胰蛋白酶-EDTA 溶液（0.25%）对细胞进行传代再培养，并每隔一天更换一次全培养基。对于 Caco-2/HT29-MTX 的共培养，Caco-2 和 HT29-MTX 细胞先各自在细胞培养皿（Corning，New York，NY，USA）中培养。细胞汇合 2~4d，在第 14d 用霉菌毒素处理细胞，使用下文描述的各个试验条件及方法。每一组试验都使用 4 种共培养条件（Caco-2/HT29-MTX：100/0、90/10、75/25 和 0/100），细胞保持在相同的条件下进行培养。

3. 细胞活力测定

为确定单独和联合的霉菌毒素导致的细胞毒性，所有比例的细胞（Caco-2/HT29-MTX：100/0，90/10，75/25 和 0/100）接种在 96 孔板（Corning）中，每孔 100μL，接种密度为 1×10^5个/孔。通过使用增强型细胞计数 KIT-8（CCK-8）（Beyotime Biotechnology，上海，中国）根据制造商的说明书测定霉菌毒素对每个模型中细胞增殖的影响。使用自动化酶联免疫吸附测定仪（Thermo Scientific，Waltham，MA，USA）在 450nm 处测量吸光度。结果以细胞存活率的百分比表示。试验分 3 次进行（连续 3 代细胞），每次 10 次重复。

4. 细胞层染色

Caco-2/HT29-MTX 细胞按比例（100/0、90/10、75/25 和 0/100）接种在 24 孔 Transwell板（Corning）中。培养 14d 后，将所有的单独毒素和混合毒素处理组用 Hank's 平衡盐溶液（HBSS）漂洗 2~3 次，随后用冷甲醇（60%甲醇、30%氯仿和 10%乙酸）固定，以保护黏液层（Grootjans 等，2013）。将石蜡包裹的聚碳酸酯膜切割成 20μm，随后将石蜡切片脱水，进行苏木精溶液染色，然后用曙红溶液染色。用水冲洗几次后，将其脱水，清除染色液体。切片放置在一个载玻片上，并使用倒置 Zeiss Axioskop 40 多头显微镜（Carl Zeiss，Jena，Germany）进行观察。

5. TEER 值的测定

将Caco-2/HT29-MTX 细胞（100/0、90/10、75/25 和 0/100）以 1×10^5个/孔的密度接种在 24 孔 Transwell 板（Corning）中，每隔一天更换培养基至培养 14d。根据说明

书测量初始 TEER 值后，所有细胞在无 FBS、无抗生素仅含有单独或混合的 AFM_1 和 OTA 溶液的培养基处理 48h。然后测定毒素处理后的 TEER 值，并计算 48h 前后 TEER 值的差异，最终结果显示为差异值占初始值的百分比。TEER 值是由 Millicell-ERS 伏特-欧姆表（Millipore，Temecula，CA，USA）测定的。试验重复 3 次，每次试验设置 5 个平行，每个孔的结果为占初始 TEER 值的百分比。

6. 黏蛋白基因表达的定量分析

将Caco-2/HT29-MTX 细胞以 2×10^5个/孔的密度接种于 6 孔培养板（Corning）中，细胞汇合后在第 14d 用磷酸盐缓冲液（PBS）冲洗，并在无血清培养基中用霉菌毒素处理 48h。用 SYBR（PCR）试剂盒对黏蛋白基因的表达进行定量（Takara，Shiga，Japan）；MUC2、MUC5AC 和 MUC5B 的引物序列如表 1 所示。

用 RNAiso Plus 提取总 RNA，并根据说明书使用 Fast Quantity RT 试剂盒（TIANGEN，北京，中国）反转录为 cDNA。在将 RNA 用于 qPCR 之前，通过 A260/A280 比值大于 1.8 且小于 2.2 来保证其质量。所有样本均在 StepOnePlus real-time PCR system（Applied Biosystems，Foster City，CA，USA）上进行。所用的反应程序为 95℃持续 180s，然后在 95℃持续 3s 和 60℃持续 30s，40 次循环。

用 $2^{-\Delta\Delta CT}$法，将霉菌毒素处理后 MUC2、MUC5AC 和 MUC5 基因表达水平的相对变化归一化。试验分别重复 2 次，每次试验设置 3 个平行。

表 1　定量 qPCR 中 MUC2、MUC5AC 和 MUC5B 的引物序列

引物长度（bp）	正向引物序列（5′-3′）	反向引物序列（3′-5′）
238	AAGACGGCACCTACCTCG	TTGGAGGAATAAACTGGAGAACC
278	GTTTGACGGGAAGCAATACA	CGATGATGAAGAAGGTTGAGG
171	GTGACAACCGTGTCGTCCTG	TGCCGTCAAAGGTGGAATAG
235	GGAGTCCACTGGCGTCTT	GAGTCCTTCCACGATACCAAA

7. 黏蛋白丰度测定

将Caco-2/HT29-MTX 细胞接种于六孔培养板（Corning）中，密度 2×10^5个/孔，用含霉菌毒素的无血清培养基处理 48h。收集细胞培养上清液并保存在-80℃条件下，直到进行后续分析。使用人黏蛋白 MUC2、MUC5B、MUC5AC ELISA 试剂盒（东林科技发展有限责任公司，中国）测量细胞上清液中黏蛋白的相对水平。使用自动酶联免疫吸附测定仪（Thermo Scientific，Waltham，MA，USA）测定并在 450nm 处读取其吸光度值。黏蛋白的丰度计算为 ng/mL。结果用对照组的百分比表示。试验重复 3 次，每次试验设置 3 个平行。

8. 交互作用和相关性分析

对测量值与理论期望值（基于测量值）进行比较被认为是可靠的，它也被用于评价霉菌毒素的交互作用（Clarke 等，2014；Heussner 等，2006）。通过将单独暴露于一种物质（或两种物质的混合物）后的平均值与暴露于第二或第三种物质后获得的平均值相加来计算预期值，平均值的预期标准误差（SEM）计算如下（Gao 等，2018）：

平均值（AFM_1+OTA 的预期值）= 平均值（AFM_1）+平均值（OTA）-100%　(1)

SEM（AFM_1+OTA 的预期值）= ［（AFM_1 的 SEM）^{2}+（OTA 的 SEM）^{2}］$^{1/2}$　(2)

使用未配对 T 检验计算预期值和测量值差异的显著性，$P<0.05$ 被认为具有统计显著性。

为了分析 AFM_1 和 OTA 的交互作用类型，分别计算了细胞活力、TEER 值、黏蛋白 mRNA 表达和黏蛋白（MUC2、MUC5AC 和 MUC5B）的期望值。

加性效应定义为实际测量值不显著高于或低于预期值（$P>0.05$）。协同效应定义为实际测量值明显低于预期值。拮抗作用定义为实际测量值明显高于预期值。用 Spearman 相关性（非参数）评估单独或混合的 AFM_1 和 OTA 处理的Caco-2/HT29-MTX 共培养物中细胞活力、TEER 值和黏蛋白 mRNA 表达水平和蛋白丰度之间的相关性并用 R v3. 5. 2（TUNA Team，清华大学，北京，中国）作图。

9. 统计分析

所有数据分析均采用 SPSS 统计软件包（SPSS v19. 0 for Windows；SPSS Inc.，Chicago，IL，USA）。细胞活力、TEER 值、黏蛋白 mRNA 的表达水平和蛋白水平的数据表示为 3 个独立试验的平均值±标准误差。组间差异采用单因素方差分析进行统计学分析，然后采用 Tukey's 显著性差异检验进行多重比较，显著性标准为 $P<0.05$。

三、结果

1. 单独或联合的 AFM_1 和 OTA 对Caco-2/HT29-MTX（100/0、90/10、75/25 和 0/100）细胞活力的影响

单独或联合的 AFM_1 和 OTA 在两种浓度下均显著改变了细胞存活率至 60%左右（$P<0.01$）。与对照组相比，两种毒素混合浓度为 4μg/mL 时对细胞存活率的抑制作用最大。此外，在共培养比例为 75/25 时，低浓度下（0. 05μg/mL）的霉菌毒素会刺激细胞的增殖。在相同浓度下，AFM_1 与 OTA 的联合毒性作用明显高于它们各自的单独作用（$P<0.01$），单独的 AFM_1 与 OTA 对细胞存活率的抑制无显著差异（$P>0.05$）（图 1）。

2. 单独或联合的 AFM_1 和 OTA 对Caco-2/HT29-MTX（100/0、90/10、75/25 和 0/100）细胞层结构的影响

我们用 HE 染色的方法来评估联合的霉菌毒素对细胞层结构的影响。与其他共培养比例相比，Caco-2单独培养时细胞层最薄。结果表明两种毒素混合浓度为 4μg/mL 时会造成细胞间的紧密连接被破坏、细胞数目减少等细胞层结构受损的现象（图 2），该结果与细胞活力的结果相符。

3. 单独或联合的 AFM_1 和 OTA 对Caco-2/HT29-MTX（100/0、90/10、75/25 和 0/100）TEER 值的影响

TEER 是研究肠道屏障完整性的重要参数之一。Caco-2/HT29-MTX 100/0、90/10、75/25 和 0/100 的初始 TEER 值（霉菌毒素处理前）分别为 1 078～1 155Ω× cm^2、320～359Ω×cm^2、145～178Ω×cm^2 和 154～176Ω×cm^2。暴露于霉菌毒素 48h 后，Caco-2与 HT29-MTX 两种细胞混合比例为 0：100 和 100：0 时，单独或混合的 AFM_1 及 OTA 对

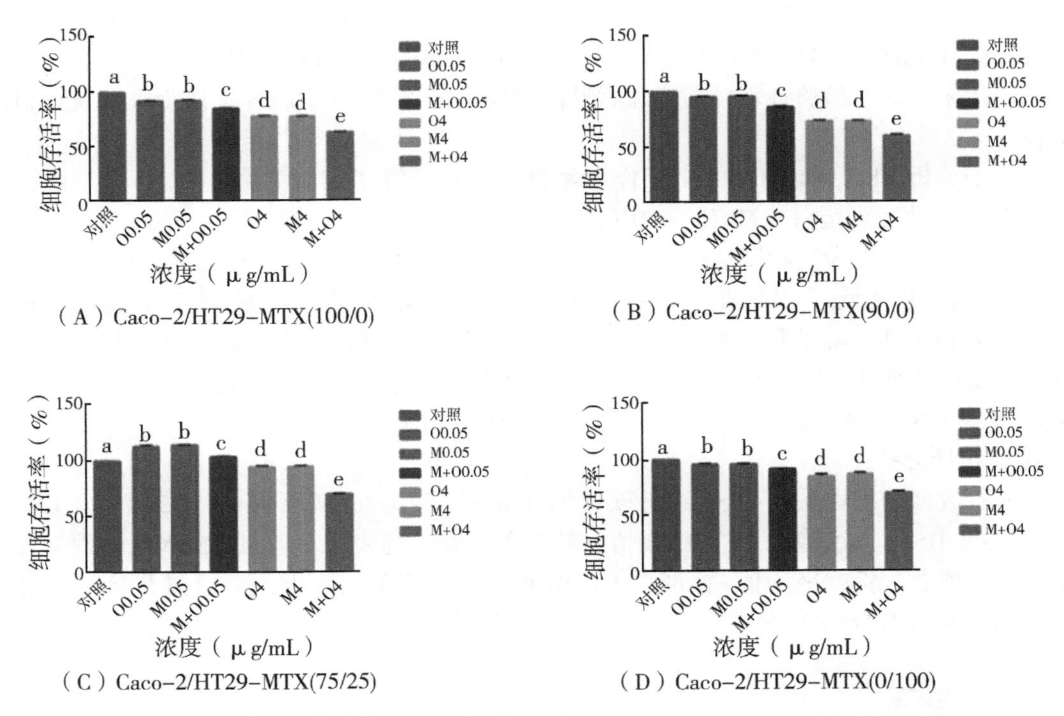

图 1　单独及混合的 AFM_1 和 OTA 对Caco-2/HT29-MTX（A）100/0、（B）90/10、（C）75/25 和（D）0/100 细胞活力的影响

分化的Caco-2/HT29-MTX 细胞暴露于 AFM_1（0.05，4μg/mL），OTA（0.05，4μg/mL）或 OTA+AFM_1（0.05，4μg/mL）48h，细胞存活率是由增强的 Cell Counting Kit-8（CCK-8）试剂盒测定。结果用对照组的百分数±SEM（n=3）表示，不同字母（a～e）表示细胞活力差异显著（$P<0.05$）。M0.05 代表 AFM_1 0.05μg/mL，M4 代表 AFM_1 4μg/mL，O0.05 代表 OTA 0.05μg/mL，O4 代表 OTA 4μg/mL，M+O0.05 代表 AFM_1+OTA 0.05μg/mL，M+O4 代表 AFM_1+OTA 4μg/mL

TEER 值的影响均达极显著（$P<0.01$）；细胞混合比例为 90：10 及 75：25 时，与对照组相比在低浓度下（0.05μg/mL）单独或混合的毒素对 TEER 值无显著影响（$P>0.05$），而高浓度的（4μg/mL）单独和混合的毒素极显著地降低了 TEER 值（$P<0.01$）（图 3）；且 AFM_1 和 OTA 的细胞毒性相似，无显著差异（$P>0.05$），且在相同浓度下，混合处理组的细胞毒性显著高于单独处理组（$P<0.01$）。

4. 单独或联合的 AFM_1 和 OTA 对Caco-2/HT29-MTX（100/0、90/10、75/25 和 0/100）黏蛋白基因表达水平的影响

研究结果显示，在细胞混合比例为 100/0、90/10、75/25 时，单独的 OTA 处理或与 AFM_1 混合处理浓度达 4μg/mL 时，3 种黏蛋白（MUC2、MUC5AC 和 MUC5B）的 mRNA 表达水平均显著上升，而 AFM_1 单独处理时则无明显影响。此外，单独使用 OTA 或其与低浓度 AFM_1 的混合物（0.05μg/mL）处理后，Caco-2单独培养物中 MUC2 和 MUC5AC 的 mRNA 表达显著上调（图 4A）。

在 90/10 共培养物中，与对照组相比，单独暴露于 4μg/mL AFM_1 后 MUC2 mRNA

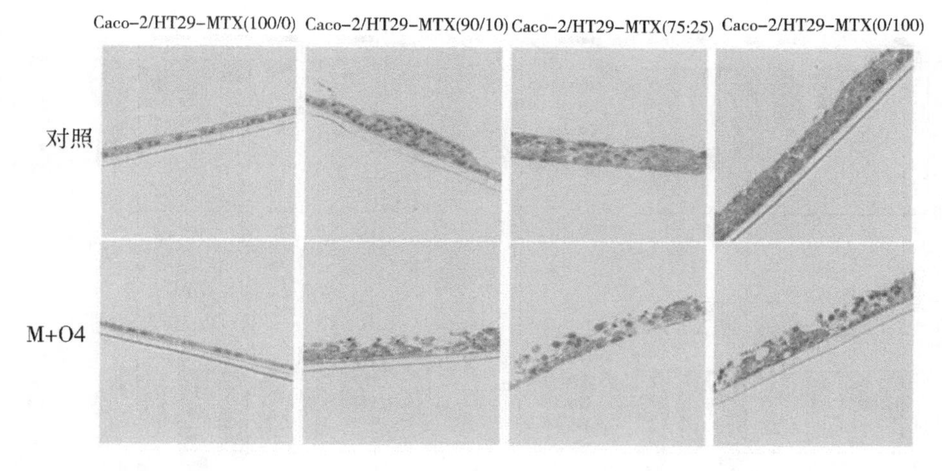

图2 细胞层染色，Caco-2和HT29-MTX共培养（100/0，90/10，75/25和0/100）暴露于4μg/mL混合的AFM_1和OTA后经HE染色

细胞核内染色质和胞质核酸呈蓝紫色，胞质和细胞外基质呈红色。聚碳酸酯膜的厚度在20μm。M+O4代表AFM_1+OTA 4μg/mL

的表达水平显著增加。单独的OTA或联合0.05μg/mL AFM_1时，MUC5AC mRNA表达水平显著上调。单独使用AFM_1浓度为0.05μg/mL时，MUC5B mRNA表达显著上调（图4B）。

在75/25共培养物中，单独和联合的AFM_1和OTA显著影响MUC5B mRNA的表达。单独使用AFM_1（0.05μg/mL和4μg/mL）、单独使用OTA以及在0.05μg/mL时联合使用AFM_1和OTA会导致MUC5B mRNA表达下调，我们观察到单独使用OTA和在较低浓度（0.05μg/mL）下联合使用AFM_1和OTA时，MUC5AC mRNA水平与各自对照组相比显著上调（图4C）。

在单独的HT29-MTX细胞中，OTA仅在0.05μg/mL时MUC5AC和MUC2 mRNA水平显著上调，但在单独的OTA 4μg/mL时MUC5B和MUC2的mRNA水平显著下调（图4D）。单独AFM_1 4μg/mL或与OTA浓度为0.0 5μg/mL混合时会导致MUC5AC和MUC5B mRNA表达水平显著上调（图4D）。

5. 单独或联合的AFM_1和OTA对Caco-2/HT29-MTX（100/0、90/10、75/25和0/100）黏蛋白丰度的影响

除HT29-MTX单独培养物外，单独使用OTA或与AFM_1联合使用浓度为4μg/mL时显著降低了MUC2的蛋白水平，而联合使用AFM_1和OTA在0.05μg/mL的浓度下显著增加了MUC2的蛋白水平（图5）。在所有单独培养物或共培养物中，霉菌毒素处理组和对照组之间相比，MUC5AC的蛋白水平几乎没有差异。除Caco-2单独培养物外，大多数单一培养物和共培养物在单独使用OTA或与AFM_1联合浓度为4μg/mL时，MUC5B蛋白水平显著降低（图5A）。

在90/10共培养物中，单独用OTA（0.05μg/mL）或单独用AFM_1（4μg/mL）处

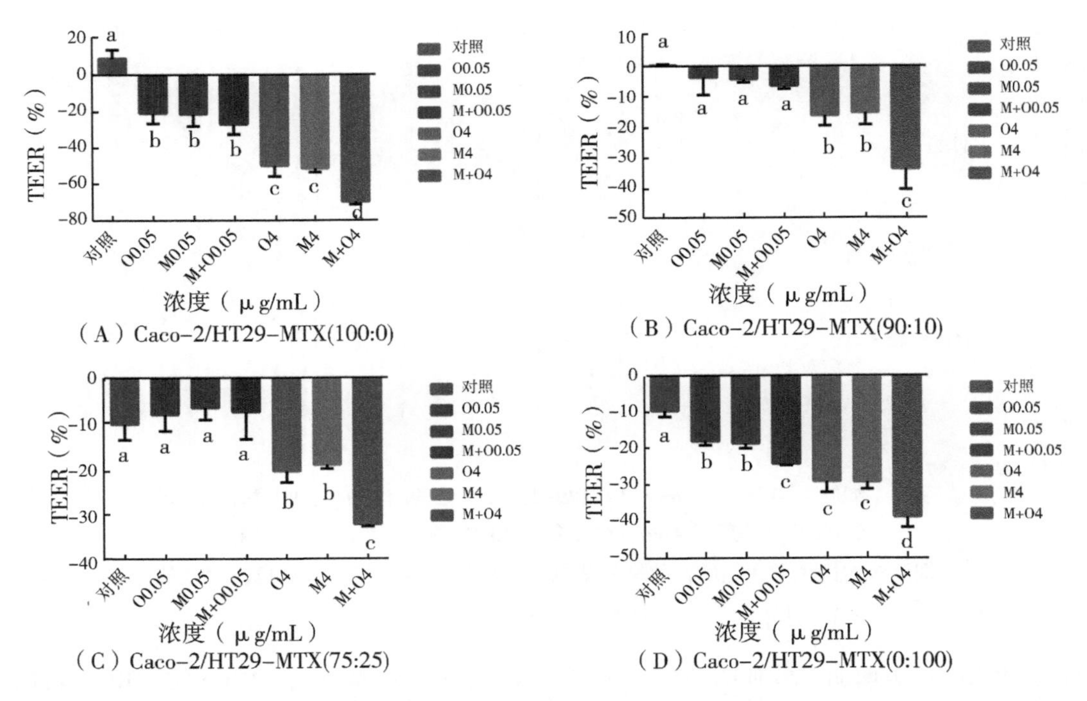

图 3　在不同浓度的 AFM_1 和 OTA 单独或联合处理 48h 后，TEER 值在分化 Caco-2/HT29-MTX（A）100/0，（B）90/10，（C）75/25，（D）0/100 共培养体上的变化

结果表示为处理孔与对照孔的差异占对照孔的百分比±SEM（n=3）。不同字母（a~d）表示 TEER 值具有统计学差异（$P<0.05$）

理后，细胞上清液中 MUC2 和 MUC5B 蛋白水平显著升高。此外，单独 AFM_1 或与 OTA 混合浓度为 0.05μg/mL 时导致 MUC5B 蛋白水平显著增加（图 5B）。

对于 75/25 共培养物，MUC2 蛋白水平在低浓度（0.05μg/mL）时升高，在高浓度时（4μg/mL）降低。类似地，在低浓度 AFM_1（0.05μg/mL）时 MUC5B 蛋白水平升高，在 4μg/mL 时降低（图 5C）。

在 HT29-MTX 单独培养时，霉菌毒素浓度仅 0.05μg/mL 时会导致 MUC2 蛋白水平显著增加。单独使用 AFM_1 或 AFM_1 和 OTA 以 0.05μg/mL 混合处理时可显著提高 MUC5B 蛋白水平，但我们发现单独使用 OTA 和 OTA 以 0.05μg/mL 与 AFM_1 混合使用可降低 MUC5B 蛋白水平（图 5D）。

6. AFM_1 和 OTA 对 Caco-2/HT29-MTX（100/0、90/10、75/25 和 0/100）的交互作用影响

细胞存活率结果显示，在 AFM_1 和 OTA 混合（浓度为 0.05 和 4μg/mL）处理时，四种混合培养比例均显示出协同效应（图 6A）。对于 TEER 值，细胞混合比例为 90/10 时，AFM_1 和 OTA 混合（浓度为 0.05 和 4μg/mL）处理时显示出加和作用，与预期值无显著性差异（$P>0.05$）；其余的 3 种培养比例显示出拮抗作用（图 6B）。就黏蛋白的基因表达水平来说，在低浓度（0.05μg/mL）下，在所有Caco-2/HT29-MTX 单培养物

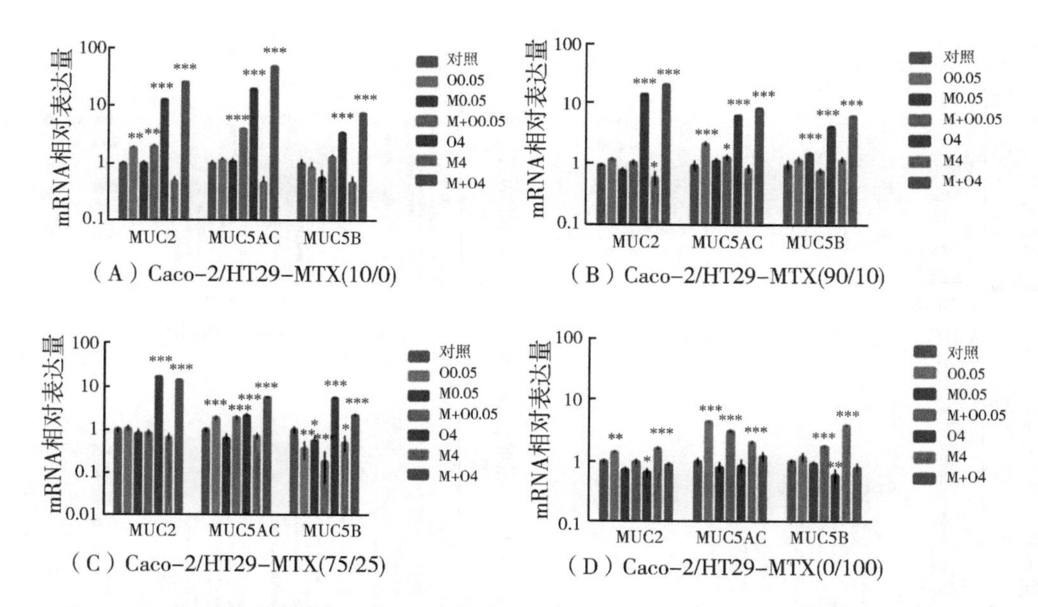

图4　暴露于单独或组合的 AFM_1（0.05μg/mL、4μg/mL）、OTA（0.05μg/mL、4μg/mL）或 AFM_1+OTA（0.05μg/mL、4μg/mL）48h 后，Caco-2/HT29-MTX（A）100/0，（B）90/10，（C）75/25 和（D）0/100 共培养物中 MUC2、MUC5AC 和 MUC5B mRNA 的相对水平

用 SYBR-green 定量聚合酶链反应（qPCR）法测定Caco-2/HT29-MTX 共培养物中黏蛋白基因（MUC2、MUC5AC，MUC5B）的含量。结果表示为对照组的平均百分比±SEM（n=2）。与对照组相比，*，**，*** 代表 $P<0.05$、0.01 和 0.001。M0.05 代表 AFM_1 0.05μg/mL，M4 代表 AFM_1 4μg/mL，O0.05 代表 OTA 0.05μg/mL，O4 代表 OTA 4μg/mL，M+O0.05 代表 AFM_1+OTA 0.05μg/mL，M+O4 代表 AFM_1+OTA 4μg/mL

和共培养物中均表现出明显的加和作用，在 4μg/mL 下，在 100/0 和 90/10 培养物中发现拮抗效应，在 4μg/mL 下，在 75/25 和 0/100 培养物中观察到对 MUC2 和 MUC5B mRNA表达的协同效应（图 6C，6E）。对于 MUC5AC mRNA 的表达，在 100/0 培养物中为拮抗作用，在 0/100 培养物中为加和作用。75/25 和 90/10 Caco-2/HT29-MTX 培养物在低浓度（0.05μg/mL）下均表现出加和效应，用 AFM_1 和 OTA 混合物（0.05μg/mL 和 4μg/mL）处理后，在所有蛋白水平（MUC2、MUC5AC 和 MUC5B）中均表现出协同效应（图 6F，6G，6H）。

7. 细胞存活率、TEER、黏蛋白 mRNA 的表达水平与蛋白水平之间的相关性

在所有培养模型中，细胞存活率与 TEER 值之间呈极显著正相关（$P<0.01$）。当 Caco-2单独培养时，MUC2、MUC5AC 与 MUC5B mRNA 的表达两两之间呈极显著正相关（$P<0.01$）。在 90/10 和 75/25 共培养模型中，MUC2 和 MUC5AC mRNA 的表达呈极显著正相关（$P<0.01$）。HT29-MTX 单独培养时，MUC2 mRNA 表达与 MUC5B mRNA 表达呈显著正相关（$P<0.05$）。细胞存活率值、TEER 值以及 MUC2、MUC5B 的蛋白水平在 90/10、75/25 共培养模型中均呈显著正相关（$P<0.05$）（图 7）。

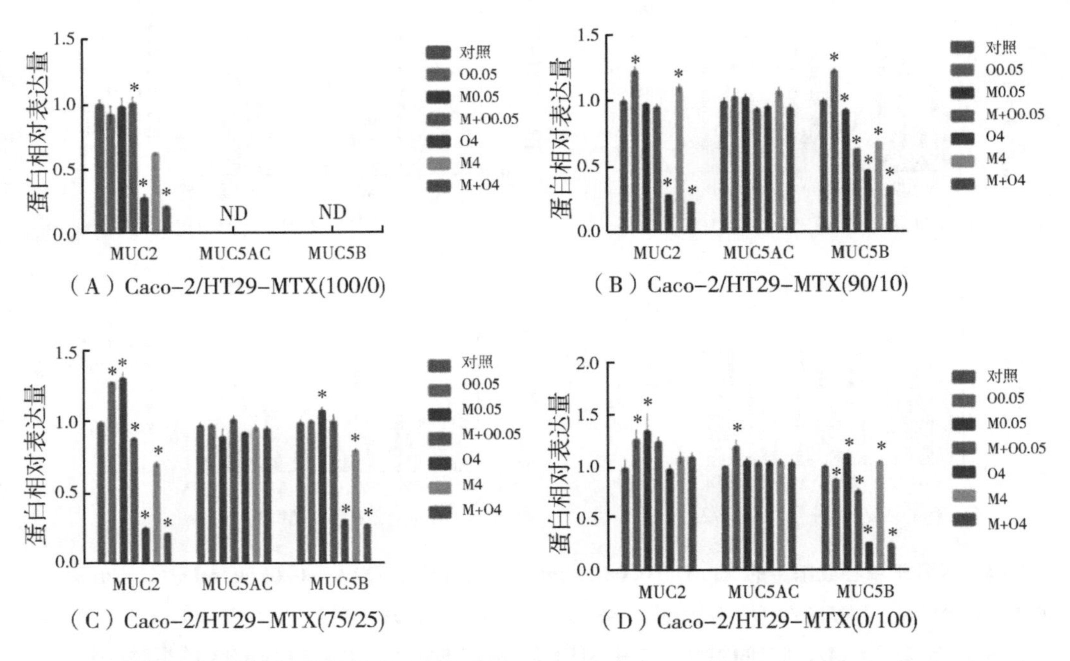

图 5　暴露于单独或组合的 AFM_1（0.05μg/mL、4μg/mL）、OTA（0.05μg/mL、4μg/mL）或 AFM_1+OTA（0.05μg/mL，4μg/mL）48h 后，Caco-2/HT29-MTX（A）100/0，（B）90/10，（C）75/25 和（D）0/100 共培养物中 MUC2、MUC5AC 和 MUC5B 蛋白的相对丰度变化

用 ELISA 试剂盒测定细胞上清液中黏蛋白的相对水平。结果表示为对照组的百分比的平均值±SEM（n=3）。与对照组相比，*、**、*** 代表 $P<0.05$、0.01 和 0.001。M0.05 代表 AFM_1 0.05μg/mL，M4 代表 AFM_1 4μg/mL，O0.05 代表 OTA 0.05μg/mL，O4 代表 OTA 4μg/mL，M+O0.05 代表 AFM_1+OTA 0.05μg/mL，M+O4 代表 AFM_1+OTA 4μg/mL

四、讨论

许多研究表明霉菌毒素在自然界中共存。然而，这些研究大多数针对谷物和饲料中常见的霉菌毒素（Oh 等，2017；Szabo 等，2017）。霉菌毒素在牛奶中的毒理学数据是很有限的。据我们所知，这是第一次证明 AFM_1 和 OTA 单独或联合存在于牛奶中破坏肠上皮屏障和影响黏蛋白表达水平。我们对Caco-2/HT29-MTX 共培养物使用了不同的初始接种比例，该共培养物模拟了人类小肠组织（90/10）和大肠组织（75/25）（Hilgendorf 等，2015；Xu 等，2017）。我们的研究结果进一步表明，霉菌毒素破坏肠屏障时，AFM_1 和 OTA 之间存在加和作用、协同作用及拮抗作用，在不同的检测终点有着不同程度的正相关或负相关。

利用细胞活力和 TEER 值评价肠道上皮细胞活性和肠道屏障完整性。我们的结果表明，暴露于 AFM_1 和 OTA 后，细胞活力和 TEER 值以剂量依赖的方式被显著降低，切片

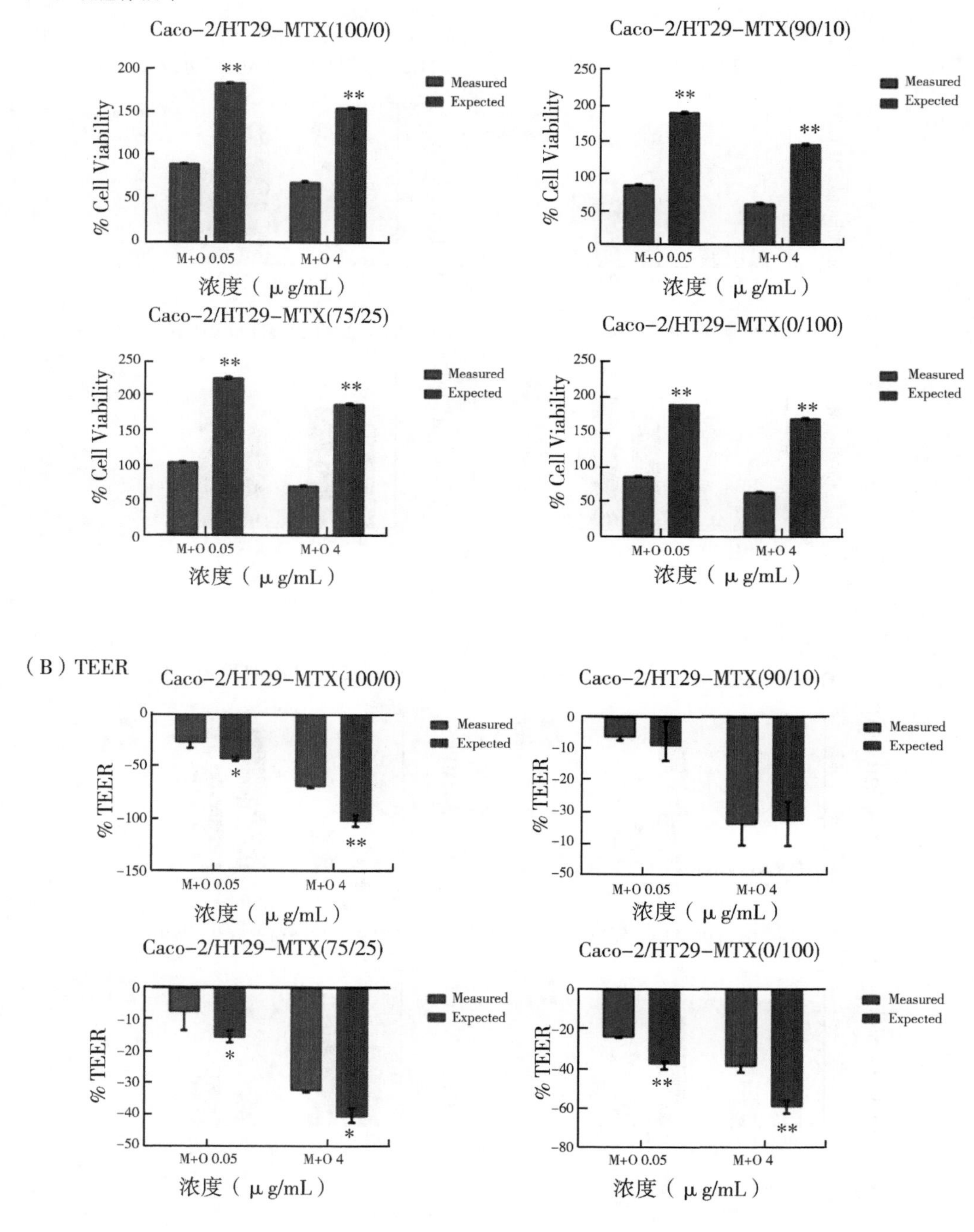
（A）细胞存活率
Caco-2/HT29-MTX(100/0)
Caco-2/HT29-MTX(90/10)
Caco-2/HT29-MTX(75/25)
Caco-2/HT29-MTX(0/100)
% Cell Viability
Measured
Expected
M+O 0.05
M+O 4
浓度（μg/mL）
（B）TEER
% TEER

（C）MUC2 mRNA

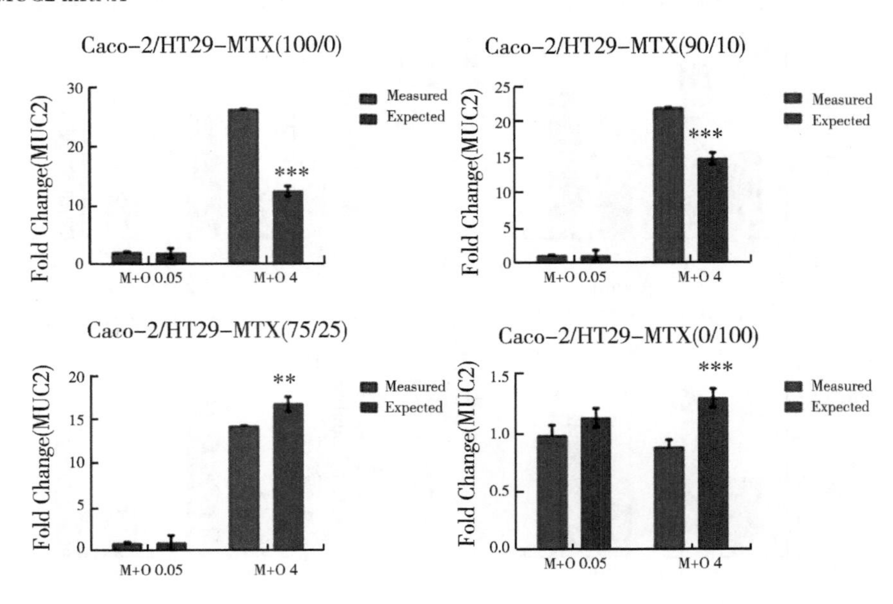

（D）MUC5AC mRNA

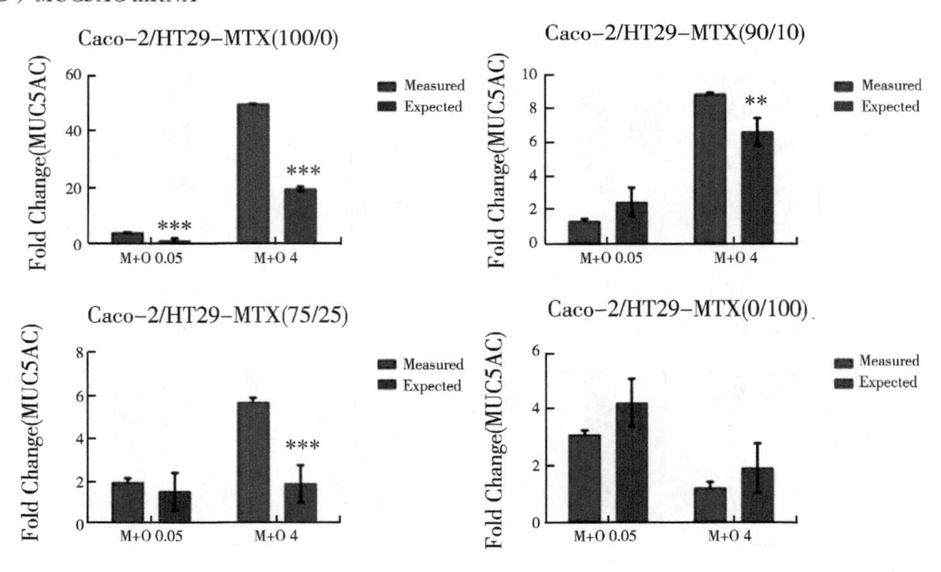

（E）MUC5B mRNA

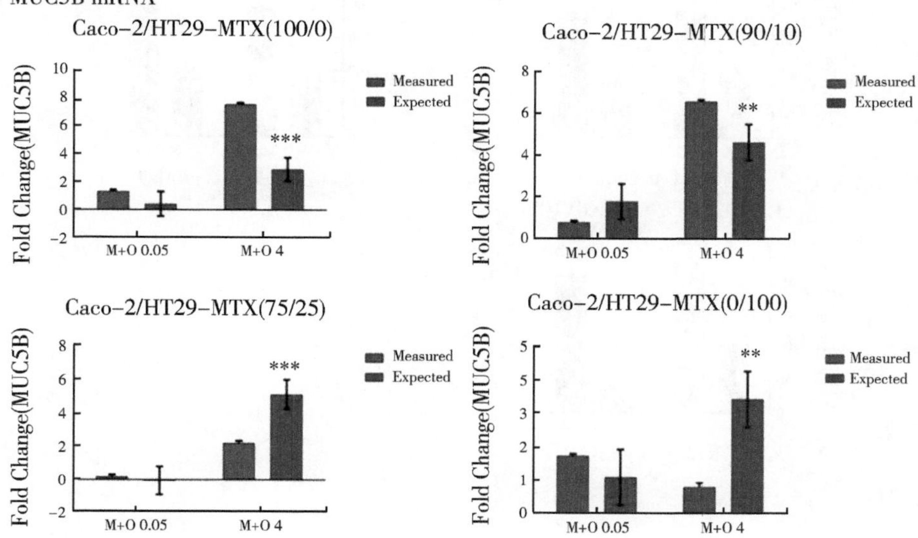

（F）MUC2 蛋白

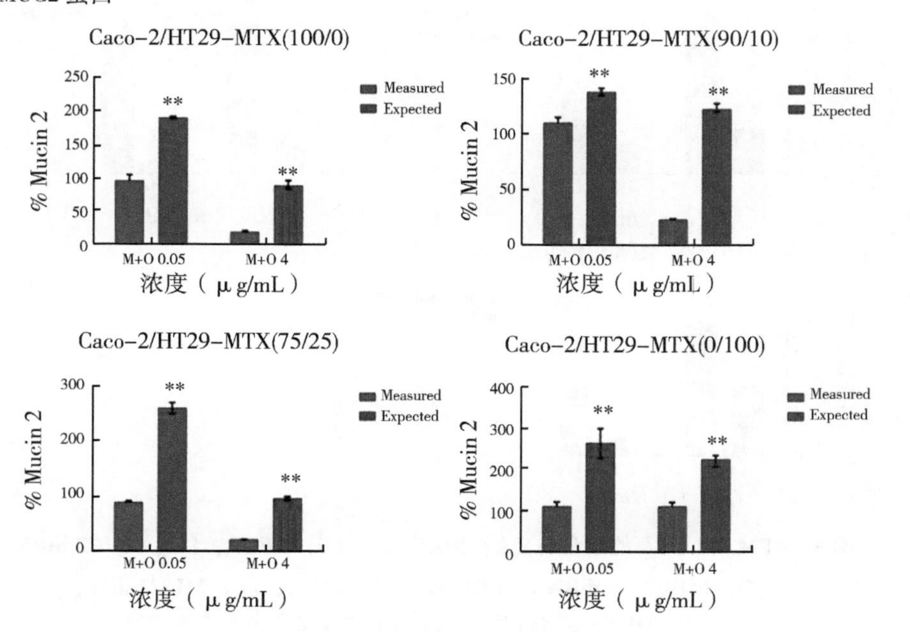

（G）MUC5AC蛋白

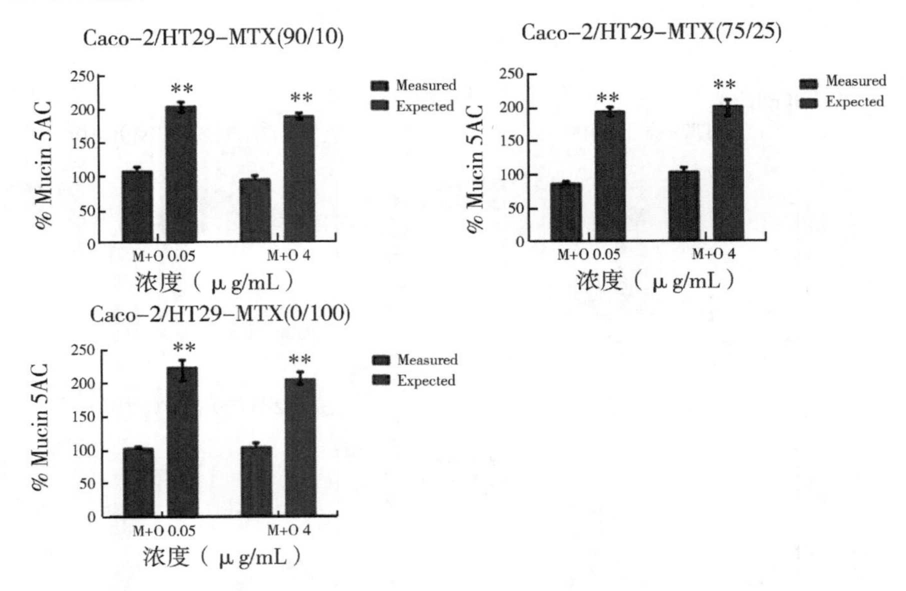

（H）MUC5B蛋白

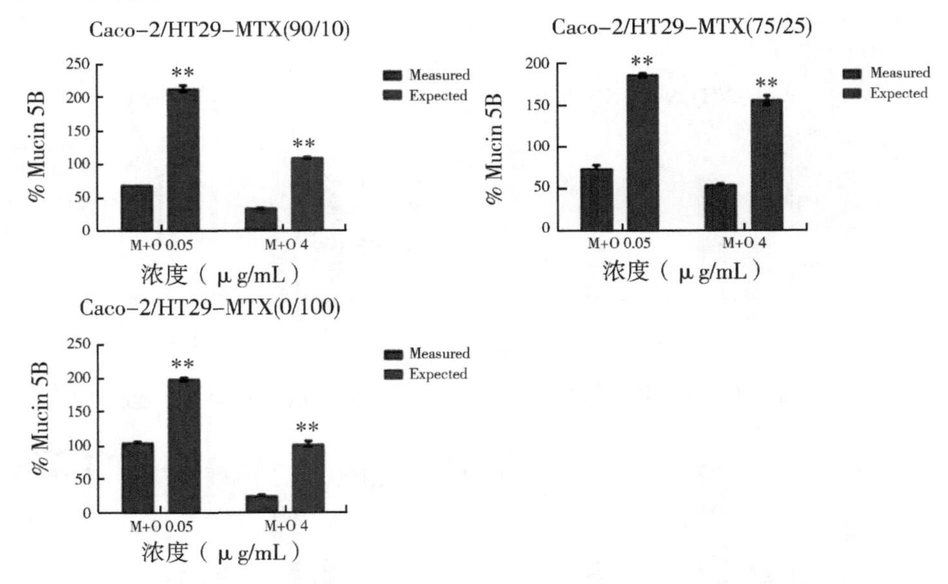

图 6　AFM_1 和 OTA 的组合在（A）细胞活力、（B）TEER、（C）MUC2 mRNA、（D）MUC5AC mRNA、（E）MUC5B mRNA、（F）MUC2 蛋白、（G）MUC5AC 蛋白和（H）MUC5B 蛋白中的交互作用

数据表示为每个参数与未处理对照组的百分比。* $P<0.05$，** $P<0.001$，表示具有显著的协同或拮抗作用。

（A）Caco-2/HT29-MTX(100/0)

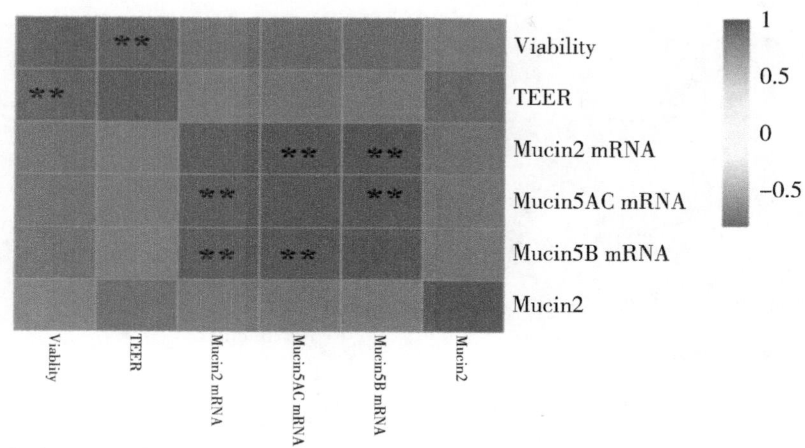

（B）Caco-2/HT29-MTX(90/10)

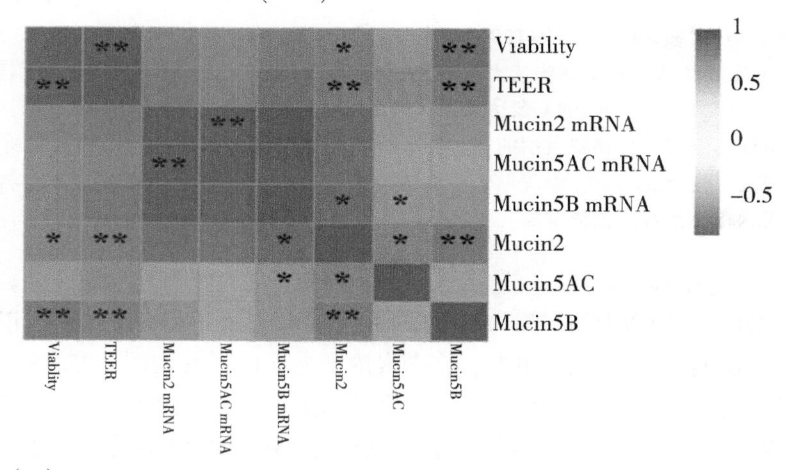

（C）Caco-2/HT29-MTX(75/25)

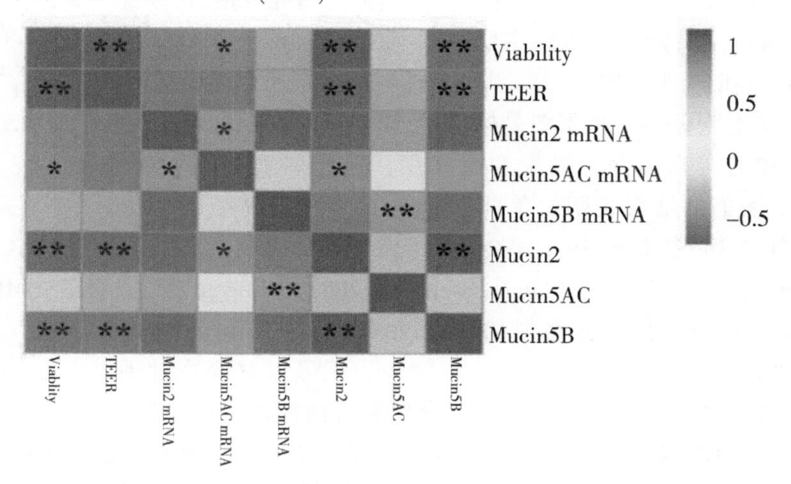

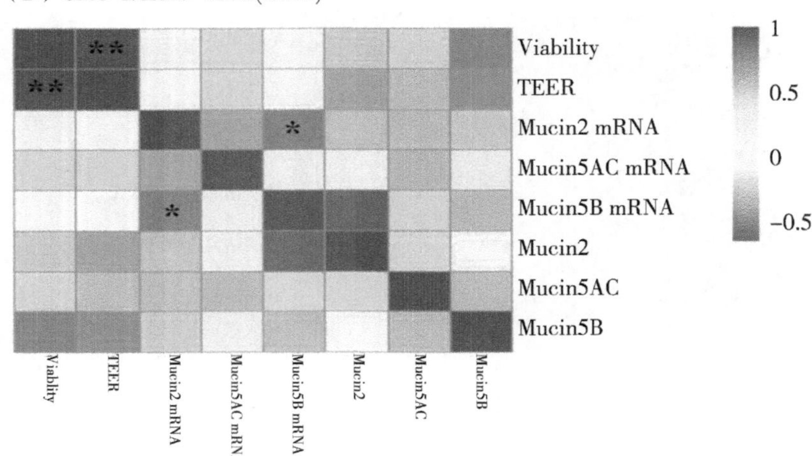

图 7 热图显示Caco-2/HT29-MTX（A）100/0、（B）90/10、（C）75/25 和（D）0/100 共培养物中细胞活力、TEER、黏蛋白（MUC2、MUC5AC、MUC5B）mRNA 表达水平和蛋白水平之间的相关性

热图是由矩阵的相应行和列表示的每对参数之间相关值的可视化表示。如图例所示深灰色表示正相关，浅灰色表示低相关，中灰色表示负相关。用 spearman 分析相关性的统计学意义。右边的数字比例表示相关系数。数值越高，相关性越高。* $P<0.05$，** $P<0.001$

染色结果也显示霉菌毒素对肠道细胞造成了严重损伤，并可能直接导致产生黏蛋白的细胞数量减少。此外，细胞活力的下降与 TEER 值的下降呈显著正相关。然而，正如之前的报道（Wan 等，2014；Smith 等，2017），在毒素浓度为 0.05μg/mL 时，75/25 共培养中观察到细胞活力增加，这可能是因为大肠具有较高的毒素耐受性。此外，细胞存活率和 TEER 值结果显示出 OTA 毒性与 AFM_1 相似。综上所述，AFM_1 和 OTA 诱导的细胞活性降低在肠道细胞通透性的改变中起着关键作用。其他类似的研究也报道了这种现象。而肠道通透性的改变是导致肠道炎症和腹泻的主要因素（Groschwitz 等，2009）。因此，可以合理地假设，与 AFM_1 类似，牛奶中的 OTA 也是一个主要的风险因子。

肠道杯状细胞分泌的黏蛋白是构成肠道黏液层的主要成分，其与水形成黏液层，覆盖在肠道上皮的游离表面，提供润滑作用，阻止肠道黏附和病原菌入侵（Antonissen 等，2015）。我们的结果表明，单独培养的Caco-2细胞在上清液中不产生 MUC5AC 和 MUC5B 蛋白。这可能是因为Caco-2细胞不像能够分泌黏蛋白的 HT29-MTX 细胞那样具有完整的肠道杯状细胞功能（Greenbaum 等，2003；Vincent 等，2007）。MUC5AC 蛋白的丰度约为其他细胞共培养物（100/0，90/10，75/25）的最低检测限，与对照组相比，MUC5AC 蛋白水平无显著差异。有两个原因可以解释这种现象，一是为了保证细胞足够的营养而加入的细胞培养上清液导致了蛋白被稀释；二是我们使用的单克隆抗体可能无法识别 MUC5AC 黏蛋白表位（Barnett 等，2016）。肠道黏蛋白 MUC5AC 通常在胃腺分泌黏液的小凹细胞中表达，但在结肠肿瘤细胞中的表达取决于培养条件（Lesuffleur 等，1993)。此外，我们的结果表明，霉菌毒素最终导致黏蛋白的表达水平下降。在其他研究中，霉菌毒素导致肠杯状细胞数量减少或增殖，肠道黏蛋白丰度的上调或下调（Wan 等，2016；Pinton 等，2015)。黏蛋白表达上调或下调可能是由于霉菌毒素刺激了保护或破坏肠道黏膜屏障的机制，也可能是由于不同种类的霉菌毒素、试验剂量和处理时间等实验条件导致的，需要进一步研究才能阐明。霉菌毒素主要通过两种机制影响肠黏蛋白：①直接作用于肠黏蛋白（Pinton 等，2015；Pestka 等，2010)；②首先破坏肠道细胞的紧密连接，导致细菌和其他有害物质激活细胞因子（IL-1、IL-6、IL-8、TNF-α 和 IFN-γ）和细胞信号通路（MAPK，PKR、JNK 和 NF-κB)，然后影响黏蛋白的基因表达水平和蛋白丰度，最终改变黏蛋白层的组成和功能（Arunachalam 等，2013；Maresca 等，2008)。

本研究中不同黏蛋白的 mRNA 表达水平之间存在显著相关性，这可以通过 MUC2、MUC5AC 和 MUC5B 在染色体 11p15. 5 的同一簇内编码的事实来解释，并且它们转录方向相同、大小相似和外显子分布相似（Perrais 等，2002)。因此，在我们的研究中，MUC2、MUC5AC 和 MUC5B 之间的类似变化可能通过多个 mRNA 间的相互作用和信号通路或其他功能关系发生（Rodenburg 等，2008)。与其他研究者以前的报道一致，我们发现霉菌毒素导致的 mRNA 的变化远远大于蛋白质水平的变化。黏蛋白 mRNA（MUC2、MUC5AC 和 MUC5B）与相应的黏蛋白丰度之间的相关性很低，一些报道已经证明了这点（Greenbaum 等，2003；Wu 等，2013)。蛋白质和 mRNA 表达水平之间的这一关系是翻译和蛋白质降解联合作用的结果，这是除了转录和 mRNA 稳定性之外，调节 mRNA 表达的关键因素（De Sousa Abreu 等，2005)。在本研究中，黏蛋白 mRNA 和蛋白质分泌的差异可能是由于以下几个原因：①mRNA 转录水平的量化比蛋白质的鉴定和量化方法更为敏感（Greenbaum 等，2003)。②细胞黏蛋白的合成和分泌不仅在转录水平上受到调控，而且还部分或主要受到转录后或翻译调节机制调控后细胞蛋白质丰度的调控（Schwanhausser 等，2011)。③为了维持 mRNA 和蛋白质的相对稳态，例如在暴露于霉菌毒素期间，黏蛋白的产生减少。因此，细胞通过某种机制促进黏蛋白 mRNAs的表达，促进黏蛋白的分泌，或者正好相反。④对黏蛋白产生的位置和时间点以及 mRNA 表达的取样和检测不同步，可能导致细胞内 mRNA 转录达到最高水平，而细胞上清液中的蛋白质水平不同步。因此，尽管 MUC2 显著上调，MUC5AC 和 MUC5B mRNA 的表达仍被观察到，MUC2、MUC5AC 和 MUC5B 蛋白水平的相同变化也不一定被检测到。

以协同方式相互作用的霉菌毒素在风险评估时更令人担忧（Speijers 和 Speijers，2004)。通常，当具有相同作用模式和/或相同细胞靶点的霉菌毒素共存时发生协同效应或加和效应（Gao 等，2018)。我们的结果还表明，在所有Caco-2/HT29-MTX 单独培养物和共培养物中，混合的 AFM_1 和 OTA（0. 05μg/mL 和 4μg/mL）在细胞活力和黏蛋白水平方面具有协同效应。这是因为 AFM_1 和 OTA 由于其亲脂结构而容易结合到细胞膜中，它们在低浓度或高浓度下以协同方式发挥细胞毒性（Feudjio 等，2010)。此外，AFM_1 和 OTA 对 TEER 和黏蛋白 mRNA 表达的拮抗作用可能与细胞内谷胱甘肽（GSH）的竞争有关（Tozlovanu 等，2012)，Caco-2/HT29-MTX 90/10 共培养时所显示的拮抗作用与75/25共培养时所显示的协同作用可能与这两个细胞的接种比例有关。在本研究中，Caco-2细胞的接种比例升高会导致 AFM_1 和 OTA 的吸收率降低，其他结果也表明Caco-2/HT29-MTX 90/10 共培养时与Caco-2单独培养的结果相似，而Caco-2/HT29-MTX 75/25 共培养与 HT29-MTX 单独培养的结果相似（Mahler 等，2009；Hilgendorf等，2015；Walter 等，1996），但是这还需要进一步的探索加以证明。AFM_1 和 OTA 之间的相互作用取决于时间、霉菌毒素的浓度和类型、所选择的试验模型类型以及评估指标（Gao 等，2018）。然而，我们仅在理论层面上模拟和评价了 AFM_1 和 OTA 的共存，因此有必要对牛奶中霉菌毒素共存的真实浓度和机理进行更多的研究。

与高浓度的霉菌毒素接触引起的肠道黏膜损伤使得机体暴露于外源性化学物质和病原体的机会大大增加（Gill 等，2011），这些可能导致肠道炎症、癌症和其他疾病。肠道黏蛋白是肠道黏膜屏障的主要成分，在霉菌毒素引起的肠道炎症和癌变机制中起着重要作用（Sheng 等，2015）。我们证明了 AFM_1 和 OTA 的结合显著地改变了肠细胞的活力、屏障的完整性、黏蛋白 mRNA 的表达和黏蛋白的产生。单独的 OTA 浓度为4μg/mL 时或 AFM_1 和 OTA 混合处理均显著抑制了黏蛋白 MUC2 和 MUC5B 的产生，这些结果将有助于确定霉菌毒素 AFM_1 和 OTA 对肠黏蛋白表达和分泌的潜在分子机制。我们还揭示了 OTA 的毒性与 AFM_1 相似。我们不仅要注意牛奶中霉菌毒素的共存及其相互作用，而且还需要对 OTA 和 AFM_1 进行更全面的毒性比较，将有助于建立牛奶中 OTA 的限量标准，并为牛奶中霉菌毒素的风险评估提供更多的信息。

参考文献

Ahmed Adam M A，Tabana Y M，Musa K B，et al，2017. Effects of different mycotoxins on humans，cell genome and their involvement in cancer（review）[J]. Oncology reports，37（3）：1321-1336.

Akbari P，Braber S，Varasteh S，et al，2017. The intestinal barrier as an emerging target in the toxicological assessment of mycotoxins [J]. Archives of toxicology，91（3）：1007-1029.

Antonissen G，Van Immerseel F，Pasmans F，et al，2015. Mycotoxins deoxynivalenol and fumonisins alter the extrinsic component of intestinal barrier in broiler chickens [J]. Journal of Agricultural and Food Chemistry，63（50）：10846-10855.

Arnich N，Sirot V，Riviere G，et al，2012. Dietary exposure to trace elements and health risk assessment in the 2nd French Total Diet Study [J]. Food and Chemical Toxicology，50（7）：2432-2449.

Arunachalam C，Doohan F M，2013. Trichothecene toxicity in eukaryotes：cellular and molecular mechanisms in plants and animals [J]. Toxicology Letters，217（2）：149-158.

Aslam N，Wynn P，2015. Aflatoxin contamination of the milk supply：A pakistan perspective [J]. Agriculture，5：1172-1182.

Barnett A M，Roy N C，McNabb W C，et al，2016. Effect of a Semi-Purified Oligosaccharide-Enriched Fraction from Caprine Milk on Barrier Integrity and Mucin Production of Co-Culture Models of the Small and Large Intestinal Epithelium [J]. Nutrients，8（5）.

Boudra H，Le Bars P，Le Bars J，1995. Thermostability of Ochratoxin A in wheat under two moisture conditions [J]. Applied and Environmental Microbiology，61（3）：1156-1158.

Bouhet S，Oswald I P，2005. The effects of mycotoxins，fungal food contaminants，on the intestinalepithelial cell-derived innate immune response [J]. Veterinary Immunology and Immunopathology，108（1-2）：199-209.

Clarke R，Connolly L，Frizzell C，et al，2014. Cytotoxic assessment of the regulated，co-existing mycotoxins aflatoxin B_1，fumonisin B_1 and ochratoxin，in single，binary and tertiary mixtures [J]. Toxicon，90：70-81.

de Sousa Abreu R, Penalva L O, Marcotte E M, et al, 2009. Global signatures of protein and mRNA expression levels [J]. Molecular Biosystem, 5 (12): 1512-1526.

Feudjio F T, Dornetshuber R, Lemmens M, et al., 2010. Beauvericin and enniatin: Emerging toxins and/or remedies? [J]. World Mycotoxin Journal, 3 (4): 415-430.

Flores-Flores M E, Lizarraga E, Cerain A L D, et al, 2015. Presence of mycotoxins in animal milk: A review [J]. Food Control, 53, 163-176.

Gao Y, Li S, Wang J, et al, 2017. Modulation of Intestinal Epithelial Permeability in Differentiated Caco-2 Cells Exposed to Aflatoxin M_1 and Ochratoxin A Individually or Collectively [J]. Toxins (Basel), 10 (1).

Gao Y N, Wang J Q, Li S L, et al, 2016. Aflatoxin M_1 cytotoxicity against human intestinal Caco-2 cells is enhanced in the presence of other mycotoxins [J]. Food and Chemical Toxicology, 96: 79-89.

Gill N, Wlodarska M, Finlay B B, 2011. Roadblocks in the gut: barriers to enteric infection [J]. Cellular Microbiology, 13 (5): 660-669.

Greenbaum D, Colangelo C, Williams K, et al, 2003. Comparing protein abundance and mRNA expression levels on a genomic scale [J]. Genome Biology, 4 (9): 117.

Grenier B, Applegate T J, 2013. Modulation of intestinal functions following mycotoxin ingestion: meta-analysis of published experiments in animals [J]. Toxins (Basel), 5 (2): 396-430.

Grootjans J, Hundscheid I H, Lenaerts K, et al, 2013. Ischaemia-induced mucus barrier loss and bacterial penetration are rapidly counteracted by increased goblet cell secretory activity in human and rat colon [J]. Gut, 62 (2): 250-258.

Groschwitz K R, Hogan S P, 2009. Intestinal barrier function: molecular regulation and disease pathogenesis [J]. Journal of Allergy and Clinical Immunology, 124 (1): 3-20.

Heussner A H, Dietrich D R, O'Brien E, 2006. *In vitro* investigation of individual and combined cytotoxic effects of ochratoxin A and other selected mycotoxins on renal cells [J]. Toxicology In Vitro, 20 (3): 332-341.

Hilgendorf C, Spahn-Langguth H, Regardh C G, et al, 2000. Caco-2 versus Caco-2/HT29-MTX co-cultured cell lines: permeabilities via diffusion, inside-and outside-directed carrier-mediated transport [J]. Iournal of Pharmaceutical Sciences, 89 (1): 63-75.

Huang L C, Zheng N, Zheng B Q, et al, 2014. Simultaneous determination of aflatoxin M_1, ochratoxin A, zearalenone and alpha-zearalenol in milk by UHPLC-MS/MS [J]. Food Chemistry, 146: 242-249.

Huang X, Gao Y, Li S, et al, 2019. Modulation of Mucin (MUC2, MUC5AC and MUC5B) mRNA Expression and Protein Production and Secretion in Caco-2/HT29-MTX Co-Cultures Following Exposure to Individual and Combined Aflatoxin M_1 and Ochratoxin A [J]. Toxins (Basel), 11 (2).

Kamphuis J B J, Mercier-Bonin M, Eutamene H, et al, 2017. Mucus organisation is shaped by colonic content; a new view [J]. Scientific Reports, 7 (1): 8527.

Johansson M E, Hansson G C, 2016. Immunological aspects of intestinal mucus and mucins [J]. Nature Reviews Immunology, 16 (10): 639-649.

Kufe D W, 2009. Mucins in cancer: function, prognosis and therapy [J]. Nature Reviews Cancer, 9 (12): 874-885.

Lesuffleur T, Porchet N, Aubert J P, et al, 1993. Differential expression of the human mucin genes MUC1 to MUC5 in relation to growth and differentiation of different mucus-secreting HT-29 cell subpopulations [J]. Journal of Cell Science, 106 (Pt 3): 771-783.

Mahler G J, Shuler M L, Glahn R P, 2009. Characterization of Caco-2 and HT29-MTX cocultures in an in vitro digestion/cell culture model used to predict iron bioavailability [J]. Journal of Nutritional Biochemistry, 20 (7): 494-502.

Maresca M, Yahi N, Younes-Sakr L, et al, 2008. Both direct and indirect effects account for the pro-inflammatory activity of enteropathogenic mycotoxins on the human intestinal epithelium: stimulation of interleukin-8 secretion, potentiation of interleukin-1beta effect and increase in the transepithelial passage of commensal bacteria [J]. Toxicology and Applied Pharmacology, 228 (1): 84-92.

Minervini F, Garbetta A, D'Antuono I, et al, 2014. Toxic mechanisms induced by fumonisin b1 mycotoxin on human intestinal cell line [J]. Archives of Environmental Contamination and Toxicology, 67 (1): 115-123.

Mitic L L, Anderson J M, 1998. Molecular architecture of tight junctions [J]. Annu Rev Physiol, 60: 121-142.

Oh S Y, Cedergreen N, Yiannikouris A, et al, 2017. Assessing interactions of binary mixtures of Penicillium mycotoxins (PMs) by using a bovine macrophage cell line (BoMacs) [J]. Toxicology and Applied Pharmacology, 318: 33-40.

Perrais M, Pigny P, Copin M C, et al, 2002. Induction of MUC2 and MUC5AC mucins by factors of the epidermal growth factor (EGF) family is mediated by EGF receptor/Ras/Raf/extracellular signal-regulated kinase cascade and Sp1 [J]. Journal of Biological Chemistry, 277 (35): 32258-32267.

Pestka J J, 2010. Deoxynivalenol: mechanisms of action, human exposure, and toxicological relevance [J]. Archives of toxicology, 84 (9): 663-679.

Pinton P, Graziani F, Pujol A, et al, 2015. Deoxynivalenol inhibits the expression by goblet cells of intestinal mucins through a PKR and MAP kinase dependent repression of the resistin-like molecule beta [J]. Molecular Nutrition & Food Research, 59 (6): 1076-1087.

Raiola A, Tenore G C, Manyes L, et al, 2015. Risk analysis of main mycotoxins occurring in food for children: An overview [J]. Food and Chemical Toxicology, 84: 169-180.

Rodenburg W, Heidema A G, Boer J M, et al, 2008. A framework to identify physiological responses in microarray-based gene expression studies: selection and interpretation of biologically relevant genes [J]. Physiological Genomics, 33 (1): 78-90.

Rose M C, Voynow J A, 2006. Respiratory tract mucin genes and mucin glycoproteins in health and disease [J]. Physiological Reviews, 86 (1): 245-278.

Sakin F, Tekeli I O, Yipel M, et al, 2018. Occurrence and health risk assessment of aflatoxins and ochratoxin a in sürk, a Turkish dairy food, as studied by HPLC [J]. Food Control, 90: 317-323.

Schwanhausser B, Busse D, Li N, et al, 2011. Global quantification of mammalian gene expression control [J]. Nature, 473 (7347): 337-342.

Sheng Y H, Hasnain S Z, Florin T H, et al, 2012. Mucins in inflammatory bowel diseases and colorectal cancer [J]. Journal of Gastroenterology and Hepatology, 27 (1): 28-38.

Smith M C, Madec S, Troadec S, et al, 2018. Effects of fusariotoxin co-exposure on THP-1 human immune cells [J]. Cell Biology and Toxicology, 34 (3): 191-205.

Solcan C, Pavel G, Floristean V C, et al, 2015. Effect of ochratoxin A on the intestinal mucosa and mucosa-associated lymphoid tissues in broiler chickens [J]. Acta Veterinaria Hungarica, 63 (1): 30-48.

Speijers G J, Speijers M H, 2004. Combined toxic effects of mycotoxins [J]. Toxicology Letters, 153 (1): 91-98.

Szabo A, Szabo-Fodor J, Febel H, et al, 2017. Individual and Combined Effects of Fumonisin B (1), Deoxynivalenol and Zearalenone on the Hepatic and Renal Membrane Lipid Integrity of Rats [J]. Toxins (Basel), 10 (1).

Tarabova L, Makova Z, Piesova E, et al, 2016. Intestinal mucus layer and mucins (a review) [J]. Folia Veterinaria, 60 (1): 21-25.

Tozlovanu M, Canadas D, Pfohlleszkowicz A, et al, 2012. Glutationski konjugati okratoksina a kao biomarkeri izloženosti [J]. Arhiv za Higijenu Rada i T oksikologiju, 63: 417-426.

Turner N W, Subrahmanyam S, Piletsky S A, 2009. Analytical methods for determination of mycotoxins: a review [J]. Analytica Chimica Acta, 632 (2): 168-180.

Vincent A, Perrais M, Desseyn J L, et al, 2007. Epigenetic regulation (DNA methylation, histone modifications) of the 11p15 mucin genes (MUC2, MUC5AC, MUC5B, MUC6) in epithelial cancer cells [J]. Oncogene, 26 (45): 6566-6576.

Walter E, Janich S, Roessler B J, et al, 1996. HT29-MTX/Caco-2 cocultures as an *in vitro* modelfor the intestinal epithelium: *in vitro-in vivo* correlation with permeability data from rats and humans [J]. Journal of Pharmaceutical Sciences, 85 (10): 1070-1076.

Wan L Y, Allen K J, Turner P C, et al, 2014. Modulation of mucin mRNA (MUC5AC and MUC5B) expression and protein production and secretion in Caco-2/HT29-MTX co-cultures following exposure to individual and combined Fusarium mycotoxins [J]. Toxicological Sciences, 139 (1): 83-98.

Wan M L Y, Turner P C, Allen K J, et al, 2016. Lactobacillus rhamnosus gg modulates intestinal mucosal barrier and inflammation in mice following combined dietary exposure to deoxynivalenol and zearalenone [J]. Journal of Functional Foods, 22: 34-43.

Wikman-Larhed A, Artursson P, 1995. Co-cultures of human intestinal goblet (ht29-h) and absorptive (caco-2) cells for studies of drug and peptide absorption [J]. European Journal of Pharmaceutical Sciences, 3 (3): 171-183.

Wu L, Candille S I, Choi Y, et al, 2013. Variation and genetic control of protein abundance in humans [J]. Nature, 499 (7456): 79-82.

Xu Q, Fan H, Yu W, et al, 2017. Transport Study of Egg-Derived Antihypertensive Peptides (LKP and IQW) Using Caco-2 and HT29 Coculture Monolayers [J]. Journal of Agricultural and Food Chemistry, 65 (34): 7406-7414.

Zheng N, Wang J Q, Han R W, et al, 2013. Survey of aflatoxin M_1 in raw milk in the five provinces of China [J]. FoodAdditives & Contaminants. Part B, Surveillance, 6 (2): 110-115.

黄曲霉毒素 M_1 阻滞分化Caco-2细胞周期的转录组分析

黄曲霉毒素 M_1（AFM_1）是黄曲霉毒素 B_1（AFB_1）的一种羟基代谢产物，是导致肝毒性的一种原发性肝癌毒素，具有肝细胞毒性。然而，对肝毒效应的潜在机制知之甚少。本研究旨在通过转录组分析探讨 AFM_1 引起的肠功能障碍，对分化后的Caco-2细胞在不同浓度的 AFM_1 作用 48h 后的差异表达基因（DEGs）进行了基因表达谱分析，共 165 个 DEGs 明显聚集成两种下调模式。基于相互作用基因检索工具（STRING）的蛋白质-蛋白质相互作用（PPI）网络分析表明，23 种关键酶主要参与细胞周期的调控。q-PCR 分析证实了关键的 12 个基因（*BUB1*、*BUB1B*、*MAD2L1*、*CCNA2*、*RB1*、*CDK1*、*ANAPC4*、*ATM*、*KITLG*、*PRKAA2*、*SIRT1* 和 *SOS1*）的参与。本研究揭示了 AFM_1 对肠道功能的毒性可能部分是由于细胞周期阻滞的发生，这与 CDK1、SOS1/AKT 和 AMPK 信号分子的改变有关。

关键词：黄曲霉毒素；细胞周期；肠道功能障碍

一、简介

黄曲霉毒素（AFs）由黄曲霉（*Aspergillus flavus*）和寄生曲霉（*Aspergillus parasiticus*）产生，广泛分布于世界各地。在 AFs 中，黄曲霉毒素 M_1（AFM_1）被国际癌症研究机构（IARC）归类为 2B 类致癌物（Williams 等，2004）。它是微粒体细胞色素 P450 在肝脏水平上黄曲霉毒素 B_1 的代谢产物，可能是黄曲霉毒素污染中最具威胁性的一种，牛奶中摄入的黄曲霉毒素的转化率约为 50%（Creppy，2002；Van，1983）。摄入受 AFB_1 污染的食品后，在 96h 内牛奶中可检测到 AFM_1（Bianco 等，2012；Giovati 等，2015）。AFM_1 是世界范围内牛奶中唯一确定最大残留限量的霉菌毒素，在中国和美国为 0.5μg/kg，欧盟（UN）、瑞士和土耳其为 0.05μg/kg。一些国家甚至对特定人群（如 3 岁以下的婴儿和儿童）的特定乳制品颁布了不同的 AFM_1 污染限值（Iqbal 等，2015）。由于牛奶可以提供多种营养，人们每天食用牛奶的比例有所增加。然而，AFM_1 的热稳定性允许其存在于牛奶和各种乳制品中，因此对所有年龄段的消费者构成健康风险。

胃肠道是防止摄入食物污染物（包括霉菌毒素）的第一道屏障，摄入被污染的食物后，肠细胞会暴露于高浓度的霉菌毒素中。牛奶可能会受到几种主要毒素的污染，例如赭曲霉毒素 A、玉米赤霉烯酮及其衍生物和 AFM_1（Flores-Flores 等，2015；Huang

等，2014)。研究表明，前3种霉菌毒素可能会破坏肠道屏障（Lambert 等，2007；Liu 等，2014；Maresca 等，2001；Marin 等，2015；Ranaldi 等，2007；Romero 等，2016)。尽管人们对 AFs 的肝毒性和肝致癌性进行了相关研究，但很少有研究显示肝毒性之外的作用，特别是肠道毒性。已经证明 AFB_1 可以增加肠通透性并且对Caco-2细胞具有毒性（Gratz 等，2007)。此外，据报道，AFB_1 可以降低紧密连接蛋白的两个重要功能成分 claudin-3 和 occludin 的转录水平（Romero 等，2016)。考虑到 AFM_1 具有与 AFB_1 类似的化学结构，因此它也可能具有肠道细胞毒性。原始的Caco-2细胞系（Caco-2/亲代）或其克隆细胞系（Caco-2/TC7）已被证明是可靠的被动扩散模型（Turco 等，2011)，并已应用于 AFM_1 的研究。Caloni 等（2006；2012）发现 AFM_1 在分化和未分化的Caco-2/亲代和Caco-2/TC7 细胞中均引起了剂量依赖性毒性作用。此外，AFM_1 可能会导致Caco-2细胞的 DNA 和细胞膜受损（Zhang 等，2015)。Gao 等（2018）证明 AFM_1 可能会影响肠屏障的完整性，并且 p44/42 MAPK 至少部分参与紧密连接复合物的损伤。为了阐明 AFM_1 对肠上皮屏障完整性的细胞毒性的潜在机制，可能需要进一步的研究。

RNA 测序是一种有效的转录分析方法，已被广泛用于研究动态生物过程和获取标本的微观数据。利用已被广泛认可的研究肠道屏障功能的稳定参考的分化Caco-2细胞模型，转录谱分析可能通过提供全基因组生物学反应来阐明毒理机制。本研究的目的是通过对选定的候选基因的转录组谱和 q-PCR 的综合分析来研究 AFM_1 的肠道毒性。我们首次报道细胞周期阻滞可以部分解释由 AFM_1 诱导的肠上皮细胞毒性，这与 CDK1、SOS1/AKT 和 AMPK 分子的变化有关。

二、材料方法

1. 化学试剂

AFM_1 从百灵威公司（上海，中国）购买。改良培养基（DMEM）和胎牛血清（FBS）来自生命科技公司（Carlsbad，CA，USA)。细胞周期和凋亡分析试剂盒由碧云天（上海，中国）提供。抗生素（青霉素 100U/mL、链霉素 100μg/mL)、非必需氨基酸（NEAA)、胰蛋白酶（2.5%)、放射免疫沉淀分析（RIPA）裂解缓冲液、一级和二级抗体稀释缓冲液均购自碧云天（上海，中国)。小鼠抗 AMPK 是从 abcam（CAMBRIDGE，MA，USA）获得。兔抗 CDK1、兔抗 SOS1、兔抗 SIRT1、兔抗 AKT、兔抗 p-akt（thr308)、兔抗 p-AMPK（thr183）均来自 Cell signaling Technology（Boston，MA，USA)。小鼠抗兔 IgG 结合辣根过氧化物酶，山羊抗小鼠 IgG 结合辣根过氧化物酶来自博奥森（北京，中国)。

2. 霉菌毒素储备液

制备了浓度为 400μg/mL 的 AFM_1 储备液（Fisher Scientific)，并将其储存在-20℃下。在无血清培养基中稀释试剂以供使用后，最终甲醇浓度保证低于 1%（V/V)。

3. 细胞培养和处理

Caco-2细胞系（15～35 代）来源于人类结肠腺癌，从美国模式生物保藏所

（ATCC）（Manassas，VA，USA）获得，在含有 4.5g/L 葡萄糖、10% FBS、抗生素（100U/mL 青霉素和 100μg/mL 链霉素）和 1%的 NEAA 的 DMEM 中，在 37℃、5% CO_2 的加湿培养箱中培养。如前所述，为了实现分化并形成极化的上皮单层，将Caco-2细胞培养在可渗透的 12 孔 transwell（Corning，NY，USA）上（Hubatsch 等，2007）。当所有孔的跨膜电阻值（TEER）大于 400Ω/cm^2（n=9）时，我们认为此时的细胞（培养 21d）已经完全分化。我们在对照组中加入与处理组相应浓度的无血清甲醇培养基（Wang 等，2014）。本研究中使用的 AFM_1 浓度为 0.000 5 μg/mL、0.005μg/mL 和 4μg/mL，用不同浓度的 AFM_1 处理Caco-2细胞 48h 后，进行转录组学分析、q-PCR、Western Blot 分析和细胞周期相分布。

4. RNA 制备、RNA 序列文库构建及高通量测定

培养Caco-2细胞后，并按上述方法处理单层。根据制造商提供的说明书，使用 Trizol（Invitrogen，CA，USA）提取总 RNA。随后在 37℃ 下用无 RNase 的 DNase Ⅰ（Takara Bio，Japan）处理 30min 以去除残余 DNA。用 NanoDrop 2000（Thermo Scientific，Wilmington，DE，USA）和无核糖核酸酶琼脂糖凝胶电泳对 RNA 的数量和质量进行评价。对于每种处理，将收集的 3 个重复Caco-2细胞样汇集到一个样本中，以减少样本的变异性。用寡糖（dT）珠（Qiagen）富集 mRNA。所有获得的 mRNA 用片段缓冲液破碎成短片段，用随机引物反转录成 cDNA。用 RNase-h、DNA 聚合酶 I、dNTP 和缓冲液合成第二链 cDNA 片段。cDNA 片段用 QiaQuick-PCR 提取试剂盒纯化，用 EB 缓冲液洗涤，得到 poly（a）添加的末端，并连接到 Illumina 测序适配器上。经琼脂糖凝胶电泳和提取后，用 PCR 扩增方法对纯化的 cDNA 进行富集。构建了最终的 cDNA 文库，并用 Illumina HiSeq™ 2500 RNA 序列（Illumina，San Diego，CA，USA）进行测序。

5. 基因丰度的从头组装和量化

为了获得用于从头组装分析的高质量序列，过滤掉那些含有适配器或超过 10%未知核苷酸（N）以及所有超过 50%低质量碱基（Q≤20）的序列。Cuffmerge 将来自一组不同副本的转录本合并为完整的转录本，并将来自多组的转录本合并成为最终的完整转录本，以进行下游差异表达分析。使用 E 值$<10^{-5}$的 blastx 将单基因与 NR 蛋白质数据库、Swissport、KOG 和 KEGG 数据库进行比对。利用 Bowtie 比对程序将它们与参考转录本重新比对，所得比对结果用 RSEM 软件估算基因丰度。采用 FPKM（每百万个映射读取的转录本的千碱基片段数）将直接用于比较样本间基因表达差异的方法进行规范化，可以消除不同基因长度和测序数据量对基因表达计算的影响。

6. DEGs 的富集与动态表达谱

使用 edgeR（http：//www. rproject. org/）软件包确定不同组间差异表达的基因。我们鉴定了 FC≥2 和 FDR<0.05 的基因作为显著差异。然后对 DEGs 进行 GO（基因本体数据库，http：//www. gene ontology. org/）和 KEGG（kanehisa 等，2008）的丰富分析。用 blast2go 软件（https：//www. blast2go. com/）进行 GO 注释分析。用 Benjamin 和 Hochberg 方法调整富集 p 值，以控制错误发现率（FDR）。此外，利用 STEM 生成的簇完成了不同浓度 DEGs 表达模式的测定（Ernst 和 Barjoseph，2006）。

7. q-PCR 验证 RNA 测序结果

对参与细胞周期的 12 个基因进行 q-PCR 检测，以验证 RNA-seq 数据的重复性和可靠性。RNA 的提取和纯化方法如上所述。NADPH 作为内源性对照，使每个反应中 cDNA 的总量正常化，并校准相关表达。使用实时定量 PCR 系统（iQ5，Bio-Rad，USA），Maxima SYBR Green Master Mix（Thermo Scientific）进行 q-PCR，重复 3 次，用 $2^{-\Delta\Delta CT}$法分析相关表达。

8. 细胞周期进展分析

细胞培养和处理如上所述。将处理过的Caco-2细胞收集起来，用 70%的冷的乙醇溶液在 4℃下固定 2h。根据制造商的说明，用 PI 对 DNA 染色以评估细胞周期概况。37℃、避光孵育 30min 后，4℃保存细胞样本，用 FACS Calibur（Becton Dickinson，Franklin Lakes，NJ）和 Modfit 软件进行分析。

9. 细胞毒性分析

AFM_1 对细胞活力的影响是通过增强型细胞计数 Kit-8（CCK-8）（碧云天，上海，中国）按照说明测定。48h 后，用 PBS 轻轻冲洗分化的Caco-2细胞，用 CCK-8 工作液（90μL 无血清培养基中加入 10μL CCK-8）在 37℃孵育 1.5h。用自动化 ELISA 检测仪（Thermo Scientific，Waltham，MA）在 450nm 处测量吸光度。

采用 CellToxTM 绿色细胞毒性试验（Promega，Madison，WI，USA），参照制造商说明，评估细胞膜完整性的变化。荧光（485～500Ex/520～530Em）使用自动化酶联免疫吸附测定仪（Thermo Scientific，Waltham，MA）测量。所有检测均进行 3 次独立重复试验。

10. Western blot 分析

用4μg/mL 的 AFM_1 处理和未处理48h 的细胞裂解液进行 western 印迹分析。在离心和上清液收集之前，用无菌 PBS 洗涤细胞并在 RIPA 缓冲液（0.6057g Tris 碱、0.877g NaCl、10mL Nonident P-40、5mL 10%脱氧胆酸钠、1mL 10%十二烷基硫酸钠、pH 值 7.5、用 H_2O 调节至 100mL）中裂解 30min。用 100μg 总蛋白（用 Bradford assay 测定）进行十二烷基硫酸钠-聚丙烯酰胺凝胶电泳（SDS-PAGE）。电泳后，蛋白质被转移到聚偏氟乙烯膜上，随后用 5%脱脂奶粉［用 Tris 缓冲盐水（TBS，2.42g Tris 碱，8g NaCl，用高压灭菌的 Milli-Q 水补足至 1L（pH 值 7.6）］在室温下封闭 1.5h。然后将这些膜在特定的一抗中孵育过夜，并在 TBS 中稀释至 1∶1 000。随后，在每次孵育后用洗涤液在二抗中孵育 2h。采用 tanon-5200 化学发光成像系统（Tanon Science and Technology）对膜进行成像。用 Image J2×软件（2.1.0 版 National Institutes of Health，Bethesda，MD，USA，2006）分析灰度密度。利用内参蛋白（人 β-actin）将灰度值标准化。

11. 统计分析

所有细胞毒性、mRNA 表达水平、免疫印迹试验和细胞周期相分布均采用 GPLAP-PAD PRISM 软件（6.0c）进行统计分析。数值显示为至少 3 个重复的 3 个独立试验的平均值±标准偏差（SD）。统计显著性的评估采用 Turkey's 多重比较试验。差异显著有统计学意义（$P<0.05$）。

三、结果

1. AFM_1 对Caco-2细胞转录组的定量分析

本文共注释了 18654 个（占所有 32938 个参考单基因序列的 56.56%）、19126 个（57.99%）、18626 个（56.47%）和 18342 个（55.61%）基因序列。根据热图显示，4μg/mL AFM_1 可以调控更多的基因，进一步分析发现，在 FC≥2.0 和 P 值<0.05（图 1A）的标准下，暴露于0μg/mL、0.0005μg/mL、0.005μg/mL 和 4μg/mL AFM_1 48h 后，差异表达基因（DEGs）的个数分别为 3、4 和 499。然后，我们分析了 3 个不同浓度的毒素处理组的 DEGs 趋势，研究基因表达模式的变化（图 1B）。为了检测 DEGs 的模块分类，将表达数据 γ（从 0.0005μg/mL 到 4μg/mL AFM_1 处理）标准化为 log2（$\gamma_{0.0005}/\gamma_0$）、log2（$\gamma_{0.005}/\gamma_0$）和 log2（γ_4/γ_0）。STEM 软件可将 183 个 DEGs 聚类成 8 个模式，其中 165 个 DEGs 显著聚类成两个下调模式（模式 0 和 3，图 2A，2B）。将这 165 个 DEGs 放在一起进行 GO-term 分析，以了解这两个基因簇的生物学功能。GO-term 分析分为三大类：生物过程、细胞成分和分子功能。在分子功能范畴下，binding and catalytic activity 是最丰富的子范畴；对于生物过程类别，大多数 DEGs 被分为 cellular process and metabolic process（图 2C）。

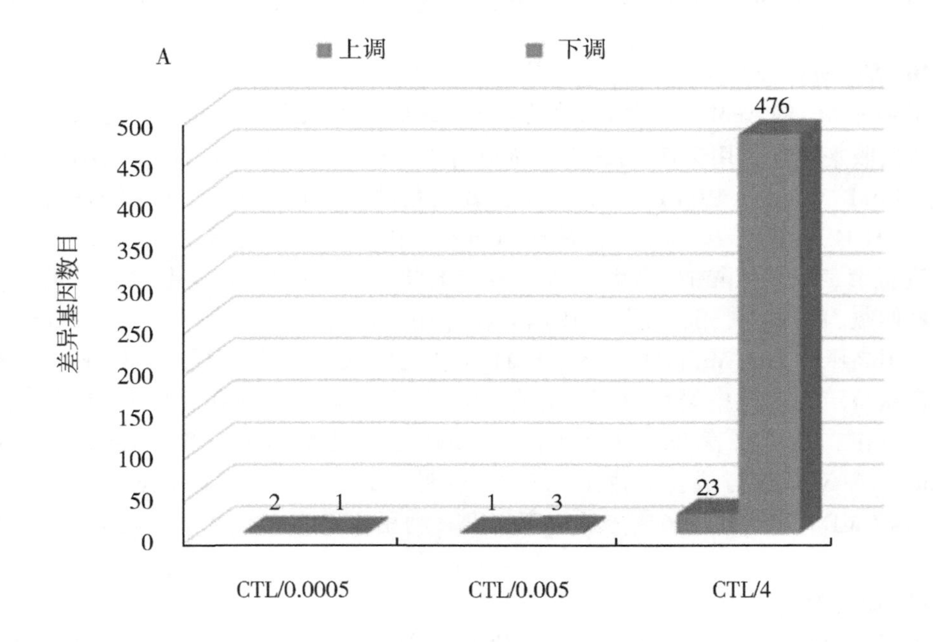

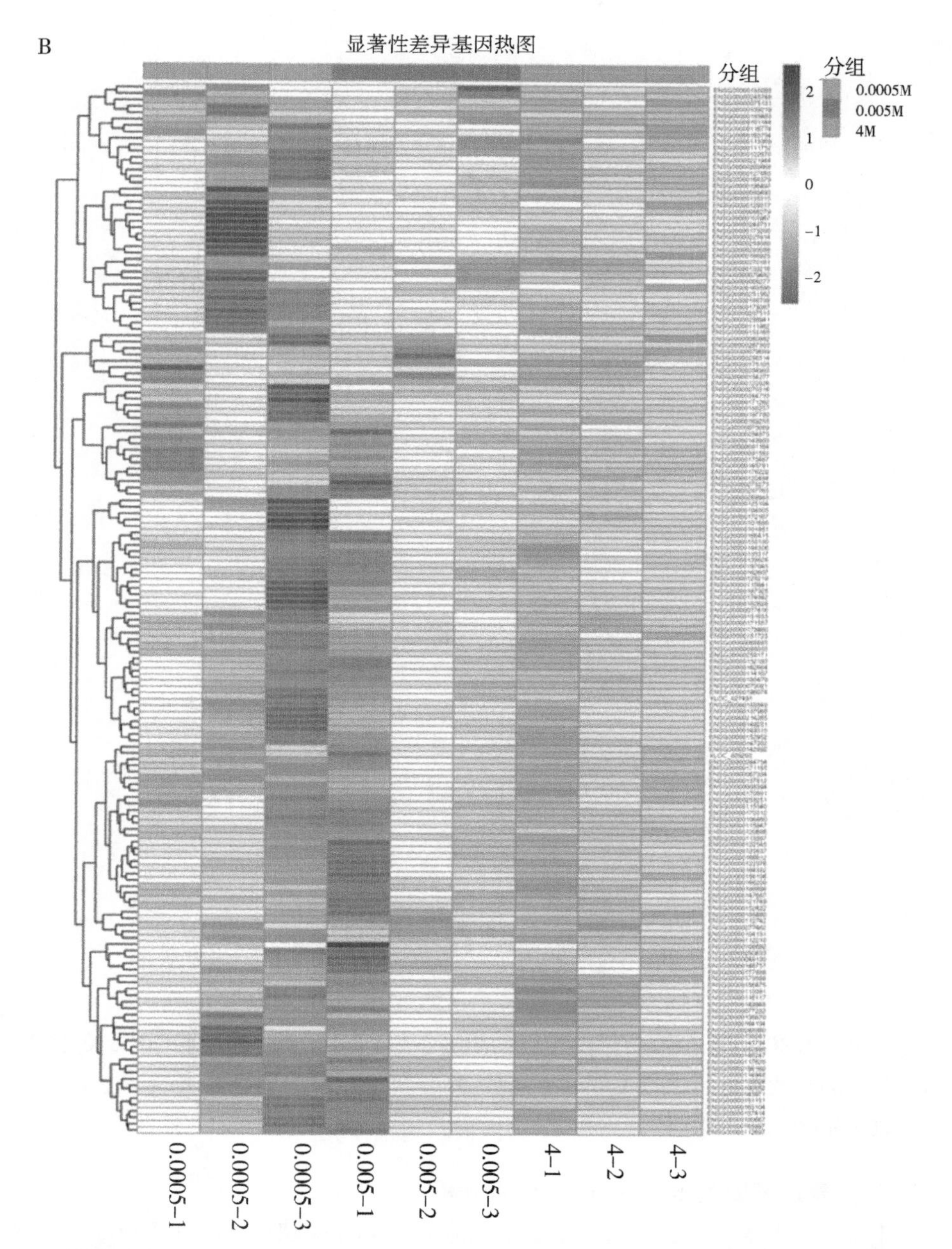

图 1 暴露于 0.0005、0.005 和 4μg/mL AFM_1 48h 后，在Caco−2细胞中鉴定出的 DEGs

（A）显示相对于对照组的 DEGs 数量的直方图。（B）基因表达谱的二维层次聚类，CTL 是指对照组

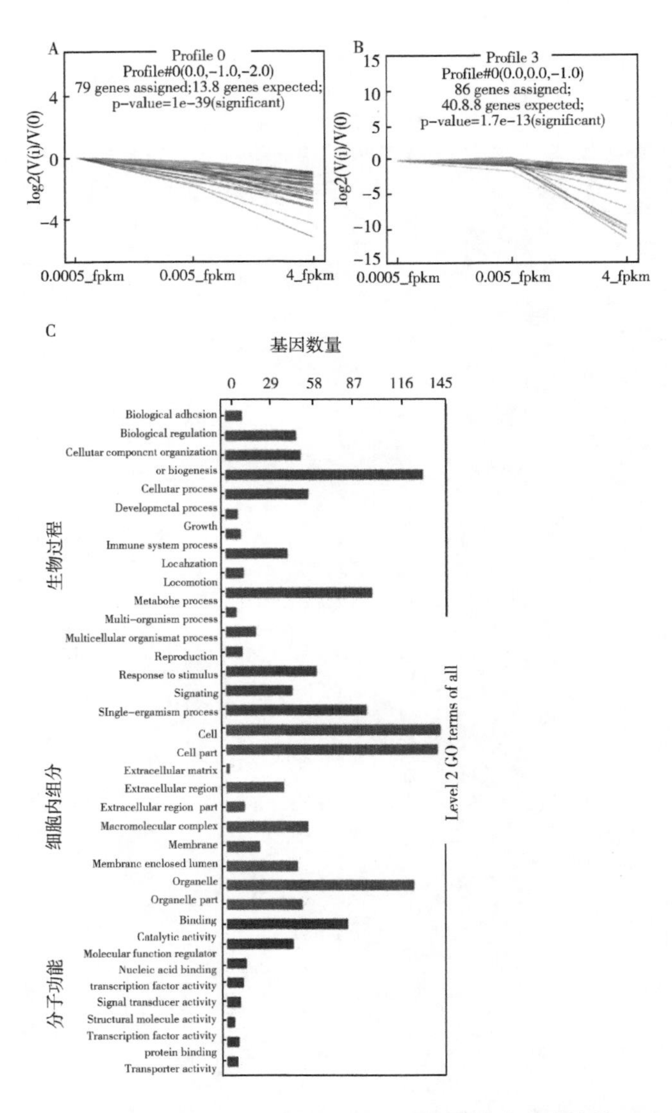

图 2 DEGs（A，B）在 AFM_1 处理的Caco-2细胞中的表达谱及其 GO 分类（C）

使用的 AFM_1 浓度为 0.0005μg/mL、0.005μg/mL 和 4μg/mL。模块 0（A）和模块 3（B）表明 AFM_1 处理 48h 期间的下调趋势

2. 差异表达基因的 KEGG 途径富集分析

从 4μg/mL AFM_1 处理的细胞中鉴定出来自 0 和 3 模块的 499 个 DEGs 进行 KEGG 途径富集分析。在 0 和 3 模块中，20 个关键途径参与细胞增殖和细胞连接（表 1），16 个关键 DEGs 与 AFM_1 对Caco-2细胞的毒性相关。对 4μg/mL AFM_1 组的 DEGs 进行了综合分析，并将其聚集成相应的途径，以防止 DEGs 被大量过滤，从而获得更详细的信息。将 43 个 DEGs 整合到一起，利用检索相互作用基因（STRING）的搜索工具构建蛋白-蛋白相互作用（PPI）网络（图 3）。根据每个节点的连接性程度，计算出 23 种具

有高连接性的关键酶：Hyaluronan-Mediated Motility Receptor（HMMR）；TTK protein kinase（TTK）；budding uninhibited by benzimi-dazoles 1 homolog（BUB1）；budding uninhibited by benzimidazoles 1 homolog beta（BUB1B）；cyclin A2（CCNA2）；mitotic arrest deficient 2 like 1（MAD2L1）；son of sevenless homolog 1（SOS1）；KIT ligand（KITLG,），origin recognition complex（ORC4）；cyclin-dependent kinase 1（CDK1）；retinoblastoma 1（RB1）；ataxia telangiectasia mutated（ATM）；p53 E3 ubiquitin protein ligase homolog（MDM_2）；anaphase-promoting complex subunit 4（ANAPC4）；anaphase-promoting complex subunit 13（ANAPC13）；sirtuin 1（SIRT1）；protein phosphatase 2 regulatory subunit B，beta isoform（PPP2R2B）；protein kinase AMP-activated catalytic subunit alpha 2（PRKAA2）；protein phosphatase 3 regulatory subunit B，alpha isoform（PPP3R1）；calmodulin 2（$CALM_2$）；inositol 1，4，5-trisphosphate receptor，type 2（ITPR2）；phosphatidyli-nositol-4-phosphate 3-kinase，catalytic subunit type 2 alpha（PIK3C2A）；and phospholipase C，beta 4（PLCB4）。这些 DEGs 主要参与细胞周期的调控。

表 1 AFM_1 对Caco-2细胞毒性的关键途径

通路名称	通路 ID	模块 0 和 3 的差异基因	相比于对照组，M-4 组中的差异基因
Phosphatidylinositol signaling system	ko04070	*ITPR2*，*CALM2*，*IPMK*	*PIK3C2A*，*PLCB4*，*ITPR2*，*CALM2*，*PPIP5K2*，*IPMK*
Cell cycle	ko04110	*TTK*，*ORC4*，*CDK1*	*ANAPC4*，*TTK*，*ANAPC13*，*MDM2*，*RB1*，*CCNA2*，*ATM*，*BUB1B*，*MAD2L1*，*BUB1*，*CDK1*
ECM-receptor interaction	ko04512	*LAMA1*，*COL2A1*	*HMMR*，*LAMA1*
Cytokine-cytokine receptor interaction	ko04060	*KITLG*，*BMP7*，*TNFRSF19*，*CXCL3*	*KITLG*，*BMP7*，*TNFRSF19*，*IL6ST*，*CXCL3*
Gap junction	ko04540	*ITPR2*，*CDK1*	*PLCB4*，*SOS1*，*ITPR2*，*CDK1*
Focal adhesion	ko04510	*ARHGAP5*，*LAMA1*，*COL2A1*	*ROCK1*，*ARHGAP5*，*LAMA1*，*SOS1*
Glucagon signaling pathway	ko04922	*ITPR2*，*CALM2*	*SIRT1*，*PLCB4*，*ITPR2*，*CALM2*，*PDE3B*，*PRKAA2*，*PPP3R1*
PI3K-Akt signaling pathway	ko04151	*KITLG*，*LAMA1*，*COL2A1*，*PPP2R2B*	*KITLG*，*LAMA1*，*SOS1*，*MDM2*，*PPP2R2B*，*PRKAA2*
Ras signaling pathway	ko04014	*KITLG*，*LAMA1*，*PPP2R2B*	*KITLG*，*RASAL2*，*SOS1*，*ETS1*，*CALM2*，*PLA2G2A*
cGMP-PKG signaling pathway	ko04022	*ITPR2*，*CALM2*	*ROCK1*，*PLCB4*，*ITPR2*，*CALM2*，*PDE3B*，*PPP3R1*
Calcium signaling pathway	ko04020	*ITPR2*，*CALM2*	*PLCB4*，*ITPR2*，*CALM2*，*PPP3R1*

（续表）

通路名称	通路 ID	模块 0 和 3 的差异基因	相比于对照组，M-4 组中的差异基因
p53 signaling pathway	ko04115	*CDK1*	*MDM2*，*ATM*，*CDK1*
Rap1 signaling pathway	ko04015	*KITLG*，*CALM2*	*KITLG*，*PLCB4*，*CALM2*
TGF-beta signaling pathway	ko04350	*BMP7*	*ZFYVE16*，*ROCK1*，*BMP7*
TNF signaling pathway	ko04668	*CXCL3*	*CXCL3*
AMPK signaling pathway	ko04152	*PPP2R2B*	*SIRT1*，*CCNA2*，*PPP2R2B*，*PRKAA2*
Insulin signaling pathway	ko04910	*CALM2*	*SOS1*，*CALM2*，*PDE3B*，*PRKAA2*
Tight junction	ko04530	*PPP2R2B*	*PPP2R2B*，*CLDN2*
Apoptosis	ko04210	*ITPR2*	*ITPR2*，*ATM*
Regulation of actin cytoskeleton	ko04810	*DIAPH2*	*ROCK1*，*SOS1*，*DIAPH2*，*CFL2*

3. AFM_1 诱导的细胞增殖反应中候选基因的表达水平

仅对 4μg/mL AFM_1 处理的细胞样品进行 q-PCR 分析，以验证转录组结果。检测了与细胞周期过程直接相关的 7 个基因 *BUB1*、*BUB1B*、*MAD2L1*、*CCNA2*、*RB1*、*CDK1* 和 *ANAPC4* 的表达水平。另外还检测了参与细胞周期调控的 5 个基因的表达，即 *ATM*、*KITLG*、*PRKAA2*、*SIRT1* 和 *SOS1*。微阵列分析与 q-PCR 检测有相同的趋势。对于大多数基因，基因芯片分析中转录水平的差异倍数往往大于 q-PCR（图 4）。

4. AFM_1 处理 48h 后，对细胞周期及细胞增殖相关蛋白表达的影响

0.0005μg/mL、0.005μg/mL 和 4μg/mL 的 AFM_1 处理分化的Caco-2细胞 48h 后，G_0/G_1 和 G_2 期细胞数量显著减少，S 期细胞数量显著增加（图 5A，5B）。细胞周期阻滞、细胞活力、细胞凋亡和坏死是相互密切相关的生物学事件，因此我们测定了细胞活力和细胞死亡引起的细胞膜完整性的变化。分别采用 CCK-8 和 CellTox™ Green 细胞毒性试验，图 5C-D 显示 AFM_1 处理后无明显细胞毒性和细胞死亡，细胞凋亡水平也没有显著升高。

根据 PPI 和 q-PCR 结果，我们还检测了 CDK1、SOS1、SIRT1、AMPK 和 p-AMPK 的蛋白水平。图 6 显示 CDK1 和 SOS1 在 AFM_1 处理后显著降低，SIRT1 丰度降低但不显著，p-AKT 水平下降，而 p-AMPK 显著升高。这些结果表明 AFM_1 诱导的分化Caco-2细胞 S-G2 期细胞周期阻滞与 CDK1、p-AKT 和 p-AMPK 的干扰有关。然而，更详细的机制值得进一步研究。

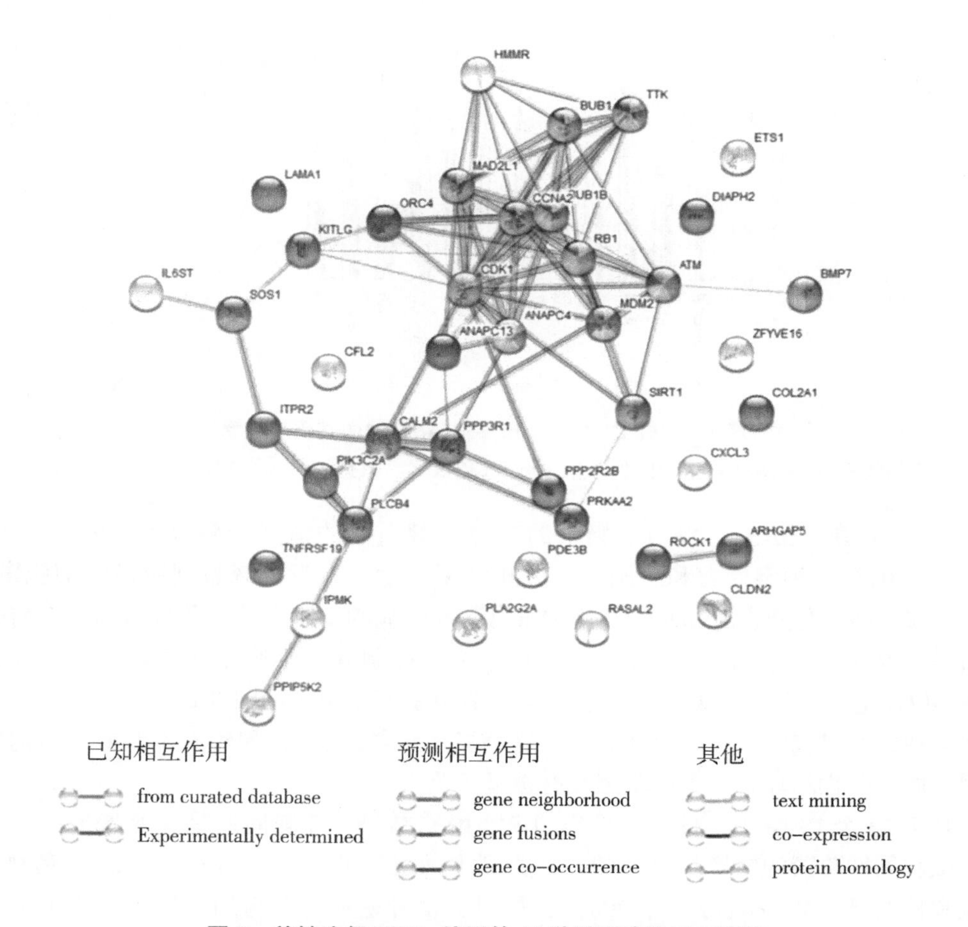

图 3 关键途径 DEGs 编码的 43 种重要酶的 PPI 网络

不同的节表明不同的酶，边缘代表蛋白质-蛋白质关联，这些酶之间的相互作用用不同颜色的线条表示

四、讨论

AFs 是对人类和动物具有毒性作用的真菌次生代谢产物。在食品安全方面，AFM_1 尤其令人关注，因为它分泌到牛奶中，并持续存在于乳制品中，构成了乳及乳制品中的风险因素之一。随着人们逐渐意识到肠道内稳态对动物和人类健康的重要意义后，越来越多的研究在体内和体外进行，以研究 AFs 对肠道健康的影响（Akinrimande 等，2016；Caloni 等，2006；Cupid 等，2004；Makki 等，2013）。然而，AFM_1 在肠道内的毒性作用的生物学数据相对有限。我们对分化的Caco-2细胞进行了转录组学研究，以提供 AFM_1 暴露的生物学反应的全基因组视图。尽管我们发现在两种相对较低浓度的 AFM_1 下，对照组和处理组之间的差异可以忽略不计，但在处理 48h 后，观察到对整体基因谱的剂量依赖性影响，这与先前研究中揭示的表型一致（Caloni 等，2012；Caloi 等，

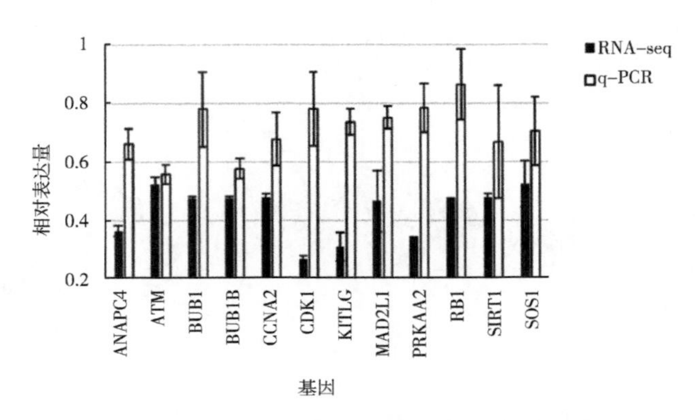

图 4　比较 RNA-seq 和 q-PCR 获得的基因表达率

黑色条代表 RNA 测序数据，白色条代表 q-PCR 数据。数据表示为平均值±标准差（n=3）

2006；Zhang 等，2015），也与牛奶中的其他毒素引起的情况一致（Akbari 等，2014；Gao 等，2018）。细胞活力和细胞死亡分析结果显示，并没有观察到明显的细胞毒性，这意味着 AFM_1 在分化的Caco-2细胞中没有引起明显的细胞毒性，并且与我们以前的检测结果一致（Gao 等，2018）。然而，AFM_1 可能抑制其他细胞生物学过程。此外，大多数 DEGs 主要在细胞代谢、增殖和相关调节中发挥作用。不同剂量的 AFM_1 所产生的细胞毒性在本研究中未被显著地确定，这可能是大多数 DEGs 聚集到下调的分布的可能原因，而与凋亡和坏死相关的基因没有被显著鉴定。

基于 23 个 DEGs 和 STRING 得到的 PPI 网络结果，细胞周期是显著聚集的关键途径。细胞周期阶段的转换是有序的，并受到多种机制的调控，如 CDK、CDK 底物、限制点和检查点（Vermeulen 等，2003），同时，多种途径也参与细胞周期进程和细胞增殖的调控。鉴于我国、美国和欧洲对牛奶的立法限制，我们还评估了与牛奶中的污染水平一致浓度的 AFM_1 对分化后的 CaCO-2 细胞周期相分布的影响。研究表明 AFM_1 可能导致 S 期细胞数量显著增加，而 G0/G1 期细胞数量显著减少，J774A. 1 小鼠巨噬细胞具有显著的抗增殖活性（Bianco 等，2012）。然而，在同一研究中，AFM_1 并没有改变细胞增殖。因此，我们认为 AFM_1 类似于 AFB_1，在一定程度上可以阻断细胞周期，因为它们具有相似的化学结构。然而，在正常细胞和癌细胞、不同的器官和不同的培养条件下可能存在差异。

CDK 是在细胞周期的特定点被激活的关键调节蛋白，其中 CDK1 在 G2 和 M 期转变过程中被激活（Vermeulen 等，2003）。而且，仅 CDK1 就足以诱发细胞分裂所需的所有事件（Santamaría 等，2007）。因此，可以认为 AFM_1 诱导的 G2/M 期细胞数量减少部分与 CDK1 蛋白的下调有关。SOS1 是一种鸟苷酸交换因子，能促进 RAS 的激活（Metello 等，2002），属于一个小 GTPASE 蛋白质超家族，在控制细胞生长和分化的信号转导中发挥作用（Downlow，2008）。AKT 可在苏氨酸 308 残基（t308）处磷酸化并被激活。活化的 AKT 随后磷酸化其生理底物，促进生存、细胞周期进展和新陈代谢（Amancio 和 Paramio，2014）。一项研究表明，疣菌素 A 通过 G2/M 期细胞周期阻滞和

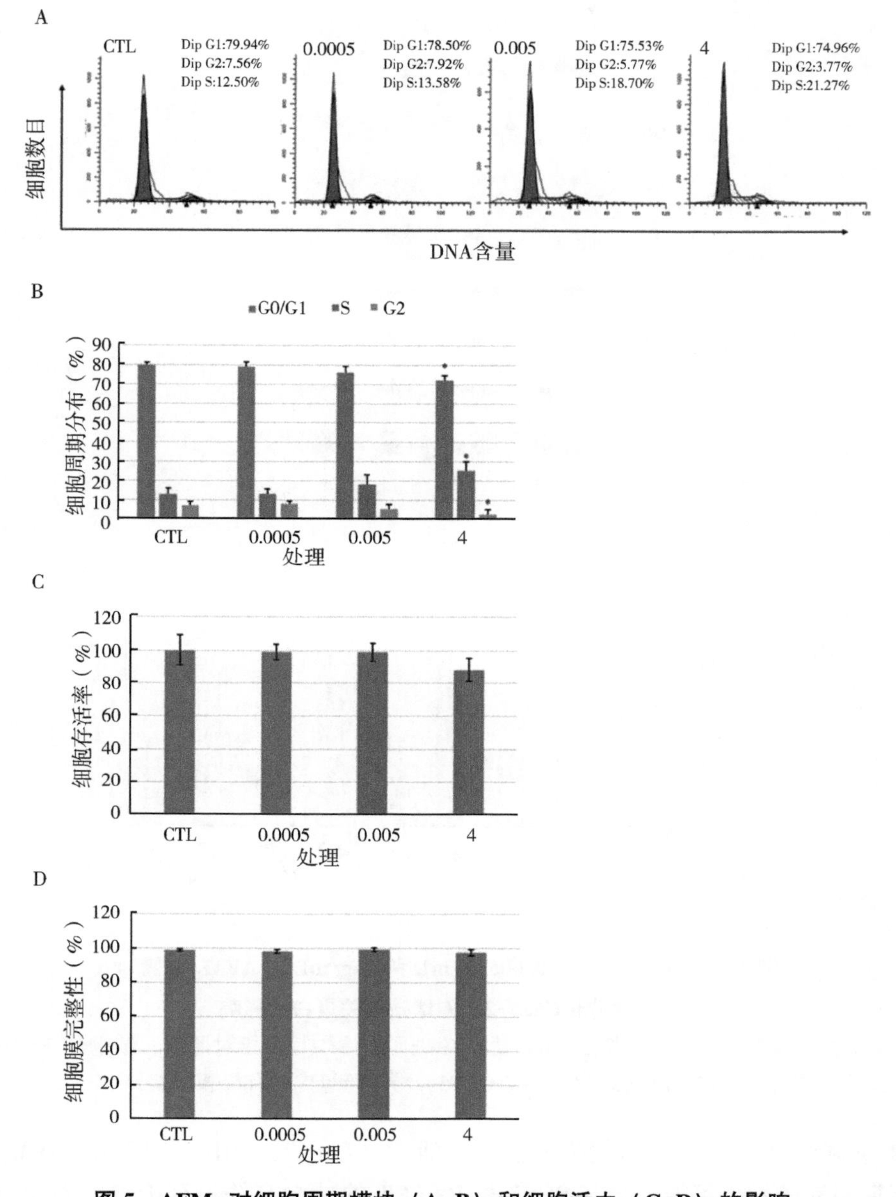

图 5　AFM_1 对细胞周期模块（A-B）和细胞活力（C-D）的影响

分化后的Caco-2细胞经 0.0005μg/mL、0.005μg/mL、4μg/mL AFM_1 处理 48h，37℃暗照 PI 染色 30min，流式细胞术进行 Modfit 分析（A）AFM_1 处理导致 G0/G1 期和 G2 期细胞数量显著减少，S 期细胞数量显著增加（B）随着 AFM_1 处理浓度的增加，细胞活力和细胞膜完整性没有明显下降。分别用 CCK-8 法和细胞毒性法检测细胞活力和细胞膜完整性。CTL 是指对照组。数据以 3 个重复的 3 个独立试验的平均值±标准差表示。* $P<0.05$，与对照组比较差异显著

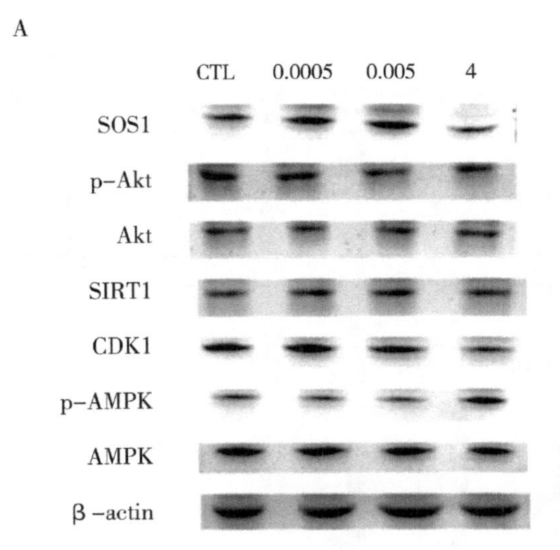

图 6　0.0005μg/mL、0.005μg/mL 和 4μg/mL 的 AFM_1 暴露 48h 后对分化Caco-2细胞增殖相关蛋白的影响

对候选蛋白（A）和带密度（B）进行免疫印迹。CTL 是指对照组。结果是 3 个单独试验的平均值，一式 3 份±标准差。* $P<0.05$，与对照组比较有显著性差异

P-AKT 下调对 CAP 细胞具有较强的抗增殖活性（Liu 等，2016）。因此，AFM_1 暴露后细胞周期阻滞的发生可能部分与 SOS1 和 P-AKT 的减少有关。至于细胞周期阻滞的差异，可能是不同细胞系之间的差异。此外，据报道，Caco-2细胞在向肠细胞样表型分化之前，经历 G1 细胞周期阻滞和增殖停滞（Ding，1998；Zarrilli 等，1999）。在融合后 12d，76%的Caco-2细胞处于 G0/G1 期，只有 8%处于 G2/M 期。在对照组中，检测到 79.98%和 7.13%的Caco-2细胞处于 G0/G1 期和 G2/M 期。这可能表明这些百分比在 21d 培养中保持相对稳定。同时，Caco-2细胞的这一特性可能解释了试验结果与 CAP 细胞的差异，p-Akt 水平的降低程度相同。如 RNA 测序结果所示，PRKAA2 水平相对

于对照组水平下降。因此，我们还检测了其蛋白水平的表达，AMP 活化蛋白激酶（AMPK）及其磷酸化水平。AMPK 是一种能量传感器蛋白激酶，在调节细胞能量代谢中起着重要作用。随着细胞内 ATP 水平的降低，AMPK 通过磷酸化被激活，进而激活能量产生过程，抑制能量消耗过程，包括细胞生长和增殖。有研究表明，细胞周期素和 CDK 抑制剂的 AMPK 激活和解除调控可能与二甲双胍诱导的乳腺癌细胞株细胞周期阻滞有关（Zhang 和 Miskimins，2008）。先前的研究已经证明，AMPK 通过抑制 MTORC1 途径调节细胞生长（Mihaylova 和 Shaw，2011）。对 AMPK 下游靶分子暴露于 AFM_1 后的级联反应还需要进一步的研究。SIRT1 被广泛认为是一种燃料敏感分子，是进化保守的 NAD^+ 依赖性组蛋白/蛋白质脱乙酰酶 sirtuins 家族中研究最多、也是研究热点的成员。SIRT1 和 AMPK 相互调节，共享许多共同的靶分子，对细胞燃料代谢和线粒体功能等多种过程有相似的作用。Boily（2008）发现，小鼠肝脏中 SIRT1 的减少与 AMPK 磷酸化的增加相关，并将其归因于能量状态下降后线粒体功能受损。由于 AFB_1 损害肝细胞和心肌细胞的线粒体功能（Liu 和 Wang，2016；Wang 等，2017），我们认为本研究中 SIRT1 和 AMPK 的解除调节可能是 AFM_1 处理后线粒体功能障碍的原因。除了上述 DEGs 和相关蛋白的筛选和讨论外，AFM_1 的遗传毒性也可能是由于 DNA 损伤和修复尝试增加而导致 S 期细胞周期停滞的原因（Zhang 等，2015）。但是，正如我们发现的，本研究中使用的不同浓度的 AFM_1 并不会引起细胞活力的显著降低（图 5C，5D），如图 5A 所示，排除了带有门控的 G1 前面和带有门控的双峰的凋亡细胞，因此，其遗传毒性损害不大于细胞试图应对的遗传毒性损害。

总之，本研究代表了 Illumina 测序技术在 AFM_1 诱导分化的Caco-2细胞中的细胞毒性研究中的首次应用。因此，我们为分化的Caco-2细胞暴露于 AFM_1 中参与细胞周期阻滞的候选基因选择提供了潜在的靶点。CDK1、SOS1/AKT 和 AMPK 信号分子的变化与 AFM_1 在分化Caco-2细胞中的 S 期阻滞效应有关。

参考文献

Akbari P，Braber S，Gremmels H，et al，2014. Deoxynivalenol：a trigger for intestinal integrity breakdown [J]. Faseb Journal Official Publication of the Federation of American Societies for Experimental Biology，28（6）：2414-2429.

Akinrinmade F J，Akinrinde A S，Amid A，2016. Changes in serum cytokine levels，hepatic and intestinal morphology in aflatoxin B_1-induced injury：modulatory roles of melatonin and flavonoid-rich fractions from Chromolena odorata [J]. Mycotoxin Research，32（2）：53-60.

Amancio C，Paramio J M，2014. The PTEN/PI3K/AKT pathwayin vivo，cancer mouse models [J]. Frontiers in oncology，4：252.

Bao X Y，Li S L，Gao Y N，et al，2019. Transcriptome analysis revealed that aflatoxin M_1 could cause cell cycle arrest in differentiated Caco-2 cells [J]. Toxicology in Vitro，59：35-43.

Bianco G，Russo R，Marzocco S，et al，2012. Modulation of macrophage activity by aflatoxins B_1 and B_2 and their metabolites aflatoxins M_1 and M_2 [J]. Toxicon，59（6）：644-650.

Boily G，Seifert E L，Bevilacqua L，et al，2008. SirT1 regulates energy metabolism and response to caloric restriction in mice [J]. PLoS One，3（3）：e1759.

Caloni F，Stammati A，Frigge'G，et al，2006. Aflatoxin M_1 absorption and cyto-toxicity on human intestinal in vitro model [J]. Toxicon，47（4）：0-415.

Caloni F, Cortinovis C, Pizzo F, et al, 2012. Transport of aflatoxin M_1 in human intestinal Caco-2/TC7 cells [J]. Frontiers in Pharmacology, 3: 111.

Creppy E E, 2002. Update of survey, regulation and toxic effects of mycotoxins in Europe [J]. Toxicology Letters, 127 (1-3): 19-28.

Cupid B C, Lightfoot T J, Russell D, et al, 2004. The formation of AFB (1) -macromolecular adducts in rats and humans at dietary levels of exposure [J]. Food & Chemical Toxicology, 42 (4): 0-569.

Ding Q M, Ko T C, Evers B M, 1998. Caco-2 intestinal cell differentiation is associated with G_1 arrest and suppression of CDK2 and CDK4 [J]. The American journal of physiology, 275 (5 Pt 1): C1193-200.

Downward J, 2008. Targeting RAS and PI3K in lung cancer [J]. Nature medicine, 14 (12): 1315-1316.

Ernst J, Barjoseph Z, 2006. STEM: a tool for the analysis of short time series gene expression data [J]. BMC Bioinformatics, 7 (1): 1-11.

Flores-Flores M E, Lizarraga E, Cerain A L D, et al, 2015. Presence of mycotoxins in animal milk: a review [J]. Food Control, 53: 163-176.

Gao Y, Li S, Bao X, et al, 2018a. Transcriptional and proteomic analysis revealed a synergistic effect of Aflatoxin M_1 and Ochratoxin a Mycotoxins on the intestinal epithelial integrity of differentiated human Caco-2 cells [J]. Journal of Proteome Research, 17 (9): 3128-3142.

Gao Y, Li S, Wang J, et al, 2018b. Modulation of intestinal epithelial permeability in differentiated Caco-2 cells exposed to Aflatoxin M_1 and Ochratoxin a individually or collectively [J]. Toxins, 10 (1): 13.

Giovati L, Magliani W, Ciociola T, et al, 2015. AFM_1 in Milk: physical, biological, and prophylactic methods to mitigate contamination [J]. Toxins, 7 (10): 4330-4349.

Gratz S, Wu Q K, Elnezami H, et al, 2007. Lactobacillus rhamnosus strain GG reduces Aflatoxin B_1 transport, metabolism, and toxicity in Caco-2 cells [J]. Applied & Environmental Microbiology, 73 (12): 3958-396.

Huang L C, Zheng N, Zheng B Q, et al, 2014. Simultaneous determination of aflatoxin M_1, ochratoxin a, zear-alenone and α-zearalenol in milk by UHPLC-MS/MS [J]. Food Chemistry, 146 (mar. 1): 242-249.

Hubatsch I, Ragnarsson E G, Artursson P, 2007. Determination of drug permeability and prediction of drug absorption in Caco-2 monolayers [J]. Nature Protocols, 2 (9): 2111-2119.

Iqbal S Z, Jinap S, Pirouz A A, et al, 2015. Aflatoxin M_1 in milk and dairy products, occurrence and recent challenges: a review [J]. Trends in Food Science & Technology, 46 (1): 110-119.

Kanehisa M, Araki M, Goto S, et al, 2008. KEGG for linking genomes to life and the environment [J]. Nucleic Acids Research, 36: 480-484.

Lambert D, Padfield P J, Mclaughlin J, et al, 2007. Ochratoxin a displaces claudins from detergent resistant membrane microdomains [J]. Biochemical and Biophysical Research Communications, 358 (2): 632-636.

Liu Y, Wang W, 2016. Aflatoxin B_1 impairs mitochondrial functions, activates ROS generation, induces apoptosis and involves Nrf2 signal pathway in primary broiler hepatocytes [J]. Animal Science Journal, 87 (12): 1490-1500.

Liu M, Gao R, Meng Q, et al, 2014. Toxic effects of maternal zearalenone exposure on intestinal oxidative stress, barrier function, immunological and morphological changes in rats [J]. PLoS One, 9 (9): 106412.

Liu Y, Gao X, Deeb D, et al, 2016. Mycotoxin verrucarin A inhibits proliferation and induces apoptosis in prostate cancer cells by inhibiting prosurvival Akt/NF-kB/mTOR signaling [J]. Journal of Experimental Therapeutics & Oncology, 11 (4): 251-260.

Makki O F, Afzali N, Omidi A, et al, 2013. The effect of different levels of Aflatoxin B_1 on intestinal length, blood parameters and immune system in broiler chickens [J]. Veterinary Research, 9: 73-79.

Maresca M, Mahfoud R, Pfohl-Leszkowicz A, et al, 2001. The Mycotoxin Ochratoxin A alters intestinal barrier and absorption functions but has no effect on chloride secretion [J]. Toxicology & Applied Pharmacology, 176 (1): 54-63.

Marin D E, Motiu M, Taranu I, 2015. Food contaminant Zearalenone and its metabolites affect cytokine synthesis and intestinal epithelial integrity of porcine cells [J]. Toxins, 7 (6): 1979-1988.

Metello I, Pierluigi T, Emanuela F, et al, 2002. Mechanisms through which Sos-1 coordinates the activation of Ras and Rac [J]. The Journal of Cell Biology, 156 (1): 125-136.

Mihaylova M M, Shaw R J, 2011. The AMPK signalling pathway coordinates cell growth, autophagy and metabolism [J]. Nature Cell Biology, 13 (9): 1016-1023.

Ranaldi G, Mancini E, Ferruzza S, et al, 2007. Effects of red wine on ochratoxin a toxicity in intestinal Caco-2/TC7 cells [J]. Toxicol. Toxicology in Vitro: an International Journal Published in Association with BIBRA, 21 (2): 204-210.

Romero A, Ares I, Ramos E, et al, 2016. Mycotoxins modify the barrier function of Caco-2 cells through differential gene expression of specific claudin isoforms: protective effect of illite mineral clay [J]. Toxicology, 353-354: 21-33.

Santamaria D, Barrie're C, Cerqueira A, et al, 2007. Cdk1 is sufficient to drive the mammalian cell cycle [J]. Nature, 448 (7155): 811-815.

Turco L, Catone T, Caloni F, et al, 2011. Caco-2/TC7 cell line characterization for intestinal absorption: how reliable is this *in vitro* model for the prediction of the oral dose fraction absorbed in human? [J] Toxicology in Vitro An International Journal Published in Association with Bibra, 25 (1): 0-20.

Van E H (Ed), 1983. Mycotoxins in dairy products absorbed in human [J]. Food Chemistry, 11 (4): 289-307.

Vermeulen K, Bockstaele D R V, Berneman Z N, 2003. The cell cycle: a review of regulation, deregulation and therapeutic targets in cancer [J]. Cell Proliferation, 36 (3): 131-149.

Wang H W, Wang J Q, Zheng B Q, et al, 2014. Cytotoxicity induced by ochratoxin A, zearalenone, and α-zearalenol: effects of individual and combined treatment [J]. Food & Chemical Toxicology, 71: 217-224.

Wang W J, Xu Z L, Yu C, et al, 2017. Effects of aflatoxin B_1 on mitochondrial respiration, ROS generation and apoptosis in broiler cardiomyocytes [J]. Animal Science Journal, 88 (10): 1561-1568.

Williams J, Phillips T, Jolly P, et al, 2004. Human aflatoxicosis in developing countries: a review of toxicology, exposure, potential health consequences, and interventions [J]. American Journal of Clinical Nutrition, 80 (5): 1106-1122.

Zarrilli R, Pignata S, Apicella A, et al, 1999. Cell cycle block at G 1-S or G 2-M phase correlates with differentiation of Caco-2 cells: effect of constitutive insulin-like growth factor II expression [J]. Gastroenterology, 116 (6): 1358-1366.

Zhang J, Zheng N, Liu J, et al, 2015. Aflatoxin B_1 and aflatoxin M_1 induced cytotoxicity and DNA damage in differentiated and undifferentiated Caco-2 cells [J]. Food & Chemical Toxicology, 83: 54-60.

Zhuang Y, Miskimins W, 2008. Cell cycle arrest in metformin treated breast cancer cells involves activation of AMPK, downregulation of cyclin D1 and requires p27Kip1 or p21Cip1 [J]. Journal of Molecular Signaling, 3 (1): 18.

黄曲霉毒素 M_1 与赭曲霉毒素 A 联合作用损伤肠道屏障完整性的联合组学分析

黄曲霉毒素 M_1（AFM_1）是乳汁中常见的霉菌毒素，通常与其他霉菌毒素同时存在，可能对食品安全构成威胁。但是，关于 AFM_1 单独或与其他霉菌毒素联合使用如何影响人肠上皮完整性的机制仍有待阐明。我们采用转录组和蛋白质组分析与生物学验证相结合，揭示了暴露于单独及混合的 AFM_1 和赭曲霉毒素 A（OTA）对分化的Caco-2细胞肠上皮完整性影响的分子基础。发现暴露于 4μg/mL 的 OTA 会破坏人肠道上皮的完整性，而 4μg/mL 的 AFM_1 则不会。单独或联合使用 AFM_1 和 OTA 的转录组和蛋白质组分析表明，两种霉菌毒素在破坏肠道完整性方面具有协同作用。这种作用与肠道完整性相关的广泛途径有关，这些途径由下调的基因和蛋白质，富集到的粘着斑、粘附连接和间隙连接途径有关。此外，与单独的 OTA 相比，混合的 AFM_1 和 OTA 的联合组学分析表明，包括肌球蛋白轻链激酶，促分裂原活化蛋白激酶和蛋白激酶 C 在内的激酶家族成员是调节肠上皮完整性的潜在关键调节因子。这些发现为多种霉菌毒素在破坏肠道完整性中的协同有害作用提供了新的解释。

关键词：黄曲霉毒素 M_1；赭曲霉毒素 A；组学；肠道完整性；协同作用

一、简介

霉菌毒素是多种丝状真菌产生的次生代谢产物，可能在人和动物中引起毒性反应（Flores-Flores 等，2015）。通常，毒素不仅存在于空气或灰尘中，而且还存在于食物（包括肉、奶和蛋等动物产品）中，从而增加了每天暴露于霉菌毒素的可能性（CAST，2003；Jarvis，2002）。牛奶及其衍生物在各个年龄段的人类饮食中占很大比例，是维持生长和维持健康必要的大量和微量营养素的来源（Iqbal 等，2015）。然而，霉菌毒素对牛奶的污染是一个潜在的健康隐患，尤其是对于更容易受到有毒化合物污染的儿童来说。对黄曲霉毒素 M_1（AFM_1）（一种研究最深入的霉菌毒素）的研究有助于制定牛奶中的最大残留限量（MRL）。但是，牛奶中 AFM_1 的含量远远超过了欧盟的最大残留限量（0.05μg/kg）（Flores-Flores 等，2015）。从阿尔巴尼亚收集的生乳中 AFM_1 的最大浓度为 0.85μg/kg，超过了中国的最大残留限量（0.5μg/kg）（Panariti，2001）。在非洲，牛奶中发现高浓度的 AFM_1 是很常见的。在埃及的 13 个牛奶样品中检测到 AFM_1，发现其浓度范围为 5.0~8.0μg/L（El-Sayed 等，2000）。在尼日利亚，2006 年对 22 个生乳样品进行的一项研究发现，AFM_1 水平的范围为 2.04~4.0μg/L（Atanda 等，

2007）。在牛奶样品中也发现了其他霉菌毒素，包括曲霉毒素 A（OTA）和玉米赤霉烯酮（ZEA）及其代谢产物，但尚未确定其最大残留限量（Huang 等，2014）。由于潜在的毒性和致癌性，食用黄曲霉毒素可能导致某些人类疾病或黄曲霉毒素中毒症（Zain，2011）。急性黄曲霉毒素中毒会导致死亡，而慢性黄曲霉毒素中毒会导致癌症、免疫抑制和其他“病情进展缓慢”的病理状况（Zain，2011）。据报道，霉菌毒素 OTA、ZEA 和其他毒素会增加动物对传染病的敏感性（CAST，2003）。牛奶中霉菌毒素的频繁发生已成为全球严重的食品安全问题。更重要的是，人们更有可能在奶制品中发现 AFM_1 和 OTA 并存。在法国西北部，生乳被检测出了 AFM_1 和 OTA 阳性（Boudra 等，2007）。在葡萄牙的婴儿食品中也发现了这两种霉菌毒素，包括面粉和奶粉（Alvito 等，2010）。然而，迄今为止，只有 AFM_1 在乳制品中具有其 MRL 法规（Huang 等，2014）。少数现有研究表明，AFM_1 和 OTA 对人肠道Caco-2细胞具有相似的较高细胞毒性，其次是 ZEA 和α-ZOL（Gao 等，2016）。这一发现表明，它很可能低估了 OTA 对人类公共卫生的重要性，因此，以 AFM_1 为基准评估 OTA 的毒性是合理的。上面报道的大多数霉菌毒素不良反应大多与它们对肠道的影响有关。肠道上皮细胞（IECs）构成了暴露于外部环境的最大人类屏障（Prelusky 等，1996；Shephard 等，1995）。IECs 主要由组织良好的细胞间结构（连接复合物）维持，这些结构由紧密连接、粘附连接、桥粒、间隙连接和整联蛋白围绕上皮细胞的顶端区域组成（Gumbiner，1993）。连接复合物的变化可以被认为是由多种刺激（包括有毒物质）引起的屏障性质调节的指标（Caloni 等，2012）。脱氧雪腐镰刀菌烯醇（DON）可以增加荧光素黄（LY）和 FITC-葡聚糖（4kDa）的细胞旁通量，并降低 claudin-1、claudin-3 和 claudin-4 的表达水平，从而破坏肠黏膜的肠上皮完整性（Akbari 等，2014）。因此，对肠道完整性的评估对于评估食品污染物暴露的风险后果至关重要。

牛奶中多种霉菌毒素共存是最常见的情况（Huang 等，2014）。食品共存的霉菌毒素可能比单一霉菌毒素更具毒性，并可能导致不同的相互作用，例如加和、协同作用或拮抗作用（Ficheux 等，2012）。因此，评估某些混合霉菌毒素而不是单独评估其毒理作用似乎更合乎逻辑。最近，一些工作已应用转录组和蛋白质组分析来评估由霉菌毒素 T-2 诱发大鼠源性 GH3 细胞对生长激素抑制的作用，以及由 OTA 诱导的对特定无病原体雄性 F344 大鼠的早期肝毒性的作用（Qi 等，2015；Wan 等，2015）。然而，除霉菌毒素的联合作用尚待研究外，另一项工作利用小鼠的血清和肝脏中的代谢谱分析确定了 DON 和 ZEA 的联合作用（Ji 等，2017）。但是，仍然缺乏对牛奶中多种霉菌毒素诱导的肠道完整性相互作用的机制的认识。为了填补这一知识空白，我们比较了用单独的 AFM_1、OTA 及其组合（AFM_1+OTA）处理的分化后的Caco-2细胞的转录组和蛋白质组。培养 16~22d 后，可以获得具有成熟肠细胞特征，具有圆顶状外观的完全分化的 Caco-2细胞（Everest 等，1992；Friis 等，2005）。此外，为了证实与单独使用 OTA 相比，AFM_1 和 OTA 对肠道完整性的相互作用，无论是加和、协同还是拮抗毒性，对 AFM_1 和 OTA 中差异表达基因（DEGs）和蛋白质富集的途径进行了生物学验证。这项研究为 AFM_1 和 OTA 诱导的肠完整性破坏的潜在分子机制提供了新见解。

二、材料方法

1. 毒素

AFM_1（$C_{17}H_{12}O_7$；分子量为328）和OTA（$C_{20}H_{18}ClNO_6$；分子量为403）购自Fermentek（Jerusalem，Israel）。如前所述，将霉菌毒素溶解在甲醇中（Ferrer等，2009；Paciolla等，2014）。AFM_1和OTA分别溶解在甲醇中至400μg/mL和5 000μg/mL。两种储备溶液均储存在-20℃下供后续实验使用。AFM_1（0.00005μg/mL、0.0005μg/mL、0.005μg/mL、0.05μg/mL、0.25μg/mL、0.5μg/mL、1μg/mL、2μg/mL和4μg/mL）和OTA（0.00005μg/mL、0.0005μg/mL、0.005μg/mL、0.05μg/mL、0.25μg/mL、0.5μg/mL、1μg/mL、2μg/mL和4μg/mL）的终浓度通过添加DMEM（Life Technologies，Carlsbad，CA）制备。培养基中的最终甲醇浓度小于1%（V/V），这不会影响细胞的正常生长。在所有试验中，最终浓度为1%（V/V）的甲醇用作空白对照。本研究中使用的AFM_1浓度为0.00005μg/mL和0.0005μg/mL，分别与欧盟（0.05μg/kg）和中国（0.5μg/kg）的最大残留限量对应。

2. 细胞培养及分化

从美国模式生物保藏中心（ATCC；Manassas，VA）获得人结肠腺癌Caco-2细胞系（传代数18）。在本研究中，Caco-2细胞传代数为23~31代。将Caco-2细胞培养在6孔或12孔Transwell室（Corning）中，密度为4×10^4细胞/cm^2，在含有4.5g/L葡萄糖，10%胎牛血清（Gibco），抗生素（100U/mL青霉素和100μg/mL链霉素；Gibco）和1%非必需氨基酸（NEAA；Gibco）的DMEM中，于37℃，5% CO_2中进行培养。每隔一天更换培养基直到21d，以形成分化的Caco-2细胞单层（Watar等，2015）。在本研究中，通过Millicell-ERS伏特计（Millipore，Temecula，CA）测量，基线时的上皮平均电阻（TEER）值为$802\Omega\cdot cm^2\pm110\Omega\cdot cm^2$。

3. 细胞存活率实验

根据制造商的说明，使用增强型细胞计数试剂盒（CCK）-8（Beyotime，上海，中国）测定霉菌毒素对肠道细胞增殖的影响。简而言之，AFM_1（0.00005μg/mL、0.0005μg/mL、0.005μg/mL、0.05μg/mL、0.25μg/mL、0.5μg/mL、1μg/mL、2μg/mL和4μg/mL）和OTA（0.00005μg/mL、0.0005μg/mL、0.005μg/mL、0.05μg/mL、0.25μg/mL、0.5μg/mL、1μg/mL、2μg/mL和4μg/mL）被添加到transwell室的顶室和底室，模仿体内情况。48h后，将细胞用PBS冲洗，然后加入100μL CCK-8溶液（90μL无血清培养基+10μL CCK-8），然后将细胞在37℃下孵育2h。使用自动ELISA读数器（Thermo Scientific，Waltham，MA）在450nm处测量吸光度。试验设置3个生物学重复。

4. 细胞间跨膜电阻值测定

正如我们在细胞活力分析中所做的那样，用梯度浓度的AFM_1和OTA处理分化的Caco-2细胞48h。此外，根据单独AFM_1和OTA处理的细胞活力和跨膜电阻（TEER）值，选择4μg/mL AFM_1和4μg/mL OTA构成它们的组合。单独和混合的霉菌毒素也被添加到 transwell 室的顶室和基室。结果表示为相对于每个插入物的初始 TEER 值的变化（百分比），并表示为 5 个独立试验的平均值±标准误（SEM）。

5. RNA 测序，数据处理和基因注释

使用试剂盒（Tiangen Biotechnology Co.，Ltd.）根据制造商的说明提取未经霉菌毒素处理（对照）以及单独和混合的 AFM_1、OAT 处理的细胞的 RNA。提取总 RNA 后，真核 mRNA 通过 Oligo（dT）珠富集，而原核 mRNA 通过使用 Ribo-ZeroTM Magnetic Kit（Epicenter）去除 rRNA 富集。然后使用片段缓冲液将富集的 mRNA 片段化为短片段，并用随机引物逆转录为 cDNA。通过 DNA 聚合酶 I，RNase H，dNTP 和缓冲液合成第二链 cDNA。然后，使用 QiaQuick 聚合酶链反应（PCR）提取试剂盒纯化 cDNA 片段，并进行末端修复，添加 poly（A），然后将样品连接至 Illumina 测序接头。通过琼脂糖凝胶电泳，PCR 扩增后基于大小选择连接产物，并使用 Illumina HiSeq 2500（Illumina，San Diego，CA）进行测序。通过去除低质量的 reads 和核糖体 RNA reads，然后使用 TopHat2 映射到人的参考基因组，可获得高质量的 reads（clean reads）（Kim 等，2013）。基因表达水平通过使用每千个作图读段（FPKM）的每千个转录本片段来标准化。倍数变化≥2 且错误发生率（FDR）<0.05 的基因被认为是显著差异表达基因（DEGs）。通过与人类的基因组背景进行比较，完成了 DEGs 的基因本体论（GO）富集。通过使用超几何检验与基因组背景进行比较，可以对 DEGs 中的 GO 术语进行大量富集，而 FDR 受 T 检验控制（FDR≤0.05）。DEGs 的生物学途径通过超几何检验作为上述 GO 项的富集，被丰富到京都基因与基因组百科全书（KEGG）中。为了减少样品的可变性，将收获的分化Caco-2细胞的 3 份重复样品合并到一个样品中。每种处理总共制备 3 份样品。

6. 实时荧光定量 PCR 验证

为验证转录组数据的可靠性，随机抽取 16 个基因，进行定性实时聚合酶链式反应（qRT-PCR）以检测其基因表达水平，与转录组数据进行对比（基因特异性引物列于表 1 中）。这 16 个基因是随机从混合 AFM_1+OTA 处理组与 OTA 单独处理组中的 DEGs 选取而来。分化Caco-2细胞用 PBS 进行冲洗，根据说明书，利用 TRIzol 试剂提取总 RNA。使用 NanoDrop 光谱仪检测 RNA 浓度与纯度。根据说明书，使用 RrimeScript RT 试剂盒将每个样品中 1μg 总 RNA 合成 cDNA。β-Actin 被选取为参考基因。RNA 反应体系为 20μL，包括 1μL cDNA 和 SYBR 混合液以及 0.5μM 引物，利用 StepOnePlus 实时 PCR 系统进行 PCR。循环体系为：95℃ 5s 和 60℃ 30s 共 40 循环。利用 $2^{-\Delta\Delta CT}$方法对相对基因表达进行量化（Livak 和 Schmittgen，2001）。每个样品重复 3 次，数据表示为平均值±标准误（SEM；n=3）。

7. 蛋白提取、消化与 iTRAQ 标记

首先，对暴露于对照组（未经过毒素处理组）、12μM AFM_1 处理组、9.9μM OTA 处理组及混合 AFM_1+OTA 处理组的分化Caco-2细胞进行蛋白提取。将等份的 2μL 裂解缓冲液（8M 尿素、2% SDS、1×蛋白酶抑制剂混合物）加入样品中，然后在冰上超声处理，并在 4℃下 4 000r/min 离心 10min，将上清液转移到一个新的离心管中。对于每个样品的蛋白质，用预冷的丙酮在-20℃下沉淀过夜。

表 1　qRT-PCR 基因引物

基因	引物序列（5′-3′）
TJP1	S：5′ ATTTGGCGAGAAACGCTATG 3′
	A：5′ GCTGGTGACAGGCTGAGATG 3′
AFDN	S：5′ GGATGGACGAAGTCTGGT 3′
	A：5′ TGGCTGATTGAGAAGGGT 3′
KRAS	S：5′ GAGTGCCTTGACGATACA 3′
	A：5′ CTCCTCTTGACCTGCTG 3′
EPB41	S：5′ GACTATTCTCCTCGTTTCTC 3′
	A：5′ TCTGACCTCCTTCACCTT 3′
AMOTL1	S：5′ CCTGGAACTTGTGCGGGAGA 3′
	A：5′ GGCATTCATGGCAAAGTGTCG 3′
YES1	S：5′ GAATCCTGGAAATCAACGAG 3′
	A：5′ TCATCCCAATCACGAATAGA 3′
NCKAP1	S：5′ TCCAGAAGAGCGACATCAT 3′
	A：5′ AGCAACTGGTCACTAAGGGT 3′
ITGA6	S：5′ GCAGATGGAATAATGTGAAGCC 3′
	A：5′ CTTTCCCAAGTCATCATACGG 3′
MAPK1	S：5′ GTTCCCAAATGCTGACTCCAA 3′
	A：5′ CTCGGGTCGTAATACTGCTCC 3′
ARHGEF7	S：5′ GGGAGCATGATTGAGCGG 3′
	A：5′ GGGAGGGTATGAGATGGCACT 3′
PAK2	S：5′ AACCCCAGAGCAGAGCAAAC 3′
	A：5′ TGCCCAGGGACCAGATGT 3′
ARHGEF12	S：5′ ATCAAGTGTTCTATCAGCGAGTA 3′
	A：5′ ACAGCCTTCATTTGTTCATTC 3′
SOS2	S：5′ GCCAGAACCTACTGACGC 3′
	A：5′ TCAACCCAATGCCGAAAT 3′
XIAP	S：5′ GAGGAGGGCTAACTGATT 3′
	A：5′ TTCTTGTCCCTTCTGTTCT 3′
SMAD4	S：5′ GCCAACTTTCCCAACATTCCT 3′
	A：5′ ATCCATTCTGCTGCTGTCCTG 3′
β-actin	S：5′ GAGATTACTGCCCTGGCTCCTA 3′
	A：5′ ACTCATCGTACTCCTGCTTGCTG 3′

接着将蛋白质溶解在500mM三乙基碳酸氢铵（TEAB）中，并使用BCA蛋白实验测定蛋白浓度。①配置标准品浓度分别为0mg/mL、0.2mg/mL、0.4mg/mL、0.8mg/mL、1.2mg/mL、1.6mg/mL、2mg/mL；②稀释样本，将样本与标准品各取10μL；③BCA工作液配制，按50体积BCA试剂A加1体积BCA试剂B（50：1）配制适量BCA工作液，充分混匀；④分别加入150μL BCA工作液，振荡混匀，37℃反应30min；⑤用酶标仪测定562nm处理的OD值，根据标准曲线和使用的样品体积计算出样品的蛋白浓度。

使用BCA试剂盒测定蛋白浓度后，将对照组及毒素处理组中的100μg蛋白质转移到新的离心管中，并用100mM TEAB定量至终体积为100μL。此后，将5μL的0.2M Tris（2-羧乙基）膦（TCEP）加入样品中，并在55℃下孵育1h。随后，将5μL的375mM碘乙酰胺（IAA）加入到样品中，并在黑暗中温育30min。然后用序列级修饰的胰蛋白酶对蛋白质进行胰蛋白酶消化。用iTRAQ标记所得到的肽，用114标记混合毒素处理组（AFM_1+OTA），115标记对照组，116标记单独AFM_1处理组，117标记单独OTA处理组，标记好的样品混合在一起，并在真空中干燥。为了降低样品间的变异性，将分化的Caco-2细胞的3个重复样品合并到一个样品中，每个处理进行3次重复，将样品在液氮中研磨。

8. 肽分离和LC-MS/MS分析

将消化的肽溶解在缓冲液A中（缓冲液A：20mM甲酸铵水溶液，pH值10.0，用氢氧化铵调节），然后使用连接到反相柱（XBridge C18柱，4.6mm×250mm，5μm）的Ultimate 3000系统通过高pH分离进行分级。高pH分离是在5%~45%线性梯度的缓冲液B（缓冲液B：在80% ACN中的20mM甲酸铵，pH值10.0，用氢氧化铵调节）在40min内进行的。将反相柱在初始条件下重新平衡15min。反相柱的流速维持在1mL/min，温度维持在30℃。总共收集12个级分，并将各级分在真空浓缩器中干燥用于后续分析。

将获得的12个肽级分用30μL溶剂C（C：0.1%甲酸水溶液；D：含0.1%甲酸CAN溶液）重悬，利用nanoLC分离并通过电喷雾串联质谱进行分析。使用连接到配备有纳电喷雾离子源的Q Exactive质谱仪的Easy-nLC 1000系统分析。将总共10μL的肽样品以10μL/min的流速加载到捕获柱上3min，然后在分析柱上进行梯度洗脱至分离，在120min内从3% D提升至90% D。将分析柱在初始条件下再平衡10min，流速保持为300nL/min，电喷雾电压2 kV。

质谱仪以数据依赖模式操作，并在质谱（MS）和串联质谱（MS/MS）采集之间自动切换。采集质量分辨率为120K的全扫描质谱图（350~1550m/z），然后在分辨率为30K下，进行序列高能碰撞解离（HCD）MS/MS扫描。隔离窗口（isolation window）设置为1.6Da。AGC目标（AGC target）设定为400 000。MS/MS固定的第一质量（MS/MS fixed first mass）设定为110。在所有情况下，使用动态排除时间为45s记录一个微扫描。提取质谱，对电荷状态进行解卷积，并通过Mascot Distiller软件（2.6版）对光谱进行解析。

9. 蛋白组数据的生物信息学分析

使用Mascot软件对所有MS/MS图谱进行搜索来鉴定蛋白质，使用如下设置：酶为胰蛋白酶；母离子质量容许误差为20.0mg/kg；碎片离子质量容许误差为0.050Da。半胱氨酸的氨基甲酰基甲基和iTRAQ8plex（赖氨酸和N末端）被指定为固定修饰。天冬酰胺和谷氨酰胺的脱酰胺作用、甲硫氨酸的氧化、N末端的乙酰基和酪氨酸的iTRAQ8plex被指定为可变修饰。肽的电荷状态设定为2+和5+。如果蛋白质中含有至少2种鉴定的肽且FDR小于1%，则可以对蛋白质进行鉴定。只对在所有样品中均检测到的蛋白质进行定量。从定量步骤中排除共有肽。独特肽比率的中值用于表示蛋白质比率。使用T检验分析差异调节的蛋白质。利用Mascot的中位数比率对定量蛋白质比率进行加权并归一化。根据已有报道，只有在两种处理之间具有显著差异性（$P<0.05$）并且倍数变化>1.2或<0.83的蛋白质才被认为是差异表达蛋白。蛋白质组学原始数据通过蛋白质组学鉴定（PRIDE）数据库（数据集标识符PXD009437）上传至ProteomeXchange Consortium（http://proteomecentral.proteomexchange.org）。

10. 蛋白免疫印迹试验

为了验证差异表达的蛋白质，进行了蛋白质印迹分析。将Caco-2细胞单层培养在transwell室中，并在添加了OTA或AFM_1和OTA的组合的情况下孵育48h，然后将其添加到顶部和底部隔室中。用含有蛋白酶抑制剂（Sigma-Aldrich）的RIPA裂解缓冲液（Beyotime Biotechnology，北京，中国）裂解Caco-2细胞。将等量的蛋白质上样到十二烷基硫酸钠（SDS）-聚丙烯酰胺凝胶上，并转移到聚偏二氟乙烯膜上（Bio-Rad，Hercules，CA）。在室温下，用5%脱脂牛奶在PBS中封闭膜1.5h。随后，用兔抗连接蛋白43（Abcam，Cambridge，MA），小鼠抗PKC（Abcam），兔抗FABP6抗体（Abcam），兔抗Bax抑制剂1（Abcam）和兔抗β-肌动蛋白（根据制造商的说明书稀释Cell Signaling Technology，MA）的抗体，并在室温（RT）下与膜一起孵育3h。将与辣根过氧化物酶（Bioss Antibodies，北京，中国）偶联的山羊抗兔和山羊抗小鼠IgG在室温下孵育1h。使用增强的化学发光试剂（Thermo Scientific，Waltham，MA）在射线照相胶片上观察过氧化物酶的活性。使用ImageJ 2x软件（2.1.0版，美国国立卫生研究院，贝塞斯达，马里兰）通过光密度测定法确定信号强度，并将数值相对于对照（β-肌动蛋白）进行标准化。Western印迹的结果表示为3个独立实验的平均值±标准差。

11. 蛋白-蛋白交互作用网络分析

蛋白质-蛋白质相互作用（Protein-protein interaction，PPI）网络由与肠道完整性相关的DEGs和差异表达蛋白质绘制。将具有大于0.7的组合分数（0，最低置信度；1，最高置信度）的PPI相互作用用于进一步的网络分析。将所有差异表达的蛋白质定位到PPI网络上并通过Cytoscape软件进行可视化作图。BiNGO插件是一个Cytoscape插件，用于检索GO术语。

12. PKC-α基因干扰试验

基于转录组和蛋白质组分析，蛋白激酶C-α（Protein kinase C-α，PKC-α）被认为是AFM_1和OTA联合诱导分化Caco-2细胞肠完整性损伤的关键调节蛋白。为了验证这一点，利用小干扰RNA（siRNA）降低PKC-α的表达量。因此，根据制造商提供的说明书，利用 OptiMEM siRNA 转染培养基和脂质体 2000 siRNA 转染试剂将 PKC－α siRNA 和阴性对照（NC）siRNA 转染至分化Caco-2细胞中。引物序列为 GCACAGGAUCAGCUAUCAATT（有义链），UUGAUAGCUGAUCCUGUGCTT（反义链）。含有 siRNA 和 siRNA 转染试剂的转染培养基与无血清培养基混合后，孵育分化的Caco-2细胞。孵育 6h 后，更换正常细胞培养基，培养 24h 后，测定 TEER 值。然后，将细胞收集裂解，检测 PKC-α 和 connexin 蛋白表达量。

三、结果

1. AFM_1 与 OTA 对分化Caco-2细胞活力及 TEER 值的影响

为了评估 AFM_1 和 OTA 对分化的Caco-2细胞的细胞毒性，本试验测定了这 2 种霉菌毒素对细胞活力的影响。由细胞活力实验结果可知，随着单独 AFM_1 的 OTA 浓度的增加，在测定浓度范围内，分化Caco-2细胞的细胞活力并未呈现出显著性的降低（$P>0.05$）。因此，我们可以得出，单独 AFM_1（0.00005～4μg/mL）和 OTA（0.00005～4μg/mL）对分化的Caco-2细胞无细胞毒性（图 1A）。此外，在研究 AFM_1 和 OTA 对肠上皮屏障功能的影响时，AFM_1 对 TEER 值无负面影响，而 OTA 处理的细胞明显以剂量依赖性方式降低肠完整性（图 1B）。TEER 值测定结果发现，4μg/mL OTA 破坏肠道上皮完整性，而 4μg/mL AFM_1 则没有。暴露于混合 AFM_1 和 OTA 处理组的分化Caco-2细胞，其 TEER 值显著低于单独 OTA 处理组，表明 AFM_1 和 OTA 在破坏分化Caco-2细胞层完整性方面呈现协同作用（图 1C）。

2. AFM_1 与 OTA 诱导的分化Caco-2细胞转录组学分析

在对照组、单独 AFM_1 处理组、单独 OTA 处理组和混合 AFM_1+OTA 处理组中检测到的转录本总数分别为 19 199、18 887、201 416 和 19 797。为了确定霉菌毒素处理组和对照组之间的基因差异，将单独或混合的霉菌毒素处理组和对照组之间的转录组数据进行比较。当分化Caco-2细胞暴露于单独 4μg/mL AFM_1 时，相比于对照组，23 个 DEGs 上调、476 个 DEGs 下调。当分化Caco-2细胞暴露于单独 4μg/mL OTA 时，相比于对照组，1 437个 DEGs 上调、7 965个 DEGs 下调。相比于对照组，混合 AFM_1+OTA 处理组中有 902 个 DEGs 上调、10 004个 DEGs 下调。在单独及混合的霉菌毒素处理组中，一些与肠道完整性相关的通路，例如，间隙连接、粘着斑、紧密连接、粘附连接和肌动蛋白细胞骨架的调节，均发生改变。并且，混合霉菌毒素处理组的 DEGs 数目多于 OTA 处理组，AFM_1 处理组中 DEGs 数目最少。因此，AFM_1 和 OTA 引起的Caco-2细胞肠道完整性的转录组学效应与这些霉菌毒素诱导的肠道屏障完整性相关的表型结果一致。

为了进一步研究混合的 AFM_1 和 OTA 破坏肠道完整性产生协同作用的潜在分子机制，将 AFM_1 和 OTA 联合处理（AFM_1+OTA）的Caco-2细胞的转录组谱与单独 OTA 处理的转录组谱进行比较。从单独 OTA 处理组和混合 AFM_1+OTA 处理组分别获得约 27 000 000个和29 000 000个 150 碱基对配对末端干净序列（clean reads）。使用剪接感知对准器 Tophat2，单独 OTA 组和混合 AFM_1+OTA 组分别有 85.96%和 87.83%的序列匹

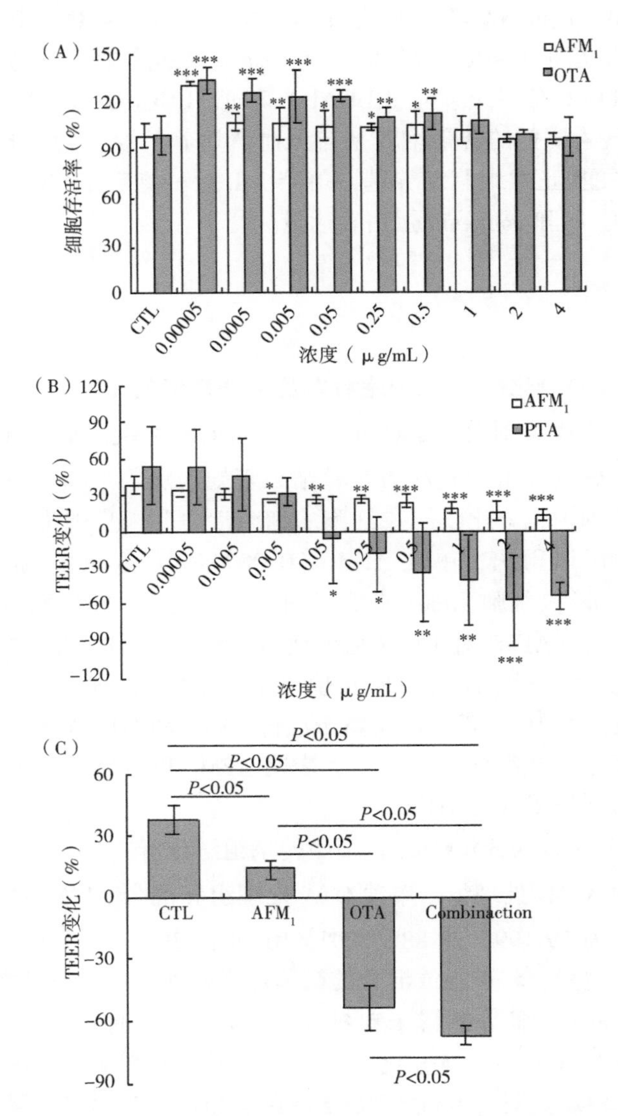

图1　用不同浓度的 AFM_1 和 OTA 处理 48h 后分化的 Caco-2细胞的细胞存活率和 TEER 值变化

(A) 暴露 48h 后，分化Caco-2细胞中 AFM_1 和 OTA 的细胞活力的浓度-效应图。(B) 由单独霉菌毒素引起的 TEER 值的变化。(C) 由混合霉菌毒素引起的 TEER 值的变化。结果表示为平均值±S. E. M。3 次独立试验，5 次重复。* $P<0.05$，** $P<0.001$ 和 *** $P<0.0001$ 表示与对照组的差异显著性

配到人类基因组。同时，在单独 OTA 组和混合 AFM_1+OTA 组中，超过 95%的序列被定位到外显子区域，包括 5′非翻译区（UTR）和 3′UTR 区（图 2A），这表明我们的 RNA-seq 数据可以准确地描述毒素处理中蛋白质编码基因的转录。

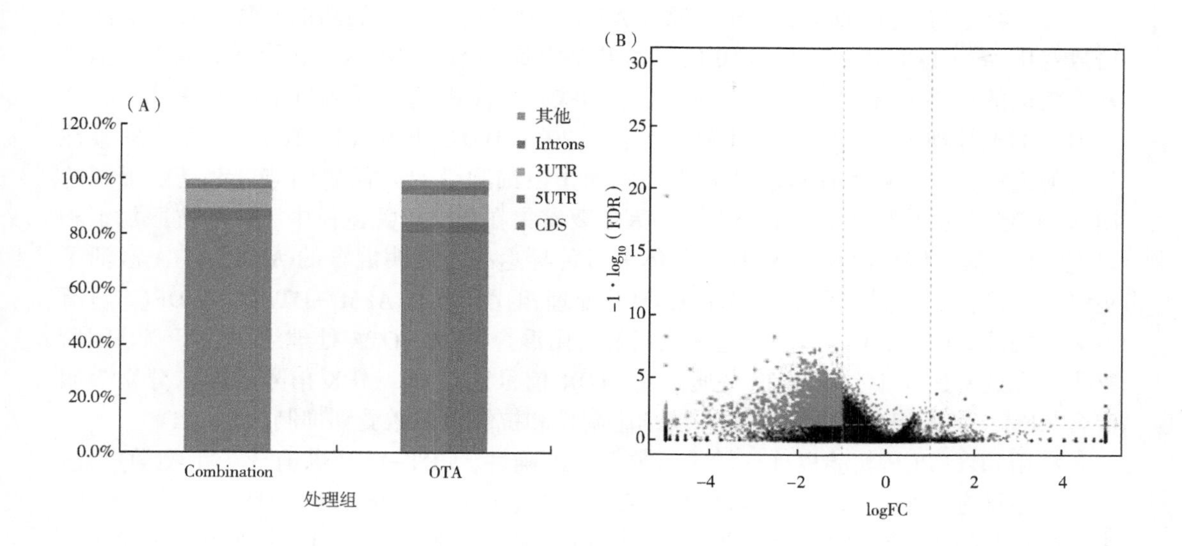

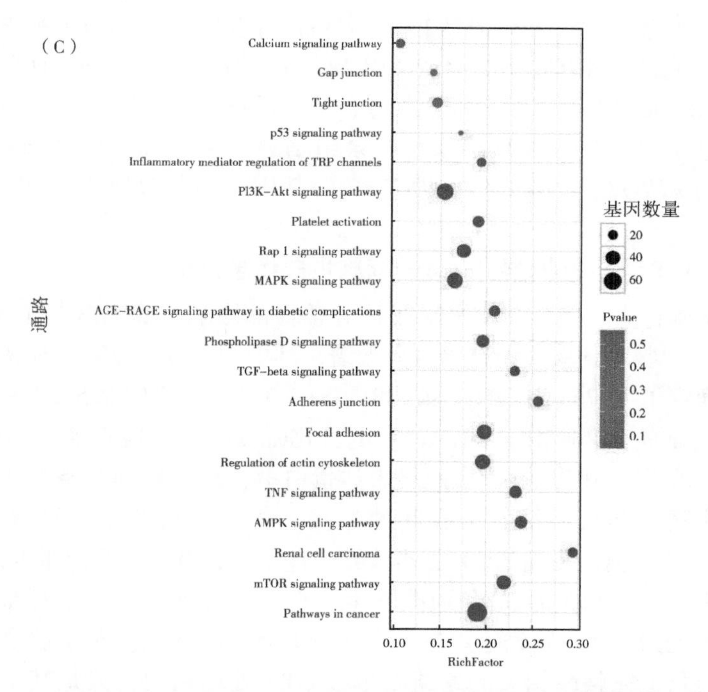

图 2　暴露于 AFM_1 和 OTA 的分化Caco-2细胞的转录组分析

（A）RNA-Seq 测定中混合 AFM_1+OTA 组和 OTA 的不同基因区域。（B）相比于单独 OTA 处理组，AFM_1+OTA 处理组 DEGs 变化趋势的散点图。上调和下调基因分别表示为深灰色和浅灰色。（C）与单独 OTA 相比，混合 AFM_1+OTA 组中 DEGs 富集到的前 20 个与肠上皮完整性相关的 KEGG 途径为了鉴定与单独 OTA 组相比，混合 AFM_1+OTA 组中基因的功能富集，我们关注于倍数变化 ≥ 2 且 FDR<0.05 的 DEGs。总共鉴定到2 660个 DEGs，并绘制散点图以描绘基因表达的倍数变化（图 2B）。在这些 DEGs 中，相比于单独 OTA 处理组，混合 AFM_1+OTA 处理组中有2 631个 DEGs 上调和 29 个 DEGs 下调（图 2B）。与肠道完整性相关的途径，例如粘附连接、粘着斑和肌动蛋白细胞骨架途径的调节，都是由下调的 DEGs 所富集的（图 2C）。29 个上调基因主要富集在免疫相关途径中，例如抗原加工和呈递、Ras 信号传导途径和 NOD 样受体信号传导途径，表明混合的 AFM_1+OTA 激活了免疫应答途径。如图 2 所示，与单独 OTA 处理相比，混合 AFM_1+OTA 组中 DEGs 显著富集到的前 20 个 KEGG 途径。这些途径都是由混合 AFM_1+OTA 处理组中的下调基因所富集。在这些途径中，FoxO 信号通路、mTOR 信号通路和 AMPK 信号通路，分别表明混合 AFM_1+OTA 组中蛋白质合成、抗细胞凋亡和抗氧化应激受到抑制。

利用 qRT-PCR 实验以确认转录组数据的准确性，qRT-PCR 共有 3 个生物学重复，每个样品具有 3 个技术重复。与单独 OTA 处理组相比，混合 AFM_1+OTA 处理组 DEGs 中，随机选择 16 个基因设计基因特异性引物（表 1）。挑选出的 16 个基因属于紧密连接（*AFDN*、*AMOTL1*、*EPB41*、*TJP1*、*YES1* 和 *PKC-α*），粘附连接（*AFDN*、*SMAD4*、*TJP1* 和 *YES1*）、粘着斑（*XIAP*、*PAK2* 和 *ITGA6*）、间隙连接（*TJP1* 和 *PKC-α*）、肌动蛋白细胞骨架的调节（*ARHGEF7*、*ARHGEF12*、*NCKAP1*、*PAK2* 和 *SOS2*）以及 MAPK 信号通路（*SOS2*、*KRAS*、*MAPK1* 和 *PAK2*），这些通路均与肠道完整性相关。试验结果表明，这 16 个基因的 qRT-PCR 结果与转录组结果一致（图 3）。例如，混合 AFM_1+OTA 处理组中的 *EPB41*、*ITGA6* 和 *ARHGEF7* 的基因表达量显著低于单独 OTA 处理组（$P<0.05$，图 3）。

3. AFM_1 与 OTA 诱导的分化Caco-2细胞蛋白组学分析

为了评估霉菌毒素在蛋白质水平对肠道完整性的影响，我们进行了蛋白质组分析。使用 Mascot 软件，鉴定到92 556±3 854个光谱，其中71 937±2 480个独特光谱与已知光谱进行匹配，确定了45 763±5 094个肽，38 565±3 919个独特肽和5 457±312 个蛋白质。相比于对照组，暴露于单独 4μg/mL AFM_1 的分化Caco-2细胞检测到 61 个上调差异表达蛋白，26 个下调蛋白。在这些 87 个差异表达蛋白中，只富集到 3 条与肠道完整性相关的通路，分别为紧密连接、粘着斑和间隙连接。相比于对照组，暴露于单独 9.9μM OTA 的分化Caco-2细胞检测到 52 个上调差异表达蛋白，285 个下调蛋白。单独 OTA 处理后引起与肠道完整性相关的 12 条通路发生变化。类似地，相比于对照组，混合处理组 AFM_1+OTA 引起 25 个差异表达蛋白上调、234 个蛋白下调。对于混合处理组，差异蛋白富集到的与肠道完整性相关的通路与单独 OTA 处理相同，只是其中的差异蛋白数量有所不同。

为了更好地理解混合 AFM_1+OTA 处理组在损伤肠道上皮完整性中发挥协同作用的潜在机制，我们将混合 AFM_1+OTA 处理组与单独 OTA 处理组的蛋白质组数据进行比较。单独 OTA 处理组和混合 AFM_1+OTA 处理组之间共鉴定出 3304 个蛋白。其中相比于 OTA 单独处理组，混合 AFM_1+OTA 处理组中有 22 个下调的差异表达蛋白。这些下调的蛋白富集到与肠道完整性相关的通路，例如，间隙连接、TRP 通道的炎症介质调节和

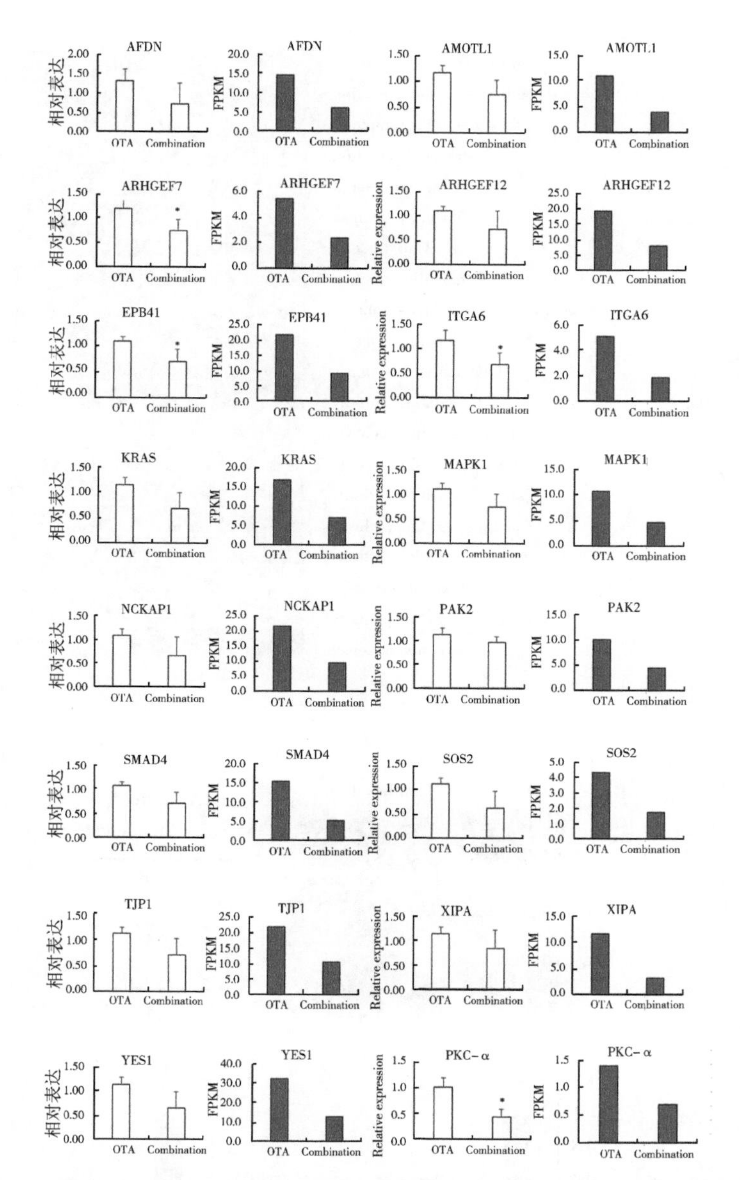

图3　通过 qRT-PCR（第1列和第3列）和 RNA-seq（第2列和第4列）显示候选单基因表达水平

来自 qRT-PCR 的数据是3次独立试验的平均值，* $P<0.05$

钙离子信号通路（图4A）。为了验证差异表达蛋白，使用蛋白免疫印迹检测暴露于单独 OTA 处理及混合 AFM_1+OTA 处理的分化Caco-2细胞中 Bax 抑制剂1（TMBIM6）和脂肪酸结合蛋白（FABP6）的蛋白表达量，结果表明，这些蛋白的相对表达量与蛋白组结果一致（图4B）。

4. AFM_1+OTA vs OTA 差异基因与蛋白进行联合组学分析

为了进一步了解鉴定到的基因和蛋白之间的功能间相关性，我们进行了联合组学分

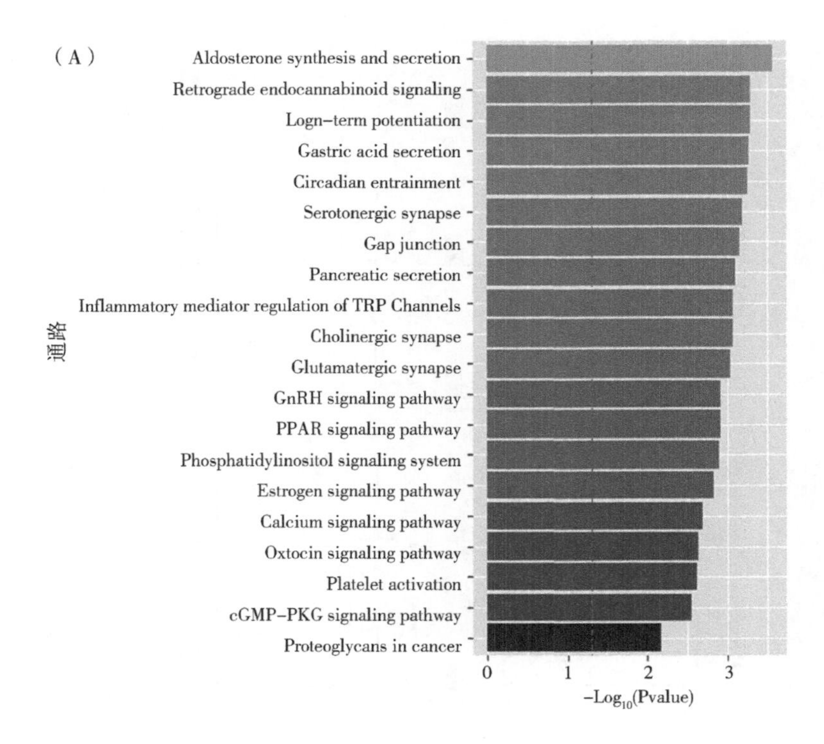

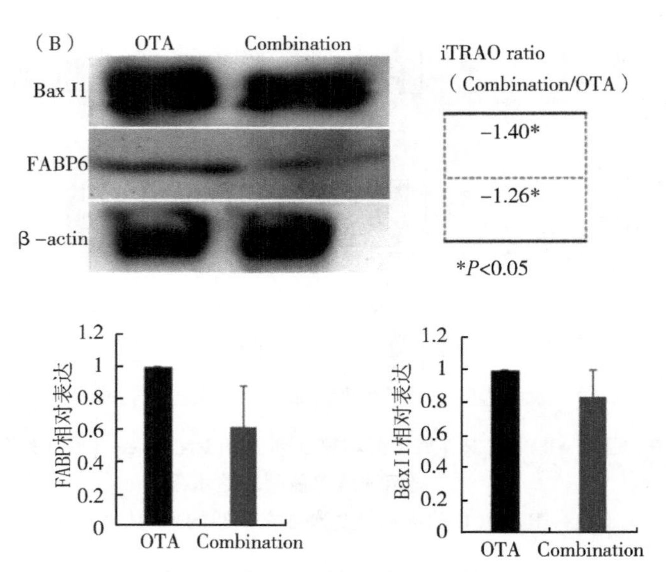

图 4　蛋白质组数据的注释和验证

(A)与单独 OTA 处理组相比，混合 AFM_1+OTA 处理组的差异表达蛋白富集得到的与肠上皮完整性相关的途径。(B)蛋白质组学定量的验证。通过蛋白质免疫印迹测定 Bax 抑制剂 1，FABP6 的蛋白质水平。蛋白质免疫印迹的结果表示为 3 次独立试验的平均值±SEM

析。因为转录本与蛋白数据完全来自相同的处理，我们统计了在 RNA-seq 数据中具有相应转录物的鉴定蛋白质的数量。在 AFM_1 和 OTA 混合处理组以及 OTA 单独处理组中，与鉴定到的蛋白一致的基因 FPKM 值明显高于未鉴定到的蛋白（图 5A）。并且，我们观察到在本试验鉴定到的 3 304个蛋白质中，其中 3 293个蛋白在 RNA-Seq 中具有其相对应的转录本。剩下 11 个没有对应转录本的蛋白质不是差异表达蛋白，证明 AFM_1+OTA 处理中所特有的 22 个蛋白可靠性较高，因为它们具有对应的编码基因。

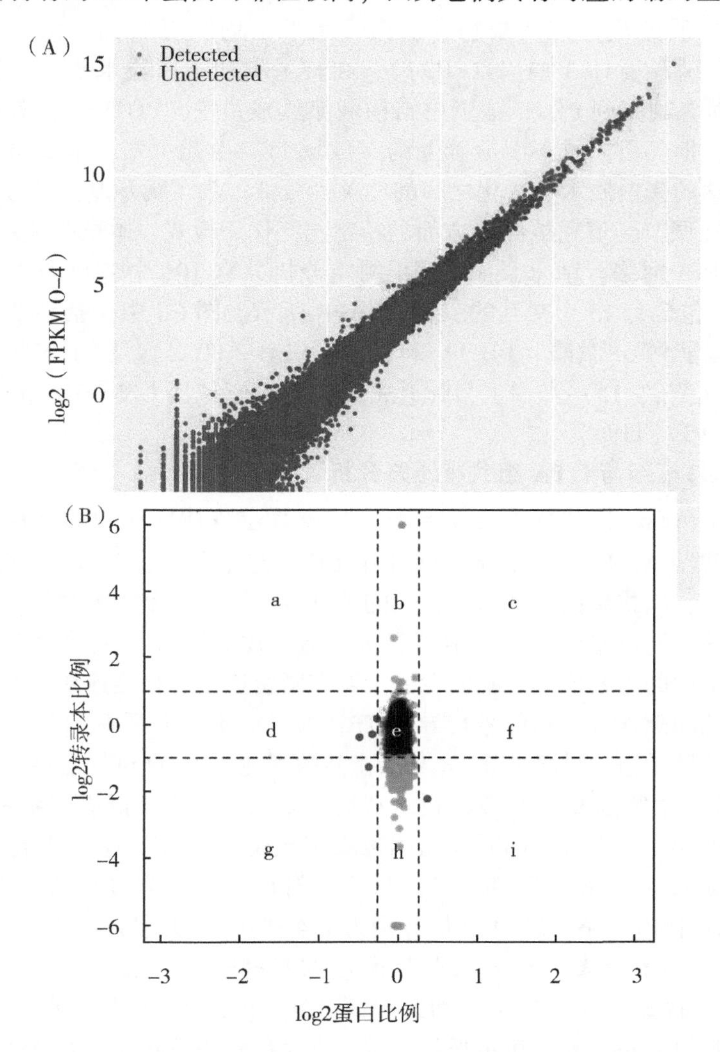

图 5　相比于单独 OTA 处理组，混合 AFM_1+OTA 处理组中差异表达蛋白与 DEGs 的相关性

（A）编码检测到的蛋白质的基因的 FPKM 值的散点图。O-4，4μg/mL OTA；C-4，4μg/mL AFM_1+OTA。（B）mRNA 和同源蛋白质丰度变化的比较。浅灰色点是仅在转录组水平有显著差异，深灰色点是仅在蛋白组水平上有显著差异，中灰色点是在转录组水平和蛋白组水平均有显著差异，而黑点是在转录组水平和蛋白组水平均差异不显著接下来，我们分析相对于 OTA 单独处理组，AFM_1 和 OTA 混合处理组中的差异表达蛋白与差异表达基因的变化是否具有一致性。通过 log2 转化比率的散点图显示了 mRNA 与蛋白质的相应比例的分布（图 5B）。如图 5B 所示，大部分 mRNA 与蛋白质的比例都集中在图的中心（区域 e），其中的蛋白质和 mRNA 丰度的水平分别不超过 1.2 倍和 2 倍。除中心（区域 e）以外，mRNA 与蛋白质的比例主要落在象限 b、h 和 f 中，这些区域表示 mRNA 与蛋白质只在其中一个水平上发生显著变化。因此，只有少数 mRNA 与蛋白质的比例在转录物和蛋白质水平上均发现显著变化。只有 1 个蛋白[肌醇 1,4,5-三磷酸受体 3 型（ITPR3）]，在转录本和蛋白质水平上均发生显著下调（区域 g），同时，观察到 POTE 锚蛋白结构域家族成员 F（POTEF），其在转录本水平发生显著下调，但其蛋白质丰度显著上调（区域 i）。由此可知，本试验中转录本水平变化与差异表达的蛋白质水平变化之间的相关性较低。为了揭示基因和蛋白质在肠屏障调节（特别是在调节肠道完整性）方面的特定相互作用模式，本试验使用 DEGs 和差异表达蛋白构建 PPI 网络。结果显示，PPI 网络分析共有 106 个节点和 462 个边缘（图 6A），其中至少包含有 15 个交互的节点如图 6B 所示。图 6B 中包括涉及肠完整性的基因，例如磷脂酰肌醇 3-激酶（PIK3）和整联蛋白 β（ITGβ）。除了这些基因外，其他关键节点（交互节点<15）基因也与肠道完整性有关（包括 GSK-3β、ITPR3、IQGAP1 和紧密连接蛋白 1（TJP1）。

5. AFM_1+OTA 组与 OTA 组共有通路分析

为了探索由 AFM_1 和 OTA 联合诱导肠道完整性呈现协同作用的潜在作用机制，对 OTA 单独处理组与 AFM_1+OTA 混合处理组中 DEGs 与差异表达蛋白进行转录组-蛋白质组联合组学分析，以找到关于肠道完整性的关键调节因子。鉴于大量转录本与蛋白质表达不一致，因此，通过整合 2 个组学谱来构建与上皮完整性相关的调控网络（图 7）。由于肠上皮完整性的重要作用，我们专注于调节紧密连接、粘连连接和间隙连接相关途径，如富集到的间隙连接、钙信号传导和 TRP 通道的炎症介质调节等通路。这些通路存在于鉴定到的转录组中排名前 20 并与肠上皮完整性相关的调节途径，同时，这些通路也是与上皮完整性相关的差异表达蛋白富集的途径。虽然有报道证明 PKC-α 在调节紧密连接功能中起重要作用，同时该基因也是本试验中 AFM_1+OTA 混合处理组与 OTA 处理组中的 DEGs，但其在间隙连接中的作用仍有待确定。单独 OTA 处理组和 AFM_1+OTA 混合处理组中 PKC-α 的 FPKM 值分别为 1.4 和 0.7，并且该结果通过 qRT-PCR 试验验证（图 3）。为了确认 PKC-α 可调节肠道上皮完整性的功能，通过 siRNA 技术进行 PKC-α 基因的干扰试验（参见材料和方法部分）。未处理或阴性对照组和 siRNA 处理组之间的连接蛋白 connexin 表达水平和 TEER 值存在显著差异（$P<0.05$），表明PKC-α 在调节间隙连接中的作用以及随后对肠道完整性的影响（图 8）。

四、讨论

霉菌毒素对肠道结构的不利影响及对肠道完整性的损伤作用现在已经引起了广泛重视（Akbari 等，2017）。霉菌毒素的共存可能在不同的指标下会产生不同的交互作用类

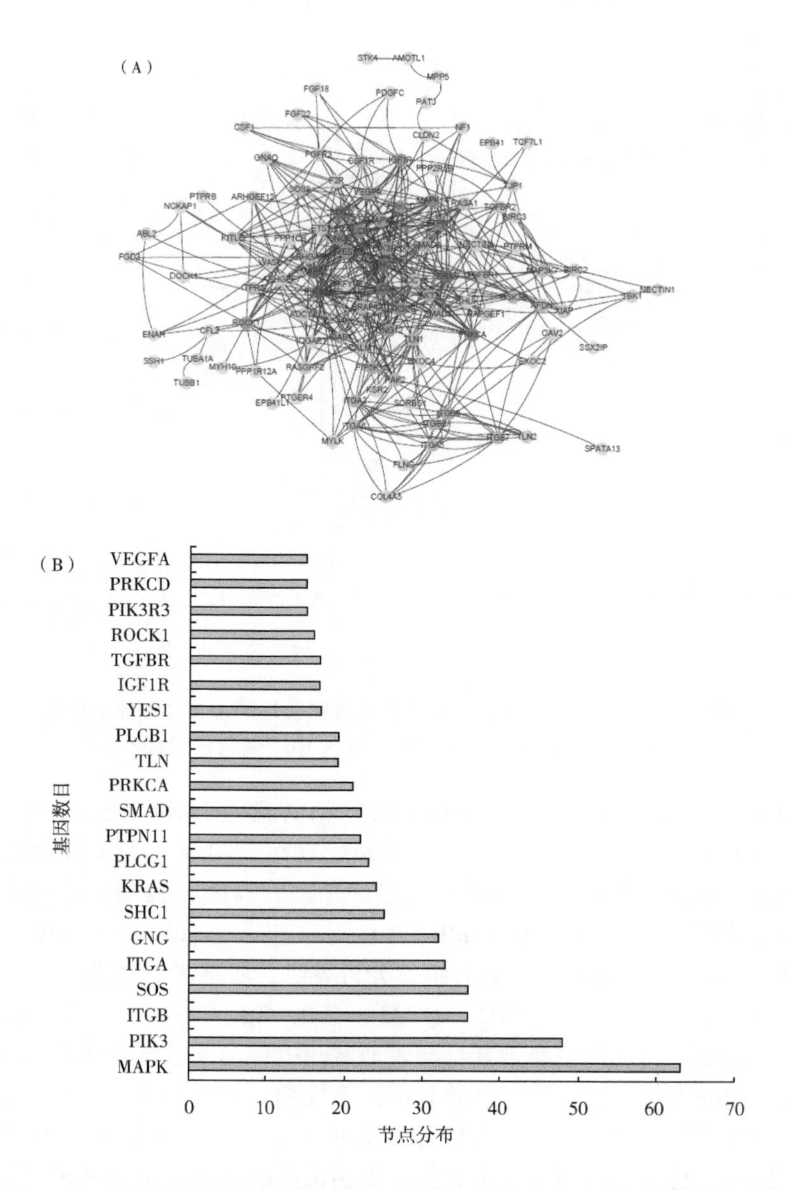

图 6　与 OTA 单独处理组相比，AFM_1+OTA 处理组中 DEGs 的网络分析

(A) 与 OTA 单独处理组相比，AFM_1+OTA 处理组中与肠上皮完整性相关的 DEGs 和差异表达蛋白的整合调节网络。颜色越深，连接性越强。(B) DEGs 和差异表达蛋白质的节点度分布，这里选取的是相互作用超过 15 的蛋白质。基因名称也代表蛋白质名称

型，包括加和、协同和拮抗作用。为了获得①AFM_1 和 OTA 混合处理后，对肠道完整性的潜在交互作用类型，以及②霉菌毒素的共存影响肠道完整性的作用机制，我们首次进行了暴露于单独及混合的霉菌毒素下的分化Caco-2细胞的转录组和蛋白质组分析。相比于单独 OTA 处理组，AFM_1+OTA 混合处理组中下调的 DEGs 富集到 4 条与肠道完整性相关的通路，包括 TNF 信号通路（TNF signaling pathway）、调节肌动蛋白细胞骨架通

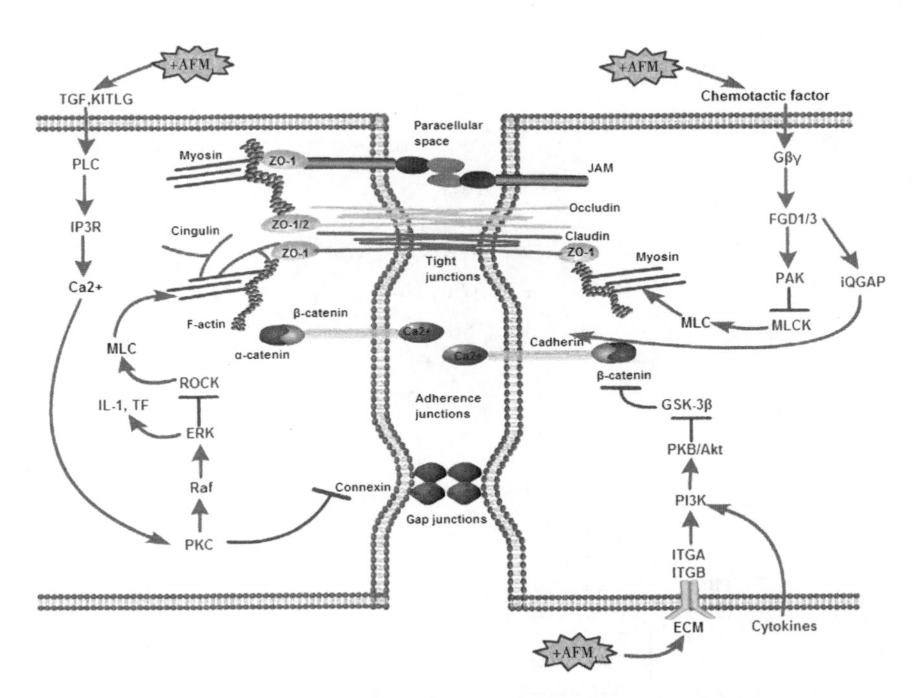

图 7　基于联合组学分析的涉及肠上皮完整性的生物学途径的总结

红色表示与 OTA 相比在 AFM_1+OTA 中下调的基因/蛋白质

路（Regulation of actin cytoskeleton pathways）、粘着斑（Focal adhesion）和粘附连接（Adherens junctions）。并且，相比于 OTA 单独处理组，AFM_1+OTA 混合处理组中下调的差异表达蛋白富集到其他 3 条与肠道完整性相关的通路，包括间隙连接（Gap junctions）、TRP 通道的炎症介质调节（Inflammatory mediator regulation of TRP channels）和钙信号传导（Calcium signaling）。联合组学分析表明，肌球蛋白轻链激酶（MLCK）、丝裂原活化蛋白激酶（MAPKs）、PKC、iQGAP、GSK-3β 和一些肌动蛋白调节因子可能是导致肠上皮完整性损伤的主要因素，与表型试验中霉菌毒素混合作用导致损伤细胞层完整性中呈现协同作用一致。除了下调肠道完整性相关的通路外，AFM_1 和 OTA 混合处理也激活了与免疫相关的途径，这可能导致肠道不良反应，例如炎症的发生。PKC-α 对肠屏障的影响，特别是与间隙连接有关，表明该激酶可能是由霉菌毒素引起的肠屏障变化的潜在调节因子之一。在本试验中，只有少数 mRNA 与蛋白质比率在转录物和蛋白质水平上均发生显著改变，这与已报道的文献一致（Wu 等，2014）。转录组和蛋白组相关性较低，可能由以下原因引起：①转录后调控可以调节蛋白质的表达量（Wu 等，2014；Bai 等，2015；Juschke 等，2013）；②翻译过程在调节蛋白质的数量和效率方面起着至关重要的作用（Wu 等，2014）；③蛋白质组和生物变异的复杂性（Dakna 等，2010；Latosinska 等，2016；Rifai 等，2006）。

作为抵抗外源性污染物的第一道屏障，肠道屏障对各种环境刺激敏感，包括霉菌毒素（Akbari 等，2017）。最突出的与肠道完整性受损相关的霉菌毒素是 DON，它是一种单端孢菌素，具有促炎和免疫调节活性（Pestka 等，1990；Pestka，2010a；Pestka，

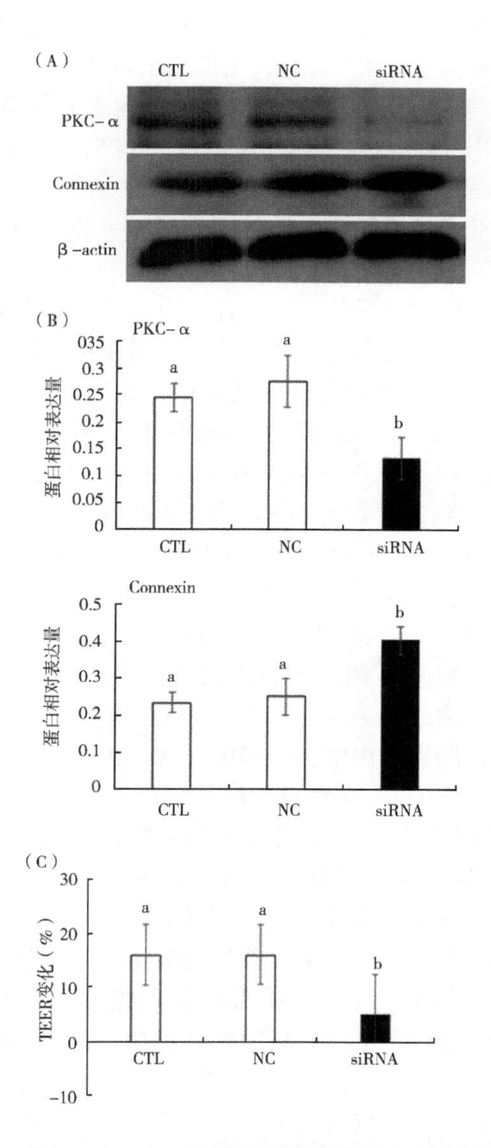

图 8　PKC-α 在 AFM_1+OTA 混合处理组损伤肠上皮完整性发挥作用

（A）在 PKC-α siRNA 转染的分化Caco-2细胞中测定 PKC-α 和连接蛋白 connexin 的蛋白表达量，以验证基因干扰效果并验证 PKC-α 在间隙连接处的功能。（B）PKC-α 干扰后（siRNA）在分化的Caco-2细胞中 PKC-α 和连接蛋白 connexin 的定量分析。β-肌动蛋白（β-actin）作为参考蛋白。（C）与初始值相比，PKC-α 干扰（siRNA）48h 后分化的Caco-2细胞中 TEER 值的变化。CTL：分化的Caco-2细胞未转染；NC：用阴性对照 siRNA 转染分化的 Caco-2 细胞。不同的字母（a，b）代表显著差异；n=3；平均值±SEM

2010b；Rotter 等，1996）。然而，与其他霉菌毒素相比，很少有研究表明黄曲霉毒素暴露可能会损害肠道通透性，尤其是 AFM_1。之前只有一项工作表明，暴露于1 000ng/kg、

5 000ng/kg 和 10 000ng/kg 的 AFM_1 48h 后，分化Caco-2细胞的 TEER 值没有发生变化（Caloni 等，2012）。本试验中，单独 AFM_1（最高浓度 12μM）可能不会对肠道完整性产生负面作用。虽然人们普遍认为肾脏是 OTA 毒性的主要靶器官，但肝脏和胃肠道也可能是 OTA 的可能作用器官（Bouhet 和 Oswald，2005；Grenier 和 Applegate，2013）。本试验中，我们已经证明单独 OTA 处理以剂量依赖性方式降低Caco-2细胞单层的 TEER 值，这与之前报道的霉菌毒素对肠完整性的不利影响一致（Maresca 等，2001；Ranaldi 等，2007）。

在正常情况下，人类同时接触的不是一种，而是几种霉菌毒素。多种霉菌毒素联合作用可能产生不同的交互作用类型，具体可分为协同作用、加和作用和拮抗作用。“协同作用”进一步细分为 3 种类型的协同相互作用，我们可以将协同作用类型 1 描述为“一种变量对给定的表型无影响，而两种变量的组合（本研究是两种霉菌毒素）大于任何一种变量的影响”（Grenier 和 Oswald，2011）。本试验中，由单独及混合的 AFM_1 和 OTA 作用于分化Caco-2细胞，诱导的 TEER 值变化及联合组学分析符合 1 型协同作用定义。因此，AFM_1（4μg/mL）和 OTA（4μg/mL）混合处理下，对肠上皮完整性的影响呈现协同效应。此外，联合组学结果表明，这种协同效应至少可部分解释为与 AFM_1+OTA 混合处理组中下调基因富集到的 TNF 信号通路、调节肌动蛋白细胞骨架、粘着斑和粘附连接相关的通路，以及下调差异表达蛋白富集到的与间隙连接、TRP 通道的炎症介质调节和钙信号传导途径相关。

在肠黏膜中，功能性肠屏障由细胞间接触构成，包括紧密连接、粘附连接、间隙连接、桥粒以及整联蛋白（Wroblewski 和 Peek，2011）。值得注意的是，本试验通过联合组学分析对有关霉菌毒素损伤肠上皮完整性的生物途径进行总结，我们发现 MLCK、MAPK 和 PKC 对于维持紧密连接完整性具有至关重要的作用。此外，iQGAP 和 GSK-3β 也在由添加 AFM_1 诱导的粘附连接变化中发挥作用。因此，这些下调的基因或蛋白质可以部分解释由霉菌毒素引起的肠道完整性的破坏。研究表明，MLCK 通路在由外部刺激（如细胞因子和病原体）引发的紧密连接通透性调节中起着至关重要的作用（Scott 等，2002）。此外，PKC-η 和 ζ 的消耗和抑制可导致 occludin 蛋白的去磷酸化，从而导致紧密连接受损（Jain 等，2011；Suzuki 等，2009）。该观点与本试验中 PKC-α 敲除试验数据一致，并且本试验通过 siRNA 试验首次证实 PKC-α 在调节连接蛋白 connexin表达中起重要作用。因此，这些研究结果表明，MLCK、MAPKs、PKC、iQGAP、GSK-3β 和一些肌动蛋白调节因子可部分解释，相比于 OTA 单独处理组，AFM_1 和 OTA 混合处理组诱发更加严重肠上皮完整性损伤的原因。

如在各种慢性肠道炎症疾病中观察到的，肠道屏障受损可导致不适当的抗原运输，引发黏膜炎症，例如克罗恩病、溃疡性结肠炎、食物过敏、乳糜泻和肠易激综合征（Bertiaux-Vandaele 等，2011；Drago 等，2006；Gibson 等，2004；Hering 等，2012；Suzuki，2013；Vetrano 等，008）。我们整合转录组-蛋白质组分析表明，AFM_1 和 OTA 混合处理组不仅破坏了肠道屏障功能，还激活了免疫相关途径，增强了上皮免疫应答反应。尽管目前没有研究报道表明霉菌毒素可能与某些特定的肠道疾病有关，但人们经常推测，细胞连接完整性的丧失以及调节异常可能在霉菌毒素暴露引发的肠道疾病中起着非常重要的作用（Turner，2006；Chan 等，2003；Wong 等，2017；Odenwald 和 Turner，2017）。根据本试验联合组学结果，我们可以推断，AFM_1 和 OTA 混合处理降低肠道完整性，导致通过肠上皮屏障的抗原运输增加，随后激活先天性和适应性免疫，最终导致遗传易感个体的免疫反应。AFM_1 和 OTA 常见于每天食用的牛奶以及面包中。这种持续暴露表明这些霉菌毒素可能会引起人类慢性肠道炎症疾病。目前已有许多报道提出靶向方法来恢复肠屏障功能（Nalle 和 Turner，2015；Zolotarevsky 等，2002）。本研究证明 PKC-α 是霉菌毒素调控肠道屏障的调节因子，表明它可能成为减轻霉菌毒素引起的肠屏障损伤的潜在治疗靶点。

我们首次使用转录组-蛋白组联合组学分析将单独及混合的 AFM_1 和 OTA 对肠上皮细胞活力、细胞层完整性和免疫反应的影响联系起来。AFM_1（4μg/mL）和 OTA（4μg/mL）混合处理对肠上皮完整性的损伤呈协同作用。对 AFM_1+OTA 混合组与 OTA 单独组处理的分化Caco-2细胞进行联合组学分析表明，这种协同作用与下调的 DEGs 和差异表达蛋白富集到的与肠道完整性相关的多条途径有关，例如 TNF 信号传导途径、肌动蛋白细胞骨架的调节、粘着斑和间隙连接。此外，我们已经证明霉菌毒素损伤肠道完整性的关键调节因子包括 MLCK、MAPK、PKC、iQGAP 和 GSK-3β。虽然这些影响可能与 AFM_1 和 OTA 的相互作用有关，但它们也可能通过 AFM_1 的添加来解释，因此，需要进行进一步试验来阐明确切的潜在机制。从本试验中获得的结果表明，暴露于多种霉菌毒素可对人类健康造成更加严重的不利影响。然而，目前我们的研究仍然主要是理论性质的，我们获得的“计算机模拟”分析应该通过更多的分子试验研究来验证，以确认这些途径确实与霉菌毒素的潜在毒性相关。尽管目前已根据动物试验模型获得的数据，规定某一特定霉菌毒素的每日摄入量（TDI）和 MRL，但本研究的数据表明，评估多种霉菌毒素组合的 TDI 和 MRL 应该更有意义。

参考文献

Akbari P，Braber S，Gremmels H，et al，2014. Deoxynivalenol：a trigger for intestinal integrity breakdown［J］. Faseb Journal，28（6）：2414-2429.

Akbari P，Braber S，Varasteh S，et al，2017. The intestinal barrier as an emerging target in the toxicological assessment of mycotoxins［J］. Archives of Toxicology，91（3）：1007-1029.

Alvito P C，Sizoo E A，Almeida C M M，et al，2010. Occurrence of Aflatoxins and Ochratoxin A in Baby Foods in Portugal［J］. Food Analytical Methods，3：22-30.

Atanda O，Oguntubo A，Adejumo O，et al，2007. Aflatoxin M_1 contamination of milk and ice cream in Abeokuta and Odeda local governments of Ogun State，Nigeria［J］. Chemosphere，68（8）：1455-1458.

Bai Y，Wang S，Zhong H，et al，2015. Integrative analyses reveal transcriptome-proteome correlation in biological pathways and secondary metabolism clusters in A. flavus in response to temperature［J］. Scientific Reports，5：14582.

Bertiaux-Vandaele N，Youmba S B，Belmonte L，et al，2011. The expression and the cellular distribution of the tight junction proteins are altered in irritable bowel syndrome patients with differences according to the disease subtype［J］. American Journal of Gastroenterology，106（12）：2165-2173.

Boudra H，Barnouin J，Dragacci S，et al，2007. Aflatoxin M_1 and ochratoxin A in raw bulk milk from French dairy herds［J］. Journal of Dairy Science，90（7）：3197-3201.

Bouhet S，Oswald I P，2005. The effects of mycotoxins，fungal food contaminants，on the intestinal epithelial cell-de-

rived innate immune response [J]. Veterinary Immunology and Immunopathology, 108 (1-2): 199-209.
Caloni F, Cortinovis C, Pizzo F, et al, 2012. Transport of Aflatoxin M (1) in Human Intestinal Caco-2/TC7 Cells [J]. Frontiers in Pharmacology, 3: 111.
Chan A O, Lam S K, Wong B C, et al, 2003. Promoter methylation of E-cadherin gene in gastric mucosa associated with Helicobacter pylori infection and in gastric cancer [J]. Gut, 52 (4): 502-506.
Council for Agricultural Science and Technology (CAST), 2003.Mycotoxins: Risks in Plant, Animal and Human Systems. Task Force Report No. 139; CAST: Ames, IA, pp 136-142.
Dakna M, Harris K, Kalousis A, et al, 2010. Addressing the challenge of defining valid proteomic biomarkers and classifiers [J]. BMC Bioinformatics, 11: 594.
Drago S, El Asmar R, Di Pierro M, et al, 2006. Gliadin, zonulin and gut permeability: Effects on celiac and non-celiac intestinal mucosa and intestinal cell lines [J]. Scandinavian Journal of Gastroenterology, 41 (4): 408-419.
El-Sayed Abd Alla A, Neamat-Allah A, Aly S E, 2000. Situation of mycotoxins in milk, dairy products and human milk in Egypt [J]. Mycotoxin Research, 16 (2): 91-100.
Everest P H, Goossens H, Butzler J P, et al, 1992. Differentiated Caco-2 cells as a model for enteric invasion by Campylobacter jejuni and C. coli [J]. Journal of Medical Microbiology, 37 (5): 319-325.
Ferrer E, Juan - Garcia A, Font G, et al, 2009. Reactive oxygen species induced by beauvericin, patulin and zearalenone in CHO-K1 cells [J]. Toxicology In Vitro, 23 (8): 1504-1509.
Ficheux A S, Sibiril Y, Parent - Massin D, 2012. Co - exposure of Fusarium mycotoxins: *in vitro* myelotoxicity assessment on human hematopoietic progenitors [J]. Toxicon, 60 (6): 1171-1179.
Flores-Flores M E, Lizarraga E, Cerain A L D, et al, 2015. Presence of mycotoxins in animal milk: A review [J]. Food Control, 53, 163-176.
Friis L M, Pin C, Pearson B M, et al, 2005. *In vitro* cell culture methods for investigating Campylobacter invasion mechanisms [J]. Journal of MicrobiologicalMethods, 61 (2): 145-160.
Gao Y N, Wang J Q, Li S L, et al, 2016. Aflatoxin M_1 cytotoxicity against human intestinal Caco-2 cells is enhanced in the presence of other mycotoxins [J]. Food and Chemical Toxicology, 96: 79-89.
Gao Y, Li S, Bao X, et al, 2018. Transcriptional and Proteomic Analysis Revealed a Synergistic Effect of Aflatoxin M_1 and Ochratoxin A Mycotoxins on the Intestinal Epithelial Integrity of Differentiated Human Caco-2 Cells [J]. Journal of Proteome Research, 17 (9): 3128-3142.
Gibson P R, 2004. Increased gut permeability in Crohn's disease: is TNF the link? [J]. Gut, 53 (12): 1724-1725.
Grenier B, Oswald I, 2011. Mycotoxin co-contamination of food and feed-meta-analysis of publications describing toxicological interactions [J]. World Mycotoxin Journal, 4 (3): 285-313.
Grenier B, Applegate T J, 2013. Modulation of intestinal functions following mycotoxin ingestion: meta-analysis of published experiments in animals [J]. Toxins (Basel), 5 (2): 396-430.
Gumbiner B M, 1993. Breaking through the Tight Junction Barrier [J]. Journal of Cell Biology, 123, 1631.
Hering N A, Fromm M, Schulzke J D, 2012. Determinants of colonic barrier function in inflammatory bowel disease and potential therapeutics [J]. Journal of Physiology, 590 (5): 1035-1044.
Huang L C, Zheng N, Zheng B Q, et al, 2014. Simultaneous determination of aflatoxin M_1, ochratoxin A, zearalenone and alpha-zearalenol in milk by UHPLC-MS/MS [J]. Food Chemistry, 146: 242-249.
Iqbal S Z, Jinap S, Pirouz A A, et al., 2015. Aflatoxin M_1 in milk and dairy products, occurrence and recent challenges: A review [J]. Trends in Food Science & Technology, 46 (1): 110-19.
Bertiaux-Vandaele N, Youmba S B, Belmonte L, et al, 2011. The expression and the cellular distribution of the tight junction proteins are altered in irritable bowel syndrome patients with differences according to the disease subtype [J]. American Journal of Gastroenterology, 106 (12): 2165-2173.
Jain S, Suzuki T, Seth A, et al, 2011. Protein kinase Czeta phosphorylates occludin and promotes assembly of epithelial tight junctions [J]. Biochemical Journal, 437 (2): 289-299.
Jarvis B B, 2002. Chemistry and toxicology of molds isolated from water-damaged buildings [J]. Advances in Experimental Medicine and Biology, 504: 43-52.
Ji J, Zhu P, Cui F, et al, 2017. The Antagonistic Effect of Mycotoxins Deoxynivalenol and Zearalenone on Metabolic Profiling in Serum and Liver of Mice [J]. Toxins (Basel), 9 (1).

Juschke C, Dohnal I, Pichler P, et al, 2013. Transcriptome and proteome quantification of a tumor model provides novel insights into post-transcriptional gene regulation [J]. Genome Biology, 14 (11): r133.

Kim D, Pertea G, Trapnell C, et al, 2013. TopHat2: accurate alignment of transcriptomes in the presence of insertions, deletions and gene fusions [J]. Genome Biology, 14 (4): R36.

Latosinska A, Makridakis M, Frantzi M, et al, 2016. Integrative analysis of extracellular andintracellular bladder cancer cell line proteome with transcriptome: improving coverage and validity of-omics findings [J]. Scientific Reports, 6: 25619.

Livak K J, Schmittgen T D, 2011. Analysis of Relative Gene Expression Data Using Real-Time Quantitative PCR and the $2^{-\Delta\Delta CT}$ Method [J]. Methods, 25 (4), 402-408.

Maresca M, Mahfoud R, Pfohl-Leszkowicz A, et al, 2001. The mycotoxin ochratoxin A alters intestinal barrier and absorption functions but has no effect on chloride secretion [J]. Toxicology and Applied Pharmacology, 176 (1): 54-63.

Nalle S C, Turner J R, 2015. Intestinal barrier loss as a critical pathogenic link between inflammatory bowel disease and graft-versus-host disease [J]. Mucosal Immunology, 8 (4): 720-730.

Odenwald M A, Turner J R, 2017. The intestinal epithelial barrier: a therapeutic target? [J]. Nature Reviews Gastroenterology & Hepatology, 14 (1): 9-21.

Paciolla C, Florio A, Mule'G, et al, 2014. Combined effect of beauvericin and T-2 toxin on antioxidant defence systems in cherry tomato shoots [J]. World Mycotoxin Journal, 7 (2): 207-215.

Panariti E, 2001. Seasonal variations of aflatoxin M_1 in the farm milk in Albania [J]. Arhiv Za Higijenu Rada I Toksikologiju, 52 (1): 37-41.

Pestka J J, 2010. Deoxynivalenol: mechanisms of action, human exposure, and toxicological relevance [J]. Archives of Toxicology, 84 (9): 663-679.

Pestka J J, 2010. Deoxynivalenol-induced proinflammatory gene expression: mechanisms and pathological sequelae [J]. Toxins (Basel), 2 (6): 1300-1317.

Pestka J J, Moorman M A, Warner R L, 1990. Altered serum immunoglobulin response to model intestinal antigens during dietary exposure to vomitoxin (deoxynivalenol) [J]. Toxicology Letters, 50 (1): 75-84.

Prelusky D B, Trenholm H L, Rotter B A, et al, 1996. Biological fate of fumonisin B_1 in food-producing animals [J]. Advances in Experimental Medicine and Biology, 392: 265-278.

Qi X, Yang X, Chen S, et al, 2015. Ochratoxin A induced early hepatotoxicity: new mechanistic insights from microRNA, mRNA and proteomic profiling studies [J]. Scientific Reports, 4, 5163.

Ranaldi G, Mancini E, Ferruzza S, et al, 2007. Effects of red wine on ochratoxin A toxicity in intestinal Caco-2/TC7 cells [J]. Toxicology In Vitro, 21 (2): 204-210.

Rifai N, Gillette M A, Carr S A, 2006. Protein biomarker discovery and validation: the long and uncertain path to clinical utility [J]. Nature Biotechnology, 24 (8): 971-983.

Rotter B A, Prelusky D B, Pestka J J, 1996. Toxicology of deoxynivalenol (vomitoxin) [J]. Journal of Toxicology and Environmental Health, 48 (1): 1-34.

Scott K G, Meddings J B, Kirk D R, et al, 2002. Intestinal infection with Giardia spp. reduces epithelial barrier function in a myosin light chain kinase-dependent fashion [J]. Gastroenterology, 123 (4): 1179-1190.

Shephard G S, Thiel P G, Sydenham E W, et al, 1995. Fate of a single dose of 14C-labelled fumonisin B_1 in vervet monkeys [J]. Natural Toxins, 3 (3): 145-150.

Suzuki T, 2013. Regulation of intestinal epithelial permeability by tight junctions [J]. Cellular and Molecular Life Sciences, 70 (4): 631-659.

Suzuki T, Elias B C, Seth A, et al, 2009. PKC eta regulates occludin phosphorylation and epithelial tight junction integrity [J]. Proceedings of the National Academy of Sciences of The United States of America, 106 (1): 61-66.

Turner J R, 2006. Molecular basis of epithelial barrier regulation: from basic mechanisms to clinical application [J]. American Journal of Pathology, 169 (6): 1901-1909.

Vetrano S, Rescigno M, Cera M R, et al, 2008. Unique role of junctional adhesion molecule-a in maintaining mucosal homeostasis in inflammatory bowel disease [J]. Gastroenterology, 135 (1): 173-184.

Wan D, Wang X, Wu Q, et al, 2015. Integrated Transcriptional and Proteomic Analysis of Growth Hormone Suppression Mediated by Trichothecene T-2 Toxin in Rat GH3 Cells [J]. Toxicological Sciences, 147 (2): 326-338.

Watari A, Hashegawa M, Yagi K, et al, 2015. Homoharringtonine increases intestinal epithelial permeability by modulating specific claudin isoforms in Caco-2 cell monolayers [J]. European Journal of Pharmaceutics and Biopharmaceutics, 89: 232-238.

Wong P, Laxton V, Srivastava S, et al, 2017. The role of gap junctions in inflammatory and neoplastic disorders (Review) [J]. International Journal of Molecular Medicine, 39 (3): 498-506.

Wroblewski L E, Peek R M, 2011. Targeted disruption of the epithelial-barrier by Helicobacter pylori [J]. Cell Communication and Signaling, 9 (1): 29.

Wu J, Xu Z, Zhang Y, et al, 2014. An integrative analysis of the transcriptome and proteome of the pulp of a spontaneous late-ripening sweet orange mutant and its wild type improves our understanding of fruit ripening in citrus [J]. Journal of Experimental Botany, 65 (6): 1651-1671.

Yan G, Li X, Peng Y, et al, 2017. The Fatty Acid beta-Oxidation Pathway is Activated by Leucine Deprivation in HepG2 Cells: A Comparative Proteomics Study [J]. Scientific Reports, 7 (1): 1914..

Zain, M. E, 2011. Impact of mycotoxins on humans and animals [J]. Journal of Saudi Chemical Society, 15 (2): 129-144.

Zolotarevsky Y, Hecht G, Koutsouris A, et al, 2002. A membrane-permeant peptide that inhibits MLC kinase restores barrier function in *in vitro* models of intestinal disease [J]. Gastroenterology, 123 (1): 163-172.

第五章

霉菌毒素风险防控措施

代谢组学分析暴露于黄曲霉毒素 B_1 的奶山羊体内脂质氧化、碳水化合物和氨基酸代谢的变化

本研究的目的是研究黄曲霉毒素 B_1（AFB_1）暴露的奶山羊血清中的系统性和特征性代谢物，并进一步了解其引起的内源性代谢变化。采用基于核磁共振（NMR）的代谢组学方法分析了低剂量 AFB_1（50μg/kg 干物质）对奶山羊代谢的影响。我们发现，AFB_1 暴露导致葡萄糖、柠檬酸盐、乙酸盐、乙酰乙酸盐、甜菜碱和甘氨酸浓度显著升高，但也导致乳酸、酮体（乙酸盐、β-羟基丁酸盐）、氨基酸（瓜氨酸、亮氨酸/异亮氨酸、缬氨酸、肌酸）和细胞膜结构（胆碱、脂蛋白，（N-乙酰糖蛋白）发生改变。这些数据表明，AFB_1 在多种代谢途径中引起内源性代谢变化，包括细胞膜相关代谢、三羧酸循环、糖酵解、脂质和氨基酸代谢。这些发现为全面了解 AFB_1 对奶山羊代谢方面的不良影响以及监测暴露于低剂量 AFB_1 的奶山羊提供了一种方法（Cheng 等，2017）。

关键词：黄曲霉毒素 B_1；代谢；核磁共振；奶山羊

一、简介

黄曲霉毒素 B_1（AFB_1）是一种主要由黄曲霉和寄生曲霉产生的真菌毒素，天然存在于人类食品和动物饲料中（Zhou 等，2006）。许多研究者报道了在人类和动物中由于 AFB_1 暴露引起的急性或慢性黄曲霉毒素、肝毒性、致畸性和免疫毒性（Sabioni 和 Sepai，1998；Smela 等，2001）。已经证明，AFB_1 降低了动物生产性能，改变了血液分布，降低了免疫功能，并影响了动物的抗氧化状态以及肝功能（Bennett 和 Klich，2003）。因此，AFB_1 被世界卫生组织下属的国际癌症研究机构（IARC）列为人类第 1 类致癌物（IARC，2002）。在哺乳动物中，AFB_1 被代谢为 AFM_1，AFM_1 也具有致癌作用（Creppy，2002），并可能出现在牛奶中。因此，AFM_1 被归类为可能的人类致癌物（IARC，2002）。欧盟委员会已将奶牛饲料中 AFB_1 的最大含量设定为 20μg/kg，乳及乳制品中 AFM_1 的含量不应超过 50ng/kg（Commission，2006）。在中国，AFB_1 和 AFM_1 也受到国家标准化管理委员会的监管，限量分别为 20μg/kg（SAC，2001）和 50ng/kg（SAC，2003）。

众所周知，AFB_1 通过肝脏微粒体细胞色素 P450 生物转化为反应性 AFB_1 环氧化合物（AFBO）。AFBO 与蛋白质结合强烈，并发挥其作用，改变蛋白质大分子的正常生化功能，从而在细胞水平上造成有害影响（Mishra 和 Das，2003）。AFBO 也与 DNA 和

RNA 强烈结合，导致黄曲霉毒素通过干扰 DNA 复制和信使 RNA 在分子水平上转录为蛋白质来发挥其作用。突变是由黄曲霉毒素分子与 DNA 结合和随后的蛋白质合成错误引起的（Bead 和 Massie，2006）。因此，AFB_1 在体内和体外都是生物合成抑制剂，它不仅影响不同的代谢途径，如糖原分解/糖酵解（Kiessling 和 Adam，1986）和磷脂化（Xieh 等，1988），也改变氨基酸运输（Mclean 和 Dutton，1995）。Smith 和 Moss（1985）报道黄曲霉毒素降低肝糖原水平。暴露 3 周后，AFB_1 使大鼠总脂质和胆固醇以及肝脏磷脂酰胆碱和磷脂酰乙醇胺的脂肪酸组成产生了不同的变化（Baldwin 和 Parker，1986）。

代谢组学是描述生物体整体代谢谱及捕捉与生理和病理刺激相关的微妙代谢变化的有力方法。基于^1H 核磁共振（NMR）的代谢组学以其样品制备简单、重现性好等优点，被广泛应用于生物流体和组织的代谢组学分析，以研究代谢变化。在基于核磁共振的代谢组学中，对重金属诱导的内源性代谢变化进行了研究，脂质组分、不饱和脂质和氨基酸水平的变化表明脂质和氨基酸的代谢受到了干扰（Dudka 等，2014）。Sundekilde 和 Poulsen（2013）通过基于核磁共振的代谢组学确定了体细胞计数的生物标记物，包括乳酸、乙酸、异亮氨酸、马尿酸、丁酸和延胡索酸。基于核磁共振的代谢组学也被应用于 T-2 毒素（Wan 等，2016）、卵黄毒素 A（Sieber 等，2009），脱氧雪腐镰刀菌烯醇（Hopton 等，2010）和链脲佐菌素（Hopton 等，2014）的毒理学研究。

基于上述原因，本研究采用核磁共振代谢组学方法分析了 AFB_1 对奶山羊血清代谢的影响。本研究的目的是调查由 AFB_1 暴露引起的内源性的代谢变化，并在全身水平进一步了解 AFB_1 毒性。

二、材料和方法

1. 动物和样品采集

所有参与本研究的动物均按照中国农业科学院动物保护与利用委员会的原则进行保护。20 只泌乳崂山奶山羊（泌乳期 193d±14d，产奶量 1. 36kg/d±0. 4kg/d，产奶胎次 3. 4±1. 0 次）按胎次（初产或多胎）、日均产奶量和产奶天数分组，随机分为两组（n=10）。对照组 AFB_1 添加量为 0，AFB_1 组为 50μg/kg。AFB_1 从 Sigma Aldrich（圣路易斯市，密苏里州，美国）购买，纯度为 98%。试验期共 3 周，其中适应期 1 周，饲喂霉菌毒素 2 周。用全混合日粮（TMR）饲喂山羊，自由饮水。将纯 AFB_1 分别溶于甲醇中，以制粒的浓缩物用作霉菌毒素载体，并在上午 5:30 饲喂时将其等份地涂在 TMR 日粮上。

于第 14d 早晨经颈静脉穿刺取山羊全血，取 9 份全血于不加抗凝剂的真空管中，于 4℃，3 000×*g* 离心 15min 取血清，于-80℃下保存，以备日后分析。

2. 样品制备与^1H NMR 谱

将 300μL 血清与 100μL D_2O 和 200μL 磷酸盐缓冲盐水溶液（K_2HPO_4/NaH_2PO_4，pH 值 7. 4）混合，制备血清样品。在 13 000r/min 离心 10min 后，上清液被转移到 5mm NMR 管中用于 NMR 分析。

采用水饱和的 Carr–Purcell–Meiboom–Gill（CPMG）脉冲序列［循环延迟 90°–（τ–180°–τ）n–采集，其中 τ=400μs，n=400］保留 NMR 小代谢物的信号，并衰减大分子的 NMR 信号，其自旋弛豫延迟（2nτ）为 320ms。使用具有脉冲场梯度和 3 个共振的 Varian INOVA–600 光谱仪，记录了连续扫描（每个光谱 64 个扫描，32K 数据点，光谱宽度 8 000Hz）之间 2ms 采样时间和 3s 弛豫延迟的 CPMG 光谱探针。

通过将试验光谱插入 Chenomx 光谱数据库（Edmonton，AB，Canada）鉴定代谢物，并与标准化合物的光谱进行比较。

3. 核磁共振波谱处理与多元数据分析

在手动校正相位和基线后，在 TSP 内参考化学位移（δ=0.0）。将 $0.4\times10^{-6}\sim6\times10^{-6}$的化学位移区分段整合，等宽度为 0.01×10^{-6}。所有谱段均在 Excel 中归一化为总谱面积，用于多变量数据分析。

使用 Simcap+软件（version 13.0，Umetrics，Sweden）进行多变量数据分析。在多变量分析之前，将中心标度应用于^{1}H NMR 数据以减少模型中的噪声和伪影。对核磁共振数据进行主成分分析（PCA）。应用偏最小二乘判别分析（PLS–DA）模型，通过 999 次随机排列试验验证了该模型的有效性。在正交偏最小二乘判别分析（OPLS–DA）模型中，根据载荷图、基于 Jack–Knifed 的置信区间、投影值中的变量重要性（VIP>1）和原始数据图选择判别变量（Tian 等，2015）进行分析。此外，独立 T 检验（$P<0.05$）（SPSS 版本 13.0）用于确定从对照组和 AFB_1 组的 OPLS–DA 获得的候选生物标志物浓度之间的差异是否在统计学上具有显著差异。

三、结果

1. 对照组和 AFB_1 组的代谢谱比较

PCA 模型的对照组和 AFB_1 组均具有良好的聚类性，没有观察到明显的离群值（图 1a）。结果显示两处理有明显的区分，在对照组和 AFB_1 数据之间只有部分重叠。载荷图（图 1b）反映了一些内源性代谢物的变化。为了提高模型的透明度和可解释性，进一步进行了用于化学计量分析的 OPLS–DA 分析，以筛选差异变量。结果表明，对照组和 AFB_1 组之间有清晰的分隔，没有任何重叠（图 1c），分析产生了一个预测成分和两个正交成分，具有较好的建模和预测能力 $R^2(X)=41.9\%$，$R^2(Y)=91.3\%$，$Q^2(cum)=76.9\%$。图 1d 中的载荷图显示了内源性代谢物的显著变化。为避免模型过度拟合，对 3 个成分进行了默认的 7 轮交叉验证。使用 999 个随机置换测试进行验证，得出该数据的 $R^2(Y)=0.396$ 和 $Q^2=-0.44$。总体而言，结果表明 NMR 数据的OPLS–DA 模型的预测能力是可靠的。

2. 鉴定候选代谢物

^{1}H NMR 分析共鉴定了 17 种代谢候选物（表 1），分为碳水化合物、氨基酸和脂质代谢物三大类，表明 AFB_1 组中这些代谢途径发生了变化。

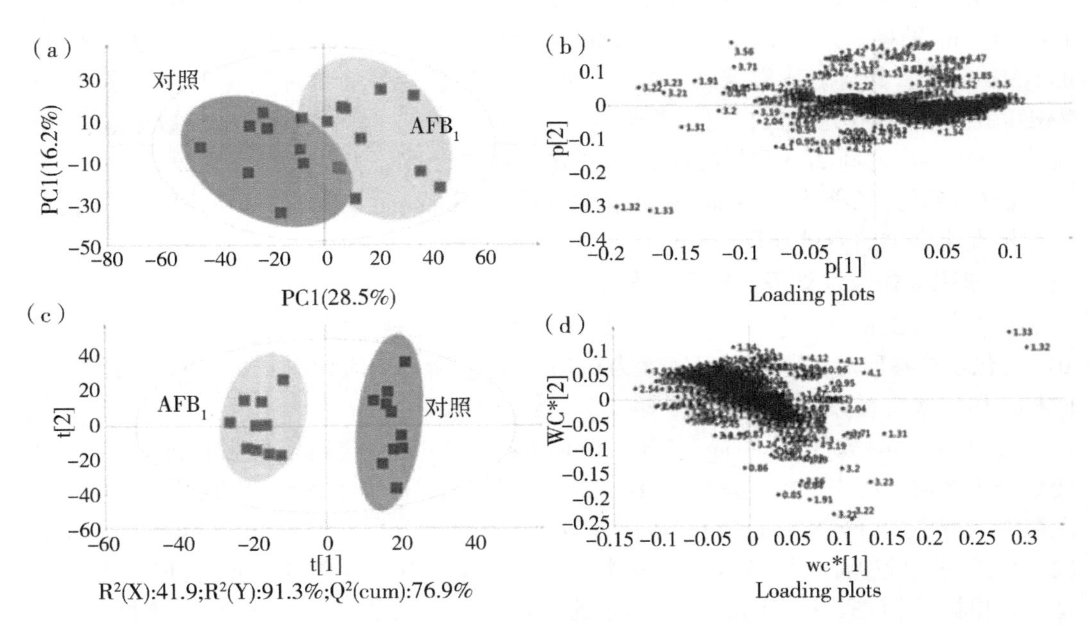

图 1 (a) 对照组和 AFB_1 组的 PCA 模型评分图；(b) 无监督主成分分析模型中心标度^{1}H NMR 数据的载荷图；(c) 对照组和 AFB_1 组 OPLS-DA 模型的评分图；(d) 监督 OPLS-DA 中心标度^{1}H NMR 数据的载荷图

表 1 核磁共振氢谱鉴定代谢物

编号	代谢途径	代谢物	化学位移($\times10^{-6}$)	转化†	P‡	FC§
1	碳水化合物	乳酸	1.33	CH_3 (d)	4.48×10^{-4}	0.71
2	碳水化合物	葡萄糖	5.25 (d), 4.66 (d)	CH_2 (d)	6.47×10^{-3}	1.21
3	碳水化合物	柠檬酸盐	2.54, 2.67	$2\times CH_2$ (d)	1.62×10^{-5}	2.89
4	碳水化合物	乙酸盐	1.91	CH_3 (s)	7.75×10^{-3}	0.89
5	氨基酸	瓜氨酸	3.71	CH (m)	2.62×10^{-2}	0.91
6	氨基酸	亮氨酸/ 异亮氨酸	1.92~0.97	CH_3 (d)	8.53×10^{-3}	0.87
7	氨基酸	缬氨酸	0.98, 1.03	$2\times CH_3$ (d)	3.45×10^{-2}	0.84
8	氨基酸	甘氨酸	3.57	CH_2 (s)	2.64×10^{-3}	1.32
9	氨基酸	肌酸	2.05, 3.94	CH_2 (s)	3.84×10^{-5}	1.40
10	氨基酸	甜菜碱	3.26	$3\times CH_3$ (s)	3.39×10^{-3}	1.64
11	脂肪	丙酮	2.24	$2\times CH_3$ (s)	2.25×10^{-3}	1.51

（续表）

编号	代谢途径	代谢物	化学位移（$\times10^{-6}$）	转化[†]	P[‡]	FC[§]
12	脂肪	乙酰乙酸	2.29	CH_3（s）	6.58×10^{-4}	1.27
13	脂肪	β-羟基丁酸酯	1.19	CH_3（s）	9.38×10^{-3}	0.80
14	脂肪	胆碱	3.20	$3\times CH_3$（s）	3.03×10^{-2}	0.77
15	脂肪	PC/GPC	3.23	$3\times CH_3$（s）	1.62×10^{-2}	0.87
16	脂肪	脂蛋白	0.82～0.88	CH_3（t）	2.68×10^{-2}	0.78
17	脂肪	Nacetyl-糖蛋白	2.03	CH_3（s）	2.49×10^{-2}	0.83

†（d）双，（s）单，（dd）双双，（m）多，（t）三；

‡对照组与 AFB_1 组的独立样本 T 检验；

§代谢物浓度的倍数变化（AFB_1/对照组）

3. 代谢改变

表 1 列出了对照组和 AFB_1 组之间的代谢变化。观察到了 AFB_1 诱导的与碳水化合物有关的代谢产物乳酸、葡萄糖、柠檬酸盐和乙酸盐的变化。与对照组相比，AFB_1 组的乳酸和乙酸盐浓度降低了 0.71～0.89 倍（$P<0.01$）。与对照组相比，AFB_1 组的葡萄糖和柠檬酸浓度增加了 1.21～2.89 倍（$P<0.01$）。瓜氨酸、亮氨酸/异亮氨酸、缬氨酸、甘氨酸、肌酸和甜菜碱是与氨基酸相关的代谢物；与对照组相比，AFB_1 组中前 3 个代谢物降低了 0.84～0.91 倍（$P<0.05$），后 3 个升高了 1.32～1.64 倍（$P<0.01$）。丙酮、乙酰乙酸酯、β-羟基丁酸酯、胆碱、磷脂酰胆碱（PC）/甘油磷酰胆碱（GPC）、脂蛋白和 N-乙酰基糖蛋白的浓度是与脂质相关的代谢物；与对照组相比，AFB_1 组中前 2 个代谢物增加了 1.27～1.51 倍（$P<0.01$），后两个减少了 0.77～0.84 倍（$P<0.05$）。

四、讨论

1. AFB_1 对肝脏损害的影响

胆碱、PC 和 GPC 是细胞膜结构完整性的必要元素。在 AFB_1 处理的奶山羊血清中胆碱、PC 和 GPC 的水平显著降低，表明 AFB_1 引起肝损伤，这与血清中脂蛋白和 N-乙酰基糖蛋白的降低相符。甜菜碱作为一种有机渗透液，可在低渗条件下（当肝细胞肿胀并导致细胞内胞浆液积聚时），渗入血清以维持渗透压并防止细胞受损（Zerbst-Boroffka 等，2005）。在本研究中，观察到甜菜碱水平升高，表明肝细胞肿胀和随后的肝损伤均已发生。

先前基因表达的研究也支持这些结果。有研究发现在中剂量（0.75mg/kg bw）和高剂量（1.5mg/kg bw）的 AFB_1 组大鼠中，一些编码细胞骨架组织的基因上调，包括两个组中的 Rhob 以及高剂量组中的 Anxa1、Anxa2、Anxa4、Anxa5、Anxa7 和 Arpc1b

(Lu 等，2013)。在以 0.24mg/(kg bw・d) 的 AFB_1 剂量持续饲喂 14d 的大鼠中，发现了由 AFB_1 诱导的肝损伤的其他支持证据，其中编码细胞骨架成分的基因上调，包括 CRYABαB-crystallin、RhoB、SPTA2 血影蛋白 α 链（fodrin α chain）和 TMSB 10 胸腺素 β-10（Ellinger-Ziegelbauer 等，2004）。

2. AFB_1 对碳水化合物代谢的影响

^{1}H NMR 检测发现柠檬酸排泄增加，而乳酸排泄减少，这表明在能量产生改变的时期 Cori 和 Krebs 循环代谢均受损，这可能与线粒体功能受损有关。电子传递的主要功能是线粒体中的 ATP 合成。观察到的 ATP 消耗是由于能量代谢受损所致。先前的一项研究表明，饲喂 2mg AFB_1/kg 的雏鸡，ATP 合成途径受到较大影响，导致能量产生减少以及相关基因下调，例如肾上腺毒素线粒体前体、细胞色素 P450 2C5、细胞色素 P450 2P3 以及烟酰胺腺嘌呤二核苷酸磷酸细胞色素 b5 还原酶（Yarru 等，2009）。与肉鸡（Tessari 等，2010）和鸭子（He 等，2013）的研究结果一致，我们饲喂添加 50μg AFB_1/kg 日粮的山羊血清的葡萄糖水平变化了 1.21 倍，表明肝功能已受损，AFB_1 暴露的结果是糖原分解速率加快。在以 0.32mg/(kg bw・d) 饲喂 AFB_1 的大鼠中也观察到肝葡萄糖的这种消耗（Zhang 等，2011）。

3. AFB_1 对脂质代谢的影响

先前的调查发现，饲喂黄曲霉毒素的雏鸡的相对肝脏重量增加（Ortatatli 和Oğuz，2001）。在这项研究中，我们观察到 AFB_1 处理后血清中 β-羟基丁酸酯和乙酸盐水平降低，表明 AFB_1 暴露会改变奶山羊的脂质代谢。这些结果与 Yarru 等（2009）人的发现一致，他发现饲喂 2mg/kg AFB_1 的雏鸡，其参与脂肪酸代谢的基因被下调。乙酰乙酸盐和丙酮是线粒体中脂肪酸的 β-氧化产物，因此本研究中它们的升高表明暴露于 AFB_1 会促进脂肪酸的 β-氧化作用。与我们的发现一致，先前的研究也发现 AFB_1暴露引起过氧化物酶体增殖物激活受体 R（脂质代谢的关键调节剂）的上调（Yarru 等，2009）。

4. AFB_1 对氨基酸代谢的影响

在这项研究中，AFB_1 诱导瓜氨酸、亮氨酸/异亮氨酸和缬氨酸水平增加，而甘氨酸水平下降，这表明 AFB_1 改变了肝氨基酸代谢。此外，在 AFB_1 处理的奶山羊血清中观察到肌酸水平显著增加。磷酸肌酸是一种能量储存剂，可通过肌酸激酶和三磷酸腺苷（ATP）和肌酸的释放而迅速转化为肌酸，以应对高能量需求（Diao 等，2014）。由 AFB_1 暴露引起的三羧酸（TCA）循环的抑制将不可避免地导致能量产生不足。因此，暴露于 AFB_1 的奶山羊血清中积累的肌酸可能是磷酸肌酸加速转化为肌酸以满足这种能量需求的结果。瓜氨酸的血清水平降低表明尿素循环被 AFB_1 中断，因为它是尿素循环的中间代谢产物。这与 AFB_1 诱导的小鼠氨甲酰磷酸合成酶 I 基因表达下调的结果不一致（Zhuang 等，2014）。

五、结论

总之，奶山羊接触低剂量的 AFB_1 会导致几种代谢途径的显著改变，包括脂质氧化、TCA 循环以及碳水化合物和氨基酸代谢。我们的结果还表明，基于^{1}H NMR 的血清代谢组学分析提供了可以了解低水平 AFB_1 对山羊健康的不利影响以及防止 AFM_1 污染生乳的有效方法。

参考文献

Baldwin S, Parker R S, 1985. Effects of dietary fat level and aflatoxin B_1 treatment on rat hepatic lipid composition [J]. Food and Chemical Toxicology, 23 (12): 1049-1055.

Bedard L L, Massey T E, 2006. Aflatoxin B_1-induced DNA damage and its repair [J]. Cancer Letters, 241 (2): 174-183.

Bennett JW, Klich M, 2003. Mycotoxins [J]. Clinical Microbiology Reviews, 16 (3): 497-516.

Cheng J, Huang S, Fan C, et al, 2017. Metabolomic analysis of alterations in lipid oxidation, carbohydrate and amino acid metabolism in dairy goats caused by exposure to Aflotoxin B_1 [J]. Journal of Dairy Research, 84 (4): 401-406.

Commission E, 2006. Commission regulation (EC), No 1881/2006 of 19 December 2006, setting maximum levels for certain contaminants in foodstuff [S]. Official Journal of the European Union, 5-24.

Creppy E E, 2002. Update of survey, regulation and toxic effects of mycotoxins in Europe [J]. Toxicology Letters, 127 (1-3): 19-28.

Diao C, Zhao L, Guan M, et al, 2014. Systemic and characteristic metabolites in the serum of streptozotocin-induced diabetic rats at different stages as revealed by a (1) H-NMR based metabonomic approach [J]. Molecular Biosystems, 10 (3): 686-693.

Dudka I, Kossowska B, Senhadri H, et al, 2014. Metabonomic analysis of serum of workers occupationally exposed to arsenic, cadmium and lead for biomarker research: a preliminary study [J]. Environment International, 68: 71-81.

Ellinger-Ziegelbauer H, Stuart B, Wahle B, et al, 2004. Characteristic expression profiles induced by genotoxic carcinogens in rat liver [J]. Toxicological Sciences, 77 (1): 19-34.

He J, Zhang K Y, Chen D W, et al, 2013. Effects of maize naturally contaminated with aflatoxin B_1 on growth performance, blood profiles and hepatic histopathology in ducks [J]. Livestock Science, 152 (2-3): 192-199.

Hopton R P, Turner E, Burley V J, et al, 2010. Urine metabolite analysis as a function of deoxynivalenol exposure: an NMR-based metabolomics investigation [J]. Food Additives and Contamitants Part A Chemical Analysis Control Exposure and Risk Assess, 27 (2): 255-261.

Hsieh L L, Hsu S W, Chen D S, et al, 1988. Immunological detection of aflatoxin B_1-DNA adducts formed in vivo [J]. Cancer Research, 48 (22): 6328-6331.

IARC (International agency for research on cancer), 2002. Some traditional herbal medicines, some mycotoxins, naphthalene and styrene [R]. In IARC Working Group on the Evaluation of Carcinogenic Risks to Humans, World Health Organization: France, 1-556.

Kiessling K H, Adam G, 1986. Biochemical mechanism of action of mycotoxins. Pure and Applied Chemistry, 58: 327-338.

Lu X, Hu B, Shao L, et al, 2013. Integrated analysis of transcriptomics and metabonomics profiles in aflatoxin B_1-induced hepatotoxicity in rat [J]. Food and Chemical Toxicology, 55: 444-455.

McLean M, Dutton M F, 1995. Cellular interactions and metabolism of aflatoxin: an update [J]. Pharmacology & Therapeutics, 65 (2): 163-192.

Mishra H N, Das C, 2003. A review on biological control and metabolism of aflatoxin [J]. Crit Rev Food Sci Nutr, 43 (3): 245-264.

Ortatatli M, Oguz H, 2001. Ameliorative effects of dietary clinoptilolite on pathological changes in broiler chickens during aflatoxicosis [J]. Research in Veterinary Science, 71 (1): 59-66.

Sabbioni G, Sepai O, 1998. Determination of human exposure to aflatoxins [M]. In Mycotoxins in Agriculture and Food Safety, 183-226 (Eds KK Sinha & D Bhatnagar). New York: Marcel Dekker, Inc., Publisher.

SAC (Standardization Administration of the People's Republic of China), 2001, Hygienical Standard for Feeds [S]. Beijing: Standards Press of China Publisher, 20.

SAC (Standardization Administration of the People's Republic of China), 2003, Maximum Levels of Aflatoxin M_1 in Milk and Milk Products [S]. Beijing: Standards Press of China Publisher, 1.

Sieber M, Wagner S, Rached E, et al, 2009. Metabonomic study of ochratoxin a toxicity in rats after repeated administration: phenotypic anchoring enhances the ability for biomarker discovery [J]. Chemical Research in Toxicology, 22 (7): 1221-1231.

Smela M E, Currier S S, Bailey E A, et al, 2001. The chemistry and biology of aflatoxin B (1): from mutational spectrometry to carcinogenesis [J]. Carcinogenesis, 22 (4): 535-545.

Smith J E, Moss M O, 1985. Mycotoxins. Formation, analysis and significance [M]. Wiley Publisher.

Sundekilde U K, Poulsen N A, Larsen L B, et al, 2013. Nuclear magnetic resonance metabonomics reveals strong association between milk metabolites and somatic cell count in bovine milk [J]. Journal of Dairy Research, 96 (1): 290-299.

Tessari E N, Kobashigawa E, Cardoso A L, et al, 2010. Effects of aflatoxin B (1) and fumonisin B (1) on blood biochemical parameters in broilers [J]. Toxins (Basel), 2 (4): 453-460.

Tian H, Wang W, Zheng N, et al, 2015. Identification of diagnostic biomarkers and metabolic pathway shifts of heat-stressed lactating dairy cows [J]. Journal of Proteomics, 125: 17-28.

Wan Q, He Q, Deng X, et al, 2016. Systemic Metabolic Responses of Broiler Chickens and Piglets to Acute T-2 Toxin Intravenous Exposure [J]. Journal of Agricultural and Food Chemistry, 64 (3): 714-723.

Yarru L P, Settivari R S, Antoniou E, et al, 2009. Toxicological and gene expression analysis of the impact of aflatoxin B_1 on hepatic function of male broiler chicks [J]. Poultry Science, 88 (2): 360-371.

Zerbst-Boroffka I, Kamaltynow R M, Harjes S, et al, 2005. TMAO and other organic osmolytes in the muscles of amphipods (Crustacea) from shallow and deep water of Lake Baikal [J]. Comparative Biochemistry and Physiology A-Molecular & Integrative Physiology, 142 (1): 58-64.

Zhang L, Ye Y, An Y, et al, 2011. Systems responses of rats to aflatoxin B_1 exposure revealed with metabonomic changes in multiple biological matrices [J] Journal of Proteome Research, 10 (2): 614-623.

Zhou Q, Xie H, Zhang L, et al, 2006. cis-Terpenones as an effective chemopreventive agent against aflatoxin B_1-induced cytotoxicity and TCDD-induced P450 1A/B activity in HepG2 cells [J]. Chemical Research in Toxicology, 19 (11): 1415-1419.

Zhuang Z, Lin Y, Yang C, et al, 2014. Study on CPS1: The Key Gene of Urea Cycle under the Stress of Aflatoxin B_1 [J]. Asian Journal of Chemistry, 26 (11): 3305-3310.

黄曲霉毒素 B_1 与赭曲霉毒素 A 和玉米赤霉烯酮联合对奶山羊代谢、免疫功能与抗氧化能力的影响

本试验的目的是研究单独及混合的黄曲霉毒素 B_1（AFB_1），以及与赭曲霉毒素 A（OTA）和/或玉米赤霉烯酮（ZEA）对奶山羊代谢、免疫功能和抗氧化状态的影响。选取 50 头奶山羊作为试验动物，随机分为 5 组，每组 10 只，试验期 14d。对照组不添加任何毒素，AFB_1 组添加 50μg AFB_1/kg 干物质，AFB_1+OTA 组添加 50μg AFB_1/kg 干物质和 100μg OTA/kg 干物质，AFB_1+ZEA 组添加 50μg AFB_1/kg 干物质和 500μg ZEA/kg 干物质，AFB_1+OTA+ZEA 组添加 50μg AFB_1/kg 干物质、100μg OTA/kg 干物质和 500μg ZEA/kg 干物质。

结果表明，AFB_1+OTA+ZEA 组的干物质采食量和产奶量低于对照组。与对照组相比，添加 AFB_1、OTA 和 ZEA 显著降低了红细胞数、红细胞压积、平均红细胞体积、平均红细胞血红蛋白和平均血小板体积，显著增加了白细胞数。与对照组相比，AFB_1、OTA 和 ZEA 联合作用显著增加了丙氨酸转氨酶（ALT）和碱性磷酸酶（ALP）活性、总胆红素（TBIL）、白细胞介素-6 和丙二醛（MDA）含量，而显著降低了血清中免疫球蛋白 A 的浓度，超氧化物歧化酶（SOD）、谷胱甘肽过氧化物酶（GSH-Px）的活性和总抗氧化能力（TAOC）。与 AFB_1+ZEA 组相比，AFB_1+OTA 导致 ALP、ALT、TBIL 和 MDA 的升高，降低了产奶量、SOD 和 GSHPx 的活性和 TAOC 含量。

综上，AFB_1、OTA 和 ZEA 的混合处理组对奶山羊的负面影响最大，其他霉菌毒素组合对机体的有害损伤程度不同。本研究能够为畜禽饲料的霉菌毒素污染提供指导。

关键词：黄曲霉毒素 B_1；赭曲霉毒素 A；玉米赤霉烯酮；奶山羊；血液代谢；抗氧化能力

一、简介

霉菌毒素是一种次级代谢物，是真菌的 3 个重要属黄曲霉菌、青霉菌和镰刀菌等产生的，霉菌毒素普遍存在于动物饲料中。人们通常认为黄曲霉毒素（AFB_1）、赭曲霉毒素 A（OTA）和玉米赤霉烯酮（ZEA）是 3 种主要的霉菌毒素，并且他们经常在奶牛日粮或者饲料原料中同时存在（Solfrizzo 等，2014）。许多研究曾经报道 AFB_1、OTA 或 ZEA 单独添加对反刍动物存在有害影响。Kourousekos 等（2012）研究发现 50μg/kg AFB_1 显著降低了希腊本地山羊的奶产量。Battacone 等（2003）发现，128μg/kg AFB_1 显著提高了奶牛血清丙氨酸氨基转移酶（ALT）的活性，降低了碱性磷酸酶（ALP）活

性，但 32μg/kg 或 64μg/kg AFB_1 对机体却没有显著影响。给绵羊饲喂 AFB_1 污染的日粮显著降低了采食量，对肝脏也产生了不利影响，并使绵羊在 350μg/kg 和 23. 5μg/kg 干物质浓度下产生免疫抑制（Gowda 等，2007；Tripathi 等，2007）。而 Weaver 等（1986）的一项研究表明，饲喂奶牛 31. 25mg/头、62. 5mg/头、125mg/头、250mg/头或 500mg/头浓度的纯 ZEA 后，血清的血液学参数、临床健康、性行为或组织损伤没有变化。另外，Hohler 等（1999）研究发现，浓缩饲料中 20mg/kg 的 OTA 大大降低了绵羊的采食量，而 2mg/kg 或 5mg/kg 的 OTA 显著降低了绵羊的 ALT 活性。

然而，动物饲料经常受到不仅一种霉菌毒素的污染，通常同时被两种或多种霉菌毒素污染。2009 年，在中国 18 个省份的 34 种奶牛饲料原料和混合饲料样品中，AFB_1、OTA 和/或 ZEA 的含量高达 100%（Chen，2011）。许多科研工作者研究了 AFB_1 和 OTA 联合添加对大鼠（Maklad 和 Nosseir，1999）、家禽（Jia 等，2016；Huff 和 Doerr，1981）、家兔（Prabu 等，2013）和猪（Harvey 等，1989；Tapia 和 Seawright，1985）的毒性作用，以及 AFB_1 和 ZEA 混合物在母猪体内的毒性效应，但很少人报道 AFB_1 与 OTA 和/或 ZEA 的毒性作用对反刍动物的影响。

有研究曾发现两种霉菌毒素对反刍动物的影响。Abeni 等（2014）研究发现，后备母牛的日粮中添加黄曲霉毒素（AF）（>10μg/kg）和伏马菌素 B_1（FB_1）+伏马菌素 B_2（5 000~20 000μg/kg）有延迟动物生长的作用，但是对血液和免疫没有显著影响。此外，Winkler 等（2014）发现，给奶牛喂食含 0. 5mg/kg ZEA 和 5mg/kg DON 的饲料对其性能没有显著影响。然而，在一项对奶牛的试验研究中，饲喂含有 1mg/kg ZEA、600μg/kg DON 和 10μg/kg AFB_1 的日粮，发现体细胞计数、血液参数和免疫功能有负面影响（Jovaišienė等，2016）。因此，我们研究了 AFB_1、OTA 和 ZEA 的混合物对泌乳奶山羊产奶量、干物质摄入量（DMI）、血液代谢指标、免疫功能和抗氧化功能的毒性作用。

二、材料方法

1. 动物试验和日粮

所有参与本研究的动物均按照中国农业科学院动物保护与利用委员会的原则进行保护。选取 50 只泌乳崂山奶山羊为试验动物（泌乳期为 193d±14d，日产奶量为 1. 36kg±0. 4kg），按照胎次（初产或多胎）、日均产奶量和产奶天数进行分组，根据随机分组的原则分为 5 组，每组 10 只。对照组不添加任何毒素，AFB_1 组添加 50μg AFB_1/kg 干物质，AFB_1+OTA 组添加 50μg AFB_1/kg 干物质和 100μg OTA/kg 干物质，AFB_1+ZEA 组添加 50μg AFB_1/kg 干物质和 500μg ZEA/kg 干物质，AFB_1 + OTA + ZEA 组添加 50μg AFB_1/kg 干物质、100μg OTA/kg 干物质和 500μg ZEA/kg 干物质。所有的霉菌毒素均为纯品，根据中国国家标准对霉菌毒素进行选择，将饲料最高限量为 50μg AFB_1/kg，100μg OTA/kg 和 500μg ZEA/kg（NHFLLRC，2011）。试验期包括 1 周适应期和 2 周正式试验期。

基础日粮（TMR 全混合日粮）符合或超过 NRC 对奶山羊的营养需要（NRC，

2007）来配制（表 1）。在试验期间，所有山羊饲养于能够自由活动的棚中，自由饮水，每天 6:00、10:00、15:30 和 20:00 分别喂养 4 次，以确保饲料剩余率不超过 5%。纯品 AFB_1、OTA 和 ZEA 首先溶于甲醇中，颗粒饲料作为霉菌毒素的载体，早晨每组饲喂的比例最高（各组均一样），试验组和对照组的甲醇用量均为 1mL。

表 1　试验日粮的组成和化学成分

项目	所占比例（%干物质基础）
原料	
玉米青贮	59.11
玉米秸秆	16.58
花生秧	11.05
精补料[1)]	7.98
苹果渣	3.01
小苏打	0.15
化学组成	
泌乳净能[2)]（Mcal/kg of DM）	0.96
粗蛋白	10.3
无氮浸出物	5
酸性洗涤纤维	33.5
中性洗涤纤维	52.3
钙	3.2
磷	0.2
AFB_1[3)]	—
OTA[3)]	—
ZEA[3)]	—

DM，干物质；AFB_1，黄曲霉毒素 B_1；OTA，赭曲霉毒素 A；ZEA，玉米赤霉烯酮。

[1)] 每千克干物质含：玉米、麸皮、豆浆、玉米胚芽饼、磷酸氢钙、氯化钠、赖氨酸、维生素（A、D3、E、K）微量元素（铁、铜、锌、锰、碘、硒）。

[2)] 根据国家研究委员会（NRC，2007）计算实际 DMI。

[3)] 未检测到

2. 采样和检测

每周连续 2d 测定每日饲料采食量。每只羊的干物质采食量根据投料量减去剩余量计算，用 Ge 等（2011）描述的方法测定 TMR 中 AFB_1、OTA 和 ZEA 的浓度。

每天每只奶山羊挤奶 2 次（分别在 06:00 和 18:30），并记录产奶量。在试验开始和结束时，每只山羊在早晨喂食前称重。

试验的第 2d、7d 和 14d 分别在晨饲前通过颈静脉进行采血。血液采集于经乙二胺四乙酸处理的试管中，共采 9mL，并在 4℃下保存，用于分析血液成分。同时用无抗凝剂的真空管采集血液 9mL，在 4℃，3 000×g，离心 15min，吸取上层血清，并储存在-80℃，用于生化分析、抗氧化酶活性、免疫球蛋白（Ig）A、IgM 和 IgG 水平的分析，以及白细胞介素（IL）2、IL-4 和 IL-6 含量的测定。

使用自动血细胞分析仪（MEK5216K，Nihin Kohden，Tokyo，Japan）测定血液学指标。血液学指标包括白细胞计数（WBC）、红细胞计数（RBC）、血红蛋白（HGB）、红细胞压积、平均红细胞体积（MCV）、平均红细胞血红蛋白（MCH）、平均红细胞血红蛋白浓度（MCHC）、红细胞分布宽度、血小板计数和平均血小板体积（MPV）。使用自动生化分析仪（HITACH 17080，Japan Hitachi Corporation，Tokyo，Japan）测定天门冬氨酸转氨酶（AST）、丙氨酸转氨酶（ALT）和碱性磷酸酶（ALP）活性，以及血清中葡萄糖（Glu）、总胆红素（TBIL）、总胆固醇（TC）、总蛋白（TP）、肌酐（CR）和尿素浓度。免疫球蛋白 A（IgA）、IgG、IgM、IL-2，IL-4 和 IL-6 的含量用辐射抗扰计数器（XH6020，China Nuclear Industry Corporation No. 262 factory，西安，中国）以及放射免疫检测试剂盒（C12PDB，Beijing North Institute of Biological Technology，北京，中国）进行测定。用试剂盒（中国南京剑城生物工程研究所）测定血清超氧化物歧化酶（SOD）和谷胱甘肽过氧化物酶（GSH-PX）、总抗氧化能力（TAOC）和丙二醛（MDA）浓度。

3. 数据分析

在统计分析系统，采用一般线性模型进行分析，然后进行 Duncan's 多范围检验（SAS，2008）。处理、时间和处理×时间交互作用是固定效应，而奶山羊是随机效应。采用方差分析法对体重和日增重进行分析。数值用最小二乘均值±标准误进行表示。P<0. 05表示有显著差异。

三、结果

1. 霉菌毒素对生产性能的影响

霉菌毒素对生产性能的影响见表 2。与对照组相比，单独饲喂 AFB_1、AFB_1 与 ZEA 联合饲喂对奶山羊干物质采食量、产奶量、身体指数和平均日增重没有显著影响（P>0. 05）。而 AFB_1+OTA+ZEA 组的 DMI 与对照组相比则显著降低（P<0. 05），其他两组的 DMI 没有显著差异。与对照组相比，饲喂 AFB_1+OTA 或 AFB_1+OTA+ZEA 显著降低了（P<0. 05）奶山羊的奶产量，但是 AFB_1 和 AFB_1+ZEA 组间奶产量没有显著差异（P>0. 05）。因此，AFB_1 与 OTA 和 ZEA 的联合对生产性能有负面影响，同时 AFB_1 单独和与 OTA 联合对产奶量的影响大于 AFB_1 与 ZEA 的联合。

2. 霉菌毒素对血液学指标的影响

霉菌毒素对血液学指标的影响见表 3。除 WBC、RBC、MCV、MCH 和 MPV 外，其他血液学指标与霉菌毒素摄入量不存在相关关系（P>0. 05）。AFB_1+OTA+ZEA 组的 RBC、MCV、MCH 和 MPV 显著高于其他组（P<0. 05），而 WBC（P<0. 05）显著低于

其他组，表明 AFB_1、OTA 和 ZEA 的联合作用对血液指标存在有害影响。此外，取样时间对除血红蛋白外的所有血液参数有影响。

表 2 AFB_1、OTA 和 ZEA 对奶山羊 DMI、产奶量和体质量的影响

项目	处理					SEM	P 值		
	C	A	AO	AZ	AOZ		处理	采样时间	处理×采样时间
干物质采食量（kg/d）	2.51	2.5	2.48	2.48	2.29^{b}	0.03	0.06	<0.01	0.94
产奶量（kg/d）	1.02^{a}	1.00^{ab}	0.89^{bc}	0.95^{abc}	0.88^{c}	0.02	0.03	0.68	1
身体指数（kg）	61.64	62	67.6	66.6	63.2	1.13	0.37	0.14	0.99
日增重（kg/d）	0.15	0.2	0.21	0.24	0.16	0.02	0.2	—	

SEM，平均标准误；BM，身体指数；ADG，平均日增重。

C 表示对照组，没有添加任何霉菌毒素；A 表示添加 AFB_1；AO 表示添加 AFB_1 和 OTA 的混合物；AZ 表示添加 AFB_1 和 ZEA 的混合物；AOZ 表示添加 AFB_1，OTA 和 ZEA 的混合物。

^{a,b,c}表示在一行中不同的上标有显著差异（$P<0.05$）

表 3 AFB_1、OTA 和 ZEA 对血液指标的影响

项目	处理					SEM	P 值		
	C	A	AO	AZ	AOZ		处理	采样时间	处理×采样时间
WBC（G/L）	12.46^{b}	13.84^{b}	14.43^{ab}	13.87^{b}	17.49^{a}	0.54	0.03	<0.01	<0.01
RBC（T/L）	11.19^{a}	11.12^{a}	10.63^{ab}	10.86^{a}	10.21^{b}	0.12	<0.01	<0.01	0.83
HGB（g/L）	103.67	101.52	102.64	103.3	100	0.89	0.72	0.58	0.13
HTC（%）	28.29^{a}	27.83^{ab}	27.67^{ab}	27.77^{ab}	26.22^{b}	0.34	0.11	<0.01	0.7
MCV（fL）	31.72^{a}	24.83^{b}	24.63^{b}	21.02^{c}	24.15^{b}	0.48	<0.01	0.03	<0.01
MCH（pg）	11.13^{a}	9.79^{b}	9.35^{b}	9.30^{b}	9.39^{b}	0.14	<0.01	<0.01	<0.01
MCHC（g/L）	356.20^{a}	349.02^{ab}	352.42^{a}	342.81^{a}	333.04^{b}	3.93	0.08	<0.01	0.1
RDW（% CV）	13.07	13.39	13.5	13.98	13.9	0.14	0.21	0.03	<0.01
PLT（G/L）	721.35	680	596	665.7	653	23.4	0.45	<0.01	0.01
MPV（fL）	5.77a	4.88b	4.35c	4.34c	5.11b	0.1	<0.01	<0.01	<0.01

AFB_1，黄曲霉毒素 B_1；OTA，赭曲霉毒素 A；ZEA，玉米赤霉烯酮；SEM，平均标准误；WBC，白细胞计数；RBC，红细胞计数；HGB，血红蛋白；HTC，红细胞压积；MCV，平均红细胞体积；MCH，平均红细胞血红蛋白；MCHC，平均红细胞血红蛋白浓度；RDW，红细胞分布宽度；PLT，血小板压积；MPV，平均血小板体积。

C 表示对照组，没有添加任何霉菌毒素；A 表示添加 AFB_1；AO 表示添加 AFB_1 和 OTA 的混合物；AZ 表示添加 AFB_1 和 ZEA 的混合物；AOZ 表示添加 AFB_1，OTA 和 ZEA 的混合物。

^{a,b,c} 表示在一行中不同的上标有显著差异（$P<0.05$）

3. 霉菌毒素对血清生化指标的影响

日粮中添加 AFB_1+OTA+ZEA 显著增加了 ALT 和 ALP 的活性和血清中 TBIL 的浓度（$P<0.05$），但是其他处理组与对照组无显著差异（表 4）。AFB_1+OTA 或 AFB_1+OTA+ZEA 组的 AST 活性显著高于对照组（$P<0.05$）。AFB_1+ZEA 组 AST、ALT 和 ALP 的活性、TBIL 的浓度低于 AFB_1+OTA 组（$P>0.05$），但组间无显著差异。采样时间对血清 ALP、CR、TP、甚至 TC 的浓度有影响。血清 GLU 与 ALP 受霉菌毒素处理和采样时间的交互作用的影响。这些结果表明，AFB_1、OTA 和 ZEA 对血清生化指标有协同或加和作用，并且 AFB_1 和 OTA 的联合作用在增加 ALP、AST 和 ALP 的活性以及 TBIL 的浓度上，比 AFB_1 和 ZEA 的联合作用更强。

表 4　AFB_1、OTA 和 ZEA 对奶山羊血清化学指标的影响

项目	处理					SEM	P 值		
	C	A	AO	AZ	AOZ		处理	采样时间	处理×采样时间
AST（U/L）	85.70^{b}	95.22^{ab}	98.70^{a}	91.95^{ab}	105.32^{a}	2.46	0.17	0.78	0.99
ALT（U/L）	15.00^{b}	15.72^{b}	17.60^{ab}	16.93^{ab}	20.00^{a}	0.52	0.04	0.41	0.76
ALP（U/L）	3.68^{a}	4.19^{ab}	5.16^{ab}	4.33^{ab}	7.11^{b}	0.49	<0.01	<0.01	0.09
CR（μmol/L）	43.07	43	44.2	43.4	45.47	0.49	0.42	<0.01	0.09
Glu（μmol/L）	3.44	3.5	3.41	3.34	3.33	0.03	0.17	0.8	<0.01
TBIL（μmol/L）	0.71^{b}	0.84^{ab}	0.87^{ab}	0.85^{ab}	0.98^{a}	0.03	0.04	0.43	0.79
TC（mmol/L）	3.36	3.5	3.08	3.46	3.17	0.06	0.16	0.08	1
TP（g/L）	70.6	71	70.4	71.2	68.78	0.69	0.69	<0.01	0.64
UREA（mmol/L）	4.63	5.1	4.71	5.23	4.73	0.09	0.15	0.05	0.9

AFB_1，黄曲霉毒素 B_1；OTA，赭曲霉毒素 A；ZEA，玉米赤霉烯酮；SEM，平均标准误；AST，天冬氨酸转氨酶；ALT，丙氨酸转氨酶；ALP，碱性磷酸酶；CR，肌酐；GLU，葡萄糖；TBIL，总胆红素；TC，总胆固醇；TP，总蛋白；UREA，尿素。

C 表示对照组，没有添加任何霉菌毒素；A 表示添加 AFB_1；AO 表示添加 AFB_1 和 OTA 的混合物；AZ 表示添加 AFB_1 和 ZEA 的混合物；AOZ 表示添加 AFB_1，OTA 和 ZEA 的混合物。

^{a,b,c} 表示在一行中不同的上标有显著差异（$P<0.05$）

4. 霉菌毒素对免疫功能的影响

除 IGA 和 IL-6 水平外，免疫功能指标在组间无显著性差异（$P>0.05$）（表 5）。血清 IgA 在霉菌毒素处理过后明显降低（$P<0.05$），IL-6 显著升高（$P<0.05$），AFB_1+OTA+ZEA 组的影响最大。

表5 AFB_1、OTA和ZEA对奶山羊血清免疫球蛋白和细胞因子浓度的影响

项目	处理					SEM	P值		
	C	A	AO	AZ	AOZ		处理	采样时间	处理×采样时间
IgA（μg/mL）	116.76[a]	105.74[ab]	100.89[b]	100.41[b]	93.52[b]	2.25	0.02	0.51	0.66
IgG（μg/mL）	1.24	1.17	1.24	1.31	1.18	0.04	0.49	0.38	0.69
IgM（μg/mL）	3.49	3.38	3.53	3.87	3.82	0.08	0.2	<0.01	0.09
IL-2（ng/mL）	3.57	3.47	3.55	3.49	3.5	2.34	0.4	0.37	0.61
IL-4（ng/mL）	1.23	1.05	1.17	1.23	1.15	0.05	0.82	0.08	0.83
IL-6（ng/mL）	129.57[b]	132.22[b]	159.39[ab]	152.38[ab]	166.13[a]	4.87	0.07	0.29	0.92

AFB_1，黄曲霉毒素B_1，OTA，赭曲霉毒素A；ZEA，玉米赤霉烯酮；SEM，平均标准误；IGA，免疫球蛋白a；IL-2，白细胞介素2。

C表示对照组，没有添加任何霉菌毒素；A表示添加AFB_1；AO表示添加AFB_1和OTA的混合物；AZ表示添加AFB_1和ZEA的混合物；AOZ表示添加AFB_1，OTA和ZEA的混合物。

[a,b,c]表示在一行中不同的上标有显著差异（$P<0.05$）

5. 霉菌毒素对抗氧化能力的影响

与对照组相比，山羊饲喂霉菌毒素后，血清中SOD和GSH-Px活性显著降低，MDA的含量显著升高（$P<0.05$）（表6）。饲喂AFB_1+OTA+ZEA的奶山羊，其血清中SOD、GSHPx、T-AOC的活性最低，MDA的浓度最高（$P<0.05$），表明3种霉菌毒素同时添加对机体的抗氧化能力起到协同损伤作用。

AFB_1+OTA组血清中SOD、GSH-Px和T-AOC的活性显著低于（$P<0.05$）对照组，MDA的浓度显著高于（$P<0.05$）对照组，但AFB_1组和AFB_1+ZEA之间无显著差异，表明AFB_1联合OTA对奶牛抗氧化能力的影响比AFB_1和ZEA更为严重。除了T-AOC，所有抗氧化指标均受采样时间的影响，并且受处理和采样时间的交互影响。

表6 AFB_1、OTA和ZEA对奶山羊SOD、T-AOC、GSH-Px活性和MDA浓度的影响

项目	处理					SEM	P值		
	C	A	AO	AZ	AOZ		处理	采样时间	处理×采样时间
SOD（U/mL）	125.31[a]	120.04[ab]	114.89[bc]	118.42[ab]	108.69[c]	1.56	0.01	<0.01	<0.01
GSH-Px（U/mL）	495.44[a]	411.96[ab]	353.77[bc]	379.84[abc]	268.43[c]	24.39	0.02	<0.01	0.09
T-AOC（U/mL）	4.63[a]	4.42[ab]	4.06[ab]	4.17[ab]	3.83[b]	0.09	0.08	0.86	0.77
MDA（mmol/mL）	7.16[c]	7.44[bc]	7.84[ab]	7.62[bc]	8.32[a]	0.1	<0.01	<0.01	<0.01

AFB_1，黄曲霉毒素B_1；OTA，赭曲霉毒素A；ZEA，玉米赤霉烯酮；SEM，平均标准误；SOD，超氧化物歧化酶；T-AOC，总抗氧化能力；GSH-Px，谷胱甘肽过氧化物酶；MDA，丙二醛。

C表示对照组，没有添加任何霉菌毒素；A表示添加AFB_1；AO表示添加AFB_1和OTA的混合物；AZ表示添加AFB_1和ZEA的混合物；AOZ表示添加AFB_1，OTA和ZEA的混合物。

[a,b,c]表示在一行中不同的上标有显著差异（$P<0.05$）

四、讨论

1. 霉菌毒素对动物表型的影响

乳制品工业在全世界人类营养中占据了重要地位。饲料中霉菌毒素对泌乳动物的机体和产奶性能等有很大的损伤，最终造成严重的经济损失。因此，控制食品和饲料中的毒素污染是奶业发展迫切需要解决的问题。因为饲料中含有多种霉菌毒素，因此研究特定的霉菌毒素组合对奶牛的健康和生产力的影响有着重要的意义。

本研究发现，与其他组相比，AFB_1+OTA+ZEA 组的干物质采食量显著降低，表明 3 种霉菌毒素的联合作用与单独 AFB_1 或者 AFB_1 与 OTA 或 ZEA 的两种联合，对奶山羊有较大的不利影响。以往没有研究发现这 3 种毒素的联合对反刍动物有影响。Battacone 等（2003）研究发现给泌乳母羊饲喂 32μg/kg，64μg/kg 或 128μg/kg AFB_1 对干物质采食量没有显著影响。同样，给奶牛饲喂 500mg/kg ZEA（1986），或者给绵羊饲喂 3. 5mg/kg OTA 时，均对干物质采食量无显著影响（Höhler 等，1999）。然而，Kiyothong 等（1982）发现被毒素污染的 TMR（38μg/kg AFB_1，541μg/kg ZEA，501μg/kg OTA，270μg/kg T2 toxin（T2），720μg/kg DON，701μg/kg FB_1）显著降低了奶牛的干物质采食量，表明尽管单独霉菌毒素的剂量相对较低，但多种霉菌毒素的联合比单一霉菌毒素的有害作用更强。本研究的数据表明，与先前的研究相比，AFB_1、OTA 和 ZEA 的组合对干物质采食量的影响有加和效应。

许多研究发现，动物的产奶量随采食量的减少而降低（Mcgrew 等，1982；Pirestani 和 Toghyani，2010）。本研究结果也发现了相似的规律，即 AFB_1+OTA 和 AFB_1+OTA+ZEA 组的干物质采食量和产奶量与其他组相比均有所下降。以前没有研究过 AFB_1 与 OTA 和/或 ZEA 联合喂养对奶山羊产奶量的影响。然而，Applebaum 等（1982）发现饲喂 13mg/kg 不纯的 AF 与饲喂纯的 AF 相比，奶牛的产奶量显著降低，表明多个霉菌毒素在乳制品生产中可能比单一霉菌毒素具有更大的影响。越来越多的研究表明，牛奶产量的减少可能是由于饲料中多种霉菌毒素造成的。例如，Kiyothon 等（2012）发现，饲喂奶牛被霉菌毒素污染的 TMR 日粮（38μg/kg AFB_1，541μg/kg ZEA，501μg/kg OTA，270μg/kg T2，720μg/kg DON 和 701μg/kg FB_1），产奶量明显降低。Ogido 等（2004）的研究结果也发现，一些霉菌毒素在动物饲料中同时存在时，其毒性因协同或加和作用而增强。相比于 AFB_1 和 ZEA，饲喂奶山羊 AFB_1 和 OTA，其产奶量降低，这可能与同一种属真菌产生的 AFB_1 和 OTA 量有关。由同一种属真菌或同一家族产生的相似结构的霉菌毒素可能发挥加和作用（Speijers 和 Speijers，2004）。本研究建议未来应该着重探索 AFB_1 和 OTA，AFB_1 和 ZEA 之间的相互作用。

本研究发现，霉菌毒素对体重和体增重的影响较小，以往给小母牛饲喂 AF 和伏马毒素混合污染饲料得到了同样的结果（Abeni 等，2014），这可能是由于每组日粮的蛋白和能量水平均一致。

2. 霉菌毒素对血液学指标的影响

霉菌毒素联合对血液指标最显著的影响是降低了 WBC，提高了 RBC、MCV、MCH

和 MPV，许多研究者都报道过这种不利影响。Abeni 等（2014）研究表明，AFB_1 和伏马毒素联合作用降低了 RBC 和 MCH，增加了 MCV 和 HGB，同时 Danicke 等（2017）发现 ZEA 和 DON 联合对血液也有负面的影响。然而，AFB_1 联合 OTA 或者 ZEA 对反刍动物血液指数的影响还未见报道。本研究发现，AFB_1+ZEA 组与 AFB_1 组相比，WBC 增加，而 RBC、MCV 和 MCHC 降低，同时 AFB_1 组和 AFB_1+OTA 组间无显著差异。Battacone 等（2003）也发现饲喂 32μg、64μg、128μg 纯 AFB_1/kg 干物质时，奶山羊的血液指标没有显著影响，Müller（1995）发现反刍动物对饲料中赭曲霉毒素降解率可达 5~12mg/kg。因此，低浓度的 AFB_1 与低浓度的 OTA 联合对奶山羊的血液参数没有影响。

3. 霉菌毒素对血清生化指标的影响

当肝细胞受损或细胞膜通透性增加时，ALT、AST、ALP 和 TBIL 大量释放到血液中，从而检测到较高的酶活性（Ozer 等，2008）。在本研究中，AFB_1 组和对照组间血清生化指标无显著差异。Battacone 等（2003）的研究结果也发现了这一规律，表明 AFB_1 单独添加并没有损伤肝细胞。

在本研究中，在 AFB_1+OTA 组 AST 的活性显著高于对照组，并且 AFB_1 和 AFB_1+ZEA 组的值介于 AFB_1+OTA 组和 AST 组的中间。其他肝酶（ALT 和 AST）的活性在 AFB_1+ZEA 组和对照组间无显著差异，表明 AFB_1+OTA 组造成的肝损伤比 AFB_1+ZEA 组大。而血清 ALT、AST、ALP 和 TBIL 值在 AFB_1+OTA 组中显著高于 AFB_1+ZEA 组，表明 AFB_1 与 OTA 联合比 AFB_1 与 ZEA 联合造成的肝损伤大。出现这种结果的可能原因是 AFB_1 和 OTA 是由相同的种属真菌产生的。Speijers 等（2004）报道了同一种属产生的霉菌毒素可能对肝脏有加和作用。另外，Prabu 等（2013）在兔子上的研究发现 AFB_1 和 OTA 对肝脏损害的加和作用。相反，Sun 等（2014）发现 2.5mg AFB_1/kg bw 和 5.0mg ZEA/kg bw 对小鼠的碱性磷酸酶活性有拮抗作用。

添加混合霉菌毒素增加了血清 ALT、AST 和 ALP，降低了 TBIL，在以前的许多研究中都没有发现肝脏有不良反应。然而，Shreeve 等（1979）的研究结果与本研究结果一致。他们发现，采食 AFB_1+OTA 污染的饲料与 AFB_1+ZEA 组相比，AFM_1 在组织中的平均浓度至少高 2 倍，因此对肾脏有更严重的影响。另外，Prabu 等（2013）曾经报道，AFB_1 与 OTA 的联合对兔子的肝损伤比 AFB_1 或 OTA 单独添加高很多。因此，AFB_1、OTA 和 ZEA 的联合作用可能在肝损伤上具有加和及协同作用，能够增加血清 AST、ALT、ALP 的活性以及 TBIL 的浓度。

4. 霉菌毒素对免疫功能的影响

AFB_1+OTA+ZEA 组中血清 IgA 浓度的降低和 IL-6 浓度的增加，表明 AFB_1、OTA 和 ZEA 对于抑制免疫功能有加和及协同作用。以往有研究发现霉菌毒素能够造成肝中毒，并且肝脏疾病能够增加血清中 IgA 的浓度（2004）。Whitlow 和 Hagler（35）的研究结果与本研究一致，他们发现霉菌毒素抑制了奶牛的免疫功能。Korosteleva 等（2007）发现饲喂奶牛含有镰刀菌（伏马毒素和 DON）的日粮能够导致血清中 IgA 的降低。Kiyothong 等（2012）研究表明饲喂奶牛自然污染的 TMR 日粮（包括 38μg/kg AFB_1，270μg/kg T-2，720mg/kg DON，701mg/kg FB_1，541mg/kg ZEA，and 501mg/kg

OTA），瘤胃和免疫功能均会受到负面的影响。

饲喂大鼠 AFB_1 和 OTA，血清中 IL-4 和 H_2O_2有所增加，而 IL-10 有所降低，这一结果表明免疫功能可能受到了一定的损伤（2003）。相反，本研究结果显示，AFB_1+ZEA 组与 AFB_1+OTA 组相比，血清中 IgA 浓度降低，IL-6 浓度升高，表明 AFB_1+OTA 组中奶山羊的免疫损伤比 AFB_1+ZEA 组大。Verma 等（2012）的结果与本研究一致，他们发现饲喂 OTA 含量较高精料的日粮时（2mg/kg 和 4mg/kg），AF 和 OTA 的结合显著降低了细胞介导的免疫和血凝滴度，并导致肉鸡的免疫应答严重降低。Gao 等（2016）也发现了相似的结果，他们在Caco-2细胞中证明了这一点，AFM_1 和 OTA 具有协同或拮抗作用，取决于低浓度或高浓度，而 AFB_1 和 ZEA 之间的拮抗作用发生在所有浓度下，表明前者的组合更具细胞毒性。

5. 霉菌毒素对抗氧化能力的影响

霉菌毒素的毒性机制包括脂质过氧化引起的氧化应激和肝损伤，以及自由基的产生，这些自由基能够攻击膜磷脂的不饱和键并损伤肝细胞膜（2004）。霉菌毒素饲喂后产生的反应性自由基能抵抗肝脏中的抗氧化防御作用，引起细胞损伤，导致血清 SOD 和 GSH-Px 活性降低，MDA 含量增加（Soyöz 等，2004）。Shen 等（1994）发现 1mg/kg bw AFB_1 能够引起大鼠肝脏的脂质过氧化，以及 MDA 浓度的增加。另外，Soyöz 等（2004）报道了每日饲喂 289μg/kg OTA，脂质过氧化水平升高，血清中 SOD 的活性降低。以往的研究结果表明，霉菌毒素降低了 SOD 和 GSH-Px 的活性、T-AOC 含量，以及增加了血清中 MDA 浓度。这些结果与霉菌毒素诱导的氧化损伤是一致的，这是通过更强的脂质过氧化和肝脏损伤引起的。AFB_1+OTA 组和 AFB_1+OTA+ZEA 组中 ALT、AST、ALP 和 TBIL 增加，SOD、GSHPx 和 TAOC 的活性降低，并且 MDA 浓度也增加，这些结果表明 3 种霉菌毒素的联合作用能够引起脂质氧化和肝损伤。

本研究发现，AFB_1+OTA+ZEA 组与其他组相比，奶山羊的 SOD 和 GSH-Px 活性和 T-AOC含量降低，MDA 浓度升高。这些结果表明 AFB_1、OTA 和 ZEA 的联合作用能够协同影响奶山羊的抗氧化能力。以前在Caco-2上的研究也曾经证实过这一观点（Gao 等，2016）。另外，Girish 和 Smith（2008）发现多种霉菌毒素之间复杂的相互作用可引起严重的氧化应激。Jiang 等（2014）发现，自然污染的霉菌毒素（AF，102.08mg/kg；ZEA，281.92mg/kg；fumonisin，5 874.38mg/kg；DON，2 038.96mg/kg）能够诱导肉仔鸡的氧化应激。

与对照组相比，单独饲喂 AFB_1+OTA 的奶山羊血清 SOD、GSH-Px、T-AOC 活性较低，丙二醛含量较高，但单独饲喂 AFB_1 组和 AFB_1+ZEA 组的奶山羊之间差异不显著，提示了 AFB_1+OTA 对奶牛抗氧化水平的影响比 AFB_1+ZEA 更严重。以往在新西兰大白兔的研究中发现，日粮中添加 AFB_1 和 OTA 显著降低了 SOD 活性，并提高了 MDA 水平（Prabu 等，2013）。Lei 等（2013）发现 ZEA 改善了 AFB_1 诱导的细胞凋亡，并且低水平的 AFB_1 对 ZEA 具有拮抗作用。

五、结论

综上所述，将 AFB_1、OTA 和 ZEA 联合应用于奶山羊，对干物质采食量、产奶量、血液代谢、免疫功能和抗氧化状态的影响最大。AFB_1+OTA 联合对机体的影响次之，而 AFB_1+ZEA 联合对机体的影响较小。因此，本研究可以为控制 AFB_1、OTA 和/或 ZEA 对饲料的污染，以及对乳制品生产和动物健康的影响提供指导。未来应该研究预防霉菌毒素污染的措施，以避免饲料中同时存在 AFB_1、OTA 和 ZEA 污染，从而限制动物接触这些高毒性的霉菌毒素，保护动物和人类健康。

参考文献

Abeni F, Migliorati L, Terzano G M, et al, 2014. Effects of two different blends of naturally mycotoxin-contaminated maize meal on growth and metabolic profile in replacement heifers [J]. Animal: an International Journal of Animal Bioscience, 8 (10): 1667-1676.

Andretta I, Lovatto P A, Lanferdini E, et al, 2010. Feeding of prepubertal gilts with diets containing aflatoxins or zearalenone [J]. Archivos De Zootecnia, 59 (225): 123-30.

Applebaum R S, Brackett R E, Wiseman D W, et al, 1982. Responses of dairy cows to dietary aflatoxin: feed intake and yield, toxin content, and quality of milk of cows treated with pure and impure aflatoxin [J]. Journal of Dairy Science, 65 (8): 1503-1508.

Battacone G, Nudda A, Cannas A, et al, 2003. Excretion of aflatoxin M_1 in milk of dairy ewes treated with different doses of aflatoxin B [J]. Journal of Dairy Science, 86 (8): 2667-2675.

Chen XY, 2011. Mycotoxin Contamination of Feed Raw Materials and Compound Feed in some Provinces and Cities of China in 2009-2010 [J]. Zhejiang Journal of Animinal Science and Veterinary Medicine, 036 (002): 7-9.

Dänicke S, Winkler J, Meyer U, et al, 2017. Haematological, clinical-chemical and immunological consequences of feeding Fusarium toxin contaminated diets to early lactating dairy cows [J]. Mycotoxin Research, 33 (1): 1-13.

Gao Y N, Wang J Q, Li S L, et al, 2016. Aflatoxin M_1 cytotoxicity against human intestinal Caco-2cells is enhanced in the presence of other mycotoxins [J]. Food & Chemical Toxicology, 96: 79-89.

Ge B, Zhao K, Wang W, et al, 2011. Determination of 14 mycotoxins in Chinese herbs by liquid chromatography-tandem mass spectrometry with immunoaffinity purification [J]. Chinese Journal of Chromatography, 29 (6): 495-500.

Girish C, Smith T, 2008. Impact of feed-borne mycotoxins on avian cell-mediated and humoral immune responses [J]. World Mycotoxin Journal, 1 (2): 105-121.

Gowda N K S, Suganthi R U, Malathi V, et al, 2007. Efficacy of heat treatment and sun drying of aflatoxin-contaminated feed for reducing the harmful biological effects in sheep [J]. Animinal Feed Science & Technology, 133 (1-2): 167-75.

Harvey R B, Huff W E, Kubena L F, et al, 1989. Evaluation of diets contaminated with aflatoxin and ochratoxin fed to growing pigs [J]. American Journal of Veterinary Research, 50 (8): 1400-1405.

Höhler D, Südekum K H, Wolffram S, et al, 1999. Metabolism and excretion of ochratoxin A fed to sheep [J]. Journal of Animal Science, 77 (5): 1217-1223.

Huff W E, Doerr J A, 1981. Synergism between aflatoxin and ochratoxin A in broiler chickens [J]. Poultry Science, 60 (3): 550-505.

Jia R, Ma Q G, Fan Y, et al, 2016. The toxic effects of combined aflatoxins and zearalenone in naturally contaminated diets on laying performance, egg quality and mycotoxins residues in eggs of layers and the protective effect of Bacillus subtilis, biodegradation product [J]. Food & Chemical Toxicology An International Journal Published for the British Industrial Biological Research Association, 90: 142-150.

Jiang S Z, Li Z, Wang G Y, et al, 2014. Effects of Fusarium mycotoxins with yeast cell wall absorbent on hematology, serum biochemistry, and oxidative stress in broiler chickens [J]. The Journal of Applied Poultry Research, 23 (2): 165-173.

Jovaišienė J, Bakutis B, Baliukonienė V, et al, 2016. Fusarium and Aspergillus mycotoxins effects on dairy cow health, perfor-mance and the efficacy of anti-mycotoxin additive [J]. Polish Journal of Veterinary Sciences, 19 (1):

79-87.

Kiyothong K, Rowlinson P, Wanapat M, et al, 2012. Effect of mycotoxin deactivator product supplementation on dairy cows [J]. Animal Production Science, 52 (9): 832-841.

Korosteleva S N, Smith T K, Boermans H J, 2007. Effects of feedborne Fusarium mycotoxins on the performance, metabolism, and immunity of dairy cows [J]. Journal of Dairy Science, 90 (8): 3867-3873.

Kourousekos G D, Theodosiadou E, Belibasaki S, et al, 2012. Effects of aflatoxin B_1 administration on Greek indigenous goats' milk [J]. International Dairy Journal, 24 (2): 123-129.

Lei M Y, Zhang N, Qi D S, 2013. *In vitro* investigation of individual and combined cytotoxic effects of aflatoxin B_1 and other selected mycotoxins on the cell line porcine kidney 15 [J]. Experimental & Toxicologic Pathology, 65 (7-8): 1149-1157.

Huang S, Zheng N, Fan C Y, et al. Effects of aflatoxin B_1 combined with ochratoxin A and/or zearalenone on metabolism, immune function, and antioxidant status in lactating dairy goats [J]. Asian Australasian Journal of Animal Sciences, 31 (4): 505-513.

Maklad Y A, Nosseir M M, 1999. Biological and histopathological profile of the toxic effects induced by aflatoxin B 1 and ochratoxin A on rat liver and kidney [J]. Scientia Pharmaceutica, 67 (4): 209-226.

Mcgrew P B, Barnhart H M, Mertens D R, et al, 1982. Some effects of phenobarbital dosing of dairy cattle on aflatoxin m1 and fat in milk [J]. Journal of Dairy Science, 65 (7): 1227-1233.

Mikami O, Yamamoto S, Yamanaka N, et al, 2004. Porcine hepatocyte apoptosis and reduction of albumin secretion induced by deoxynivalenol [J]. Toxicology, 204 (2-3): 241-249.

Mueller K, 1995. Influence of feeding and other factors on the turn-over of ochratoxin A in rumen liquor *in vitro* and *in vivo* [D]. Promotionsschrift, Universität Hohenheim.

National Health and Family Planning of People S Republic of China N. City, 2011. China: Food Safety National Standard for Maxi mum Levels of Mycotoxins in Food [S]. GB 2761-2011. p. 9.

National Research Council (NRC), 2007. Nutrient requirements of small ruminants: sheep, goats. 6th edition, Cervids, and New World Camelids [S]. Washington, DC: National Academy Press.

Ogido R, Oliveira C A F, Ledoux D R, et al, 2004. Effects of prolonged administration of aflatoxin B_1 and fumonisin B_1 in laying Japanese quail [J]. Poult Science, 83 (12): 1953-1958.

Ozer J, Ratner M, Shaw M, et al, 2008. The current state of serum biomarkers of hepatotoxicity [J]. Toxicology, 245 (3): 194-205.

Pirestani A, Toghyani M, 2010. The effect of aflatoxin levels on milk production, reproduction and lameness in high production Holstein cows [J]. African Journal of Biotechnology, 9 (46): 7905-7908.

Prabu P, Dwivedi P, Sharma A K, 2013. Toxicopathological studies on the effects of aflatoxin B_1, ocharatoxin A and their interaction in New Zealand White rabbits [J]. Experimental and toxicologic pathology: official journal of the Gesellschaft fur Toxikologische Pathologie, 65 (3): 277-286.

SAS (Statistical Analysis System) Institute Inc, 2008. Guide for personal computers. 9th edn. Cary, NC, USA: SAS Institute Inc.; .

Shen H M, Shi C Y, Lee H P, et al, 1994. Aflatoxin B_1-induced lipid peroxidation in rat liver [J]. Toxicology & Applied Pharmacology, 127 (1): 145-150.

Shreeve B J, Patterson D S P, Roberts B A, 1979. The 'carry-over' of aflatoxin, ochratoxin and zearalenone from naturally contaminated feed to tissues, urine and milk of dairy cows [J]. Food & Cosmetics Toxicology, 17 (2): 151-152.

Solfrizzo M, Gambacorta L, Visconti A, et al, 2014. Assessment of multi-mycotoxin exposure in Southern Italy by urinary multi-biomarker determination [J]. Toxins, 6 (2): 523-538.

Soyöz M, Özçelik N, Kihnç I, et al, 2004. The effects of ochratoxin A on lipid peroxidation and antioxidant enzymes: a protective role of melatonin [J]. Cell Biology & Toxicology, 20 (4): 213-219.

Speijers G J A, Speijers M H M, 2004. Combined toxic effects of mycotoxins [J]. Toxicology Letters, 153 (1): 91-98.

Sun LH, Lei M Y, Zhang N Y, et al, 2014. Hepatotoxic effects of mycotoxin combinations in mice [J]. Food & Chemical Toxicology An International Journal Published for the British Industrial Biological Research Association, 74: 289-293.

Tapia M O, Seawright A A, 1985. Experimental combined aflatoxin B_1 and ochratoxin A intoxication in pigs [J]. Australian Veterinary Journal, 62 (2): 33-37.

Theumer M G, Lopez A G, Masih D T, et al, 2003. Immunobiological effects of AFB_1 and AFB_1-FB_1 mixture in experimental subchronic mycotoxicoses in rats [J]. Toxicology, 186 (1-2): 159-170.

Tripathi M K, Mondal D, Karim S A, 2008. Growth, haematology, blood constituents and immunological status of lambs fed graded levels of animal feed grade damaged wheat as substitute of maize [J]. Journal of Animinal Physiology and Animinal Nutrition, 92 (1): 75-85.

Verma J, Swain B K, Johri T S, 2012. Effect of aflatoxin and ochratoxin A on biochemical parameters in broiler chickens [J]. Indian Journal of Animinal Nutrition, 29 (1): 104-108.

Weaver G A, Kurtz H J, Behrens J C, et al, 1986. Effect of zearalenone on the fertility of virgin dairy heifers [J]. American Journal of Veterinary Research, 47 (1): 1395-1397.

Whitlow L W, Hagler Jr W M, 2007. Mold and mycotoxin issues in dairy cattle: effects, prevention and treatment [C]. In: Proceedings of the Western Canadian Dairy Seminar 2007; 2007 April 18: Red Deer, AB, Canada: Advances in Dairy Technology; pp. 19.

Winkler J, Kersten S, Meyer U, et al, 2014. Residues of zearalenone (ZEN), deoxynivalenol (DON) and their metabolites in plasma of dairy cows fed Fusarium, contaminated maize and their relationships to performance parameters [J]. Food Chemical Toxicology, 65: 196-204.

用多种生物体液中代谢组学变化揭示黄曲霉毒素 B_1 暴露对奶牛的生物系统反应

目前需要对暴露于霉菌毒素的生物进行系统的研究。在这项研究中，黄曲霉毒素 B_1（AFB_1）对生物流体生物标志物的影响通过代谢组学和生化测试进行了研究。结果表明，牛奶中黄曲霉毒素 M_1 的浓度随 AFB_1 的添加或去除而变化。AFB_1 显著影响血清超氧化物歧化酶（SOD）和丙二醛（MDA）浓度、SOD/MDA 和总抗氧化能力。瘤胃液中挥发性脂肪酸和 NH_3-N 含量存在显著差异。18 种瘤胃液代谢物、11 种血浆代谢物和 9 种牛奶代谢物受到 AFB_1 的显著影响。这些代谢产物主要参与氨基酸代谢途径。我们的试验结果表明，对宏观指标（牛奶成分和产量）的研究很重要，而且在评估霉菌毒素对奶牛构成的风险时应该更多地关注微观指标（生物标志物）。

关键词：黄曲霉毒素 B_1；生物体液；代谢组学；奶牛

一、简介

霉菌毒素污染是农牧业生产中的一个严重问题。20 世纪 60 年代，火鸡某疾病在英国的发生提醒农民注意霉菌毒素（黄曲霉毒素）所构成的巨大危险。随后，类似的发现导致公众越来越多地意识到霉菌毒素作为食物和饲料污染物，可以在人类和动物中引起疾病甚至死亡（Streit 等，2012；Santos 和 Fink-Gremmels，2014；Smith 等，2016）。随着这一领域的研究发展，现在人们认识到饲料的霉菌毒性污染几乎是不可避免的（Sargeant 等，1961）。到目前为止，已经鉴定出数百种霉菌毒素，每年世界粮食生产中超过 25%的粮食受到霉菌毒素的污染。

霉菌毒素可以不同程度地影响动物健康及其产品。第一，动物霉菌毒素暴露的主要表现是采食量减少和体重增加（Fink-Gremmels，2008）。肝脏的解毒代谢在动物对霉菌毒素的抵抗力中起着重要作用，这种解毒代谢可以反映在血液或尿液参数中。几个特定的生化参数可以用来测量这些代谢过程（Santos 和 Fink-Gremmels，2014；Zhang 等，2011；Huang 等，2018）。第二，霉菌毒素影响动物产品的数量。有趣的是，一些研究表明霉菌毒素对产奶量的影响是不一致的（Huang 等，2018；Xiong 等，2015）。第三，影响暴露于霉菌毒素的动物产品的安全性和质量（Santos 和 Fink-Gremmels，2014；Battacone 等，2003；Battacone 等，2005）。许多研究从生物化学和/或动物生产的角度讨论了霉菌毒素对动物的影响。然而，当只研究少量参数时，结果不可避免地会有偏差。为了确保全面了解霉菌毒素的有害影响，这里使用了多层次的研究策略。

黄曲霉毒素主要由曲霉属产生，通常存在于潮湿和温暖环境中的食物和饲料中（Streit 等，2012；Smith 等，2016；Fink-Gremmels，2008）。黄曲霉毒素 B_1（AFB_1）在动物代谢系统中代谢为黄曲霉毒素 M_1（AFM_1）。AFM_1 出现在牛奶中也会增加疾病易感性（Battacone 等，2003；Battacone 等，2005；Fink - Gremmels，2008；Giovati 等，2015）。这两种黄曲霉毒素是研究较多的霉菌毒素。

研究表明，受黄曲霉毒素污染的饲料会影响乳制品反刍动物的乳成分、体重的增加、免疫力和繁殖性能（Xiong 等，2015；Battacone 等，2003；Battacone 等，2005）。然而，一项给泌乳奶牛喂食受 AFB_1 污染的饮食的试验显示，牛奶产量没有明显减少（Battacone 等，2009）。人们认为奶牛对霉菌毒素比单胃家畜更不敏感，因为霉菌毒素很容易被瘤胃微生物降解（Fink-Gremmels，2008；Dänicke 等，2005）。然而，其他一些研究表明瘤胃功能的代谢变化是由霉菌毒素引起的，包括挥发性脂肪酸（VFAs）和 NH_3-N（Santos 和 Fink-Gremmels，2014；Xiong 等，2015）。生物流体的抗氧化能力可以反映身体对各种应激源的自然反应。受黄曲霉毒素污染的日粮降低了血液中超氧化物歧化酶（SOD）的活性，并增加了肉鸡血液中的丙二醛（MDA）水平，而添加蒙脱石则增加了血液中 SOD 的活性并降低了 MDA 的水平（Shi 等，2006）。使用多种霉菌毒素的奶山羊血清中表现出较低的 SOD 和总抗氧化能力（T-AOC）和较高的 MDA 浓度（Huang 等，2018）。这些数据表明霉菌毒素极大地影响了动物的整体抗氧化能力（Santos 和 Fink-Gremmels，2014）。然而，目前对泌乳反刍动物中黄曲霉毒素的研究一直是基础的和基于生物化学的，只关注一个或几个指标（Xiong 等，2015；Fink-Gremmels，2008；Dänicke 等，2005），仅对少数生化参数的分析提供了有限的信息，并且仅允许得出简单的代谢推断。这些限制在反刍动物研究中最为明显。因此，迫切需要对多胃食草动物（如奶牛）对霉菌毒素暴露的反应所涉及的整体代谢机制进行研究（Zhang 等，2011；Cheng 等，2017）。

代谢组学是一种识别和量化代谢物的系统方法，这些代谢物直接反映机体对内源性或外源性变化的系统反应（Nicholson 和 Wilson，2003）。核磁共振（NMR）谱学表明，哺乳期第一个月牛奶中甘油磷酸胆碱与磷酸胆碱的比率可用于确定酮病的预后（Klein 等，2012）。液相色谱-质谱（LC-MS）和 NMR 分析鉴定了牛奶中热应激的 53 个诊断生物标志物（Tian 等，2015）。这些研究表明，牛奶中存在的代谢物浓度可以反映奶牛在各种情况下的表现，这样不仅可以通过测量分泌生物液体中各种代谢物的水平来评价乳制品的质量，而且还可以确定奶牛的生理或病理条件（Zhang 等，2011；Cheng 等，2017；Toda 等，2017）。这些方法也被用于霉菌毒素的研究。

事实上，AFB_1 参与并影响许多生理和生化过程（Fink-Gremmels，2008；Kiessling，1986）。黄曲霉毒素 B_1 暴露可改变奶山羊的脂质氧化，以及碳水化合物和氨基酸代谢（Cheng 等，2017）。研究表明，这些过程可能需要肝脏中细胞色素 P450 的参与（Mishra 和 Das，2003）。谷胱甘肽 S-转移酶系统是动物体内诱导 AFB_1 解毒的重要代谢途径（Mcallan 和 Smith，1973）。AFB_1 暴露可以改变各种代谢途径，包括糖原分解和糖酵解过程中的碳水化合物代谢（Kiessling，1986），黄曲霉毒素 B_1 与 DNA 结合后影响磷脂代谢的过程（Hsieh，1989），以及氨基酸运输（Mcallan 和 Smith，1973）。基于 NMR 的代谢组学分析快速且可重复性好，因此被广泛用于混合霉菌毒素（De Pascali 等，2017），单一霉菌毒素（赭曲霉毒素 A）（Xia 等，2014）和脱氧雪腐镰刀菌烯醇（Hopton 等，2010）的毒理学研究。基于 NMR 和模式识别，研究人员发现 α-萘基异硫氰酸酯改变了能量代谢，其特征是血浆酮体增加，并导致各种代谢途径的改变，包括高脂血症和高血糖（Waters 等，2001）。这些研究表明，血液、牛奶、尿液和组织样本（肝、肾等）是毒理学的重要研究对象。然而，来自单一来源的样品只能解释其来源的单方面代谢状态。因此，必须从不同来源获取样本，以便解释多个、同时的全身代谢效应，以及暴露于 AFB_1 导致不同器官和组织中代谢过程的变化（Zhang 等，2011）。来自不同生物流体或组织样本的数据的整合可在全球系统内对毒性反应进行系统分析（Zhang 等，2011；Waters 等，2001）。

AFB_1 通常存在于反刍动物饲料中，可导致全身多种毒理效应（Streit 等，2012；Santos 和 Fink-Gremmels，2014；Smith 等，2016）。AFB_1 的研究需要同时考虑多个样本和多种方法。由于 AFB_1 对动物健康、产品安全和人类健康构成潜在的风险，因此饲料中允许的最大浓度是有限的。在中国，国家卫生标准将饲料中的 AFB_1 限制在 20μg/kg 浓度范围内（GAQSIQ，2017）。为了了解生物系统对不同水平 AFB_1 暴露的响应，我们利用 ^{1}HNMR 和基本生化测试分析了奶牛多种生物基质（瘤胃液、血液和牛奶）中的代谢变化。

二、材料方法

1. 动物选择和样品制备

动物议定书（协议号：IAS15020；批准日期：20150716）由中国农业科学院动物科学研究所动物保护和使用委员会批准。试验在宁夏贺兰中华奶牛场（中国宁夏）进行。试验包括在饲料中添加 AFB_1，为期 7d，然后代谢 7d。共使用了 24 头泌乳后期（泌乳长度：283d±22d；产奶量：21. 1kg/d±2. 6kg/d；胎次：2. 5~3. 5 次）且遗传背景相似的经产荷斯坦奶牛。全混日粮（TMR）的制定是为了满足中国“奶牛饲养标准”（MOA，2004）所规定的奶牛的营养需求。基础 TMR 中的浓度为 20μg/kg 或 40μg/kg AFB_1，参照动物饲料国家卫生标准规定的限制来确定（GAQSIQ，2017）。

将奶牛分成 3 组（n=8）。对照组奶牛饲喂不含 AFB_1 的无污染 TMR。在 AFB20 组中，奶牛饲喂与对照组相同的日粮，但在 TMR 中添加 20μg/kg AFB_1（溶于甲醇）。AFB40 组奶牛饲喂与对照组相同的日粮，但在 TMR 中添加 40μg/kg AFB_1。每日喂养时间分别为 00:30，08:30，16:30。每天采样 3 次牛奶样品（在 00:00，08:00 和 16:00），并记录在整个试验期内的每一次产奶量。

2. 试验方法和样品收集

在 AFB_1 饲喂和清除期间，每天称量饲料和剩余饲料并取样，然后在 65℃下干燥 72h，然后在-20℃中储存以供以后分析。对饲料营养物质和矿物质离子的分析表明，其主要成分包括粗蛋白、脂肪、钙、磷、灰分、非纤维碳水化合物和中性洗涤剂纤维。

每天采样 3 次（08:00，16:00 和 00:00），分别记录整个试验期内每个采样时间和每天的产奶量。然后将每天来自每头奶牛的牛奶样品完全混合，并从其中采集 3 个平行样品（每个约 50mL）。将溴诺醇防腐剂（Broad Spectrum Microtabs II D&F Control System Inc.，Dublin，CA，USA）添加到 1 份牛奶样品中，然后将其送到检测中心（中国宁夏奶牛场改良）以分析乳脂、乳蛋白、乳糖、总固形物、尿素和体细胞计数（SCC），使用 CombiFoss™FT+仪器（Foss Electric，Hillerød，Denmark），根据公式计算 3.5%脂肪校正乳产率的值：FCM =（0.4324×产奶量）+（16.218×乳脂）。能量校正乳（Ecm）值根据公式计算：Ecm=（[产奶量×0.383%乳脂] +0.242%乳蛋白+0.7832）/3.1138。其余两组样品保存在-70℃直到分析。

在第 7d 挤奶后从左颈静脉采集血液样本，使用带盖的采样管（含或不含抗凝剂）。样品在 4℃离心前静置 1.5h，在3 000×*g*离心 20min，分离血清，在-70℃冷冻后进行分析。用自动分析仪（Hitachi Hiqh-Technologies Corp.，Tokyo，Japan）和比色商业试剂盒（DiaSys Diagnostics Systems GmbH，Holzheim，Germany）分析血清样品的常规生化参数，包括丙氨酸氨基转移酶（ALT）、天冬氨酸氨基转移酶、γ-谷氨酰转肽酶、碱性磷酸酶、总蛋白、白蛋白、球蛋白、白蛋白/球蛋白比值（A/G）、尿素、肌酐、尿酸、总胆红素、直接胆红素、间接胆红素、甘油三酯和总胆固醇。另一组血清样本被送往北京 CIC 临床实验室（中国北京）进行免疫和抗氧化指标的测定。免疫球蛋白 M（IgM）、免疫球蛋白 A（IgA）和免疫球蛋白 G（IgG）的浓度用牛免疫球蛋白的 ELISA 试剂盒（上海美联生物技术公司，上海，中国）测定。用于测定 T-AOC、SOD 活性、谷胱甘肽过氧化物酶（GSH-Px）和 MDA 水平的方法已经在以前的研究中报道过（Huang 等，2018；Xiong 等，2015）。

在第 7d 早上饲喂后约 1h 用口服胃管收集瘤胃液。从管中流出的第一个 50～100mL 液体被丢弃以避免唾液污染，并且在每头牛取样后用不同的水冲洗口腔胃管 2 次（Shen 等，2012）。

3. 牛奶中^{1}HNMR 分析

D_2O 和 $CDCl_3$ 购自美国剑桥同位素实验室公司（Tewksbury，MA，USA）。3-(三甲基硅基）丙酸-2,2,3,3-D4-丙酸钠盐购自 Merck Canada Inc.（Kirkland，QC，Canada）。高效液相色谱（HPLC）级甲醇、甲基叔丁基醚、水、甲酸和甲酸铵购自默克（Darmstadt，Germany）。

在 NMR 分析时，在 AFB_1 处理期的第 7d 采集的 24 个牛奶样品在室温下解冻。为了去除乳脂，将牛奶样品进行均质和离心。将牛奶（500μL）与 170μL 的氧化氘（D_2O）混合，然后在 4℃下以 12 000×*g* 离心 10min，将上清液（500μL）转移到 5mm NMR 样品管中。所有的核磁共振光谱都是用 Bruker Avance III 600 光谱仪获得和记录的，在 600.13MHz 的 1H 频率工作，并配备了超低温探针（Bruker BioSpin GmbH，Rheinstetten，Germany）。实验参数为：光谱宽度，12 000Hz；等待时间，2s；混合时间，100ms；取样数，32K。使用 Bruker Topspin3.0 软件（Bruker GmbH，Karlsruhe，Germany）手动分阶段，基线校正，并参考三甲基硅丙酸（CH_3，δ0.00）。用 AMix 3.9.13（Bruker，Biospin，Italy）目测 NMR 光谱。最后，使用 2.4Hz 的间隔在 0.50～

9.50mg/kg 的范围内积分核磁共振光谱，并去除水峰（δ5.05~4.75）。

4. 等离子体的^{1}HNMR 光谱分析

在 AFB_1 治疗期的第 7d 收集血液（2mL），并将其放置在肝素化的 Eppendorf 管中。在进行 NMR 测量之前，通过离心分离血浆并将其冷冻。血浆样品在室温下解冻，200μL 血浆样品置于 1.5mL 管中，并加入 400μL 缓冲液（45mM NaH_2PO_4/K_2HPO_4；0.9%NaCl；pH 值 7.4；50% D_2O）。摇匀混合后，离心机离心（4℃，16 099×g，10min）后取 500μL 上清液至 5mm 核磁管，倒置多次，确保混合良好。血浆样品用 Bruker AVIII 600 MHz NMR（质子共振频率 600.13 MHz 和超低温探针）进行^{1}HNMR 检测。使用具有预饱和加压水的 1D Carr-Purcell-Meiom-Gill（CPMG）自旋回波脉冲序列检测每个样品中的小分子代谢物。所收集的所有^{1}HNMR 谱的 FID 信号经受具有 1Hz 加宽因子的指数窗函数，随后进行傅立叶变换以改善信噪比，然后手动进行光谱相位和基线校正，以及所有样品的 NMR 谱图。使用相关软件对 α 光谱进行积分，参数如下：积分间隔为 9.0~0.5mg/kg，积分间隔为 0.002mg/kg，水峰 5.20~4.20mg/kg，去除尿素峰 5.60~6.00mg/kg，将积分数据归一化后的多变量数据归一化。

5. 瘤胃液^{1}HNMR 光谱分析

将瘤胃样品在室温下解冻，并在 10 000×g 下离心 140min，以除去大分子杂质（细饲料颗粒和微生物群）。收集上清液，并使其通过 0.2μm 注射器过滤器（Fischer Scientific，Fairlawn，NJ，USA）。然后将 35μL D_2O 和 15μL 标准缓冲溶液（0.16mM 2，2-二甲基-2-硅戊戊烷-5-磺酸钠，10mM 咪唑和 0.02% NaN_3 的 H_2O 溶液）加到 300μL 乙醇中。过滤瘤胃样品。将这些样品（350μL）转移到标准 Shigemi 微孔 NMR 管中进行 NMR 光谱分析。

将等量试样（500μL）倒入 5mm NMR 管中，并颠倒数次，以确保充分混合。在 Bruker Avance III 600 光谱仪上以 600.13 MHz 采集每个样品的^{1}HNMR 谱图，该谱仪以 600.13 MHz 的 1 H 频率运行，并配备了超低温探针。如关于 MAS NMR 光谱的采集所述，以标准溶剂抑制脉冲序列进行^{1}DNMR。对于每个样品，将 64 个瞬态收集到 64 K 个数据点中，其弛豫延迟为 2s，混合周期为 100ms。使用 9600 Hz 的频谱宽度和 3.41s 的间隔扫描获取时间。使用固定的总自旋-自旋弛豫延迟为 80ms 的一维 CPMG 自旋回波脉冲序列用于测量所有样品的自旋回波^{1}HNMR 谱。NMR 谱通过软件进行积分，使用参数为：积分窗口为 10~0.5mg/kg，间隔为 0.002mg/kg，并且除去了水峰（5.20~4.45mg/kg）。收集完成后，需要对数据进行规范化，然后执行多元数据统计分析。

6. 数据分析

采食量、产奶量、乳成分、血清生化参数、血清抗氧化剂和免疫指标、瘤胃液 VFAS 和 NH_3-N 的数据用 SPSS 统计和后期检验中的重复测量方差分析（IBM SPSS Statistics v19.0，SPSS Inc.，Chicago，IL，USA）。统计模型包括处理作为固定效应，每个处理组内的奶牛作为随机效应。在饲喂期间第 1d 之前的采食量、产奶量和牛奶成分的数据被用作每个变量的统计分析中的协变量。Tukey 被用于确定最小二乘均值之间的显著差异分析。所有具有统计学意义的陈述都是基于 $P<0.05$ 的概率。

使用Simca-P+软件（v11.5，Umetrics AB，Umea，Sweden）对归一化数据进行多变量分析。首先用主成分分析（PCA）分析^{1}HNMR谱，基于平均中心标度来反映总体差异。然后用偏最小二乘判别分析（PLS-DA）和正交偏最小二乘判别分析（OPLS-DA）分析谱图，这两种方法都是监督方法。每个模型的质量由拟合优度参数（R^2）和预测优度参数（Q^2）确定。用OPLS-DA确定代谢物浓度差异的统计学意义和适当的相关系数。

三、结果

1. 采食量、产奶量、乳成分

在整个实验期间，对照组和处理组之间的每日采食量或产奶量没有差异（图1 a，b）。常规乳成分指标也未显示出随处理的变化（$P>0.05$）（表1）。

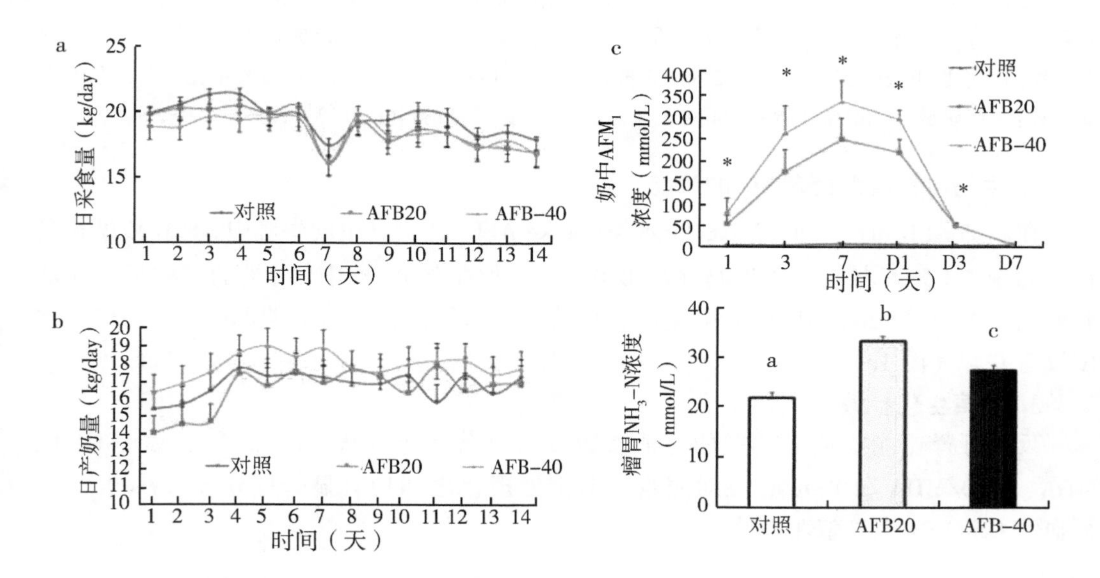

图1　（a）奶牛在添加或清除不同剂量的黄曲霉毒素B_1（AFB_1）期间每日饲料摄入量的变化。（b）在添加或清除不同剂量的AFB_1期间奶牛每日产奶量的变化。（c）在添加或清除不同剂量的AFB_1期间牛奶中黄曲霉毒素M_1（AFM_1）浓度的变化。"＊"代表各组之间的显著差异，x轴表示试验的时间过程。（d）日粮中添加AFB_1对瘤胃NH_3-N浓度的影响

对照组（AFB_1空）；AFB20组（总混合日粮中20μg/kg）；AFB40组（总混合日粮中40μg/kg）。不同上标字母的abc均值差异显著（$P<0.05$），用Tukey's检验确定

表 1　饲喂受 AFB_1 污染日粮的奶牛的乳参数[1]

参数	对照组	AFB20	AFB40	SEM	*P*
日产奶量（kg/day）	17.23	16.94	17.9	5.33	0.29
乳脂肪（%）	4.93	4.50	4.69	0.11	0.32
乳蛋白（%）	4.01	4.13	4.17	0.08	0.48
乳糖（%）	5.08	5.06	5.05	0.06	0.98
总固形物（%）	15.17	14.73	14.97	1.17	0.58
尿素（mg/dl）	33.04	25.79	23.2	5.01	0.73
SCC（cells/mL）[2]	0.27	0.21	0.22	0.05	0.28
FCM（kg）[2]	16.19	17.03	16.54	0.58	0.59
ECM（kg）[2]	7.36	7.67	7.42	0.41	0.85

[1]对照组（无 AFB_1）；AFB20 组（全混日粮中 20μg/kg）；AFB40 组（全混日粮中 40μg/kg）。[2]饲料效率（%），产奶量/DMI（干物质摄入量）；SCC，体细胞数；FCM，3.5%脂肪校正奶。3.5%FCM 产奶量的值按以下公式计算：（0.4324×产奶量）+（16.218×乳脂）；ECM，能量校正乳。ECM 值用公式计算：（产奶量×0.383%乳脂+0.242%乳蛋白+0.7832）/3.1138（Hall 等，2015）

2. 牛奶中黄曲霉毒素 M_1 的浓度

在添加 AFB_1 时，饲喂 20μg/kg 或 40μg/kg AFB_1 污染日粮的牛乳中 AFM_1 浓度在第 1d、3d 和 7d 显著高于对照牛奶（$P<0.05$）。在奶牛停止食用受污染的日粮后，在清除期的第 1d 和第 3d，AFM_1 的浓度仍有显著差异。然而，在清除期的第 7d，AFM_1 浓度没有差异（图 1c）。

3. 血清生化参数

反映肝肾功能或免疫功能的血清参数没有显著差异（表 2）。而血清 SOD 活性、MDA、SOD/MDA 和 T-AOC 在对照组和两个处理组之间均有显著性差异（$P<0.05$），而血清 GSH-Px 无显著性差异（$P>0.05$）。

表 2　AFB_1 污染日粮对奶牛血清生化、抗氧化和免疫指标的影响[1]

参数[2]	对照组	AFB20	AFB40	SEM	*P*
ALT（U/L）	29.75	26	26.38	1.02	0.26
AST（U/L）	72.75	79.14	75.88	3.65	0.8
GGT（U/L）	43.09	38.06	37.84	2.39	0.61
ALP（U/L）	90.31	96.56	68.33	15.83	0.76
TP（g/L）	37.53	41.64	39.3	1.15	0.54
ALB（g/L）	36.44	35.46	36.95	0.62	0.64

（续表）

参数[2]	对照组	AFB20	AFB40	SEM	*P*
GLOB（g/L）	3. 10	3. 03	3. 18	1. 22	0. 42
Urea（mmol/mL）	71. 13	69. 29	65. 5	0. 1	0. 84
CR（μmol/L）	25. 85	40. 86	34. 01	1. 62	0. 35
UA（μmol/L）	11. 05	9. 58	10. 98	3. 37	0. 2
TBil（μmol/L）	2. 28	2. 03	2. 39	0. 57	0. 53
DBil（μmol/L）	8. 78	7. 54	8. 59	0. 09	0. 32
IBiL（μmol/L）	0. 05	0. 05	0. 05	0. 5	0. 59
TG（mmol/mL）	6. 03	6. 60	6. 57	0. 00	0. 83
TC（mmol/mL）	3. 10	3. 03	3. 18	0. 24	0. 56
GSH-PX（U/mL）	760. 5	714. 0	683. 25	37. 8	0. 71
MDA（nmol/mL）	6. 61[a]	10. 74[a]	13. 17[b]	1. 01	0. 02
SOD（U/mL）	113. 03[a]	109. 02[a]	106. 17[b]	1. 04	0. 01
SOD/MDA	18. 49[a]	11. 43[b]	9. 91[b,c]	1. 3	0. 01
T-AOC（U/mL）	0. 74[a]	2. 96[b]	4. 15[b,c]	0. 39	<0. 01
IgG（μg/mL）	13. 12	11. 91	12. 7	1. 03	0. 90
IgA（μg/mL）	59. 43	51. 86	52. 32	2. 87	0. 50
IgM（μg/mL）	22. 4	23. 64	22. 24	1. 24	0. 89

[1]对照组（无 AFB_1）；AFB20 组（全混日粮中 20μg/kg）；AFB40 组（全混日粮中 40μg/kg）。[2] ALT，丙氨酸氨基转移酶；AST，天冬氨酸转氨酶；GGT，γ-谷氨酰转肽酶；ALP，碱性磷酸酶；TP，总蛋白；ALB，白蛋白；GlOB，球蛋白；A/G，白蛋白/球蛋白；CR，肌酐；UA，尿酸；TBil，总胆红素；DBIL，直接胆红素；IBIL，间接胆红素；TG，总甘油三酯。TC，总胆固醇；GSH-Px，谷胱甘肽过氧化物酶；MDA，丙二醛；T-AOC，总抗氧化能力；SOD，超氧化物歧化酶；IgG，免疫球蛋白 G；IgA，免疫球蛋白 A；IgM，免疫球蛋白 M。[3]与处理差异的 F 检验相关的概率。用 Tukey's 检验确定同一行中不同上标字母的[a,b,c]均值有显著差异（$P<0.05$ 或 0. 01）

4. 瘤胃功能

VFAs 和 NH_3-N 的浓度用于检测瘤胃发酵功能和饲料处理对其影响的指标（Hall 等，2015）。我们的数据显示，不同程度的 AFB_1 污染影响了乙酸、丙酸、丁酸、戊酸、异戊酸盐和异丁酸盐的浓度（$P<0.05$）（表 3）。然而，对照组和处理组之间的醋酸盐/丙酸比值没有显著差异。AFB_1 显著提高瘤胃 NH_3-N 浓度（$P<0.05$）。图 1d 显示了由 AFB_1 引起的 NH_3-N 的差异。

表 3　AFB_1 污染日粮对奶牛瘤胃挥发性脂肪酸浓度的影响

参数（μg/mL）	对照组	AFB20	AFB40	SEM	P
醋酸	65.55[a]	62.54[a,b]	53.62[c]	1.63	<0.01
丙酸	22.49[a]	22.75[a,b]	19.09[c]	0.59	0.01
醋酸/丙酸	2.93	2.77	2.81	0.05	0.44
异丁酸	12.73[a]	12.35[b]	9.73[c]	0.48	<0.01
丁酸	1.27[a]	1.44[a,b]	1.08[c]	0.05	0.01
异戊酸	1.39[a]	1.29[a]	0.99[a,b]	0.05	<0.01
戊酸	65.55[a]	62.53[a,b]	53.62[b,c]	1.62	<0.01

[1]对照组（无 AFB_1）；AFB20 组（全混日粮中 20μg/kg）；AFB40 组（全混日粮中 40μg/kg）。用 Tukey's 检验确定同一行中不同上标字母的[abc]值有显著差异（P<0.05 或 0.01）

5. AFB_1 诱导的代谢组学变化

图 2 显示了从对照组、AFB20 和 AFB40 组获得的瘤胃液、血浆和牛奶样品的代表性 600MHz1D NOESY ^{1}H-NMR 谱（δ0.5~5.5 和 δ5.5~9.0）。瘤胃液、血浆和 δ 的归一化核磁共振数据，用 OPLS-DA 分析在匹配时间点来自 AFB_1 处理的和对照动物的牛奶样

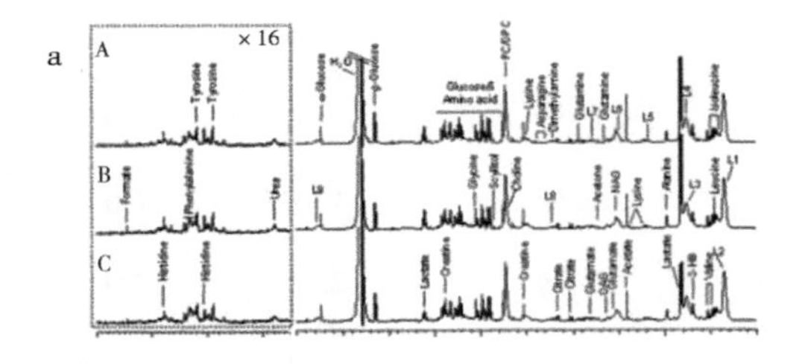

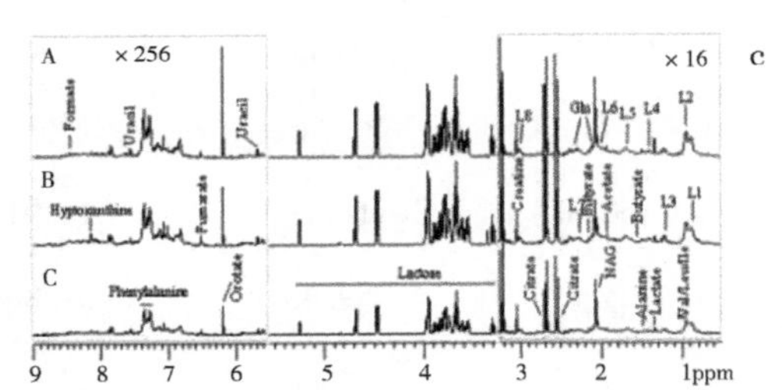

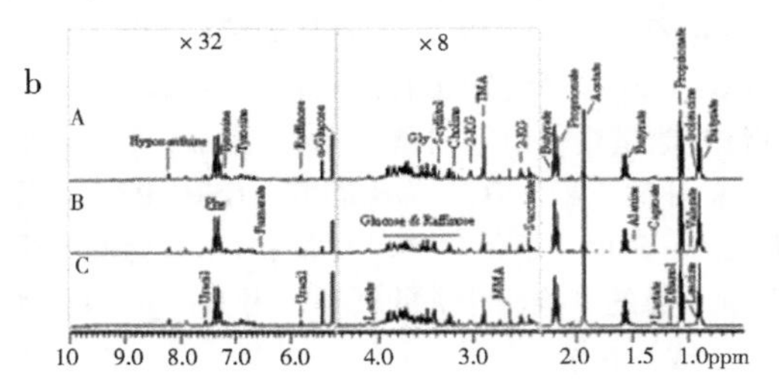

图 2　瘤胃液（a），血浆（b）和牛奶（c）样品的代表性 600MHz1DNOESY ^{1}H-NMR 谱（δ0.5~5.5 和 δ5.5~9.0），样品取自（a）对照组，（b）AFB20 组和（c）AFB40 组

为了清楚起见，δ5.5~9.0 区域相对于相应的 δ0.5~5.5 区域被放大 16 倍。关键字：Glu：葡糖糖；NAG：N-乙酰糖蛋白信号；L1：LDL，CH3-（CH2）n-；L2：VLDL，CH3-（CH2）n-；L3：LDL，CH3-（CH2）n-；L4：VLDL，CH3-（CH2）n-；L5：VLDL，-CH2；L6：脂质，-CH2-CH=CH-；L7：脂质，-CH2-C=O；L8：脂质，=CH-CH2-CH=。

品，用于各个生物基质。R^2和Q^2的值被用作模型质量的初始指标，分别表明模型的拟合优度和可预测性（Zhang 等，2011）。AFB_1 处理引起瘤胃液、血浆、牛奶的^{1}HNMR 谱相对于对照谱的显著变化，以及基于交叉验证的模型参数和替换试验结果的建议。用 OPLS-DA 系数图检测显著改变的代谢物（图 3 至图 5）。与对照相比，AFB_1 处理显著影响瘤胃液中的 19 种代谢物，包括丁酸、乙醇、琥珀酸、苯丙氨酸、乳酸和酪氨酸。在血浆中，AFB_1 处理显著影响 11 种代谢物，包括 4 种脂质，醋酸盐，苯丙氨酸和胆碱。在牛奶中，AFB_1 暴露显著影响 9 种代谢物的水平，包括 5 种脂质、苯丙氨酸和肌酸等。

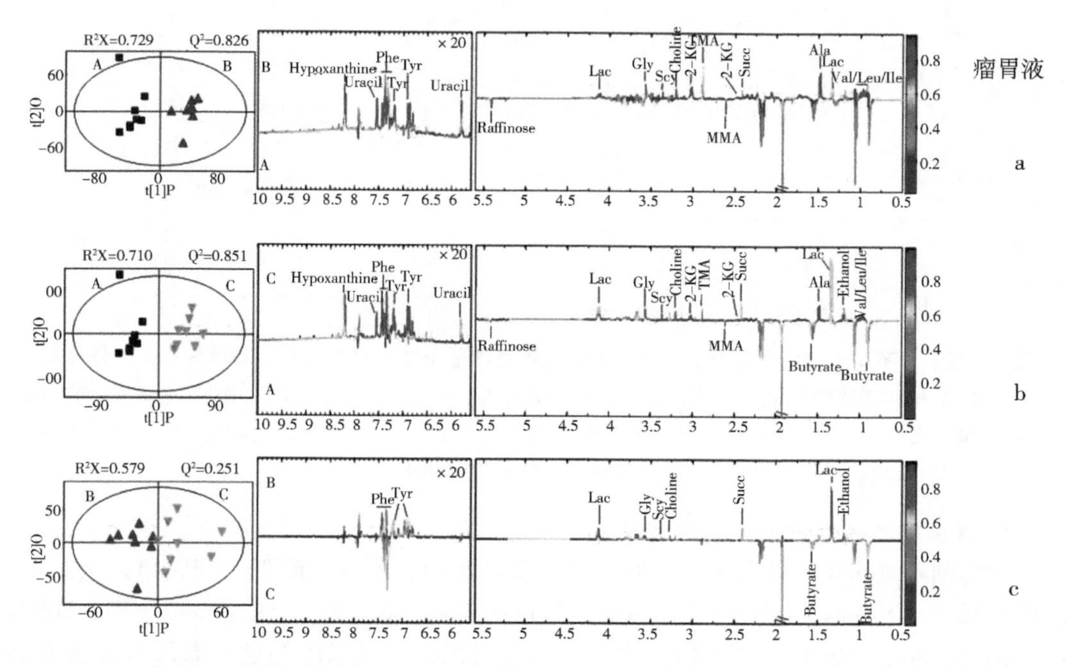

图 3　基于从不同组获得的瘤胃液的^{1}HNMR 谱的正交偏最小二乘判别分析（OPLS-DA）得分图

（a）A 和 B 之间的 PLS-DA 配置文件；（b）A 和 C 之间的 PLS-DA 配置文件；（c）B 和 C 之间的 PLS-DA 配置文件。积分表上的每一分代表一个样本，（a）对照，黑色方块；（b）AFB20 组，深灰色三角形；（c）AFB40 组，浅灰色三角形

四、讨论

随着技术和分析方法的进步，代谢组学已被广泛用于研究体液或组织提取物中的代谢物，并了解响应内部和外部变化的基本生理和生化过程（Zhang 等，2011；Cheng 等，2017；Nicholson 和 Wilson，2003）。基于质谱的代谢组学灵敏地检测低丰度代谢物。然而，由于样品的制备很容易，价格低廉，具有良好的重现性，基于 NMR 的代谢组学已经得到了更广泛的应用（Zhang 等，2011；Cheng 等，2017）。这些优点在动物生产行业中用于评价动物生理学和小分子物质的代谢非常方便，并可以系统地研究黄曲霉毒素的毒理学。

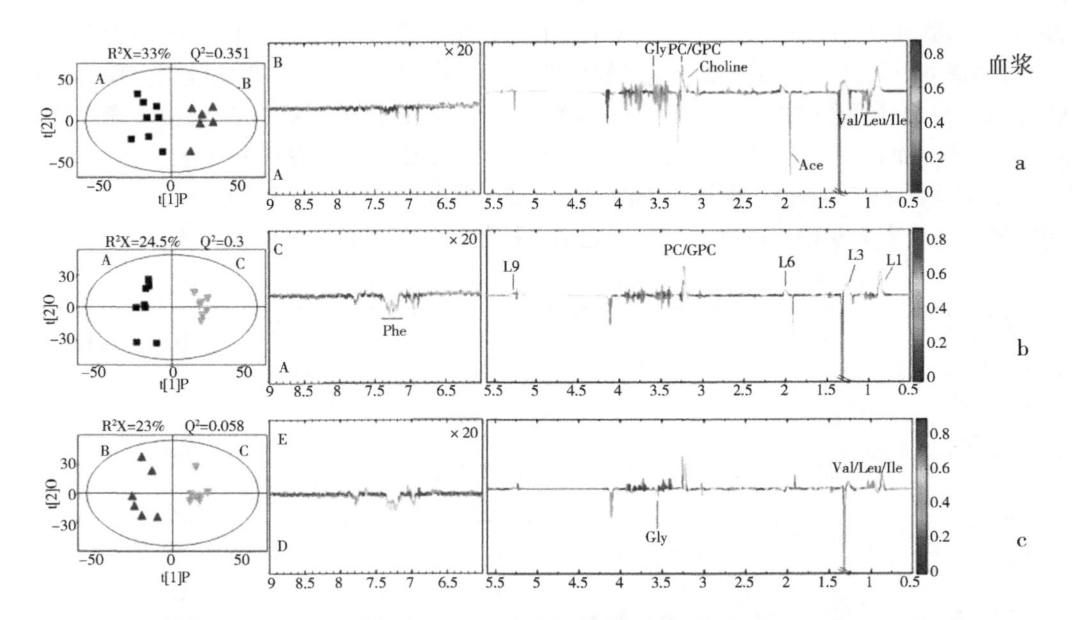

图 4　基于从不同组获得的血浆的[1]HNMR 谱的正交偏最小二乘判别分析（OPLS-DA）分数图

（a）A 和 B 之间的偏最小二乘判别分析（PLS-DA）曲线；（b）A 和 C 之间的 PLS-DA 曲线；（c）B 和 C 之间的 PLS-DA 曲线。得分图表上的每个点表示一个样本，（a）对照，黑色方块；（b）AFB20 组，深灰色三角形；（c）AFB40 组，浅灰色三角形

1. 黄曲霉毒素对产奶性能的影响

被霉菌毒素污染的饮食可以对奶牛产生各种影响，如食欲降低、饲料摄入量减少、产奶量减少（Santos 和 Fink-Gremmels，2014；Xiong 等，2015；Korosteleva 等，2007；Krishna 和 Klotz，1994）。在本研究中，三组之间在采食量或产奶量方面没有显著差异（图 1a，1b）。可能因为 AFB_1 在所用剂量下不影响这些表型指数。反刍动物被认为比单胃动物对霉菌毒素不敏感，这可能是由于瘤胃微生物对霉菌毒素的解毒作用（Santos 和 Fink-Gremmels，2014；Xiong 等，2015；Dänicke 等，2005）。单胃动物，如猪和家禽，易受霉菌毒素的影响（Zain，2011）。然而，在另一项研究中，AFB_1 的消耗并不影响干物质摄入量或产奶量，但它倾向于降低 FCM，减少乳脂产生和乳蛋白浓度（Queiroz 等，2012）。多样化的饲料（通常包括几种类型的饲料）和较大的体重可以帮助奶牛抵抗霉菌毒素（Zain，2011；Mili´cevi´c 等，2010）。本研究中消耗的少量霉菌毒素与较高的总体饲料摄入量相比，可能确保了稀释效应使它们相对无害（Korosteleva 等，2007）。有证据表明，增加牛饲料中的黄曲霉毒素含量（从 0μg/kg，26μg/kg，56.4μg/kg，81.1μg/kg 和 108.5μg/kg 逐步增加浓度）可以剂量依赖性的方式减少饲料摄入量（Choudhary 等，1998）。因此，在本试验中，黄曲霉毒素的摄入量可能是影响采食量的关键因素，在本研究中，日采食量、产奶量和牛奶成分之间没有显著差异可能是由于没有达到毒性效应的阈值（$P>0.05$）。其他霉菌毒素研究也报道了类似的结果（Xiong 等，2015；Korosteleva 等，2007；Queiroz 等，2012）。例如，AFB_1 污染（20μg/kg 或

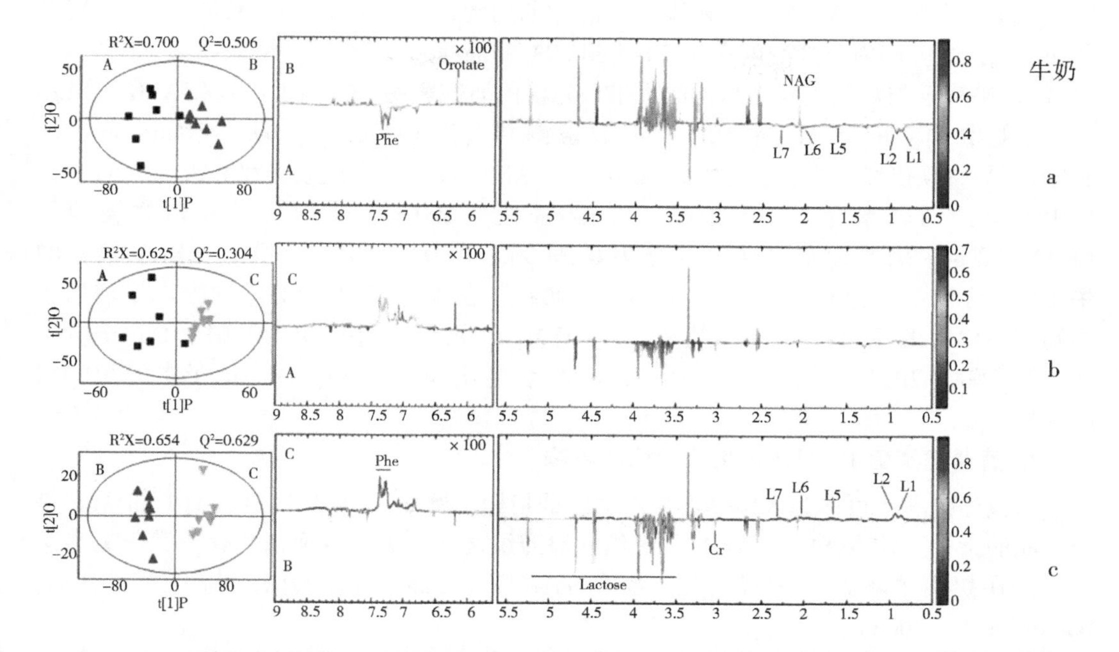

图 5　基于从不同组获得的牛奶的¹HNMR 谱的正交偏最小二乘判别分析（OPLS-DA）分数图

（a）A 和 B 之间的 PLS-DA 配置文件；（b）a 和 c 之间的配置文件；（c）b 和 c 之间的 PLS-DA 配置文件。积分表上的每一分代表一个样本。（A）对照，黑色方块；（B）AFB20 组，深灰色三角形；（C）AFB40 组，浅灰色三角形。

40μg/kg）对奶牛的干物质摄入量、产奶量或乳成分没有影响（Xiong 等，2015）。其他类型的霉菌毒素研究也发现，在暴露于霉菌毒素或添加吸附剂期间，镰刀菌毒素的自然污染对奶牛的干物质摄入量、体重、牛奶产量、乳成分或体细胞没有影响（Korosteleva 等，2007）。

研究人员已经使用物理、化学和生物方法来减少饲料中的霉菌毒素（Xiong 等，2015；Korosteleva 等，2007；Wu，2013）。解毒添加剂，如改性酵母细胞壁提取物、膨润土和酯化葡甘聚糖，已被证明通过与霉菌毒素结合而减轻不同牲畜物种中霉菌毒素的毒性作用（Xiong 等，2015；Korosteleva 等，2007；Diaz 等，2004），从而使它们不能被胃肠道吸收。然而，还没有关于解毒添加剂和霉菌毒素之间相互作用的影响的研究（Xiong 等，2015；Korosteleva 等，2007）。

2. 牛奶中黄曲霉毒素 M_1 的浓度

黄曲霉毒素是奶牛中研究最深入的霉菌毒素（Fink-Gremmels，2008）。AFB_1 具有亲油性，分子量低（Masoero 等，2007）。因此，它可被胃肠黏膜迅速吸收。牛奶 AFM_1 是 AFB_1 的单羟基衍生物，先前的研究表明饲料中的 AFB_1 转化为牛奶中的 AFM_1 是由细胞色素 P450 介导的（Diaz 等，2004；Kuilman 等，2000）。在给奶牛喂食受 AFB_1 污染的饲料后的第一次挤奶（1h）时，AFM_1 很快出现在牛奶中（Diaz 等，2004；Masoero 等，2007）。

在本研究中，AFM_1 浓度是在添加和清除期间测量的。但牛奶中 AFM_1 含量不超过 400ng/kg，试验期内最高浓度在第 7d 达到 393.35ng/kg。停药后，清除期第 7d 牛奶中 AFM_1 水平降至与对照组几乎相同的水平。先前的研究表明，在山羊摄入纯 AFB_1 后 12h 内，牛奶中排泄的 AFM_1 的 50%可以被检测到（Battacone 等，2003；Battacone 等，2012）。另一项研究报告，在摄入纯 AFB_1 后，AFM_1 在牛奶中连续排泄数天（84h），在奶山羊中的结转率为 0.032μg/kg（Battacone 等，2003）。美国食品和药物管理局（FDA）规定牛奶中 AFM_1 的最大限量为 0.5μg/kg（FDA，2011）。欧盟（EC）规定的牛奶最大允许浓度为 0.05μg/kg（EFSA，2004）。在本研究中，AFB_1 的摄入量增加了牛奶中 AFM_1 的浓度，并且在某些点上 AFM_1 的数量超过了 EC 限制（Queiroz 等，2012；EFSA，2004）。然而，牛奶中的 AFM_1 含量不超过 0.5μg/kg，低于中国和 FDA 的限量。

3. 黄曲霉毒素 B_1 对血清生化指标的影响

血液生化参数可作为人体基本生理功能的指标。例如，GGT、AST、ALT 和 ALP 是肝功能的指标。在本研究中 AFB_1 处理组和对照组之间的大多数血清生化参数没有显著差异。在奶山羊和奶牛中观察到了类似的结果（Huang 等，2018；Xiong 等，2015；Battacone 等，2003）。

未能检测到这些生化指标的差异可能是由于 AFB_1 的剂量较低（20μg/kg 或 40μg/kg）。据报道，在奶山羊日粮中添加浓度为 32μg/kg 或 64μg/kg 的 AFB_1 时，对血清生化参数没有明显影响（Huang 等，2018）。其他研究已经证实，相对少量的 AFB_1 对大多数血液生化指标没有影响（Huang 等，2018；Xiong 等，2015；Battacone 等，2003）。每天摄入 32μg/d 的纯 AFB_1 持续 1 周不会改变与奶牛肝功能相关的几种酶的活性（Battacone 等，2005）。然而，在高剂量的 AFB_1（128μg/d）摄入 2 周后，奶牛的 ALT 活性显著增加（Battacone 等，2005）。这些研究表明 AFB_1 对这些生化参数具有剂量依赖性的影响。

免疫球蛋白在体内起着重要的防御作用，IgM、IgA 和 IgG 是重要的免疫因子。它们通过 B 细胞淋巴系统识别并保护有机体免受特定病原体或外来物质的侵害（Murphy 等，2008）。先前的研究表明 AFB_1 影响动物的免疫系统（Queiroz 等，2012）。在本研究中，IgM、IgA 和 IgG 在对照和处理组之间没有显著差异。这些数据表明，在 AFB_1 暴露期间，免疫功能保持稳定。在其他研究中也报道了类似的结果（Xiong 等，2015；Korosteleva 等，2007）。然而，一些研究表明免疫系统受到霉菌毒素的干扰。喂食 AFB_1 的奶牛表现出先天免疫反应增强，血浆触珠蛋白（先天免疫应激的一个指标）浓度降低（Queiroz 等，2012）。例如，一项研究发现，在脂多糖刺激 12h 后，血液中的结合珠蛋白增加了 11.3 倍（Hiss 等，2004）。然而，在其他研究中，研究人员也发现牛疱疹病毒感染（Godson 等，1996）或天然牛蒡病毒（Spooner 和 Miller，1971）不会导致血液中结合珠蛋白浓度升高。多种霉菌毒素的使用也降低了血清 IgA 水平，而单独的霉菌毒素并不抑制其功能（Huang 等，2018）。在本研究中没有检测到免疫参数的变化有两个可能的原因，一种可能是对霉菌毒素的反应参数反映在其他免疫因素中，例如触珠蛋白（Queiroz 等，2012），但这个指标没有在本研究中进行测试，因此，必须对免疫功能进行更多的测量，以确保更全面的结果。第二种可能性是剂量效应。AFB_1（50μg/kg）加赭曲霉毒素 A（OTA；100μg/kg）和 AFB_1（50μg/kg）加玉米赤霉烯酮（ZEA）（500μg/kg）显著抑制血清 IgA（Huang 等，2018），当较低剂量的 AFB_1（20 和 40μg/kg）喂养奶牛时，它们对 IgM、IgA 或 IgG 没有显著影响（Xiong 等，2015）。在本研究中也使用了相同浓度的 AFB_1。

霉菌毒素是氧化应激的重要诱导物。少量的霉菌毒素可以刺激产生自由基，并破坏其抗氧化能力（Reverberi 等，2006；Soyöz 等，2004）。SOD、MDA、GSH-Px 和T-AOC 是常用的抗氧化指标。在本研究中，AFB_1 处理降低了血清 SOD 活性和 SOD/MDA 比值，增加了 MDA 和 T-AOC 浓度。SOD 在氧自由基向过氧化物的转化中起重要作用（Yu，1994），MDA 是脂质过氧化产物（Armstrong 和 Browne，1994），T-AOC 反映了动物体内各种抗氧化剂和抗氧化酶的总抗氧化水平（Huang 等，2018）。因此，这些参数的显著变化表明奶牛处于氧化应激状态。值得注意的是，另一项研究表明，OTA 处理降低了大鼠的抗氧化能力（Soyöz 等，2004）。

4. AFB_1 诱导瘤胃 VFAs 和 NH_3-N 变化

瘤胃 VFA 和 NH_3-N 浓度被用作检测瘤胃发酵和饲料处理效果的指标（Hall 等，2015）。在本研究中，不同水平的受污染的 AFB_1 添加确实影响了乙酸、丙酸、丁酸盐、戊酸、异戊酸盐和异丁酸盐的浓度（$P<0.05$）（表 3）。此外，AFB_1 显著提高瘤胃 NH_3-N 浓度（$P<0.05$）（图 1d）。这种情况发生的可能原因是异酸可以促进微生物氮的利用，产生 NH_3-N，导致微生物蛋白质合成增加。然而，对照组和处理组之间的乙酸/丙酸比值没有明显差异，这表明 AFB_1 不改变发酵类型。然而，一些研究人员认为需要对瘤胃的功能进行更多的验证（Hall 等，2015）。

5. AFB_1 诱导的代谢组学变化

在本研究中，使用 20μg/kg TMR 的 AFB_1 浓度作为低剂量 AFB_1，这接近安全剂量（含量低于中国国家标准 GB 13078—2017 要求的 30μg/kg）。AFB_1 浓度高达 40μg/kg TMR，高于规定限值，可被视为不安全剂量。

在这项研究中，我们检查了 AFB_1 暴露后瘤胃液、血浆和牛奶中发生的代谢变化。我们的结果表明，AFB_1 暴露显著影响了抗氧化功能和瘤胃功能。我们还在牛奶中发现了 AFM_1 的残留物，因此，我们检查了不同基质中代谢物质的综合代谢变化。这项分析的主要目的是利用基于核磁共振的代谢组学策略来研究高水平和低水平 AFB_1 暴露在奶牛体内的系统性后果。类似的研究表明 T-2 毒素扰乱了能量和营养底物的正常代谢过程，并改变了不同器官和器官中的脂质和蛋白质。这些代谢过程涉及分子代谢和修饰途径，例如脱乙酰化、羟基化和氧化（Toda 等，2017；Wan 等，2016）。因此，真菌毒素可能影响体内各种能量和营养导向的代谢过程（Santos 和 Fink-Gremmels，2014；Huang 等，2018；Liu 等，2016）。

在这项研究中，在 AFB_1 暴露后，观察到瘤胃液、血浆和牛奶中一系列氨基酸水平的增加（图 3 至图 5）。在其他动物中也有类似的研究报道，包括大鼠、小猪、奶山羊和肉鸡（Zhang 等，2011；Cheng 等，2017；De Pascali 等，2017；Yarru 等，2009）。在本研究中，AFB_1 提高了瘤胃液中亮氨酸、异亮氨酸、缬氨酸、丙氨酸、甘氨酸、苯丙氨酸和 α-酮戊二酸的水平。然而，它降低了血浆中亮氨酸、异亮氨酸、缬氨酸和苯丙氨酸的水平，以及牛奶中苯丙氨酸的水平。这些变化表明，AFB_1 在奶牛体内的氨基酸代谢受到了显著的干扰。

“功能性氨基酸”的概念是指那些参与或介导重要代谢途径的氨基酸，从而影响机体的健康、生存和繁殖（Wu，2013）。亮氨酸通过激活 mTOR 信号通路调节细胞中的蛋白质合成和分解代谢（Gao 等，2015；Luo 等，2018）。苯丙氨酸在体内起着非常重要的生理调节作用，在我们目前的工作中，是所有 3 种生物体液中唯一被 AFB_1 显著改变的代谢物。通常，苯丙氨酸的主要代谢过程包括它合并成多肽链，以及通过需要四氢生物蝶呤的苯丙氨酸羟化酶反应将其羟基化为酪氨酸（Wu，2013；Allison，1965；Khan 等，1999）。苯丙氨酸也是一种芳香氨基酸，通过钙感应受体促进胆囊收缩素（CCK）的分泌（Liou 等，2011）。然后，CCK 诱导胃肠道中酶的合成和释放（Yu 等，2013）。在反刍动物中，苯丙氨酸可以由厌氧细菌从瘤胃中的苯乙酸中合成，并增加血浆胰岛素和 CCK 浓度（Allison，1965；Yu 等，2013；Cao 等，2018）。苯丙氨酸也是几种氨基酸代谢物的前体。例如，酪氨酸可以由瘤胃细菌从苯丙氨酸合成（Khan 等，1999）。酪氨酸在蛋白质生物合成中起着重要作用，并且作为由氨基酸产生的特殊神经递质生物如多巴胺、去甲肾上腺素和肾上腺素合成的中间体（Wu，2013；Khan 等，1999）。在苯丙氨酸分解代谢中，细胞代谢首先走向酪氨酸生物合成途径。在动物和人类中的研究表明，苯丙氨酸影响蛋白质代谢，然而，对反刍动物的研究较少。几项研究表明，将苯丙氨酸灌注到肠道中可以改善胰腺 α-淀粉酶的分泌，胰淀粉酶是分解淀粉的主要酶（Khan 等，1999；Yu 等，2013）。根据本研究中检测的参数，AFB_1 影响了几种氨基酸，这可能表明蛋白质代谢受到影响。因此，对参与蛋白质合成和分解的酶的测量应该有助于理解黄曲霉毒素对氨基酸代谢的影响。1-甲基组氨酸（1-MH）是监测蛋白质代谢的良好指示剂，研究人员开发了一种 HPLC-MS/MS 程序，可以准确地检测奶牛血液中的 1-MH，并估计动物的蛋白质代谢（Houweling 等，2012）。研究人员建议在 LC-MS/MS 分析的基础上，使用靶向代谢组学研究氨基酸代谢组学（Klepacki 等，2016）。

一般来说，核磁共振的检测准确度不如质谱。然而，这里仍然有研究人员使用基于 NMR 的方法来检测大鼠尿中 1-MH 的变化（Aranibar 等，2011），但在这项研究中没有进行尿液代谢组学测试。虽然本工作基于 NMR 方法检查了血液代谢组学，但我们没有发现 1-MH 的变化。这一方面可能是未来研究的一个重要方向。

AFB_1 可能会引起反刍动物的各种健康问题，霉菌毒素对线粒体功能和细胞凋亡的影响正受到越来越多的关注。AFB_1 显著损害线粒体功能，增加自由基的产生，诱导细胞凋亡，并通过线粒体 ROS 依赖性信号通路影响 NRF2 信号通路（Liu 和 Wang，2016）。研究报道喂食霉菌毒素（2mg AFB_1/kg bw）的雏鸡的 ATP 合成途径受到影响，降低能量产生和基因表达（Wan 等，2016；Yarru 等，2009）。几种氨基酸可作为能量代谢的标志，例如，α-酮戊二酸是微生物三羧酸循环中的重要代谢中间体，它是谷氨酸脱氨的产物，也是连接碳和氮代谢的关键中间体。α-酮戊二酸下游的两条途径涉及碳水化合物代谢：一条产生碳水化合物，由苹果酸和磷酸烯醇式丙酮酸羧激酶介导，另一条产生碳酸盐，参与糖异生（Izui 等，2004）。研究表明，乳酸和柠檬酸的变化可分别用于确定能量代谢期间 CORI 和 Krebs 周期是否正常（Cheng 等，2017），与肉鸡（Tessari 等，2010）和鸭子（He 等，2013）的研究发现一致。研究表明，饲喂添加 50μg/kg AFB_1 的奶山羊的血糖水平出现成倍的变化，表明山羊的肝功能已经受损（Cheng 等，2017），AFB_1 暴露的结果也可能涉及糖原分解。在喂食 AFB_1（每天 0.32mg/kg bw）的大鼠中也观察到肝脏葡萄糖的消耗（Zhang 等，2011）。因此，葡萄糖代谢紊乱可能是霉菌毒素暴露的另一个后果。然而，在目前的研究中，尽管没有直接证据表明糖代谢受到 AFB_1 的影响，但是血糖氨基酸（丙氨酸、缬氨酸、异亮氨酸、甘氨酸和 α-酮戊二酸）有明显的变化，这些氨基酸是三羧酸循环和产糖过程的重要组成部分。

观察到瘤胃液中的 VFAs、乳酸和胆碱，血浆中的醋酸、胆碱和其他 4 种脂质，以及牛奶中的肌酸、乳酸盐和其他脂质发生显著变化。一些研究报告了暴露于 AFB_1 的奶牛体内酮体水平的改变，如乙酰乙酸酯、丙酮和 3-β-羟基丁酸盐（Huang 等，2018；Xiong 等，2015；Wan 等，2016）。这些代谢产物是线粒体中脂肪酸 β 氧化的产物，它们的变化表明脂肪酸 β 氧化受 AFB_1 的影响。然而，我们没有研究酮体水平的变化。有趣的是，我们的结果显示饲料摄入量或产奶量没有变化，这可能表明，从能量平衡的宏观角度来看，霉菌毒素不影响能量代谢。在喂食 AFB_1 的奶牛中检测到乳肌酸的显著变化，血肌酸的积累可能归因于 AFB_1 暴露后磷酸肌酸向肌酸的加速转化（Cheng 等，2017）。在另一项研究中，瓜氨酸水平的降低表明尿素循环受到 AFB_1 的干扰，因为瓜氨酸是尿素循环的一种中间体。然而，这与 AFB_1 诱导的小鼠氨基甲酰磷酸合成酶 I 基因表达下调不同（Zhang 等，2011），一些研究发现霉菌毒素改变代谢酶，包括脂质代谢的关键调节因子过氧化物酶体增殖物激活受体 R 的上调（Zhang 等，2011；Leighton 等，1989）。分子生物标志物可以使我们在未来的研究中了解霉菌毒素对脂质代谢的影响。

支链脂肪酸参与瘤胃微生物对纤维的利用（Hall 等，2015；Allison，1965）。AFB_1 暴露可能会破坏三羧酸循环，从而影响能量代谢（Cheng 等，2017）。当葡萄糖不足时，储存在体内的脂质被用作主要的代谢底物。然而，脂质氧化产生过氧化氢，这可能解释了 AFB_1 和其他霉菌毒素引起的自由基诱导的氧化损伤。研究表明，在 AFB_1 暴露期间发生的脂质氧化诱导的氧化应激触发抗氧化反应（Gesing 和 Karbownik-Lewinska，2008）。本研究中我们观察到血清 MDA 和 T-AOC 水平的升高，以及喂食 AFB_1 污染的饲料后动物血清 SOD 活性和 SOD/MDA 比值的降低，这些现象表明氧化应激对动物的影响和脂质代谢参与的可能性。在暴露于 AFB_1 的大鼠的肝脏中观察到了高水平的谷胱甘肽，证实了 AFB_1 激活了体内的抗氧化反应，这与我们基于这个指数的数据不一致。先前的研究表明，AFB_1 诱导大鼠 GGT 和谷胱甘肽 S-转移酶上调（Manson 等，1998），并且其他基因可能参与这一过程。例如，AFB_1 诱导的氧化应激可能与大鼠和小鸡中黄递酶和血红素加氧酶的上调有关（Manson 等，1998；Ellinger-Ziegelbauer 等，2004），因此，必须检查氧化应激下基因表达的其他指标来解释这些差异。

核酸参与生物体的许多生化过程。例如，核酸是合成生物大分子如核糖核酸（RNA）和脱氧核糖核酸（DNA）的前体。ATP是细胞能量代谢的关键，在细胞能量代谢中起关键作用。在这项研究中，AFB_1 暴露后瘤胃液中乳酸浓度的增加表明CORI和Krebs循环随着能量底物的变化而发生变化（Cao等，2018）。以前的报道表明，当不同动物喂食被霉菌毒素污染的食物时，血液和尿液中的生化参数可以用作氧化应激的可靠生物标志物（Santos和Fink-Gremmels，2014；Toda等，2017；Chen等，1995）。我们还发现几种血清氧化生物标记物，如SOD、T-AOC等有显著差异。然而，很少有研究检查瘤胃液中可靠的抗氧化指标。有趣的是，在本研究中，AFB_1 处理组和对照组牛瘤胃中的次黄嘌呤和尿嘧啶水平有显著差异。这种嘌呤核苷酸在细胞中分解产生次黄嘌呤和黄嘌呤，并最终在黄嘌呤氧合催化下产生尿酸。核酸通常用作定量瘤胃微生物蛋白水平的标记（Reynal等，2005；Saleem等，2013）。另一项使用代谢组学方法的研究表明，日粮中谷物会增加奶牛瘤胃液中次黄嘌呤和尿嘧啶的浓度，特别是大麦比例较高的日粮（Saleem等，2012）。因此，高谷物日粮奶牛瘤胃液中次黄嘌呤和尿嘧啶的增加似乎是瘤胃微生物区系变化的结果（Saleem等，2012；Ametaj等，2010）。此外，当细菌核酸（RNA或DNA）与瘤胃液孵育时，它迅速转化为次黄嘌呤、黄嘌呤和尿嘧啶（Mcallan和Smith，1973）。基于这些发现，瘤胃微生物区系可能受到霉菌毒素的影响，这将改变瘤胃中的核苷酸代谢。因此，在本研究中，次黄嘌呤和尿嘧啶似乎是 AFB_1 暴露期间瘤胃适应性变化的生物标志物。

6. 瘤胃液、血浆和牛奶中代谢物的假定分析

AFB_1 的摄入量影响动物的许多生理过程。然而，对照组和处理组奶牛的乙酸/丙酸比值没有显著差异，表明 AFB_1 没有改变瘤胃中的发酵类型（Xiong等，2015；Hall等，2015；Saleem等，2012）。因此，生理调节必须发生在其他地方，而不是瘤胃发酵。这些生理调节可能涉及几种氨基酸的代谢途径（Santos和Fink-Gremmels，2014；Saleem等，2012）。在本研究中，根据相应的代谢物分析了不同生物流体中的代谢途径。受影响最大的三条代谢途径是缬氨酸、亮氨酸和异亮氨酸生物合成，苯丙氨酸、酪氨酸和色氨酸生物合成及瘤胃液和血浆中的苯丙氨酸代谢，以及牛奶中的苯丙氨酸、酪氨酸和色氨酸生物合成，苯丙氨酸代谢及精氨酸和脯氨酸代谢。因此，从这里列出的代谢途径来看，不同生物液中改变的代谢途径非常相似（图6），这表明氨基酸途径的变化是 AFB_1 暴露的最重要影响。

我们发现苯丙氨酸是所有3种体液中唯一显著改变的代谢物（图7）。先前的研究还发现苯丙氨酸在大鼠中受到 AFB_1 的显著影响（Zhang等，2011）。在动物营养理论中，苯丙氨酸被归类为“必需”氨基酸，因为它不能在动物细胞中直接合成。因此，膳食摄入是必需氨基酸的唯一来源。一旦苯丙氨酸进入身体循环，大部分被苯丙氨酸羟化酶氧化成另一种必需的氨基酸，即酪氨酸。然后剩余的苯丙氨酸与酪氨酸结合，合成神经递质和激素，并参与体内的葡萄糖和脂肪代谢（Bauman等，2006；Wu，2015）。几种非必需氨基酸（α-酮戊二酸、丙酮酸、草酰乙酸和3-甘油磷酸酯）是简单合成的前体。支链氨基酸（异亮氨酸、亮氨酸、缬氨酸等）在牛奶蛋白质的合成中很重要（Bauman等，2006）。异亮氨酸分解为葡萄糖，增加葡萄糖水平，防止蛋白质损伤。这些观察到的变化表明 AFB_1

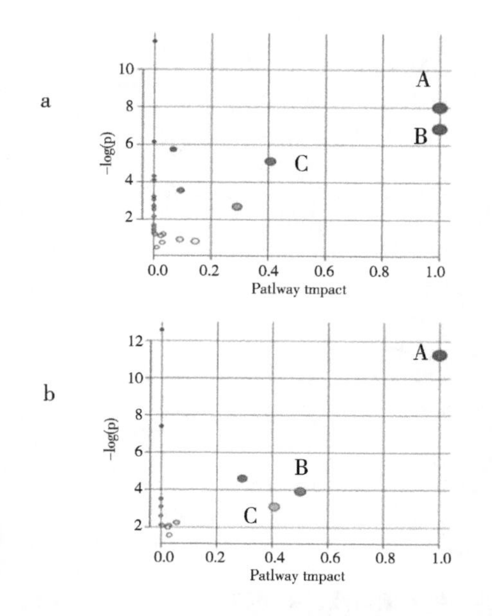

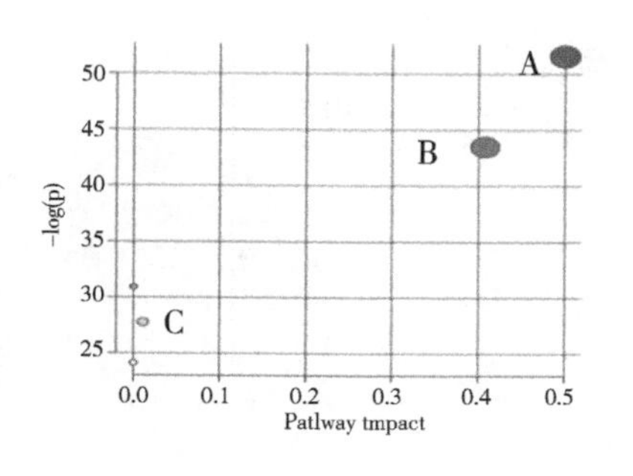

图 6　从饲喂受 AFB_1 污染的日粮的奶牛的瘤胃液、血浆和牛奶中鉴定出的常见代谢物的代谢组学图谱

x 轴表示路径影响，y 轴表示路径富集。较大的尺寸和较深的颜色分别代表更大的通路富集和更大的通路影响值。（a）瘤胃液。A. 缬氨酸、亮氨酸和异亮氨酸生物合成；B. 苯丙氨酸、酪氨酸和色氨酸生物合成；C. 苯丙氨酸代谢。（b）血浆代谢途径图。A. 缬氨酸，亮氨酸和异亮氨酸生物合成；B. 苯丙氨酸，酪氨酸和色氨酸生物合成；C. 苯丙氨酸代谢。（c）牛奶。A. 苯丙氨酸、酪氨酸和色氨酸的生物合成；B. 苯丙氨酸代谢；C. 精氨酸和脯氨酸代谢

扰乱了参与氨基酸代谢的基因的调节（Yarru 等，2009；Ellinger-Ziegelbauer 等，2004）。氨基酸代谢紊乱导致疾病。苯丙氨酸、酪氨酸和色氨酸是芳香氨基酸。先天性缺乏苯丙氨酸羟化酶阻碍了苯丙氨酸羟化为酪氨酸的主要代谢途径。因为苯丙氨酸是许多次生代谢途径所必需的，包括从氨中产生苯基丙酮酸，这种羟化酶活性的缺乏增加了血液和尿液中苯丙酮酸的含量，这就是苯丙酮尿症（Stroup 等，2018）。研究表明，改性苯丙氨酸可用作抗癌药物的载体，不仅抑制癌细胞的生长，而且减少药物的副作用（Snigdha 等，2016）。瘤胃液中苯丙氨酸的增加可能反映 AFB_1 摄入量的生理效应，反过来，苯丙氨酸的增加可能减少 AFB_1 的毒理学效应。血液和牛奶中苯丙氨酸浓度降低的可能解释是瘤胃中的解毒过程需要大量的苯丙氨酸，这是从其他两种体液中的苯丙氨酸储备中补充的。苯丙氨酸的降解过程可能涉及抗氧化酶的变化，谷胱甘肽转移酶在细胞解毒以及对抗氧化应激中起着至关重要的作用。谷胱甘肽 S-转移酶的 zeta 异构体是一种双功能酶，也参与苯丙氨酸和酪氨酸的代谢降解（Polekhina 等，2001）。所有这些推测都是基于现有研究的结果，体液中苯丙氨酸变化的真正原因需要进一步的试验。例如，大鼠肝脏提取物中的苯丙氨酸浓度受到 AFB_1 的显著影响（Zhang 等，2011），这表明对代谢器官和细胞的研究将扩展我们对 AFB_1 暴露的影响的理解。

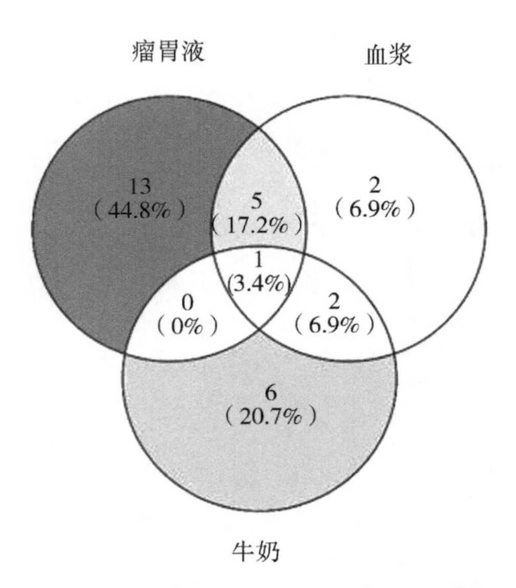

图 7　从饲喂受 AFB_1 污染的日粮的奶牛的瘤胃液、牛奶和血浆中鉴定出独特和常见的代谢物

五、结论

综上所述，在本研究中，我们不仅从生化角度检测了 AFB_1 对动物健康的影响，而且在瘤胃液、牛奶和血液中发现了一些潜在的代谢标志物。因此，我们的结果表明，在评估霉菌毒素对奶牛造成的风险时，不仅要研究霉菌毒素的宏观指标（牛奶成分和产量），而且要研究霉菌毒素的微观指标（生物流体生物标志物）。

参考文献

Allison M J, 1965. Phenylalanine Biosynthesis from Phenylacetic Acid by Anaerobic Bacteria from the Rumen [J]. Biochemical and Biophysical Research Communications, 18: 30-35.

Ametaj B N, Zebeli Q, Saleem F, et al, 2010. Metabolomics reveals unhealthy alterations in rumen metabolism with increased proportion of cereal grain in the diet of dairy cows [J]. Metabolomics, 6 (4): 583-594.

Aranibar N, Vassallo J D, Rathmacher J, et al, 2011. Identification of 1-and 3-methylhistidine as biomarkers of skeletal muscle toxicity by nuclear magnetic resonance-based metabolic profiling [J]. Analytical Biochemistry, 410 (1): 84-91.

Armstrong D, Browne R, 1994. The analysis of free radicals, lipid peroxides, antioxidant enzymes and compounds related to oxidative stress as applied to the clinical chemistry laboratory [J]. Advances in Experimental Medicine and Biology, 366: 43-58.

Battacone G, Nudda A, Cannas A, et al, 2003. Excretion of aflatoxin M_1 in milk of dairy ewes treated with different doses of aflatoxin B_1 [J]. Journal of Dairy Science, 86 (8): 2667-2675.

Battacone G, Nudda A, Palomba M, et al, 2009. The transfer of aflatoxin M_1 in milk of ewes fed diet naturally contaminated by aflatoxins and effect of inclusion of dried yeast culture in the diet [J]. Journal of Dairy Science, 92 (10):

4997–5004.

Battacone G, Nudda A, Palomba M, et al, 2005. Transfer of aflatoxin B_1 from feed to milk and from milk to curd and whey in dairy sheep fed artificially contaminated concentrates [J]. Journal of Dairy Science, 88 (9): 3063–3069.

Battacone G, Nudda A, Rassu S P, et al, 2012. Excretion pattern of aflatoxin M_1 in milk of goats fed a single dose of aflatoxin B_1 [J]. Journal of Dairy Science, 95 (5): 2656–2661.

Bauman D E, Mather I H, Wall R J, et al, 2006. Major advances associated with the biosynthesis of milk [J]. Journal of Dairy Science, 89 (4): 1235–1243.

Cao Y C, Yang X J, Guo L, et al, 2018. Effects of dietary leucine and phenylalanine on pancreas development, enzyme activity, and relative gene expression in milk–fed Holstein dairy calves [J]. Journal of Dairy Science, 101 (5): 4235–4244.

Chen X B, Mejia A T, Kyle D J, et al, 1995. Evaluation of the use of the purine derivative: Creatinine ratio in spot urine and plasma samples as an index of microbial protein supply in ruminants: Studies in sheep [J]. Journal of Agricultural Science, 125: 137–143.

Cheng J, Huang S, Fan C, et al, 2017. Metabolomic analysis of alterations in lipid oxidation, carbohydrate and amino acid metabolism in dairy goats caused by exposure to Aflotoxin B_1 [J]. Journal of Dairy Research, 84 (4): 401–406.

Choudhary P L, Sharma R S, Borkhataria V N, et al, 1998. Effect of feeding aflatoxin B_1 on feed consumption through naturally contaminated feeds [J]. Indian Journal of Animal Sciences, 68: 400–401.

Dänicke S, Matthaus K, Lebzien P, et al, 2005. Effects of Fusarium toxin–contaminated wheat grain on nutrient turnover, microbial protein synthesis and metabolism of deoxynivalenol and zearalenone in the rumen of dairy cows [J]. Journal of Animal Physiology and Animal Nutrition, 89 (9–10): 303–315.

De Pascali S A, Gambacorta L, Oswald I P, et al, 2017. (1) H NMR and MVA metabolomic profiles of urines from piglets fed with boluses contaminated with a mixture of five mycotoxins [J]. Biochemistry and Biophysics Reports, 11: 9–18.

Diaz D E, Hagler W M, Blackwelder J T, et al, 2004. Aflatoxin binders II: reduction of aflatoxin M_1 in milk by sequestering agents of cows consuming aflatoxin in feed [J]. Mycopathologia, 157 (2): 233–241.

Ellinger–Ziegelbauer H, Ahr H J, Gmuender H, et al, 2006. Characteristic expression profiles induced by carcinogens in rat liver [J]. Toxicology Letters, 164 (supp–S): S293–S294.

European Food Safety Authority (EFSA), 2004. Opinion of the scientific panel on contaminants in the food chain on a request from the Commission related to aflatoxin B_1 as undesirable substance in animal feed [R]. EFSA J, 39, 1–27.

Fink–Gremmels J, 2008. Mycotoxins in cattle feeds and carry–over to dairy milk: a review [J]. Food Addit Contam Part A Chem Anal Control Expo Risk Assess, 25 (2): 172–180.

Food and Drug Administration (FDA), 2011. Guidance for Industry: Action Levels for Poisonous or Deleterious Substances in Human Food and Animal Feed [J/OL]. Available online: http: //www. fda. gov/Food/GuidanceCom pliance Regulatory Information/GuidanceDocuments/ChemicalContaminantsandPesticides/ucm077969. htm (accessed on 20 May 2011).

Gao H N, Hu H, Zheng N, et al, 2015. Leucine and histidine independently regulate milk protein synthesis in bovine mammary epithelial cells via mTOR signaling pathway [J]. Journal of Zhejiang University SCIENCE B, 16 (6): 560–572.

General Administration of Quality Supervision, Inspection and Quarantine tPsRoC (GAQSIQ) [S]. GB/T 13078—2017, Hygienical Standard for Feeds; Standards Press of China: Beijing, China, 2017.

Gesing A, Karbownik–Lewinska M, 2008. Protective effects of melatonin and N–acetylserotonin on aflatoxin B_1–induced lipid peroxidation in rats [J]. Cell Biochemistry and Function, 26 (3): 314–319.

Giovati L, Magliani W, Ciociola T, et al, 2015. AFM (1) in Milk: Physical, Biological, and Prophylactic Methods to Mitigate Contamination [J]. Toxins (Basel), 7 (10): 4330–4349.

Godson D L, Campos M, Attah–Poku S K, et al, 1996. Serum haptoglobin as an indicator of the acute phase response in bovine respiratory disease [J]. Veterinary immunology and immunopathology, 51 (3–4): 277–292.

Hall M B, Nennich T D, Doane P H, et al, 2015. Total volatile fatty acid concentrations are unreliable estimators of treatment effects on ruminal fermentation in vivo [J]. Journal of Dairy Science, 98 (6): 3988–3999.

He J, Zhang K Y, Chen D W, et al, 2013. Effects of maize naturally contaminated with aflatoxin B_1 on growth performance, blood profiles and hepatic histopathology in ducks [J]. Livestock Science, 152 (2-3): 192-199.

Hiss S, Mielenz M, Bruckmaier R. M, et al, 2004. Haptoglobin concentrations in blood and milk after endotoxin challenge and quantification of mammary Hp mRNA expression [J]. Journal of Dairy Science, 87: 3778-3784.

Hopton R P, Turner E, Burley V J, et al, 2010 Urine metabolite analysis as a function of deoxynivalenol exposure: An NMR-based metabolomics investigation [J]. Food Additives and Contaminants, 27: 255-261.

Houweling M, van der Drift S G, Jorritsma R, et al, 2012. Technical note: quantification of plasma1-and 3-methylhistidine in dairy cows by high-performance liquid chromatography-tandem mass spectrometry [J]. Journal of Dairy Science, 95 (6): 3125-3130.

Hsieh D P H, 1989. Potential human health hazards of mycotoxins. In Mycotoxins and Phycotoxins [M]. Natori S, Hashimoto H, Ueno Y, Eds, Elsevier: Amsterdam, The Netherlands, 69-80.

Huang S, Zheng N, Fan C, et al, 2018. Effects of aflatoxin B_1 combined with ochratoxin A and/or zearalenone on metabolism, immune function, and antioxidant status in lactating dairy goats [J]. Asian-Australasian Journal of Animal Sciences, 31 (4): 505-513.

Izui K, Matsumura H, Furumoto T, et al, 2004. Phosphoenolpyruvate carboxylase: a new era of structural biology [J]. Annual Review of Plant Biology, 55: 69-84.

Khan R I, Onodera R, Amin M R, et al, 1999. Production of tyrosine and other aromatic compounds from phenylalanine by rumen microorganisms [J]. Amino Acids, 17 (4): 335-346.

Kiessling K H, 1986. Biochemical mechanism of action of mycotoxins [J]. Pure and Applied Chemistry, 58 (2): 327-338.

Klein M S, Buttchereit N, Miemczyk S P, et al, 2012. NMR metabolomic analysis of dairy cows reveals milk glycerophosphocholine to phosphocholine ratio as prognostic biomarker for risk of ketosis [J]. Journal of Proteome Research, 11 (2): 1373-1381.

Klepacki J, Klawitter J, Klawitter J, et al, 2016. Amino acids in a targeted versus a non-targeted metabolomics LC-MS/MS assay. Are the results consistent? [J]. Clinical Biochemistry, 49 (13-14): 955-961.

Korosteleva S N, Smith T K, Boermans H J, 2007. Effects of feedborne Fusarium mycotoxins on the performance, metabolism, and immunity of dairy cows [J]. Journal of Dairy Science, 90 (8): 3867-3873.

Krishna D R, Klotz U, 1994. Extrahepatic metabolism of drugs in humans [J]. Clinical Pharmacokinetics, 26 (2): 144-160.

Kuilman M E, Maas R F, Fink-Gremmels J, 2000. Cytochrome P450-mediated metabolism and cytotoxicity of aflatoxin B (1) in bovine hepatocytes [J]. Toxicology In Vitro, 14 (4): 321-327.

Leighton F, Bergseth S, Rortveit T, et al, 1989. Free acetate production by rat hepatocytes during peroxisomal fatty acid and dicarboxylic acid oxidation [J]. Journal of Biological Chemistry, 264 (18): 10347-10350.

Liou A P, Sei Y, Zhao X, et al, 2011. The extracellular calcium-sensing receptor is required for cholecystokinin secretion in response to L-phenylalanine in acutely isolated intestinal I cells [J]. American Journal of Physiology. Gastrointestinal and Liver Physiology, 300 (4): G538-546.

Liu Y, Wang W, 2016. Aflatoxin B_1 impairs mitochondrial functions, activates ROS generation, induces apoptosis and involves Nrf2 signal pathway in primary broiler hepatocytes [J]. Animal Science Journal, 87 (12): 1490-1500.

Luo C, Zhao S, Zhang M, et al, 2018. SESN2 negatively regulates cell proliferation and casein synthesis by inhibition the amino acid-mediated mTORC1 pathway in cow mammary epithelial cells [J]. Scientific Reports, 8 (1): 3912.

Manson M M, Hudson E A, Ball H W, et al, 1998. Chemoprevention of aflatoxin B_1-induced carcinogenesis by indole-3-carbinol in rat liver——predicting the outcome using early biomarkers [J]. Carcinogenesis, 19 (10): 1829-1836.

Masoero F, Gallo A, Moschini M, et al, 2007. Carryover of aflatoxin from feed to milk in dairy cows with low or high somatic cell counts [J]. Animal, 1 (9): 1344-1350.

McAllan A B, Smith R H, 1973. Degradation of nucleic acids in the rumen [J]. British Journal of Nutrition, 29 (2): 331-345.

Dragan Milićević, Miomir Nikšić, Tatjana Baltić, et al, 2010. Isolation, characterization and evaluation of significant mycoflora and mycotoxins in pig feed from Serbian farms [J]. World Journal of Microbiology & Biotechnology, 26

(9): 1715-1720.

Ministry of Agriculture of China (MOA), 2004. Feeding Standard of Dairy Cattle [S]. NY/T34-2004; MOA: Beijing, China.

Mishra H N, Das C, 2003. A review on biological control and metabolism of aflatoxin [J]. Critical Reviews in Food Science and Nutrition, 43 (3): 245-264.

Murphy K, Travers P, Walport M, 2008. Janeway's Immunology, 7th rev. ed.; Garland Sci.: Abingdon, UK.

National Research Council (NRC), 2001. Nutrient Requirements of Dairy Cattle [S]. National Academy Press: Washington, DC, USA.

Nicholson J K, Wilson I D, 2003. Opinion: understanding 'global' systems biology: metabonomics and the continuum of metabolism [J]. Nature Reviews Drug Discovery, 2 (8): 668-676.

Polekhina G, Board P G, Blackburn A C, et al, 2001. Crystal structure of maleylacetoacetate isomerase/glutathione transferase zeta reveals the molecular basis for its remarkable catalytic promiscuity [J]. Biochemistry, 40 (6): 1567-1576.

Queiroz O C, Han J H, Staples C R, et al, 2012. Effect of adding a mycotoxin-sequestering agent on milk aflatoxin M (1) concentration and the performance and immune response of dairy cattle fed an aflatoxin B (1) -contaminated diet [J]. Journal of Dairy Science, 95 (10): 5901-5908.

Reverberi M, Zjalic S, Ricelli A, et al, 2006. Oxidant/antioxidant balance inAspergillus parasiticus affects aflatoxin biosynthesis [J]. Mycotoxin Research, 22 (1): 39-47.

Reynal S M, Broderick G A, Bearzi C, 2005. Comparison of four markers for quantifying microbial protein flow from the rumen of lactating dairy cows [J]. Journal of Dairy Science, 88 (11): 4065-4082.

Saleem F, Ametaj B N, Bouatra S, et al, 2012. A metabolomics approach to uncover the effects of grain diets on rumen health in dairy cows [J]. Journal of Dairy Science, 95 (11): 6606-6623.

Saleem F, Bouatra S, Guo A C, et al, 2013. The Bovine Ruminal Fluid Metabolome [J]. Metabolomics, 9 (2): 360-378.

Santos R R, Fink-Gremmels J, 2014. Mycotoxin syndrome in dairy cattle: characterisation and intervention results [J]. World Mycotoxin Journal, 7 (3): 357-366.

Lancaster M C, Jenkins F P, Philp J M, 1961. Toxicity associated with Certain Samples of Groundnuts [J]. Nature, 192 (4807): 1095-1096.

Shen J S, Chai Z, Song L J, et al, 2012. Insertion depth of oral stomach tubes may affect the fermentation parameters of ruminal fluid collected in dairy cows [J]. Journal of Dairy Science, 95 (10): 5978-5984.

Shi Y H, Xu Z R, Feng J L, et al, 2006. Efficacy of modified montmorillonite nanocomposite to reduce the toxicity of aflatoxin in broiler chicks [J]. Animal Feed Science & Technology, 129 (1-2): 0-148.

Smith M C, Madec S, Coton E, et al, 2016. Natural Co-Occurrence of Mycotoxins in Foods and Feeds and Their *in vitro* Combined Toxicological Effects [J]. Toxins (Basel), 8 (4): 94.

Snigdha K, Singh B K, Mehta A S, et al, 2016. Self-assembling N- (9-Fluorenylmethoxycarbonyl) -L-Phenylalanine hydrogel as novel drug carrier [J]. International Journal of Biological Macromolecules, 93: 1639-1646.

Soyoz M, Ozcelik N, Kilinc I, et al, 2004. The effects of ochratoxin A on lipid peroxidation and antioxidant enzymes: a protective role of melatonin [J]. Cell Biology and Toxicology, 20 (4): 213-219.

Spooner R L, Miller J K, 1971. The measurement of haemoglobin reactive protein in ruminants as an aid to the diagnosis of acute inflammation [J]. Veterinary Record, 88 (1): 2-4.

Streit E, Schatzmayr G, Tassis P, et al, 2012. Current situation of mycotoxin contamination and co-occurrence in animal feed——focus on Europe [J]. Toxins (Basel), 4 (10): 788-809.

Stroup B M, Nair N, Murali S G, et al, 2018. Metabolomic Markers of Essential Fatty Acids, Carnitine, and Cholesterol Metabolism in Adults and Adolescents with Phenylketonuria [J]. Journal of Nutrition, 148 (2): 194-201.

Surai P, Mezes M, Fotina T I, et al, 2010. Mycotoxins in Human Diet: A Hidden Danger [M]. Modern Dietary Fat Intakes in Disease Promotion, De Meester F, Zibadi S, Watson R, Eds, Humana Press: Totowa, NJ, USA.

Tessari E N, Kobashigawa E, Cardoso A L, et al, 2010. Effects of aflatoxin B (1) and fumonisin B (1) on blood biochemical parameters in broilers [J]. Toxins (Basel), 2 (4): 453-460.

Tian H, Wang W, Zheng N, et al, 2015. Identification of diagnostic biomarkers and metabolic pathway shifts of heat-stressed lactating dairy cows [J]. Journal of Proteomics, 125: 17-28.

Toda K, Kokushi E, Uno S, et al, 2017. Gas Chromatography-Mass Spectrometry for Metabolite Profiling of Japanese Black Cattle Naturally Contaminated with Zearalenone and Sterigmatocystin [J]. Toxins (Basel), 9 (10).

Wan Q, He Q, Deng X, et al, 2016. Systemic Metabolic Responses of Broiler Chickens and Piglets to Acute T-2 Toxin Intravenous Exposure [J]. Journal of Agricultural and Food Chemistry, 64 (3): 714-723.

Wang Q, Zhang Y, Zheng N, et al, 2019. Biological System Responses of Dairy Cows to Aflatoxin B_1 Exposure Revealed with Metabolomic Changes in Multiple Biofluids [J]. Toxins (Basel), 11 (2).

Waters N J, Holmes E, Williams A, et al, 2001. NMR and pattern recognition studies on the time-related metabolic effects of alpha-naphthylisothiocyanate on liver, urine, and plasma in the rat: an integrative metabonomic approach [J]. Chemical Research in Toxicology, 14 (10): 1401-1412.

Wu G, 2014. Dietary requirements of synthesizable amino acids by animals: a paradigm shift in protein nutrition [J]. Journal of Animal Science and Biotechnology 5 (1): 34.

Wu G, 2013. Functional amino acids in nutrition and health [J]. Amino Acids, 45 (3): 407-411.

Xia K, He X, Dai Q, et al, 2014. Discovery of systematic responses and potential biomarkers induced by ochratoxin A using metabolomics [J]. Food Additives and Contamitants Part A Chemical Analysis Control Exposure & Risk Assess, 31 (11): 1904-1913.

Xiong J L, Wang Y M, Nennich T D, et al, 2015. Transfer of dietary aflatoxin B_1 to milk aflatoxin M_1 and effect of inclusion of adsorbent in the diet of dairy cows [J]. Journal of Dairy Science, 98 (4): 2545-2554.

Yarru L P, Settivari R S, Antoniou E, et al, 2009. Toxicological and gene expression analysis of the impact of aflatoxin B_1 on hepatic function of male broiler chicks [J]. Poultry Science, 88 (2): 360-371.

Yu B P, 1994. Cellular defenses against damage from reactive oxygen species [J]. Physiological Reviews, 74 (1): 139-162.

Yu Z P, Xu M, Yao J H, et al, 2013. Regulation of pancreatic exocrine secretion in goats: differential effects of short- and long-term duodenal phenylalanine treatment [J]. Journal of Animal Physiology and Animal Nutrition, 97 (3): 431-438.

Zain M E, 2011. Impact of mycotoxins on humans and animals [J]. Journal of Saudi Chemical Society, 15, 129-144.

Zhang L, Ye Y, An Y, et al, 2011. Systems responses of rats to aflatoxin B_1 exposure revealed with metabonomic changes in multiple biological matrices [J]. Journal of Proteome Research, 10 (2): 614-623.

附　　录

附录1 全株玉米青贮霉菌毒素控制技术规范

1 范围

本标准规定了全株玉米青贮中霉菌毒素控制的田间生产、收获和加工、贮存、取用及监测等技术要求。

适用于全株玉米青贮霉菌毒素的控制。

2 规范性引用文件

下列文件对于本文件的应用是必不可少的。凡是注日期的引用文件，仅所注日期的版本适用于本文件。凡是不注日期的引用文件，其最新版本（包括所有的修改单）适用于本文件。

GB 13078 饲料卫生标准

GB/T 17480 饲料中黄曲霉毒素 B_1 测定 酶联免疫吸附法

GB/T 19540 饲料中玉米赤霉烯酮的测定

GB/T 28718 饲料中 T-2 毒素的测定 免疫亲和柱净化-高效液相色谱法

NT/T 2129 饲草产品抽样技术规程

3 术语和定义

下列术语和定义适用于本文件。

3.1 青贮 ensiling

将青绿饲料切短后，装填入窖、塔或袋等内部，密封，在一定条件下建立主要以乳酸菌厌氧发酵，产生酸性环境，抑制其他微生物的繁衍，从而达到保存青绿饲料营养特性的一种处理技术。

3.2 全株玉米青贮 whole corn silage

采用全株玉米制作的青贮。

4 田间生产

4.1 种植地

宜轮作，应翻耕，翻耕深度宜 30cm 以上。

4.2 品种

根据当地自然条件、农艺特点和市场需求，宜选择抗倒伏等抗逆性强的玉米品种。

5 收获和加工

5.1 适期收获

全株玉米干物质含量北方地区宜达到 30%以上，南方地区宜达到 28%以上，即可收获。不应在雨天收获，收获时应保证原料干净、无杂质和污染。宜选用带有玉米籽粒破碎功能的专用青贮玉米收割机收割。

5.2　留茬高度

青贮玉米收割时，留茬高度应控制在 15cm 以上。

5.3　切割长度

青贮玉米切割长度宜在 2cm 左右。

6　贮存

6.1　青贮窖

青贮窖应建在养殖场生产区常年主导风向的上风向、地势高、通风、阴凉、干燥处。应建有防止鼠、猫或鸟类等动物侵入的设施。青贮窖大小应根据牧畜规模和一天的取用量设计。青贮窖与青贮玉米所有接触面应做硬化处理，面上磨平，无裂缝。青贮窖地面宜向排水沟方向做 1%~3%的倾斜；排水沟沟底须有 2%~5%的坡度，保持排水通畅。青贮前，应清扫青贮窖，去除霉变饲料残渣及其他杂物，宜消毒。

6.2　压窖

青贮玉米切碎后，应及时运输至青贮窖，逐层压实，每层厚度应控制在 15cm 以下；压实密度应达到青贮玉米鲜重 700kg/m^3 以上，青贮玉米与窖墙接触区域应压实。

6.3　青贮添加剂

可使用青贮添加剂，青贮添加剂的选择和使用应按照国家饲料添加剂管理相关规定执行。

6.4　密封

宜选用 2 层农用薄膜覆盖，内层为透明薄膜，外层为黑白膜。内层透明薄膜宜延伸铺到青贮窖窖底 30cm 以上，青贮窖窖顶透明薄膜交接处，宜相互叠加 3m 以上；外层黑白膜应黑面向里，白面向外，黑白膜交接处，应用耐热胶水密封。青贮原料填满压实后，应在 72h 内密封。

6.5　封顶

黑白膜交接处以及青贮窖墙边缘处，宜用沙袋紧密压实；青贮窖窖顶宜用串联的废旧轮胎等物品紧密盖压；黑白膜与地面交接处，宜用土密封。

6.6　青贮窖维护

定期或不定期进行检查。检查薄膜有无损坏，如有损坏及时封补；检查积水或漏水，及时排除或封补。

7　取用

若青贮表层有霉变部分，应清除霉变部分饲料，从横截面逐层取用，取用截面应保持最小和平整。一旦开窖，应每天取用青贮深度达到 30cm 以上，直至用完整堆青贮饲料，如连续 2d 以上不取用，应将青贮横截面切割整齐、重新密封青贮窖。

8　监控

8.1　计划

青贮窖开窖后，应制定监测全株玉米青贮饲料中黄曲霉毒素等霉菌毒素的计划，计划内容包括全株玉米青贮的抽检批次和时间间隔，梅雨季节或者青贮饲料出现霉变等特殊情况下的抽检批次和时间间隔。

8.2　采样

按照 NY/T 2129 对全株玉米青贮饲料采样。

8.3　检测

黄曲霉毒素 B_1 应按照 GB/T 17480 测定；玉米赤霉烯酮应按照 GB/T 19540 测定；T-2 毒素应按照 GB/T 28718 测定。

8.4　控制

泌乳期牲畜所用全株玉米青贮饲料中黄曲霉毒素 B_1 含量应小于 10μg/kg。

非泌乳期牲畜所用全株玉米青贮饲料中霉菌毒素含量按照 GB 13078 执行。

附录2　生乳中黄曲霉毒素 M_1 控制技术规范

1　范围

本标准规定了泌乳期奶畜的饲料质量控制和饲养管理、生乳中黄曲霉毒素 M_1 监测以及档案管理。

本标准适用于奶畜养殖场和养殖小区对生乳中黄曲霉毒素 M_1 控制。

2　规范性引用文件

下列文件对于本文件的应用是必不可少的。凡是注日期的引用文件，仅所注日期的版本适用于本文件。凡是不注日期的引用文件，其最新版本（包括所有的修改单）适用于本文件。

GB 2761 食品安全国家标准 食品中真菌毒素限量

GB 5009.24 食品中黄曲霉毒素 M 族的测定

GB 13078 饲料卫生标准

GB/T 17480 饲料中黄曲霉毒素 B_1 的测定 酶联免疫吸附法

GB 22508 食品安全国家标准 原粮储运卫生规范

3　术语和定义

下列术语和定义适用于本文件。

3.1　*奶畜* dairy animals

以产奶为主要用途的家畜，如奶牛、奶山羊、奶水牛等。

3.2　*生乳* raw milk

从符合国家有关要求的健康奶畜乳房中挤出的无任何成分改变的常乳。产犊后 7 天的初乳、应用抗生素期间和休药期间的乳汁、变质乳不应用作生乳。

3.3　*全混合日粮* total mixed ration，TMR

根据奶畜不同生理阶段的营养需要量，将粗饲料和精料补充料，按照一定比例、顺序放入专用搅拌设备，经充分混合加工而成的一种营养相对平衡的混合饲料。

4　饲料质量控制

4.1　*精饲料的要求*

4.1.1　水分

饲料用玉米、小麦、大麦、高粱、稻谷、大豆、豆饼（粕）、棉籽饼（粕）、菜籽饼（粕）、精料补充料等饲料水分有国家或行业标准的应符合相应的国家或行业标准，其他的植物性能量饲料水分应≤13%、植物性蛋白饲料水分应≤12%。饲料收购应测定水分，水分超标的饲料应在入库前晾晒或烘干脱水，直至达到本标准要求。凡是不符合水分要求的一律不应入库。

4.1.2　黄曲霉毒素 B_1 含量

泌乳期精料补充料中黄曲霉毒素 B_1 的含量应≤ 10μg/kg（以干物质计），玉米及其加工产品、花生饼（粕）、植物油脂、其他植物性饲料原料、其他精料补充料和浓缩料中黄曲霉毒素 B_1 含量应符合 GB 13078 的规定。

4.1.3　贮存

4.1.3.1　贮存条件

饲料原料和成品料应贮存在仓库中，仓库要通风、阴凉、干燥、清洁、没有霉积料。玉米、大豆等饲粮的储运卫生条件应符合 GB 22508 的要求。

4.1.3.2　贮存期管理

饲料仓库要定期清理、消毒，出现异常及时采取措施，尽量缩短产品库存时间，防止霉变发生。

4.2　干草粗饲料的要求

干草、秸秆等粗饲料水分应≤14%，黄曲霉毒素 B_1 的含量应≤30μg/kg（以干物质计）。干草等粗饲料应存放在干草棚中，干草棚应具有防雨、通风、防潮、防日晒的功能。干草棚应建在地势较高或周边排水条件好的地方，同时棚内地面应高于周边地面 10cm 以上，防止雨水进入。

4.3　青贮饲料的要求

青贮中黄曲霉毒素 B_1 的含量应≤30μg/kg（以干物质计）。青贮饲料应现取现用，有结块或者霉变的青贮要及时弃掉，不能饲喂奶畜。青贮窖的取用表面应干净整齐，每天取用青贮深度达到 30cm 以上，如果连续 2d 以上不取用，应及时盖上青贮窖口或者扎紧青贮袋口，以防发生二次发酵。

4.4　湿酒糟、湿果渣的要求

湿酒糟和湿果渣等湿料原料，应在 1~2d 内使用完毕。

4.5　TMR 日粮的要求

TMR 日粮中黄曲霉毒素 B_1 的含量应≤15μg/kg（以干物质计）。应遵循 TMR 日粮当天加工，当天饲喂的原则。

4.6　饲料黄曲霉毒素的监测

4.6.1　监测种类

应重点监测全棉籽、棉籽饼粕、玉米及其副产物（干酒糟及其可溶物、喷浆玉米皮等）、花生饼粕、TMR 日粮等饲料。其他饲料也应监测黄曲霉毒素 B_1。

4.6.2　监测的时间和频次

饲料入库前，要测定饲料中的黄曲霉毒素 B_1 含量，不合格不应入库。

在饲料使用过程中，全棉籽、棉籽饼粕、玉米及其副产物（干酒糟及其可溶物、喷浆玉米皮等）、花生饼粕、TMR 日粮等饲料在夏季和秋季宜每周检测 1 次，在冬季和春季宜不低于每两周检测 1 次；玉米青贮、精料补充料、浓缩料、豆粕以及其他精饲料原料宜不低于每两周检测 1 次。若发现超标，应立即停止饲料使用，并查找原因。

4.6.3　饲料中黄曲霉毒素的预警值

TMR 日粮中黄曲霉毒素 B_1 的预警值为 10.5μg/kg（以干物质计），泌乳期精料补充

料中黄曲霉毒素 B_1 的预警值为 7μg/kg（以干物质计），玉米及其加工产品、花生饼（粕）中黄曲霉毒素 B_1 的预警值为 35μg/kg（以干物质计），青贮饲料和干草等粗饲料、其他植物性饲料原料和其他精料补充料中黄曲霉毒素 B_1 的预警值为 21μg/kg（以干物质计），其他浓缩饲料中黄曲霉毒素 B_1 的预警值为 14μg/kg（以干物质计）。当饲料中黄曲霉毒素 B_1 含量达到预警值时，应立即查找原因，去除污染源。

4.6.4　饲料黄曲霉毒素 B_1 含量测定

饲料黄曲霉毒素 B_1 含量测定按 GB/T 17480 执行。

5　奶畜饲养管理

5.1　饲养规范

奶畜粪便、垫料等污物应及时清扫干净，保持环境卫生，避免污染生乳。

5.2　饲槽管理

严格按饲养管理规范饲喂，不堆槽，不喂发霉变质的饲料，保持饲槽清洁卫生。应每天清除料槽剩料，料槽间隙、料槽与颈枷间缝隙等饲料残留区域应每周清理一次以上。

5.3　水槽管理

水槽应及时清洁，保持干净，避免饮水变质。

5.4　饲料加工

冬季和春季每周应至少清理一次 TMR 搅拌机、青贮取料机或饲料混合机中残留的剩料，夏季和秋季每周应至少清理 2 次 TMR 搅拌机、青贮取料机或饲料混合机中残留的剩料。

6　生乳中黄曲霉毒素 M_1 监测

6.1　黄曲霉毒素 M_1 的检测按照 GB 5009.24 执行，含量应符合 GB 2761 的要求。

6.2　销售前应检测生乳中黄曲霉毒素 M_1 含量，超标不能出售。

6.3　当黄曲霉毒素 M_1 含量达到预警值 0.35μg/kg 时，应立即查找原因，消除污染源。

7　档案管理

生乳生产的全过程应有档案记录。记录内容应包括：饲料的收购和检验记录（参见附录 A）、饲料和生乳中黄曲霉毒素含量的监测情况（参见附录 B 和 C）、饲料的使用情况以及处理措施等。档案保存至少 2 年。

附录 A
（资料性附录）
饲料采购和检验记录

A.1　饲料采购和检验记录

见表 A.1。

表 A.1　饲料采购和检验记录

日期：　　　　　　　　　　　　　　　　　　　　　　　　记录人：

饲料名称	数量（kg）	水分含量（%）	黄曲霉毒素 B_1 含量（μg/kg）	是否合格	生产厂家

附录 B
（资料性附录）
饲料黄曲霉毒素 B_1 含量监测记录

B.1 饲料黄曲霉毒素 B_1 含量监测记录

见表 B.1。

表 B.1 饲料黄曲霉毒素 B_1 含量监测记录

记录人：　　　　　　　　　　　　　　　　　　　　　　　　　　单位：μg/kg

日期	原料 1	原料 2	原料 3	原料 4	原料 5	原料 6	原料 7	原料 8	原料 9

附录 C
（资料性附录）
生乳中黄曲霉毒素 M_1 含量监测记录

C.1　生乳中黄曲霉毒素 M_1 含量监测记录

见表 C.1。

C.1　生乳中黄曲霉毒素 M_1 含量监测记录

记录人：

日期	数量（kg）	生乳中 AFM_1 含量（μg/kg）	是否合格	是否触发预警值